当代充填采矿法

李 帅 王新民 编著

中南大学出版社
www.csupress.com.cn

·长沙·

图书在版编目(CIP)数据

当代充填采矿法／李帅，王新民编著. —长沙：
中南大学出版社，2024.5
ISBN 978-7-5487-5802-0

Ⅰ. ①当… Ⅱ. ①李… ②王… Ⅲ. ①充填法－矿山
开采 Ⅳ. ①TD853.34

中国国家版本馆 CIP 数据核字(2024)第 083286 号

当代充填采矿法
DANGDAI CHONGTIAN CAIKUANGFA

李　帅　王新民　编著

□出 版 人	林绵优
□责任编辑	伍华进
□责任印制	李月腾
□出版发行	中南大学出版社

社址：长沙市麓山南路　　　　　邮编：410083
发行科电话：0731-88876770　　传真：0731-88710482

□印　　装	长沙印通印刷有限公司

□开　　本　787 mm×1092 mm　1/16　□印张 31.25　□字数 837 千字
□互联网+图书 二维码内容　图片 10 张
□版　　次　2024 年 5 月第 1 版　　□印次 2024 年 5 月第 1 次印刷
□书　　号　ISBN 978-7-5487-5802-0
□定　　价　85.00 元

本书编委会

◎ **主　编**

李　帅　王新民

◎ **副主编**

李振龙　胡博怡　杨　建

◎ **编　委**

张钦礼　张德明　赵建文　柯愈贤　王　石

贺　严　李夕兵　尹土兵　李地元　王洪涛

聂文革　王文潇　杨建国　曾循安　汪令松

陈俊宇　李红鹏　郭勤强　程爱宝　郭子林

钟　声　张　浩

内容简介

　　本书系统介绍了当代充填采矿法的发展历程、典型方案及应用技术。内容包括：充填采矿法发展概况、充填采矿法典型方案、充填采矿法方案选择、薄/中厚/厚/极厚矿体充填采矿法、机械化采掘装备、充填材料与充填系统共计9个章节。此外，还介绍了国内20个典型的运用现代化充填采矿法矿山实例。

　　本书涵盖了大量的最新科研进展和工程经验，内容丰富、叙述简明，可供从事矿山采矿工程研究与设计的技术人员参考，也可作为有关专业本科生及研究生教材或参考书。

作者简介

王新民，男，1957年4月生，安徽省安庆市人，汉族，工学博士，中南大学教授，博士生导师，湖南省第三届安全生产专家、国家安全监管总局第五届安全生产专家，曾任湖南中大设计院院长。

王新民教授长期从事采矿工程与安全技术领域教学科研设计工作，主持和完成科研与设计项目100余项，包括国家"七五"到"十二五"的历届与充填理论和技术相关的国家科技支撑计划项目。获国家科技进步二等奖2项、省部级科技进步奖10余项，出版著作10部，发表论文200余篇，特别是在复杂难采矿体开采、矿山充填理论与技术方面颇有建树。

李帅，男，1989年8月生，河南省南阳市邓州人，汉族，工学博士，中南大学副教授，硕士生导师，2012年入选"芙蓉学子"优秀大学生，2023年入选芙蓉计划湖湘青年英才。

李帅副教授多年来一直从事采矿工程与安全技术领域教学科研设计工作，主持和完成包括国家自然科学基金等科研与设计项目30余项，获省部级奖励6项，出版著作4部，发表论文50余篇，获专利授权10余项，在复杂难采矿体开采、矿山充填理论与技术方面研究成果丰硕。

前 言

矿产资源是不可再生资源，是现代文明和社会发展的重要物质基础。目前，世界已知的矿产有160多种，超过80多种被人类广泛应用，石油、天然气、煤炭、铁矿、铜矿等大宗矿产资源已成为现代工业化的物质基础，深刻影响着当今社会的发展进程。作为世界上最大的资源生产和消费大国，我国虽然矿产资源总量丰富，但人均占有率低、超大型矿床少、低品位贫矿多，开采技术条件复杂、开采难度大，超过2/3的战略性矿产资源面临着严重的短缺。因此，矿产资源是发展之基、生产之要，矿产资源保护与合理开发利用事关国家现代化建设全局。长期以来，国内外地下矿山普遍采用粗放的空场法和崩落法进行开采，不仅产生了规模庞大的采空区群，成为诱导大规模地压灾害和地表沉降塌陷的主因，还遗留了大量的优质矿柱资源无法回收，造成了严重的资源永久损失。随着国家对安全和环保的高度重视，更加安全环保、绿色高效的充填采矿法开始取代传统的空场法和崩落法，已成为现代绿色开采技术和绿色矿山建设的核心内容。

机械化的采掘装备是当代充填采矿法快速发展和广泛应用的核心推动力。2010年以前，由于采掘装备有限且落后，我国广大中小型矿山仍沿用上个世纪的风动凿岩机凿岩、电耙耙运、装岩机出矿、手工装药和人工清扫等落后工艺装备，导致充填采矿法在实际应用过程中存在可选方案少、生产能力小、充填成本高、循环周期长等诸多问题。2013年，国家安全生产监督管理总局提出了要加强矿山规模化、标准化、机械化、信息化和科学化的"五化"建设，随后国内矿山开始大量使用凿岩台车、锚杆台车、装药台车、撬毛台车、铲运机、矿用汽车、天溜井钻机、扒渣机等先进的采掘装备，我国的充填采矿法也因此得到了快速的完善与发展。譬如，与普通上向水平分层相比，采用凿岩台车凿岩、铲运机出矿的机械化上向水平分层充填法采场生产能力可提高3~5倍，充填养护周期降低至2~3天，损失率低于10%，贫化率低于5%，已成为当代主流充填采矿法方案。配套的锚杆台车、装药台车、撬毛台车、天溜井钻机、扒渣机等装备也进一步加快了充填采矿法的作业循环，提高了矿山的机械化与自动化水平，使矿山真正实现了"强采、强出、强充"，在保障回采作业安全的同时，最大程度上减少了井下用人，降低了生产成本和管理难度。

适宜的充填材料和可靠的充填系统是充填采矿法快速发展和广泛应用的重要保障。随着国家对安全和环保的高度重视以及"绿水青山就是金山银山"发展理念的不断深入贯彻，将大部分矿山固体废弃物回填到井下，防止采空区塌陷和地表沉降，少量剩余部分进行资源化使用和无害化处置，已成为绿色矿山建设的必然选择。近年来，我国的充填理论体系已日趋完善，充填技术和装备水平已逐渐达到世界先进水平。充填骨料已经从传统的尾砂和废石扩展到煤矸石、粉煤灰、磷石膏、赤泥等大宗工业固废，胶结剂也从普通硅酸盐水泥扩展至超细水泥、高水材料、高炉矿渣、黄磷渣等新型胶凝材料，絮凝剂、聚合剂、早强剂、缓凝剂、减水剂等改性材料也被广泛应用于充填料浆制备中。储砂能力大、浓缩效率高、底流浓度稳定、溢流水含固量低的深锥浓密机，为大中型矿山实现全尾砂似膏体连续充填提供了一种简单有效的解决方法；以普通浓密机和陶瓷过滤机为核心设备的全尾砂全脱水系统，则为中小型矿山尾砂充填和综合利用提供了整体解决方案。此外，高压力、大排量、高可靠性充填工业泵的引进和快速发展也为高含固、黏稠物料安全可靠的远距离输送提供了有效保障。

本书共分9章，系统地介绍了当代充填采矿法的发展历程、典型方案及应用技术。针对充填采矿法选择和应用中存在的技术问题，围绕9种当代充填采矿法典型方案和20个国内现代化矿山实例，较为系统地介绍了薄、中厚、厚、极厚矿体充填法开采的实用技术，再辅以机械化采掘装备、充填材料与充填系统，为国内外粗放型开采模式矿山转型升级成绿色矿山提供了成套解决方案和优质成功案例。

本书编著过程中参阅了大量近年来发表的相关科技文献，也融入了编著者大量的研究成果。本书尤其注重工程应用性，试图成为矿山采矿方法设计、施工与管理有价值的参考书，既可供采矿工程与安全工程专业的本科生和研究生作为教材使用，也可供相关领域设计、研究和生产技术人员参考。本书在撰写过程中，参阅了大量国内外有关书籍、论文和研究报告，虽然在参考文献中已经列出，但仍可能有遗漏，在此谨向这些文献资料的作者及相关机构表示衷心的感谢！同时，也感谢湖南省科技创新计划资助（编号2023RC3035）、湖南省普通高等学校教学改革研究项目（编号HNJG-2022-0031）、湖南省自然科学基金项目（编号2021JJ40745）、国家自然科学基金项目（编号51804337）、国家重点研发计划（编号2017YFC0804600）、中南大学教育教学改革研究项目（编号2024CG023和2022jy006-3）、中南大学本科教材建设项目（编号2020-84），以及中南大学与本书示例矿山合作的横向项目资助。

因编著者学识与水平所限，不足之处在所难免，衷心期盼同行专家、读者评判指正。

王新民　李　帅

2024年3月

目　录

第1章 充填采矿法发展概况

长期以来，国内的地下矿山普遍采用粗放的空场法和崩落法进行开采，不仅产生了规模庞大的采空区群，成为诱导大规模地压灾害和地表沉降塌陷的主因，还遗留了大量的优质矿柱资源无法回收，造成了严重的资源永久损失。随着国家对安全和环保的高度重视，更加安全环保、绿色高效的充填采矿法开始取代传统的空场法和崩落法，已成为现代绿色开采技术和绿色矿山建设的核心内容。

1.1 地下采矿方法概述

采矿方法是指为获取采矿基本单元——矿块内的矿石所进行的采准切割、回采、地压管理工作的总和。具体而言，采准切割工程是为人员、材料、设备进出采场创造工作通路，并为回采工艺创造通风、爆破自由面、出矿和充填等工作条件；回采作业包括凿岩、爆破、通风、出矿等工序；地压管理包括撬毛、平场、临时支护、充填等工作。

1.1.1 采矿方法分类

1. 采矿方法分类的目的和基本要求

由于矿体赋存条件因不同矿山、不同矿段而千差万别，客观上要求采取不同的采矿方法，因而采矿方法种类繁多。为了便于认识各种采矿方法的特殊本质，了解各种采矿方法的适用条件及其发展趋势，研究和选择适合具体开采技术条件的采矿方法，同时也为了矿业界相互比较和交流，有必要对繁多的采矿方法，择其共性，加以归纳分类。

采矿方法分类应满足下列基本要求：

(1)分类应能反映采矿方法的最主要特征。

(2)分类应简单明了，防止庞杂和烦琐，但应能包括国内外明确应用的主要采矿方法，对过去曾经应用，但如今因技术进步和装备水平提高而淘汰的采矿方法或仅在极少数条件下应用的采矿方法，不应列入分类表中。

(3)每类采矿方法要有共同的使用条件和基本一致的特征，不同类别采矿方法的特征要有明显差异。

(4)未来随着技术进步和装备水平提高，新出现的采矿方法应能在分类中找到相应位置。

2. 采矿方法分类依据

目前国内外采矿方法分类很多，学术争议也较大。多年来国内外采矿学者对采矿方法分类做了大量研究工作，分别以采空区存在状态和维持方法（地压管理方法）、回采方法（回采顺序和回采方向）、落矿方法以及矿体赋存条件等为依据，提出了20余种分类方法。如在20世纪初，美国学者就以回采顺序和回采方法为依据对采矿方法进行了分类，但分类特征不明显，某些方法之间界限不清，并存在重复现象。20世纪30年代后期，美国又以回采工作面维护为原则，提出了自然支撑工作面采矿法、人工支撑工作面采矿法、崩落采矿法和联合采矿法等4类采矿方法。20世纪50年代后，苏联学者相继以回采过程中采空区的维护为依据，提出了各自的分类方法。到20世纪70年代，逐渐以简单和适用为原则，以采空区存在状态和维持方法为依据对采矿方法进行分类，使采矿方法分类逐渐趋于统一。目前比较公认的是以回采时地压管理方法为主要依据进行的分类。因为地压管理方法是以矿岩物理力学性质为依据，同时又与采矿方法的使用条件、采场结构和参数、回采工艺、采空区处理密切相关，且最终影响到开采的安全、效率和经济效果。

3. 采矿方法分类

以地压管理方法的不同，可将非煤矿山地下采矿方法分为3类，即空场法、充填法和崩落法（见表1-1）。

表1-1 非煤矿山地下采矿方法分类表

类别	组别	典型采矿方法及配套采装运设备
Ⅰ.空场法	1.房柱法（全面法同）	(1)普通房柱法（凿岩机凿岩、电耙出矿）
		(2)机械化房柱法（凿岩台车凿岩、铲运机出矿）
		(3)中深孔落矿房柱法（中深孔凿岩台车凿岩、铲运机出矿）
	2.留矿法	(1)漏斗结构留矿法（凿岩机凿岩、电耙平场、漏斗放矿）
		(2)平底结构留矿法（凿岩机凿岩、电耙平场、铲运机出矿）
	3.分段矿房法	(1)普通分段矿房法（中深孔凿岩台车凿岩、铲运机出矿）
		(2)爆力运搬分段矿房法（浅孔和中深孔凿岩机凿岩、铲运机出矿）
	4.分段空场法	(1)沿走向布置分段空场法（中深孔凿岩机凿岩、铲运机出矿）
		(2)垂直走向布置分段空场法（中深孔凿岩台车凿岩、铲运机出矿）
		(3)预控顶小分段空场法（浅孔和中深孔凿岩台车凿岩、铲运机出矿）
	5.阶段空场法	(1)垂直崩矿阶段空场法（潜孔钻机凿岩、铲运机出矿）
		(2)侧向崩矿阶段空场法（潜孔钻机凿岩、铲运机出矿）
		(3)水平崩矿阶段空场法（潜孔钻机凿岩、铲运机出矿）

续表1-1

类别	组别	典型采矿方法及配套采装运设备
Ⅱ.充填法	1.分层充填法	(1)机械化上向水平分层充填法(凿岩台车凿岩、铲运机出矿)
		(2)机械化上向水平进路充填法(凿岩台车凿岩、铲运机出矿)
		(3)机械化下向水平进路充填法(凿岩台车凿岩、铲运机出矿)
		(4)削壁充填法(凿岩机凿岩、电耙平场、顺路溜井放矿)
	2.嗣后充填法	(1)全面嗣后充填法(凿岩台车凿岩、铲运机出矿)
		(2)房柱嗣后充填法(凿岩台车凿岩、铲运机出矿)
		(3)留矿嗣后充填法(凿岩机凿岩、电耙平场、铲运机出矿)
		(4)分段矿房嗣后充填法(中深孔凿岩台车凿岩、铲运机出矿)
		(5)分段空场嗣后充填法(中深孔凿岩台车凿岩、铲运机出矿)
		(6)阶段空场嗣后充填法(潜孔钻机凿岩、铲运机出矿)
Ⅲ.崩落法	1.单层崩落法	(1)长壁崩落法(凿岩机凿岩、电耙出矿)
		(2)短壁崩落法(凿岩机凿岩、电耙出矿)
		(3)进路崩落法(凿岩机凿岩、装岩机出矿)
	2.分层崩落法	(1)分层崩落法(凿岩机凿岩、电耙出矿)
	3.分段崩落法	(1)有底柱分段崩落法(中深孔凿岩机凿岩、电耙出矿)
		(2)无底柱分段崩落法(中深孔凿岩台车凿岩、铲运机出矿)
	4.阶段崩落法	(1)阶段强制崩落法(潜孔钻机凿岩、电耙出矿)
		(2)阶段自然崩落法(铲运机出矿)

(1)空场法。在矿岩中等稳固的条件下,其实质是在矿体回采过程中采矿房留矿柱,主要依靠围岩自身的稳固性和留设矿柱来支撑顶板岩石、管理地压,采空区不做特别处理。由于该类方法工艺简单,成本低,所以被广泛应用。但其缺点是随着开采的进行,采空区数量日益增多,安全隐患日益突出,且由于矿柱回采条件恶化、回采率低,产生了严重的资源损失与浪费,导致该类采矿方法应用逐渐减少。

(2)充填法。其实质是利用充填物料对回采过程中形成的采空区进行充填,以消除采空区安全隐患,限制顶板岩层移动和地表沉降。该类采矿方法安全性及资源回采率高,且有利于环境保护,随着矿产品价格的持续走高和对环境问题的日益重视,该类采矿方法应用逐渐增多。

(3)崩落法。与空场法和充填法被动管理地压理念不同,崩落法是随着矿石在覆盖层岩石下被放出,矿石原占有的空间将被覆盖层的岩石所充满,消除了地压产生的根源,属于主动管理地压的一类采矿方法。由于覆盖岩石和上下盘围岩的崩落会引起地表沉陷,所以只有地表允许陷落的地方才可考虑采用这种采矿方法,而且由于该方法出矿工作是在覆盖岩石下进行的,矿石损失率和贫化率较高,产生严重的资源损失与浪费,因而该类采矿方法应用越来越少。

1.1.2 采矿方法应用情况

1. 国内矿山采矿方法应用情况

从表 1-2 中所列国内 45 个重点有色金属矿山、15 个重点铁矿山、17 个重点化学矿山以及部分重点核工业矿山采矿方法应用情况来看（2010 年统计数据），国内矿山采矿方法应用可归纳为 5 个方面。

表 1-2 2010 年以前国内非煤矿山地下采矿方法应用比重

单位：%

采矿方法	45 个重点有色金属矿山应用比重	15 个重点铁矿山应用比重	17 个重点化学矿山应用比重	重点核工业矿山应用比重
1. 空场法	34.5	5.9	60.6	14.3
1.1 全面法	2.0		1.0	4.4
1.2 房柱法	2.4		25.1	2.8
1.3 留矿法	22.0	5.9	17.9	7.1
1.4 分段空场法	5.0		16.6	
1.5 阶段空场法	3.1			
2. 充填法	19.1		0.8	54.8
2.1 上向分层充填法	16.4			
2.2 上向进路充填法	0.3			
2.3 下向进路充填法	2.1			
3. 崩落法	46.4	94.1	38.6	30.9
3.1 有底柱分段崩落法	19.2	6.2	12.0	
3.2 无底柱分段崩落法	7.2	78.6	23.0	
3.3 阶段强制崩落法	18.6			
3.4 阶段自然崩落法		3.5		

（1）在 2010 年以前，有色金属矿山中空场法、充填法、崩落法的应用比重分别为 34.5%，19.1% 和 46.4%，这 3 种方法应用相对均衡。这也说明有色金属矿山赋存条件复杂，各种矿床类型都有，故各种方法都有较多应用实例。但是随着国家对安全环保的高度重视以及绿色矿山的建设要求，目前超过 90% 的有色金属矿山已经改用充填法。

（2）在 2010 年以前，铁矿山大多采用崩落法，比例达到 94.1%，其中主要是无底柱分段崩落法，比例高达 78.6%。这主要是因为 2003 年以前，铁矿石价格偏低，矿山企业为保持最大限度的利益，只能采用贫化率高、损失率大，但矿块生产能力相对较高、成本较低的崩落采矿法。但是随着国家对安全环保的高度重视以及绿色矿山的建设要求，目前超过 80% 的铁矿山也已经普遍采用充填法。

(3)在 2010 年以前,化学矿山大多采用空场法(60.6%)和崩落法(38.6%),原因与铁矿山相似,亦是由化学矿山长期以来价格偏低所致。但是随着国家对安全环保的高度重视以及绿色矿山的建设要求,目前的化学矿山也已经逐步采用充填法。

(4)核工业矿山则以充填法为主(54.8%),崩落法次之(30.9%),空场法也有一定比例(14.3%)。核工业矿山之所以较多采用充填法,与抑制放射性元素逸出有关。

(5)各大类采矿方法中,应用较多的采矿方法包括空场法中的留矿法、房柱法和分段空场法;充填法中的上向水平分层充填法;崩落法中的无底柱分段崩落法。

2.国外矿山采矿方法应用情况

从表 1-3 中对国外 32 个国家及地区 232 个非煤矿山地下采矿方法应用情况统计结果来看(2010 年统计数据),综合矿山数目和产量统计结果,三大类采矿方法应用比重差别不大,但是充填采矿法也在逐渐取代空场法和崩落法。同时,在各类采矿方法中,中深孔、深孔采矿方法(分段空场法、分段崩落法、阶段崩落法)所占比重较大,说明与国内矿山相比,国外矿山机械化程度更高。

表 1-3　国外 32 个国家及地区 232 个非煤矿山地下采矿方法应用比重

单位:%

采矿方法	按矿山数目计	按产量计
1.空场法	45.8	36.5
1.1 全面法	0.9	0.4
1.2 房柱法	13.4	11.9
1.3 留矿法	9.9	3.0
1.4 分段空场法	20.3	12.7
1.5 阶段空场法	0.9	8.3
2.充填法	34.8	14.5
2.1 上向分层/进路充填法	28.4	13.0
2.2 下向进路充填法	3.4	0.7
2.3 VCR 嗣后充填法	1.3	0.4
3.崩落法	19.4	49.0
3.1 分段崩落法	12.1	26.3
3.2 阶段崩落法	6.0	22.5

1.1.3　充填采矿法发展概况

充填采矿法在国内外矿山应用的历史悠久,古代采矿过程中就经常使用采掘的废石处置采空区,目前已经发展到了大规模集约化生产、机械化采掘和自动化充填。

1. 国内充填采矿法发展概况

我国冶金矿山早在 20 世纪 50 年代就开始采用干式充填采矿法；1964 年，凡口铅锌矿开始使用胶结充填法；1965 年，锡矿山南矿由于采空区的面积过大，发生地压活动，故开始了尾砂充填采空区的试验；1966 年，湘潭锰矿第一期扩建设计采用水砂充填采矿法，对防止内因火灾取得了较好效果。其后，相继有铜绿山铜矿、红透山铜矿、凤凰山铜矿等矿山开始采用充填采矿法。进入 21 世纪，充填法在我国地下矿山全面推广，目前近 80% 的地下矿山采用了充填采矿法。

2. 国外充填采矿法发展概况

目前，充填采矿法在国外金属矿山已获得日益广泛的应用，其所占比重正在持续上升，例如加拿大、美国、日本、瑞典、俄罗斯等国家。1970 年，加拿大的地下矿山采用分层充填法的比重就高达 22.2%。1971 年，美国使用充填法的金属矿山数为 38 个，产量较大的有色矿山几乎均采用充填法开采。日本充填法使用比例，1956 年占 24.5%，1967 年占 35.2%，1970 年占 39.0%。苏联充填法使用比例，1965 年为 14.9%，1975 年为 38.0%。澳大利亚、德国、印度、英国、奥地利等国家也都广泛地应用充填采矿法开采有色、稀有金属矿体。

3. 充填采矿法的适用条件

(1) 开采品位较高的富矿或稀贵金属，要求采矿方法具有较高的回采率和较低的贫化率。

(2) 适用于赋存条件和开采技术条件相对比较复杂的矿床，如水文地质条件、矿体形态比较复杂；矿体埋藏较深而且地压较大；矿石或围岩有自燃的危险；地表或围岩不允许沉陷或移动而需要特殊保护；露天和地下同时进行开采。

(3) 适用于矿石围岩均不稳固的矿床，对矿体倾角、厚度、品位变化也有较好的适用性。

4. 充填采矿法的优点

(1) 采、切工程量小，灵活性大。

(2) 矿石损失、贫化小。

(3) 能够比较有效地维护围岩，减少围岩的移动和冒落。

(4) 对于薄矿脉或分支复合矿体可以进行分采。

(5) 可以防止矿床开采的内因火灾。

1.1.4 采矿方法未来发展趋势

长期以来，国内外的地下矿山普遍采用粗放的空场法和崩落法进行开采，不仅产生了规模庞大的采空区群，成为诱导大规模地压灾害和地表沉降塌陷的主因，并且还遗留了大量的优质矿柱资源无法回收，造成了严重的资源永久损失。随着国家对安全和环保的高度重视，更加安全环保、绿色高效的充填采矿法开始取代传统的空场法和崩落法，已成为现代绿色开采技术和绿色矿山建设的核心内容。可以预计，在不远的未来，充填采矿法在地下矿山开采中成为不可替代的安全高效的开采方法。主要原因是：

(1) 与空场法、崩落法相比，充填法损失率和贫化率大大降低，平均比空场法降低 5% ～

10%，比崩落法降低 10%~15%。虽然充填成本增加，但成本增加额度远低于因回采率提高和贫化率降低而带来的收益额度，故越来越多的企业开始采用充填法。

（2）崩落法开采引起地表大面积塌陷；空场法的地下存在大量采空区未进行处理，随着时间推移，采空区面积越来越大，暴露时间越来越长，大面积地压活动引起地面塌陷的可能性增加。因此，崩落法和空场法对环境破坏严重。充填法由于对采空区进行及时处理，可有效抑制地表变形和塌陷，国家也已明文规定新建矿山必须优先采用充填法，并严格限制崩落法矿山审批。

（3）充填法可以充分利用掘进废石、尾砂等固体废弃物，可大大减少废石和尾砂地面堆放压力，降低废石场和尾矿库容积以及维护费用。

（4）随着充填技术的发展，充填效率将会提高，充填成本将会进一步降低，充填法的优势也将越来越明显。

综上所述，由于充填法兼具高回采率、低贫化率和环境保护多重优势，其应用比重将越来越大。不仅有色金属矿山（包括黄金等贵金属矿山）充填法已成为主体采矿方法，而且传统上不采用充填法的铁矿、煤矿等也开始广泛采用充填采矿方法，且推广应用力度甚至超过有色金属矿山。

1.2　当代充填技术进展

1.2.1　充填工艺发展历程

1. 国外充填工艺发展历程

国外充填工艺的发展历程大致可分为如下三个阶段：

第一阶段：水砂充填阶段（1900 年以前）。1864 年，为保护一座教堂的安全，防止其因地面沉降而坍塌，美国宾夕法尼亚的一个煤矿首次开展了水砂充填试验。其后，南非、德国、澳大利亚等国家也先后成功运用了水砂充填工艺。此阶段水砂充填以水为主要输送载体，充填料浆的质量浓度仅有 30%~40%，进入采场后需要大量和长时间的脱水，所形成的充填强度极低，难以产生刚性支撑作用和获得有效的地压控制效果。

第二阶段：分级尾砂充填阶段（1900—1980 年）。进入 20 世纪后，得益于水力旋流器等尾砂分级脱水装置的不断完善和发展，美国和加拿大等国家率先开展了分级尾砂充填试验研究。通过将选厂所产生的全尾砂进行旋流分级，粗粒径尾砂作为充填骨料充填采空区，细粒径溢流则直排尾矿库，实现了分级尾砂充填。但是分级尾砂仅利用了全尾砂中的粗粒径部分，剩余占比约 50% 的细粒径尾砂仍需排往尾矿库，尤其是-400 目以下的超细粒径尾泥排入尾矿库后无法自然堆坝，不仅增加了尾矿库筑坝的成本，同时也极易对尾矿库堆存的安全性产生严重影响。

第三阶段：全尾砂充填阶段（1980 年至今）。鉴于分级尾砂存在的诸多问题，20 世纪 80 年代，苏联、澳大利亚和南非等国家开展了全尾砂充填的试验研究工作，其中南非的西德瑞方登金矿全尾砂充填料浆的浓度达到 70%~78%。由于全尾砂充填有效地解决了分级尾砂充填所存在的细粒径尾砂无法自然堆坝的问题，其迅速在世界各国矿山得到了推广应用。

2.国内充填工艺发展历程

与我国矿业的国情一样，我国充填工艺起步较晚，理论和装备水平基础薄弱，但是发展却尤为迅速。尤其是进入21世纪后，随着国家对安全和环保的高度重视以及"绿水青山就是金山银山"发展理念的不断深入贯彻，我国的充填理论体系已日趋完善，充填技术和装备水平已逐渐达到世界先进水平。国内充填工艺的发展历程也大致可分为如下三个阶段：

第一阶段：水砂充填阶段(1960—1980年)。1960年，湖南湘潭锰矿率先采用水砂充填工艺防止矿坑内因火灾，并取得了较好的效果；1965年，湖南冷水江市锡矿山南矿为了控制大面积地压活动，首次采用了尾砂水力充填采空区工艺，有效地减缓了地表下沉。随后，铜绿山铜矿、招远金矿、凡口铅锌矿等矿山也开始采用水砂充填工艺治理采空区。

第二阶段：分级尾砂充填阶段(1980—2000年)。20世纪80年代后，分级尾砂充填工艺与技术迅速在国内推广应用，铜绿山矿、水口山矿务局、安庆铜矿、张马屯铁矿、三山岛金矿等60余座有色、黑色和黄金矿山都建设了分级尾砂充填系统。其间，以天然砂和棒磨砂等材料作为集料的胶结充填工艺与技术也已臻成熟，并在凡口铅锌矿、小铁山铅锌矿、凤凰山铜矿、牟平金矿等20余座矿山推广应用。

第三阶段：全尾砂充填阶段(1998年至今)。由于分级粗尾砂被用于充填，细粒径尾砂进入尾矿库后无法堆坝且无法保障尾矿库的浸润线和干滩长度，因此尾矿库存在重大安全隐患。1998年，中南大学王新民教授团队通过在水口山康家湾矿立式砂仓内添加絮凝剂，在国内首次成功实现了全尾砂快速絮凝沉降和高浓度充填，上述工艺系统一直使用至今。2000年以后，以铜陵有色冬瓜山铜矿为代表的其他地下充填法矿山开始大量采用全尾砂充填，此法迅速在国内大量推广应用。

1.2.2 充填理论研究进展

1.高浓度充填技术研究

在长期的充填实践中，人们逐渐认识到在灰砂比给定的情况下，充填体的强度与料浆质量浓度在一定范围内呈正相关的关系，即充填浓度越高，对充填体强度增长越有利。在同样的强度要求下，提高充填料浆浓度能大大减少水泥用量、降低充填成本，并解决采场脱水等一系列问题。于是减少充填用水的全尾砂高浓度充填技术开始迅速被人们广泛接受，并成为目前矿山新建充填系统的首选工艺。

高浓度充填是一个相对的概念，相较于传统的低浓度充填而言，高浓度充填的浓度更高、泌水率更低，脱水后的充填体凝固时间更短、早期强度更高、整体承载和支撑效果更好。同时，高浓度充填也是一个非常宽泛的概念，质量浓度在60%以上、泌水率小于10%的充填料浆均属于高浓度的范畴。为了便于实际生产管理、提高充填效果和保障充填质量，浓度范围更加准确、流变性态更加明确的膏体、似膏体充填技术也相继应运而生。无论如何，膏体和似膏体均属于高浓度充填的范畴。

"膏体"一词起源于混凝土行业，是指含水率在5%~10%，坍落度在100~150 mm，满足建构筑物和易性、强度、变形及耐久性要求的混凝土，往往流动性差，需要人工干预、振捣器振捣才能实现均匀铺设。膏体充填技术于 1979 年率先在德国格隆德铅锌矿开发成功，具有自然静置状态下不泌水、不沉淀、不离析等优点。澳大利亚岩石力学中心 A. B. Fourie 教授团队将膏体总结为：−20 μm 颗粒的含量超过 15%，自然静置状态不离析、不泌水，管道输送不分层、不沉降，坍落度小于 230 mm，流变特性为非牛顿流塑性体。自 1994 年首次在金川二矿区试验成功后，膏体充填技术在国内发展迅速，但是通常会陷入过度重视"高浓度、不泌水"而忽视流动性的误区，导致膏体制备工艺复杂、管输流动性差、泵送能耗高等问题。尤其是井下作业采场普遍面积较大，流动性较差的膏体只能在下料口堆积而无法在采场内展开，导致采场充满率低、充填效果差等诸多问题。

似膏体技术作为一种新型的尾矿充填模式，既有胶结充填浆体流动性好、易于输送的优势，又兼具膏体质量浓度高、井下脱水少、充填固结体强度高等优点，在兼顾充填效果和管输流动性的条件下，似膏体技术是目前最经济合理的充填方式。2005—2008 年，中南大学王新民教授团队先后在孙村煤矿、华泰矿业、开阳磷矿，分别建成了国内首例煤矸石和磷石膏的似膏体充填系统，似膏体在采场内流动性及自然延展性好、泌水率低、初凝时间短、固结速度快、水泥耗量少、充填效果好。随着充填浓缩脱水设备的发展，似膏体充填技术已在国内矿山新建充填系统中全面推广应用。

2. 新型充填材料研究进展

充填材料一般由充填骨料、胶凝材料和外加剂组成，充填材料的选择不仅影响充填体的质量，而且直接影响矿山充填系统的投资和运行成本。根据矿山实际条件，一般选用来源广泛、成本低廉、物理化学性质稳定、无毒无害、具备骨架作用的材料或工业废料作为充填骨料。目前常用的充填骨料包括尾砂（全尾砂/分级尾砂）、废石、山砂、河砂、戈壁集料、煤矸石、磷石膏、赤泥等，将固体废弃物循环利用作充填骨料，既解决了充填骨料的来源问题，又保护了地表环境，创造了较好的经济效益和社会环境效益。

国内外应用最广泛的充填胶凝材料为硅酸盐水泥。近年来随着水泥价格的不断上涨和持续高位运行，国内外很多矿山开始试验使用具有一定潜在胶结性能的工业废料作为水泥代用材料以降低胶结充填成本，如水淬炉渣、粉煤灰、特种水泥、高水速凝材料等。炉渣与粉煤灰都属火山灰质材料，其特点是含有较多的活性 SiO_2 和 Al_2O_3 成分，在一定的条件下能形成稳定的带胶结性的水化硅酸钙与水化铝酸钙复盐，硬化过程中强度随龄期增长，并具有较好的后期强度。目前，市场上在售的新型胶凝材料大多是由多种无机物经高温煅烧，再加入适量的天然矿物和化学激发剂配料后磨细均化形成的粉体物料，物理形态大多呈灰白细粉末状，比表面积一般超过 4000 cm^2/g，主要化学成分为 SiO_2、Al_2O_3、Fe_2O_3、CaO、MgO 等。

3. 充填料浆的流变学研究

充填料浆一般采用管道输送的方式进入采空区，充分分析和掌握充填料浆的流变性能，对于进行充填料浆的管道输送阻力计算、防止粗颗粒沉降堵管、保障整个管路输送系统的稳定性和可靠性意义重大。国内外已针对充填料浆的流变特性及其影响因素开展了大量的试验研究，并取得了重要进展。M. He 等研究发现超细全尾砂浆体的流变特性不仅与颗粒级配、尾矿特性、浆体浓度、pH 和温度等因素有关，还受测试方法、测量仪器、剪切模式和剪切时间的影响。刘晓辉总结了黏度计、流变仪、坍落度法、L 管和环管试验的适用范围及优缺点，发现浆式流变仪可有效降低壁面滑移效应，对细粒径充填浆体的适用性较好。L. Liu 等基于大量的室内坍落度测试数据，通过构建主成分分析法与 BP 神经网络的耦合模型，将充填浆体流变参数的预测误差控制在 5% 以内。因此，为提高流变参数的测试精度，既要选用适用性强、精度高的测试设备，又要根据尾砂级配和物料性质的差异，考虑稳/动/瞬态流场、转子滑移和剪切模式的影响，进行测量精度分析与误差修正。

王新民等在金川全尾砂充填料浆的流变测试中发现了明显的触变现象。E. U. Pornillos 发现在剪切作用下，充填浆体的屈服应力和黏度随剪切时间增加而逐渐减小，并最终趋于稳定。X. J. Deng 等以加拿大 Mt Polley 矿超细全尾砂为例，分析了质量浓度、水灰比、剪切速率及静止时间对充填浆体流变特性的影响。黄玉诚根据似膏体在稳态流动时表现为黏塑性体，在动态条件下表现为黏弹塑性体的特点，建立了似膏体广义的黏弹塑性流变力学模型。

4. 充填体的承载机理研究

充填采矿技术经过近半个世纪的不断完善与发展，其在工程中的应用实践已日趋完善。针对不同的开采技术条件，深入开展充填体的承载机理研究，尤其是基于深井"三高一扰动"的特殊开采技术条件，系统、深入地开展深井充填理论与岩爆防控技术研究，已成为新的研究热点和发展方向。

尾砂的粒径组成、颗粒级配、物理化学性质，充填料浆的灰砂比、质量浓度、渗透脱水性能以及养护环境等因素均会对充填体的损伤破坏特性产生影响。Jewell 等认为合格膏体中小于 20 μm 颗粒的含量应超过 15%；Liu 等分析了充填体内部孔隙率和孔隙分形维数对其强度的影响；Galaa 等基于水泥的水化反应、基质吸力和相对湿度条件，研究了超声波 P 波与充填体强度的潜在关联性；Fu 等发现充填体的单轴抗压强度与质量浓度和养护时间成指数增长关系，弹性模量则与围岩的侧限压力成反比；王新民等将充填体的受压破坏过程简化为初始变形阶段、弹性变形阶段、塑性屈服阶段和破坏阶段；徐文彬等通过试验得出电阻率变化可表征受压充填体内部结构的变化特征，热红外信息可反映充填体塑性屈服前表面结构的温度演化特性；陈绍杰等基于充填体的蠕变硬化特性，认为其有利于保持围岩长期稳定。

充填料浆进入采空区后，经流动沉缩、渗透脱水、固结硬化与围岩发生相互作用，包括对卸载岩块的滑移趋势提供侧向压力、支撑破碎岩体和原生碎裂岩体、抵抗采场围岩闭合等；于学馥等将充填体的作用归结为应力吸收与转移、接触支撑和应力隔离；刘光生发现充填体与围岩产生摩擦作用后，会有部分自重应力向岩体转移呈现拱效应；Cui 等模拟分析了多场耦合条件下充填体应力成拱效应随时间的变化规律；Liu 等探究了围岩表面粗糙度对充填体应力分布的影响规律；Singh 等利用最小主应力迹线形成的圆弧微分单元，研究了围岩变形对充填体挤压模式的影响；Rajeev 等通过试验推导了充填体与围岩接触面之间剪应力的计算公式；Dirige 等认为充填体作为滑移块体，受内部失稳滑移面间摩擦阻力和下盘岩体摩擦阻力的双重影响。

从能量角度分析，岩爆是岩体中聚积的弹性变形势能突然猛烈释放的过程，岩体中能量的释放速率直接影响岩爆的作用强度和破坏效果。Heunis 通过对南非金矿山的岩爆灾害调查，发现废石充填采空区可降低岩爆灾害所释放的能量；Hu 等探究了充填体的侧限支护作用对岩体裂纹密度、扩展度及力学特性的影响；李地元将高地应力地下洞壁简化为两边简支的力学模型，分析了充填体的侧压作用对减少洞壁岩体屈曲板裂破坏的效果；Jiang 等研究发现充填体可增加煤柱弹性变形部分的体积,进而增加煤柱的整体强度,降低岩爆的能量指数;Zhang 等认为充填体接顶能够显著改善顶板的应力集中现象,减少表面型岩爆的发生;冯帆等针对岩体特性及受力状态影响形成的板裂体,探究了充填体抑制屈曲岩爆发生的作用机理;刘志祥等基于充填体与岩体在相互力学作用下的能量模型,推导了充填体与岩体的系统失稳判据。王新民教授针对深部矿床开发固有的高应力、高地压、高井温这一特殊环境特点,应用岩体力学、工程流体力学等相关理论与数值分析方法,结合在铜陵新桥矿业公司、开阳磷矿和山东新矿集团孙村煤矿等的科研实践,通过理论分析,并立足于室内试验与现场工业试验,全面系统地研究了深井充填材料与管输系统中的主要理论与技术问题。

1.2.3 充填专用装备研制进展

根据充填工艺流程,充填的专用装备包括:尾矿浓缩脱水装置、搅拌装置和泵送设备。

1.尾矿浓缩脱水装置研制进展

1)旋流器

水力旋流器是利用离心力来加速尾矿沉降的分级设备,是分级尾砂充填常用的分级设备之一,具有结构简单、设备费用低、占地面积小等优点。其常与浓密机组成"水力旋流器-浓密机串联流程"和"水力旋流器-浓密机闭路流程"的联合浓缩工艺,其中旋流器主要用于提高尾矿的浓缩效率,浓密机主要用来获得高浓度的浓缩产物。近年来,随着旋流器在尾矿充填领域应用的不断成熟和发展,由数个或数十个旋流器并联起来形成的超大能力旋流器组(见图 1-1)开始出现并应用于矿山的充填系统中。

图 1-1 水力旋流器组

2)振动筛

振动筛是通过振动筛网大小控制粗细粒径产率,实现固液分离的新型尾矿脱水设备。电机带动筛网高频振动,有助于水从筛面过滤层中迅速下渗,并推动滤饼不断向前移动,因此对于尾矿中的粗粒径颗粒具有很高的脱水效率。高频振动脱水筛(见图 1-2)常与水力旋流器、浓密机及压滤机等配合用于尾矿分级和脱水。振动筛的处理能力和脱水效果不仅与筛网大小有关,还与振动频率和脱水面积有很大的关系。目前,新型的高频振动筛在有效控制振幅的同时,运转频率已可提高至 1500~7200 r/min,且逐渐形成了单层、双层直至十叠层的高效、大能力的重叠式高频振动脱水筛系列产品。

图 1-2 高频振动脱水筛

3）立式砂仓

作为一种典型的骨料浓缩和存储设备，立式砂仓一般由仓顶、溢流槽、仓体、仓底及仓内的造浆管件等组成。仓顶结构包括仓顶房、进砂管、水力旋流器（尾砂分级时）、料位计和人行栈桥等。溢流槽位于仓口内壁或外壁，槽底有朝向溢流管接口汇集的坡度，作用是降低溢流速度，并提高尾砂利用率。仓体是贮砂的主要组成部分，一般用钢筋混凝土构筑或钢板焊接而成，由于过去采用的半球形仓底结构放砂浓度低，易板结，故现代立式砂仓一般改为锥形放砂结构。立式砂仓在金属矿山充填中得到广泛应用，技术较成熟，但也存在处理能力小、放砂浓度低且不稳定、仓壁结块突然垮落堵塞放砂口造成断流、溢流水跑浑等诸多问题。近年来，国内外学者大多通过优化絮凝剂或助凝剂的种类、添加方式和药剂量来提高立式砂仓的放砂浓度，降低溢流水含固量，通过改进砂仓底部喷嘴的设计或采用风水联合造浆来改善放砂效果，减少堵塞断流。

4）浓密机

在矿山充填系统中，常见的浓密机类型包括：高效浓密机、斜板浓密机和深锥浓密机。

高效浓密机（见图1-3）是在传统耙式浓密机的基础上增加絮凝剂添加装置，利用絮凝沉降原理使微细颗粒凝聚成团，可使浓密机直径降低50%以上，占地面积减少20%左右，单位面积处理能力提升数倍。高效浓密机技术成熟、应用范围广，但是也存在着占地面积大、处理能力小、浓缩效率低等问题。同时，由于高效浓密机的

图1-3 高效浓密机

底流质量浓度仅能达到40%~50%，因此常作为一段尾矿浓缩的设备，还需要增加二段脱水装置，才能获得满足矿山充填要求的高浓度底流。目前，高效浓密机正朝着大型化、高效化和自动化控制的方向发展。

斜板浓密机是通过内置斜板来增加沉降面积、缩短沉降距离，提高传统浓密机浓缩效率的新型设备，可分为箱式和圆池型斜板浓密机两种。箱式斜板浓密机上部箱体内有斜置的斜板组群（见图1-4），处理物料由斜板单元下端两侧进入，斜板组群上方有一贯通全长的溢流槽，槽底开有节流孔。沿斜板下滑的浓泥进入下部锥体后，压缩脱水，并靠重力或机械外排。圆池型斜板浓密机配有中心传动式耙泥装置，置入若干斜板组架，采用耙式结构强制排出浓泥。由于系统投资较大，目前斜板浓密机在矿山充填中的应用较少，应用效果还有待进一步验证。

图1-4 斜板浓密机

深锥浓密机(见图 1-5)是在高效浓密机增加絮凝剂添加装置的基础上,进一步增大墙高、扩大直径来增大尾矿储存量和处理效率,通过提高泥层高度增加底流浓度并降低溢流水含固量。首先,絮凝剂供给采用了独特的进料自稀释系统,促进尾砂浆与絮凝剂的均匀混合;同时尾矿料浆采用中心供料的形式来缩短尾砂浆沉降距离,增加溢流水中固体颗粒上浮阻力,最大限度地保证了絮凝剂的絮凝效果。其次,深锥浓密机中锥形浓缩池的高度大于直径,同时增加了墙体高度可充分利用深锥的自然压力获得较清的溢流和高浓度的底流。最后,深锥高效浓密机在刮泥耙上设计了可以破坏压缩区内尾砂颗粒间固液平衡的导水杆,在使尾矿进一步压实的同时,可使砂浆中的水分沿着导水杆流到砂浆压缩层上部,并随着砂浆中溢流水溢出。鉴于深锥浓密机具有处理能力大、底流浓度高且稳定、溢流水澄清等显著优点,国内外中大型矿山新建的充填系统已普遍采用深锥浓密机作为核心设备。

图 1-5　深锥浓密机

5)过滤机

过滤机是尾矿二段脱水中最常用的装备,根据脱水原理的不同可分为:真空过滤机和陶瓷过滤机两种。

盘式真空过滤机的核心是由若干单独的扇片组成的圆盘(见图 1-6),圆盘在充满矿浆的槽体中转动,经过过滤吸附区时,在真空泵的作用下使过滤介质两侧形成压力差,固体颗粒即可在滤布表面形成滤饼。盘式真空过滤机具有占地面积小、处理能力大等优点,但是滤布易堵塞,更换滤布劳动强度大。

水平带式真空过滤机是一种自动化程度较高的新型过滤设备(见图 1-7)。该机以循环移动的环形履带作为过滤介质,使矿

图 1-6　盘式真空过滤机

浆水平置于过滤介质上,充分利用矿浆重力和真空负压实现固液分离,因而具有过滤效率高、生产能力大、滤饼水分低等诸多优点,但是占地面积较大,对于细粒径颗粒脱水效果一般,限制了其推广应用。

陶瓷过滤机以由亲水材料烧结而成的陶瓷过滤板来代替滤布(图 1-8),由于滤板上存在直径为 1.5~2.0 μm 的微孔,其毛细效应可产生高达 140 kPa 的压力差,可将尾矿的含水率降至 15%以下。鉴于其具有性能优良、自动化程度高、适用范围广、节能高效等诸多优点,陶瓷过滤机已经替代真空过滤机成为一种新型的尾矿脱水设备,在尾矿全脱水和充填领域应用越来越广泛。

图1-7 水平带式真空过滤机

图1-8 陶瓷过滤机

6)压滤机

压滤机是通过在过滤介质一侧施加机械压力来实现固液分离的一种尾矿脱水设备。通过对矿浆进行机械挤压及脱水风干，压滤机脱水产品含水量很低。目前在尾矿干堆脱水中应用较广泛的压滤机有带式、厢式、立式和板框压滤机(见图1-9)等。与陶瓷过滤机相比，压滤机的能耗更高且需要经常更换滤布，在矿山充填领域的应用较少。

图1-9 板框压滤机

2.搅拌装置研制进展

制备出高质量、高浓度充填料浆是充填技术的关键，而高效率、高速度搅拌机则是制备高浓度充填用料浆最重要的设备。

1)搅拌桶

搅拌桶是由电动机三角带传动带动叶轮旋转将不同骨料充分混合均匀，具有投资小、成本低、对不同粒径骨料适用性好等优点，是矿山充填最常用的搅拌设备。考虑到在实际使用中，所制备的充填料中固体颗粒和水的相互作用，容易形成聚团效应，使核心脆弱的聚团体外围黏附一层水泥浆而不易被捣碎。在不显著提高搅拌桶功率的前提下，不断提高螺旋桨叶片的转速是解决此类问题的有效手段，目前矿山常用功率为55 kW的立式搅拌桶(转速可达200~300 r/min)。因此，大容量、高转速且低能耗将是矿用充填新型搅拌桶的发展方向。

2)卧式双轴搅拌机

对于多种混合物料，尤其是含有碎石的骨料，卧式双轴搅拌机具有较好的混合和搅拌效果，其主要零部件包括：搅拌转子杆、主轴、外壳体、电机、联轴器、设备机架等。双轴搅拌机在工作时，充填料通过进料口进入搅拌槽体，两根搅拌轴在电机驱动下反向旋转，搅拌轴上装有搅拌刀片，搅拌刀片在搅拌轴上呈螺旋线状分布，充填料受搅拌刀片旋转推动而随之同向位移，相互混合完成搅拌。在双轴搅拌机的两根搅拌轴之间的重叠区域，旋转方向不同的充填料相互挤压搓揉，提高了充填料混合的效果。但是，由于卧式双轴搅拌机的转速普遍不高(<100 r/min)，黏性料备过程中结块现象比较明显，因此，大容量、高转速且低能耗也是矿用新型卧式双轴搅拌机的发展方向。

3. 充填工业泵研制进展

随着充填技术的不断发展，充填料浆的质量浓度不断提高，管道输送距离越来越远，但是高浓度充填料浆的长距离管道输送技术和装备却一直是制约国内充填技术发展的瓶颈。近年来，高压力、大排量、高可靠性的充填工业泵的引进和快速发展有效解决了这一瓶颈问题，并迅速在尾矿充填、尾矿高浓度排放、冶金石化行业污水处理和固废弃物处理等领域得到了广泛应用，为高含固、黏稠物料安全可靠的远距离输送提供了有效保障（如图 1-10 所示）。

图 1-10 充填工业泵

充填工业泵的不断完善和发展为高浓度、长距离充填料浆的输送创造了条件，但是目前国内充填工业泵的流量仍然较小、价格较贵且能耗极高。因此，大能力、低成本和低能耗将是矿用新型充填工业泵的发展方向。同时，充填工业泵也将在污泥的长距离和高扬程输送，以及江河湖泊的清淤、隧道施工、填海造地等领域得到更广泛的应用。

1.2.4 充填技术发展方向

1. 新型低成本胶凝材料研发

随着原材料价格的上涨和国家对环保的重视，水泥作为矿山充填最常用的胶凝材料，其价格长期维持在高位且仍有较大的涨幅空间，部分偏远矿区散装水泥的到矿价格已上涨至 500 元/t，因此开发新型的充填胶凝材料来替代水泥已成为新的研究热点。大量的研究及应用实践表明，冶炼厂水淬炉渣、火力发电厂粉煤灰、磷化工厂黄磷渣、烧结法赤泥等材料，都是性能良好的水泥替代品。Bernal 等以高炉矿渣为原材料，采用碳酸钠作为活化剂，研究了碳酸盐基团对材料结构及化学演化的影响。Ercikdi 等采用废玻璃、粉煤灰、粒状高炉矿渣和硅灰制备新型充填胶凝材料，并进行了铁尾矿的胶结充填试验。山东孙村煤矿通过在煤矸石充填料浆中添加粉煤灰，不仅有效降低了水泥的单耗，还大大改善了充填料浆的流动性能，提高了骨料的悬浮性能。贵州开阳磷矿以磷石膏作为充填骨料、黄磷渣作为胶凝材料，开发出了国际首例全磷废料胶结充填技术。周爱民等通过在烧结法赤泥中添加活性激发剂制备新型胶凝材料，在相同配比条件下，试块的 28 d 单轴抗压强度较 42.5 硅酸盐水泥提高了 2.7 倍。

2. 大能力、高效率、低成本充填装备

充填理论经过近一个世纪的发展，已形成了完整的理论体系和完善的应用技术。但在实际充填应用过程中，充填系统装备仍是限制充填技术成功应用的重要前提条件。例如，在立式砂仓出现以前，由于没有大能力、高效率的尾矿浓缩装置，传统的卧式砂仓占地面积大、滤水效率低、溢流水跑混严重，导致充填能力小且不连续。立式砂仓出现后，卧式砂仓就迅速被淘汰了，但是立式砂仓在应用过程中也存在放砂浓度低且不稳定、高压风高压水联合造浆能耗较高、溢流水含固量高等问题。因此，当处理能力更大、放砂浓度更高且更稳定的深锥浓密机出现后，立式砂仓就逐步被取代了。此外，充填系统投资过大仍是限制广大中小型矿山充填推广应用的主要原因。目前，以深锥浓密机为核心的充填系统投资普遍在 2000 万~5000 万元/套，开发大能力、高效率、低成本充填装备，不断降低充填系统投资和充填运营成本将是充填技术的重要发展方向。

3. 自动化与智能化充填控制技术

随着自动化与智能化控制技术的应用，在充填系统全流程增设自动化的数据采集、数据处理和分析反馈功能，实现尾矿浓缩、上料、计量、搅拌和输送全流程的自动化和可视化控制，对于提高充填系统的自动化与智能化水平，减少用人，具有重要的现实意义。要实现自动化与智能化充填控制技术，应该具备如下条件：

（1）拥有快速、准确、自动化的信息采集与处理系统。

（2）建立有效的充填经营管理信息系统，形成企业局域网络。

（3）具有容量足够，能传递声频数据和视频数据信息的、高速的双向信息通信网络。

（4）具有独立的矿山充填可视化数字平台等软件支持。

目前，地表充填制备站的自动化控制已经实现，但是井上与井下的智能化充填技术仍需努力攻关。

1.3 充填采矿法与绿色矿山建设

1.3.1 绿色矿山定义

2018 年 6 月 22 日，自然资源部发布通过全国国土资源标准化技术委员会审查的《金属矿行业绿色矿山建设规范》等 9 项行业标准，并于 2018 年 10 月 1 日起正式实施。规范中，将"绿色矿山"定义为：在矿产资源开发全过程中，实施科学有序的开采，对矿区及周边生态环境扰动控制在可控制范围内，实现环境生态化、开采方式科学化、资源利用高效化、企业管理规范化和矿区社区和谐化的矿山。对于必须破坏扰动的部分，应当通过科学设计、先进合理的有效措施，确保矿山的存在、发展直至终结，始终与周边环境相协调，并融合于社会可持续发展轨道中，建立一种崭新的矿业形象。

根据规范要求，绿色矿山建设是一项复杂的系统工程，着力于在科学有序合理地开发利用矿山资源的过程中，对其产生的污染、矿山地质灾害、生态破坏失衡，最大限度地予以恢

复治理或转化创新。因此，绿色矿山建设要求矿产资源开发利用全过程必须采用先进的生产技术和有利于生态保护的生产方式。作者基于数十年的采矿工程专业教学和现场工程实践积累，认为在当代开采技术和装备条件下，绿色矿山的关键技术可进一步细化为：采用先进的采矿工艺与装备，实现固体矿产资源的安全高效充填法开采，有效保护地表地形和生态环境；对矿山产生的固体废弃物进行资源化使用和无害化排放；实现废水的循环利用或达标排放。

1.3.2　绿色矿山建设发展历程

1. 国外绿色矿山建设发展历程

国外绿色矿山建设发展历程大致可分为如下三个阶段：

第一阶段：矿区绿化阶段（1945年以前）。早在19世纪，英、美等西方国家就提出了"绿色矿山"的概念。此时绿色矿山的概念仅仅停留在单纯的矿区植被保护和矿区绿化方面，即这一时期的"绿色矿山建设"要素就是矿区绿化。例如，1904年开始建设的加拿大布查特花园矿山原本是一座污水横流、地面严重塌陷、废石遍地的石灰岩矿山，经过几代人的辛勤努力，建成为世界著名的矿山花园。矿山花园占地120000 m^2，分下沉花园、玫瑰花园、地中海花园、意大利花园和日本庭园等多个游览区域，可观赏到世界各地的名花异草以及源自中国、意大利、日本的园林布局艺术。

第二阶段：资源综合利用阶段（1945—2000年）。1945年以后，全球经济高速发展，人类社会对自然资源的消耗以前所未有的速度增长，越来越多的学者认识到地球资源的宝贵性和稀缺性，并提出提高矿产资源综合利用率、减少资源损失和浪费的倡议。此时的绿色矿山概念已经从单纯的矿区绿化延伸至资源的综合利用。例如，1945年之前苏联的矿产资源开采平均损失率高达35%～50%，随着高品位矿产资源的不断枯竭和原矿品位的逐年下降，苏联开始格外重视矿产资源的综合利用率。1945年后，苏联制定并实施的与地下矿产资源安全管理和开发利用相关的法律法规、政府文件超过60多部，安全规程等技术文件超过2000余部。这些文件中，既有涉及矿产资源综合利用的技术性文件，也有完善矿产开发税收制度和吸引内外投资的经济刺激政策；既有严苛规范矿区使用和环境保护的《地下资源法》，也有明确划分共和国、联邦主体和地方三级行政主体在矿产资源管理领域中权限和职责的《矿产资源法草案》。

第三阶段：绿色矿山建设阶段（2000年至今）。进入21世纪之后，资源短缺和环境污染成为制约世界各国发展的共同问题，"绿色""可持续""负责任""透明度"等关键词逐步成为全球矿业发展的基本理念，绿色矿山的概念也更加全面、清晰和符合实际情况，绿色开采技术也逐渐完善和快速推广应用开来。在许多国际组织、政府部门以及行业协会的推动下，不同国家根据自身矿业发展的特点，基于资源、环境、经济、社会等多目标的价值统筹，不同主体的定位分工和利益协同，选择一个或几个"关键词"来推进矿业的可持续健康发展。例如，作为世界主要的矿产品出口国，加拿大是西方发达国家中唯一把矿业作为支柱产业的国家。早在2003年，加拿大矿业协会就制定了矿业可持续发展的目标要求和评价指标体系，2009年加拿大矿业勘探与开发协会也提出了绿色环保的矿业开发理念。2008—2009年，加拿大政府先后批准《矿山关闭协议》和《生物多样性保育协议框架》，提高了矿业的准入门槛和矿业生态环境保护要求。2016年,加拿大自然资源部发布"绿色矿业"倡议,提出加速绿色开采实践方面的研究、开发与实践,倡议具体包含节能减排、废弃物治理、生态风险管控和闭坑生态复垦四个主题。同年,加拿大自然资源部发布了《绿色矿业发展计划》,分别从尾矿管理、原住民关系、能源利用、温室气体排放、有害废物管理、生物多样性保育、社区认同度、矿山安全与健康、危险管理规划、矿山关闭、员工培训等方面提出了明确的要求。

2. 国内绿色矿山建设发展历程

由于我国矿业的现代化起步较晚,开采技术和装备水平基础薄弱,广大中小型矿山大多采用粗放式的开采模式,产生了严重的安全隐患及环境污染和资源浪费问题。随着国家对安全和环保的高度重视以及"绿水青山就是金山银山"发展理念的不断深入贯彻,在矿产资源开发利用过程中,不断推行绿色开采技术,建设绿色矿山,已经成为我国矿产资源开发利用的基本国策。

2007年,国土资源部提出了"发展绿色矿业"的倡议。倡议立足于我国当时矿产资源开发利用模式仍然比较粗放,节能减排任务繁重,矿山环境问题比较突出,不能完全适应经济社会发展新要求的基本国情,提出转变传统意义上以单纯消耗矿产资源、牺牲生态环境为代价和高耗能为特点的开发利用方式,从根本上转变发展方式和经济增长方式,真正实现资源合理开发利用与环境保护协调发展,已成为矿山企业发展的必然选择。

2009年1月7日,国土资源部发布了《全国矿产资源规划(2008—2015年)》,明确提出了发展"绿色矿业"的要求,并提出了"到2020年,绿色矿山格局基本建立"的战略目标。

2010年8月23日,国土资源部发布了《国土资源部关于贯彻落实全国矿产资源规划发展绿色矿业建设绿色矿山工作的指导意见》,随文附件《国家级绿色矿山基本条件》,主要包括依法办矿、规范管理、综合利用、技术创新、节能减排、环境保护、土地复垦、社区和谐、企业文化九大方面。

2011年3月19日,国土资源部公布了首批国家级"绿色矿山"试点单位名单,国内甘肃金川集团、江西德兴铜矿、贵州开阳磷矿、山东归来庄金矿等37家单位上榜。

2012年4月18日,国土资源部公布了第二批国家级"绿色矿山"试点单位名单,湖南宝山铅锌银矿、安徽新桥硫铁矿、浙江遂昌金矿等183家单位上榜。

2012年6月14日,国土资源部发出通知:到2015年,建设600个以上试点绿色矿山,形成标准体系及配套支持政策措施;2015—2020年,全面推广试点经验,实现大中型矿山基本达到绿色矿山标准,小型矿山企业按照绿色矿山条件规范管理,基本形成全国绿色矿山格局的总体目标,新办矿山达不到绿色标准将不能获批。

2016年11月2日,由国土资源部、国家发展改革委、工业和信息化部、财政部、环境保护部、商务部共同组织编制的《全国矿产资源规划(2016—2020年)》正式发布实施,明确要求到2020年基本形成节约高效、环境友好、矿地和谐的绿色矿业发展模式,并在规划期末全国拟建设绿色矿山的数量约1.3万个。

2017年5月12日,国土资源部、财政部、环境保护部、国家质检总局、银监会、证监会联合印发《关于加快建设绿色矿山的实施意见》,要求加大政策支持力度,加快绿色矿山建设进程,力争到2020年,形成符合生态文明建设要求的矿业发展新模式。

2018年3月11日,第十三届全国人民代表大会第一次会议通过的《中华人民共和国宪法修正案》中，首次将"生态文明"写入宪法，绿色矿山建设已经上升为国家战略。

2018年6月22日，自然资源部发布已通过全国国土资源标准化技术委员会审查的《非金属矿行业绿色矿山建设规范》等9项行业标准，并于2018年10月1日起实施。

1.3.3 绿色矿山建设关键技术

固体废弃物(如煤矸石、粉煤灰、尾砂、赤泥等)和废水作为矿山的最主要污染物，不仅产量大、污染严重、占地面积广而且安全隐患突出，2018年6月自然资源部发布《非金属矿行业绿色矿山建设规范》等9项行业标准，明确提出绿色矿山的建设过程中，矿山废石、尾矿等固体废弃物处置率达到100%，污水100%达标排放。因此，绿色矿山建设的难点主要包括煤矸石、尾矿等固体废弃物的无害化处置技术、尾水净化及循环利用技术。其总体解决思路是：首先，采用传统空场法和崩落法等粗放开采模式的矿山，必须转型升级为更加安全环保的充填采矿法，以减少固体废弃物的排放。其次，将大部分的固体废弃物循环利用作为充填骨料充填治理井下采空区，以消除采空区隐患、防止地表塌陷；少量剩余部分则可选择脱水后地表干堆或作为建筑材料二次循环利用，取消尾矿/尾渣库；对干堆场进行生态化治理与复垦，消灭污染源。最后，浓缩或脱滤后的废水，经净化处理后循环利用或达标排放。因此，当前经济技术条件下，绿色矿山建设主要包括充填采矿法、固废资源化利用与无害化处置、废水循环利用三大关键技术。

1. 充填采矿法

充填法是有色金属和贵金属地下矿山最早采用的一类方法，因其能够最大限度地回收地下矿产资源、保护地表环境和建构筑物。近年来随着充填材料、充填工艺及管道输送技术装备的进步和突破，充填成本不断降低，尤其是国家对安全及环境保护的重视，充填法因其无可替代的优势，迅速在煤矿、铁矿、化工等传统上不宜采用充填法的矿山得到广泛应用。究其原因，充填法具有这几方面的优势(如图1-11所示)：

(1)可以及时充填采空区，有效控制地压活动，避免由地压灾害造成的人员伤亡事故，国内外尚无采用充填法开采出现过大规模地压灾害的事例。

(2)可以最大限度地回收地下矿产资源。充填法由于采用人工矿柱，实现两步骤安全回采，因此不留矿柱或使矿柱量大大减少，与空场法相比，其矿石回收率一般要提高20%～30%，贫化率可以控制在8%以下。譬如姑山铁矿使用充填法替代空场法后，矿石回收率由以前的60%提高到90%以上，贫化率仅5%；金川镍矿采用充填法的矿石回收率达到95%。

(3)可以实现"三下"资源的安全回采。这一方面的成功实例颇多，如安徽铜陵新桥矿业公司、冬瓜山铜矿采用充填法多年，有效地保护了地表村庄、公路及农田；水口山矿务局康家湾矿则成功安全地回收了大型水体下预留的170万t高品位保安矿柱；山东新汶矿业集团孙村煤矿使用充填法成功回收了城市地下压覆的160万t高品位煤柱；开阳磷矿采用充填法实现了公路下2260多万t保安矿柱的安全回收。

(4)可以有效处理工业固体废料，减少固体物的排放。由于充填料用量大，充填不仅减少了固体物的排放，节约了征地费用及无害化处理费用，而且更为有效地减少了环境污染，为实现绿色矿山和矿山地表环境治理开辟了重要路径。

鉴于此，国家相关部门出台了一系列法律法规，从政策层面鼓励和引导推广充填法。如

消除采空区隐患、防止地表沉降　　　减少尾矿排放总量、保护地表环境

充填采矿法

减少矿柱留设、提高资源回收率　　　降低深井地温、保障回采作业安全

图 1-11　充填采矿法的优势

国土资源部、国家安全监管总局、财政部、国家税务总局、环境保护部等部门于 2012—2018 年先后出台《关于进一步加强尾矿库监督管理工作的指导意见》(安监总管—〔2012〕32 号)、《关于严防十类非煤矿山生产安全事故的通知》(安监总管—〔2014〕48 号)、《关于资源税改革具体政策问题的通知》(财税〔2016〕54 号)、《国家安全监管总局关于印发〈遏制尾矿库"头顶库"重特大事故工作方案〉的通知》(安监总管—〔2016〕54 号)、《中华人民共和国环境保护税法》等,严格安全许可制度,新建矿山必须论证并优先推行充填采矿法;对"三下"充填法采出的矿产资源,资源税减征 50%;鼓励采取井下充填改造和消灭"头顶库";对矿山固体废物污染征税,其中尾矿 15 元/t、粉煤灰 25 元/t、危险废弃物 1000 元/t。

2. 固废资源化利用与无害化处置

1) 固废资源化利用

尾矿等固废一般是指在特定的经济技术条件下,通过矿物加工过程从碎磨的矿石资源中进行分离与富集后排出的"废弃物",是在特定的技术经济条件下难以分选的物料。但随着科学技术的进步和发展,有用目标组分还有进一步回收利用的经济价值,所以尾矿等固废是个相对概念,并不是绝对的废弃物。但是若随意排放,既造成资源流失,又严重污染环境。因此,与传统的矿产资源一样,固废表现出明显的资源属性、经济属性和环境属性。

目前,我国大宗工业固体废弃物综合利用率在 60% 左右,而产生量占大宗工业固体废弃物近一半的尾矿的综合利用率不足 15%。由于我国矿业起步相对较晚,技术发展不平衡,且矿产资源以含多种共伴生组分的辅助多金属贫矿为主,所以开采利用难度大,资源利用率低,有色金属矿山的采选综合回收率更是只有33%。金川镍矿尾矿中主要金属元素铁折算金属量就高达1000万t左右,稀有贵金属元素镍、钴的金属量则分别高达20万~25万t和0.8万~2万t,还有含量丰富的铜、金、银、铂等有价元素。将尾矿等固体废弃物用作建筑材料仍然是现阶段尾矿综合利用的主要方式。积极发展新型高附加值的尾矿综合利用新工艺和技术,已成为现阶段尾矿综合利用的主要途径。采用矿物材料制作的新型玻璃、墙体材料等已在俄罗斯诸多选厂实践应用;利用铁尾矿合成新型的陶瓷制品,已经成为一种经济环保的尾矿利用新工艺;铜尾矿中的石榴子石等成分则可作为改性材料添加到橡胶制品中,进而起到提高产品质量、节约能耗的作用。

2) 固废充填采空区

作为资源开采大国,我国每年都要通过开挖数万千米的井巷工程和剥离数亿吨的地表山体,从地下开采20亿t以上的矿产资源,因采矿作业而产生的采空区的累计体积已达到350亿m³。尾矿充填采空区,不仅可以消除采空区的安全隐患,更可大大减少地表的尾矿排放,减少尾矿库占地和环境污染,符合"无废开采"的发展趋势。

3) 尾矿干堆

尾矿干堆是采用过滤设备将尾矿脱水成含水率低于20%的滤饼,然后通过汽车或皮带输送至尾矿堆场内进行干式堆存的工艺。最早的尾矿干堆实践始于1980年澳大利亚阿尔科公司在平贾拉厂进行的赤泥干堆处置试验,随后尾矿干堆工艺技术迅速发展,截至2014年底,国内已有463座尾矿库应用了干式堆排技术,氧化铝行业则全部采用了赤泥干式堆存工艺(如图1-12所示)。尾矿干堆工艺的迅速发展离不开国家政策法规

图1-12　山西华兴铝业神堂沟赤泥干堆场

的导向。2010年,国土资源部正式出台政策文件,要求全面贯彻落实矿产资源规划,大力推广尾矿充填和干式排尾技术,发展绿色矿业,建设绿色矿山。2016年5月20日,《国家安全监管总局关于印发〈遏制尾矿库"头顶库"重特大事故工作方案〉的通知》(安监总管—〔2016〕54号)明确提出:要采取"尾矿湿排工艺改为干堆或膏堆工艺"等措施改造和消灭"头顶库"。2018年6月,自然资源部发布的《非金属矿行业绿色矿山建设规范》等9项行业标准中提出:矿山废石、尾矿等固体废弃物处置率达到100%;宜对尾矿进行干式排放,减少尾矿库占地面积。相对于传统的低浓度尾矿直排尾矿库,尾矿干堆的优势有:

(1) 提高了尾矿库的安全性能。经浓缩压滤后的尾矿滤饼含水率低,尾矿干堆场内不积水,尾矿经碾压后堆积强度进一步提升,安全性能大大提升;尾矿滤饼不饱和、不易液化、抗剪强度高,抗震防洪性能大大提高;即便发生溃坝灾害,干尾矿也不会引发滑坡、泥石流等灾害,破坏程度有限。

(2) 生态环境污染大大减少。尾矿浓缩后的溢流水通常回用作选矿用水,进而大大减少了废水中重金属离子和选用药剂的渗透污染;干堆场由于库内不积水,可边堆筑边复垦,减

少粉尘污染。

（3）减少占地面积和征地费用。由于尾矿滤饼含水率低，自然堆存不泌水，因此干堆对不同地形条件适用性强，可在峡谷、低洼、平地、缓坡等地形条件下安全堆存，进而使尾矿占地面积和征地费用大大减少。

（4）有效延长了尾矿库服务年限。采用尾矿干堆后尾矿堆积密度增加，在相同的库容条件下，堆存总量和服务年限大大增加和延长。

（5）节约用水。干堆尾矿的回水率高达90%以上，在严重缺水地区优势尤为明显，不仅节约了宝贵的水资源，还实现了废水的零排放，降低了环境污染的风险。

（6）有价元素回收和选矿药剂循环利用。由于干堆尾矿的回水率高，废水中的有价元素和选矿药剂可以得到有效的回收利用。

（7）降低了常规尾矿库的建设、运营、闭库及复垦费用。传统尾矿库的建设、日常监测、维护、排水和渗透治理费用高达5~10元/t，尾矿干堆则极低。

（8）对不同地域、气候和环境适应性较强。无论是南方多雨地区，还是北方干旱地区，以及其他高地震烈度区、高寒地区，尾矿干堆均有成功应用的实例，因此尾矿干堆具有广泛的推广应用价值。

3. 废水循环利用

水是人类生活的重要物质基础。我国水资源分布不均，仍有大量的严重缺水地区。目前，我国的矿山开采选矿过程水资源消耗量大、循环利用率低、重金属污染严重等问题非常突出，不仅进一步加剧了当地的缺水困境，还会对当地饮用水源、农作物和生态环境造成严重的破坏。因此，采取合适的废水处置工艺，对矿山污水进行处理和综合利用，对于促进矿区及其所在区域的经济发展乃至整个矿产行业的可持续发展均具有至关重要的作用和意义。

除少量的生活污水外，矿山主要的污水来源主要为矿井涌水和选矿尾水。生活污水是矿区人们生活所产生的废水，规模较小、处理难度较低且已有非常成熟的集成式废水处理设备。矿井涌水来源于矿体开采和探矿过程中所产生的裂隙涌水、充填泌水和钻孔放水等，一般硬度和矿化度较高，内部有微小煤尘和岩尘等悬浮物，氟化物、硫化物等无机盐类，需要进行专门的净化处理才能够循环利用或达标排放。选矿尾水是指选矿流程结束后所排出尾矿中所含的水，一般含有大量的选矿药剂、重金属离子且往往酸碱度超标，必须经专门的净化处理才能够循环利用或达标排放。采空区充填和地表干堆技术有效地解决了矿山主要固体废弃物的无害化处置难题，尾矿浓缩的溢流水和压滤的回水，则可通过添加絮凝剂，进行一段或多段浓缩、絮凝沉降净化处理工艺（如图1-13所示），进而直接回用作选矿用水或达标排放。

目前，常见的矿山污水处理工艺有：

（1）混凝沉淀技术。混凝沉淀技术是一种重要的物化处理方法，通常采用铝盐或铁盐作为混凝剂，与污水均匀混合后再经沉淀和澄清即可完成净化处理。近年来，由于工艺简单且成本较低，集成混凝与沉淀工艺的污水处理装备得到了广泛的应用，处理后的水体只需经过过滤和消毒就可以直接达标排放。

（2）微生物处理技术。该技术是以滤池内填料表面的生物作为载体，吸附流经水体中的有机物，再利用生物膜表面微生物的氧化作用，形成由有机物—细菌—原生生物组成的食物

图1-13　广东省大宝山矿业有限公司矿山污水处理系统

链。运用该技术，流程短且占地面积小、出水水质高，其非常适合硝化菌等生长缓慢的微生物繁殖，具有较强的氨氮去除能力。

（3）吸附技术。当前常用的吸附材料为活性炭和硅藻土。活性炭会随着处理时间的延长而逐渐丧失吸附能力，因而需要及时更换或再生活性炭。硅藻土上具有多级、大量且排列有序的微孔，具有较强的吸附能力，它能够吸附1.5~4倍自重的液体和1.1~1.5倍的油分，并且用其所制成的吸附塔还具有筛分和深度效应，表现出良好的深度处理效果。

（4）反渗透技术。此技术是以压力为驱动力的膜分离技术，具有无相变、流程简单、占地面积小、能耗低以及污染物脱出率高等优点，在煤矿污水处理中具有广阔的应用前景。

（5）集成膜技术。通过将超滤、微滤和反渗透综合在一起，超滤、微滤作为反渗透技术的预处理过程，可确保出水水质至少在三级水质之上，其后设置的反渗透膜可大大延长集成膜的使用寿命，进而大大简化传统污水处理的预处理系统。

（6）连续膜过滤技术。此技术多采用成本低廉的中空纤维，无须支撑层即可实现反向冲洗，在矿山污水处理领域具有较大的应用潜力。

1.3.4　绿色矿山典型实例

1. 金川集团股份有限公司

金川集团股份有限公司是甘肃省人民政府控股的特大型采、选、冶、化、深加工联合企业，2022年镍产量居世界第四位，钴产量居世界第四位，铜产量居国内第四位，铂族金属产量居亚洲第一位；拥有世界第五座、亚洲第一座镍闪速熔炼炉，世界首座铜合成熔炼炉，世界首座富氧顶吹镍熔炼炉。2023年集团位居《财富》"世界500强"榜单289位。

1）矿山概况

金川铜镍矿位于甘肃省河西走廊中部金昌市区，矿区坐落在市区以南的龙首山中东端北麓、阿拉善台地南缘，与市区连成一片，矿区东西全长 6.5 km，宽约 1 km，被后期构造活动切割成 4 个相对独立的含矿超基性岩段，包括龙首矿、二矿区和三矿区三大矿区(见图 1-14)。龙首矿主要承担金川镍矿 Ⅰ 矿区、Ⅱ 矿区 6 勘探线以西矿体和 Ⅲ 矿区的矿石开采任务，包括东

(a) 金昌市及金川集团矿区卫星图

(b) 已闭坑露天采场

(c) 地表工业场地

(d) 国家矿山公园

(e) 尾矿库

图 1-14 金川集团主要生产设施情况

部富矿采区、中部贫富矿混合方式开采采区、西一贫矿机械化采区、西二贫矿机械化采区，2020 年出矿量为 351 万 t。二矿区是金川集团股份有限公司的主力矿山，开采量稳定在 400 万 t/a 以上，承担着集团近 70% 的内部原料供给任务。二矿区生产系统完善、工艺先进，是我国有色金属行业规模最大、机械化程度较高的充填采矿法开采矿山，也是全球使用机械化下向充填胶结采矿法矿山中规模最大、发展最快的矿山，为中国的镍钴工业做出了巨大贡献。三矿区由原金川集团露天矿更名成立，承担金川矿区东部贫矿、F17 以东、F17 以西三个采区和棒磨砂、石英石生产任务，2020 年井下出矿量突破 285 万 t。

2）绿色矿山建设

经过多年的开采，金川露天镍矿的采剥矿岩总量高达 7033 万 m^3，遗留下了全国最大的人造矿坑，产生的上亿吨废石在矿坑周边近 100 万 m^2 的范围内堆砌成废石山。金川集团利用开采后废弃的大型露天矿坑和采矿废石堆建设金川国家矿山公园，在寸草不生的矿渣和乱石堆上种植了 116 个品种的 74 万株苗木，使矿区的绿化面积达到 46 万 m^2，绿化覆盖率达到可绿化区域总面积的 85% 以上，打造了金昌市工业旅游名片。老年林、青年林、牵手林、地企共建林、军民共建林、沙枣胡杨观赏林，一片片人工林开始星罗棋布于戈壁城市的边缘；紫金苑、植物园、百菊苑、金水湖、龙首湖、玫瑰谷，一处处特色景观从此扮靓曾经灰色的城市。毗邻矿区的金昌市变成了半城楼宇半城绿的花园城市，移步即景、风光如画，并获批"全国文明城市""国家园林城市"。

3）先进的采矿工艺和机械化装备配套

作为国内外罕见的高品位、高价值矿床，金川矿区矿体的开采技术条件极为复杂，开采难度之大国内外罕见，主要表现在矿山地质条件复杂、构造发育、矿岩破碎、地应力较高、岩体稳定性极差等，使得开拓采准巷道变形（包括底鼓）严重，顶板冒顶的安全隐患非常突出。通过技术攻关，金川集团于 1985 年引进了适宜开采岩破碎、地应力大、采空区不能自立的贵重金属采矿方法——机械化盘区下向水平进路胶结充填采矿法（见图 1-15），并配置了 JCZY-252 轮式全液压凿岩台车、JCCY-6 型铲运机等机械化的采掘装备，1996 年出矿量即突破 200 万 t。目前，金川集团已拥有国内首屈一指的超大型现代化绿色矿山，其独特的下向六角形进路式充填法，已成为解决软弱岩层和高地应力条件下厚大矿体安全高效开采的典型示范。

4）5G 智能化和数字化转型

金川集团积极推进矿山智能化安全高效绿色开发，建设"智能矿山"，5G 智能巡检机器人、"5G+"有轨运输无人驾驶、"5G+"矿运卡车远程遥控、选矿厂碎矿系统、"5G+"无人化操控相继建成投用。2020 年，龙首矿西一充填站"一键充填"系统正式投入使用，解决了充填系统中存在的砂石含水率无法监测、参数耦合控制波动大、人员调整时滞性大等难点问题。2020 年，在龙首矿运输工区 1703 水平运输线路上，经过改装的有轨运输电机车通过 5G 无线通信网络实现无人驾驶运行。此外，金川集团还在铲运机智能化出矿、智能化门禁、矿山通风在线监测及智能诊断、地表毛石翻笼系统改造、工区车间智能化等方面进行转型升级。

2. 深圳市中金岭南有色金属股份有限公司凡口铅锌矿

深圳市中金岭南有色金属股份有限公司是广东省广晟控股集团有限公司控股的以铅、锌、铜等为主业的多金属国际化全产业链资源公司，业务范围涵盖矿山、冶炼、新材料加工、贸易金融、工程技术五大板块，多年入选中国企业 500 强。

(a) 矿石破碎球磨车间

(b) 精矿浮选车间

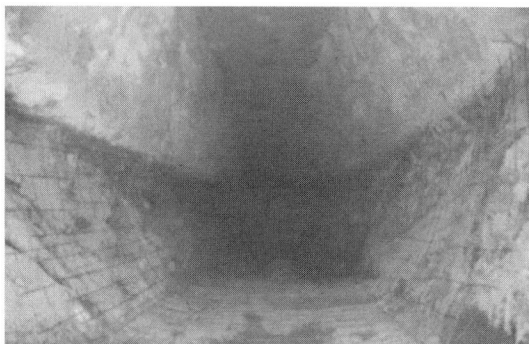
(c) 下向六角形进路

(d) JCZY-252轮式全液压凿岩台车

(e) "5G+" 电机车无人驾驶

(f) 矿山"一键充填"系统控制界面

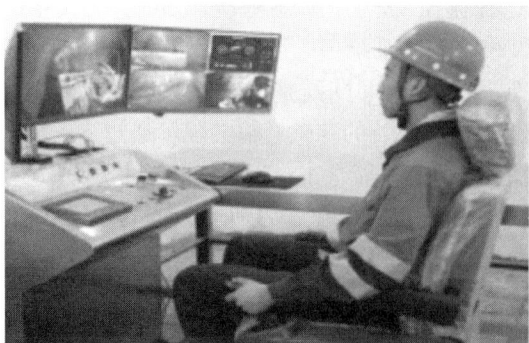
(g) JCCY-6型遥控铲运机远程遥控出矿

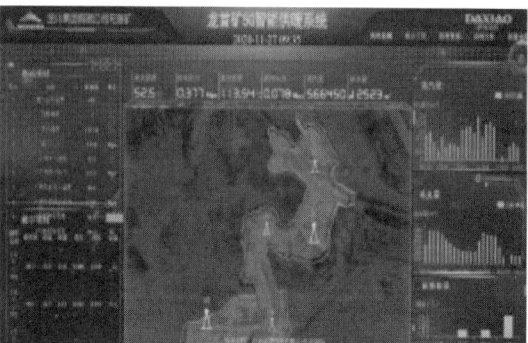
(h) 矿区5G智能供暖系统

图 1-15　金川集团机械化智能化开采情况

1) 矿山概况

凡口铅锌矿位于广东省韶关市仁化县董塘镇，矿区总面积 6.07 km²，是目前亚洲单一铅锌产能最大的矿山。矿山资源丰富，品位高，储量大，矿石中除富含13%左右的铅锌金属外，还赋存大量的银和锗、镓等稀散金属，目前矿山年采矿石约 150 万 t，年产铅锌金属量 15 万 t。凡口铅锌矿积极践行"绿水青山就是金山银山"的发展理念，先后被评为国家"资源综合利用和环境治理"典型样板矿山、"国家级绿色矿山"，连续多年被评为"广东省环保诚信企业"，还荣获"全国文明单位""全国五一劳动奖状""首届全国矿产资源合理开发利用先进矿山企业""广东省首届国土空间生态修复十大范例""环保诚信绿牌企业""生态文明共建积极单位""广东省安全文化建设示范企业"等荣誉。

2) 绿色矿山建设

如图 1-16 所示，作为具有 60 多年历史的大型矿山，凡口铅锌矿在资源节约与综合利用、节能减排、环境保护、土地复垦、科技创新与智能矿山、企业管理与社区和谐等方面取得了较好成效。投入大量资金进行治理，通过强化尾矿库治理、加大矿区绿化等工作，着力保护独特的矿业遗迹、地质遗迹，进一步改善矿区生态环境，2015 年建成了国家级矿山公园——成为广东省首个在产矿山建成的矿山公园。采用"原位基质改良直接植被+生态浮床"系统技术，改变土壤酸化、植物难以存活的性状，在湿地种植宽叶香蒲等植物恢复了稳定可繁衍的生物群落，形成了良性生态系统，实现了"源头控制"和"末端治理"的有效结合，建成了生态修复示范区。

凡口铅锌矿坚持合理开发和利用矿产资源，大力推动采掘废石资源化和尾砂资源综合回收利用，通过采用"高铁硫精矿选硫新工艺"，有效回收利用矿山难采矿石、低品位矿石和呆滞矿量。采用先进工艺技术和高效节能设备，全面优化工艺流程，通过采用帷幕注浆技术治理地下水灾害，采掘产生的废石全部回填井下采空区，选矿废水澄清净化后综合利用等举措，提高劳动生产率，降低消耗，实现"安全、高产、高效、低耗"。

3) 智能矿山建设

如图 1-17 所示，为切实提升矿山安全生产管理水平、降低成本、减员增效，凡口铅锌矿依据中金岭南公司数字化转型"15511"顶层设计蓝图，编制了《凡口铅锌矿智能矿山可行性研究报告》。采取"统一规划、分步实施"原则，推进 5G、WiFi 6、云计算、物联网、大数据、人工智能、虚拟现实等前沿技术的应用，实现基础设施网络化、资源开采数字化、生产运营信息化、安全环保智慧化、生产装备自动化、生产作业智能化、生态环境和谐化，建成基于大数据的智能与决策于一体的本质安全、资源集约、绿色高效的智能矿山，全面提升矿山安全生产与管理水平，改善工人井下作业环境，减少井下作业人数，打造非煤地下矿山行业标杆；先后开展了多元融合网络、数据中心机房、矿产资源勘查及开采设计数字化、安全虚拟实训系统、安全避险"六大系统"、微震在线监测系统、尾矿库在线监测系统、风险分级管控与隐患排查系统、采矿自动化系统、选矿自动化系统、充填自动化系统、生产执行系统、数智质控平台、铲运机无人驾驶、撬毛台车远程遥控系统、"5G+"电机车无人驾驶系统、"5G+"铁路运矿机车动态监控系统、智能捅矿机器人、智控中心等项目建设。（资料来源：凡口铅锌矿刘晓明）

(a) 凡口铅锌矿国家矿山公园

(b) 矿山生产系统集控中心

(c) 尾矿库闭库复垦工程

(d) 尾矿库安全环保在线监测系统

(e) 选厂自动化控制系统

(f) 井下遥控铲运机

图 1-16　凡口铅锌矿绿色矿山建设情况

3. 河南中矿能源有限公司嵩县柿树底金矿

1) 矿山概况

柿树底金矿位于河南省洛阳市嵩县大章镇牛头沟西北部，矿区面积 19.8830 km²。主矿体呈似层状、板状，走向长 400 m，倾向延伸 300~400 m，平均倾角 30°、平均厚度 3.39 m、平均品位 1.5 g/t。目前采用平硐-盲竖井联合开拓，多年来一直使用房柱法开采，造成了严重的技术、经济、环保和安全问题，严重影响矿山的经济效益、服务年限和可持续发展。2018—2023 年，矿山与中南大学联合科研攻关与工程实践，消除了采空区安全隐患，实现了低品位缓倾斜复杂难采矿体的高效安全开采，大大提高了采矿回收率，降低了贫化率，实现了矿山尾废 100% 资源化利用，消除了尾矿库，成功实现矿山的转型升级，为中小型矿山粗放

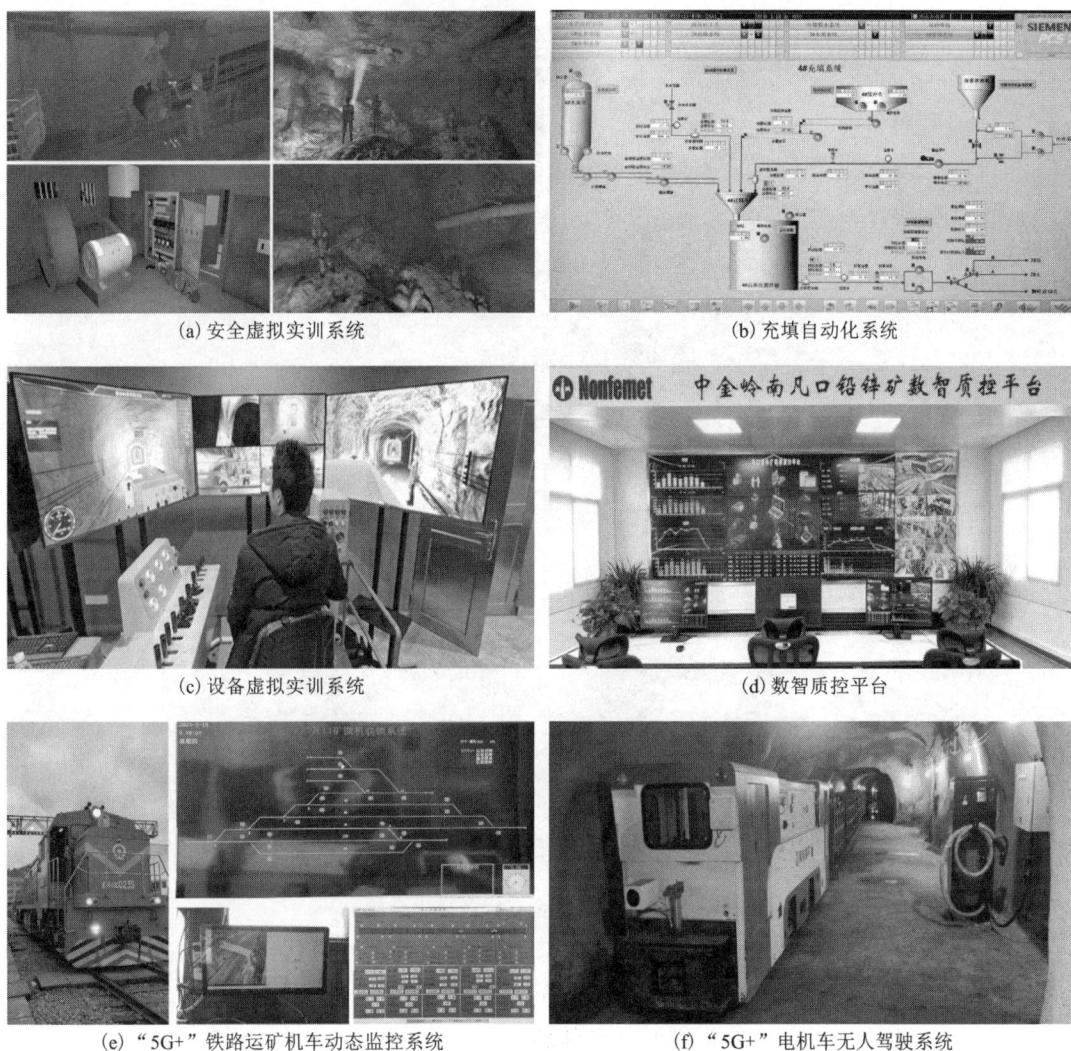

(a) 安全虚拟实训系统

(b) 充填自动化系统

(c) 设备虚拟实训系统

(d) 数智质控平台

(e) "5G+" 铁路运矿机车动态监控系统

(f) "5G+" 电机车无人驾驶系统

图 1-17　凡口铅锌矿智能矿山系统建设情况

开采模式转型升级、实现绿色无废开采开辟了新途径。如图 1-18 所示，在 2021 年及 2022 年柿树底金矿全部通过河南省自然资源厅组织的第三方评估机构绿色矿山复审，连续保持多年"国家级绿色矿山"的荣誉称号。

2）研发了国内首套低成本全尾砂全脱水似膏体充填工艺与系统

金属矿山尾矿产出率普遍在 90% 以上，采用充填法开采仅能利用 50% 左右，而以深锥浓密机和充填工业泵为核心设备的泵送充填系统投资普遍高达 3000 万元以上，且仅能将尾矿浓缩至高浓度状态用于井下充填，无法实现尾矿的全部资源化利用。如图 1-19 所示，通过研发以高频振动筛和陶瓷过滤机为核心设备的两段连续固液分离脱水工艺，实现了级配差异巨大全尾砂的高效低成本粗细精准分离脱水，建成了国内第一座基于斜陡坡地形的全尾砂全脱水似膏体自流充填系统，系统总投资仅 1100 万元，且全脱水后的尾砂含水率低于 18%，可直接资源化利用，解决了广大中小型矿山充填系统投资高、尾矿综合利用率低的技术难题。

图1-18 柿树底金矿绿色矿山全貌

3)突破了低品位缓倾斜复杂难采矿体空场法转充填法关键技术瓶颈

如图1-20所示,柿树底金矿缓倾斜矿脉品位低、走向长、分支复合多、局部地段矿岩破碎,属典型的复杂难采矿体。通过开拓通风系统调整、采矿方法优选、采场结构参数优化和爆破参数设计,开发了多分支复合矿体联合机械化开采与充填新技术,创新了回收顶底柱的人工假顶设施及构筑方法,突破了低品位、缓倾斜复杂难采矿体空场法转充填法关键技术瓶颈。引进先进的机械化采掘装备,进行了空场法转充填法现场工业试验,试验采场生产能力可达203 t/d,比原采矿方法提高了3倍,而且将矿石回采率由原来房柱法的71.8%提升至94.5%,矿石贫化率由原来的15.6%降低至6.2%。

4)解决了高阶段大跨度老旧隐蔽采空区的安全治理难题

经过数十年的空场法开采,柿树底金矿产生了近110万 m³的庞大采空区群,且超过50%出现了大面积、多中段塌陷与贯通,严重威胁深部作业和地表安全。基于翔实的采空区禀赋特征调查和稳定性计算分析,开发了高阶段大跨度塌陷采空区似膏体非胶结充填治理新技术,发明了一种可循环利用的液压充填挡墙装置及方法,并成功应用于+835～+890 m中段的KK2、KK4、KK6共计6万 m³的特大遗留采空区群治理,解决了大面积、多中段、已塌陷老旧隐蔽采空区的安全治理难题,彻底消除了老旧隐蔽采空区的安全隐患,防止了地表的继

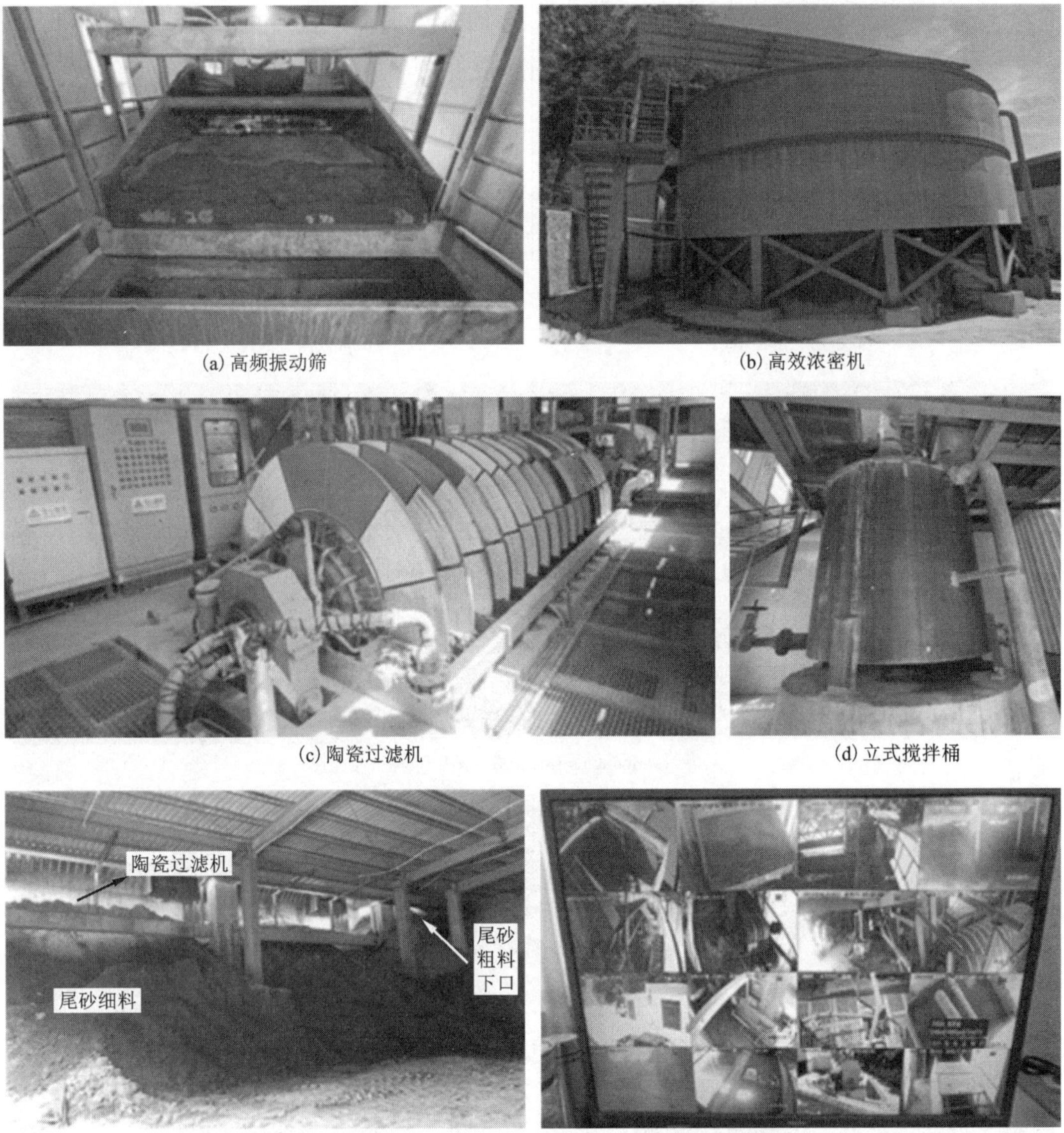

(a) 高频振动筛

(b) 高效浓密机

(c) 陶瓷过滤机

(d) 立式搅拌桶

陶瓷过滤机

尾砂细料

尾砂粗料下口

(e) 尾砂堆场

(f) 充填系统控制系统

图 1-19　柿树底金矿全尾砂全脱水似膏体充填系统

续沉降和塌陷,避免了大规模的地压灾害事故。

5) 创建了尾废 100% 综合利用的绿色无废开采应用示范,消除了尾矿库

在充填采矿和采空区充填治理的基础上,开发了废石与尾矿改性做建筑材料、铺路、制砖等综合利用途径,实现了矿山固废 100% 综合利用,彻底消除了尾矿库,节约了 8000 万元的新建尾矿库投资。开发及发明了一种矿山井下泄漏充填砂浆储存设施及清淤排污新方法,井下涌水及充填系统脱滤尾水可直接返回选厂 100% 资源化利用。

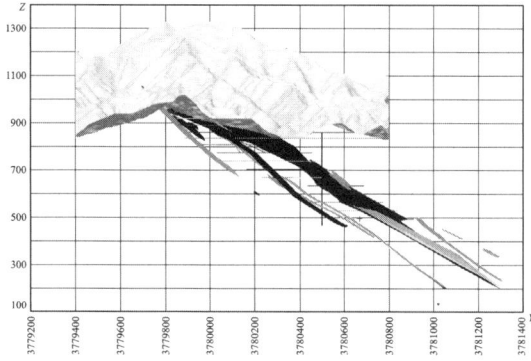

(a) 矿山三维模型

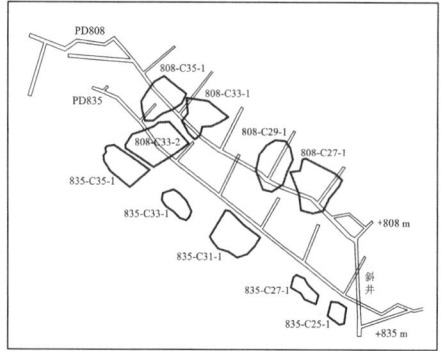

(b) 高阶段大跨度采空区治理

(c) Boommer K41全液压凿岩台车

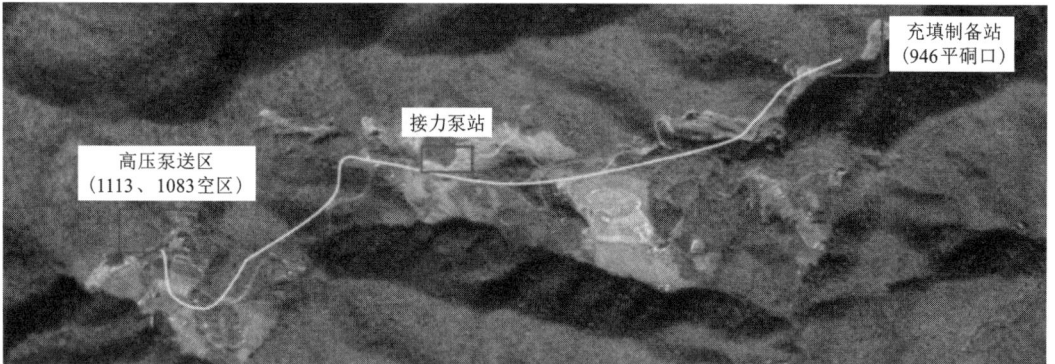

(d) 塌陷采空区治理

图1-20 柿树底金矿采空区治理及机械化采矿技术

思考题

1. 什么是采矿方法？采矿方法的各项工作又包括哪些内容？
2. 为什么充填采矿法是现代绿色开采技术的核心内容？
3. 什么是似膏体？为什么似膏体是目前最经济合理的充填方式？
4. 什么是绿色矿山？为什么国家大力推广绿色矿山建设？
5. 绿色矿山建设的关键技术包括哪些？

第 2 章　充填采矿法典型方案

随着我国装备制造水平的不断发展和提高,凿岩台车、铲运机等机械化采掘装备开始在矿山不断普及和广泛应用,使充填采矿法的安全回采效率越来越高、生产成本越来越低、适用范围越来越广、变形方案越来越多。

2.1　充填采矿法适用范围

充填采矿法(充填法)是有色金属和贵金属矿山最早采用的一类方法,因其能够最大限度地回收地下矿产资源、保护地表环境和建构筑物。近年来随着充填材料、充填工艺及管道输送技术装备的进步和突破,充填成本不断降低,尤其是国家对安全及环境保护的重视,充填法因其无可替代的优势,迅速在煤矿、铁矿、化工矿山等传统上不宜采用充填法的矿山得到广泛应用。

2.1.1　高价值矿体

高价值矿体是一个相对概念,受矿物种类、矿石品位、开采技术条件、选冶难易程度、市场需求状况和价格波动等众多因素的影响。与铁矿、煤矿、化工和建材类矿物资源相比,有色金属尤其是贵金属的价值相对较高,在其他条件相同的情况下,充填采矿法开采的资源回收率更高、损失贫化率更小、经济效益更优,这也是充填法最早在有色金属和贵金属矿山被广泛采用的主要原因。

2.1.2　低价值矿体

传统观念仅从采矿直接成本出发认为充填采矿法成本较高,不适用于低价值矿体的开采。但是,近年来随着充填装备、工艺和技术的进步,充填法因其无可替代的优势,迅速在低价值矿体开采中得到了广泛应用,并创造了良好的安全效益、经济效益和环保效益。究其原因:

(1)可以及时充填采空区,有效控制地压活动,避免由地压灾害造成的人员伤亡事故,尤其是在深井高地应力状态下的作用效果尤为突出。目前,国内外开采深度超过 1000 m 的矿山无一不采用充填法开采,尚无采用充填法开采出现过大规模地压灾害的事例。

(2)可以最大限度地回收地下矿产资源,延长矿山的服务年限。充填法由于采用人工矿柱，实现两步骤安全回采，因此不留矿柱或使矿柱量大大减少，与空场法相比，其矿石回收率一般要提高20%以上。例如，姑山铁矿使用充填法替代空场法后，矿石回收率由以前的60%提高到90%以上；金川镍矿采用充填法的矿石回收率达到95%。

（3）可以有效处理工业固体废料，减少企业固体物的排放。由于充填料用量大，尾矿充填不仅减少了固体物的排放，节约了征地费用及无害化处理费用，而且更为有效地减少了环境污染，为实现绿色矿山和矿山地表环境治理开辟了一条重要路径。

据估算，采用充填法会导致采矿直接成本增加15~25元/t，但是充填法在保障回采作业安全、降低矿石损失和贫化率、减少地面尾矿排放和保护地表环境方面所产生的安全效益、经济效益和环保效益等综合效益远优于传统空场法和崩落法，这也是在当前经济和环保形势条件下，充填采矿法在低价值矿体开采中也能得到广泛应用的根本原因。

2.1.3 "三下"资源

"三下"资源是指赋存在建筑物下、水体下、铁路等需要保护构筑物下的矿产资源。鉴于"三下"资源复杂的开采技术条件，采用传统的空场法开采会产生规模庞大的采空区群，极易发生冒顶、坍塌事故，引起上覆岩层的弯曲变形、溃曲破坏和整体塌落，进而可能引发地表沉降和塌陷，对地表河流、公路、建构筑物造成严重的破坏。

大量的应用实践表明，充填体可以实现"三下"开采及残矿资源的安全回收，及时充填采空区可以防止上部岩体出现移动和沉降。例如，安徽铜陵新桥矿业公司、冬瓜山铜矿采用充填法多年，有效地保护了地表村庄、公路及农田；水口山矿务局康家湾矿则成功安全地回收了大型水体下预留的170万t高品位保安矿柱；山东新汶矿业集团孙村煤矿使用充填法成功回收了城市地下压覆的160万t高品位煤柱；开阳磷矿采用充填法实现了公路下2260多万t保安矿柱的安全回收。

鉴于此，财政部和国家税务总局在《关于全面推进资源税改革的通知》（财税〔2016〕53号）、《关于资源税改革具体政策问题的通知》（财税〔2016〕54号）中明确提出：考虑到在"三下"采矿必须经国土资源部门批准，对安全和环保要求更高，应当采用更为严格的充填开采方式；对依法在建筑物下、铁路下、水体下通过充填开采方式采出的矿产资源，资源税减征50%。

2.1.4 残矿资源

残矿资源是一个相对概念，是指受开采扰动的影响，主要由传统空场法开采所遗留的、存在采空区安全隐患、开采技术条件复杂、开采难度较大的点柱、间柱、顶柱、底柱、边角矿、存窿矿和塌陷矿等矿石资源。据统计，我国有近10万座矿山，其中超过90%为规模较小的中小型矿山。广大中小型矿山皆因长期采用工艺与装备落后的空场法开采，资源综合回收率普遍不到60%，其采损矿量累计可达20亿t，保有的残矿资源可供100个大型矿山开采300余年。建设充填系统对老旧采空区进行充填治理，既可以从根本上消除采空区安全隐患、保护地表环境，又可以实现大量优质残矿资源的安全回收，延长矿山的服务年限，还可以实现尾矿等固体废弃物的生态化处置，避免新建尾矿库，转型升级为绿色矿山。因此，采用充填采矿法对残矿资源进行回收兼具显著的安全效益、环境效益和经济效益。

甘肃洛坝铅锌矿位于西成铅锌矿集区内东端，矿体呈狭长带状东西向展布，平均出露宽度 1000 m，品位高、储量丰富、埋藏较浅，主矿体厚度可达 50~60 m，上下盘围岩稳定性较好，水文地质条件简单，具有良好的开发利用条件。2011 年 5 月，甘肃有色地质勘查局对洛坝铅锌矿区范围内资源储量保有状况进行了详细的核实工作，提交保有储量 2530.76 万 t。但矿山一直沿用工艺技术装备落后的空场法开采，使得未动矿量大量减少，再加上深部接替资源勘探工作严重滞后，严重威胁了矿山的生存和发展。中南大学王新民教授团队技术人员通过对上部中段进行详细的实地踏勘，对采空区的参数、位置分布进行了深入的统计分析，确认总采损矿量为 1437.70 万 t，其中，采空区周边的矿柱矿量约 1076.90 万 t，巷道或采空区塌陷导致人员无法进入的不明采损矿量约为 360.80 万 t。基于充填采矿、采空区治理、残矿资源回收、尾砂处理四方面的需求，洛坝铅锌矿通过技术改造及技术攻关新建了甘肃省首套规模最大 (150 m³/h) 的深锥浓密充填系统并将空场法变更为充填法，实现了采空区群条件下残矿资源的安全高效回收，不仅为未来几年维持矿山产能、边深部接替资源勘探赢得了时间，而且在回收残矿资源的同时也对遗留采空区进行了处理，从根本上消除了采空区安全隐患，保护了地表环境，确保了矿山后续的生产安全并取得了良好的经济效益。

2.1.5　其他复杂开采技术条件

1. 矿岩软弱破碎

矿岩软弱破碎是指力学强度低、遇水易软化，在外荷载作用下易于产生压缩变形的岩体。在力学特征上，软弱岩石的单轴抗压强度小于 <30 MPa，软化系数 ≤0.6，变形模量低且流变效应较显著。在工程性质上，软岩表现为强度低，空隙、裂隙、节理发育，受力破坏前，出现明显的塑性变形等。在开采扰动的作用下，软弱岩层极易发生蠕变损伤和溃曲变形，进而产生垮塌、片帮现象，不仅会引起矿石的损失和贫化，还可能引发采场冒顶和坍塌事故，危及井下作业人员的安全。譬如地下开采常见的黏土岩、页岩，软质的泥灰岩、凝灰岩，大部分千枚岩、片岩、膨胀岩等。同时，在构造运动作用和岩浆岩侵入下所形成的断裂破碎带，也含有大量的因机械破碎、重结晶而新生的变质矿物，在淋滤侵蚀和风化作用下极易产生软弱岩层结构面，形成软弱岩体。

软弱破碎矿石资源的安全高效开采一直是个难题。采用传统的空场法开采不仅需要在采场内预留大量的矿柱，造成严重的资源损失与浪费，而且还需要加强对采场和巷道的支护工程，导致整体回采效率低下、采矿成本居高不下。软弱破碎条件下，采用凿岩台车和铲运机等机械化的采掘装备，控制合理的采场顶板暴露面积，最大程度上提高回采效率，缩短人员和设备在采空区内的作业时间，进而才能在保障回采作业安全的同时，实现此部分资源的"强采、强出、强充"，并降低采矿成本，创造良好的经济效益。

2. 高地应力矿体

高地应力为一个相对概念，一般将初始地应力在 20~30 MPa 或埋藏深度超过 800 m 的矿体称为高地应力矿体。除了受矿体埋藏深度的影响外，高地应力矿体还受构造作用等多种因素的影响。随着浅部优质资源的逐渐枯竭，我国将逐步迈入深井开采国家行列。基于深井"高地应力、高地温、高渗透压和强烈开采扰动"的特殊环境，极易引发顶板冒落、矿柱坍塌、采场闭合和岩爆等灾害，其中以岩爆灾害尤为突出。岩爆灾害是岩体中聚积的弹性变形势能在一定条件下突然猛烈释放，导致岩石爆裂弹射、产生冲击气浪的现象，不仅会造成开挖工作面的严重破坏、设备损坏和人员伤亡，还有可能引发强烈地震，已成为制约深井资源安全开采的关键科学问题和技术难题。

大量的应用实践表明，"强采、强出、强充"的机械化充填采矿工艺，不仅可以降低开采作业面的温度，最大程度上回收宝贵的矿石资源，还可尽快封闭岩体内弹性势能释放的临空面，抑制裂纹扩展和大变形，进而有效地预防和控制岩爆灾害，已成为深井矿山首选的采矿方案。深井高地应力条件下，刚性支护材料虽然能够通过"小变形"来吸收和储存一部分能量起到临时支撑的效果，但是应变能的不断累积和持续作用势必会不断加剧刚性支护材料的损伤破坏，并最终超出其承载极限而向临空面发生剧烈变形破坏。与刚性材料临时支护的作用机理不同，塑性或柔性充填体充满了开挖卸荷的采场、封闭了应变能量释放的临空面，并在与围岩充分接触、耦合作用过程中，通过其损伤破坏吸收与耗散大量能量，从而大大降低岩爆能量释放的速率和效率，进而可有效地预防和控制岩爆灾害。

3. 煤下铝、煤系硫铁矿等伴生矿体

作为世界上最大的氧化铝生产国和消费国，中国 2020 年的氧化铝总产量为 70353 万 t，约占世界总产量的 52.5%。然而中国的铝土矿储量却不足世界的 3%，且其中 98% 为质量差、加工难度大、能耗高的一水硬铝土矿。与国外的红土型铝土矿不同，我国铝土矿主要为古风化壳型，上覆地层多伴生有工业煤层或优质石灰石矿。例如，铝土矿储量约占中国总量一半的山西和河南省，保有的铝土矿中有近 2/3 为煤下铝。与之类似，我国煤系硫铁矿的储量约占硫铁矿总储量的 50%，山西、四川、河南等地都有大量的煤系硫铁矿矿床。硫铁矿是黄铁矿、白铁矿、磁黄铁矿的统称，而在煤系硫铁矿中大部分为黄铁矿，且多呈半自形-他形晶粒状集合体形式产出。

煤下铝、煤系硫铁矿大多呈层状结构产出，不仅变形和强度性质具有明显的各向异性，岩体的破坏机理及方式也明显不同于其他岩体。为了保护上覆煤层的安全，传统的空场法不仅需要在采场内预留大量的矿柱来支撑顶板，造成宝贵的矿石资源的损失和浪费，而且连续高强度的开采还会产生规模庞大的采空区群，极易发生顶板冒落和坍塌事故，进而贯通上覆煤层引起瓦斯突出灾害、地表沉陷和塌陷灾害事故。采用充填工艺对采空区进行充填治理后，进入采空区的充填料浆经流动沉缩、渗透脱水、固结硬化与围岩发生相互作用，包括封闭岩体内弹性势能释放的临空面，抑制裂纹扩展和大变形；为卸载岩块的滑移趋势提供侧向压力，支撑破碎岩体和原生碎裂岩体；与围岩接触面之间产生摩擦作用，使部分自重应力向岩体转移呈现拱效应，抵抗采场围岩闭合。同时，充填彻底消除了采空区的安全隐患，封闭了应变能量释放的临空面，有利于缓解顶板的应力集中现象，阻断了周边应变能的不断聚集和突然猛烈释放产生岩爆的灾害链式效应，是实现煤下铝、煤系硫铁矿等伴生矿体安全开采的唯一途径。

4. 高硫易自燃矿体

含硫矿物在低温环境下与空气中的氧气发生氧化反应，产生微量热量，当产生热量的速度超过向外散发热量的速度时，不断积聚的热量会使矿石的温度缓慢而稳定地升高，最终达

到含硫矿物自燃的最低温度而自行燃烧起来，这个现象和过程叫作自燃。矿体在未开采之前处于相对封闭的状态，仅会产生极其微弱的氧化反应，但是在被崩落成松散的矿石后，则极易因氧化而引起自燃。矿石的自燃现象多发生在含硫的有色金属矿山，严重者可引起矿山火灾。譬如大宝山矿区的 27 线 733 层面，有一块区域因为矿石的自燃形成冒烟区域，并伴有难闻的气味，造成了井下空气的污染和矿石资源的损失。湘潭锰矿矿体的直接顶板为叶片状黑色页岩，崩落后在有水和空气的条件下，经 30~50 d 后发生自燃。

除了受硫化物含量和地质因素影响外，矿石自燃的产生还受采矿方法、采下矿石的堆放时间和方式等因素的影响。采用充填采矿法可以有效阻断含硫矿体的自燃过程，主要是因为进入采空区的充填料浆封闭了岩体与空气接触的临空面，抑制了含硫矿物的氧化反应，阻断了热量的不断聚集和释放产生自燃的灾害链式效应。此外，采用机械化的充填采矿法实现含硫矿体的"强采、强出、强充"，可以大大缩短含硫矿物在空气中的暴露时间和崩落矿石的堆存时间，进而有效阻断含硫矿体的氧化放热过程。

2.2　分层充填采矿法

根据采场充填工艺的不同，充填采矿法可分为分层充填法和嗣后充填法。其中，分层充填采矿法主要包括：上向水平分层充填法、上向水平进路充填法、下向水平进路充填法和削壁充填法。

2.2.1　上向水平分层充填法

上向水平分层充填法是目前应用最广泛的一类分层充填采矿法，我国有超过 60%的矿山采用此类方法且仍有不断增加的趋势。根据采掘装备的不同，上向水平分层充填法又可分为普通上向水平分层充填法(采用风动凿岩机凿岩、电耙出矿)和机械化上向水平分层充填法(采用凿岩台车凿岩、铲运机出矿)。本节以采掘效率更高、生产能力更大的机械化上向水平分层充填法为例，介绍此类采矿方法的典型方案。

1.方案基本特征及适用条件

机械化上向水平分层充填法是根据矿体倾角和厚度变化情况，在水平方向上将矿块划分为矿房和矿柱等独立的回采单元，在垂直方向上将矿体划分为不同阶段，再将阶段划分为若干分段，分段再划分为若干个分层；利用凿岩台车和铲运机等机械化采掘装备，采用自下而上分层回采、采一层充一层的两步骤开采工艺，先采矿柱后采矿房，直至整个矿块回采完毕。

机械化上向水平分层充填法的适用条件为：

(1)稳固性：为保障回采作业安全，要求矿体中等稳固以上。

(2)倾角：为减少损失贫化，矿体倾角应在缓倾斜及以上。

(3)厚度：薄、中厚、厚矿体均可。

(4)对于形态不规则、分支复合变化大的矿体具有较好的适用性。

2. 采场结构参数

（1）阶段高度：30~60 m。

（2）分段高度：9~12 m。

（3）分层高度：3~4 m。

（4）根据矿体厚度的不同，采场的布置方式和结构参数如下：

①当矿体的水平厚度<15 m时，沿矿体走向方向布置矿房和矿柱，采场的宽度为矿体的水平厚度；综合考虑矿体的稳固性、采掘设备的工作效率和采场的通风条件等情况，选择合理的采场长度，一般矿房长度20~50 m，矿柱长度15~50 m，采场暴露面积控制在200~800 m²。

②当矿体的水平厚度≥15 m时，矿房和矿柱垂直于矿体走向方向布置，即矿房、矿柱的长度为矿体的水平厚度；综合考虑矿体的稳固性、采掘设备的工作效率和采场的通风条件等情况，一般矿房矿柱宽度10~20 m，采场暴露面积控制在200~800 m²；

（5）根据开采方式和同时工作中段数的不同，采场顶底柱的留设情况如下：

①当仅有一个中段开采即可满足产能要求，且中段间和中段内均采用上行式的开采方式时，可不留顶底柱，自下而上将矿体全部回采完毕。

②当有多个中段同时开采时，为保障上下两个中段回采作业的安全，则需要在上下两个阶段间留设3~5 m的顶底柱，或者首先开采顶底柱构筑人工假顶作为顶底柱。

3. 采准工程

采准工程主要包括阶段运输平巷、溜井、斜坡道、分段平巷、分层联络道、卸矿横巷、充填回风天井等采准巷道，如图2-1所示。

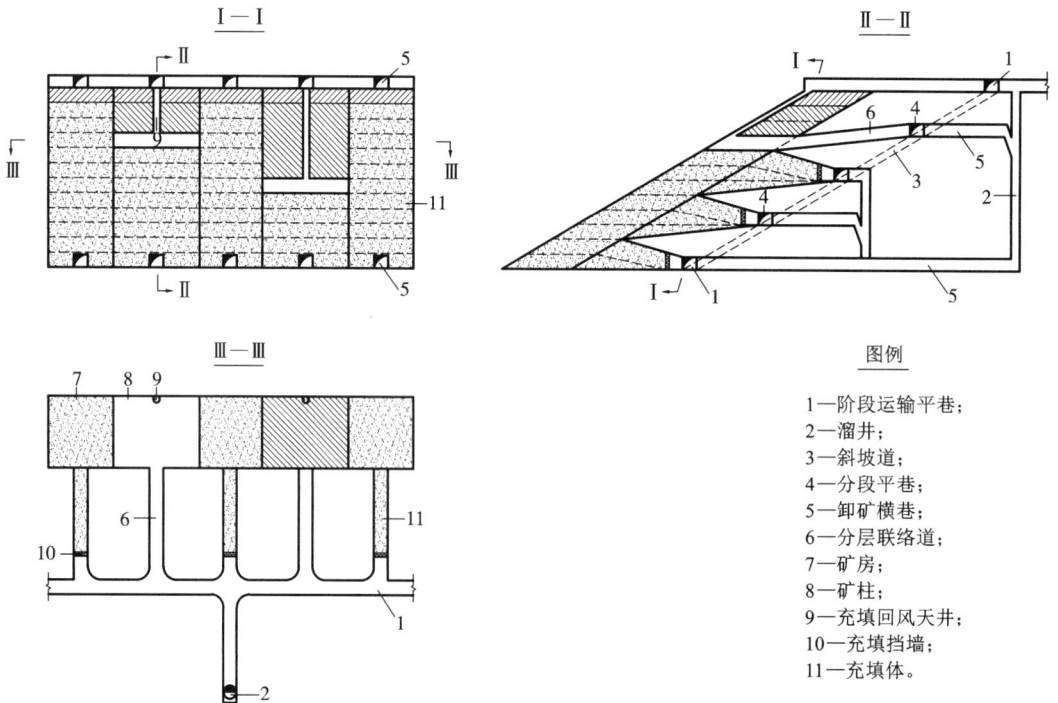

图例

1—阶段运输平巷；
2—溜井；
3—斜坡道；
4—分段平巷；
5—卸矿横巷；
6—分层联络道；
7—矿房；
8—矿柱；
9—充填回风天井；
10—充填挡墙；
11—充填体。

图2-1 机械化上向水平分层充填法采矿方法图

（1）阶段运输平巷。根据矿体倾角变化情况，设置阶段高度为 30~60 mm，在矿体下盘、平行矿体走向方向施工阶段运输平巷。

（2）溜井。在矿体下盘，靠近阶段运输平巷，每隔 200~300 m 设置一条溜井，贯穿上下阶段运输平巷。溜井上部设筛网，底部设置振动放矿机。为防止上下分段卸矿相互干扰，卸矿横巷与溜井间用分支溜井连通。

（3）斜坡道。斜坡道是凿岩台车、铲运机、材料设备及人员在不同分段和阶段之间实现自由快速移动的重要通道，断面尺寸规格以无轨设备（凿岩台车、铲运机）通行要求确定。

（4）分段平巷。分段联络平巷沿矿体走向布置在矿体下盘围岩中，负责 3 个分层的回采和出矿，其位置应保证分层联络道坡度满足铲运机的爬坡能力要求。

（5）分层联络道。每分层采场均布置一条分层联络道连通采场和分段平巷。下向分层联络道采用普通掘进方法形成，水平分层联络道则在下向的分层联络道顶板挑顶形成，而上向分层联络道由水平分层联络道上挑形成。

（6）卸矿横巷。施工卸矿横巷连通分段平巷和溜井。

（7）充填回风天井。充填回风天井是采场通风和下放充填料浆的重要通道，一般布置在矿房和矿柱中央，靠近矿体上盘的位置，一般待拉底巷道形成以后再施工。

4. 切割工程

切割工程主要是在矿房最底部分层施工一条拉底巷道，并以拉底巷道为自由面向两边扩帮，直至两边矿体边界，形成爆破自由面和落矿空间。

5. 回采工艺

（1）凿岩爆破。采用液压凿岩台车凿岩，为了便于分层采场顶板的安全管理，采用水平布孔方式。采用乳化炸药装药，起爆方式为导爆管和数码电子雷管起爆，各排炮孔间微差起爆。

（2）通风与顶板安全管理。每次爆破后须经充分通风并清理顶帮松石后，人员方能进入采场。新鲜风流由斜坡道经分段平巷和分层联络道进入采场，贯穿采场冲洗工作面后，污风经充填回风天井排入上阶段巷道。

（3）出矿。经充分通风排出炮烟、顶板安全检查后，采用铲运机铲装矿石，经分层联络道、分段平巷、卸矿横巷运至最近的溜井，溜入下一个中段集中进行矿石运输。

6. 充填工艺

每分层出矿结束后及时进行充填，以控制地压，阻止采场顶板变形。

（1）充填准备：①在分层联络道内构筑充填挡墙；②通过充填回风天井，向采场内接通充填软管，并将充填管固定在采场中部较高的地方，以便均匀充填；③检查地表充填制备站与充填采场之间的通信系统及充填线路。

（2）充填工作。所有充填准备工作完成后，即可进行采场充填。充填料浆经布设在充填回风天井中的充填管道充入采场。每次充填预留 2~3 m 的未接顶空间，为上部分层爆破创造自由面。充填完成后须养护 3~10 d，待充填体强度满足凿岩台车的通行要求后，再进行下一个分层的回采循环，直至将所有分层回采完毕。

7. 技术经济指标

千吨采切比：8~12 m/kt，50~100 m³/kt。
每米炮孔崩矿量：3.0~3.5 t/m。
回采率：90%~95%。
贫化率：5%~10%。
采场生产能力：200~300 t/d。
采矿综合成本：100~200 元/t。

8. 方案综合评价

(1)优点：①回采方案多，布置灵活，可适应复杂的开采技术条件；②机械化程度高，矿石损失率和贫化率低；③有利于地压管理，安全性好。

(2)缺点。增加了充填工序和养护时间，导致回采作业管理复杂，采矿直接成本增加。

2.2.2　上向水平进路充填法

作为一种常用的分层充填采矿法，上向水平进路充填法对于矿岩稳固性相对较差的开采技术条件适用性更好。本节以机械化上向水平进路充填法(采用凿岩台车凿岩、铲运机出矿)为例，介绍此类采矿方法的典型方案。

1. 方案基本特征及适用条件

机械化上向水平进路充填法是根据矿体倾角和厚度变化情况，在垂直方向上将矿体划分为不同阶段，再将阶段划分为若干分段，分段划分为若干个分层，分层划分为若干进路。各分层进路采用两步骤开采的方式，一步骤开采单数进路并采用胶结充填，二步骤回采偶数进路并采用低强度胶结充填。利用凿岩台车和铲运机等机械化采掘装备，采用自下而上、采一条进路充一条进路的分层回采工艺，直至整个矿块回采完毕。

机械化上向水平进路充填法的适用条件为：

(1)稳固性：矿石稳固性一般或较差，仅允许拉开一条进路的宽度。

(2)倾角：对各种倾角均有较好的适用性，在倾角较缓时可转型为条带式进路充填法开采。

(3)厚度：薄、中厚、厚矿体均可。

(4)对于形态不规则、分支复合变化大的矿体具有较好的适用性。

2. 采场结构参数

(1)阶段高度：30~60 m。

(2)分段高度：9~12 m。

(3)分层高度：3~4 m。

(4)进路宽度：2~5 m。

(5)根据矿体厚度的不同，进路的布置方式和结构参数如下：

①当矿体的水平厚度<20 m时，一般沿矿体走向方向布置进路，进路长度20~50 m，高

度3~4 m、宽度2~5 m，采场暴露面积控制在100~200 m²。

②当矿体的水平厚度≥20 m时，一般垂直矿体走向方向布置进路，进路高度3~4 m、宽度2~5 m，进路长度为矿体水平厚度，采场暴露面积控制在100~200 m²。

(6)根据开采方式和同时工作的中段数的不同，矿块顶底柱留设情况如下：

①当仅有一个中段开采即可满足产能要求，且中段间和中段内均采用上行式的开采方式时，可不留顶底柱，自下而上将矿体全部回采完毕。

②当有多个中段同时开采时，为保障上下两个中段回采作业的安全，需要在上下两个中段间留设3~5 m的顶底柱，或者首先开采顶底柱构筑人工假顶作为顶底柱。

3. 采准工程

采准工程主要包括阶段运输平巷、溜井、斜坡道、分段平巷、分层联络道、卸矿横巷、充填回风天井等采准巷道，如图2-2所示。

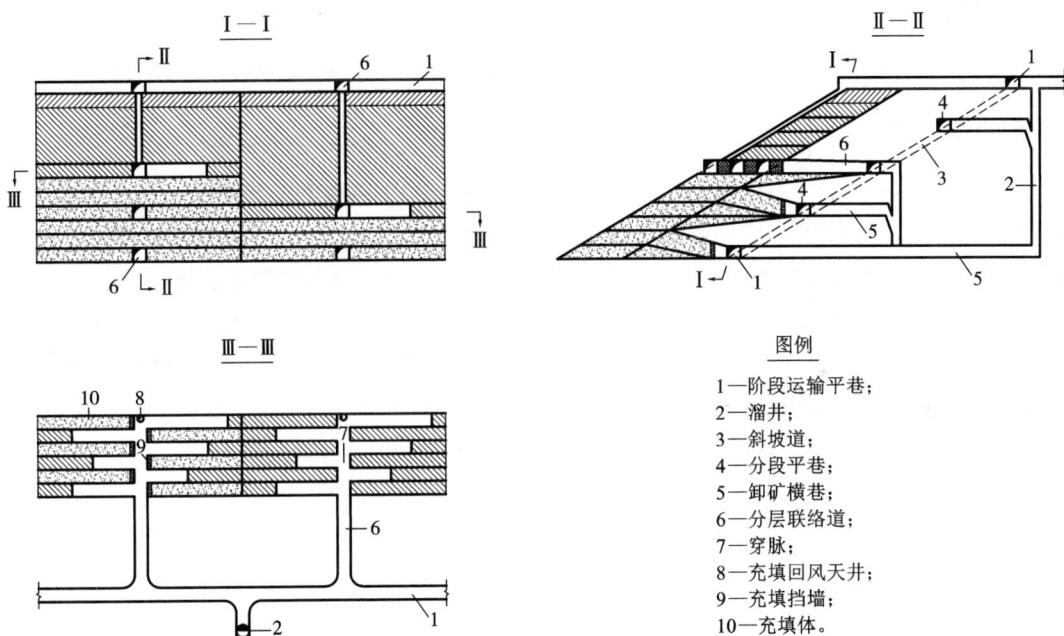

图例
1—阶段运输平巷；
2—溜井；
3—斜坡道；
4—分段平巷；
5—卸矿横巷；
6—分层联络道；
7—穿脉；
8—充填回风天井；
9—充填挡墙；
10—充填体。

图2-2 机械化上向水平进路充填法采矿方法图

（1）阶段运输平巷。根据矿体倾角变化情况，设置阶段高度30~60 m，在矿体下盘、平行矿体走向方向施工阶段运输平巷。

（2）溜井。在矿体下盘，靠近阶段运输平巷，每隔200~300 m布置一个溜井，贯穿上下阶段运输平巷。溜井上部设筛网，底部设置振动放矿机。为防止上下分段卸矿相互干扰，卸矿横巷与溜井间用分支溜井连通。

（3）斜坡道。斜坡道是凿岩台车、铲运机、材料设备及人员在不同分段和阶段之间实现自由快速移动的重要通道，断面尺寸规格以无轨设备(凿岩台车、铲运机)通行要求确定。

（4）分段平巷。分段联络平巷沿矿体走向布置在矿体下盘围岩中，负责3个分层的回采和出矿，其位置应保证分层联络道坡度满足铲运机的爬坡能力要求。

（5）分层联络道。每分层进路均布置一条分层联络道连通进路和分段平巷。下向分层联络道采用普通掘进方法形成，水平进路联络道则在下向的分层联络道顶板挑顶形成，而上向分层联络道由水平进路联络道上挑形成。

（6）卸矿横巷。施工卸矿横巷连通分段平巷和溜井。

（7）穿脉（或沿脉）巷道。当进路沿矿体走向方向布置时，需要自分层联络道施工穿脉巷道直达矿体上盘，便于机械化的作业设备和人员进出各进路；当进路垂直于矿体走向方向布置时，需要自分层联络道在矿体下盘施工沿脉巷道将矿体拉开，便于机械化的作业设备和人员进出各进路。

（8）充填回风天井。充填回风天井是进路通风和下放充填料浆的重要通道。当进路沿矿体走向方向布置时，一般布置在穿脉巷道的尽头，靠近矿体上盘的位置；当进路垂直于矿体走向方向布置时，一般布置在沿脉巷道的中央，便于各进路采场通风。

4. 切割工程

上向水平进路充填法采用独头巷道掘进的方式进行采矿作业，因此无切割工程。

5. 回采工艺

（1）凿岩爆破。采用液压凿岩台车凿岩，为了便于分层进路顶板的安全管理，采用光面爆破的方式，施工掏槽眼、辅助眼和周边眼，采用独头巷道掘进的方式进行采矿作业。采用乳化炸药装药，起爆方式为导爆管和数码电子雷管起爆，各排炮孔间微差起爆。

（2）通风与顶板安全管理。每次爆破后，必须经充分通风并清理顶帮松石后，人员才能进入进路采场。各进路采用局扇将进路内的污风抽出，新鲜风流由斜坡道经分段平巷和分层联络道进入，贯穿进路冲洗工作面后，污风经充填回风天井排入上阶段巷道。

（3）出矿。经充分通风排出炮烟、顶板安全检查后，采用铲运机铲装矿石，经分层联络道、分段平巷、卸矿横巷运至最近的溜井，溜入下一个中段集中进行矿石运输。

按照上述回采工艺，一步骤首先开采单数进路并采用胶结充填，二步骤回采偶数进路并采用低强度胶结充填。利用凿岩台车和铲运机等机械化采掘装备，采用自下而上、采一条进路充一条进路的分层回采工艺，直至整个矿块回采完毕。

6. 充填工艺

每条进路出矿结束后，及时进行充填，以控制地压，阻止顶板变形。

（1）充填准备：①在进路口构筑充填挡墙；②通过充填回风天井，向进路内接通充填软管，并将充填管固定在进路中部较高的地方，以便均匀充填；③检查地表充填制备站与充填进路之间的通信系统及充填线路。

（2）充填工作。所有充填准备工作完成后，即可进行进路充填。充填料浆经布设在充填回风天井中的充填管道充入进路。一步骤进路采用胶结充填，二步骤进路采用低强度胶结充填，且每次充填尽量保障充填的接顶率在80%以上。充填完成后须养护3~10 d，待充填体强度满足要求后，再进行下一个分层的回采循环，直至将所有分层回采完毕。

7. 技术经济指标

千吨采切比：8~12 m/kt，50~100 m³/kt。
每米炮孔崩矿量：3.0~3.5 t/m。
回采率：90%~95%。
贫化率：5%~8%。
进路生产能力：100~200 t/d。
采矿综合成本：150~250 元/t。

8. 方案综合评价

（1）优点。①回采方案多，布置灵活，可适应复杂的开采技术条件；②机械化程度高，矿石损失率和贫化率低；③有利于地压管理，安全性好。

（2）缺点。增加了充填工序和养护时间，导致回采作业管理复杂，采矿成本增加；采用独头掘进方式采矿，采场爆破、通风条件差且效率低。

2.2.3　下向水平进路充填法

在矿岩稳固性差且上向水平进路充填法无法保障回采作业安全的条件下，可以考虑采用下向水平进路充填法。本节以机械化下向水平进路充填法（采用凿岩台车凿岩、铲运机出矿）为例，介绍此类采矿方法的典型方案。

1. 方案基本特征及适用条件

机械化下向水平进路充填法是根据矿体倾角和厚度变化情况，在垂直方向上将矿体划分为不同阶段，再将阶段划分为若干分段，分段划分为若干个分层，分层划分为若干进路。各分层进路采用两步骤开采的方式，一步骤开采单数进路并采用高强度胶结充填构筑人工假顶，二步骤回采偶数进路并构筑高强度人工假顶。利用凿岩台车和铲运机等机械化采掘装备，采用自上而下、采一条进路充一条进路的分层回采工艺，直至整个矿块回采完毕。

机械化下向水平进路充填法的适用条件为：

（1）稳固性：矿石稳固性差，不允许拉开一条进路的宽度。

（2）由于该采矿方法生产环节较多且需要花费大量时间和高昂成本构筑人工假顶，因此要求所开采的矿石资源具有较高的价值。

2. 采场结构参数

（1）阶段高度：30~60 m。

（2）分段高度：9~12 m。

（3）分层高度：3~4 m。

（4）进路宽度：2~5 m。

（5）根据矿体厚度的不同，进路的布置方式和结构参数如下：

①当矿体的水平厚度<20 m 时，一般沿矿体走向方向布置进路，进路长度 20~50 m，高度 3~4 m、宽度 2~5 m，采场暴露面积控制在 100~200 m²。

②当矿体的水平厚度≥20 m时，一般垂直矿体走向方向布置进路，进路高度3~4 m、宽度2~5 m，进路长度为矿体水平厚度，采场暴露面积控制在100~200 m²。

（6）当有多个中段同时开采时，为保障上下两个中段回采作业的安全需要在上下两个中段间留设3~5 m的顶底柱，由于构筑了人工假顶，顶底柱可直接回收利用。

3. 采准工程

一般采用上盘脉外采准工艺，采准工程主要包括阶段运输平巷、溜井、斜坡道、分段平巷、分层联络道、卸矿横巷、充填回风天井等采准巷道，如图2-3所示。

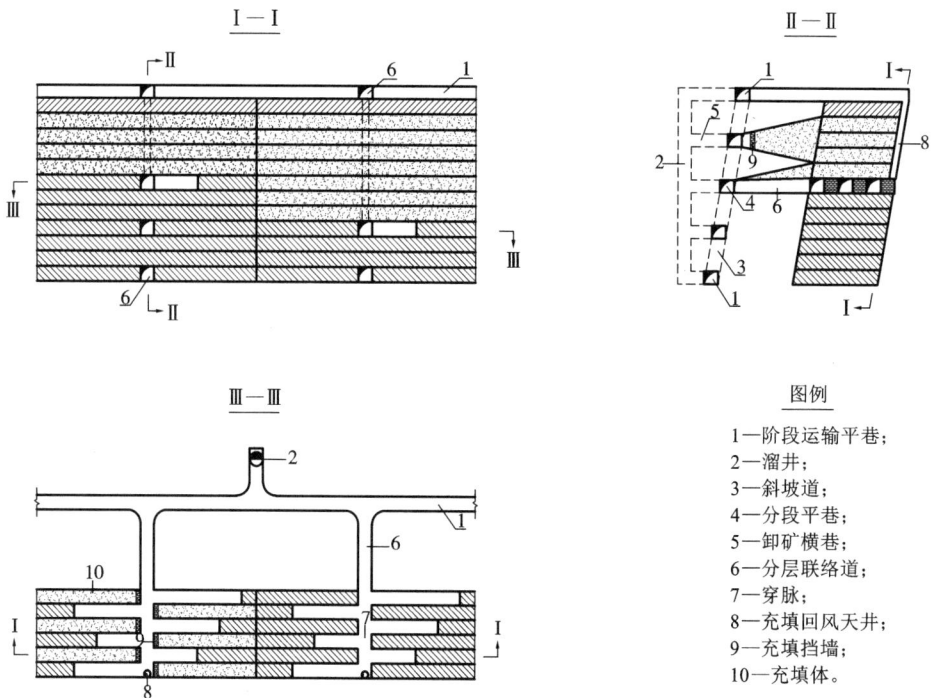

图例
1—阶段运输平巷；
2—溜井；
3—斜坡道；
4—分段平巷；
5—卸矿横巷；
6—分层联络道；
7—穿脉；
8—充填回风天井；
9—充填挡墙；
10—充填体。

图2-3 机械化下向进路充填法采矿方法图

（1）阶段运输平巷。一般在矿体上盘、平行矿体走向方向施工阶段运输平巷。

（2）溜井。在矿体上盘、靠近阶段运输平巷，每隔200~300 m布置一个溜井。溜井上部设筛网，底部设置振动放矿机。为防止上下分段卸矿相互干扰，卸矿横巷与溜井间用分支溜井连通。

（3）斜坡道。斜坡道是凿岩台车、铲运机、材料设备及人员在不同分段和阶段之间实现自由快速移动的重要通道，断面尺寸规格以无轨设备(凿岩台车、铲运机)通行要求确定。

（4）分段平巷。分段联络平巷沿矿体走向布置在矿体下盘围岩中，负责3个分层的回采和出矿，其位置应保证分层联络道坡度满足铲运机的爬坡能力要求。

（5）分层联络道。每分层进路均布置一条分层联络道连通进路和分段平巷。上向分层联络道采用普通掘进方法形成，水平进路联络道则在上向的分层联络道底板上挑形成，而下向分层联络道由水平进路联络道上挑形成。

（6）卸矿横巷。施工卸矿横巷连通分段平巷和溜井。

（7）穿脉（或沿脉）巷道。当进路沿矿体走向方向布置时，需要自分层联络道施工穿脉巷道（又称穿脉）直达矿体上盘，便于机械化的作业设备和人员进出各进路；当进路垂直于矿体走向方向布置时，需要自分层联络道在矿体下盘施工沿脉巷道将矿体拉开，便于机械化的作业设备和人员进出各进路。

（8）充填回风天井。充填回风天井是进路通风和下放充填料浆的重要通道。当进路沿矿体走向方向布置时，一般布置在穿脉巷道的尽头，靠近矿体下盘的位置；当进路垂直于矿体走向方向布置时，一般布置在沿脉巷道的中央，便于进路采场通风。由于下向水平进路充填法开采顺序为自上而下，因此可不用施工充填回风天井，可在每分层开采结束后、充填前，预留位置构筑模板，自上而下顺路架设形成充填回风天井。

4. 切割工程

下向水平进路充填法采用独头巷道掘进的方式进行采矿作业，因此无切割工程。

5. 回采工艺

（1）凿岩爆破。采用液压凿岩台车凿岩，为了便于分层进路顶板的安全管理，采用光面爆破的方式，施工掏槽眼、辅助眼和周边眼，采用独头巷道掘进的方式进行采矿作业。装药采用乳化炸药，起爆方式为导爆管和数码电子雷管起爆，各排炮孔间微差起爆。

（2）通风与顶板安全管理。每次爆破后，必须经充分通风并清理松石后，人员才能进入进路。各进路采用局扇将进路内的污风抽出，新鲜风流由斜坡道经分段平巷和分层联络道进入，贯穿进路冲洗工作面后，污风经充填回风天井排入上阶段巷道。

（3）出矿。经充分通风排出炮烟、采场安全检查后，采用铲运机铲装矿石，经分层联络道、分段平巷、卸矿横巷运至最近的溜井，溜入下一个中段集中进行矿石运输。

按照上述回采工艺，一步骤开采单数进路并采用高强度胶结充填构筑人工假顶，二步骤回采偶数进路并构筑高强度人工假顶。利用凿岩台车和铲运机等机械化采掘装备，采用自上而下、采一条进路充一条进路的分层回采工艺，直至整个矿块回采完毕。

6. 充填工艺

每条进路出矿结束后，及时进行充填，以控制地压，阻止顶板变形。

（1）充填准备。①在采场内铺设钢筋网，在进路口构筑充填挡墙；②通过充填回风井，向进路内接通充填软管，并将充填管固定在进路中部较高的地方，以便均匀充填；③检查地表充填制备站与充填进路之间的通信系统及充填线路。

（2）充填工作。所有充填准备工作完成后，即可进行进路充填。充填料浆经布设在充填回风井中的充填管道充入进路。每次充填尽量保障充填的接顶。充填完成后须养护 3~10 d，待充填体强度满足要求后，再进行相邻进路的回采循环，直至将所有分层进路回采完毕。

（3）人工假顶构筑工艺。以金川二矿区人工假顶构筑工艺为例。钢筋网的主筋直径为 ϕ12 mm，网度为 1000 mm×1500 mm；副筋 ϕ6.5 mm，网度为 300 mm×500 mm。利用直径 12 mm 的吊筋，将钢筋网直接吊挂在顶板预埋圆环内，吊筋网度为 1000 mm×1500 mm，即沿进路长度方向间距 1 m，沿进路宽度方向间距 1.5 m。吊筋必须连接到底筋网片的主筋节点上，并至少向上缠绕 1 圈。底筋网片搭接处的所有副筋必须钩连牢固，因主筋用手工弯钩困难，其搭接处用 24# 铁丝绑扎即可。钢筋网铺好后，即可进行打底充填，料浆灰砂比 1∶4，人工假顶打底充填层厚度为 2 m，应保证钢筋网全部被料浆包裹，充填体 28 d 强度为 3~5 MPa。

7. 技术经济指标

千吨采切比：8~12 m/kt，50~100 m³/kt。
每米炮孔崩矿量：3.0~3.5 t/m。
回采率：95% 以上。
贫化率：5%~10%。
进路生产能力：50~100 t/d。
采矿综合成本：300~500 元/t。

8. 方案综合评价

（1）优点：①回采布置灵活，可适应复杂的开采技术条件；②机械化程度高，矿石损失率和贫化率低；③在完整的假顶下作业安全性好。

（2）缺点：①增加了人工假顶构筑和充填养护工艺，工序复杂、回采周期长、采场生产能力小；②人工假顶耗时费料、充填挡墙构筑及转层耗时烦琐，导致回采作业管理复杂，采矿直接成本高；③采用独头掘进方式采矿，采场爆破、通风条件差且效率低。

2.2.4 削壁充填法

当矿脉厚度极薄，其他类型的采矿方法均会产生严重的矿石贫化时，可考虑使用削壁充填法。

1. 方案基本特征及适用条件

当矿脉厚度小于 1 m 时，采用矿石和围岩分采（或高品位主脉与低品位支脉分采）的技术，在保证采空区达到允许工作的最小宽度的条件下，采下的矿石（或高品位矿体）运出采场，而崩落的围岩（或低品位矿石）充填采空区，为继续上采创造条件，这种方法称为削壁充填法。削壁充填法利用崩落围岩回填采空区，不仅大大减少了采空区暴露面积和时间，而且取消了留矿法矿石滞留和存窿矿集中出矿环节，使上下盘围岩始终受到废石的支撑作用，有效保障了回采作业的安全。

削壁充填法的适用条件为：
（1）稳固性：矿岩中等稳固及以上。
（2）倾角：矿体倾角较缓或急倾斜，便于出矿。
（3）厚度：极薄矿脉。

2. 采场结构参数

根据矿体倾角情况，阶段高度设置为 30~60 m。矿房沿矿体走向布置，长度 30~100 m、宽度 2~3 m，间柱宽度 6~8 m、顶柱厚 3~5 m，不留底柱。

3. 采准工程

采准工程主要包括阶段运输平巷、穿脉巷道、人行通风天井、顺路溜井和出矿进路等采准巷道，如图2-4所示。

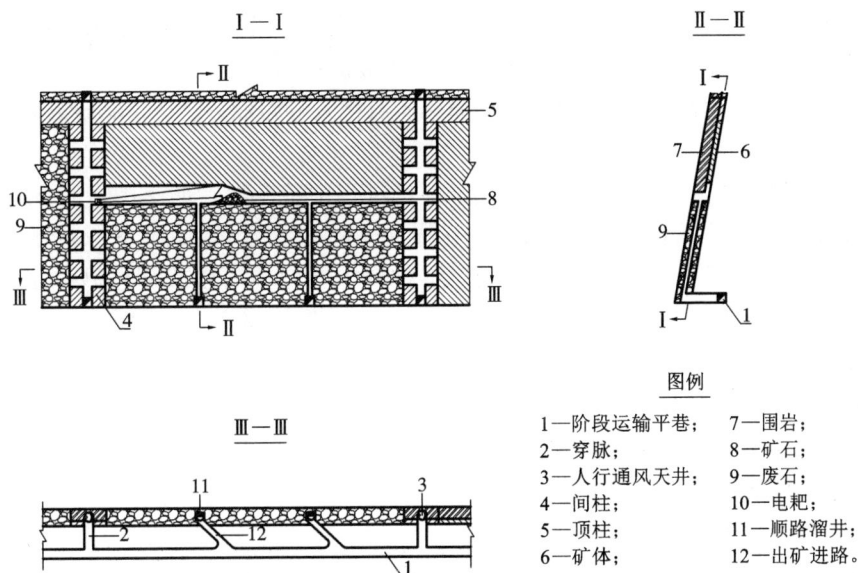

图2-4 削壁充填法采矿方法图

图例

1—阶段运输平巷；　7—围岩；
2—穿脉；　8—矿石；
3—人行通风天井；　9—废石；
4—间柱；　10—电耙；
5—顶柱；　11—顺路溜井；
6—矿体；　12—出矿进路。

（1）阶段运输平巷。阶段运输平巷布置在矿体的下盘脉外，与矿体走向方向一致，满足运输、通风要求。

（2）穿脉巷道。自阶段运输巷道沿间柱中央方向，施工穿脉巷道直达矿体上盘。

（3）人行通风天井。人行通风天井布置在间柱内，内设有梯子间和管道，通过联络道与采场相通，可以作为安全出口，上部与上阶段出矿巷道贯通以便回风。

（4）顺路溜井。在矿房两端各设一条顺路溜井，下部与振动放矿机连接，井壁采用强度高、抗冲击的钢板结构。

（5）出矿进路。自阶段运输平巷施工出矿进路与顺路溜井贯通，便于放出矿石的运出。

4. 切割工程

沿矿体底部掘进拉底巷道，为回采工作开辟自由面，并为爆破创造自由空间。

5. 回采工艺

（1）采幅及削壁厚度计算。根据矿脉的构造特点，一般选取先采矿脉、后削壁的作业方式。由于矿脉品位较高，一般采幅即为矿脉的厚度。要使崩落的围岩恰好充满采空区，必须使削壁厚度为采幅的2倍左右。

（2）凿岩爆破。回采作业顺序为：凿岩爆破（矿脉）→出矿→凿岩爆破（下盘围岩）→废石充填平场→铺设混凝土垫层→凿岩爆破（矿脉）。采用YSP-45型凿岩机钻凿"一"字形上向孔，落矿前喷射混凝土垫层，防止矿废混合产生贫化损失。采场内使用电耙将崩落的矿石耙运至顺路溜井，人工清理采场内遗留的粉矿。分层高度为 2~3 m。上采过程中，为使采场按设计轮廓面成型，减少矿石的贫化损失，一般在分采界面采用预裂爆破技术。

（3）采场通风及顶板维护。削壁充填采矿法的通风线路为：本阶段运输平巷→穿脉→一侧人行通风天井→冲刷采场(污风)→另一侧人行通风天井→上阶段运输平巷。每次爆破后，必须经充分通风并清理松石后，人员才能进入采场。由于作业空间有限，采场一般不进行支护。如果采场顶板节理裂隙特别发育，须对采场顶板进行临时支护。

（4）出矿。主矿脉爆破后，采用电耙将崩落矿石耙入顺路溜井，经底部放出装入矿车，提升运输至地表。

（5）削壁充填、平场。矿石运出采场后，即可进行削壁充填。崩落围岩时，采用"一"字形排布。爆破完毕先进行平场工作，待平场完毕，再施工垫层，以减少下一循环矿脉回采时的损失和贫化。适用于削壁充填法的采场垫层材料主要包括河砂或干尾砂、分级尾砂、钢板、水泥砂浆、混凝土、废旧运输胶带等。

6. 技术经济指标

千吨采切比：8~12 m/kt，50~100 m³/kt。

每米炮孔崩矿量：0.8~1.2 t/m。

回采率：90%~95%。

贫化率：5%~10%。

进路生产能力：20~50 t/d。

采矿综合成本：300~500 元/t。

7. 方案综合评价

（1）优点：①实现了矿岩分采、控制了矿石损失贫化；②崩落废石充填采空区有利于地压管理，安全性好。

（2）缺点：矿岩分采导致回采工序繁多、炸药单耗高、作业管理复杂，采矿成本增加且机械化程度低、生产效率低。

2.3 嗣后充填采矿法典型方案

与分层充填采矿法每回采一分层矿体即充填一分层采空区的方式不同，嗣后充填采矿法是待整个盘区或矿块回采结束后一次性充填采空区，也称事后充填。嗣后充填采矿法大多由空场采矿法演化而来，其具体的回采工艺也与空场采矿法有诸多相似之处，主要包括房柱嗣后充填法、留矿嗣后充填法、分段矿房嗣后充填法、分段空场嗣后充填法和阶段空场嗣后充填法。本节仅着重介绍采用凿岩台车凿岩、铲运机出矿的现代机械化嗣后充填采矿法，对于采用风动凿岩机凿岩、电耙出矿的普通嗣后充填采矿法仅作简略概述。

2.3.1 房柱嗣后充填法

1.方案基本特征及适用条件

房柱嗣后充填法是在传统房柱法的基础上，增加尾砂(或其他骨料)嗣后充填工艺，来消除采空区安全隐患、减少连续矿柱资源损失、避免大规模地压灾害事故的一类充填采矿法。近年来，随着凿岩台车、铲运机等机械化采掘设备在矿山的不断普及，新型房柱嗣后充填法也开始采用机械化的采装运设备，不仅克服了传统房柱法回采效率低、生产能力小、矿石损失贫化大、采空区安全隐患突出的问题，而且可以减少井下用工数量、降低采矿成本。

房柱嗣后充填法的适用条件为：

(1)稳固性：为保障回采作业安全，顶板矿岩应达到中等稳固以上。

(2)倾角：为便于机械化采掘设备的作业，矿体倾角应≤15°。

(3)厚度：为了便于顶板管理，矿体厚度应≤6 m。

(4)对于沿走向连续性较好、形态规则的层状矿体具有较好的适用性。

2.采场结构参数

如图2-5所示，房柱嗣后充填法一般沿矿体倾向方向划分不同的阶段，沿矿体走向方向划分盘区和采场，自下而上或自上而下逐阶段、逐盘区回采。

(1)阶段高度：10~30 m。

(2)盘区长度：100~200 m。

(3)采场宽度：8~20 m。

(4)采场暴露面积：200~1000 m²。

(5)盘区顶柱、底柱、间柱宽度：3~5 m。

(6)采场点柱宽度：3~6 m。

(7)采场点柱间距：5~12 m。

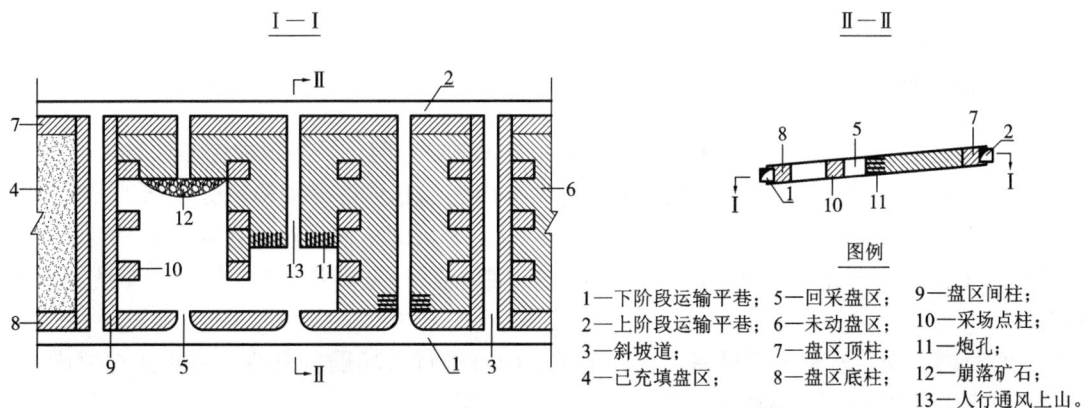

图2-5 房柱嗣后充填法采矿方法图

图例

1—下阶段运输平巷；　5—回采盘区；　9—盘区间柱；
2—上阶段运输平巷；　6—未动盘区；　10—采场点柱；
3—斜坡道；　　　　　7—盘区顶柱；　11—炮孔；
4—已充填盘区；　　　8—盘区底柱；　12—崩落矿石；
　　　　　　　　　　　　　　　　　　13—人行通风上山。

3. 采准工程

采准工程主要包括阶段运输平巷、盘区斜坡道、人行通风上山等采准巷道。

(1)阶段运输平巷。根据矿体倾角变化情况，沿矿体倾向方向划分不同的阶段，阶段高度 10~30 m，沿矿体走向方向施工阶段运输平巷。

(2)盘区斜坡道。在上下两条阶段运输平巷之间施工盘区斜坡道，斜坡道是凿岩台车、铲运机、材料设备及人员在不同盘区采场和阶段之间实现自由快速移动的重要通道，也是运矿卡车进行矿石运输的重要通道，断面尺寸规格以无轨设备通行要求确定。

(3)人行通风上山。沿矿体走向方向在盘区内划分采场，采场宽度 8~20 m，根据顶板稳固性控制采场暴露面积在 200~1000 m²。在采场中央施工贯穿上下两条阶段运输平巷的人行通风上山，作为采场回采期间人员通行及回风的通道。

4. 切割工程

采场回采的首个循环由于只有一个自由面，可将其称为整个采场的切割工作。待首个循环开采完毕，后续回采循环可以人行通风上山为自由面，用凿岩台车向两边扩帮，直至采场两边边界。

5. 回采工艺

(1)凿岩爆破。采用液压凿岩台车凿岩，为了便于分层采场顶板的安全管理，采用水平炮孔的爆破方式。装药采用乳化炸药，起爆方式为导爆管和数码电子雷管起爆，各排炮孔间微差起爆。

(2)通风与顶板安全管理。每次爆破后须经充分通风并清理顶帮松石后，人员方能进入采场。新鲜风流由下阶段运输平巷进入采场，贯穿采场冲洗工作面后，污风经人行通风上山排入上阶段巷道。

(3)出矿。经充分通风排出炮烟、顶板安全检查后，采用铲运机铲装矿石，直接卸载至运矿卡车上(或经扒渣机转运至运矿卡车)，经下阶段运输平巷和斜坡道将矿石运至主提升井位置，或直接由主斜坡道运出地表。

6. 充填工艺

每个盘区回采结束后及时进行嗣后充填，以控制地压，阻止采场顶板变形。

(1)充填准备。①在各盘区采场的人行通风上山底部和顶部分别构筑充填挡墙；②充填管道自上阶段运输平巷接入待充填盘区人行通风上山的顶部，向采场内接通充填软管，充填料浆可自上而下流入充填采空区；③检查地表充填制备站与充填采场之间的通信系统及充填线路。

(2)充填工作。所有充填准备工作完成后，即可进行采场嗣后充填。为降低充填成本，可采用非胶结充填或低强度胶结充填。

7. 方案综合评价

(1)优点：①回采工艺简单、采切工程量少；②机械化程度高、生产能力大；③嗣后充填有利于地压管理,安全性好。

(2)缺点:采场内留设大量点柱、顶底柱及连续矿壁,矿石综合回收率不高。

2.3.2　留矿嗣后充填法

1.方案基本特征及适用条件

留矿嗣后充填法是在传统留矿法的基础上,增加尾砂(或其他骨料)嗣后充填工艺,来消除采空区安全隐患、减少连续矿柱资源损失、避免大规模地压灾害事故。

留矿嗣后充填法的适用条件为:

(1)稳固性:为保障回采作业安全并减少矿石贫化,矿岩应达到中等稳固及以上。

(2)倾角:为便于崩落的矿石放出,矿体倾角应≥55°。

(3)厚度:为便于平场,矿体厚度应≤5 m。

(4)为便于矿石放出,要求矿石无结块性和自燃性。

(5)适用于矿体沿走向和倾向连续性好、形态变化小的情况。

2.采场结构参数

如图 2-6 所示,留矿嗣后充填法沿矿体倾向方向划分不同的阶段,沿矿体走向方向划分采场,自下而上逐分层回采。

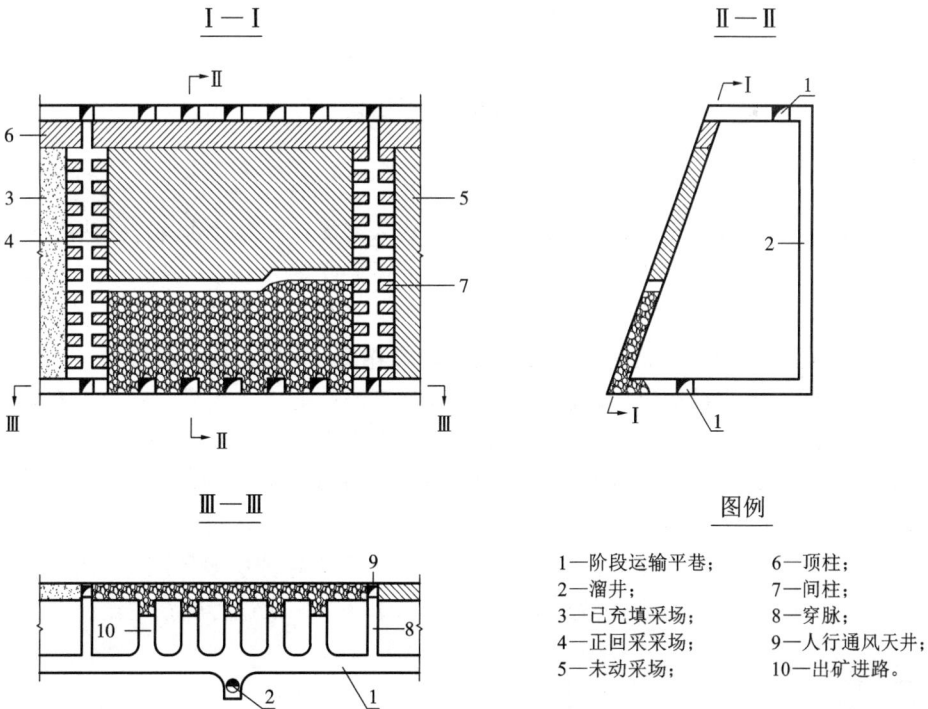

图例
1—阶段运输平巷;　6—顶柱;
2—溜井;　7—间柱;
3—已充填采场;　8—穿脉;
4—正回采采场;　9—人行通风天井;
5—未动采场;　10—出矿进路。

图 2-6　留矿嗣后充填法采矿方法图

（1）阶段高度：40~60 m。

（2）采场长度：40~60 m。

（3）顶柱厚度：3~5 m。

（4）间柱宽度：6~8 m。

（5）分层高度：2~3 m。

（6）出矿进路间距：5~10 m。

3. 采准工程

采准工程主要包括阶段运输平巷、溜井、穿脉、人行通风天井和出矿进路等采准巷道。

（1）阶段运输平巷。根据矿体倾角变化情况，沿矿体倾向方向划分不同的阶段，阶段高度 40~60 m，在矿体下盘、平行于矿体走向方向施工阶段运输平巷。

（2）溜井。在矿体下盘，靠近阶段运输平巷，每隔 200~300 m 设置一个溜井，贯穿上下阶段运输平巷，溜井上部设筛网，底部设置振动放矿机。

（3）穿脉。自下阶段运输平巷、垂直于采场两侧的间柱中央位置，施工穿脉巷道直达矿体上盘，便于设备和人员进入采场。

（4）人行通风天井。人行通风天井是采场通风、人员和材料上下和充填料浆下放的重要通道，一般布置在穿脉巷道的尽头，靠近矿体上盘的位置，内设梯子间和安全平台。

（5）出矿进路。自阶段运输平巷施工出矿进路直达采场，出矿进路间距 5~10 m。

4. 切割工程

留矿嗣后充填法的切割工程主要为矿房最底部分层的拉底工作，完成矿房最底部分层的开采即可为上一分层的回采创造爆破自由面和落矿空间。

5. 回采工艺

（1）凿岩爆破。人员和设备通过人行通风天井进入采场，采用风动凿岩机钻凿水平炮孔、乳化炸药药卷爆破、数码电子雷管起爆，各排炮孔间微差起爆。

（2）通风。新鲜风流由下阶段运输平巷经一侧的人行通风天井进入采场，贯穿采场冲洗工作面后，污风经另一侧的人行通风天井排入上阶段巷道。

（3）少量出矿。采用铲运机铲装矿石，每次将崩落矿石的 1/3 运搬至布置在阶段运输平巷一侧的溜井内，溜入下一个中段进行矿石运输，剩余矿石留作继续上采的作业平台。

（4）顶板安全管理与平场。每次爆破后须经充分通风并清理顶帮松石后，人员方能进入采场。采用电耙进行平场作业，将采场矿石耙平。

（5）集中出矿。重复上述回采作业循环，待整个矿房所有分层矿体回采结束后，采用铲运机集中出矿，将采场内矿石全部运搬至溜井，溜入下一个中段进行矿石运输。

6. 充填工艺

每个采场回采结束后及时进行嗣后充填，以控制地压、阻止采场两帮冒落。为降低充填成本，可采用非胶结充填或低强度胶结充填。

7. 方案综合评价

(1) 优点：①工艺简单、管理方便；②可利用矿石自重放矿，采准工程量小。

(2) 缺点：①矿柱矿量大，矿石损失贫化难以控制；②凿岩和平场工作量大，工人劳动强度大；③凿岩和平场设备低效，采场生产能力小；④采场内积压大量矿石，影响资金运转。

2.3.3　分段矿房嗣后充填法

1. 方案基本特征及适用条件

分段矿房嗣后充填法是在传统分段矿房法的基础上，增加尾砂(或其他骨料)嗣后充填工艺，来消除采空区安全隐患、减少连续矿柱资源损失、避免大规模地压灾害事故。

分段矿房嗣后充填法的适用条件为：

(1) 稳固性：为保障回采作业安全并减少矿石贫化，矿岩应达到中等稳固及以上。

(2) 倾角：适用于倾斜矿体的开采，倾角 30°～55°。

(3) 厚度：为便于中深孔炮孔布置，矿体厚度应>10 m。

传统的分段矿房嗣后充填法采用 YGZ 90 等风动导轨式凿岩机凿岩，其采矿方法如图 2-7 所示，本处不再深入讲述。

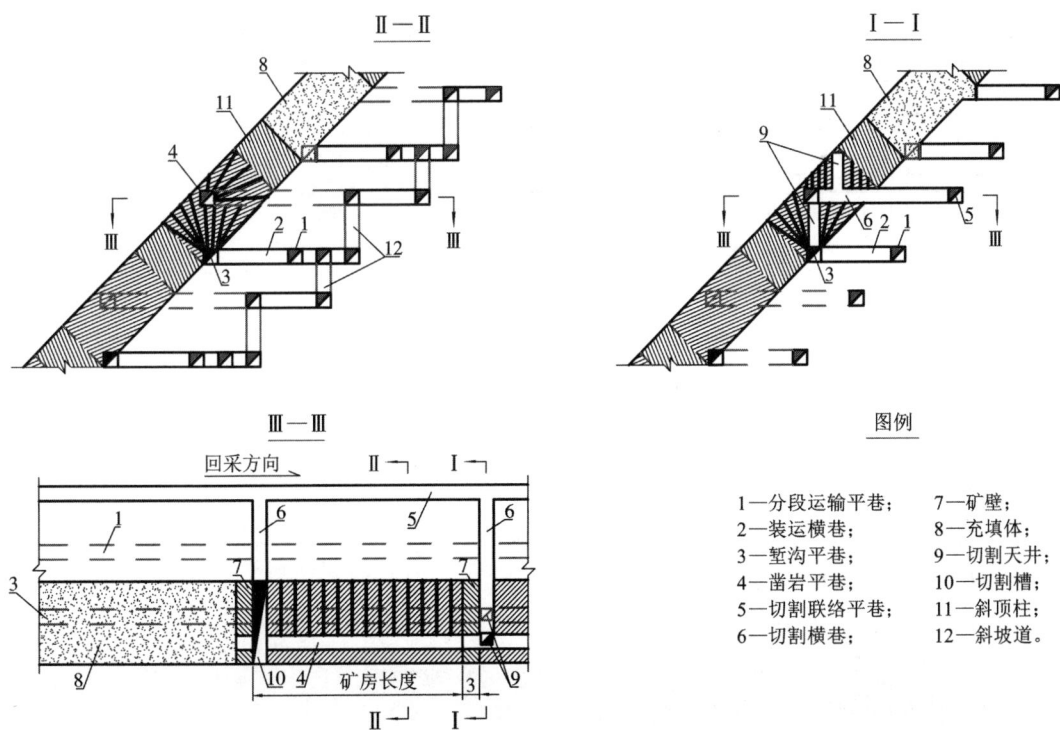

图例
1—分段运输平巷；　　7—矿壁；
2—装运横巷；　　　　8—充填体；
3—堑沟平巷；　　　　9—切割天井；
4—凿岩平巷；　　　　10—切割槽；
5—切割联络平巷；　　11—斜顶柱；
6—切割横巷；　　　　12—斜坡道

图 2-7　传统分段矿房嗣后充填法采矿方法图

2. 采场结构参数

如图 2-8 所示,目前的分段矿房嗣后充填法采用可接杆的中深孔或深孔凿岩台车凿岩。一般沿矿体倾向方向划分阶段和分段,沿矿体走向方向布置采场,自下而上逐分段回采矿体。

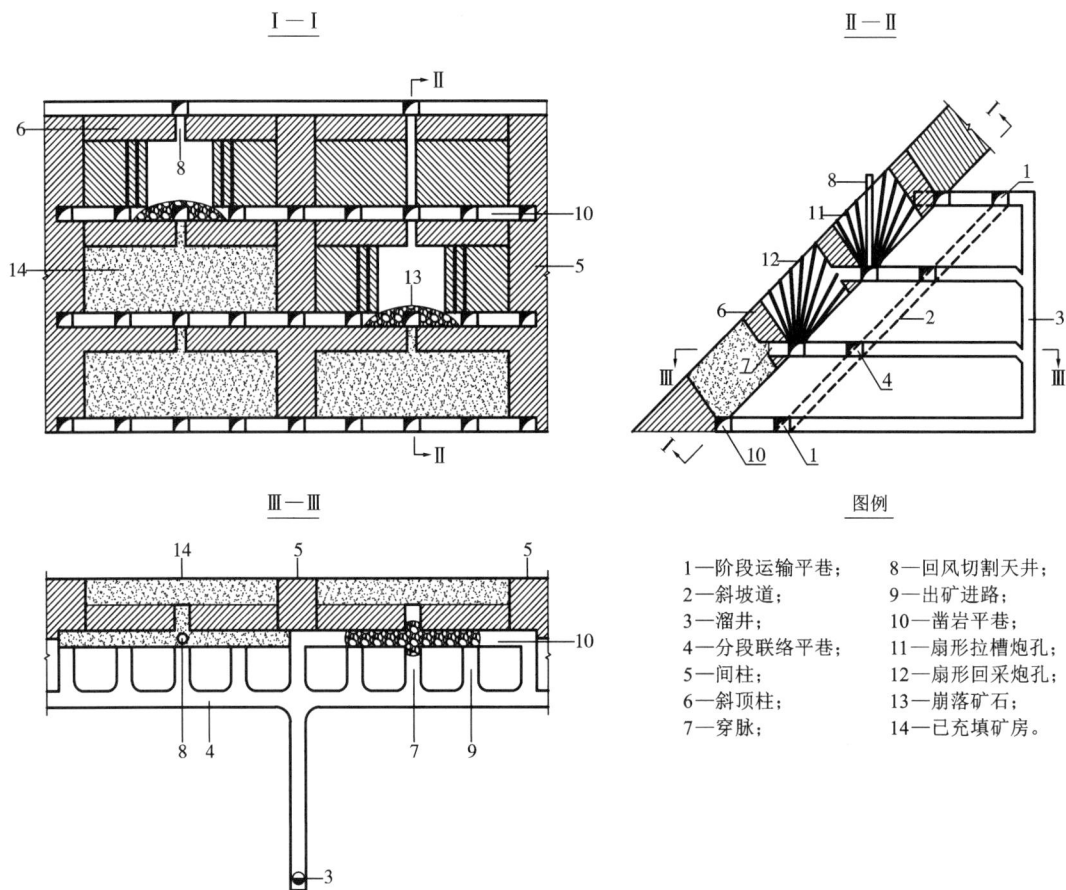

图 2-8 分段矿房嗣后充填法采矿方法图

(1)阶段高度:40~60 m。

(2)分段高度:10~15 m。

(3)矿房长度:40~60 m。

(4)间柱宽度:4~6 m。

(5)斜顶柱厚度:3~5 m。

(6)出矿进路间距:5~10 m。

3. 采准工程

采准工程主要包括阶段运输平巷、斜坡道、溜井、分段联络平巷、穿脉、回风切割天井和出矿进路等采准巷道。

（1）阶段运输平巷。根据矿体倾角变化情况，沿矿体倾向方向划分不同的阶段，阶段高度 40~60 m，在矿体下盘、平行于矿体走向方向施工阶段运输平巷。

（2）斜坡道。斜坡道是机械化的采掘设备（如中深孔钻机和铲运机）、人员和材料在不同分段和阶段之间实现自由快速移动的重要通道，断面尺寸规格以无轨设备通行要求确定。

（3）溜井。在矿体下盘，靠近阶段运输平巷，每隔 200~300 m 设置一个溜井，贯穿上下阶段运输平巷，溜井上部设筛网，底部设置振动放矿机。

（4）分段联络平巷。在阶段内划分若干分段，分段高度 10~15 m，在矿体下盘，平行于矿体走向方向施工分段联络平巷。

（5）穿脉。自阶段运输平巷和分段联络平巷向矿房的中央施工穿脉穿过斜顶柱直达矿体，为设备、材料和人员进入采场提供通道。

（6）回风切割天井。回风切割天井是采场回风的重要通道，也可为采场的切割拉槽提供自由面，一般布置在本分段穿脉巷道靠近矿体下盘的位置，可用切割槽天井钻机施工，顶部穿过矿体上盘边界。

（7）出矿进路。自阶段运输平巷和分段联络平巷施工出矿进路直达矿房底部，出矿进路间距 5~10 m。

4. 切割工程

切割工作首先是矿房底部的拉底工作，自回风切割天井底部沿矿体走向方向，靠近矿体下盘脉内，施工凿岩平巷，为中深孔钻机的凿岩作业创造必要的空间。另一重要切割工程为采场的拉槽工作，自每分段的穿脉进入，以回风切割天井为自由面，在采场中央扩大爆破形成爆破自由面。

5. 回采工艺

（1）凿岩爆破。人员和设备通过斜坡道进入各分段联络平巷，经穿脉进入矿房底部的凿岩平巷内，采用中深孔凿岩台车钻凿上向扇形中深孔；采用散装乳化炸药爆破、数码电子雷管起爆，各排炮孔间微差起爆。

（2）通风。新鲜风流由下阶段运输平巷经斜坡道进入各分段联络平巷，再经穿脉进入采场，贯穿采场冲洗工作面后，污风经回风切割天井和上分段穿脉排入上阶段巷道。

（3）出矿。每个分段均设有独立的出矿进路，采用铲运机铲装矿石，将崩落矿石运搬至布置在分段联络平巷一侧的溜井内，溜入下一个阶段进行矿石集中运输。

（4）顶板安全管理。每次爆破后须经充分通风并清理凿岩平巷顶板及两帮松石后，人员方能进入。

6. 充填工艺

每个分段采场回采结束后及时进行嗣后充填，以控制地压、阻止采场两帮冒落。为降低充填成本，可采用非胶结充填或低强度胶结充填。

7. 方案综合评价

（1）优点：①采场布置灵活，可以多分段同时回采；②在专门的凿岩和出矿巷道中作业，安全性好；③便于机械化设备作业，回采强度高、生产能力大。

（2）缺点：①矿柱矿量大、资源损失严重；②采准切割工程量大、采场准备周期长；③由于采用中深孔爆破，矿石的大块率和贫化率难以控制。

2.3.4　沿走向布置分段空场嗣后充填法

1.方案基本特征及适用条件

分段空场嗣后充填法是在传统分段空场法的基础上，增加尾砂（或其他骨料）嗣后充填工艺，来消除采空区安全隐患、减少连续矿柱资源损失、避免大规模地压灾害事故。

分段空场嗣后充填法的适用条件为：

（1）稳固性：为保障回采作业安全并减少贫化，矿体及上下盘应达到中等稳固及以上。

（2）倾角：适用于急倾斜矿体的开采，倾角≥55°。

（3）厚度：适用于厚矿体，矿体厚度应>10 m；其中，当矿体厚度≤20 m时，分段空场嗣后充填法一般沿走向布置采场；当矿体厚度>20 m时，一般垂直于走向布置采场。

2.采场结构参数

如图2-9所示，当矿体厚度≤20 m时，分段空场嗣后充填法一般沿走向布置采场；沿矿体倾向方向将阶段划分为3~5个分段，阶段高度一般40~60 m，分段高度一般10~15 m。矿房沿走向布置，矿房长度40~60 m、宽度为矿体水平厚度，顶柱宽度3~5 m、间柱宽度8~10 m，底部"V"型堑沟两侧预留桃型底柱，底柱高度8~10 m，"V"型堑沟一侧每隔5~10 m设置一条出矿进路。

3.采准工程

采准工程主要包括阶段运输平巷、溜井、穿脉、人行通风天井、分段凿岩平巷和出矿进路等采准巷道。

（1）阶段运输平巷。根据矿体倾角变化情况，沿矿体倾向方向划分不同的阶段，阶段高度40~60 m，在矿体下盘、平行于矿体走向方向施工阶段运输平巷。

（2）溜井。在矿体下盘，靠近阶段运输平巷，每隔200~300 m设置一个溜井，贯穿上下阶段运输平巷，溜井上部设筛网，底部设置振动放矿机。

（3）穿脉。自阶段运输平巷开始沿间柱中央施工穿脉直达矿体中央，便于设备和人员进入采场。

（4）人行通风天井。人行通风天井是采场通风、人员上下和充填料浆下放的重要通道，一般布置在穿脉巷道内，靠近采场中央和分段凿岩平巷的位置，内设梯子间和安全平台。

（5）分段凿岩平巷。在阶段内划分若干分段，分段高度10~15 m，人员和凿岩设备自人行通风天井进入，沿矿体走向方向，在矿体中央施工分段凿岩平巷。

（6）出矿进路。自阶段运输平巷开始施工出矿进路，出矿进路间距5~10 m。

4.切割工程

切割工程首先是矿房最底部分层的拉底工作，自穿脉沿矿体走向方向，在矿体中央施工堑沟拉底平巷，为中深孔钻机的凿岩作业创造必要的空间。另一重要切割工程为采场的切割拉槽工作，自穿脉进入矿体中央施工切割天井，以切割天井为自由面，在采场中央扩大爆破形成切割槽。

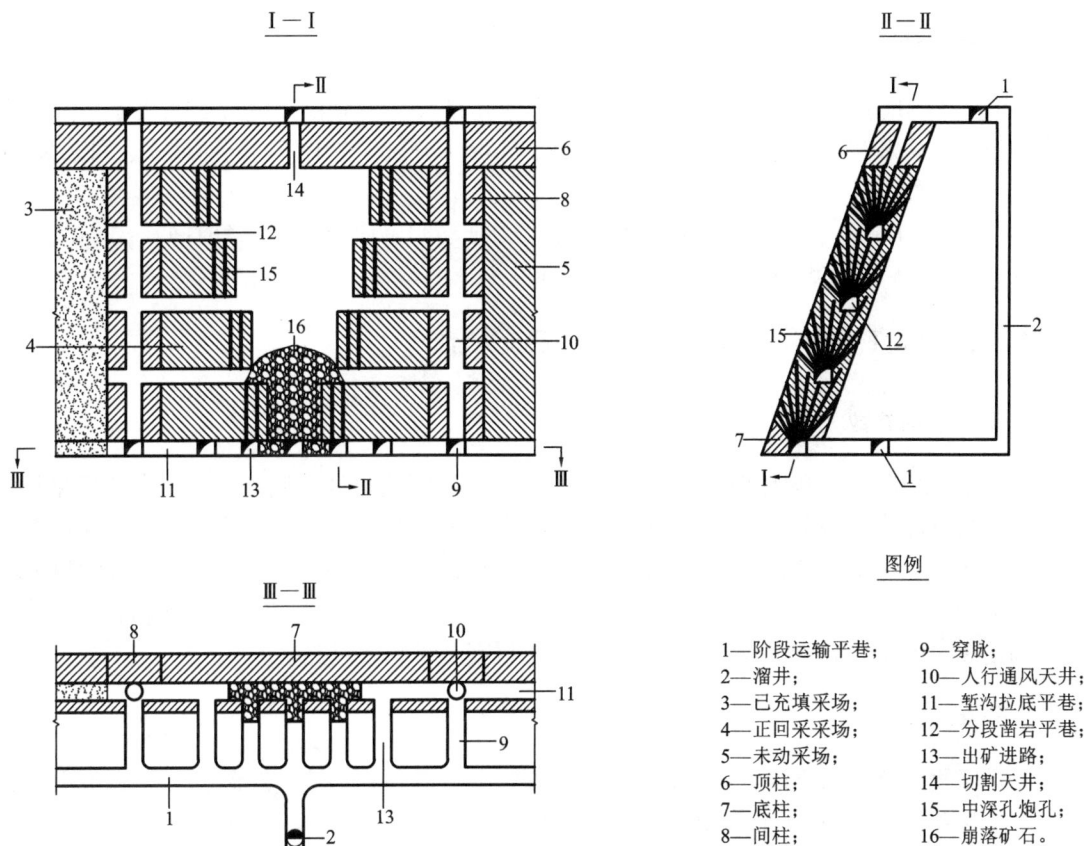

图2-9 沿走向布置分段空场嗣后充填法采矿方法图

图例

1—阶段运输平巷；	9—穿脉；
2—溜井；	10—人行通风天井；
3—已充填采场；	11—堑沟拉底平巷；
4—正回采采场；	12—分段凿岩平巷；
5—未动采场；	13—出矿进路；
6—顶柱；	14—切割天井；
7—底柱；	15—中深孔炮孔；
8—间柱；	16—崩落矿石。

5. 回采工艺

（1）凿岩爆破。人员和设备通过人行通风天井进入各分段凿岩平巷，在各分段凿岩平巷和堑沟拉底平巷内采用中深孔凿岩机钻凿上向扇形中深孔；采用散装乳化炸药爆破、数码电子雷管起爆，各排炮孔间微差起爆，其中上部分段超前下部分段1~2排炮孔。

（2）通风。每次爆破后，新鲜风流由下阶段运输平巷经穿脉进入采场一侧的人行通风天井，然后经各分段凿岩平巷进入采场冲洗工作面后，污风经采场另一侧的人行通风天井排入上阶段巷道。

（3）出矿。采用铲运机铲装矿石，将崩落至底部"V"型堑沟内的矿石运搬至布置在阶段运输平巷一侧的溜井内，溜入下一个阶段进行矿石集中运输。

（4）顶板安全管理。每次爆破后须经充分通风并清理各分段凿岩平巷和堑沟拉底平巷顶帮松石后，人员方能进入作业。

6. 充填工艺

每个采场回采束后及时进行嗣后充填，以控制地压、阻止采场两帮冒落。为降低充填成本，可采用非胶结充填或低强度胶结充填。

7. 方案综合评价

(1)优点：①分段落矿自由面多、同次爆破炮孔排数多、凿岩和矿石运搬可平行作业；②在专门的凿岩和出矿巷道中作业，安全性好；③可多分段、多工作面同时回采，回采强度高、生产能力大。

(2)缺点：①矿柱矿量大、资源回收率低；②采准切割工程量大、准备时间长；③由于采用中深孔爆破，矿石的大块率和贫化率难以控制。

2.3.5 垂直于走向布置分段空场嗣后充填法

1. 采场结构参数

如图 2-10 所示，当矿体厚度>20 m 时，分段空场嗣后充填法一般垂直于走向布置采场。沿矿体倾向方向将阶段划分为 3～5 个分段，阶段高度一般 40～60 m，分段高度一般 10～15 m。矿房垂直于走向布置，采用两步骤回采工艺不设间柱，一步骤矿房和二步骤矿柱的宽度为 10～20 m、长度为矿体水平厚度，顶柱宽度 3～5 m，底部"V"型堑沟两侧预留桃型底柱，底柱高度 8～10 m，"V"型堑沟一侧每隔 5～10 m 设置一条出矿进路。

2. 采准工程

采准工程主要包括阶段运输平巷、分段联络平巷、斜坡道、溜井、穿脉、通风充填切割天井、分段凿岩平巷、出矿平巷和出矿斜巷等采准巷道。

(1)阶段运输平巷。根据矿体倾角变化情况，沿矿体倾向方向划分不同的阶段，阶段高度 40～60 m，在矿体下盘、平行于矿体走向方向施工阶段运输平巷。

(2)分段联络平巷。在阶段内划分若干分段，分段高度 10～15 m，在矿体下盘、平行于矿体走向方向施工分段联络平巷。

(3)斜坡道。斜坡道是机械化的采掘设备(如中深孔凿岩台车和铲运机)、人员和材料在不同分段和阶段之间实现自由快速移动的重要通道，断面尺寸规格以无轨设备通行要求确定。

(4)溜井。在矿体下盘，靠近阶段运输平巷，每隔 200～300 m 设置一个溜井，贯穿上下阶段运输平巷，溜井上部设筛网，底部设置振动放矿机。

(5)穿脉。自阶段运输平巷开始沿矿房和矿柱中央施工穿脉直达矿体上盘，便于设备和人员进入采场。

(6)通风充填切割天井。通风充填切割天井是采场通风和充填料浆下放的重要通道，也可为采场切割拉槽提供自由面，一般布置在穿脉巷道的尽头，靠近矿体上盘的位置。

(7)分段凿岩平巷。自分段联络平巷沿矿房和矿柱中央，施工分段凿岩平巷直达矿体上盘。

(8)出矿平巷。自阶段运输平巷沿矿房和矿柱的中间位置，施工出矿进路直达矿体上盘。

(9)出矿斜巷。自出矿进路内施工出矿斜巷与矿房和矿柱的穿脉贯通，出矿斜巷间距5~10 m。

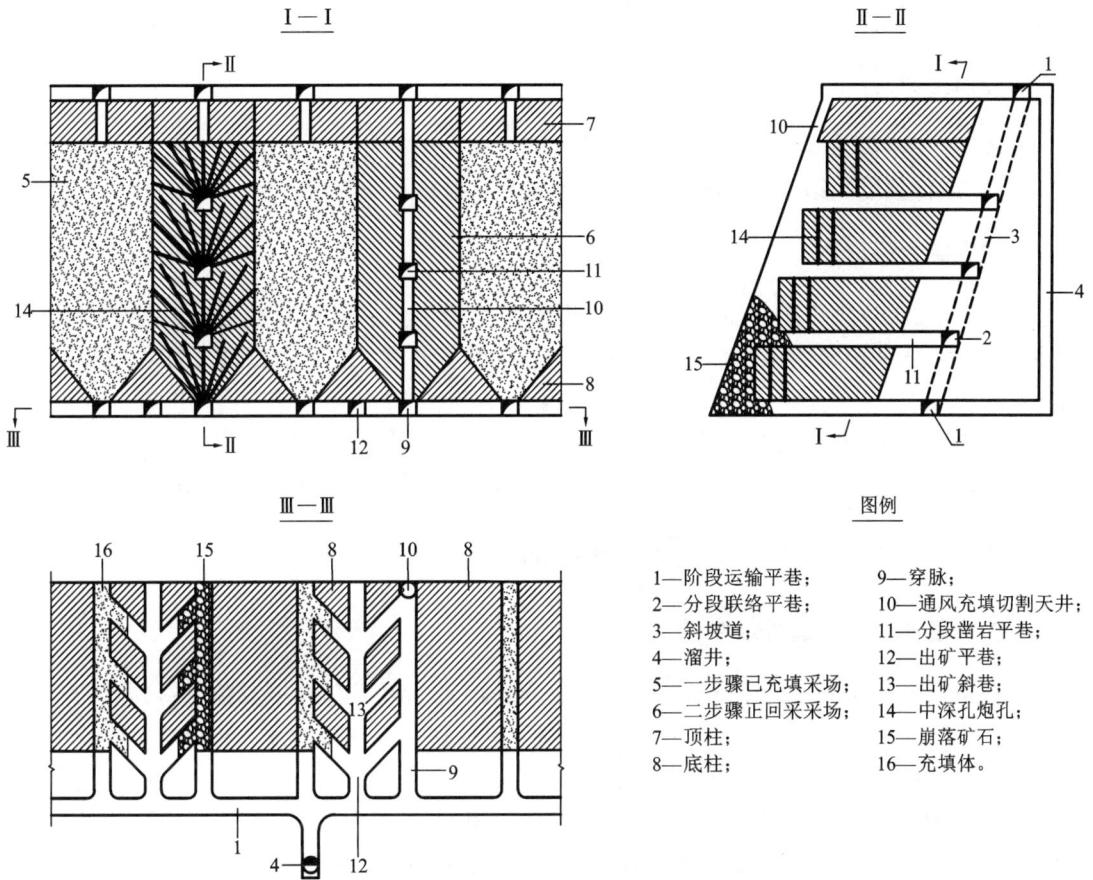

图2-10　垂直于走向布置分段空场嗣后充填法采矿方法图

4. 切割工程

切割工程主要是采场的切割拉槽工作，自穿脉进入采场中央，以通风切割天井为自由面，在矿体上盘扩大爆破形成爆破自由面。底部"V"型堑沟也属于切割工程，但是通常不需单独施工形成，而是在回采过程中，随着底部穿脉内施工的上向扇形中深孔逐排爆破形成。

5. 回采工艺

(1)凿岩爆破。首先回采一步骤矿房并嗣后胶结充填形成人工矿柱，再二步骤回采矿柱并采用嗣后非胶结(或低强度胶结)充填采空区。人员和设备通过斜坡道进入各分段凿岩平巷，在各分段凿岩平巷和底部穿脉内采用中深孔凿岩机钻凿上向扇形中深孔；采用散装乳化炸药爆破、数码电子雷管起爆，各排炮孔间微差起爆，其中上部分段超前下部分段1~2排炮孔。

(2)通风。每次爆破后，新鲜风流由下阶段运输平巷经斜坡道进入各分段凿岩平巷，进入采场冲洗工作面后，污风经采场顶部的通风充填切割天井排入上阶段巷道。

（3）出矿。采用铲运机铲装矿石，将崩落至底部"V"型堑沟内的矿石运搬至布置在阶段运输平巷一侧的溜井内，溜入下一个阶段进行矿石集中运输。

（4）顶板安全管理。每次爆破后须经充分通风并清理各分段凿岩平巷和底部穿脉顶帮松石后，人员方能进入作业。

6. 充填工艺

一步骤矿房回采结束后，采用胶结嗣后充填形成人工矿柱；二步骤矿柱回采结束后，采用非胶结(或低强度胶结)充填采空区，以控制地压、阻止采场两帮冒落。

7. 方案综合评价

（1）优点：①分段落矿自由面多、同次爆破炮孔排数多、凿岩和矿石运搬可平行作业；②在专门的凿岩和出矿巷道中作业，安全性好；③可多分段、多工作面同时回采，回采强度高、生产能力大；④便于机械化设备作业、回采效率高、采矿成本低。

（2）缺点：①采准切割工程量大、准备时间长；②由于采用中深孔爆破，矿石的大块率和贫化率难以控制；③一步骤胶结充填成本高，高阶段大跨度充填体稳定自立困难。

2.3.6 垂直崩矿阶段空场嗣后充填法

1. 方案基本特征及适用条件

阶段空场嗣后充填法是在传统阶段空场法的基础上，增加尾砂(或其他骨料)嗣后充填工艺，来消除采空区安全隐患、减少连续矿柱资源损失、避免大规模地压灾害事故。

阶段空场嗣后充填法的适用条件为：

（1）稳固性：为保障回采作业安全并减少贫化，矿体及上下盘应达到中等稳固及以上。

（2）厚度：适用于矿体形态规整的厚大矿体，矿体厚度应>20 m。

2. 采场结构参数

如图 2-11 所示，垂直崩矿阶段空场嗣后充填法沿矿体倾向方向划分阶段，垂直于矿体走向方向布置采场，采用两步骤回采工艺不设间柱：

（1）阶段高度：50~80 m。

（2）顶柱厚度：3~5 m。

（3）矿房矿柱长度：40~60 m。

（4）矿房矿柱宽度：15~20 m。

（5）矿房矿柱高度：40~70 m。

（6）底部"V"型堑沟角度≥55°，两侧预留桃型底柱，底柱高度 8~10 m。

（7）"V"型堑沟两侧出矿进路间距：5~10 m。

3. 采准工程

采准工程主要包括阶段运输平巷、分段联络平巷、斜坡道、溜井、穿脉、凿岩平巷、通风充填天井、出矿平巷和出矿斜巷等。

I－I

II－II

III－III

图例

1—阶段运输平巷；　　　11—通风充填天井；
2—分段联络平巷；　　　12—凿岩平巷；
3—斜坡道；　　　　　　13—凿岩硐室；
4—溜井；　　　　　　　14—出矿平巷；
5—一步骤已充填采场；　15—出矿斜巷；
6—二步骤正回采采场；　16—球状药包；
7—二步骤正采准采场；　17—扇形中深孔；
8—顶柱；　　　　　　　18—崩落矿石；
9—底柱；　　　　　　　19—充填体。
10—穿脉；

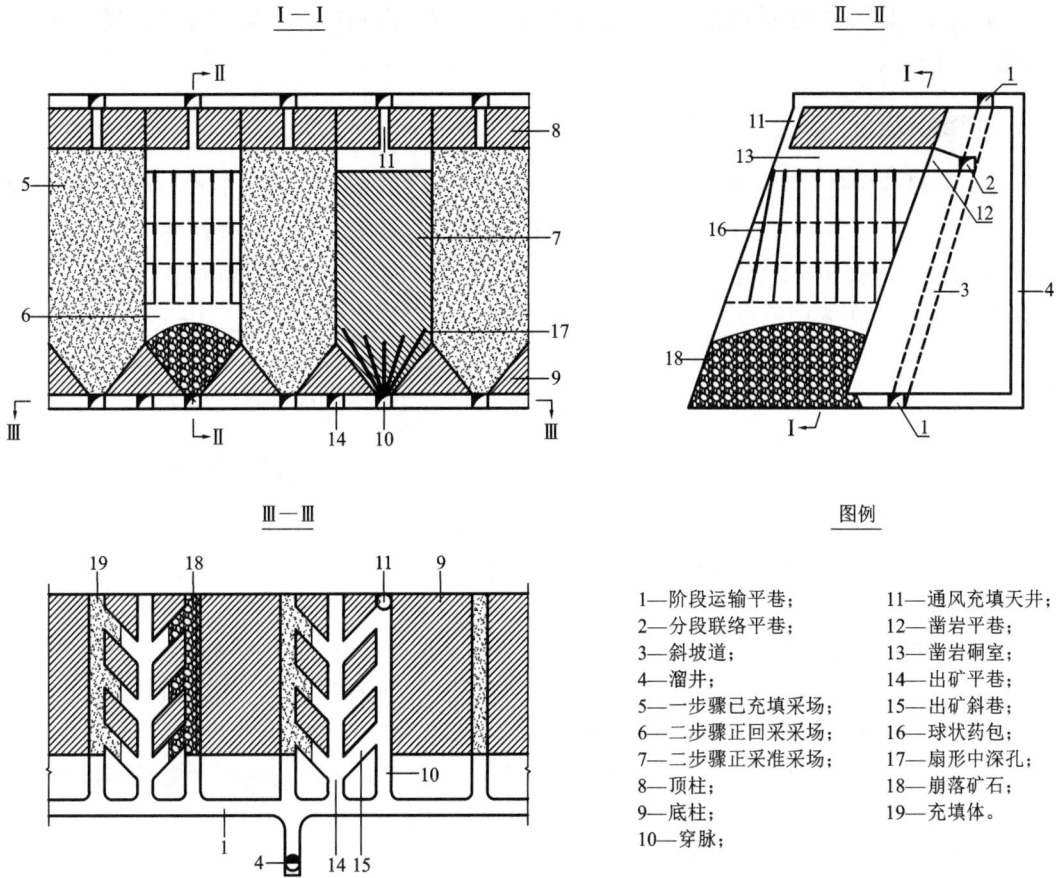

图 2-11　垂直崩矿阶段空场嗣后充填法采矿方法图

（1）阶段运输平巷。根据矿体倾角变化情况，沿矿体倾向方向设置阶段，阶段高度 50～80 m，在矿体下盘，平行于矿体走向方向施工阶段运输平巷。

（2）分段联络平巷。在矿房顶部设置分段，在矿体下盘，平行矿体走向施工分段联络平巷。

（3）斜坡道。斜坡道是机械化的采掘设备(如深孔钻机和铲运机)、人员和材料在不同阶段之间实现自由快速移动的重要通道，断面尺寸规格以无轨设备通行要求确定。

（4）溜井。在矿体下盘，靠近阶段运输平巷，每隔 200～300 m 设置一个溜井，贯穿上下阶段运输平巷，溜井上部设筛网，底部设置振动放矿机。

（5）穿脉。自阶段运输平巷开始沿矿房和矿柱中央施工穿脉直达矿体上盘，便于设备和人员进入采场。

（6）凿岩平巷。人员和设备自斜坡道进入分段联络平巷，沿矿房矿柱中间位置，施工凿岩平巷直达矿体上盘。

（7）通风充填天井。通风充填天井是采场通风的重要通道，一般布置在凿岩平巷尽头，靠近矿体上盘的位置。

（8）出矿平巷。自阶段运输平巷开始，沿矿房和矿柱底部的中间位置，施工出矿进路直达矿体上盘。

（9）出矿斜巷。自出矿进路开始，施工出矿斜巷与矿房和矿柱中央的穿脉贯通，出矿斜巷间距 5~10 m。

4. 切割工程

切割工程首先是矿房和矿柱最顶部的凿岩硐室工程，自斜坡道进入分段联络平巷，以凿岩平巷为自由面，将矿房和矿柱顶部全断面扩刷为凿岩硐室，凿岩硐室长度一般比矿房长 2 m，宽度比矿房宽 1 m，墙高 4 m，拱顶处全高为 4.5 m，为大直径深孔钻机（工作高度一般为 3.8 m）的凿岩作业创造必要的空间。当硐室顶部稳固性较差时，可采用喷锚网支护或在硐室内留设矿柱。另一重要切割工程为采场底部"V"型堑沟，通过在矿房和矿柱底部穿脉内施工上向扇形中深孔逐排爆破形成，可为自下而上垂直崩矿提供爆破自由面和落矿空间。

5. 回采工艺

（1）凿岩爆破。自凿岩硐室内采用潜孔钻机钻凿下向平行大直径深孔，采用自下而上分段装药，分次爆破。必须采用高密度、高爆速、高威力的炸药，药包直径与长度之比不超过 1:6，即球状药包爆破。

（2）通风。每次爆破后，新鲜风流由斜坡道经分段联络平巷、凿岩平巷和大直径深孔（炮孔）进入采场冲洗工作面后，污风经大直径深孔（炮孔）和通风天井排入上阶段巷道。为加速炮烟排出，可增加局扇辅助通风。

（3）出矿。采用铲运机铲装矿石，将崩落至底部"V"型堑沟内的矿石运搬至布置在阶段运输平巷一侧的溜井内，溜入下一个阶段进行矿石集中运输。

（4）顶板安全管理。每次爆破后须经充分通风并清理凿岩硐室顶帮松石后，人员方能进入作业。

6. 充填工艺

一步骤矿房回采结束后，采用嗣后胶结充填形成人工矿柱；二步骤矿柱回采结束后，采用非胶结（或低强度胶结）嗣后充填采空区，以控制地压、阻止采场两帮冒落。

7. 方案综合评价

（1）优点：①在专门的凿岩和出矿巷道中作业，安全性好；②采用大直径球状药包向下爆破，无需克服矿石自重，炸药单耗低、采矿成本低；③便于机械化设备作业，回采效率高、生产能力大。

（2）缺点：①采准切割工程量大、准备时间长；②大直径深孔施工复杂、凿岩爆破技术要求高；③采用大直径深孔爆破，矿石的大块率和贫化率难以控制。

2.3.7 侧向崩矿阶段空场嗣后充填法

1. 采场结构参数

如图 2-12 所示，侧向崩矿阶段空场嗣后充填法沿矿体倾向方向划分阶段，垂直于矿体走向方向布置采场，采用两步骤回采工艺不设间柱：

（1）阶段高度：50~80 m。

（2）顶柱厚度：3~5 m。

（3）矿房矿柱长度：40~60 m。

（4）矿房矿柱宽度：15~20 m。

（5）矿房矿柱高度：40~70 m。

（6）底部"V"型堑沟角度≥55°，两侧预留桃型底柱，底柱高度8~10 m。

（7）"V"型堑沟两侧出矿进路间距：5~10 m。

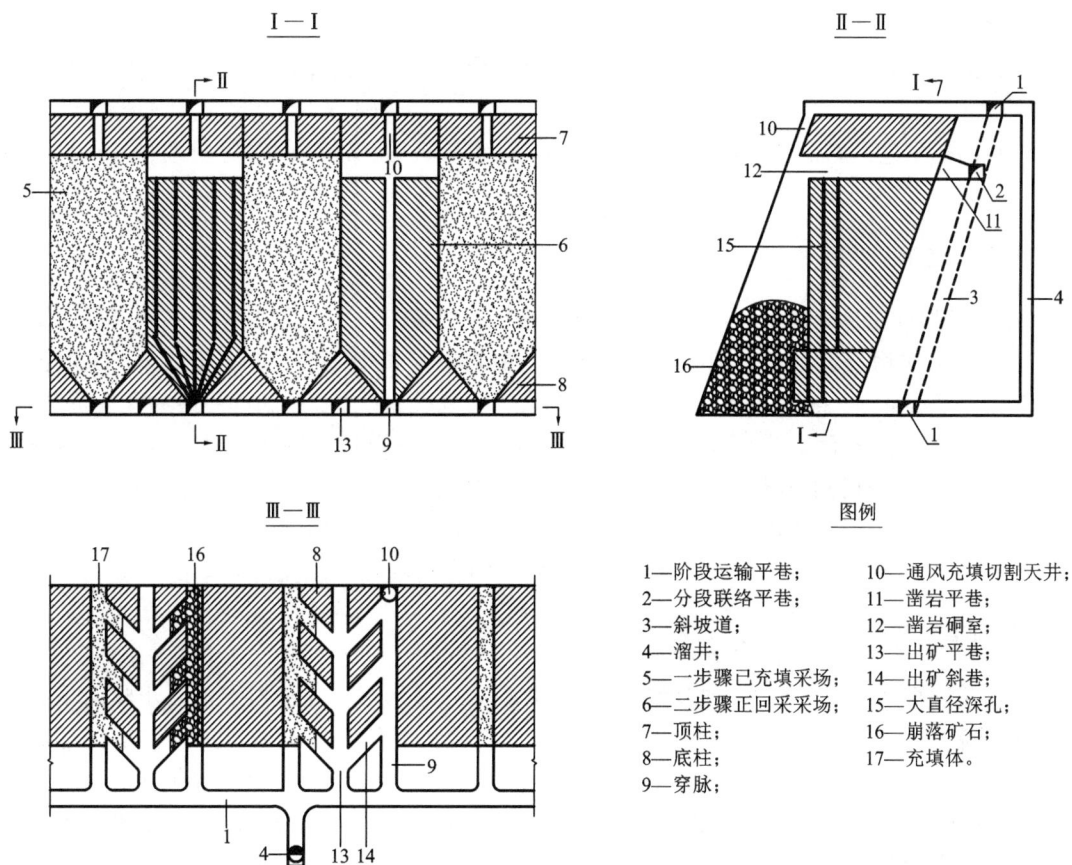

图2-12　侧向崩矿阶段空场嗣后充填法采矿方法图

2. 采准工程

采准工程主要包括阶段运输平巷、分段联络平巷、斜坡道、溜井、穿脉、通风充填切割天井、凿岩平巷、出矿平巷和出矿斜巷等采准巷道。

（1）阶段运输平巷。根据矿体倾角变化情况，沿矿体倾向方向设置阶段，阶段高度50~80 m，在矿体下盘，平行矿体走向方向施工阶段运输平巷。

（2）分段联络平巷。在矿房顶部设置分段，在矿体下盘、平行矿体走向方向施工分段联络平巷。

（3）斜坡道。斜坡道是机械化的采掘设备(如深孔钻机和铲运机)、人员和材料在不同阶段之间实现自由快速移动的重要通道,断面尺寸规格以无轨设备通行要求确定。

(4)溜井。在矿体下盘,靠近阶段运输平巷,每隔200~300 m设置一个溜井,贯穿上下阶段运输平巷,溜井上部设筛网,底部设置振动放矿机。

(5)穿脉。自阶段运输平巷开始沿矿房和矿柱中央施工穿脉直达矿体上盘,便于设备和人员进入采场。

(6)通风充填切割天井。通风充填切割天井是采场通风和充填料浆下放的重要通道,也可为采场切割拉槽提供自由面,一般布置在穿脉巷道的尽头,靠近矿体上盘的位置。

(7)凿岩平巷。人员和设备自斜坡道进入分段联络平巷,沿矿房矿柱中间位置,施工凿岩平巷直达矿体上盘。

(8)出矿平巷。自阶段运输平巷开始,施工沿矿房和矿柱的中间位置,施工出矿进路直达矿体上盘。

(9)出矿斜巷。自出矿进路开始,施工出矿斜巷与矿房和矿柱的穿脉贯通,出矿斜巷间距5~10 m。

3. 切割工程

切割工程首先是矿房最顶部的凿岩硐室工程,自斜坡道进入分段联络平巷,以凿岩平巷为自由面,将矿房顶部全断面扩刷为凿岩硐室,凿岩硐室长度一般比矿房长2 m,宽度比矿房宽1 m,墙高4 m,拱顶处全高为4.5 m,为大直径深孔钻机(工作高度一般为3.8 m)的凿岩作业创造必要的空间。当硐室顶部稳固性较差时,可采用喷锚网支护或在硐室内留设矿柱。其次是采场的切割拉槽工作,自穿脉进入采场中央,以通风充填切割天井为自由面,在矿体上盘扩大爆破形成爆破自由面。底部"V"型堑沟也属于切割工程,但是通常不需单独施工形成,而是在回采过程中,随着底部穿脉内施工的上向扇形中深孔逐排爆破形成。

4. 回采工艺

(1)凿岩爆破。首先回采一步骤矿房并嗣后胶结充填形成人工矿柱,再二步骤回采矿柱并采用非胶结(或低强度胶结)嗣后充填采空区。人员和设备通过斜坡道进入矿房顶部凿岩硐室,采用潜孔钻机钻凿下向平行大直径深孔;人员和设备自阶段运输平巷进入矿房底部穿脉,采用中深孔凿岩台车施工上向平行扇形中深孔;采用散装乳化炸药爆破、数码电子雷管起爆,各排炮孔间微差起爆,上部大直径深孔超前下部扇形中深孔1~2排炮孔。

(2)通风。每次爆破后,新鲜风流由下阶段运输平巷经穿脉和大直径深孔(炮孔)进入采场冲洗工作面后,污风经采场顶部的通风充填切割天井排入上阶段巷道。

(3)出矿。采用铲运机铲装矿石,将崩落至底部"V"型堑沟内的矿石运搬至布置在阶段运输平巷一侧的溜井内,溜入下一个阶段进行矿石集中运输。

(4)顶板安全管理。每次爆破后须经充分通风并清理凿岩硐室和穿脉顶帮松石后,人员方能进入作业。

5. 充填工艺

一步骤矿房回采结束后,采用嗣后胶结充填形成人工矿柱;二步骤矿柱回采结束后,采用非胶结(或低强度胶结)嗣后充填采空区,以控制地压、阻止采场两帮冒落。

6.方案综合评价

（1）优点：①在专门的凿岩和出矿巷道中作业、安全性好；②采用大直径深孔爆破，炸药单耗低、采矿成本低；③便于机械化设备作业，回采效率高、生产能力大。

（2）缺点：①采准切割工程量大、准备时间长；②大直径深孔施工复杂、凿岩爆破技术要求高；③由于采用大直径深孔爆破，矿石的大块率和贫化率难以控制。

思考题

1. 为什么充填采矿法适用于复杂难采矿体的开采？

2. 为什么机械化上向水平分层充填法成为目前矿山的主流充填法方案？

3. 下向水平进路充填采矿法适用于什么开采技术条件？有什么优缺点？

4. 与空场法相比，空场嗣后充填采矿法做了哪些改进？

5. 分段空场嗣后充填采矿法与阶段空场嗣后充填采矿法各有什么优缺点？

第3章 充填采矿法方案选择

基于不同矿山复杂的开采技术条件，研究确定相适应的充填采矿方案，必须首先对其保有资源的禀赋特征进行系统的调查分析，通过矿体分类优选采切工艺简单、回采率高、针对性强的采矿方案，围绕其应用过程中的采场结构参数优化、采切工程布置、采掘运装备配套、采场充填成本控制等关键问题，研究解决其关键参数、关键技术、关键工艺问题。

3.1 矿床开采技术条件

矿床开采技术条件是指决定或影响开采方法和技术措施的各种地质及技术因素，一般涉及水文地质、工程地质和环境地质三个专业，包括矿坑涌水量、矿坑突水危险性、矿山供水方向、矿床顶底板的稳定性、开采矿产对环境的影响等五大问题。因此，矿床的开采技术条件分析不仅是固体矿产勘查报告的重要组成部分，也是矿床评价的重要内容，还是进行采矿方法研究和设计工作的重要依据。

3.1.1 区域地质与矿区地质条件

1. 区域地质的主要内容

区域地质条件是指包括矿区在内的，某一较大地区范围内（例如某一地质单元、构造带或图幅内）的岩石、地层、构造、地貌、水文地质、矿产及地壳运动和发展历史等基本地质情况。因此，区域地质与矿区地质的关系是全局与局部的关系，区域地质条件为分析矿产形成的地质条件和分布规律，寻找新的矿床和扩大矿区远景，正确评价矿床等提供重要依据。

2. 矿区地质的主要内容

固体矿产勘查报告中一般以 1∶50000 比例尺的区域地质调查资料为基础，介绍矿床在区域构造中的位置，区域内对矿田（床）成因有影响的主要地层及岩浆岩种类、特征及分布，主要构造的特征及分布；说明矿区（床）所在范围内，对成矿作用有影响和对矿体有破坏作用的地层、构造、岩浆活动、变质作用、围岩蚀变，以及赋矿层位及矿化等特征。

（1）矿体（层）特征。通过综述矿体（层）的总数目、总厚度、含矿率、空间分布范围、分布规律及相互关系,说明主要工业矿体(层)的赋矿岩石、空间位置、形态、产状、长度、宽度(延深)、厚度、沿走向倾向的变化规律、连接对比的依据和可靠程度、成矿后断层对矿体连接的影响。同时,对于在普查主矿体的同时综合普查的共生矿产、伴生矿产,勘探报告中也会说明其综合普查的程度、规模,矿体分布规律,矿石质量特征等。

(2)矿石质量。按矿石性质分带(氧化带、混合带、原生带),介绍矿石的结构、构造、矿物成分、有用矿物的含量、有用矿物的粒度、晶粒形态、嵌布方式、结晶世代、矿物生成顺序和共生关系;说明矿石的化学成分,主要有用组分和伴生有用、有益、有害组分的含量、赋存状态和变化规律等。

(3)矿石类型和品级。基于矿体氧化带、混合带、原生带的分布范围,说明矿石的自然类型、工业类型、工业品级种类以及划分的原则和依据,介绍选冶性能有明显差异的各类矿石的比例和空间分布规律。

(4)矿体(层)围岩和夹石。基于主要矿体(层)上下盘围岩的种类,近矿围岩的矿物成分,有用、有益和有害组分的大致含量,蚀变情况及其与矿体(层)的接触关系,说明矿体(层)内夹石(层)的岩性种类、分布规律、数量,以及有用、有益和有害组分的大致含量,夹石对矿体完整性的影响程度。

(5)矿床成因及找矿标志。基于矿床成因、成矿控制因素、矿化富集规律和找矿标志,指出矿区远景及找矿方向。

3. 矿石加工技术性能

(1)采样种类、方法及其代表性:说明各种类型矿石加工试验样品的采样目的和要求、采样种类、采样方法、采样的工程种类及编号、样点的数目,并从矿石类型、样品空间分布、品位等方面评述样品的代表性。

(2)试验种类、方法及结果:说明各种类型矿石加工技术试验种类,采用的加工、选矿方法、试验流程以及所取得的各项试验成果。

(3)矿石工业利用性能评价:根据矿石加工技术试验结果,作出矿石可选冶性能和工业利用性能的评价,说明矿石中有用组分回收利用和有害杂质处理的可能性,提出共(伴)生组分综合利用的途径。对于矿石类型简单,或属于已开发矿床的深部(或走向)延伸部分矿体的普查,矿石类型和已开发部分一致或相似,不需进行选冶试验,仅与邻近同类型生产矿山进行矿石类型、结构构造、物质成分等实际资料的对比,对其矿石可选冶性、综合回收利用情况进行说明。

3.1.2 矿床水文地质条件

1. 矿床水文地质条件的主要内容

据《固体矿产地质勘查规范总则》(GB/T 13908—2020),矿床水文地质条件研究的主要内容包括:

(1)区域水文地质条件、勘查区(矿区)所处水文地质单元特征、地下水的补给、径流、排泄条件。

(2)含水层和隔水层的岩性、厚度、产状、分布及埋藏条件,含水层的富水性、渗透性,含水层间的水力联系,地下水的水位、水量、水质、水温及其动态变化,隔水层的稳定性和隔水性。

(3)断层破碎带、节理、风化裂隙带及溶洞的发育程度、分布规律、富水性及导水性,地表水体的分布及其与矿床主要充水含水层水力联系的途径和程度等。

(4)老空区的分布、深度、积水和塌陷情况。

(5)矿床水文地质条件复杂程度。

(6)矿坑正常和最大涌水量、露天开采矿山的降雨汇水量。

(7)供水水源(方向)及水量、水质等。

2.矿床水文地质条件的分类

2021年12月正式实施的《矿区水文地质工程地质勘查规范》(GB/T 12719—2021),对充水矿床、充水矿床勘查的复杂程度进行了分类(分型)。

1)充水矿床分类

根据矿床主要充水含水层的容水空间特征,将充水矿床划分为三类:

(1)第一类,以孔隙含水层充水为主的矿床,简称孔隙充水矿床。

(2)第二类,以裂隙含水层充水为主的矿床,简称裂隙充水矿床。

(3)第三类,以岩溶含水层充水为主的矿床,简称岩溶充水矿床。

其中,第三类矿床的岩溶形态主要有溶蚀裂隙、溶洞、地下河三类。

2)充水矿床勘查的复杂程度分型

根据主要矿体与当地侵蚀基准面的关系,地下水的补给条件,地表水与主要充水含水层水力联系密切程度,主要充水含水层和构造破碎带的富水性、导水性,第四系覆盖情况,水文地质边界的复杂程度,老空水分布状况,疏干排水引起的地表塌陷和沉降情况,将充水矿床勘查的复杂程度划分为三型,见表3-1。

表 3-1　充水矿床勘查的复杂程度分型表

划分依据	水文地质勘查复杂程度		
	第一型 水文地质条件 简单型矿床	第二型 水文地质条件 中等型矿床	第三型 水文地质条件 复杂型矿床
矿体排水条件、 地表水体与 矿体关系	主要矿体位于当地侵蚀基准面以上,地形有利于自然排水,或主要矿体位于当地侵蚀基准面以下,但附近无地表水体	主要矿体位于当地侵蚀基准面以下,但附近地表水不构成矿床的主要充水因素	主要矿体位于当地侵蚀基准面以下,充水含水层与地表水体沟通
主要充水含水层 的补给条件	差	一般	好
第四系覆盖	很少或无第四系覆盖	第四系覆盖面积小且薄	第四系覆盖层厚度大,分布广
水文地质边界条件	简单	较复杂	复杂

续表 3-1

划分依据	水文地质勘查复杂程度		
	第一型 水文地质条件 简单型矿床	第二型 水文地质条件 中等型矿床	第三型 水文地质条件 复杂型矿床
充水含水层富水性	弱,单位涌水量 $q \leq 0.1 \, L/(s \cdot m)$	中等,单位涌水量在 $0.1 \sim 1.0 \, L/(s \cdot m)$	富水性强,单位涌水量 $q \geq 1.0 \, L/(s \cdot m)$
隔水性能	存在良好隔水层	无强导水构造	存在强导水构造沟通充 水含水层
老空水及分布状况	无老空水分布	存在少量老空水,位置、 范围、积水量清楚	存在大量老空水,位置、 范围和积水量不清楚
疏干排水是否产生 塌陷、沉降	疏干排水不会产生塌陷、沉降	疏干排水可能产生少量 塌陷	疏干排水可能产生大量 地表塌陷、沉降

3.1.3 矿床工程地质条件

根据 2020 年国家市场监督管理总局和国家标准化管理委员会最新颁布实施的《固体矿产地质勘查规范总则》(GB/T 13908—2020),工程地质条件研究的主要内容如下:

(1)矿体及顶底板岩石的物理力学性质,如体重、硬度、湿度、块度、抗压强度、抗剪强度、松散系数、安息角、节理密度、岩石质量指标(RQD)值等。

(2)构造、风化带、软弱夹层等对矿床开采的影响。

(3)第四纪地层的岩性、厚度和分布范围。

(4)矿床工程地质条件复杂程度和工程地质类型。

(5)矿床开采时可能出现的主要工程地质问题。

3.1.4 矿床环境地质条件

据《固体矿产地质勘查规范总则》(GB/T 13908—2020),矿床环境地质条件研究的主要内容包括:

(1)勘查区(矿区)内有关环境地质现象(岩崩、滑坡、泥石流、地面沉降、地裂缝、岩溶、地温等)、地表水和地下水的质量、放射性元素及其他有害物质的含量和分布情况。

(2)地震、新构造活动等地震地质情况和矿区的稳定性。

(3)矿床开采前的地质环境质量,矿床开采过程中和开采后对矿区环境、生态可能造成的破坏和影响。

(4)对煤还应研究煤层瓦斯、地温、地压、煤的自燃发火倾向、煤尘爆炸等。

3.1.5 矿床开采技术条件分类

根据矿体规模、形态复杂程度、内部结构复杂程度、矿石有用组分分布的均匀程度、构造复杂程度等主要地质因素确定勘查类型,通常将勘查划分为简单(Ⅰ类型)、中等(Ⅱ类型)、复杂(Ⅲ类型)3 个类型。由于地质因素的复杂性,允许有过渡类型存在。

矿床开采技术条件分类应遵循水文地质、工程地质、环境地质相统一、突出重点的原则，将矿床开采技术条件的类型分为3类9型，即开采技术条件简单的矿床（Ⅰ类）、开采技术条件中等的矿床（Ⅱ类）、开采技术条件复杂的矿床（Ⅲ类）；除Ⅰ类只有1型外，Ⅱ类和Ⅲ类中又按主要影响因素各分为4型，即以水文地质问题为主的矿床（Ⅱ-1、Ⅲ-1型），以工程地质问题为主的矿床（Ⅱ-2、Ⅲ-2型），以环境地质问题为主的矿床（Ⅱ-3、Ⅲ-3型）和复合型的矿床（Ⅱ-4、Ⅲ-4型）。

3.2　资源禀赋特征

在矿山开采技术条件调查和分析的基础上，对矿山保有的资源储量、禀赋特征、矿岩工程岩石力学进行系统深入的统计、调查与分类，并构建矿山的三维模型，既是进行采矿方法优化选择和工艺参数优化的重要依据，也是采矿工程设计的必要条件，还可为矿山生产计划和管理提供重要依据。

3.2.1　矿产资源储量调查

2020年，国家市场监督管理总局和国家标准化管理委员会颁布实施的《固体矿产资源储量分类》（GB/T 17766—2020）国家标准，对矿产资源的勘查阶段、矿产资源经济评价要求及固体矿产资源储量分类进行了修订。

1. 矿产资源勘查

矿产资源勘查是指发现矿产资源，查明其空间分布、形态、产状、数量、质量、开采利用条件，评价其工业利用价值的活动。矿产资源勘查通常依靠地球科学知识，运用地质填图、遥感、地球物理、地球化学等方法，采用槽探、钻探、坑探等取样工程，结合采样测试、试验研究和技术经济评价等予以实现。按照工作复杂程度由低到高，矿产资源勘查划分为普查、详查和勘探三个阶段。

1）普查

普查是矿产资源勘查的初级阶段，通过有效勘查手段和稀疏取样工程，发现并初步查明矿体或矿床地质特征以及矿石加工选冶性能，初步了解开采技术条件；开展概略研究，估算推断资源量，提出可供详查的范围；对项目进行初步评价，作出是否具有经济开发远景的评价。

2）详查

详查是矿产资源勘查的中级阶段，通过有效勘查手段、系统取样工程和试验研究，基本查明矿床地质特征、矿石加工选冶性能以及开采技术条件；开展概略研究，估算推断资源量和控制资源量，提出可供勘探的范围；也可开展预可行性研究或可行性研究，估算储量，作出是否具有经济价值的评价。

3）勘探

勘探是矿产资源勘查的高级阶段，通过有效勘查手段、加密取样工程和深入试验研究，详细查明矿床地质特征、矿石加工选冶性能以及开采技术条件，开展概略研究，估算资源量，为矿山建设设计提供依据；也可开展预可行性研究或可行性研究，估算储量，详细评价项目的经济意义，作出矿产资源开发是否可行的评价。

2. 矿产资源经济评价

1）概略研究

概略研究是通过了解分析项目的地质、采矿、加工选冶、基础设施、经济、市场、法律、环境、社区和政策等因素，对项目的技术可行性和经济合理性的简略研究。

2）预可行性研究

预可行性研究是通过分析项目的地质、采矿、加工选冶、基础设施、经济、市场、法律、环境、社区和政策等因素，对项目的技术可行性和经济合理性的初步研究。

3）可行性研究

可行性研究是通过分析项目的地质、采矿、加工选冶、基础设施、经济、市场、法律、环境、社区和政策等因素，对项目的技术可行性和经济合理性的详细研究。

3. 固体矿产资源储量分类

根据地质可靠程度和资源经济评价深度，固体矿产资源储量可分为资源量、储量 2 大类 5 种类型。

1）资源量

资源量是指经矿产资源勘查查明并经概略研究，预期可经济开采的固体矿产资源，其数量、品位或质量是依据地质信息、地质认识及相关技术要求而估算的。按照地质可靠程度由低到高，资源量分为推断资源量、控制资源量和探明资源量。

（1）推断资源量：经稀疏取样工程圈定并估算的资源量，以及控制资源量或探明资源量外推部分；矿体的空间分布、形态、产状和连续性是合理推测的；其数量、品位或质量是基于有限的取样工程和信息数据来估算的，地质可靠程度较低。

（2）控制资源量：经系统取样工程圈定并估算的资源量；矿体的空间分布、形态、产状和连续性已基本确定；其数量、品位或质量是基于较多的取样工程和信息数据来估算的，地质可靠程度较高。

（3）探明资源量：在系统取样工程基础上经加密工程圈定并估算的资源量；矿体的空间分布、形态、产状和连续性已确定；其数量、品位或质量是基于充足的取样工程和详尽的信息数据来估算的，地质可靠程度高。

2）储量

储量是指探明资源量和（或）控制资源量中可经济采出的部分，是经过预可行性研究、可行性研究或与之相当的技术经济评价，充分考虑了可能的矿石损失和贫化，合理使用转换因素后估算的，满足开采的技术可行性和经济合理性。考虑地质可靠程度，按照转换因素的确定程度由低到高，储量可分为可信储量和证实储量。

（1）可信储量：经过预可行性研究、可行性研究或与之相当的技术经济评价，基于控制资源量估算的储量；或某些转换因素尚存在不确定性时，基于探明资源量而估算的储量。

（2）证实储量：经过预可行性研究、可行性研究或与之相当的技术经济评价，基于探明资源量而估算的储量。

3)资源量和储量的相互关系

资源量和储量之间可以相互转换,见图3-1。探明资源量、控制资源量可转换为储量,资源量转换为储量至少要经过预可行性研究,或与之相当的技术经济评价。转换因素是指资源量转换为储量时应考虑的因素,主要包括采矿、加工选冶、基础设施、经济、市场、法律、环境、社区和政策等。当转换因素发生改变,已无法满足技术可行性和经济合理性的要求时,储量应适时转换为资源量。

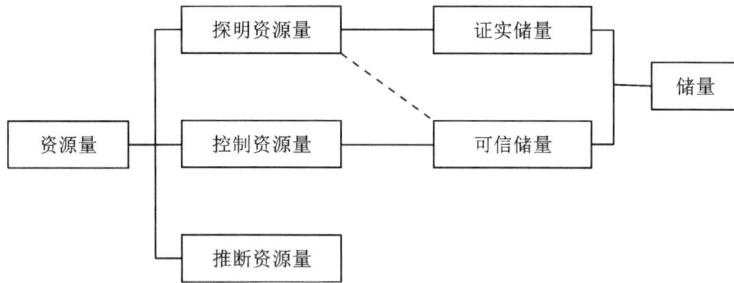

图3-1 资源量和储量类型及转换关系示意图

3.2.2 资源禀赋特征调查

资源的禀赋特征是指矿体和采空区的空间形态、产状(延伸长度、走向长度、倾角、厚度)、沿走向和倾向的连续性、断层位置及影响等。

1.矿体空间形态及产状调查

调查主要依据地质勘探报告及相应平面图、剖面图,并结合中段平面图,摸清矿体在中段之间沿走向、倾向厚度、品位变化情况,并根据采矿方法选择及采准、切割、回采工艺要求,按厚度、倾角进行分类统计,为采矿方法优选和工艺参数确定提供依据。

2.采空区空间形态及稳定性调查

由于国内大量中小型矿山多年来一直采用空场法进行回采,遗留了大量采空区,随着时间推移和采空区规模的逐步扩大,部分采空区互相贯通,形成了大型采空区群。为实现矿山安全、可持续发展,必须对采空区进行细致调查分析,查明采空区空间形态及稳定性状态,为采空区充填治理及残矿资源回收提供第一手资料。

由于许多采空区可能已经无法进入,给采空区与残矿资源调查增加了难度,因此,必须在探测精准度与可行性之间找到平衡点。根据矿山实际情况,采空区调查分析主要采取以下方法:

(1)人员可以进入的采空区,采用精确测量方法,测定采空区平面面积和采空区高度,计算采空区体积和采损矿量。

(2)人员无法进入但肉眼可以观察的采空区,根据周围井巷工程及矿柱情况,推断采空区平面形状和高度,估算采空区体积和采损矿量。

(3)人员无法观察的采空区,根据设计图纸估算平面面积,根据矿山开采高度情况,推断采空区高度,估算采空区体积和采损矿量。

(4)根据矿山历年采出矿量,估算采空区总量,调整上述各采空区估算结果。

3.2.3　岩石力学调查

为了准确判定矿山岩体的工程质量和稳定性,首先,必须对矿体、顶底板围岩以及各个中段进行工程地质调查,全面了解掌握矿区内节理裂隙的分布和发育状况;其次,按照"岩石物理力学性质试验规程"系列标准,通过室内岩石力学试验,测得岩体的抗拉、抗压、抗剪强度等各种岩体物理力学参数;最后,综合考虑岩石力学参数和节理裂隙调查结果以及其他相关水文地质情况,完成对岩体工程质量评判和稳定性的分析。

1.节理裂隙调查目的和意义

1)背景与内容

如图 3-2 所示,节理裂隙是岩体在应力作用下形成的结构面,是构造断裂的一种,没有位移或位移极小,虽然延长不远,纵深发展不大,但数量很多。节理裂隙发育的方位、数量、大小以及形态,影响了矿体及其围岩的稳定性、破坏模式和破坏程度。同时,节理裂隙作为一种构造形迹,可以反映出本区主要构造的轮廓与构造运动的特点。节理裂隙大都与构造应力保持着一定的内在联系,通过节理裂隙可以推断节理裂隙

图 3-2　矿岩节理裂隙结构图

形成时的构造应力场和构造运动方式,为区域构造应力场及构造体系的力学分析提供基础资料。

由此可见,节理裂隙的调查、统计和分析是非常有价值的工作。调查内容主要包括:

(1)节理方位,即节理面在空间上的分布状态,用倾向和倾角表示。其统计结果用玫瑰花图和极点等密度图表示。

(2)节理间距,是反映岩体完整程度和岩石块体大小的重要指标,用线裂隙率 K_s(单位:条/m 或 m/条)表示。

(3)节理张开度、充填情况、节理交切关系及节理的力学性质。

(4)节理分布密度,确定节理、裂隙的优势方位及其状况。

2)节理裂隙与矿山采掘工作的关系

(1)在节理发育的岩石中打炮孔时,要注意钻孔的位置,不要沿节理面钻孔,尤其是张节理面,否则容易卡钎;沿节理面布炮孔,由于裂隙易漏气,会影响爆破效果。因此要注意节理的走向、发育程度及延伸情况。

(2)节理面的方向有时会影响巷道掘进方向,使其偏离中线。例如,在掘进过程中,由于有一组张节理斜交中线方向,按正规排列布置炮孔,爆破后巷道总是偏离中线方向;若改变炮孔排列,有意识地使其稍微倾斜,反而使掘进能按中线方向前进。

（3）节理密度大且多组节理发育地段，岩石就比较破碎，容易冒落，要加强支护工作。但在支护时必须注意节理的产状，可根据节理的方向来选择适当的支护方式以减少支护工作量及材料消耗。

（4）地下水发育地区，节理也是地下水的良好通道，尤其是张节理。规模大的张节理若与采矿巷道贯通，有发生突水事故的危险。因此，在考虑矿山防排水措施时，要对节理的发育和分布规律予以重视。

（5）节理影响采矿方法的选择，在节理特别发育的区段，不适宜采用空场法和崩落法。

3）节理裂隙与爆破作用的关系

（1）节理裂隙的存在是应力波在节理岩体和相对均质岩体中产生传播差异的原因，应力波在节理裂隙面的反射透射取决于节理的闭合、充填程度等。

（2）张开型或充填型节理会造成声阻抗不匹配以及应力波的反射作用，如果反射波足够大，可以产生内部剥落，在整体岩石中应变波形成的径向裂隙会被天然裂隙过早地截断。

（3）节理面的存在对爆破效果产生的影响超过了岩石物理力学性质的影响，节理面的存在使应力波能量急剧衰减，爆破气体过早外逸，因此节理岩体的爆破破碎效果要比无节理时差。

（4）不连续面能为径向和弯曲破裂提供有利的发展方向，爆生裂缝不仅能沿不连续面发展，而且还向自由面方向发展，应把相邻炮孔准确的延时、合适的孔间距及增加装药长度作为改善破碎效果的补充因素。

（5）在节理面处由于 P 波或 S 波的作用产生新鲜破裂面；P 波尾部的拉应力波派生的剪应力使岩体沿节理面破裂。

（6）爆破时裂隙的形成和扩展由节理不连续面所控制，应力波能造成爆源附近的节理裂隙破裂，破裂缝除了从孔壁向外扩展外，还有自由面的反射波在距爆源较远的小节理处破裂。

2.现场节理裂隙调查方法及结果

1）现场节理裂隙调查方法

如图 3-3 所示，在实际现场节理裂隙调查中有测线测量法和窗口测量法两种测量方法。测线测量方法的基本思想是：在岩体天然或人工露头上布置一定方向的测线，测量那些与测线相交的裂隙的隙宽、产状及裂隙在测线上的位置等参数。窗口测量方法的基本思想是：在岩体天然或人工露头上布置一定方向的测线，在测线上每隔 10~20 m 选一测点，围绕测点取

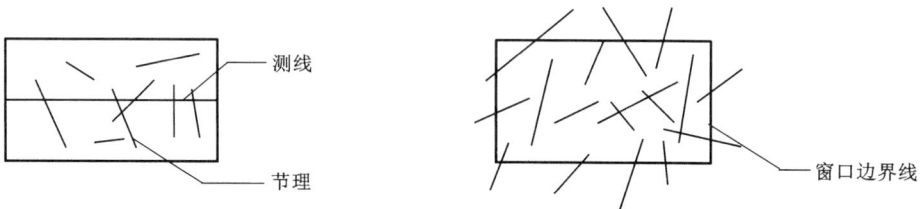

图 3-3 测线法与窗口法原理图

一定面积的测量面，测量节理裂隙隙宽、产状及位置，然后把测面上的所有裂隙按产状进行裂隙分组，把每组的裂隙隙宽、隙间距平均值作为裂隙的隙宽和隙间距。测线法由于沿测线布置方向对节理裂隙进行不间断的测量统计，能全面反映岩体中节理裂隙的发育和分布情况，并且便于在现场组织实施。

现场测线位置与布置应尽可能达到以下要求：

（1）测线位置的选择，应使测线内的地层岩性尽可能单一，且处于同一构造位置上。为使结果更具有代表性，测线应尽量避开断层带和卸荷带的影响范围。

（2）在野外测量中，未受风化和扰动的测线是不存在的，但通过仔细分析和观察仍可选出那些受到风化和扰动最小的部位作为测量场地。裂隙测量一般在采场与联络道中进行，避开了天然的风化影响，但是人工开挖对裂隙的扰动是不可避免的。

（3）在测线布置中，测线离地的高度一方面要考虑测量时工作的可行性，另一方面测线应尽可能反映暴露面的整体情况，测线的离地高度一般在 1 m 左右。每条测线必须有足够的取样数，以确保节理统计结果的代表性与可靠程度。

（4）在实际测量中，测线的位置、长度和方位都应记录，以便于计算裂隙间距和密度。如图 3-4 所示，将测线上下 0.5 m 的范围作为测带，调查工作在测带范围以内进行。考虑工作方便，沿巷道壁面距底板 1 m 处安置测尺作为测线。测尺水平拉紧，基点设在开始调查点，从基点开始沿测线方向对各构造因素进行测定和统计。

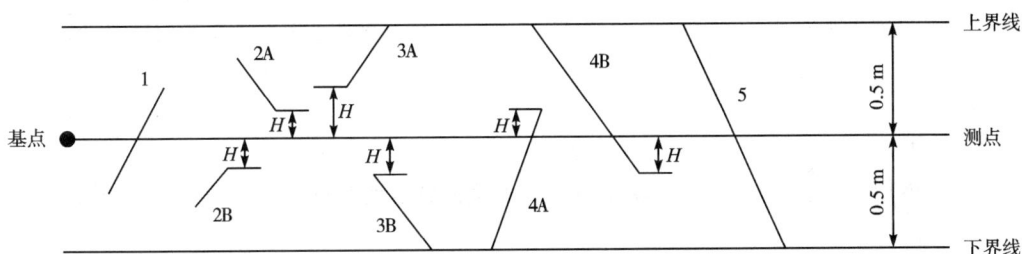

图 3-4　现场测线布置与节理编号原则

2）节理裂隙调查数据统计分析

通过调查矿体及顶底板岩层节理裂隙的产状、密度、结构面特征和充填物情况等，对调查数据进行整合编排，统计各测点的倾向、倾角，按规范绘制节理裂隙倾向、倾角玫瑰花形图，以便直观地观测各测点结构面优势倾向、倾角分布，见图 3-5。

3. 岩石力学试验研究

岩石力学试验研究的主要内容有岩样试样的剪切试验、压缩试验、劈裂拉伸试验，测量出标准试样力学特性参数，包括抗拉、抗压、抗剪

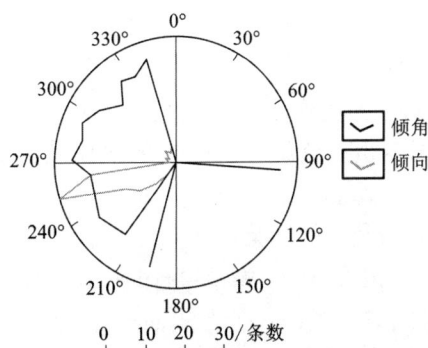

图 3-5　节理裂隙调查玫瑰花形图

强度及内聚力、内摩擦角、弹性模量、泊松比。

1）取样与加工

岩石取样分析是获取精确岩石力学参数的必要条件。现场采集的样品根据《工程岩体试验方法标准》(GB/T 50266—2013)要求进行加工：

(1)圆柱体试件直径宜为 45~54 mm。

(2)试件的直径应大于岩石中最大颗粒直径的 10 倍。

(3)试件高度与直径之比宜为 2.0~2.5。

(4)试件两端面不平行度误差不得大于 0.05 mm。

(5)沿试件高度，直径的误差不得大于 0.3 mm。

(6)端面应垂直于试件轴线，偏差不得大于 0.25°。

2）单轴压缩试验

(1)试验目的：测量岩石的抗压强度、弹性模量和泊松比，获取单轴压缩的应力应变曲线。

(2)试样规格：直径 50 mm、高度 100 mm。

(3)试验设备：电液伺服材料控制机，最大荷载为 2000 kN，测量精度为 ±0.5%。

(4)加载速度：0.15 mm/min。

由岩石的单轴压缩变形试验可以测得岩石的单轴抗压强度、弹性模量和泊松比。当试样在轴向压力作用下出现压缩破坏时，单位面积上所承受的荷载称为岩石的单轴抗压强度，即试样破坏时的最大荷载与垂直于加载方向的截面积之比。抗压强度 σ_c 计算公式如下：

$$\sigma_c = \frac{P}{A} \tag{3-1}$$

式中：P 为试样的破坏荷载；A 为试样截面积。

由试验可得到应力与纵向应变及横向应变关系曲线，而后按下列公式计算岩石的平均弹性模量和平均泊松比：

$$E_{av} = \frac{\sigma_b - \sigma_a}{\varepsilon_{lb} - \varepsilon_{la}} \tag{3-2}$$

$$\mu_{av} = \frac{\varepsilon_{db} - \varepsilon_{da}}{\varepsilon_{lb} - \varepsilon_{la}} \tag{3-3}$$

式中：E_{av} 为岩石平均弹性模量，MPa；μ_{av} 为岩石平均泊松比；σ_a 为应力与纵向应变关系曲线上直线段始点的应力值，MPa；σ_b 为应力与纵向应变关系曲线上直线段终点的应力值，MPa；ε_{la} 为应力为 σ_a 时的纵向应变值；ε_{lb} 为应力为 σ_b 时的纵向应变值；ε_{da} 为应力为 σ_a 时的横向应变值；ε_{db} 为应力为 σ_b 时的横向应变值。

某矿山石英斑岩试样的单轴压缩应力-应变曲线如图 3-6 所示，试样的破裂状态如图 3-7 所示。

3）劈裂拉伸试验

(1)试验目的：测量岩石的抗拉强度，给出荷载-位移曲线。

(2)试样规格：直径 50 mm、高度 25 mm。

(3)试验设备：电液伺服材料控制机，最大荷载为 300 kN，测量精度为 ±0.25%。

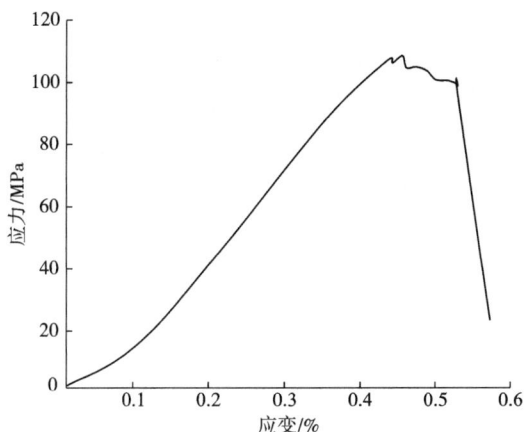

图 3-6　石英斑岩试样的应力-应变曲线

图 3-7　部分试样的破裂状态

（4）加载速度：0.15 mm/min。

测定岩石抗拉强度的方法较多，有直接拉伸法、劈裂法、弯曲试验法、离心机法、圆柱体或球体的径向压裂法等，其中以劈裂拉伸试验法最为简易。该方法要求圆盘的厚度与其直径的比值为 0.5~1，沿圆盘形岩石试样轴面平行粘贴两根金刚丝，然后将试样置于试验机上平行于该轴面加压（静荷载），将集中荷载转变为线荷载，产生垂直于该轴面的拉应力，最后导致试样拉伸破坏，如图 3-8 所示。

图 3-8　劈裂拉伸法测岩石试样抗拉强度

抗拉强度计算公式为：

$$\sigma_t = \frac{2P}{\pi Dh} \tag{3-4}$$

式中：P 为试验加载最大荷载；D 为试样的直径；h 为试样的高度。

4）剪切试验

（1）试验目的：测量岩石的抗剪强度、内聚力和内摩擦角。

（2）试样规格：长 50 mm、宽 50 mm、高 50 mm。

（3）试验设备：电液伺服材料控制机，最大荷载为 2000 kN，测量精度为 ±0.5%。

（4）加载速度：0.15 mm/min。

（5）剪切角度：50°、60°、70°。

按下式可求得作用于剪切面上的总法向荷载 N 和总剪切荷载 Q：

$$\left.\begin{array}{l} N = P(\cos\alpha + f\sin\alpha) \\ Q = P(\sin\alpha - f\cos\alpha) \end{array}\right\} \tag{3-5}$$

式中：α 为剪切角度；P 为剪切破坏最大荷载；f 为圆柱形滚子与上下压板的摩擦系数，可忽略不计。

由下列公式可以求得作用于剪切面上的法向应力 σ 和剪应力 τ：

$$\left.\begin{aligned}\sigma &= \frac{N}{S} = \frac{P}{S}(\cos\alpha + f\sin\alpha) \\ \tau &= \frac{Q}{S} = \frac{P}{S}(\sin\alpha - f\cos\alpha)\end{aligned}\right\} \tag{3-6}$$

根据以上公式计算可得到试样在不同剪切角度作用下的剪应力 τ 值和法向应力 σ 值。然后根据莫尔-库仑定律 ($\tau = c + \sigma\tan\varphi$) 作图，利用 Origin 软件自动线性回归求出岩块的黏结力 c 和内摩擦角 φ。

某矿山石英斑岩典型试样在剪切试验过程中的荷载-位移曲线如图 3-9 所示，试样的剪切破裂形态如图 3-10 所示。

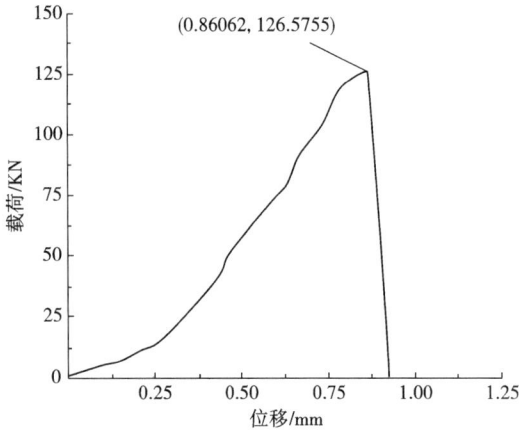

图 3-9　石英斑岩试块荷载-位移曲线图

图 3-10　部分试样的剪切试验破裂状态

5) 岩石弹性波速测量试验

室内岩石弹性波速的测定，一般采用岩石声波参数测试仪；对于单轴压缩的圆柱体试样，采用巴西劈裂的圆盘式样和剪切的方形试样，主要进行岩石纵波波速的测量。

按下式计算纵波及横波的传播时间：

$$\begin{aligned} t_p &= t'_p - t_{op} \\ t_s &= t'_s - t_{os} \end{aligned} \tag{3-7}$$

式中：t_p、t_s 分别为纵、横波在岩石试样中的传播时间，μs；t'_p、t'_s 分别为测试时的仪器读数，μs；t_{op}、t_{os} 为系统延迟时间，μs。

由下列公式计算纵波及横波的传播速度：

$$\begin{aligned} V_p &= \frac{l}{t_p} \\ V_s &= \frac{l}{t_s} \end{aligned} \tag{3-8}$$

式中：V_p、V_s 分别为纵、横波在岩石试样中的传播速度，m/s；l 为试样的长度，mm。

3.2.4 矿山三维模型

由于矿山地形复杂、矿体形状极不规整，正常情况下很难通过模拟方法获得比较准确的空区形态和关键剖面图，对其外部荷载与地形特征的模拟也存在较大误差，难以胜任地表生产区域的稳定性分析。为此，有必要对原始水文地质数据进行收集，建立真实反映复杂地层荷载和地形地貌条件的矿山模型，为矿山相关模型的分析与准确计算提供可靠数据，为开拓系统优化与采矿方法选择提供依据。此外，通过建立三维立体模型还可以直观反映井下主要井巷工程的立体空间概念，实现井巷工程的优化配置，以最大限度地降低井巷工程量，便于进行开拓工程与采准工程的施工设计。

1. 三维建模的优越性

矿体三维建模是矿床地质学中一项新技术，成为科学计算、资源评价、灾害评判的重要组成部分与必要手段。目前，三维建模技术已经广泛应用于地质、矿产、水文、物探、地震、环境等各领域。矿体三维建模是对地下矿体客观对象的模拟，能够清晰反映被研究地质体主要构成因素的相互关系。它是依据前期地质工作所获得的大量基础数据，按其主要特征加逻辑推理构建的，其作用是用三维的方式直观展示矿体的形态和产状。对比传统的建模方法，三维立体建模具有以下优越性：

(1) 能充分地将来源和格式不同的各种遥感、地球物理、地球化学、工程地质(钻孔数据资料)等数据资料紧密地结合在一起，从而充分发挥各种资料的价值。更快、更精确、更完整地解译地质基础数据，支持决策，将三维立体可视化技术引入地质灾害等研究中，促进矿床地质学研究的进一步发展。

(2) 能对矿体空间形态、产状、相互关系有更好的直观理解，研究现实中无法看到的区域和地质构造体(节理裂隙、断层、空区、人造工程等)。

(3) 能在三维矿体模型的基础上任意生成剖面，满足各种工程设计、计算分析、安全评估的资料要求，大大减少工作量，快速生成所需图件，是理论研究和矿山现场实际工作的理想帮手，具有十分重要的现实意义和应用价值。

(4) 能利用计算机屏幕的彩色作图功能，使之成为模拟矿体或地表的好手段，及三维现实场景可视化的良好视觉平台。用钻孔和其他定义矿体的数据连成线段，构成网格状或实体三维模型；用不同色彩表示不同品位或不同岩石；利用软件的旋转、放大和缩小功能，可以从不同视角观察矿体各个位置的几何形态，清楚看到局部细节和不易发现的部位，模拟地貌和地质结构面(如断层)等，以便对复杂的问题作出正确的判断。同时，可方便获得矿体任意方向和位置的剖面图，为更进一步研究工作提供信息。

(5) 矿体三维可视模型技术的应用，可以为研究人员提供全新视觉空间。依据建立的三维空间模型与可视化形态，地质勘探、水文调查、灾害治理等工作更加有的放矢，更具科学性、合理性、先进性。

2. 矿山地表模型的建立

当前比较流行的矿山实体模型构建软件为 3DMine 软件，矿山地表模型的结果是一个DTM(数字化地形图)面，一般采用地表等高线来建立地表模型。

（1）等高线赋高程。因为地表等高线可能有断开或者出错的情况，故首先要对原等高线进行预处理，修正这些有问题的等高线，再根据高程点的高程将每条等高线所对应的高程值赋给等高线的 Z 值。

（2）生成地表模型。利用 3DMine 软件，将已赋高程的地表等高线生成地表模型。

3. 矿体实体模型的建立

实体模型是一个三维的三角网，通过包裹多个 DTM 的方式而形成。实体模型与 DTM 基于同样的原理，通过连接多边形来定义一个实体或空心体，所产生的形体用于可视化、体积计算、在任意方向上产生剖面、与来自地质数据库的数据进行切割。

1）矿体连接方法

3DMine 软件提供了许多连接矿体的方法，主要有以下三种：

（1）剖面线法。首先将矿体各勘探线的剖面线放入三维空间；相邻勘探线之间按照矿体的趋势，连三角网；将矿体的两端封闭起来，就形成了矿体实体。

（2）合并法。此方法一般用在水平或扁平矿体中。首先将矿体的上、下表面做成面模型，获取上、下面的边界，两个边界之间连三角网，再将这 3 个文件合并，就形成了矿体的实体。

（3）相连法。利用一系列矿体的轮廓线、辅助线（不一定是勘探线或边界线），在线之间连三角网，能应用于各种复杂情况下，创建各种复杂的实体。

一般矿山地质资料齐全，各勘探线剖面图较为详细，适宜选用剖面线法（利用各勘探线剖面图）连接矿体。

2）矿体连接原则

（1）在矿体连接之前务必将所有剖面线同时调入，观察确定各矿脉大体走势及分布状况，做适当纪录。

（2）按照矿体编号，连接相邻两剖面中形状位置搭配的矿体。

（3）不同矿体设定不同的编号，以便于计算不同编号矿体体积。

（4）相同编号矿体，若不在同一矿脉上或相同矿体彼此分隔，则在使用相同编号的前提下，对不同矿块使用不同三角网编号。

（5）最后连接所有夹石，一般位于矿体内部，在报告体积时将矿体设为实心，再将夹石设为空心，可直接得出矿体体积。

（6）矿体连接要遵循一定的顺序，一般沿矿脉顺序进行，遇到不能确定两个面是否连接在一起的情况时，需综合考虑各中段平面图和剖面图。

（7）矿体连接过程中要经常验证实体和三角网，尤其在连接较大矿体时，矿体比较大，线形复杂，连接几个段就需要进行实体验证一次，验证通过后及时保存，进行下一步工作。同时要注意，连接在一起的矿体要用相同的矿体号。

3）三维矿体模型的建立

通过前面地质剖面图的处理，根据图上圈定的矿体，在 3DMine 软件中建立三维矿体模型。由于各平面、剖面图独立成图，并不是反映实际各平面、剖面图的三维视角，因此为便于三维矿体模型的建立，根据勘探线的布置，将各中段平面、剖面图通过平剖转换使剖面线"立"起来，使坐标的 Z 值即为实际高程值，最后导入 3DMine，在 3DMine 里保存为线文件。通过把所有勘探线上的矿体连接在一起，形成整个矿体的实体三维模型。

4. 巷道实体模型的建立

矿山建模的一个重要内容就是各种开拓工程巷道的实体建模，通过三维模型显示来实现工程可视化。建模的主要方法是根据矿山提供的 CAD 中段平面图，把 CAD 中段平面图导入 3DMine 软件中，用 3DMine 软件描出巷道的腰线或中线图，通过腰线或中线创建三角网，选择相应的断面进行建模。

5. 矿山三维实体模型

为了对矿体赋存情况和开拓系统有直观的认识，准确反映矿体与巷道之间相对空间位置关系，将建立好的地表模型、矿体模型与巷道模型整合到一起，如图 3-11 所示。

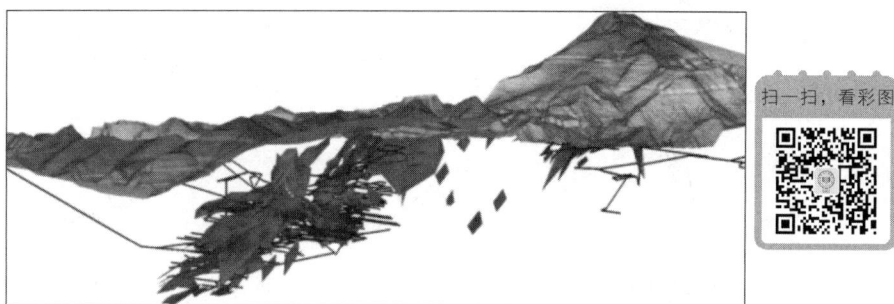

图 3-11　矿山整体三维模型侧视图

3.3　矿体分类与可采矿量统计

3.3.1　矿体埋藏要素

矿体埋藏要素是指矿体在地壳中的走向长度、埋藏深度、延伸深度、形态、倾角、厚度等几何因素，对矿床开拓和采矿方法选择有直接影响。

1. 矿体形态

矿体形态由控矿地质因素（地层、岩石、构造等）和成矿作用方式（沉积成矿、热液充填成矿、交代作用成矿等）决定。如图 3-12 所示，根据矿体在三维空间延伸比例的不同，通常将矿态形状分为 3 类：

（1）等轴状矿体。指空间上大致均衡延伸的矿体，有矿囊、矿巢等，一般规模较小。

（2）板状矿体。两个方向（长度、宽度）延伸较大，另一个方向（厚度）延伸较小的矿体。此类矿体最常见，典型代表为矿层和矿脉。矿层是指与上下围岩在同一地质时期形成，且与围岩层理产状一致的矿体，多见于沉积矿床和变质矿床，如铁矿层、煤矿层和铝土矿层等。矿脉是产在各种岩石裂隙中的板状矿体，系由含矿物质充填围岩的裂隙而成，如金矿脉、铜矿脉等。矿脉和矿层都夹持在围岩中，其上部的围岩称顶板（顶盘、上盘），直接伏于其下部的围岩称底板(底盘、下盘)。

(3)柱状矿体。指一个方向延伸长而另外两个方向延伸很短且大致相等的矿体,包括矿柱、矿筒、矿管等,如铅锌矿柱、金刚石矿筒。

除上述 3 类矿体形状外,还有一些过渡类型矿体(如透镜状矿体)和复杂形状矿体(如梯状矿脉和网脉状矿体)。

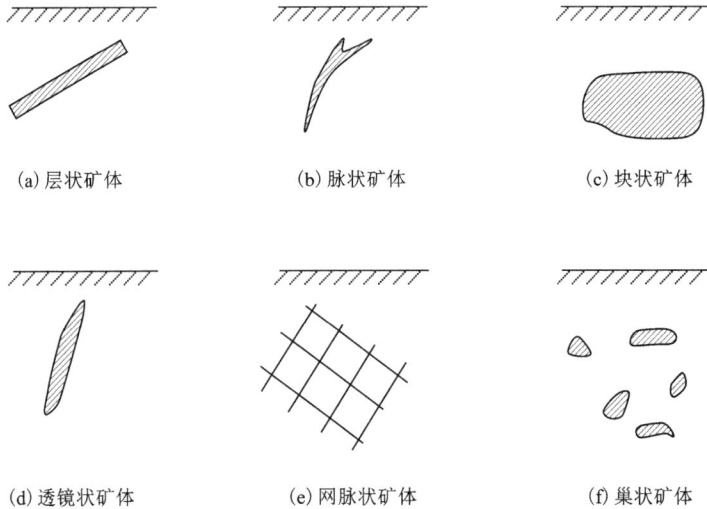

(a)层状矿体　　　　(b)脉状矿体　　　　(c)块状矿体

(d)透镜状矿体　　　(e)网脉状矿体　　　(f)巢状矿体

图 3-12　常见的矿体形状

2.矿体倾角分类

如图 3-13 所示,矿体所形成的倾斜构造面和任一水平面的交线称为走向线,走向线所指的地理方位角,称为走向;倾向是层面上与走向线垂直并沿斜面向下所引的直线叫倾向线,倾向线在水平面上投影的方向即倾向;倾角是矿体所形成的倾斜构造面与水平面的夹角所成的角。根据矿体的产状和倾角大小,可将矿体分为:

(1)水平和微倾斜矿体:矿体倾角在 15°以下。

(2)缓倾斜矿体:矿体倾角为 15°~30°。

(3)倾斜矿体:矿体倾角为 30°~55°。

(4)急倾斜矿体:矿体倾角大于 55°。

需要注意的是,以往通常将倾角在 5°以下的划分为水平和微倾斜矿体,实际在进行采矿方法选择时和采矿工程设计过程中,倾角在

图 3-13　矿体埋藏要素

5°~15°矿体的采矿方案与5°以下矿体的基本相同，均可采用凿岩台车、铲运机等机械化采掘装备，沿矿体倾向方向顺层开采。因此，为了采矿方案选择的便利性，本书统一将水平和微倾斜矿体的倾角范围扩大至15°以下。

3.3.2　矿体厚度分类

矿体厚度指矿体上下盘之间的垂直距离或水平距离，前者称为垂直厚度或真厚度，后者称为水平厚度。如图3-14所示，矿体厚度与倾角的关系可表示为：

$$H_v = H_1 \sin\alpha \tag{3-9}$$

式中：H_v 为矿体真厚度；H_1 为矿体水平厚度；α 为矿体倾角。

在钢铁行业，根据矿体厚度大小，可将矿体分为：

(1)极薄矿体：矿体平均厚度小于0.8 m。

(2)薄矿体：矿体厚度为0.8~5.0 m。

(3)中厚矿体：矿体厚度为5.0~15.0 m。

(4)厚矿体：矿体厚度为15.0~50.0 m。

(5)极厚矿体：矿体厚度大于50.0 m。

在有色金属和黄金行业，根据矿体厚度大小，可将矿体分为：

(1)极薄矿体：矿体平均厚度小于0.8 m。

(2)薄矿体：矿体厚度为0.8~2.0 m。

(3)中厚矿体：矿体厚度为2.0~5.0 m。

(4)厚矿体：矿体厚度为5.0~20.0 m。

(5)极厚矿体：矿体厚度大于20.0 m。

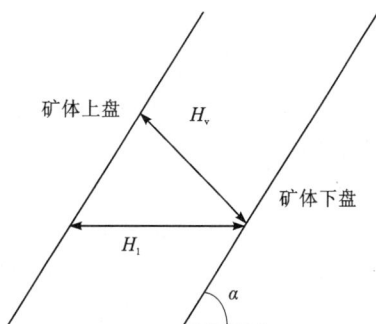

图3-14　矿体厚度与倾角

3.3.3　矿体品位分类

凡是地壳中的矿物集合体，在当前技术经济水平条件下，能以工业规模从中提取国民经济发展所必需的金属或矿物产品的，称为矿石。矿体周围岩石及夹在矿体中的岩石(夹石)，不含有用成分或有用成分含量过低，当前不具备矿石开采条件的，统称为废石。如表3-2所示，矿石和废石一般用边界品位来界定。

表3-2　常见矿石的最低工业品位和边界品位

矿产种类	矿床条件	边界品位/%	最低工业品位/%
Cu	地采硫化矿	0.2~0.3	0.40~0.55
	露采硫化矿	0.2	0.4
	难选氧化矿	0.5	0.7
Pb	硫化矿	0.3~0.5	0.7~1.0
	混合矿	0.5~0.7	1.0~1.5
	氧化矿	0.5~1.0	1.5~2.0

续表 3-2

矿产种类	矿床条件	边界品位/%	最低工业品位/%
	硫化矿	0.5~1.0	1.0~2.0
Zn	混合矿	0.8~1.5	2.0~3.0
	氧化矿	1.5~2.0	3.0~4.0
	石英大脉型	WO_3：0.08~0.10	WO_3：0.12~0.18
	石英细脉型	WO_3：0.10	WO_3：0.15~0.20
W	石英细脉浸染型	WO_3：0.10	WO_3：0.15~0.20
	矽卡岩型	WO_3：0.08~0.10	WO_3：0.15~0.20
	层控型	WO_3：0.10	WO_3：0.15~0.20

矿石品位是指矿石中有用成分的含量,一般用质量百分比(%)表示,贵重金属则用 g/t 表示,一般包括最低工业品位和边界品位。最低工业品位是指对工业可采矿体、块段或单个工程中有用组分平均含量的最低要求,亦即矿物原料回收价值与所付出费用平衡、利润率为零的有用组分平均含量。边界品位是地质部门圈定矿体时对单个样品有用组分含量的最低要求,一般由选矿技术确定,通常比尾矿品位高出 1~2 倍。

根据矿石品位的高低,一般可将矿石分为贫矿、中等品位矿石和富矿三类。目前,世界各国并没有统一的贫富矿划分标准,即使在同一个国家,同一个地区,也没有绝对统一的贫富矿的划分标准。贫富矿品位标准的确定,取决于矿产资源状况和采、选、冶技术水平。因此,贫矿既是一个技术上的概念,又是一个经济上的概念。在技术上,贫矿指因矿石品位低,现行采、选、冶技术尚不太成熟,还不能充分利用的矿产资源。在经济上,贫矿可以理解为因矿石品位低,开发利用经济效益差的矿产资源。

3.3.4　矿岩稳固性分类

1.矿岩稳固性分级方法

矿岩稳固性是采矿方法选择的主要依据之一。虽然地质报告和前期研究对矿岩稳固性进行了分析和分级,但由于所依据的基础资料大多来源于钻探数据,资料可靠性和代表性受到制约。随着矿山采矿工程的推进,具备了根据揭露的矿岩情况进行更深入的岩石力学研究的条件。因此,需随采掘工作面的推进,及时进行相关节理裂隙调查、工程地质条件素描等基础岩石力学工作,采取合理的方法对矿岩体稳固性重新进行科学评价和分级,以便有针对性地采取不同的采矿方法和回采方案,保证作业安全。

岩石稳固性工程分级方法主要有下列 10 种:

(1)龟裂系数法。

(2)岩石质量指标 RQD 法。

(3)抗压强度和岩体平均龟裂间距法。

(4)RSR 分类法。

(5)地质力学 RMR 分级系统。

(6)巴顿岩体质量分级(Q分级)。

(7)工程岩体质量 BQ 分级(GB/T 50218—2014)。

(8)动态分级法。

(9)三性综合分级法。

(10)水利水电工程地质勘查规范地下硐室围岩 HC 分类。

当前,在国内地下岩体工程中应用较多的岩体分级方法主要有巴顿岩体质量分级(Q分级)、地质力学 RMR 分级系统、工程岩体质量 BQ 分级(GB/T 50218—2014)和水利水电工程地质勘查规范地下硐室围岩 HC 分类,各评价方法考虑因素如表 3-3 所示。

表 3-3 地下岩体质量分级方法所考虑的因素一览表

分级方法	因素类型													
	结构面节理特征					岩体结构完整性			地质因素			岩体强度指标		工程因素	
	节理间距	节理宽度	节理组数	节理粗糙度	节理走向	岩石质量指标 RQD	完整性系数 K_v	结构面状态	地应力	地下水	风化蚀变系数	单轴抗压强度	点载荷强度	结构面产状	施工方法	工程尺寸
Q 分级	★		★			★			★	★	★					
RMR 分级	★	★		★	★	★				★		★	★			
HC 分级							★	★		★		★		★		
BQ 分级							★	★	★							

注:★表示该方法所考虑的因素。

2. 巴顿岩体质量分级(Q分级)

Q 分级由挪威的地质学家巴顿等人提出,采用 6 个参数,即岩体的质量指标 RQD、节理的组数系数 J_n、节理的粗糙度系数 J_r、节理的蚀变影响系数 J_a、节理水折减系数 J_w、应力折减系数 SRF。利用上述 6 个参数,巴顿等人提出了一个表示工程岩体质量好坏的 Q 值,按以下公式计算:

$$Q = \frac{RQD}{J_n} \times \frac{J_r}{J_a} \times \frac{J_w}{SRF}$$
(3-10)

式中:RQD 为岩石质量指标;J_n 为节理组数系数;J_r 为最脆弱的节理的粗糙度系数;J_a 为最脆弱节理面的蚀变程度或充填情况;J_w 为裂隙水折减系数;SRF 为应力折减系数。

上式 6 个参数反映了岩体质量的三个方面,即 RQD/J_n 表示岩体的完整性;J_r/J_a 表示结构面的形态、充填物特征及其次生变化程度;J_w/SRF 表示水与其他应力存在时对质量的影响。Q 的范围为 0.001~1000,代表着围岩从质量特别差的岩石到特别好的坚硬完整岩体,分为 9 个质量等级,见表 3-4,围岩分类见表 3-5。

表 3-4   Q 分级的围岩分类描述

Q 值	0.001	0.1	1	4	10	40	100	400	1000
等级	特别差	极差	很差	差	一般	好	很好	极好	特别好

表 3-5   Q 分级的围岩分类

Q 值	>40	10~40	1~10	1~0.1	<0.1
围岩类别	I	II	III	IV	V

3. 工程岩体质量 BQ 分级

我国在 2014 年颁布了国家工程岩体分级标准。按照该标准,工程岩体分级分两步进行:首先,从定性判别与定量测试两个方面分别确定岩石的坚硬程度和岩体的完整性,计算出岩体基本质量指标 BQ;然后,结合工程特点,考虑地下水、初始应力场以及软弱结构面走向与工程轴线的关系等因素,对岩体基本质量指标 BQ 加以修正,以修正后的岩体基本质量指标 BQ 作为划分工程岩体级别的依据。岩体基本质量指标 BQ 表示为:

$$BQ = 90 + 3\sigma_{cw} + 250K_V \tag{3-11}$$

式中:σ_{cw} 为岩石单轴饱和抗压强度,MPa;K_V 为岩体完整性系数,$K_V = (v_{Pm}/v_P)^2$,v_P、v_{Pm} 分别为岩石与岩体纵波速度。

岩体的基本质量指标主要考虑了组成岩体岩石的坚硬程度和岩体完整性。按 BQ 值和岩体质量定性特性将岩体划分为 5 级,见表 3-6。

表 3-6   BQ 方法的岩体质量分级

基本质量级别	岩石质量的定性特性	岩体基本质量指标 BQ
I	坚硬岩,岩体完整	>550
II	坚硬岩,岩体较完整;较坚硬岩,岩体完整	550~451
III	坚硬岩,岩体较破碎;较坚硬岩或软岩,岩体较完整;较软岩,岩体完整	450~351
IV	坚硬岩,岩体破碎;较坚硬岩,岩体较破碎或破碎;较软岩或较硬岩互层,岩体较完整或较破碎;软岩,岩体完整或较完整	350~251
V	较软岩,岩体破碎;软岩,岩体较破碎或破碎;全部极软岩及全部极破碎岩	<251

岩体工程的稳固性,除与岩体基本质量的好坏有关外,还受地下水、主要软弱结构面、天然应力的影响。应结合工程特点,考虑各影响因素来修正岩体基本质量指标。对地下工程修正值 BQ 按下式计算:

$$[BQ] = BQ - 100(K_1 + K_2 + K_3) \tag{3-12}$$

式中:K_1 为主要结构面产状影响修正系数;K_2 为地下水影响修正系数;K_3 为天然地应力影

响修正系数。

4. 地质力学 RMR 分级系统

地质力学分级系统即用单轴抗压强度、RQD、节理间距、节理的连续性与充填情况、地下水、节理的走向与倾斜指标的总得分 RMR 值来综合确定岩体级别。岩体被分成 5 级, 按各参数的重要性分别赋以或扣除不同的分值, 然后累加起来按总分值对岩体作出不同的评价, 见表 3-7。

表 3-7 岩体 RMR 分级表

级别	岩体描述	RMR 值
I	很好的岩体	81~100
II	好的岩体	61~80
III	较好的岩体	41~60
IV	较差的岩体	21~40

RMR 值的计算公式为:

$$RMR = R_1 + R_2 + R_3 + R_4 + R_5 + R_6 \qquad (3-13)$$

各参数取值情况如下:

1) R_1——饱和抗压强度

综合考虑了单轴抗压强度、RQD、节理间距、节理的连续性与充填情况等因素对矿岩稳固性影响程度的不同, 确定了评分表, 见表 3-8。

表 3-8 R_1 评分(体现岩石抗压强度)表

点荷载指标/MPa	无侧限抗压强度/MPa	R_1 评分值
>10	>250	15
4~10	100~250	12
2~4	50~100	7
1~2	25~50	4
<1 不采用	5~25	2
	1~5	1
	<1	0

2) R_2——岩体质量指标(RQD)

此处的 RQD 值根据下式确定, 按表 3-9 评分:

$$RQD = \frac{L_t - L_m}{L_t} \times 100\% \qquad (3-14)$$

式中: L_m 为沿测线方向测量结构面的间距, 间距小于 10 cm 的累加值; L_t 为测线总长度, 通常根据岩体结构特征来确定。

测量前先凭肉眼鉴定，沿测线方向各结构面发育程度，将调查的暴露面分为几个区段，选取每段中各测向（水平和垂直方向）RQD 的平均值，见表 3-9。

表 3-9　R_2 评分（体现 RQD）表

RQD/%	90~100	75~90	50~75	25~50	0~25
R_2 评分值	20	17	13	8	3

3）R_3——节理间距

按每段中最发育的一组裂隙的间距取值，如果有两组或两组以上裂隙发育，取较小的结构面间距。先逐一算出相邻的两条裂隙的间距，然后取间距的平均值，按表 3-10 评分。

表 3-10　R_3 评分（体现最有影响的节理间距）表

节理间距/m	>2	0.6~2	0.2~0.6	0.06~0.2	<0.06
R_3 评分值	20	17	13	8	3

4）R_4——结构面性状

选取每段中优势结构面的性状，如果有几组优势结构面，则选取最不利于岩体稳定的结构面的性状，按表 3-11 和表 3-12 评分。

表 3-11　结构面性状分类的具体说明列表

结构面长度（延续）/m	评分	张开度（裂隙）/mm	评分	粗糙度	评分	充填物	评分	风化程度	评分
<1	6	未张开	6	很粗糙	6	无	6	未	6
1~3	4	<0.1	5	粗糙	5	硬<5 mm	4	微	5
3~10	2	0.1~1	4	较粗糙	3	硬>5 mm	2	弱	3
10~20	1	1~5	1	光滑	1	软<5 mm	2	强	1
>20	0	>5	0	擦痕镜面	0	软>5 mm	0	全	0

表 3-12　R_4 评分（体现节理状态）表

结构面性状	很粗糙；不连续；闭合；未风化	较粗糙；张开<1 mm；微风化	较粗糙；张开<1 mm；强风化	镜面或夹泥厚<5 mm 或张开1~5 mm；连续	夹泥厚>5 mm 或张开>5 mm；连续
R_4 评分值	30	25	20	10	0

5）R_5——地下水活动状况

根据每段地下水情况，按表 3-13 评分。

表 3-13　R_5 评分（体现地下水）表

每 10 cm 洞长的流入量/(L·min⁻¹)	节理水压力与最大主应力的比值	总的状态	R_5 评分值
无	0	完全干燥	15
<10	<0.1	潮	10
10~25	0.1~0.2	湿	7
25~125	0.2~0.5	淋水	4
>125	>0.5	涌水	0

6) R_6——主要结构面方向

主要结构面和巷道轴线的夹角为 0°~30°时，认为两者"相互平行"；夹角为 60°~90°时，认为两者"相互垂直"；夹角在 30°~60°时，认为两者"无关"，然后按表 3-14 和表 3-15 评分。

表 3-14　R_6 评分表

方向对工程的影响评价	R_6 评分值（对隧洞）	R_6 评分值（对地基）
很有利	0	0
有利	-2	-2
较好	-5	-7
不利	-10	-15
很不利	-12	-25

表 3-15　结构面方向对工程的影响列表

结构面方向	倾向及倾角		对工程的影响评价
结构面走向与洞轴线垂直	顺着开挖方向	倾角 45°~90°	很有利
		倾角 20°~45°	有利
	逆着开挖方向	倾角 45°~90°	较好
		倾角 20°~45°	不利
结构面走向与洞轴线平行	倾角 45°~90°		很不利
	倾角 20°~45°		较好
结构面走向与洞轴线无关	倾角 0°~20°		较好

5. 矿岩稳固性分类

矿岩稳固性即矿岩允许暴露面积的大小和暴露时间的长短，受矿岩的成分、结构、构造、节理状况、风化程度以及水文地质条件等因素的影响，根据所允许暴露面积的大小，可将矿岩稳固性分为：

(1)极不稳固:不允许任何暴露面积。

(2)不稳固:允许 50 m² 内不支护暴露面积。

(3)中等稳固:允许不支护暴露面积 50~200 m²。

(4)稳固:允许不支护暴露面积 200~800 m²。

(5)极稳固:允许不支护暴露面积 800 m² 以上。

6.采场极限跨度分析

根据《工程岩体分级标准》(GB/T 50218—2014),地下工程岩体自稳能力与岩体的质量级别的关系如表 3-16 所示。

表 3-16 岩体自稳能力与岩体的质量级别

岩体级别	岩体描述	自稳能力	允许跨度/m
Ⅰ	稳固	可长期稳定,偶有掉块,无塌方	≤20
Ⅱ	中等稳固	可长期稳定,偶有掉块	<10
		可基本稳定,局部可发生掉块或小塌方	10~20
Ⅲ	不够稳固	可基本稳定	<5
		可稳定数月,可发生局部块体位移及小、中塌方	5~10
		可稳定数日至1个月,可发生小、中塌方	10~20
Ⅳ	不稳固	可稳定数日至1个月	≤5
		无自稳能力,数日至数月内可发生松动变形、小塌方,发展为中至大塌方。埋深小时,以拱部松动破坏为主,埋深大时,有明显塑性流动变形和挤压破坏	>5
Ⅴ	极不稳固	无自稳能力	—

3.3.5 可采矿量调查与统计

资源储量调查是矿山生产和设计的核心内容,也是地质部门每年都要开展的最重要的基础工作。但是地质部门提交的资源储量调查报告通常并不能直接用于采矿,往往需要在扣除保安矿柱矿量和采损矿量的基础上,充分考虑采矿过程中的矿石回收率和贫化率,重新进行实际可采矿量的圈定与核算,同时根据采矿工程需要,分中段、矿体、品位、厚度进行可采矿量分解。

1.保安矿柱圈定

保安矿柱,指为保护地表地貌、地面建筑、构筑物和主要井巷,分隔矿田、井田、含水层、火区及破碎带等而留下不采或暂时不采的部分矿体。按留设的用途,又分井筒保安矿柱、境界矿柱,防水矿柱、断层破碎带矿柱等。新建矿山在可行性研究或初步设计阶段,必须结合拟布置的工业场地与矿体的空间位置关系划定岩石移动范围,圈定保安矿柱。

矿山的各类建筑物和构筑物应布置在矿体开采后的最终移动境界之外,其边缘与地表移动境界线之间应留一条保护带。保护带的宽度应根据地表保护物的保护等级而定。根据用途、服务年限,保护要求分为:一级保护——提升井筒、井架、卷扬机房、变电所、机修厂、扇风机房,空压机房等,应在移动带外 20 m;二级保护——风井、充填井等,应在移动带外 15 m;三级保护——应在移动带外 10 m。

为使受地下开采影响的地面建筑物、构筑物不遭损害,留保安矿柱保护是一种比较可靠的方法,但要丢失一部分矿产资源,因此留保安矿柱一般只用于小范围内的重要建筑物或构筑物的保护,以及开采贫矿、薄矿体或浅部矿体时的地表保护。在特殊条件下,当不适宜把主要开拓巷道布置在岩石移动范围之外时,或者对已投产的矿井,因为在井筒附近发现新矿体,矿体向下延伸使得井筒落入岩石移动范围之内时,为了保护井筒及建筑物,需要设置保安矿柱。保安矿柱是在井筒周围留下一部分暂不开采的矿体,其范围一般用作图法圈定。

2. 采损矿量调查与统计

采损矿量是指实际采矿过程中,受采矿工艺的限制暂无法回收的顶底柱、间柱、点柱等矿柱资源,受出矿结构和设备限制采场内暂无法运出的存窿矿石,开采技术条件复杂或品位较低暂无开采价值的未动矿体,或受采矿扰动的影响存在一定安全隐患的隐患矿体。因此,采损矿量与开采损失率具有密切的关系。

以甘肃洛坝铅锌矿为例,由于多年来一直沿用空场法开采,在采场内留设了大量的顶底柱、间柱、点柱等矿柱资源无法回收,同时在采用电耙和装岩机出矿的过程中采场内遗留了大量的存窿矿石无法运出。随着时间的推移和采空区规模的逐步扩大,部分采空区互相贯通,形成了若干大型采空区群,造成了大量残矿资源无法回收的情况。

3. 可采矿量调查及分类

矿山生产中段可采矿量调查分析方法与地质部门储量计算和核实方法基本相同。首先,按照矿体圈定原则圈定矿体,按照储量计算方法计算地质储量并扣除保安矿柱矿量;然后,统计采空区矿量和巷道工程占用矿量(采损矿量),地质储量扣除采损矿量后即为可采矿量。需要注意的是,在采矿工艺和装备升级改造后,原采损的矿量也可在进行采空区充填治理或其他安全措施保障到位的情况下,转化为可采的残矿资源。

同时,为了给采矿方法选择、采矿工程布置、开拓系统调整提供储量依据,在可采矿量调查分析中,应根据采矿工艺要求进行更为详尽的分类统计:

(1)根据不同品位、不同矿体厚度和倾角进行分类统计。

(2)分中段进行采空区统计和可采矿量调查,并绘制各中段采空区及矿量中段分布图,对采空区、残矿资源进行编号。

(3)分未动资源、采空区残矿资源和井巷工程占用资源进行分类统计。

(4)绘制各勘探线采空区及矿量分布剖面图。

3.4　充填采矿法方案选择

　　充填采矿法方案选择通常包括初选和优选两个步骤，首先基于矿山的开采技术条件和矿体产状，初选3~5种技术可行的充填采矿法方案，通过初步的技术经济对比，从中筛选出2~3种方案进行详细的技术经济对比，最终优选技术可行且经济合理的最佳方案。

3.4.1　充填采矿法方案选择主要因素

1.充填采矿法方案选择原则

　　(1)保障生产安全，有良好的作业条件和环境。

　　(2)改善目前采场的通风不良状况，保证良好的通风条件。

　　(3)尽可能降低贫化损失率，提高生产效率。

　　(4)充分考虑矿山复杂多变的矿体条件，分别选择适宜的采矿方法，贯彻贫富兼采、厚薄兼采、大小兼采、难易兼采的原则。

　　(5)充填系统建成之前的过渡阶段生产条件尤为困难，所选采矿方法应尽量满足过渡阶段生产需要。

　　(6)矿山中后期有大量残矿需要进行回收，所选采矿方法需充分考虑残矿高效安全回采的要求。

　　(7)在保证产能的前提下，尽量集中作业，减少同时生产的中段数。

　　(8)技术成熟，工艺简单可靠，便于工人掌握。

　　(9)充分利用现有巷道工程，减少初期工程掘进量，缩短建设时间。

　　(10)部分矿段开采技术条件复杂，应尽量提高作业强度，缩短顶板暴露时间。

　　(11)为保护地表环境，控制地压，应及时充填采空区，有效控制上覆岩层的位移和变形，减少地表尾矿排放，延长尾矿库服务年限。

2.矿床地质条件对充填采矿法方案选择的影响

　　矿床地质条件对采矿方法的选择起控制性作用，影响采矿方法选择的主要地质条件包括：

　　(1)矿石和围岩的物理力学性质：尤其是矿石和围岩的稳固性，直接影响采场地压管理方法、采场构成要素、回采顺序及落矿方式等，是采矿方法选择的主要考虑因素。

　　(2)矿体倾角和厚度：矿体倾角主要影响矿石在采场中的运搬方式。急倾斜矿体既可采用机械运搬，也可采用重力运搬；倾斜矿体可考虑爆力运搬和机械运搬；缓倾斜矿体可采用电耙运搬；而水平和微倾斜矿体则可采用无轨设备出矿。矿体厚度则主要影响落矿方法的选择及矿块的布置方式等：薄矿体只能采用浅孔落矿，中厚以上矿体则可考虑中深孔、深孔落矿；薄矿体矿块只能沿矿体走向布置，而中厚至厚矿体既可沿走向布置，也可垂直走向布置；极厚矿体则一般垂直走向布置矿块。

　　(3)矿体形状和矿石与围岩的接触情况：主要影响落矿方法、矿石运搬方式和损失与贫化指标。如果矿岩接触面不明显，矿体形态变化较大，矿体间存在大的夹石，或矿体分支、尖灭再现现象严重，则不宜采用大直径中深孔或深孔作业，否则会因围岩混入造成矿石大量损失和贫化。

（4）矿石的品位和价值：开采品位较高的富矿和贵重、稀有金属时，往往采用回收率高、贫化率低的采矿方法，即使这类采矿方法成本较高，提高出矿品位和多回收资源所获得的经济效益往往会超过成本的增加额。反之，则应采用成本低、效率高的采矿方法。

（5）矿体中品位分布情况及围岩含矿情况：矿体中品位分布不均匀且差别较大时，应考虑采用分采的可能性，同时还可将低品位矿石留作矿柱。如果围岩含矿，则回采过程中对围岩混入的限制可以适当放宽。

（6）矿体埋藏深度：与浅井或中深井开采相比，深井（如超过 800 m）开采这一特殊环境将带来一系列安全问题，主要包括岩爆（即在压力作用下，岩石发生爆裂的现象）、高温、采场闭合和地震活动等，其中尤以岩爆为主要危害。此时必须优先考虑采用充填法。

（7）矿石氧化性、自燃性和结块性：矿床为硫化矿时，须考虑有无自燃危险的问题。高硫（硫含量 20% 以上）矿石（特别是存在胶状黄铁矿时）发生自燃的可能性较大，不宜采用积压矿石量大和积压时间长的采矿方法。

3. 其他特殊条件对充填采矿法方案选择的影响

（1）地表是否允许陷落：如果地表有重要工程（公路、铁路、村镇等）、水体（河流、湖泊等）及其他需要保护的因素（风景区、良田、文化遗址、森林），不允许陷落，则在采矿方法选择时必须优先考虑能保护地表的采矿方法，如充填法。

（2）加工部门对矿石质量的特殊要求，如贫化率指标、矿石块度等：某些加工部门对矿石品位及品级有特殊要求，如直接入炉冶炼的富铁矿石、耐火原料矿石等，对品位及有害成分含量有较高要求，不允许有较大贫化率，特别是当工业品位临近入选或入炉品位时，更不允许有较大贫化，应选择低贫化率的采矿方法。矿石块度关系到箕斗提升、矿车规格、选矿设备选型，其大小与大块率和采场凿岩爆破参数密切相关。如果矿石块度要求较小，则不宜采用大直径深孔或中深孔落矿，尤其不宜采用扇形炮孔落矿。

（3）若开采含放射性元素的矿石，则应采用通风效果好的采矿方法。

4. 充填采矿法方案初选

基于矿山的开采技术条件和矿体产状，初选 3~5 种技术可行的充填采矿法方案，并介绍其具体的方案特征及优缺点，具体包括：

（1）方案特征与采场布置方式。说明矿房矿柱布置形式、结构参数与回采顺序，介绍阶段、分段及分层高度设置，简述方案的主要特征。

（2）采切工程。根据采矿工艺的不同，采准工程主要包括出矿进路、出矿巷道、凿岩硐室、放矿溜井等。切割工程主要包括堑沟巷道、"V"型受矿堑沟及切割立槽的形成。

（3）回采工艺。主要包括凿岩、爆破、通风、出矿及顶板管理和采空区充填等。

（4）方案评价。该方案的优缺点描述，标准矿块的经济指标计算，例如千吨采切比、回采率、贫化率、生产能力、大块率、采矿成本等。

3.4.2 充填采矿法方案优选

采矿方法选择是一个涉及多层次、多因素、多目标、多指标的决策过程。对于这样复杂的系统工程，由于地质资料的误差、统计方法的局限性、价格指标的不确定性、只能定性而不能定量描述的影响因素及不可预见的各方面因素等，使得采矿方案的选择具有极大的模糊性、随机性和未知性。它的推理、判断大多是模糊推理、模糊判断，因而做出的决策也是模糊决策。传统的采矿方案选择仅仅是由单个影响因素或几个因素各自直观地评价而确定的，带有极大的经验成分，容易受到经验的左右而不能正确反映实际情况。

目前，有些系统工程将模糊数学(FUZZY)应用于采矿方案的选择中，为在复杂系统设计过程中把那些只能定性描述的模糊概念、模糊推理、模糊判断及模糊决策数学化、定量化提供了理论依据。同时，层次分析法(AHP)能够把复杂系统问题的各因素，通过划分相互联系的各有序层次，使之条理化，根据对一定客观现实的判断就每一层次的相对重要性给予定量表示，利用数学方法确定表达每一层次全部元素相对重要次序的权值。因此，将层次分析法和模糊数学理论结合起来应用到采矿方案选择这个复杂的系统工程中，建立采矿方案综合评价指标体系，用层次分析法客观地确定各因素的权重，再根据模糊数学理论建立模糊综合评判，可以更加准确地确定最优的采矿方案。

1. 采矿方案综合评价指标体系构建

在矿山生产中模糊性现象很多，如地质条件复杂程度、顶板质量、安全状况、企业管理水平等。开采模式的选择是诸多因素的综合结果，所选用的方案是否优越涉及诸多方面，是由多项指标决定的，必须对多种因素、指标进行综合分析，才能得出较为客观的结果。模糊综合评判法是应用模糊变换原理和模糊数学的基本理论——隶属度或隶属函数来描述中介过渡的模糊信息，考虑与评价事物相关的各个因素，浮动地选择因素阈值，作比较合理的划分，再利用传统的数学方法进行处理，从而科学地得出评价结论。

采矿方案评价是一个系统工程，建立评价指标体系是进行评价的基础工作，其科学合理性直接影响着评估结果的准确性。在评价指标体系中，既有定量的参数，又有定性的参数，各因素之间相互影响、相互制约。评价指标选取的原则是以尽量少的指标反映最主要和最全面的信息。利用层次分析法基本原理，可建立采矿方案综合评价(O)指标体系(即目标层)，包括 3 个准则层，即经济指标(P_1)，可以从采矿成本(X_1)、矿石回采率(X_2)、矿石贫化率(X_3)等角度分析；采矿地压控制程度(P_2)，可以根据地压管理难度(X_4)及爆破对采场稳定性的影响程度(X_5)进行分析；技术指标(P_3)，包括采切比(X_6)、方案灵活适应性(X_7)、大块率(X_8)、实施难易程度(X_9)、采场生产能力(X_{10})等。

以某铁矿为例，采矿方法初选以嗣后充填法为主，包括分段空场嗣后充填法(方案Ⅰ)、垂直崩矿阶段空场嗣后充填法(方案Ⅱ)、侧向崩矿阶段空场嗣后充填法(方案Ⅲ)等。3 种采矿方案的综合评价指标体系及相应指标值见表 3-17。

表 3-17 示例铁矿各采矿方法综合评价指标体系

项目			方案 I	方案 II	方案 III
目标层	准则层	指标层			
采矿方案综合评价 O	经济指标 P_1	采矿成本(不含充填成本) $X_1/(元 \cdot t^{-1})$	66.3	65.8	63.8
		综合回采率 $X_2/\%$	76	72	72
		贫化率 $X_3/\%$	7.3	8	10
	采场地压控制 P_2	地压管理难度/X_4	较易	较难	较难
		爆破对采场稳定性的影响程度/X_5	较小	较小	大
	技术指标 P_3	千吨采切比 $X_6/(m \cdot kt^{-1})$	2.12	1.53	1.73
		方案灵活适应性/X_7	好	一般	一般
		大块率 $X_8/\%$	8	6	12
		实施难易程度/X_9	易	难	较难
		生产能力 $X_{10}/(t \cdot d^{-1})$	402	695	720

2.层次分析法确定权重向量

在建立了递阶层次综合评价指标体系结构后,需要运用层次分析法解决决策中各因素的权重分配问题,其计算步骤如下。

1)构造比较标度

依据两两比较的标度和判断原理,运用模糊数学理论,可得出表 3-18 中的比例标准。

表 3-18 比较标准意义

标准值	定义	说明
1	同样重要	因素 X_i 与 X_j 的重要性相同
3	稍微重要	因素 X_i 的重要性稍微高于 X_j
5	明显重要	因素 X_i 的重要性明显高于 X_j
7	强烈重要	因素 X_i 的重要性强烈高于 X_j
9	绝对重要	因素 X_i 的重要性绝对高于 X_j
2、4、6、8 分别表示两相邻判断的中值		

2)构造比较判断矩阵

按照层次结构模型,每一层元素都以相邻上一层次各元素为基准,按上述标度方法两两比较构造判断矩阵,设判断矩阵为 D,按定义则有:

$$D = \begin{bmatrix} X_{11} & X_{12} & \cdots & X_{1n} \\ X_{21} & X_{22} & \cdots & X_{2n} \\ \vdots & \vdots & \cdots & \vdots \\ X_{m1} & X_{m2} & \cdots & X_{mn} \end{bmatrix} = \begin{bmatrix} \dfrac{X_1}{X_1} & \dfrac{X_1}{X_2} & \cdots & \dfrac{X_1}{X_n} \\ \dfrac{X_2}{X_1} & \dfrac{X_2}{X_2} & \cdots & \dfrac{X_2}{X_n} \\ \vdots & \vdots & \cdots & \vdots \\ \dfrac{X_n}{X_1} & \dfrac{X_n}{X_2} & \cdots & \dfrac{X_n}{X_n} \end{bmatrix} \qquad (3-15)$$

对于两两比较得到的判断矩阵 D，解特征根问题 $D = \lambda_{max} W$，所得到的 W 经正规化后作为因素的排序权重。可以证明，对于正定互反矩阵 D，其最大特征根 λ_{max} 存在且唯一，W 可以由正分量组成，除相差 1 个常数倍数外，W 是唯一的。实际上，对 D 很难求出精确的特征值和特征向量 W，只能求它们的近似值。本研究采用方根法进行计算：

判断矩阵 D 的元素按行相乘，得到各行元素乘积 M_i：

$$M_i = \prod_{j=1}^{n} W_{ij} \qquad (3-16)$$

计算 M_i 的 n 次方根：

$$\overline{W_i} = \sqrt[n]{M_i} \qquad (3-17)$$

对向量 $\overline{W_i}$ 正规化：

$$W_i = \overline{W_i} \Big/ \sum_{j=1}^{n} \overline{W_j} \qquad (3-18)$$

计算判断矩阵的最大特征根：

$$\lambda_{max} = \sum_{i=1}^{n} \frac{(DW)_i}{nW_i} \qquad (3-19)$$

以上各式中，$i = 1, 2, \cdots, n$。

3）判断矩阵的一致性检验

判断矩阵是分析者凭个人知识及经验建立起来的，难免存在误差。为使判断结果更好地与实际状况相吻合，需进行一致性检验。判断矩阵的一致性检验公式为 $C_R = C_I / R_I$，其中 C_I 为一致性检验指标，$C_I = (\lambda_{max} - n)/(n-1)$，$n$ 为判断矩阵的阶数，R_I 为平均随机一致性指标（取值见表 3-19）。

表 3-19 平均随机一致性指标取值

判断矩阵除数	1	2	3	4	5	6	7	8	9
R_I	0	0	0.58	0.90	1.12	1.24	1.32	1.41	1.45

当 $C_R < 0.1$ 时，一般认为 D 的一致性是可以接受的，否则需要重新调整判断矩阵，直至满足一致性检验为止。

4）计算权重向量

AHP 的本质是试图使人的判断条理化，但所得到的结果基本依据人的主观判断而定，当决策者的判断过多的受主观偏好影响，而产生某种对客观规律的歪曲时，AHP 的结果显然靠不住。要使 AHP 的决策结论尽可能符合客观规律,决策者必须对所面临的问题有比较深入和全面的认识。在查阅大量文献,并与现场工作者、有关专家学者协商基础上,构造了如表 3-20 所示的判断矩阵。

表 3-20　O-P 判断矩阵

$O-P$	P_1	P_2	P_3
P_1	1	1	2
P_2	1	1	2
P_3	1/2	1/2	1

根据各因素权重,可得判断矩阵的最大特征根 $\lambda_{max1} = 3.00$,判断矩阵的一致性指标 $C_{R_1} = 0 < 0.10$,说明判断矩阵具有满意的一致性,这样就完成了 $P-P_i$ 判断矩阵的层次单排序计算。同理,可得 P_1-P_{1j}、P_2-P_{2j}、P_3-P_{3j} 判断矩阵,见表 3-21～表 3-24。

表 3-21　判断矩阵 P_1-P_{1j}

P_1	P_{11}	P_{12}	P_{13}
P_{11}	1	1/2	1/4
P_{12}	2	1	1/2
P_{13}	4	2	1

表 3-22　判断矩阵 P_2-P_{2j}

P_2	P_{21}	P_{22}
P_{21}	1	1/2
P_{22}	2	1

表 3-23　判断矩阵 P_3-P_{3j}

P_3	P_{31}	P_{32}	P_{33}	P_{34}	P_{35}
P_{31}	1	2	3	3	2
P_{32}	1/2	1	3	3	4
P_{33}	1/3	1/3	1	1	2
P_{34}	1/3	1/3	1	1	2
P_{35}	1/2	1/4	1/2	1/2	1

表 3-24 层次总排序权值表

P_{ij}	PR_1	P_2	P_3	总排序权值
	(0.4)	(0.4)	(0.2)	W
P_{11}	0.14			0.057
P_{12}	0.29			0.267
P_{13}	0.57			0.229
P_{21}		0.33		0.133
P_{22}		0.67		0.022
P_{31}			0.11	0.022
P_{32}			0.21	0.041
P_{33}			0.36	0.074
P_{34}			0.21	0.041
P_{35}			0.11	0.114

各二级评价指标的权重系数如下：

$P_1 - P_{1j}$：$W_1 = [0.14, 0.29, 0.57]^T$，$\lambda_{max1} = 3$，$C_{I_1} = 0$，$R_{I_1} = 0$，$C_{R_1} = 0 < 0.1$；

$P_2 - P_{2j}$：$W_2 = [0.33, 0.67]^T$，$\lambda_{max2} = 2$，$C_{I_2} = 0$，$R_{I_2} = 0$，$C_{R_2} = 0 < 0.1$；

$P_3 - P_{3j}$：$W_3 = [0.11, 0.21, 0.36, 0.21, 0.11]^T$，$\lambda_{max3} = 5.013$，$C_{I_3} = 0.003$，$R_{I_3} = 1.12$，$C_{R_3} = 0.0029 < 0.1$。

综上可得层次总排序，见表 3-24。

3. 模糊综合评判

模糊数学的综合评判主要涉及 4 个要素：因素集 X、方案集 A、隶属矩阵 $\boldsymbol{R}$、权重分配 W。根据评价指标的不同，模糊综合评判可分为一级模糊评价和多级模糊评价，本次研究为二级模糊评价，方法如下。

1) 建立因素集 X 及方案集 A

设评选因素集 $X = \{X_1, X_2, X_3, \cdots, X_n\}$，备选方案集 $A = \{A_1, A_2, A_3, \cdots, A_n\}$。对于给定的备选方案 $A_i (j = 1, 2, \cdots, n)$，可以表示成一个 m 维"向量"形式：$A_j = \{X_{j1}, X_{j2}, X_{j3}, \cdots, X_{jm}\}$，其中 $X_{jk}(k = 1, 2, \cdots, m)$ 是方案 A_j 在因素 X_k 上的反映。X_k 可以是数量（当 X_k 是数量化指标时），也可以是一种自然语言的定性描述。则 A_j 为集合中的方案且为 X 上的模糊子集。

2) 建立因素集 X 的诸因素权重集 W

用上述层次分析法来确定因素的权重集 W。因素权重集 $W = (W_1, W_2, W_3, \cdots, W_m)$ 是指各因素对拟选定方法而言的重要及影响程度，且要求满足 $0 < W_k < 1$，$\sum_{k=1}^{m} W_k = 1$。

3)隶属矩阵 R 的确定

定量指标隶属度由隶属函数法确定,非定量指标采用相对二元比较法确定。针对定量指标所采用的隶属函数法是指对 n 个方案的 m 个指标组成的目标特征值矩阵为:

$$Y = \begin{bmatrix} y_{11} & y_{12} & \cdots & y_{1n} \\ y_{21} & y_{22} & \cdots & y_{2n} \\ \vdots & \vdots & \cdots & \vdots \\ y_{m1} & y_{m2} & \cdots & y_{mn} \end{bmatrix} \qquad (3-20)$$

定量指标可以分为收益性指标与消耗性指标两类。对于收益性指标,指标值越大越好;对于消耗性指标,指标越小越好。收益性指标公式为 $r_{ij} = y_{ij}/\max y_{ij}$;消耗性指标公式为 $r_{ij} = \min y_{ij}/y_{ij}$。对其进行规格化,得到目标相对隶属度矩阵:

$$R = \begin{bmatrix} r_{11} & r_{12} & \cdots & r_{1n} \\ r_{21} & r_{22} & \cdots & r_{2n} \\ \vdots & \vdots & \cdots & \vdots \\ r_{m1} & r_{m2} & \cdots & r_{mn} \end{bmatrix} = (r_{ij}) \qquad (3-21)$$

式中: $i = 1, 2, \cdots, m$; $j = 1, 2, \cdots, n$。

对于非定量指标,则采用相对二元比较法。设系统有待进行重要性比较的目标因素集 $X = \{X_1, X_2, X_3, \cdots, X_n\}$,研究目标集 X 中的目标就"重要性"进行二元对比的定性排序。目标集中的目标 X_k 与 X_l 作二元对比,即若 X_k 比 X_l 重要,令排序标度 $e_{kl} = 1$, $e_{lk} = 0$; X_k 与 X_l 同样重要,令 $e_{kl} = 0.5$, $e_{lk} = 0.5$; X_l 比 X_k 重要,令 $e_{kl} = 0$, $e_{lk} = 1$($k, l = 1, 2, \cdots, m$)。由此可得出二元比较矩阵 E:

$$E = \begin{bmatrix} e_{11} & e_{12} & \cdots & e_{1n} \\ e_{21} & e_{22} & \cdots & e_{2n} \\ \vdots & \vdots & \vdots & \vdots \\ e_{m1} & e_{m2} & \cdots & e_{mn} \end{bmatrix} \qquad (3-22)$$

当 $0 \leq e_{ij} \leq 1$, $e_{ij} + e_{ji} = 1$, $e_i = e_{ji} = 0.5$($i = j$)时,称矩阵 E 为关于重要性的有序二元比较矩阵, e_{ij} 为目标 i 对 j 关于重要性作二元比较时,目标 i 对于 j 的重要性模糊标度; e_{ji} 为目标 j 对于 i 的重要性模糊标度。将此矩阵按行排序,则 $\beta_i = \sum_{j=1}^{m} \beta_{ij}$($i \neq j$, $i = 1, 2, \cdots, m$)序号表示了目标的相对重要性,根据排序查语气算子与定量标度表(表3-25),可得到非定量指标的隶属度。

表 3-25　语气算子与定量标度相对隶属度关系表

语气算子	定量标度	相对隶属度
同样	0.500~0.525	1.000~0.905
稍稍	0.550~0.575	0.818~0.739
略为	0.600~0.625	0.667~0.600
较为	0.650~0.675	0.538~0.481
明显	0.700~0.725	0.429~0.379

续表 3-25

语气算子	定量标度	相对隶属度
显著	0.750~0.775	0.333~0.290
十分	0.800~0.825	0.250~0.212
非常	0.850~0.875	0.176~0.143
极其	0.900~0.925	0.111~0.081
极端	0.950~0.975	0.053~0.026
无可比拟	1.000	0.000

结合示例铁矿情况,根据收益性与消耗性定量指标的隶属函数法,对指标体系中的 5 个定量指标计算,得出定量指标的特征向量矩阵:

$$R_{1-6} = \begin{bmatrix} 66.3 & 65.8 & 63.8 \\ 76 & 72 & 72 \\ 6.8 & 8 & 10 \\ 2.12 & 1.53 & 1.73 \\ 8 & 6 & 12 \\ 402 & 695 & 720 \end{bmatrix} \qquad (3-23)$$

对特征向量矩阵进行规格化得:

$$R'_{1-6} = \begin{bmatrix} 0.962 & 0.970 & 1 \\ 1 & 0.947 & 0.947 \\ 1 & 0.850 & 0.680 \\ 0.722 & 1 & 0.884 \\ 0.750 & 1 & 0.500 \\ 0.558 & 0.965 & 1 \end{bmatrix} \qquad (3-24)$$

根据二元比较法及语气算子、定量标度表及各采矿方案地压管理难度的特点,得特征向量矩阵:

$$E_1 = \begin{bmatrix} 0.5 & 1 & 1 \\ 0 & 0.5 & 0.5 \\ 0 & 0.5 & 0.5 \end{bmatrix} \begin{bmatrix} 2.5 \\ 1 \\ 1 \end{bmatrix} \qquad (3-25)$$

则相对隶属度矩阵 $R_1 = \begin{bmatrix} 1 & 0.538 & 0.538 \end{bmatrix}$。

根据各采矿方案爆破对采场稳定性影响的特点,得特征向量矩阵:

$$E_2 = \begin{bmatrix} 0.5 & 0.5 & 1 \\ 0.5 & 0.5 & 1 \\ 0 & 0 & 0.5 \end{bmatrix} \begin{bmatrix} 2 \\ 2 \\ 0.5 \end{bmatrix} \qquad (3-26)$$

则相对隶属度矩阵 $R_2 = \begin{bmatrix} 1 & 1 & 0.538 \end{bmatrix}$。

根据各采矿方案的适应性特点,得特征向量矩阵:

$$E_3 = \begin{bmatrix} 0.5 & 1 & 1 \\ 0 & 0.5 & 0.5 \\ 0 & 0.5 & 0.5 \end{bmatrix} \begin{bmatrix} 2 \\ 1 \\ 1 \end{bmatrix} \qquad (3-27)$$

则相对隶属度矩阵 $R_3 = \begin{bmatrix} 1 & 0.667 & 0.667 \end{bmatrix}$。

根据各采矿方案的实施难易程度，得特征向量矩阵：

$$E_4 = \begin{bmatrix} 0.5 & 1 & 1 \\ 0 & 0.5 & 0 \\ 0 & 1 & 0.5 \end{bmatrix} \begin{bmatrix} 2.5 \\ 0.5 \\ 1.5 \end{bmatrix} \tag{3-28}$$

则相对隶属度矩阵 $R_4 = \begin{bmatrix} 1 & 0.429 & 0.667 \end{bmatrix}$。

综上可得综合隶属度矩阵：

$$R = \begin{bmatrix} 0.962 & 0.970 & 1 \\ 1 & 0.947 & 0.947 \\ 1 & 0.850 & 0.680 \\ 0.722 & 1 & 0.884 \\ 0.750 & 1 & 0.500 \\ 0.558 & 0.965 & 1 \\ 1 & 0.538 & 0.538 \\ 1 & 1 & 0.538 \\ 1 & 0.667 & 0.667 \\ 1 & 0.429 & 0.667 \end{bmatrix} \tag{3-29}$$

4) 综合评判

由评价矩阵 R（隶属度矩阵）及因素权重 W，得方案集 A 的综合评价向量 B 为：

$$B = WR = (W_1, W_2, W_3, \cdots, W_m) \begin{bmatrix} r_{11} & r_{12} & \cdots & r_{1n} \\ r_{21} & r_{22} & \cdots & r_{2n} \\ \cdots & \cdots & \cdots & \cdots \\ r_{m1} & r_{m2} & \cdots & r_{mn} \end{bmatrix} = (b_1, b_2, b_3, \cdots, b_n) \tag{3-30}$$

式中：$b_j = \sum_{k=1}^{m} U_k r_{kj}$ 表示方案 A_j 的综合满意度或综合优越度。

由以上确定的权重向量及指标隶属度矩阵可得方案集 A 的综合评判向量 B 为：

$$B = WR = (0.946 \quad 0.851 \quad 0.781) \tag{3-31}$$

综上可得各方案的综合优越度为：方案Ⅰ，94.8%；方案Ⅱ，85.1%；方案Ⅲ，78.1%。即方案的优劣次序为方案Ⅰ>方案Ⅱ>方案Ⅲ。因此示例铁矿最优的采矿方法为分段空场嗣后充填法，其次为垂直崩矿阶段空场嗣后充填法。

思考题

1. 矿山开采技术条件包括哪些内容？可分为哪些类型？
2. 资源禀赋特征调查包括哪些内容？开展资源禀赋特征调查的意义是什么？
3. 影响采矿方法选择的因素有哪些？关键核心因素是什么？
4. 采矿方法选择的步骤有哪些？如何进行采矿方法优选？

第4章 薄矿脉充填采矿法

我国的矿产资源总量丰富，但是人均占有量低、贫矿多、大型矿床少、薄矿脉比重高、开发利用难度大。薄矿脉作为典型的难采矿体，在国内外有色金属矿山中十分普遍。本章通过薄矿脉开采技术条件分析和现行采矿方法评述，详细介绍了山西省华兴铝业奥家湾铝土矿、浙江省遂昌金矿、江西省江铜银山矿、河南省发恩德铅锌矿等薄矿脉充填法开采的典型方案与实例，系统总结了薄矿脉开采的最新研究与技术成果。

4.1 薄矿脉概况

4.1.1 薄矿脉特征

我国80%以上的萤石矿、钨矿、铟矿、钼矿、钴矿和锑矿，50%以上的铜矿、锡矿、钒矿、镍矿和铝土矿均为厚度不足2 m的薄矿脉，近70%的中小型金、银和铂族稀贵金属矿山矿脉的平均厚度更是仅有0.5 m。例如，钨、锡是十分重要的战略性矿产资源，我国超过80%的钨锡矿产资源集中分布在华南地区的南岭成矿带、赣北—皖南钨成矿带及右江和桂北锡成矿带。由于矿脉主要产于古老的变质岩及火成岩中，通常由大致平行且紧密相邻的石英脉组成，形成了一条狭长的钨锡矿带。矿体往往呈脉状产出，个别呈扁豆状、似层状、透镜状、囊状产出，沿走向和倾向，厚度和倾角变化较大，膨胀缩小、分支复合、尖灭复现、弯曲错动现象明显，开采技术条件往往比较复杂。尤其是在遇到矿岩稳固性差的情况下，开采难度更大。

湖南省成矿地质条件优越，矿产资源禀赋突出，资源远景潜力较大，素有"有色金属之乡"和"非金属矿之乡"之称。截至2020年底，全省已发现矿产121种（亚种146种），占全国69.94%；探明资源量的矿产88种（亚种111种），占全国54.32%。现有矿产地3000余处，中型以上规模矿床占比30.42%，锑、铋、锰、钒、钨、锡、锌、普通萤石、隐晶质石墨、重晶石等矿产保有资源量在全国领先。湖南省湘中盆地及其毗邻的雪峰山隆起带8万km²的地区内已发现锑矿床(点)、矿化点共171处，其中工业矿床约40处，是全球最大的锑成矿区。其中，核心区域雪峰（锑金）矿集区分布在湘西北成矿域内的雪峰弧形隆起带及其东南侧，不但发育有锡矿山、沃溪等大型、超大型锑金矿床，而且分布有诸如廖家坪、符竹溪、龙山及漠滨等众多锑金矿床。

4.1.2　薄矿脉开发利用的意义

2016 年 11 月，国务院批复的《全国矿产资源规划(2016—2020 年)》首次将 6 种能源矿产(石油、天然气、页岩气、煤炭、煤层气、铀)，14 种金属矿产(铁、铬、铜、铝、金、镍、钨、锡、钼、锑、钴、锂、稀土、锆)，4 种非金属矿产(磷、钾盐、晶质石墨、萤石)列入战略性矿产目录。根据《中国矿产资源学科发展战略研究(2021—2035)》报告统计，我国 2/3 以上的战略性矿产资源储量在全球均处于劣势，将长期处于严峻的供需失衡状态。2021 年 3 月，《中华人民共和国国民经济和社会发展第十四个五年规划和 2035 年远景目标纲要》明确提出：要保障能源和战略性矿产资源安全，全面提高资源利用效率和开发保护水平，发展绿色矿业，建设绿色矿山。2021 年 12 月，工业和信息化部、科技部、自然资源部等三部门联合发布《"十四五"原材料工业发展规划》，明确提出要攻克复杂矿床及超深井矿山安全高效开采等矿山工艺技术、固废(危废)协同处置及资源化利用等污染物防治和资源综合利用技术，高效集约利用紧缺性矿产资源，提高资源保障能力。因此，薄矿脉的合理开发和高效利用对保障我国国民经济发展具有至关重要的作用。

4.1.3　薄矿脉分类

薄矿脉的厚度一般小于 2 m，其中平均厚度小于 0.8 m 的被称为极薄矿脉(图 4-1)。根据矿脉倾角的不同，可将其进一步细分为微倾斜薄矿脉(倾角≤15°)、缓倾斜薄矿脉(15°<倾角≤30°)、倾斜薄矿脉(30°<倾角≤55°)、急倾斜薄矿脉(55°<倾角)。此外，还可根据矿岩的稳固性将其细分为稳固、中等稳固、不稳固和极不稳固四种。

图 4-1　典型脉状薄矿脉形态特征

4.2　现行采矿方法评述

薄矿脉是典型的复杂难采矿体之一，薄矿脉的损失贫化控制技术、安全高效开采技术、低成本充填技术、地压控制技术及小型机械化装备配套，均是目前薄矿脉开采亟待解决的关键问题，也是国内外最新研究的热点方向。

4.2.1　国外薄矿脉开采概况

根据回采工艺的不同，薄矿脉开采可分为矿岩混采(譬如留矿法、进路充填法、分段空场法等)和矿岩分采(譬如削壁充填法)两大类采矿方法，但无论是混采还是分采，矿石的贫化损失控制技术一直是采矿界的难题。国外薄矿脉开采以矿岩混采为主，例如：秘鲁罗萨马利亚金铜矿(留矿法)、加拿大多姆金矿(天井中深孔采矿法)、秘鲁华伦铅锌矿(上向进路充填法)、日本菱刈金矿(下向进路充填法)、澳大利亚昆士兰黄金矿(分段空场法)。由于矿脉较薄且禀赋特征复杂，爆破过程不可避免地会扰动两帮围岩，导致上述国外矿山的矿石贫化率高达50%；同时受矿体倾角的影响，采场两侧的三角矿石也无法回收，矿石损失率高达20%。

4.2.2　国内薄矿脉开采概况

国内薄矿脉开采常用的采矿方法为房柱法、留矿法和削壁充填法(表4-1)。宜昌丁西磷矿为沉积岩型，磷矿床平均倾角6°，部分区域厚度仅2 m，多年来一直采用房柱法开采，不仅留设大量的点柱、间柱和连续矿壁，导致矿石损失率高达35%，而且遗留了规模庞大的采空区群，极易诱发矿柱失稳、顶板坍塌等地压灾害事故。洛宁吉家洼金矿矿脉平均厚度不足1 m、平均倾角70°，采用留矿法开采的贫化率高达100%、损失率高达40%，改用上向进路充填法后的贫化率仍高达60%、损失率高达30%。同时，由于矿脉较薄、采幅受限，往往只能采用小型风动凿岩机凿岩、电耙平场、有轨装岩机出矿，导致工人劳动强度大、采掘效率低、生产能力低、采矿成本高等诸多问题。河南发恩德铅锌银矿脉平均厚度仅0.6 m、平均倾角80°，采用削壁充填法虽然实现了矿岩的分采，但是需成倍地增加凿岩、爆破、通风和出矿工程量及作业循环，导致采场生产能力仅20 t/d，采矿成本高达800~1000元/t。

表4-1　国内薄矿脉开采典型实例

矿山名称	开采技术条件			采矿方法
	厚度/m	围岩稳定性	倾角/(°)	
湘西金矿沃溪坑口	0.4~0.6	$f=4\sim6$，不稳固	20~38	削壁充填法
瓦房子锰矿	0.2~0.8	$f=6\sim8$	10~25	削壁充填法
上镇金矿	0.1~1.2	中等稳固	25~32	削壁充填法
金洞岔金矿	0.7	$f=10\sim12$	20~25	削壁充填法
秦岭金矿	0.4~1.5	$f=12\sim14$	15~30	全面采矿法
通化铜矿	0.2~1.5	$f=8\sim10$	20~60	全面采矿法
潼关金矿	0.6	$f=12\sim14$	34~45	留矿法
桃江锰矿	0.3~1	不稳固	40	削壁充填法
西华山钨矿	0.8~2	稳固	60~80	留矿法
渣滓溪锑矿	0.61	$f=8\sim14$，稳固	58~77	留矿法
珊瑚锡矿	0.42	$f=8\sim12$，中等稳固	60~80	留矿法

续表 4-1

矿山名称	开采技术条件			采矿方法
	厚度/m	围岩稳定性	倾角/(°)	
瑶岭钨矿	0.2~0.3	稳固至中段稳固	55~85	留矿法
汝城钨矿	0.2~.3	$f=10\sim15$, 稳固	75~80	留矿法
大厂锡矿	0.3~0.4	稳固	70~85	留矿法
盘古山钨矿	0.36	$f=8\sim12$, 稳固	55~80	留矿法
瑶岗仙钨矿	0.33~0.45	稳固	65~85	留矿法
湘东钨矿	0.3~0.5	$f=12\sim18$, 稳固	68~80	留矿法
画眉坳钨矿	0.1~1	$f=7\sim10$	75	留矿法
招远金矿	0.2~1.0	稳固	65~85	留矿法
金翅岭金矿	0.4	稳固	50~70	留矿法/削壁充填法
大水清金矿	0.3~0.6	稳固	70~80	削壁充填法
金厂沟梁金矿	0.42	上盘不稳固	85~90	削壁充填法
淅川磷矿	0.3~0.7	较稳固	65~80	削壁充填法
万山黏土矿	1~1.7	$f=4\sim6$, 不稳固	10~17	长壁式崩落法
焦作黏土矿	1.7~2.2	$f=1\sim2$, 不稳固	10~15	长壁式崩落法
团溪锰矿	0.7~2.0	顶板不稳固	12~18	壁式崩落法
复州湾黏土矿	1.47	上盘不稳固	10~25	壁式崩落法
湘东铁矿	0.25~3.9	不稳~稳固	0~90	壁式崩落法
明水铝土矿	1.69	$f=3\sim6$, 不稳固	4~8	壁式崩落法
龙烟铁矿	0.8~1.85	$f=5\sim8$	25~30	壁式崩落法
张家口金矿	0.28~8.15	不稳固	6~15	锚杆护顶房柱法
纂江铁矿	1.66	$f=6\sim10$	25~36	房柱法
七里江铁矿	1.0~3.0	$f=6\sim8$, 中等稳固	10~30	房柱法
锡矿山锑矿	1~3.0	不稳固	10~25	锚杆护顶房柱法
巴里锡矿	0.2~2.0	$f=10\sim12$, 稳固	20~30	全面法
车江铜矿	1.2~4.0	$f=5\sim7$, 中等稳固	10~15	全面法
湘潭锰矿	1.8~2.5	不稳固	30	长壁式分条水砂充填法
哈图金矿	0.17~1.76	$f=10\sim12$, 稳固	40~55	留矿法
香花岭锡矿	1.0~3.0	$f=8\sim12$, 稳固	35~45	留矿法
东波有色矿	0.5~4.0	$f=10\sim12$, 稳固	20~45	留矿法
刘冲磷矿	1.5~5.0	稳固	43~55	留矿法
五龙金矿	2.0	较稳固	32~40	留矿法

续表4-1

矿山名称	开采技术条件			采矿方法
	厚度/m	围岩稳定性	倾角/(°)	
田湖铁矿	1.5~1.6	不稳固	50	房柱法
福山铜矿	0.7~3.0	不稳固	40~70	房柱法
峪耳崖金矿	1.0	中等稳固	30~80	全面法
浒坑钨矿	1.0~2.0	$f=8\sim12$，稳固	20~40	全面法
新冶铜矿	2.0	$f=7\sim8$，中等稳固	26~40	全面法
彭县铜矿	0.5~5.0	不稳固	40~50	留矿全面法
文峪金矿	2.0~3.5	$f=10\sim14$，稳固	37~55	留矿全面法
湘东铁矿	2.0	$f=6\sim7$，中等稳固	40~50	锚杆护顶房柱法
龙烟铁矿	1.0~3.5	不稳固	20~45	房柱法
桓仁铅锌矿	1.5~3.0	$f=8\sim10$，稳固	60~70	留矿法
桥口铅锌矿	0.1~4.5	稳固	45~90	留矿法
川口钨矿	0.1~2.0	$f=10\sim11$，稳固	65~80	留矿法

4.2.3　现行采矿方法评述

受断裂构造和岩浆活动的影响，薄矿脉的禀赋特征往往较复杂，主要表现为沿走向和倾向，厚度和倾角变化大，多条并行矿体受断层切割连续性差、分支复合严重，属于典型的复杂难采矿体。由于矿脉较薄且禀赋特征复杂，薄矿脉开采过程中不可避免地扰动并混入大量的废石，导致国内外薄矿脉开采矿石的贫化率高达50%、损失率高达20%。同时，由于采幅受限，薄矿脉的开采往往只能采用小型风动凿岩机凿岩、电耙平场、有轨装岩机出矿，导致工人劳动强度大、采掘效率低、采场生产能力低、采矿成本高等诸多问题。

受限空间内矿柱应力集中现象明显，薄矿脉开采的安全问题也尤为突出。虽然薄矿脉开采产生的采空区体积不大，但是由于开采范围广、暴露面积大、时间长，采场内所留设矿柱的应力集中问题尤为突出，在频繁的爆破冲击和卸载扰动作用下极易发生蠕变损伤和塑性破坏，进而失稳坍塌，诱发地压灾害事故。目前，薄矿脉开采中常用废石干式充填工艺，由于每分层循环均需要崩落围岩充填采空区，即每分层循环均需要进行凿岩、爆破、通风、顶板处理和人工平场等复杂工艺，导致废石干式充填效率极低、人工成本极高。

综上所述，虽然国内外均有薄矿脉开采的成功实例，采矿工艺和方法也较多，但是受限于矿脉较薄、禀赋特征复杂，薄矿脉开采的贫化损失控制措施十分有限，矿石的贫化损失率仍居高不下。近年来，随着采矿工艺技术和采掘装备水平的快速发展，尤其是小型凿岩台车和铲运机在薄矿脉开采中的应用与实践，为薄矿脉的低贫损、机械化开采提供了新的思路。在此基础上，如何统筹生产能力、开采成本和损失贫化指标等诸多复杂约束条件，开发薄矿脉开采贫化损失控制的原创理论与技术体系，攻克薄矿脉高效绿色连续开采关键技术，已成为新的热点研究方向。

4.3　微倾斜薄矿脉开采典型方案与实例

4.3.1　典型充填采矿法方案

微倾斜薄矿脉是指矿体倾角≤15°、厚度≤2 m 的矿体，在层状沉积型矿床中较为常见。沉积型矿床指成矿物质被水或风、冰川、生物搬运到水体内沉淀聚积而形成的矿床。沉积型矿床常产在固定地质时代的沉积岩系或火山-沉积岩系内，与一定岩石建造有关，层位稳定，矿体与沉积岩层(围岩)产状一致，常呈整合接触关系。矿体形状多呈层状或扁豆状，矿石成分主要为金属氧化物、氢氧化物、碳酸盐类、硅酸盐类，也有硫酸盐类、磷酸盐类和卤化物、硫化物，以及有机物质等。矿石构造一般为鲕状、豆状、肾状、结核状和致密块状。沉积矿床的分布范围广，储量规模大，矿石品位均匀，易于勘探开采。主要矿产有铁、锰、铝、磷、砂矿、盐类及煤、石油、天然气等，在国民经济中具有重要意义。

1. 房柱嗣后充填法

房柱法是回采矿岩稳固的水平和缓倾斜中厚以下矿体的常用采矿方法，其基本特点是在回采单元中划分矿房、矿柱并相互交替排列，回采矿房时留下规则的矿柱维护采空区顶板。如果仅将夹石或低品位矿体留作矿柱，致使矿柱排列不规则，则称为全面法，其主要回采工艺与房柱法基本相同。我国采用房柱法的矿山，多半采用风动凿岩机凿岩、电耙两次耙运矿石、木漏斗放矿和电机车运输的方式，不仅机械化装备水平低、生产能力低，还会预留大量的矿柱资源无法回收，而且随着采空区的不断累积，矿柱应力集中现象越来越明显，进而极易引发大规模的矿柱失稳、顶板冒落和采场坍塌等地压灾害事故。

房柱嗣后充填法是在传统房柱法的基础上，增加尾砂(或其他骨料)嗣后充填工艺，来消除采空区安全隐患、减少连续矿柱资源损失、避免大规模地压灾害事故的一类充填采矿方法。近年来，随着凿岩台车、铲运机等机械化采掘设备在矿山中不断普及，新型的房柱嗣后充填法也开始采用机械化的采、装、运设备，不仅克服了传统房柱法回采效率低、生产能力低、矿石损失贫化大、采空区安全隐患突出的缺陷，而且可以保障回采作业安全、减少井下的用工数量、降低采矿综合成本。

2. 条带式进路充填法

作为常用的一种分层充填采矿法，进路充填法针对矿岩稳固性相对较差的开采技术条件的适用性和安全性更好。根据待开采矿体的倾角和厚度情况，进路充填法又可细分为上向水平进路充填法和条带式进路充填法。其中，条带式进路充填法专门用于微倾斜薄矿脉的开采。条带式进路充填法是沿矿体倾向方向将层状薄矿脉划分为若干盘区和进路，各分层进路采用两步骤开采的方式，一步骤开采单数进路并采用胶结充填，二步骤回采偶数进路并采用非胶结充填(或低强度胶结充填)。条带式进路充填法利用凿岩台车和铲运机等机械化采掘装备，沿矿体倾向方向开采一条进路充填一条进路的回采工艺，直至整个盘区回采完毕。

4.3.2 奥家湾铝土矿房柱法开采现状

铝及其合金由于优异的性能，广泛应用于建筑、交通、电子电力、机械、航天、军事、日常耐用消费品、耐火材料等诸多领域，是现代装备制造业最主要的金属原材料。铝土矿是指工业上能利用的以三水铝石、一水铝石为主要矿物所组成的矿石的统称，是生产金属铝的最佳原料。我国的优质铝土矿资源较为贫乏，资源供应的对外依存度超过60%，而且矿石品质较差、加工困难且能耗高，适合露采的矿床仅占34%，已被列入国家限制性开采矿种，铝土资源的合理开发和高效利用对提高我国装备制造水平、保障国家战略发展具有重要意义。山西省铝土资源丰富，探明资源总量超过20亿t，居全国第一，主要有兴县、宁武—原平、汾阳—孝义、交口—汾西四大铝土矿区。

1. 矿山概况

中国铝业股份有限公司作为中国有色金属行业的龙头企业，其氧化铝、原铝产量分别位居世界第二、第三位。山西华兴铝业有限公司位于山西省兴县，是中国铝业的大型骨干企业，已形成200万t/a的氧化铝冶炼能力。兴县铝土矿床成因属沉积—改造型、低硫中铁一水硬铝石型铝土矿床，处于勘探区和普查区的黄辉头、苏家吉和魏家滩矿远景储量超过1亿t，其中三分之二为煤层下伏铝土矿。作为华兴铝业旗下的主力矿山，奥家湾铝土矿位于山西兴县奥家湾村，矿权面积16.02 km²，开采标高+1170～+908 m，实际生产能力85万t/a。矿区水文地质条件简单，工程地质条件复杂，开采技术难度大。

矿区内共圈定Ⅰ号、Ⅱ号两个矿体，累计探明矿石量22822 kt，Al_2O_3平均品位67.25%、A/S比9.55。其中，Ⅱ号矿体地质资源储量14065 kt，占比61.6%；Ⅰ号矿体地质资源储量8757 kt，占比38.4%。Ⅱ号矿体平面形态为长条状，南北长约3720 m，东西平均宽约790 m，总体呈层状、似层状产出，由东向西倾斜，平均倾角6.9°，平均厚度1.99 m。Ⅰ号矿体平面形态为三角形状，南北长约2410 m，东西平均宽约1000 m，呈层状、似层状产出，由北东向西南倾斜，平均倾角8.2°，平均厚度1.85 m。矿区目前采用平硐-斜坡道联合开拓，实际使用的采矿方法为房柱法。本节在介绍其缓倾斜薄矿脉开采过程中存在的主要问题的基础上，结合其具体的开采技术条件，针对性地提出了机械化程度更高、生产能力更大的条带式进路充填法的设计方案(矿山暂未实际应用)，并介绍了作者团队新研发的一种适用于微倾斜极薄矿脉的机械化矿岩分采方法以供参考。

2. 开采技术条件

1) 矿区地质条件

矿区位于鄂尔多斯断块东侧，兴县—石楼南北向褶皱带的北段东侧，构造线方向由北北西—南南东最终转向为北北东—南南西向，地层总体倾向为北西西，在郝家沟—贺家圪台一带伴生有次级褶皱构造形成的向斜盆地，断裂不发育，总体构造简单，主要由古生界奥陶系、石炭系、二叠系和中生界三叠系及新生界上第三系、第四系地层组成。

2) 水文地质条件

矿区位于蔚汾河水系，地貌形态为低中山区，属较为典型的黄土梁峁区。矿区内水系基本上均属大小不一的基岩和黄土冲沟，旱季无水，雨季冲沟中多有洪流。矿区总体为向西南倾斜的单斜构造，岩层倾角 5°~10°。裂隙水由东向西流动，构成一单斜层间裂隙潜水、承压水蓄水构造，该构造对矿区水文地质条件起着控制作用。矿区内铝土矿层上覆砂岩、灰岩，为主要间接充水含水层；矿区内未发现较大断层，地质构造条件简单，矿区水文地质类型为以裂隙含水层充水为主的简单型。

3) 工程地质条件

矿区铝土矿层稳固性好。矿体直接顶板为黏土矿、黏土岩，在无水情况下，稳固性好，但遇水膨胀松软，稳固性差。矿体间接顶板为砂岩、黏土岩、泥(页)岩互层，稳固性差。矿体直接底板为铁质黏土岩，岩性松软，稳固性较差。矿体间接底板为奥陶系灰岩，岩石致密坚硬，稳固性好。总的来说，矿层顶、底板稳固性中等偏下，开采条件一般。

4) 民采老窿对矿山开采的影响

沿矿体露头有村民私开乱采铝土矿，对矿体破坏严重。民采开采方式为硐采，其破坏范围主要集中在矿石质量好、厚度稳定地段。根据勘探报告，矿区范围共发现民采老窿 98 个，总破坏面积约 11.7271 hm²，采出矿石 647.8 kt。民采主要开采矿层中部矿石质量最好的富矿，矿层上部和下部较贫的矿体仍保留在原地，对矿体的连续性和完整性造成严重破坏。

5) 煤层对铝土矿开采的影响

石炭系太原组和二叠系山西组为矿区主要含煤岩系，大约有十一层煤或煤线。主要煤层赋存于山西组下部和太原组中部，厚 10~19.19 m，煤质较好，属气、肥煤，其中 8 号、13 号煤是地方煤矿主要开采对象。Ⅱ号矿体补勘探过程中只有 ZK9913 见煤，其余钻孔均未见煤，但其西部有整合后的车家庄煤矿，开采太原组 13 号煤层。Ⅰ号矿体勘探过程中有 ZK023、ZK823、ZK1631 三个孔见煤，分布零散，煤层覆盖部分主要在 1050 m 以下。根据地质报告，煤层属于低瓦斯矿体，但在铝土矿开采过程必须考虑瓦斯的危害。

3. 当前房柱法开采工艺

1) 采场结构参数

矿山当前采用锚杆护顶房柱法开采，沿矿体走向布置盘区，长 80~100 m，盘区间均保留间柱及顶底柱。沿盘区斜长方向中轴线将盘区分为上、下两部分，中间留 3 m 宽条形矿柱，其中布置 3~5 个 4~6 m 宽铲运机联络口。盘区间留间柱，间柱宽 10 m，中间为 4 m 宽铲运机联络道，在间柱内沿倾斜方向每 10~15 m 留铲运机联络出口，于上部采场间柱内布置 2 m×2 m 人行进风天井。条形矿柱与间柱交接处两侧布置 2 个集中溜井，溜井直径 3 m。顶底柱宽为 3 m。采场中间布置 3 m 宽通风联络上山。矿房内留规则点柱，直径 3 m，横排间距 12~15 m，竖排间距 8~10 m。

2) 回采工艺及装备

盘区内从上往下分梯段回采，回采从通风联络上山处往两端推进。工作面沿倾向呈阶梯从采场中间往两端推进，分段宽度为矿房点柱在横排方向上的间距，上一分段矿房开采进度超前下一分段矿房 8~10 m。铲运机沿中间上山或盘区间专用联络道进入采场，将矿石铲装经切割平巷、间柱联络出口进入联络道，最终倒入溜井。采场出矿后先对不稳定顶板进行锚杆支护再进行下一轮作业。新鲜风流从铲运机联络道经中间进风上山进入采场，冲洗工作面后，经矿块顶柱内出口或另一侧人行通风上山回至上中段铲运机联络道。每次爆破后，采场内需用局扇加强通风。为保证开采过程安全，采场内除留永久性矿柱支撑顶板外，设计还考虑在回采时矿体顶部预留一定厚度的矿壁或锚杆护顶。由于矿石价值不高，矿柱均留作永久性矿柱支撑顶板，不作回收。正常生产时期可用废石充填部分采空区，其他作密闭处理，同时留有必要的通气口连通地表。

3）采掘装备

凿岩采用 DF-281 低矮式防爆凿岩台车或煤矿用 CMJ2-18 凿岩台车，每次进尺 3~5 m，出矿采用 WJ-4FB 防爆柴油铲运机，矿石运输采用 WC8 井下防爆卡车，采场回风采用 FB No 4.5/5.5 隔爆型局扇。每两盘区配备凿岩台车 1 台、铲运机 1 台、FB No 4.5/5.5 隔爆型局扇（5.5 kW）4 台。

4）采切工程量

采切工程主要包括：铲运机道、人行通风天井及联络道、人行通风切割上山、切割平巷、联络平巷、电耙硐室及联络道、矿石溜井等。采切比为 14.348 m/kt、117.23 m³/kt，综合副产矿石率 16.63%、废石率为 13.82%。

4. 矿山当前存在的突出问题

通过现场调研发现，华兴铝业及下属奥家湾铝土矿当前存在如下技术、经济、环保和安全难题，严重影响企业的经济效益、服务年限和可持续发展。

1）"三下"开采技术条件复杂、开采技术难度大

如图 4-2 所示，矿区地表有蔚汾河、省道 S313、呼北高速、高压电网、村庄和农田分布，属典型的"三下"开采，开采技术条件十分复杂；其次，矿区的工程地质和环境地质条件复杂，尤其是矿体顶底板岩性松软、稳固性较差，导致开采难度较大；同时，沿矿体露头有民采老窿 98 个，对矿体的连续性和完整性造成了严重破坏；Ⅰ号、Ⅱ号矿体在勘探过程中均有钻孔见煤，煤下铝采用空场法开采，可能造成顶板冒落，上覆岩层破坏，引发瓦斯泄露和突出灾害。

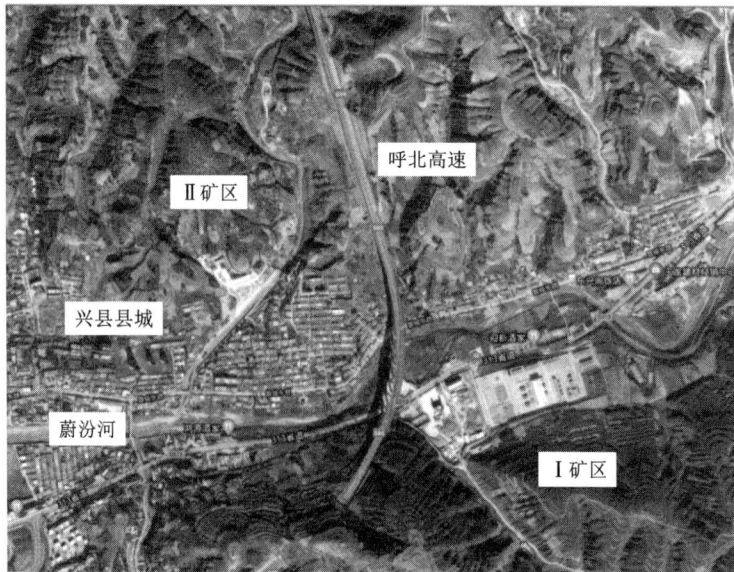

图 4-2 奥家湾铝土矿地表环境

2) 可采资源储量严重不足、矿山服务年限将罄

据长沙有色冶金设计研究院有限公司2011年提交的《中铝兴县氧化铝矿山部分初步设计奥家湾矿区》：矿区累计探明铝土矿2248.6万t，扣除村庄压覆区291.5万t、民采扰动区478.2万t和煤层压覆区287.3万t资源量后，设计利用资源储量仅为982.8万t（333资源利用系数0.6）。采用房柱法开采因留设大量矿柱，其资源综合回收率不足50%，实际可采出的资源储量仅有500万t。矿山自2013年建成投产以来，累计已采出矿石量超过300万t，目前剩余的可采资源储量严重不足，仅能维持矿山正常生产3年左右。

3) 采矿工艺及装备水平落后、生产效率低、损失贫化严重

矿山现用房柱法开采，生产中存在如下问题：

(1) 由于顶底板岩性松软、稳固性差，为保障回采作业安全，需要留设大量的顶柱、点柱和连续矿壁，导致回收率低于50%，大量优质的资源损失严重。

(2) 采装运设备不配套，气腿式凿岩进尺仅2 m/d，单矿块生产效率为30～50 t/d，为满足产能要求需多中段同时生产，进而导致生产作业点多、安全风险高、管理难度大。

(3) 矿体稳固性尚好但顶板稳固性较差，矿山在开采过程中，为保障回采作业的安全，在上层预留了0.3～0.5 m厚的矿壁护顶；由于矿体平均厚度仅1.85 m，为保证2 m的最低工作面作业高度，回采时造成矿体底板0.5 m废石混入，导致采出矿石的贫化率高达30%，矿石品级由二级下降为四至五级，价值大大降低。

(4) 工作面作业每天仅一个作业循环推进2 m，采场回采效率低、顶板暴露时间长、支护强度要求高、支护量大、成本高。

(5) 缺少爆破工艺参数优化设计，炸药单耗高、矿石大块多。

(6) 矿山整体通风系统虽然已经建成，但由于回采中段多、作业面分散，再加上历史遗留的废弃巷道和老窿空区，井下漏风、串风严重；同时，井下大量使用未安装尾气净化装置的柴油四轮车进行矿石运输，严重恶化了井下空气质量。

4) 采空区安全隐患突出、残矿资源永久损失严重

由于历史遗留问题和近些年的连续开采，奥家湾铝土矿采空区的总体积已超过120万 m^3，如此大规模的采空区群极易发生冒顶、坍塌，可能导通上覆煤层瓦斯突出引发灾害事故，大规模的地压灾害亦会对地表河流、公路、建构筑物和高压电网造成严重的破坏，危及企业的生存和发展。同时，采场内留设了大量的矿柱，按照50%的回采率估算其矿柱资源量已达300万t。随着时间的推移，矿柱稳定性将不断恶化，该部分高品位优质资源将会难以回收并永久损失。

5) 原矿汽车运输效率低、成本高、环境污染严重

目前，奥家湾铝土矿采用汽车运输的方式将采出的铝土矿石运送至38 km以外的华兴铝业氧化铝厂进行选冶。为满足华兴铝业200万t/a的氧化铝产能（年需供原矿石近500万t），蔚汾南路与省道S218沿线运矿车辆鳞次栉比、流量饱和，不仅给沿线城镇居民带来了严重的环境和噪声污染，而且汽车运输效率低，油耗、保养、维护的成本高，对路面的破坏大，极易引发交通事故。目前，汽车已被禁止在白天上路运输矿石，只能在夜间运输，导致效率进一步降低。

6) 赤泥、粉煤灰产量大，现有堆场库容将罄

赤泥是铝冶炼排出的一种红色粉泥状强碱性工业固体废料，一般每制备1 t氧化铝会

产生 1~2 t 赤泥。如图 4-3 所示,大量的赤泥由于不能有效利用,通常只能露天堆放,不仅占用大量的土地且严重污染环境。华兴铝业年产赤泥量 286 万 t,在用神堂沟赤泥堆场剩余库容不足,扩容或新建赤泥堆场将耗费巨大投资。粉煤灰是火力发电厂燃煤锅炉排出的一种工业废渣,露天堆放会产生扬尘,污染大气。华兴铝业自建电厂年产粉煤灰 18 万 t(约 20 万 m³),现用的大石沟灰渣堆场为四等库,剩余服务年限不足。近年来,新建堆场的审批难度越来越大,而且新建堆场征地、建设、运行、维护和闭库的费用极高。

图 4-3 华兴铝业神堂沟赤泥堆场

5. 解决上述问题的途径

华兴铝业铝土矿开采与供给存在的问题,可通过采用安全高效、环境友好的充填采矿法加以解决,具体如下。

1)将空场法变更为充填法,实现煤下铝资源的安全高效回收

奥家湾铝土矿矿体的平均厚度仅 1.86 m,而且矿区的工程地质和环境地质条件复杂,尤其是矿体顶底板岩性松软、稳固性较差,再加上矿区地表有蔚汾河、省道 S313、呼北高速、高压电网、村庄和农田分布,矿体上方有老窿采空区和煤层压覆,开采技术条件十分复杂,开采难度非常大。因此,针对奥家湾铝土矿复杂的开采技术条件,应优选技术先进、经济合理、安全高效的充填采矿法,在确保安全的条件下,最大限度地提高采矿回收率、降低损失贫化。

2)开发新型低成本的赤泥充填技术,建设绿色无废矿山

根据华兴铝业铝土矿石的矿物成分和赤泥的特性,开发低成本的赤泥胶结/非胶结充填技术,不仅可以消除采空区的安全隐患,实现"三下"资源的安全高效回收,而且有利于实现粉煤灰、赤泥等工业固体废料的二次利用,减少环境污染,有助于奥家湾铝土矿建设绿色无废矿山。

3)采用低成本、高效率、无污染的管道输送代替汽车运输

管道输送技术是继传统的公路、铁路、水运、空运运输方式之后的第五种运输方式。大量的应用表明,管道输送不仅可实现生产的连续性,而且管线寿命长、综合成本低。如巴西

的萨马科铁精矿输送管线全长 399 km，管线沿程地形复杂，最大高差 1156 m，管线设计寿命为 20 年，实际使用寿命已超过 40 年；美国黑梅萨煤浆输送管线全长 439 km，管线沿程设接力泵站 4 座，地形十分复杂，管线实际使用寿命也已超过 35 年。与汽车运输相比，管道输送具有"三高"（高投入、高产出、高效率）、"三低"（低损耗、低污染、低能耗）的技术与经济优点，尤其对于大能力、长距离、高效率的连续输送，经济效益更加突出，是目前最经济合理、安全高效的输送方案。针对目前华兴铝业采用汽车运输过程中存在的运输能力低、运输成本高、运输效率低、环境及噪声污染严重等问题，采用更加经济环保、安全高效的管道输送代替汽车运输，并通过科学合理的管路布设方案研究、规范的工程设计和完善的施工管理，将有望彻底解决铝土矿石长距离输送的环境污染难题。

4）采用粉煤灰制备新型胶凝材料，延长灰渣堆场服务年限

作为世界上最大的煤炭生产和消费国，2021 年我国粉煤灰的产量约为 7.9 亿 t，粉煤灰的资源化、无害化处置一直是一个难题。经高温煅烧后的粉煤灰含有玻璃体 SiO_2、Al_2O_3 等活性成分，在一定的碱性条件下可作为一种矿物掺合料加入混凝土中，节约大量的水泥和细骨料，减少水化热并提高混凝土抗渗能力。同时，硫在粉煤灰中一部分以可溶性石膏（$CaSO_4$）的形式存在，有助于粉煤灰早期强度的发挥，钙也有利于提高拌和物的水硬性，MgO、Na_2O、K_2O 等成分也会促进水化过程中的碱硅反应。因此，充分利用华兴铝业电厂产出的粉煤灰中的活性成分，制备新型、低成本、能够满足赤泥胶结充填强度要求的新型胶凝材料，不仅可以替代水泥作为矿山充填的胶凝材料，进一步降低充填成本，而且有助于实现粉煤灰的综合利用、减少环境污染、延长灰渣堆场服务年限、节约征地扩容的建设费用。

4.3.3　奥家湾铝土矿煤下铝充填法开采技术

采用传统的房柱法开采煤下铝将产生大量的采空区群，在风化侵蚀、爆破震动的作用下，极易发生冒顶、坍塌，并导通上覆煤层引发瓦斯突出、诱导产生大规模的地压活动等灾害事故。因此，借鉴充填法能够安全回采"三下"资源的成功经验，采用安全高效的充填采矿法代替房柱法，可使煤下铝开采对上部煤层不产生采动影响，实现煤层压覆条件下铝土矿开采技术的突破和资源的安全高效利用。

1. 充填采矿法选型

奥家湾铝土矿属典型的古风化壳型铝土矿，矿床赋存于石炭系中系本溪组下部，与底部奥陶系灰岩、铁黏土岩侵蚀面接触不整合。由图 4-4 可知，上覆地层由本溪组黏土岩（C_2b^1）和泥岩（C_2b^2）、太原组泥岩（C_3t^1）、太原组砂岩（C_3t^2）、新近系红土（N_2）、第四系黄土（Q_3）组成，矿体平均倾角 7°，铝土矿氧化铝硅比 5.5，Al_2O_3 含量 65%，上覆煤层厚 6.10 m，距铝土矿矿体 53 m。矿体顶板极限抗拉强度低，抗拉强度 0.48 MPa，软化系数 0.53，顶板软、弱且不稳定，适宜选用适用性和安全性更好的条带式进路充填法。

条带式进路充填法是沿矿体倾向方向将层状薄矿脉划分为若干盘区和进路，各分层进路采用两步骤开采的方式，一步骤开采单数进路并采用胶结充填，二步骤回采偶数进路并采用非胶结充填。条带式进路充填法利用凿岩台车和铲运机等机械化采掘装备，沿矿体倾向方向采一条进路充填一条进路的回采工艺，直至整个盘区回采完毕。

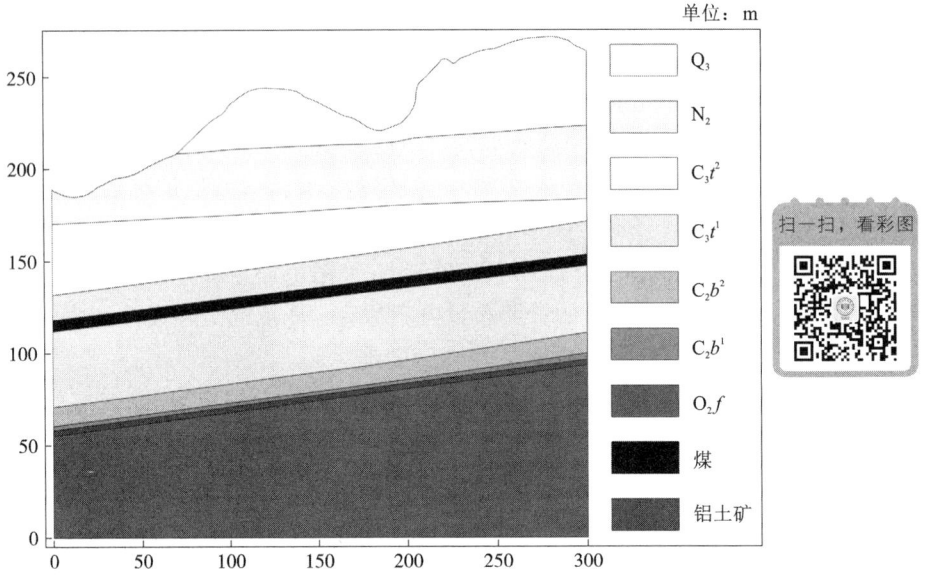

图 4-4 奥家湾铝土矿煤下铝开采工程地质条件

2.矿岩岩石力学参数

基于矿区资源储量核实报告及资源储量调查分析报告，各材料力学参数见表 4-2。其中，充填体 1 指一步骤充填中采用的高强度拜尔法赤泥胶结充填体，充填体 2 指二步骤充填中采用的低强度拜尔法赤泥胶结充填体。

表 4-2　岩石力学参数表

岩层类别	弹性模量 /GPa	抗压强度 /MPa	拉应力 /MPa	泊松比	密度 /(kN·m^{-3})	内聚力 /MPa	内摩擦角 /(°)
Q_3	0.33	1.18	0.21	0.33	17.46	0.13	21.60
N_2	0.38	2.07	0.24	0.31	17.85	0.19	22.35
C_3t^2	73.81	35.70	0.84	0.28	25.41	3.12	44.00
C_3t^1	75.40	46.40	1.00	0.30	26.19	3.66	42.63
煤层	0.99	4.74	0.50	0.29	13.73	1.05	28.10
C_2b^2	20.48	11.80	0.72	0.32	24.92	1.29	27.65
C_2b^1	18.34	61.30	0.48	0.33	23.15	0.97	28.35
铝土矿	69.32	131.30	2.70	0.28	26.68	18.53	41.15
O_2f	77.40	146.00	1.85	0.36	26.39	5.54	48.70
充填体 1	0.91	1.56	0.48	0.26	19.23	0.34	29.85
充填体 2	0.53	1.04	0.27	0.31	18.93	0.22	22.62

3. 模型构建

在 Rhino 软件中建立初步的矿块及周边模型，之后初步将模型矿块分为外部围岩、煤层、内部围岩、采场(充填区)，然后进行网格划分，终形成可导入 FLAC3D 软件进行赋值并模拟计算的实体模型。为了模拟整个盘区的开采过程，对图 4-4 的二维断面进行拉伸，利用 Rhino 软件建立三维模型，Griddle 软件合理划分网格并导入 FLAC3D 软件，最终数值分析模型如图 4-5 所示，模型底部尺寸为 300 m×300 m，模型顶部最高处至底部高差 272 m，包括全部上覆岩层，其中铝土矿层共划分为三个采区，相邻采区之间以 10 m 宽的矿柱隔开。根据条带式进路充填法两步骤开采过程，采场条带垂直于矿体走向布置，宽 4 m、高 3 m、长 50 m。

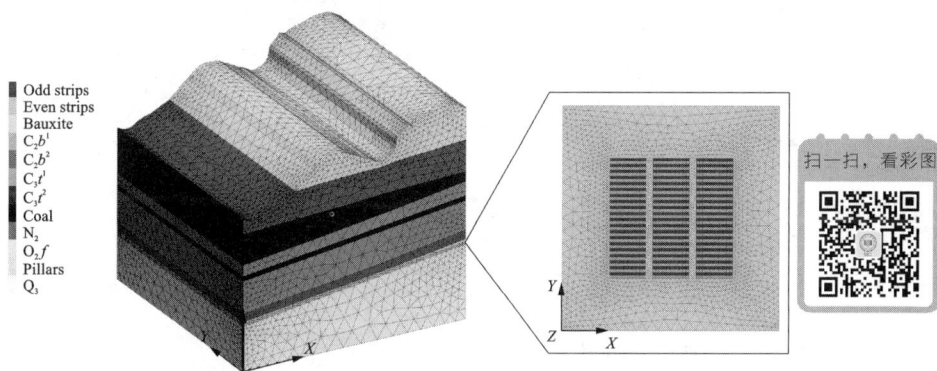

图 4-5　模型整体分层及内部矿体分块图

4. 模拟方案设计

作为 FLAC3D 数值模拟的第一步，基于材料参数和重力场条件计算得出将最大不平衡力小于 $1.0×10^{-5}$ N 时设置为模拟平衡条件，然后设置位移速度单元状态为零，从而得到初始应力条件。根据以下三种开采条件进行 FLAC3D 数值模拟。

(1)非开采条件。根据各岩层的给定材料参数，模型的最终平衡状态下最大不平衡力小于 $1.0×10^{-5}$ N。

(2)根据条带式进路充填法的两步骤间歇开采充填过程模拟正常充填条件。首先，根据各岩层的给定材料参数，对矿体中的奇数矿条进行模拟开采计算；第二步采用充填体 1 对第一步开采后产生的采空区进行充填模拟；第三步对矿体中的偶数矿条进行模拟开采计算；最后，采用充填体 2 对第三步开采后产生的采空区进行充填模拟计算，得出最终平衡状态。

(3)非充填条件。模拟第一步至第三步同上述模拟过程，第三步偶数矿条开采后的空区不做充填处理。

FLAC3D 内置了多种材料模型及其耦合模型，本研究选择弹塑性材料模型，对应莫尔-库仑屈服准则作为材料破坏判断的理论依据，根据莫尔-库仑屈服准则将剪切破坏面简化为线性破坏面，可用式(4-1)和式(4-2)表示：

$$f_s = \sigma_1 - \sigma_3 N_\varphi + 2c\sqrt{N_\varphi} \qquad (4-1)$$

$$f_t = \sigma_3 - \sigma_1 \qquad (4-2)$$

式中: σ_1 为最大主应力; σ_3 为最小主应力; c 为内聚力; φ 为内摩擦角; $N_\varphi = (1+\sin\varphi)/(1-\sin\varphi)$; 当 $f_s = 0$ 时, 材料发生剪切破坏, 当 $f_t = 0$ 时, 材料发生拉伸破坏。

5. 数值模拟结果与分析

在非开采、正常充填和无充填条件下的顶板最大主应力、矿柱最小主应力、顶板 Z 方向最大位移的极值计算结果汇总于表4-3, 极值折线图如图4-6所示。

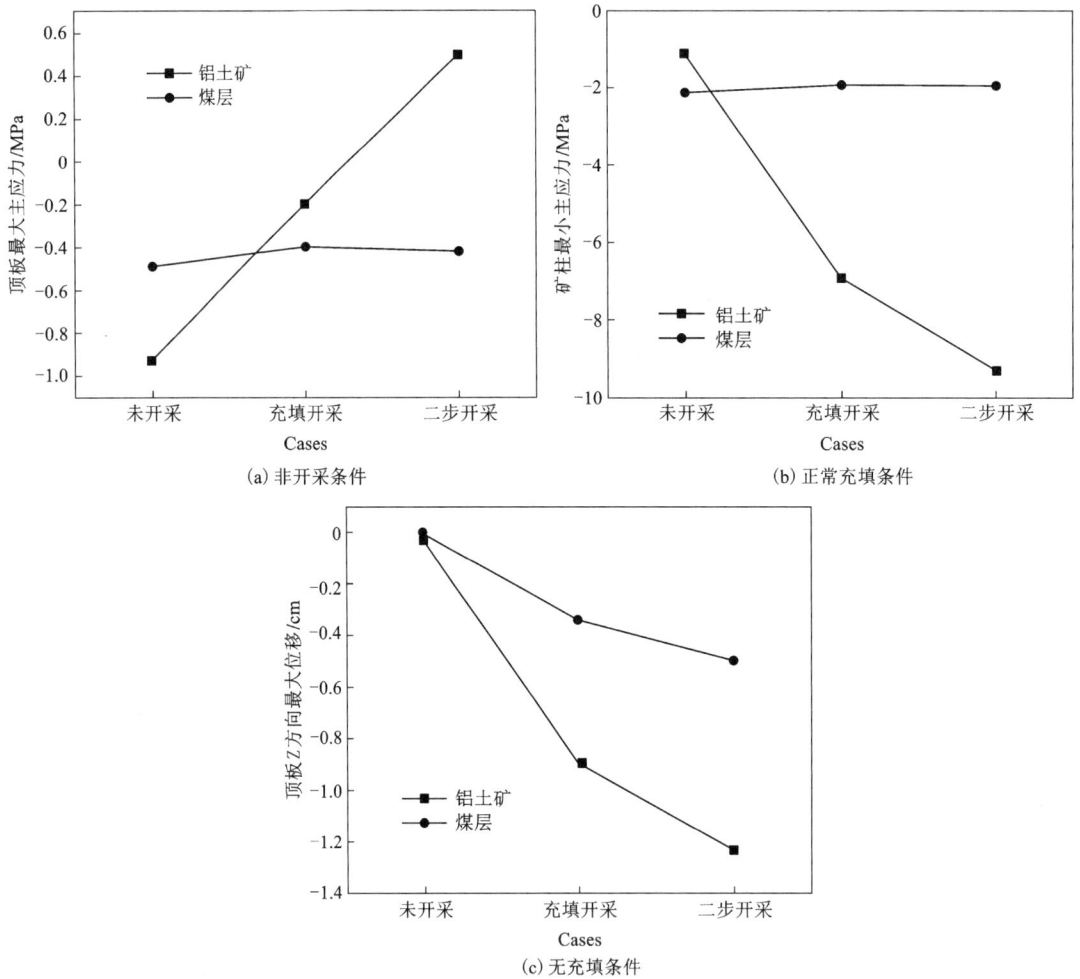

(a) 非开采条件

(b) 正常充填条件

(c) 无充填条件

图4-6 应力及位移极值图

由表4-3可以看出, 开采扰动使得上覆岩层地应力场重新分布, 铝土矿顶底板应力状态由压应力状态变为拉应力状态, 矿柱应力状态由普通压应力状态变为局部拉应力集中。正常充填不仅可以降低矿柱的压应力, 而且可以将顶板和底板的拉应力由正向负释放, 有效地防止顶板下沉。如正常充填条件下铝土矿顶板最大主应力为-0.1992 MPa, 无充填条件下顶板最大主应力为+0.4956 MPa; 正常充填条件下铝土矿矿柱的最小主应力为-6.9180 MPa, 相较于不充填条件下降低26%。

表 4-3 不同开采条件下主应力及位移极值

模型位置	条件	顶板最大主应力/MPa	矿柱最小主应力/MPa	顶板 Z 方向最大位移/cm
矿柱	非开采	-0.9228	-1.1236	-0.0283
	充填	-0.1992	-6.9180	-0.9009
	无充填	0.4956	-9.3295	-1.2322
煤层	非开采	-0.4863	-2.1303	-0.0068
	充填	-0.3942	-1.9428	-0.3416
	无充填	-0.4139	-1.9480	-0.4965

由图 4-6 可知，充填开采对顶板 Z 方向最大位移存在较大影响。如正常充填条件下铝土矿顶板 Z 方向最大位移为 -0.9009 cm，无充填条件下顶板 Z 方向最大位移为 -1.2322 cm，正常充填条件下煤层顶板 Z 方向最大位移为 -0.3416 cm，比无充填条件下减少 31%。因此在开采后只要及时对空区进行充填处理，就能有效地防止顶板张拉破坏的发展，避免矿柱严重的拉应力集中。

6. 胶结充填和层状软岩耦合机理分析

不同破坏形式的层状岩体广泛存在于陡坡及地下采矿工程中。在微观上，层状岩体的破坏可分为穿透剪切破坏、顺层剪切破坏、复合剪切破坏、顺层滑动破坏和压缩变形破坏五种形式，如图 4-7 所示，层状软岩往往表现为结构破坏而非物质破坏，表现为顶板弯曲、侧塌、底鼓等现象。铝土矿上覆地层为耐火黏土矿、砂质黏土岩、煤层、薄层砂岩、黑色泥岩等软脆性岩石，属典型的板裂构造岩。其特殊性在于即使应力不太高，也可能发生结构失稳破坏。

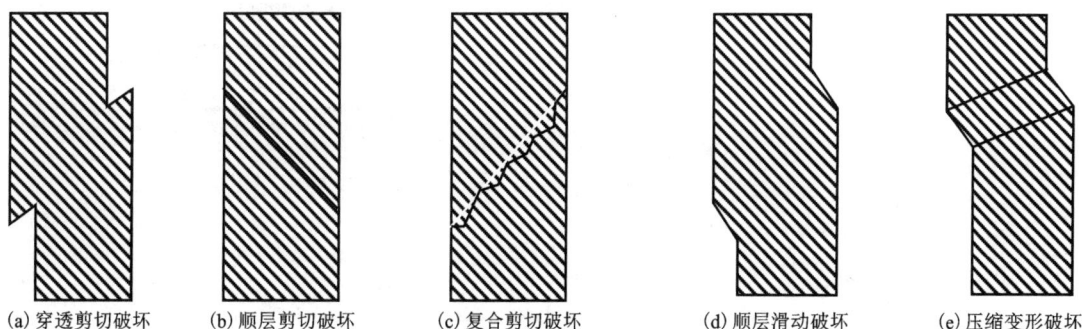

(a) 穿透剪切破坏   (b) 顺层剪切破坏   (c) 复合剪切破坏   (d) 顺层滑动破坏   (e) 压缩变形破坏

图 4-7 层状岩体的五种微观破坏形式

如图 4-8 所示，如果铝土矿采用连续高强度的房柱法开采，则采场中需留设大量矿柱支撑顶板，在爆破震动、风化、淋滤的连续作用下，矿柱和采空区群极易发生冒顶、坍塌，可能导致上覆煤层瓦斯突出，引发灾害事故，大规模的地压灾害亦会对地表河流、公路、建构筑物和高压电网造成严重的破坏，危及企业的生存和发展。如图 4-8(c) 所示，充填料浆进入采空区后，经流动沉缩、渗透脱水、固结硬化与围岩发生相互作用，包括对卸载岩块的滑移趋势提供侧向压力、支撑破碎岩体和原生碎裂岩体、抵抗采场围岩闭合等。因此,充填治理采空区是彻底消除采空区安全隐患、防止地表沉降和塌陷的最根本解决方案。

如图 4-8(d) 所示,考虑由于采场顶板不规整及充填料浆固化过程的沉缩,导致采空区最上部有 0.1~0.3 m 未接顶空间的情况。虽然采场顶板的未接顶空间可能导致直接顶板的结构破坏,但顶板破坏能够释放周围积累的应变能,有利于缓解应力集中,阻断地压灾害发生的链式效应;同时由于岩石的碎胀特性,少量顶板崩塌的岩石可以填满上述 0.1~0.3 m 的未接顶空间,进而封闭应变能的释放面、消除采空区的安全隐患。

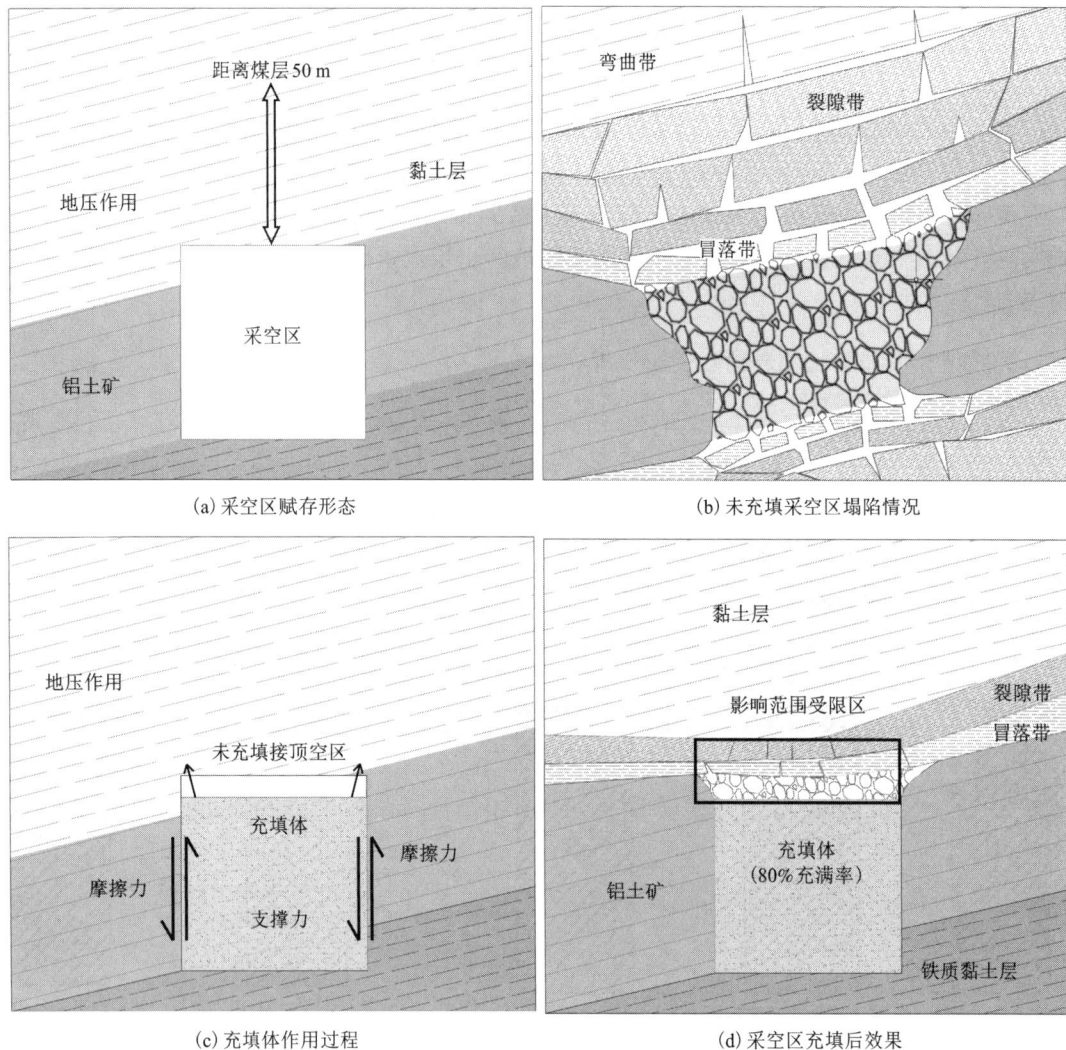

(a) 采空区赋存形态

(b) 未充填采空区塌陷情况

(c) 充填体作用过程

(d) 采空区充填后效果

图 4-8　层状软岩破坏过程及充填体作用机理分析

7. 数值模拟结论

结合矿山实际情况利用 Rhino、Griddle 和 FLAC3D 软件建立三维模型,选择条带式进路充填法作为主要采矿方法,用莫尔-库仑屈服准则来判断材料的破坏情况,主要得出以下结论:

（1）充填开采引起的底板位移较小，顶板位移有限，正常充填开采的最大顶板位移仅为房柱法开采的 50%，顶板位移范围仅为房柱法开采的 30%。

（2）矿石开采扰动使上覆岩层的地应力场重新分布，充填不仅可以降低矿柱的压应力，而且可以将顶板和底板的拉应力由正向负释放，防止顶板下沉。正常充填条件下煤层顶板 Z 方向最大位移为 -0.3416 cm，较房柱法条件下降低 31%。

（3）由于蠕变破坏过程会吸收和耗散大量的能量，充填体在采空区处理和地压管理方面具有独特的优越性，采用条带式进路充填的方法可以将空区顶板的扰动范围控制在 3 m 以内，为房柱法的 10%。

4.3.4　奥家湾铝土矿微倾斜极薄矿脉机械化矿岩分采方案

1. 背景技术

沉积岩型层状矿体，譬如金矿、铜矿、铝土矿、磷矿等，其中相当一部分为倾角 ≤15°、平均厚度 ≤0.8 m 的微倾斜极薄矿脉。由于矿脉极薄、采高受限，此类矿体开采常采用房柱法、进路充填法等矿岩混采工艺，风动凿岩机、电耙等低效采掘设备，存在采场产能低、废石产量大、矿石贫化难以控制、提升运输及选矿成本高等突出问题，属于典型的复杂难采矿体。

与传统的矿岩混采工艺相比，将矿石和围岩分别单独崩落、依次运出的矿岩分采工艺，具有废石混入少、矿石贫化小、提升运输及选矿成本低等优点。因此，针对奥家湾铝土矿微倾斜极薄矿脉的典型特征，利用凿岩台车、掘进机和铲运机等先进的采掘装备，开发一种适用于微倾斜极薄矿脉的机械化矿岩分采方法，不仅可以大大提高采掘效率和采场生产能力、降低工人的劳动强度，还可有效减少废石混入、控制矿石贫化率、节约提升运输及选矿成本。

2. 方案介绍

为了解决现有微倾斜极薄矿脉开采工艺存在的采场产能低、废石产量大、矿石贫化难以控制、提升运输及选矿成本高等问题，奥家湾铝土矿微倾斜极薄矿脉的机械化矿岩分采方法，包括以下步骤：

步骤一，中央人行通风上山 1 掘进：利用浅孔凿岩台车 2 凿岩、铲运机 3 出渣，采用独头掘进的方式完成中央人行通风上山 1 的掘进，如图 4-9 所示；

步骤二，两帮围岩 4 中深孔预裂爆破：在矿石 5 和围岩 4 分界面施工预裂中深孔 6、两帮围岩 4 内钻凿水平中深孔 7，以中央人行通风上山 1 为自由面进行两帮围岩 4 的中深孔预裂爆破，如图 4-10 所示。

步骤三，崩落围岩 4 干式充填采空区 9：利用铲运机 3 将崩落两帮围岩 4 形成的废石 8 转运至相邻采场的采空区 9 内，采用废石 8 干式充填消除采空区 9 的安全隐患，如图 4-11 所示。

步骤四，顶板极薄矿脉非爆连续分采：利用掘进机 10 截割头切割破岩、矿用汽车 11 出矿，实现顶板极薄矿脉矿石 5 的非爆连续分采。循环上述步骤直至整个矿体回采完毕，如图 4-12 所示。

步骤一中，中央人行通风上山沿矿体倾向方向布置，顶部应与极薄矿脉底板齐平，宽度和高度应 ≥2 m，以满足凿岩台车和铲运机的作业要求。步骤二中，在矿岩分界面施工预裂炮孔的目的是减少两帮围岩爆破对顶板极薄矿脉的扰动，预裂炮孔间距应≤1 m并采用不耦合装药。

本方案的技术效果在于，采用凿岩台车、掘进机和铲运机等先进的采掘装备，替代风动凿岩机和电耙等效率低下的采掘设备，采用矿岩分采工艺替代矿岩混采工艺，解决了微倾斜极薄矿脉采场产能低、废石产量大、矿石贫化难以控制、提升运输及选矿成本高等突出问题，具有机械化程度高、采场产能大、矿石贫化小、提升运输及选矿成本低等诸多优点。

如图4-9~图4-12所示，图中：1—中央人行通风上山；2—凿岩台车；3—铲运机；4—围岩；5—矿石；6—预裂中深孔；7—水平中深孔；8—废石；9—采空区；10—掘进机；11—矿用汽车。

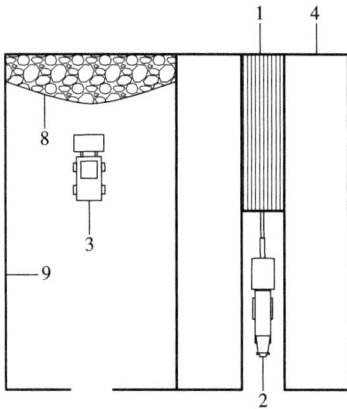

图4-9　步骤一平面示意图

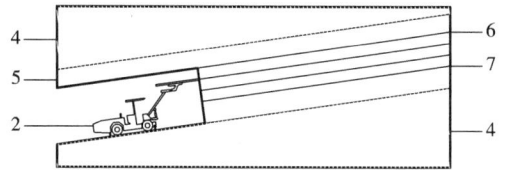

图4-10　步骤二剖面示意图

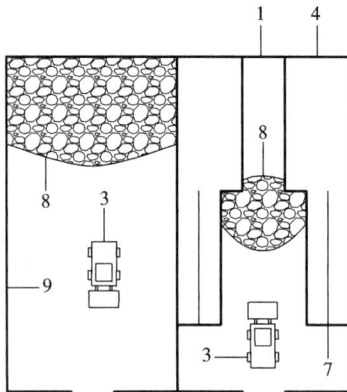

图4-11　步骤三平面示意图

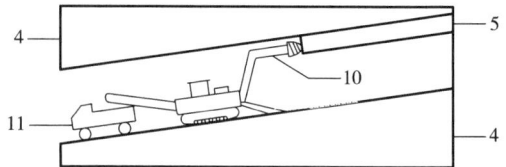

图4-12　步骤四剖面示意图

3.奥家湾铝土矿实施方案

以奥家湾铝土矿微倾斜极薄矿脉为例，其平均倾角为10°，平均厚度为0.7 m，一直采用房柱法进行矿岩混采。下面采用本方法实现矿岩的机械化分采。

首先，中央人行通风上山掘进：沿矿体倾向方向将矿体划分为斜长50 m、宽度15 m的连续采场，利用浅孔凿岩台车凿岩、铲斗斗容 1 m³ 的铲运机出渣，采用独头掘进的方式完成中央人行通风上山(断面宽度 2 m、高度 2.5 m)的掘进。

其次，两帮围岩中深孔预裂爆破：在矿岩分界面施工预裂中深孔(孔深 15 m、孔径 90 mm、炮孔间距 0.8 m、不耦合装药)、两帮围岩内钻凿水平中深孔(孔深 15 m、孔径 90 mm)，以中央人行通风上山为自由面进行两帮围岩的中深孔预裂爆破。

然后，崩落围岩干式充填采空区：利用铲运机将崩落的两帮围岩转运至相邻采场的采空区内，采用废石干式充填消除采空区安全隐患。

最后，顶板极薄矿脉非爆连续分采：利用掘进机截割头切割破岩、载重 20 t 矿用汽车出矿，实现顶板平均厚度为 0.7 m 极薄矿脉的非爆连续分采。循环上述步骤，直至整个矿体回采完毕。

4.4 缓倾斜薄矿脉开采典型方案与实例

4.4.1 典型充填采矿法方案

针对矿体倾角在 15°~30°、厚度≤2 m 的缓倾斜薄矿脉，由于坡度较大，凿岩台车和铲运机等机械化的采掘装备无法直接沿倾向方向开采，往往采用风动凿岩机凿岩、电耙出矿，典型充填采矿方案为房柱嗣后充填法和条带式进路充填法两种。近年来，随着矿山机械化装备水平的不断提高，为了提高采掘效率和采场生产能力、降低工人劳动强度和井下用人数量，采用脉外采准方式、沿走向方向布置采场、自下而上分层开采的机械化上向水平进路充填法开始在缓倾斜薄矿脉开采中大范围推广和使用。

1. 房柱嗣后充填法

由于矿体倾角较缓，房柱嗣后充填法沿倾向方向按照矿体斜长来划分阶段，沿矿体走向划分矿块，矿块内设矿房和矿柱，采用风动凿岩机凿岩、电耙二次接力耙运出矿，回采矿房时留下规则的矿柱维护采空区顶板。矿房回采结束后采用嗣后充填工艺，来消除采空区安全隐患、减少连续矿柱资源损失、避免大规模地压灾害事故。由于无法采用凿岩台车和铲运机等机械化的采掘装备，适用于缓倾斜薄矿脉的房柱嗣后充填法回采效率低、生产能力低、采矿综合成本高。

2. 条带式进路充填法

由于矿体倾角较缓，条带式进路充填法沿倾向方向按照矿体斜长将层状缓倾斜薄矿脉划分为若干盘区和进路，各分层进路并采用两步骤开采的方式，一步骤开采单数进路并采用胶结充填，二步骤回采偶数进路采用非胶结充填，直至整个盘区回采完毕。由于无法采用凿岩台车和铲运机等机械化的采掘装备，只能采用风动凿岩机凿岩和电耙二次接力耙运出矿，适用于缓倾斜薄矿脉的条带式进路充填法回采效率低、生产能力低、充填成本高。

3. 机械化上向水平进路充填法

为了使用凿岩台车和铲运机等机械化的采掘装备，提高采掘效率和采场生产能力、降低工人劳动强度和井下用人数量，机械化上向水平进路充填法采用脉外采准的方式、沿走向方向布置采场、自下而上分层开采，采一层充填一层，不仅对不同倾角厚度的缓倾斜薄矿脉具有较好的适用性，对形态不规则、分支复合变化大的矿体也具有较好的适用性。

4.4.2 缓倾斜薄矿脉中深孔落矿机械化分采新工艺

房柱嗣后充填法、条带式进路充填法和机械化上向水平进路充填法均是矿岩混采类采矿方法，由于矿脉较薄且禀赋特征复杂，爆破过程不可避免地会扰动和混入大量的两帮围岩，导致薄矿脉开采的矿石贫化率高达30%。因此，如何简单高效地实现矿岩分采、降低矿石贫化率、减少废石的提升运输和选矿成本，是目前亟待解决的关键问题。作者团队基于典型缓倾斜难采薄矿脉的具体特征，开发了缓倾斜薄矿脉的中深孔落矿机械化分采工艺，为提高缓倾斜薄矿脉的综合生产效率、降低开采成本开辟了新的途径。

1. 背景技术

在地下固体矿床的采掘过程中，倾角在15°~30°的缓倾斜、厚度≤2 m的薄矿脉是典型的难采矿体之一。其主要原因为矿体倾角较缓，崩落的矿石难以靠自重放出，需要采用电耙线性耙运、辅助出矿，导致采场出矿工艺复杂、效率低下且存窿，矿损失量大。其次，由于矿脉较薄、采幅受限，往往只能采用小型风动凿岩机凿岩、有轨装岩机出矿，导致工人劳动强度大、采掘效率低、生产能力低、采矿成本高等诸多问题。此外，采用传统的浅孔落矿工艺虽然可以实现缓倾斜薄矿脉的矿岩分采，但是需要成倍地增加凿岩、爆破、通风和出矿工程量和作业循环，导致采场生产能力进一步降低、采矿成本成倍增加。

随着采矿工艺技术和采掘装备的高速发展，设备外形尺寸更小、机械化程度更高、灵活性更好的中深孔凿岩台车开始在中小型矿山中大量使用。与炮孔深度≤5 m的浅孔相比，5 m<炮孔深度≤15 m的中深孔落矿工艺简单、单次爆破量大、效率更高、作业工程量和循环更少。因此，基于典型难采缓倾斜薄矿脉的具体特征，利用小型化的中深孔凿岩台车和铲运机，开发一种适用于缓倾斜薄矿脉的中深孔落矿机械化分采工艺，可有效解决现有风动凿岩机劳动强度大、浅孔落矿效率低、电耙耙运工艺复杂、采场生产能力低、采矿成本高、难以实现矿岩分采等诸多问题。

2. 方案介绍

缓倾斜薄矿脉的中深孔落矿机械化分采工艺，包括以下步骤：

步骤一，拉底进路回采。采用下盘脉外采准工艺，自盘区斜坡道经分段联络平巷 1 和分层联络道 2 进入采场，利用浅孔凿岩机和小型铲运机，采用独头掘进的方式完成拉底进路 5 的回采，如图 4-13 所示。

步骤二，侧向崩落矿石。采用中深孔凿岩台车沿回采进路 6 长度方向，钻凿水平布置的中深炮孔 8，利用已回采结束的拉底进路 5 作为自由面侧向崩落矿体 3 并抛掷到拉底进路 5 内，使用小型铲运机沿拉底进路 5 将崩落矿石 9 运搬至脉外溜井，如图 4-14 所示。

步骤三，上、下盘围岩分采。采用中深孔凿岩台车沿回采进路 6 长度方向，分别在上、下盘三角区域围岩 4 内施工水平布置的中深孔炮孔 8，以侧向崩落矿石 9 所形成的空区为自由面崩落上、下盘围岩 4，实现矿岩分采，如图 4-15 所示。

步骤四，拉底进路充填。利用小型铲运机将崩落在回采进路 6 内的上、下盘废石 10 铲卸至拉底进路 5 内作为废石充填骨料，在回采进路 6 和拉底进路 5 边界架设隔离挡板 12，采用低强度胶结充填料浆充填拉底进路 5 剩余空区。待充填体 11 养护结束后，循环步骤二至步骤四，采用上行式开采方式直至所有分段的未动进路 7 回采完毕，如图 4-16 所示。

步骤一中，沿矿体走向方向布置进路采场，根据小型中深孔凿岩台车和铲运机的外形尺寸，进路长度应 ≤15 m、宽度应 ≥2.5 m、高度应 ≥3 m。步骤二中，应采用中深孔预裂爆破技术，控制侧向崩落矿石对上、下盘围岩的扰动，减少矿石贫化。步骤四中，低强度胶结充填体的 7 d 抗压强度应 ≥0.2 MPa，并可达到稳定自立的状态。

本方案的有益效果在于，通过拉底进路的回采，为缓倾斜薄矿脉的侧向中深孔落矿创造了自由空间，矿石崩落所形成的空区又为上、下盘围岩的崩落提供了自由面，进而可实现缓倾斜薄矿脉的机械化、高效率、低成本分采，具有工艺简单、机械化程度高、作业循环少、采场生产能力高、损失贫化小、采矿成本低等诸多优点。

如图 4-13 ~ 图 4-16 所示，图中：1—分段联络平巷；2—分层联络道；3—矿体；4—围岩；5—拉底进路；6—回采进路；7—未动进路；8—中深孔炮孔；9—矿石；10—废石；11—充填体；12—隔离挡板。

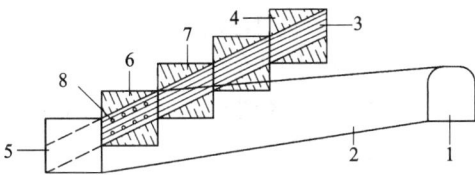

图 4-13　拉底进路回采示意图

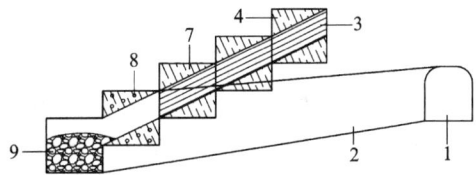

图 4-14　侧向崩落矿石示意图

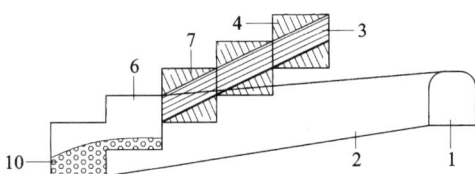

图 4-15　上、下盘围岩分采示意图

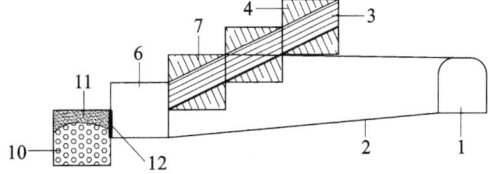

图 4-16　拉底进路充填示意图

3. 实施方案

以某矿山缓倾斜薄矿脉为例，其平均厚度为 2 m，平均倾角为 20°，矿岩稳固性好，采用一种适用于缓倾斜薄矿脉的中深孔落矿机械化分采工艺进行开采。

首先，拉底进路回采。根据矿体厚度和倾角，设置阶段高度 32 m、分段高度 8 m、分层高度 2 m，即每个阶段包含四个分段，每个分段负责四个分层矿体的回采。根据凿岩台车和铲运机的外形尺寸，设置进路长度 15 m、宽度 4 m、高度 4 m。利用浅孔凿岩机和小型铲运机，采用独头掘进的方式完成拉底进路回采。

其次,侧向崩落矿石。利用中深孔凿岩台车沿回采进路长度方向,钻凿水平布置的中深炮孔,炮孔长度 15 m、孔距 1 m,采用预裂爆破的方式将已回采结束的拉底进路作为自由面,侧向崩落矿石并将其抛掷到拉底进路内,使用小型铲运机沿拉底进路将崩落矿石运搬至盘区内布置的脉外溜井。

然后,上、下盘围岩分采。采用中深孔凿岩台车沿回采进路长度方向,分别在上、下盘三角区域围岩内施工水平布置的中深孔炮孔,炮孔长度 15 m、孔距 1 m,以侧向崩落矿石所形成的空区为自由面崩落上、下盘围岩,实现矿岩分采。

最后,拉底进路充填。利用小型铲运机将崩落在回采进路内的上、下盘废石铲卸至拉底进路内作为废石充填骨料,在回采进路和拉底进路边界架设木质隔离挡板,采用 7 d 抗压强度达到 0.2 MPa 的低强度胶结充填体充填拉底进路剩余空区。待充填体养护结束后,循环步骤二至步骤四,采用上行式的开采方式直至所有分段的未动进路回采完毕。

4.5　倾斜薄矿脉开采典型方案与实例

4.5.1　典型充填采矿法方案

针对矿体倾角在 30°~55°、厚度 ≤2 m 的倾斜薄矿脉,由于矿体倾角不陡也不缓,凿岩台车和铲运机等机械化的采掘装备无法直接沿倾向方向开采,崩落的矿石也无法靠自重放出,因此,倾斜薄矿脉的采矿工艺十分受限。目前,国内常用的充填采矿方案为上向水平进路充填法,根据其机械化程度的不同,又可进一步细分为普通上向水平进路充填法(采用风动凿岩机凿岩、电耙出矿)和机械化上向水平进路充填法(采用凿岩台车凿岩、铲运机出矿)。

1. 普通上向水平进路充填法

普通上向水平进路充填法的典型特征为:沿矿体走向方向划分矿块,矿块内设矿房和矿柱,矿柱又包括顶柱和间柱(采用平底式出矿结构无底柱);采用脉内采准的方式,自阶段运输平巷施工穿脉直达间柱中央,在矿房两侧的间柱内各施工一条人行通风天井贯通上下两个阶段,自阶段运输平巷每隔一段距离施工一条出矿进路直达矿体上盘;沿矿体走向回采矿房,采一层充填一层,直至整个矿房回采完毕。普通上向水平进路充填法采用风动凿岩机凿岩、电耙出矿,虽然采准工艺简单,但是采掘效率低、生产能力低、工人劳动强度大。

2. 机械化上向水平进路充填法

为了使用凿岩台车和铲运机等机械化的采掘装备,提高采掘效率和采场生产能力、降低工人劳动强度和井下用人数量,机械化上向水平进路充填法采用脉外采准、沿走向方向布置采场、自下而上分层开采的方式,采一层充填一层,不仅对不同倾角厚度的薄矿脉具有较好的适用性,对形态不规则、分支复合变化大的矿体也具有较好的适用性。

4.5.2 遂昌金矿充填法开采现状

黄金因其特有的天然属性，是国家重要的战略储备货币，直接影响金融系统安全。同时，它还广泛应用于航空航天、医学、电子、现代通信等领域，已被列入国家保护性开采矿种和战略性矿产资源名录。浙江省非金属矿产种类多、矿床规模大、地区分布广，其中明矾石储量居世界第一、萤石储量居中国第二，但金属矿产则点多面广、规模较小且矿石组成复杂。

1. 矿山概况

浙江省遂昌金矿有限公司位于钱瓯之源、秀山丽水的遂昌县，是浙江省最大的国有黄金矿山企业、全国黄金系统生产企业骨干、上海黄金交易所首批会员单位。公司自 1976 年成立以来，经过数十年的高速发展，目前旗下拥有 6 家全资子公司、1 家控股公司和 1 家参股公司，业务涉及矿业开发、冶炼、深加工、旅游、新材料研发等产业，并获"国家级绿色矿山""全国矿山资源节约与综合利用优秀矿山企业""国家 4A 旅游景区"等荣誉称号。遂昌金矿采矿权面积 2.3729 km²，设计生产规模 9.18 万 t/a，共有西部金银矿段、中部金银矿段和治岭头铅锌矿段三个相对独立采区。其中，主采区西矿段主要保有 V 和 VI 两大金银矿体，呈层状、脉状展布，分支复合现象明显，矿脉走向长 27~190 m，赋存标高 125~317 m，倾角 35°~85°、厚度 1~4 m。目前，矿权范围内保有的矿石资源储量不足 20 万 t，Au 平均品位 15 g/t、Ag 400 g/t。矿山采用平硐-盲竖井联合开拓，实际使用的采矿方法为浅孔留矿嗣后充填法。

2. 开采技术条件

1) 区域地质条件

矿区大地构造位置属于华夏古陆武夷地体的边缘，绍兴—江山深大断裂以南、余姚—丽水深大断裂以西，遂昌断隆之北东倾伏端。出露地层主要有下元古界八都群变质岩，上侏罗统大爽组、高坞组、下白垩统馆头组、朝川组、方岩组，第四系冲击层。矿区矿产较丰富，主要有银坑山金银矿床、杨梅岗中型铅锌(硫)矿床、局下铜多金属矿点、庄山金矿等。区内有 I 级成矿远景区一个和 II 级成矿远景区一个，即银坑山 I 级成矿远景区和金岸—庄山 II 级成矿远景区。区域成矿条件有利，矿产种类较多，矿(化)点分布密集。金属矿产主要有金、银、铅、锌、钼等。非金属矿产主要为萤石、石英、黄铁矿等。金银矿集中产于变质岩断块或变质岩天窗中，其中遂昌银坑山金银矿床为浙江省最大的金银矿产地；铅锌及多金属矿主要产于火山机构的环状断裂带中或岩筒中；萤石矿则主产于白垩纪火山断陷盆地周边各组方向的断裂带中。

2) 矿床地质条件

矿区矿产丰富，形成了贵金属金、银，有色金属铅、锌、铜、钼、硫铁矿等矿产组合。在空间分布上，形成上部(火山岩盖层)以铅锌矿床、硫矿床为主，中间(变质岩基底)以金银矿、铅锌矿、铜多金属矿、硫矿床为主，深部(深部侵入岩体)以铜、钼斑岩型矿床为主的"三层楼"模式。在成因上均为燕山期火山-岩浆热液矿床，属同一成矿系列中不同的矿床组合。遂昌金矿金银矿体呈复脉状，赋存于八都岩群韧脆性断裂中，总延长约 2250 m，被 F1、F42 分割成三段。矿体由交代、充填形成块状玉髓状含金石英岩、含金脉石英团块、含金石英网脉及黄铁绢英岩化片麻岩构成，如图 4-17 所示。矿带顶界与上覆火山岩的不整合面同步起伏, 一般向下延伸 200 m 左右。金银矿体控矿构造为北西向、东西—近东西向、北东向的韧性剪切带中的韧脆性断裂。

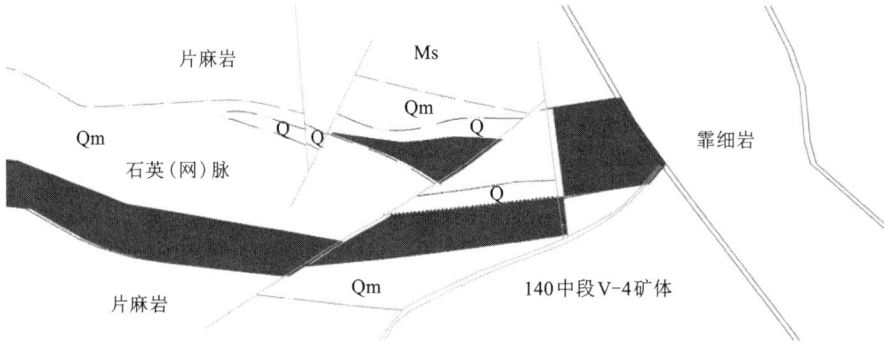

图 4-17 遂昌金矿矿体产状分布图

3) 开采技术条件

矿体埋深一般大于 200 m, 总体上岩石含水性差。深部岩石含水裂隙不发育, 浅部含水裂隙虽然较多, 但含水性及与矿体连通性较差。坑道内所见的含水裂隙较少。含水裂隙对矿床充水影响不大。矿区水文地质条件属简单类型。矿区主要工业矿体及其顶板均属于坚硬稳固岩石(I 类), 但西部矿体与中矿段矿体顶板围岩结构相差较大, 中矿段矿体顶板围岩较稳固, 而西矿段矿体顶板由于受压扭性断裂控制, 围岩较破碎, 节理发育, 常造成采空区顶板围岩冒落, 工程地质条件属简单偏复杂类型。矿区属于地壳基本稳定区域, 不存在发震构造, 历史上尚未有造成破坏的地震、新构造运动。多年来, 矿山在生态环境保护方面取得了一系列成果, 环境地质条件属于简单类型。

4) 矿体产状

如图 4-18 所示, 矿山目前主要开采 +180 ~ +260 m 中段的 V-1 倾斜薄矿脉。矿体走向长 85 m, 倾向延伸约 214 m, 靠近 F1 断裂矿体延伸最长, 矿体形态为半个透镜体, 顶板发育分支矿体。矿体走向近东西, 倾向南, 产状 170° ~ 199°∠45° ~ 64°, 总体产状 185°∠53°, 矿

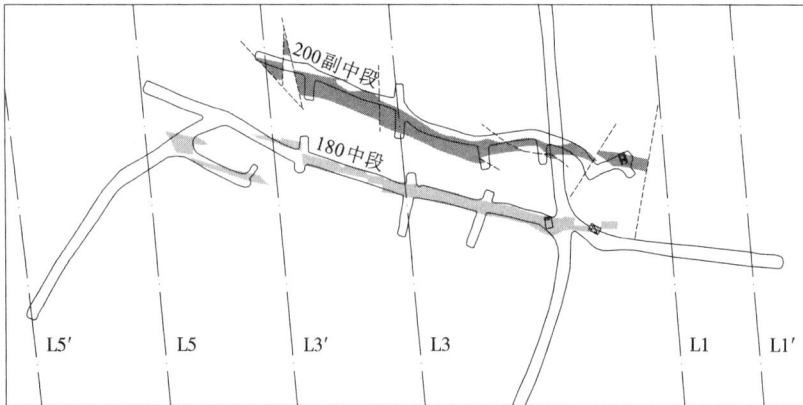

图 4-18 V-1 矿体 180 m 中段和 200 m 副中段平面复合图

体赋存最大标高 317.0 m，最低标高 140.0 m，矿体底板界限清晰。Ⅴ-1 薄矿脉受许多小断层的切割作用，导致矿体存在相互错动、厚度变化大、分支复合、尖灭再现、连续性差等特点。单工程矿体最大厚度 13.07 m，最小厚度 0.48 m。矿体往西逐渐变薄，往东至 F1 断面厚度发生突变。

3. 当前留矿嗣后充填法

多年来遂昌金矿一直沿用留矿嗣后充填法开采，仍主要使用风动凿岩机凿岩、电耙出矿、废石干式充填等落后工艺，矿山整体的机械化程度和装备水平较低。

1）方案特征与采场布置方式

Ⅴ-1 矿体+180~+260 m 中段矿体倾角 45°~55°，平均厚度 2 m，沿走向分支复合严重，且多次被断层切割，形态复杂。留矿嗣后充填法矿块沿矿体走向布置，阶段高度 30~50 m，采场跨度 50~70 m，采幅至矿体全厚。为确保高价值矿体的回采率，分两步回采，顶底柱和间柱均事先采用人工混凝土矿柱置换的工艺进行回收，顶柱厚度 4 m，两侧预留间柱宽度 6 m（图 4-19）。

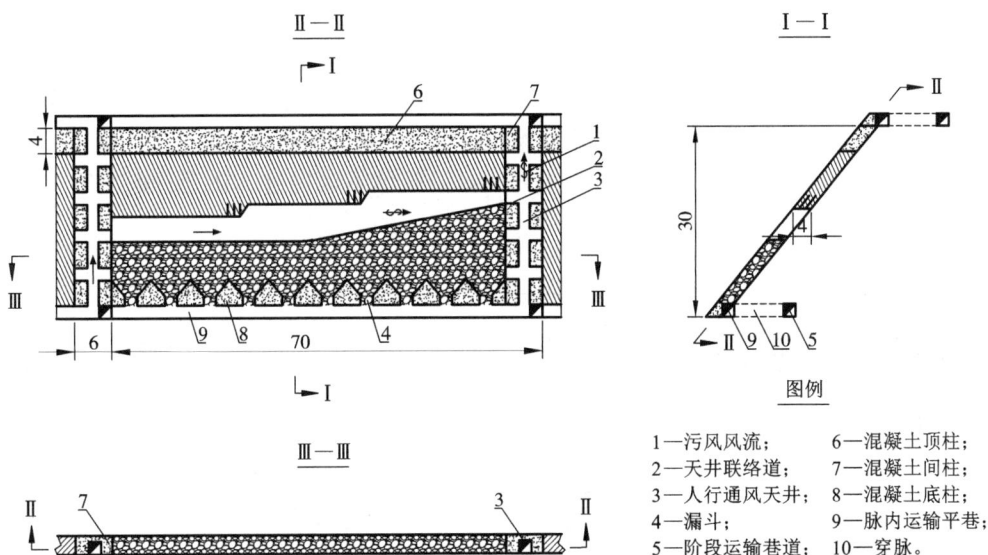

图例

1—污风风流；   6—混凝土顶柱；
2—天井联络道；   7—混凝土间柱；
3—人行通风天井； 8—混凝土底柱；
4—漏斗；   9—脉内运输平巷；
5—阶段运输巷道； 10—穿脉。

图 4-19 留矿嗣后充填法

2）采切工程

采切工程包括阶段运输巷道、穿脉、人行通风天井、天井联络道、混凝土放矿漏斗等。

3）回采工艺

首先采用混凝土置换的工艺回收间柱、本阶段底柱和下阶段顶柱，并构筑人行通风天井和人工混凝土放矿漏斗，然后由布置在人工混凝土间柱内的人行通风天井经联络道进入采场进行自下而上分层回采。分层工作面采用阶梯形布置，总共布置 3 个小分层工作面。3 个工作面同步推进，可降低爆破作用对两帮围岩的破坏。每次采下的矿石靠自重放出三分之一左右，其余暂留在矿房中作为继续上采的工作台。采用人工混凝土漏斗自重放矿的底部结构，矿房全部回采完毕后,暂留在矿房中的矿石再行大量放出。大量放矿完毕后,及时按要求进行废石干式充填,以控制地压活动。

4)方法评价

(1)对于急倾斜极薄-薄矿脉具有较好的适用性,技术成熟,应用广泛。

(2)凿岩、出矿效率低下、平场工作量大、工人劳动强度高。

(3)当矿体相互错动、连续性差、分支复合时,极易造成损失和贫化。

(4)采用人工构筑混凝土置换顶底柱和间柱,劳动强度大、效率低、成本高。

(5)在最终放矿阶段,由于矿体下盘倾角为40°~55°,矿石无法通过自重完全放出,为了减少由此造成的采下损失,矿山采用了下盘底板和联络道电耙耙运、人工清理和水力冲洗等人工干预措施,当采场跨度过大时在中部构筑混凝土人工矿柱以降低空场暴露面积。但是存在大量作业人员在空场下(放空前空顶高度远远大于6 m)长时间作业的情况,存在极高的安全风险,易发生人员伤亡事故。

4.遂昌金矿普通上向水平进路充填法

由于矿山新建了尾砂充填系统,矿山在V-1矿体的开采过程中,采用普通上向水平进路充填法替代原留矿嗣后充填法。

1)方案特征与采场布置方式

针对V-1矿体,普通上向水平进路充填法矿块将沿矿体走向布置,长40~60 m(图4-20),矿房宽度为矿体厚度,间柱宽度6 m,顶柱厚度4 m,一般不留设点柱。采用脉内采准的方式,人行通风天井沿矿体倾向布置在间柱中,一般沿矿体下盘掘进。在人行通风天井中每隔

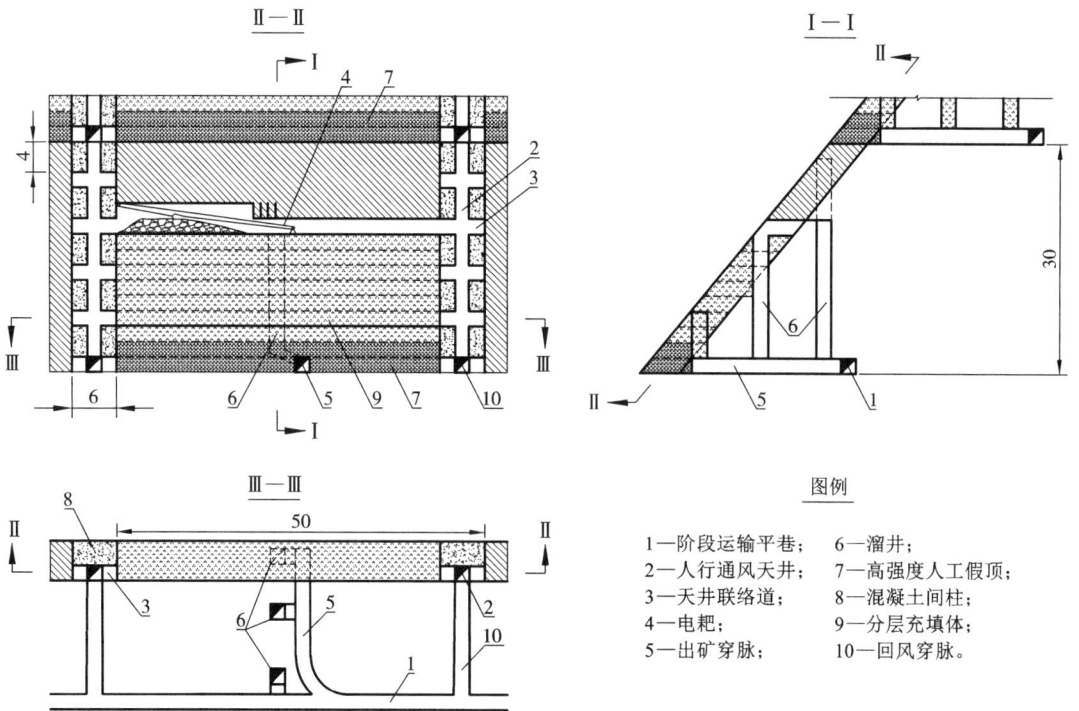

图例

1—阶段运输平巷; 6—溜井;
2—人行通风天井; 7—高强度人工假顶;
3—天井联络道; 8—混凝土间柱;
4—电耙; 9—分层充填体;
5—出矿穿脉; 10—回风穿脉。

图 4-20 普通上向水平进路充填法

4~6 m 开凿采场联络道通往采场。每个采场在矿体下盘布置 3 条溜井,分别负责 5 层矿体的出矿,分层充填时需顺路架设以保留溜井。中段运输平巷沿矿体走向布置在矿体下盘,并通过出矿穿脉承接溜井放出的矿石。间柱提前采用人工混凝土矿柱置换的工艺进行回收,而阶段底部的 2 层(4 m 厚)应采用高强度胶结充填体构筑人工假顶。

2) 采切工程

采准工程主要包括出矿穿脉、回风穿脉、溜井、人行通风天井及天井联络道等。切割工程主要为沿矿体走向掘切割平巷作为拉底。将矿房底部全部拉开完成切割工作,形成回采作业空间,然后沿倾向采用自下而上分层回采,分层高度 2 m,每一个分层回采工序有凿岩、爆破、通风、出矿及松石处理等作业。采下矿石经电耙耙运至溜井放至阶段运输水平。采一层充填一层,使充填体与顶板保证 1.5~2 m 的作业空间。当充填体超过溜井时应顺路架设模板以保留溜井。以此循环至整个采场回采并充填完毕。阶段底部的 2 层(4 m 厚)应采用钢筋网+高强度胶结充填,可为下阶段顶柱回收时形成人工假顶。

3) 方法评价

该方案生产技术易于掌握,不积压矿石,能及时收回资金,同时提前充填处理下部采空区。但是与留矿嗣后充填法同样存在生产能力低、机械化程度低、劳动强度高、夹石无法剔除、采准工程量大、工艺复杂、成本高等问题。

(1) 普通上向水平进路充填法对矿体厚度变化适用性差、贫化和损失率极高。普通上向水平进路充填法适用于矿体倾角在 60° 以上的急倾斜、薄矿脉的开采,而 +180 ~ +260 m 中段 V−1 矿体的倾角为 45° ~ 55°、厚度变化大,明显不符合上述适用条件。同时,受断层构造带的影响,矿体禀赋特征复杂、矿体间断、不连续及分支复合现象明显,因无法剔除夹石必然会产生大量的矿石贫化;在遇到小的矿体分支的情况下,则无法兼顾分支矿体的开采,导致分支矿体损失,高贫化损失率会大大压缩企业的利润空间,严重影响企业的经济效益。

(2) 电耙耙运效率低、安全性差。电耙出矿上向水平进路充填法采用电耙将矿石耙运至溜井进行出矿的方式,由于试验采场长度长、矿体局部厚度大,不仅耙矿效率低下、劳动强度大,而且工人需要频繁地在采场顶板上打锚杆挂葫芦,导致工人作业的安全性差、容易出现安全事故。

3) 电耙仅能线性耙运,采场二次损失严重

由于电耙仅能线性耙运矿石,而矿体的长度较长、局部厚度变化较大,极容易导致采场内大量的高品位矿石无法耙运干净(除非大量增加人工清理)而使采场出现严重的二次损失,大量高品位的矿石损失会大大压缩企业的利润空间。

4) 顺路溜井架设困难,需要架设多条溜井或电耙二次接力耙运

由于矿体的倾角为 45° ~ 55°,在充填体内顺路架设倾角为 45° ~ 55° 的溜井难度极高,且倾斜溜井在放矿过程中极易发生堵塞,进而严重影响溜井的正常出矿。因此,必须将阶段划分为高度为 10 m 左右的分段,在每个分段内均布设溜井、单独负担本分段的出矿任务。同时,由于试验采场的长度较长,在矿体局部厚度变大时,需要电耙接力二次耙运才能将矿石耙至溜井内,导致采场出矿效率极低。

5) 电耙升层转场困难,工人劳动强度大

上向水平进路充填采矿法每分层回采完毕后,均需拆除和撤离电耙、电机、葫芦和电缆等设施,将其转移至电耙硐室内临时存放,待本分层充填养护完成后,再通过挂设电葫芦、

人工将电耙和电机提升至上一分层，重新组装、铺设电缆、接线、挂葫芦才能继续使用，不仅升层转场困难，而且全部需要人力操作，工人劳动强度较大。

4.5.3 遂昌金矿机械化上向水平进路充填法典型方案

机械化上向水平进路充填法采用脉外采准，单步骤自下而上分层回采，依次分层充填以维护上、下盘围岩，并创造不断上采的作业平台，回采到最后一个分层时，进行接顶充填。由于采用凿岩台车和铲运机，能实现强采、强出、强充，对遂昌Ⅴ-1矿体的倾角、厚度、分支复合、断层切割等开采技术条件有着良好的适应性，较现用充填法具有显著的优越性。

1.方案特征与采场布置方式

针对Ⅴ-1矿体形态，矿块沿矿体走向布置，矿房长40~80 m，宽度为矿体水平厚度，阶段高度40 m(图4-21)。主体打底层采用非胶结充填，仅用于无轨设备运行的约0.3 m厚度的胶面层采用高强度胶结充填。

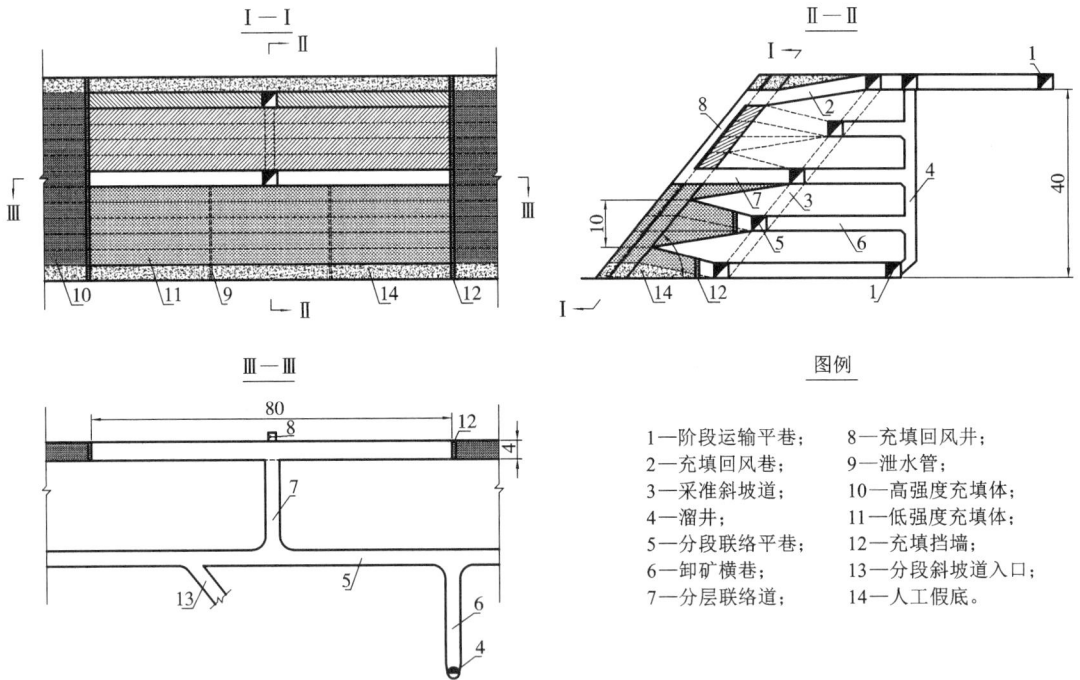

图例	
1—阶段运输平巷；	8—充填回风井；
2—充填回风巷；	9—泄水管；
3—采准斜坡道；	10—高强度充填体；
4—溜井；	11—低强度充填体；
5—分段联络平巷；	12—充填挡墙；
6—卸矿横巷；	13—分段斜坡道入口；
7—分层联络道；	14—人工假底。

图 4-21　机械化上向水平进路充填法(单位：m)

2.采切工程

采准工程主要包括采准斜坡道、分段联络平巷、分层联络道、卸矿横巷、溜井、充填回风井及充填回风巷等。

切割工作是先施工拉底巷道再扩成拉底空间即可。每一分层回采结束后即可进行充填，先进行封堵，构筑充填挡墙，并顺路架设泄水管，充填管经充填回风井下到采场。在盘区内，分层充填完后预留1.5~2.5 m的上采作业空间即转到上一分层的回采，即从脉外分段联络道掘进分层联络道进入采场工作面,开始该分层的回采作业。每个分段联络平巷负责 3 个分层的回采,分层高度约 3.3 m,3 层合计高 10 m。

3.方法评价

(1)大量实践证明,该方法适用于中等稳固以上矿体,对各种倾角和厚度及分支复合严重的矿体均有较好的适用性,灵活性强,损失贫化小。

(2)采用凿岩台车和铲运机等无轨机械化设备进行生产,可实现强采、强出、强充,生产能力较大;而且凿岩台车和铲运机还可用于巷道掘进施工,设备的综合利用率高。

(3)在一个盘区内,多条矿脉可同时进行回采。

(4)不需要构筑人工底柱和间柱,单步骤回采与充填,实现了资源的最大程度回收,贫化和损失指标可以得到严格控制。

(5)用工少、回采强度大,人员在空场下作业时间短,最大空顶高度不超过 6 m,回采作业安全性大大提高。

4.遂昌金矿多充填方案技术经济对比

将遂昌金矿所采用的留矿嗣后充填法、普通上向水平进路充填法、机械化上向水平进路充填法的采矿技术经济指标汇总到表 4-4 中。

表 4-4　三种充填采矿方案技术经济指标对比

项目	指标	留矿嗣后充填法	普通上向水平进路充填法	机械化上向水平进路充填法
最小采准巷道断面	宽×高/(m×m)	2.2×2.2	2.2×2.2	2.8×2.8
凿岩装备		气腿式凿岩机	气腿式凿岩机	K41 凿岩台车
出矿	出矿装备	电耙(15 kW)	电耙(15 kW)	WJ-1.0 或 WJ-1.5 铲运机
	出矿效率/(t·台班$^{-1}$)	50	50	112
经济技术指标	综合回采率/%	95	90	98
	贫化率/%	40	35	10
	二次损失率/%	5	5	—
	千吨采切比/(m·kt^{-1})	18	15	23.54
	千吨采切比/(m^{-3}·kt^{-1})	—		186.77
	用工人数	多	多	少
	生产能力/(t·d^{-1})	30	50	110
	采矿直接成本/(元·t^{-1})	126.42	89.04	85.00
对矿体形态变化的适应性		差	差	较好
对于分支复合矿体能否分采		否	否	是

续表 4-4

项目	指标	留矿嗣后充填法	普通上向水平进路充填法	机械化上向水平进路充填法
采场地压控制	地压管理难度	难	较难	较易
	采场安全性	差	一般	好
	顶板松石处理	难	难	易

基于三种充填采矿方案的技术经济对比，机械化上向水平进路充填法有如下突出优势。

1) 机械化上向水平进路充填法机械化程度更高、用工少

如图 4-22 所示，留矿嗣后充填法和普通上向水平进路充填法均采用风动凿岩机凿岩、漏斗或电耙出矿的方式，存在工人劳动强度大、安全性差、生产效率低、炸药单耗高、大块多等问题。同时，采用电耙出矿的方式需要在采场内频繁吊挂葫芦，工人作业的安全性差，且电耙仅能线性耙矿，不仅耙矿效率低下，而且易导致采场内高品位矿石损失。如图 4-23 所示，机械化上向水平进路充填法则采用先进的凿岩台车凿岩、铲运机出矿的方式，用工少、工人劳动强度较低、工人的作业环境和安全性更好。

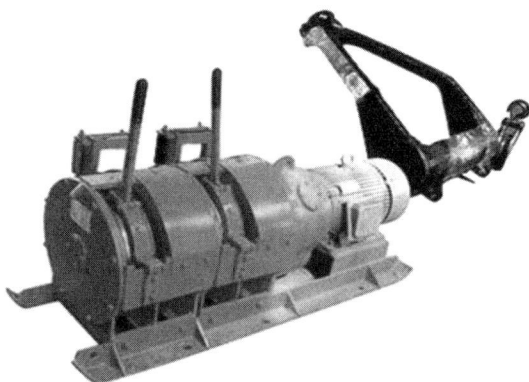

图 4-22　风动凿岩机凿岩、电耙出矿工艺

图 4-23　凿岩台车凿岩、铲运机出矿工艺

2）对矿体倾角、厚度变化适用性好、损失贫化指标优

遂昌金矿矿床受断层构造带的控制，区内断裂构造强烈、岩浆活动频繁。蚀变岩型金矿床禀赋特征复杂，产状从极薄到厚、品位从低到高、倾角从倾斜至急倾斜变化较大，多条矿脉呈层状、脉状并行展布，沿走向、垂直走向相互交叉、分支复合严重，开采难度较大。留矿嗣后充填法对矿体厚度变化较大或分支复合严重情况下的适用性较差，上采过程中上、下盘围岩极易冒落混入，导致矿石贫化。同时，频繁的爆破震动和放矿加载卸荷作用下，造成边帮围岩的片落混入，也会进一步加剧矿石的二次贫化，导致采出矿石的贫化率平均高达40%。留矿嗣后充填法和普通上向水平进路充填法遇到矿体间断或不连续的情况，为了形成贯穿采场，必然会产生大量的矿石一次贫化；在遇到小的矿体分支的情况下，则无法兼顾分支矿体的开采，导致分支矿体损失，高贫化率和损失率会大大压缩企业的利润空间，严重影响企业的经济效益。而机械化上向水平进路充填法则通过分设矿石溜井和废石溜井的方式，见矿采矿，遇到废石则横穿过去不予回采的方式，从而很好地解决了上述损失和贫化的难题，其采场矿石回收率可达到98%，贫化率可控制在10%以内。

由于电耙仅能线性耙矿、装岩机仅能线性装矿，极易导致采场内大量的高品位矿石无法耙运干净而使采场易出现二次损失，大量高品位的矿石损失会大大压缩企业的利润空间。如图 4-24 所示，采用铲运机出矿的方式不仅出矿效率较高，而且可以将细小碎矿一次性清理干净，进而大大降低了采场内高品位矿石损失。如图 4-25 所示为国内某矿山的机械化上向水平进路充填法采场，可以看出回采边界控制良好，采场内几乎没有矿石残留。

图 4-24 装岩机线性装矿和铲运机出矿对比

图 4-25 国内某矿山机械化上向水平进路充填法采场现场照片

3）采掘效率高，回采作业安全性大大提高

受热液活动影响，矿岩接触蚀变带内矿岩破碎、结构松散、胶结作用微弱、稳固性极差，在频繁的爆破震动和放矿加载卸荷作用下，极易产生蠕变损伤和脆性破坏，进而产生冒落片帮和失稳坍塌灾害，危及凿岩、爆破和平场作业人员的安全，一旦出现安全事故，将严重危及企业生存。同时，由于西矿段矿体厚度变化较大，部分矿体下盘倾角为40°～55°，留矿嗣后充填法在最终放矿阶段必须由人工进入空场内进行干预作业才能将矿石完全放出，在如此大面积的空场下进行凿岩、电耙挂桩、人工清理和水力冲洗等作业具有极高的安全风险。而机械化上向水平进路充填法采用凿岩台车凿岩的向下压采工艺、铲运机出矿的机械化配套装备，采场回采效率较高、采空区的暴露时间极短，易于顶板松石处理，且最大空顶高度不超过6 m，进而使得回采作业的安全性大大提高。

4）回采和充填工艺简单，采场生产成本低

如图4-26所示，为了提高回收率，留矿嗣后充填采矿法是将西矿段部分厚大矿体部位划分为数个留矿法采场，并留设顶柱、底柱和间柱，一步骤采用混凝土置换矿柱，二步骤再开采矿房，导致开采工艺复杂、效率低下。同时，目前采用混凝土置换留矿法所预留的矿柱，不仅需要将制备混凝土的钢筋、砂石、水泥等原材料通过平硐和竖井运至采场内，还需要人工抡大锤破碎废石作为粗骨料，人工拌和混凝土、支模板、架设铁溜槽放料和养护拆模等复杂工艺，进而导致人工劳动强度极大、效率极低、混凝土置换矿柱成本极高。机械化上向水平进路充填法无须构筑人工间柱和底柱、单步骤回采工艺简单、机械化程度高，可实现强采、强出和强充，进而可大大降低采场生产成本。

图4-26　留矿嗣后充填法混凝土置换矿柱

综上所述，与留矿嗣后充填法和普通上向水平进路充填采矿法相比，机械化上向水平进路充填法机械化程度更高、用工少、对矿体倾角及厚度变化适用性更好、损失贫化指标更优、采掘效率更高、回采作业安全性更好、回采和充填工艺简单、大幅度降低采场生产成本，尤其适用于遂昌金矿Ⅴ-1矿体复杂的禀赋特征和开采技术条件。

5. 一种倾斜薄矿脉的机械化开采与废石充填方法

1）背景技术

针对倾斜薄矿脉，目前最常用的开采方式为上向水平进路充填采矿法，即采用独头进路掘进的方式自下而上回采矿体，采一层充填一层，直至整个阶段矿体回采完毕。由于矿脉较薄、作业面尺寸受限，此类矿体开采作业中仍主要使用手持式凿岩机、电耙等落后的采掘设备，普遍存在采场安全与通风条件差、工人劳动强度大、采掘效率低、生产成本高等诸多问题。

同时，上向水平进路充填法在每个分层回采结束后必须充填采空区，消除采空区安全隐患，防止地表沉降。目前常用的尾砂充填工艺虽然自动化程度高、充填效果好，但是需要矿山在地面建设尾砂充填站、在井下铺设长距离充填管道，才能将充填料浆输送至采空区内，不仅需要一次性投入大量资金，且充填工艺复杂，管道磨损和堵漏等故障多，在很大程度上会影响开采效率、增加生产成本。随着采掘设备的小型化和精细化，利用小型机械化设备，开发一种凿岩台车向下压采、铲运机清渣出矿，扩刷两帮围岩废石充填采空区的机械化充填采矿方法，不仅可以大幅提高采场生产能力、改善采场通风条件、降低工人劳动强度，还可以大大简化采场充填工序、降低充填成本。

2）方案介绍

倾斜薄矿脉的机械化开采与废石充填方法，采用脉外斜坡道开拓、分段运输平巷1联络、盘区溜井出矿的采准方式，自斜坡道施工分段运输平巷1和分层联络道2与进路和溜井连通，自下而上沿矿体边界3逐层回采矿体，具体包括：

步骤一，拉底进路掘进：利用凿岩台车11凿岩，经爆破通风后，由小型铲运机运出崩落矿石10，采用独头掘进的方式完成拉底进路5回采。

步骤二，拉底进路下盘扩帮：计算上部采场位置及所需扩帮量，进行炮孔参数设计，以回采结束后的拉底进路5为自由面，采用凿岩台车11在拉底进路5下盘扩帮区6施工炮孔，侧向抛掷爆破崩落围岩7充填拉底进路5采空区，如图4-27和图4-28所示。

步骤三，铲运机清渣及隔离挡板架设：通过小型铲运机清理上部进路面上的崩落围岩7，并在上部采场边界位置架设隔离挡板13，图4-29所示。

步骤四，上部进路压采：待隔离挡板13架设完毕后，在回采分层9内用凿岩台车11钻凿水平压采炮孔12，利用帮扩区空间自由面8向下压采矿石，经爆破通风后，由小型铲运机运出崩落矿石10，循环压采整个上部进路，如图4-30和图4-31所示。

步骤五，上部进路下盘扩帮：移走全部隔离挡板13，计算上部采场位置及所需扩帮量，进行炮孔参数设计，以回采结束后的上部进路为自由面，采用凿岩台车11在上部进路下盘侧帮施工炮孔，侧向抛掷爆破崩落围岩7以充填采空区。循环上述步骤，自下而上压采上部未动矿体4，直至分段回采作业结束，如图4-32所示。

本方法的阶段高度30~40 m，分段高度9~12 m，进路高度3~4 m、长度应≤100 m、进路宽度≥1.5 m，采用脉外斜坡道开拓、分段运输平巷联络、盘区溜井出矿的采准方式，自斜坡道施工分段运输平巷和分层联络道与进路和溜井连通，自下而上逐层回采矿体。步骤二中，拉底进路下盘应扩帮至与上部进路边界齐平处,自进路顶部向下算,扩帮高度应为 $1.5\sim$ 2 m,扩帮面积应≤进路断面面积的 60%。步骤四中,水平压采炮孔间距 0.8~1.0 m、排距 1.0~1.2 m。步骤五中,下盘应扩帮至与其上部未动进路边界齐平处,自进路顶部向下算, 扩帮高度应为 1.8~2.4 m,扩帮面积应≤进路断面面积的 60%;分段回采结束后,采空区的 充填率应≥80%。

本方案的优点为,在扩帮的过程中通过抛掷爆破将围岩废石崩至各分层采空区完成充填 作业,工艺简单,充填成本低;充分利用进路回采产生的采空区作为自由面向下压采矿体, 提高回采效率、改善通风条件;辅以凿岩台车和铲运机等小型机械化装备,大幅提高采场生 产能力、降低工人劳动强度、减少井下作业人员数量、保障回采作业安全。

如图 4-27~图 4-32 所示,图中:1—分段运输平巷;2—分层联络道;3—矿体边界;4— 未动矿体;5—拉底进路;6—扩帮区;7—围岩;8—自由面;9—回采分层;10—矿石;11—凿 岩台车;12—水平压采炮孔;13—隔离挡板。

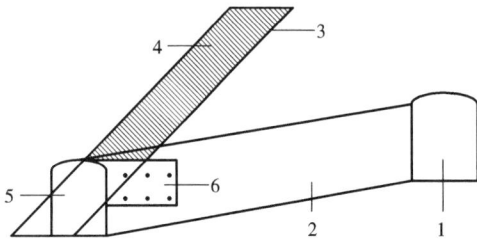

图 4-27 拉底进路掘进及下盘扩帮示意图

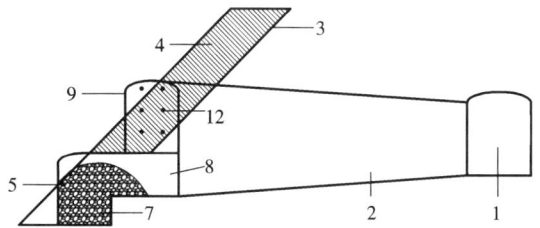

图 4-28 下盘抛掷爆破废石充填示意图

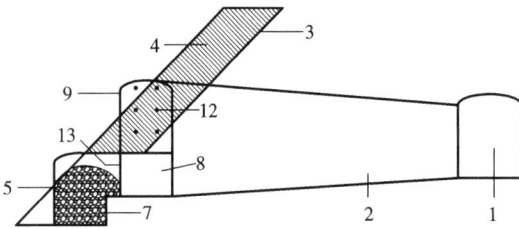

图 4-29 清渣及隔离挡板架设示意图

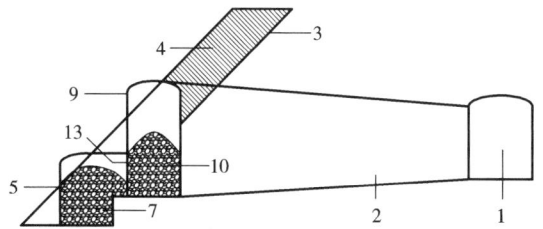

图 4-30 上部进路压采示意图

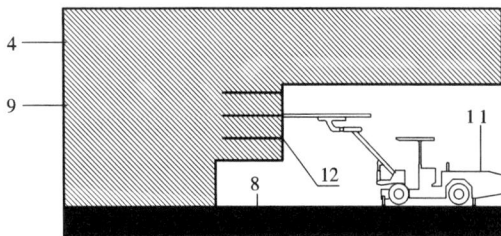

图 4-31 上部进路压采剖面图

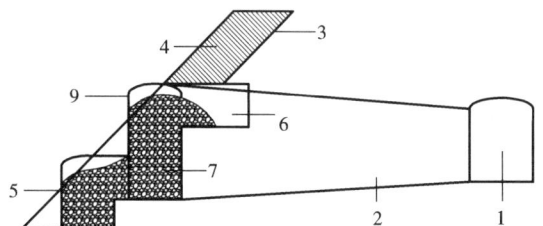

图 4-32 上部进路下盘扩帮及废石充填示意图

3）方案实施方式

以遂昌金矿为例，矿岩稳固性好，呈脉状、条带状分布，平均倾角50°、平均厚度2.3 m，下面采用以下机械化开采与废石充填方法。

首先，采场结构参数及采准工程布置：阶段高度为30 m、分段高度10 m，进路高度为3.3 m、长度80 m，拉底进路宽2.5 m，其余进路宽2.3 m，采用脉外斜坡道开拓、分段运输平巷联络、盘区溜井出矿的采准方式，自斜坡道施工分段运输平巷和分层联络道与进路和溜井连通，自下而上逐层回采矿体。

其次，拉底进路掘进：利用阿特拉斯 Boomer K41 凿岩台车凿岩，经爆破通风后，由0.75 m³ 铲运机出矿，采用独头掘进、局扇通风的方式完成拉底进路回采。

然后，拉底进路下盘扩帮及上部进路压采：以回采结束后的拉底进路为自由面，利用阿特拉斯 Boomer K41 凿岩台车在拉底进路下盘侧帮施工炮孔，侧向崩落下盘围岩充填采空区，扩帮断面约为 2.6 m×1.9 m；经通风后，通过小型铲运机清理崩落废石至采空区一侧，并在距拉底进路边界约 0.3 m 处架设隔离挡板；以上述帮扩区为自由面，利用凿岩台车钻凿水平压采炮孔向下压采矿石，炮孔间距 0.9 m、排距 1.1 m，经爆破通风后，由小型铲运机出矿，循环压采整个上部进路。

最后，上部进路下盘扩帮及顶部进路压采：以回采结束后的上部进路为自由面，利用阿特拉斯 Boomer K41 凿岩台车在上部进路下盘侧帮施工炮孔，侧向崩落下盘围岩充填采空区，扩帮面积约为(2.9×2.2) m²；经通风后，通过小型铲运机清理崩落废石至采空区一侧，并在距上部进路边界约 0.6 m 处架设隔离挡板；以上述帮扩区为自由面，利用凿岩台车钻凿水平压采炮孔向下压采矿石，炮孔间距 0.9 m、排距 1.1 m，经爆破通风后，由小型铲运机出矿，循环压采整个顶部进路。

4.6 急倾斜薄矿脉开采典型方案与实例

4.6.1 典型充填采矿法方案

针对矿体倾角在55°以上、厚度≤2 m的急倾斜薄矿脉，国内最常用的采矿方法为留矿法，存在矿柱矿量损失大、矿石贫化率高、采空区安全隐患突出等诸多问题。因此，留矿嗣后充填法、削壁充填法及机械化上向水平进路充填法等逐渐取代留矿法在急倾斜薄矿脉开采中广泛应用。

1. 留矿嗣后充填法

留矿法是回采矿岩中等稳固及以上、急倾斜、薄矿脉的常用采矿方法，其基本特点是将矿块划分为矿房和矿柱，在矿房中自下而上逐层回采矿体，每次仅放出崩落矿石的1/3，剩余部分存留于采场中作为继续上采的工作平台，并临时支撑上、下盘围岩，待整个矿房采完后再将采场中的矿石全部放出。留矿嗣后充填法是在传统留矿法的基础上，增加尾砂（或其他骨料）嗣后传统工艺，来消除采空区安全隐患、减少连续矿柱资源损失、避免大规模地压灾害。

2.削壁充填法

当矿脉厚度小于 1 m 时，采用矿石和围岩分采(或高品位主脉与低品位支脉分采)的技术，在保证采空区达到允许工作的最小宽度条件下，采下的矿石(或高品位矿体)运出采场，而崩落的围岩(或低品位矿石)充填采空区，为继续上采创造条件，这种方法称为削壁充填法。削壁充填法利用崩落围岩回填采空区，不仅大大减少了采空区暴露面积和时间，而且取消了留矿法矿石滞留和存窿矿集中出矿环节，使上、下盘围岩始终受到废石的支撑作用，有效保障了回采作业的安全。

3.机械化上向水平进路充填法

机械化上向水平进路充填法是根据矿体倾角和厚度的变化情况，在垂直方向上将矿体划分为不同阶段，再将阶段划分为若干分段，分段划分为若干个分层，分层划分为若干进路。利用凿岩台车和铲运机等机械化采掘装备，采用自下而上、采一条进路充填一条进路的分层回采工艺，直至整个矿体回采完毕。

4.6.2 江铜银山矿留矿法开采现状

铅、锌是国民经济建设的重要原材料之一，广泛应用于电气工业、机械工业、军事工业、冶金工业、化学工业、轻工业和医药业等领域。铅锌矿是我国的优势矿产，查明资源储量及基础储量仅次于澳大利亚、美国，居世界第三位，开采、冶炼及消费量均居世界第一。但我国铅锌矿中小型矿床多，大型超大型矿床少，矿石类型复杂，共伴生组分多，品位普遍偏低，铅、锌矿产资源形势不容乐观。中国有东北、湖南、两广、滇川、西北等五大铅锌采选冶和加工配套的生产基地，其铅产量占全国总产量的 85% 以上，锌产量占全国总产量的 95%。

1.矿山概况

江西铜业集团有限公司成立于 1979 年 7 月，是中国有色金属行业集铜的采、选、冶、加于一体的特大型联合企业，是中国最大的铜产品生产基地和重要的硫化工原料及金银、稀散金属产地。江西铜业集团有限公司目前主要从事铜、金、银、铅锌、稀土、稀散金属、硫化工等矿产资源的勘查、开采、冶炼、压延加工、深加工及相关技术，金融、贸易、期货经纪、进出口等业务，位居 2023 年《财富》世界 500 强第 171 位。江西铜业集团银山矿业有限责任公司(简称银山矿)是江西铜业集团有限公司旗下主力矿山之一，为露天地下联合开采多金属矿山，主要生产铜精矿、铅锌精矿、硫精矿以及金和银。露天开采对象为九区区段铜金矿，生产能力为 5000 t/d；地下开采对象为北山区、九龙上天区、银山区及银山西区的铅锌银矿体，生产能力为 8000 t/d。

2.开采技术条件

1)区域地质条件

银山矿区位于江西省德兴市银城镇，南北长约 2.7 km，东西宽约 2.5 km，面积约 6.75 km²。矿区位于怀玉山脉大茅山支脉的北西麓，乐(华)—德(兴)中生代火山盆地的东北缘，褶皱和断裂构造均很发育，为岩浆活动和成矿作用提供了有利条件。银山铜铅锌多金属矿床属陆相火山—斑岩型多金属矿床,严格受银山背斜轴部断裂带、火山机构控制。矿区内出露前震旦系双桥山群第四段、侏罗系上统鹅湖岭组,它们都是矿体的直接围岩,在矿区南部有白垩系下统石溪组,呈不整合覆盖在鹅湖岭组之上,第四系地层主要沿山坡和沟谷分布。

2)矿床地质条件

矿区由北山区段、九龙上天区段、银山区段及九区区段、西山区段、银山西区区段组成。北山铅锌区段位于银山矿区的最北端,分布于银山背斜—断裂带北西盘(上盘),东西长约1700 m,南北宽约200 m,矿化面积约0.34 km²。矿体主要赋存于绢云母千枚岩的压扭性构造裂隙中,仅有极少数产于石英斑岩体的张性裂隙中。如图4-33所示,矿体走向近东西向,倾向北西,产状与绢云母千枚岩片理产状基本一致,局部地段稍有斜交。矿体长50~900 m,延深30~600 m,矿体厚度以1~3 m居多,且沿走向和倾向都比较稳定。矿体形态为脉状、产状陡立,沿走向和倾向均呈舒缓波状,并有膨大缩小和尖灭再现现象。目前,北山区段保有储量448.4万t,平均品位Pb 1.87%、Zn 2.69%。

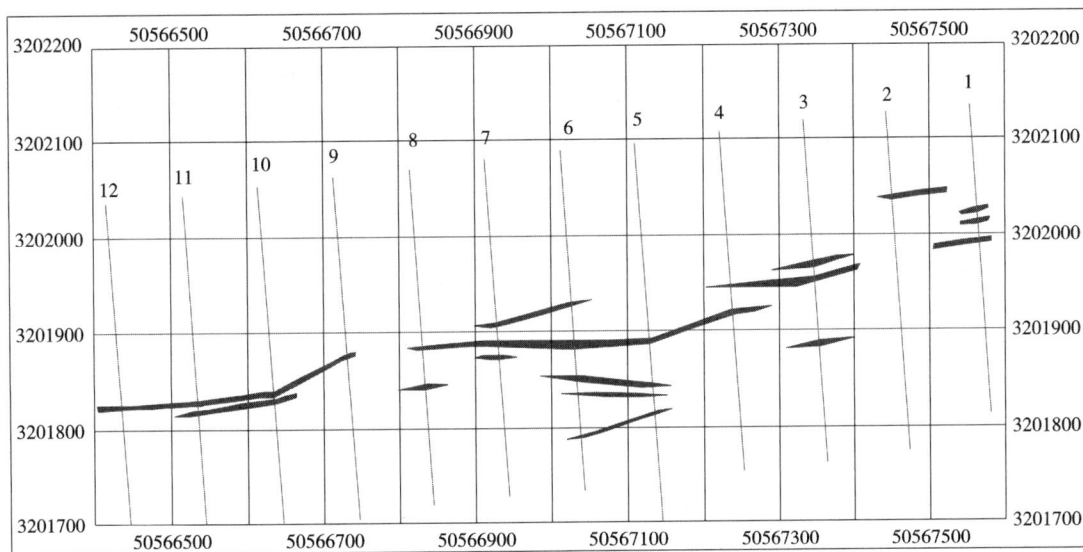

图4-33　北山区-600 m标高平面图(1-12为勘探线编号)

3)开采技术条件

矿区属丘陵山地地形,陡峻山岭相连形成一个独立的水文单元,分水岭之外的东、北、西三面地表水、地下水对矿坑充水影响极微。矿区大致可分为三个含水层(带),第四系松散孔隙含水层、双桥山群浅变质岩和火山岩风化带含水层(带)及构造裂隙含水带。矿区地表水和地下水主要由大气降水补给,由于地形陡峻、第四系地层薄、地表水排泄条件好,不利于雨水的停留和聚积。基岩透水性较弱,地下水接受大气降水补给能力较差,雨后地表径流迅速排出矿区,对地下开采影响较小。

北山区主要由10-1、10-2、10-4、10-3四条平行大矿脉组成,走向长度25~1580 m、厚度1~6 m、倾角60°~85°。矿体形态为脉状,上厚下薄、东厚西薄,局部有收缩和膨胀现象。

由于矿体产状与围岩产状一致，并且作为围岩的千枚岩片理发育，加上后期构造破坏，回采过程中容易形成片帮、冒顶和巷道变形破坏。片理状的绢云母千枚岩和砂质千枚岩是北山区最为普遍的地下岩组，片理构造与其他构造岩组交互，形成不稳定的软弱夹层或块体，导致井下矿岩稳固性差~中等。

3. 当前留矿法开采存在的主要问题

多年来，北山区开采一直采用浅孔留矿法，在生产实践过程存在诸多问题。

(1)矿体围岩主要为绢云母千枚岩，岩性软弱，千枚岩片理与矿脉走向近似一致但与最大主应力方向斜交，在地应力、千枚岩片理、矿脉走向的共同作用下，极易片帮和冒顶，支护难度大，安全问题突出。

(2)采场内两帮围岩，尤其是顶板围岩片帮、冒落不仅造成矿石贫化严重，而且片帮、冒落量大时，极易造成回采高度难以达到设计要求，从而大大降低采场回采率。据2012—2015年采场出矿情况统计，采场平均回收率为76%，最低仅为39.9%。而随着开采深度进一步增加，其回收率指标还会进一步恶化。

(3)存窿矿集中出矿过程中，随着支撑上、下盘围岩的矿石放出，上、下盘围岩经常大片冒落，堵塞出矿口。处理片落大块的措施包括出矿口大块二次破碎和高压水冲洗，前者削弱了出矿口保护墩稳定性，造成保护墩变形失效；后者进一步削弱了顶板围岩稳定性(因千枚岩遇水泥化)，加剧了顶板围岩片帮、冒落。

(4)矿山经过多年留矿法开采，在上部形成了大量采空区，地压活动频繁，而且随着开采深度增加，引发的地压活动更为严重，已成为制约矿山安全生产的重大隐患。

4. 留矿法工艺参数优化

2016年，中南大学技术人员针对现有留矿法工艺参数进行了优化研究，提出了适用性更好的留矿嗣后采矿法和削壁充填法典型方案。

1)采场结构参数优化

(1)采场长度。目前，北山区留矿法采场的长度为90~110 m，是国内常见留矿法采场长度的2倍。虽然较大的采场长度可以减少采切工程量和采场间矿柱矿量，但安全问题也较为突出。考虑到−240 m中段11−12线10−4矿体采场跨度70 m，与现阶段100 m采场跨度相比，采准工程量仅增加约6%，多留设矿柱矿量也只有500 t，但回采强度及回采作业安全性基本满足要求。因此，采场长度适宜控制在50~70 m。

(2)采幅。北山区矿体为沿走向和倾向都比较稳定的急倾斜薄矿脉，基于矿山现有的施工技术水平，将采幅控制在1.6 m左右。但是由于采场内并未采取有效的支护措施控制两帮围岩，采场上采过程中仍出现大规模片帮和冒顶现象，即只通过控制采幅来提高上采场顶板和两帮的稳定性难以达到预期效果。因此，适宜扩大采幅至2 m或矿体全厚，通过减少采场长度、增加支护措施和优化爆破工艺等手段来最大程度地保障回采作业安全，提高资源回采率。

(3)矿柱留设。现阶段北山区阶段高度为45 m，预留顶柱5 m。利用矿山已建成的充填系统进行嗣后充填，可将顶柱高度进一步缩小至3 m，以最大限度地回收宝贵的矿产资源。同时，本阶段的顶柱可作为上一阶段的底柱，因此不再专门留设底柱。此外，为保护人行通风天井的安全，需要在采场两侧预留间柱，间柱宽度为6 m。

2）支护关键点和支护措施

由于采场内没有任何支护措施控制两帮围岩，大部分采场上采到20~30 m就因为大量片帮和冒顶难以上采到设计高度，导致资源损失严重。根据层状千枚岩溃曲破坏的地压显现规律，采场工作面的支护关键点为采高10~15 m段和25~30 m段。采场支护措施应以喷浆+锚杆支护为主，部分特别破碎地段采用喷浆+锚杆+金属网联合支护措施。优先采用无轨铲运机出矿并采用间隔出矿的控制措施，加快出矿效率，减少出矿过程中反复出现的加载卸载过程对两帮围岩的破坏；采用架设顺路溜井临时放矿的静态留矿法，可有效减弱松散矿石流动过程中对上、下盘围岩反复卸载、冲击、摩擦和挤压作用，减少大块片帮。

3）出矿方式优化

矿山当前采用有轨装岩机(局部采场采用扒渣机)出矿，出矿效率较低，相邻出矿进路间的保护墩稳定性差，应采用无轨铲运机出矿。其主要优点包括：

(1)提高出矿机械化程度和出矿效率，有效降低工人劳动强度。

(2)大大缩短出矿周期，进而有效缩短保护墩和脉外出矿巷道的暴露时间，减少其失稳破坏概率。

(3)以−330 m中段3-4线10-1矿体为例(采场长度110 m)，如图4-34所示，采用有轨装岩机出矿方案需要布置出矿进路17条(进路宽2 m、间距4 m)，单保护墩面积约为23.5 m²；而采用无轨铲运机出矿方案只需布设出矿进路10条(进路宽3 m、间距4 m)，单保护墩面积约为32.9 m²。即无轨铲运机出矿方案可大大减少出矿进路的条数且单保护墩面积可增大约35%，使保护墩稳定性大大提升。

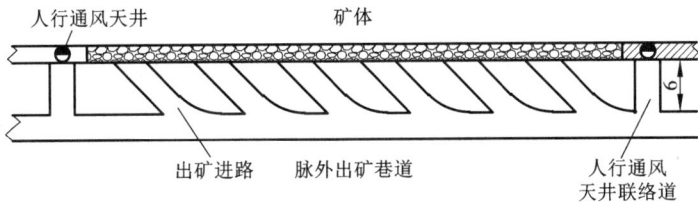

图4-34 无轨铲运机出矿进路布置图

4）矿山当前爆破参数评价

目前浅孔留矿法采用YT-45凿岩机钻凿上向孔，孔径40 mm，孔深2 m。采用乳化炸药爆破，25 ms微差雷管配激发火雷管起爆。单孔装药长度1.5~1.6 m，采用32 mm药卷装药，单孔炸药量约为1.6 kg。

(1)孔网参数设置不合理。由于现阶段炮孔排距大于孔距，没有起到沿抵抗线方向抛掷的作用，矿体与围岩上、下盘接触带炮孔爆破震动破坏作用较强，对围岩的稳定性影响较大。

(2)炸药单耗过高。北山区千枚岩岩性较脆，在没有控制爆破的前提下炸药单耗仍高达0.7 kg/t，远高于其他类似矿山。

(3)凿岩效率较低。受限于凿岩机数量、台班数量及风压供给情况，导致现阶段井下采场凿岩爆破效率较低。

(4)凿岩安全性较差。由于北山区千枚岩岩性较脆，顶板易发生冒落，上向孔凿岩效率虽然高，但不利于顶板稳定性保护。

5）主爆孔爆破参数优化

为保证上采过程中保留岩体按设计轮廓面成型并尽量减小对围岩的破坏，须采用轮廓控制的低扰动爆破技术，如预裂爆破等。预裂孔以外的浅孔爆破参数优化如下：

（1）孔径和深度。根据矿山现有凿岩设备，仍选用 YT-45 凿岩机进行钻孔，炮孔直径为40 mm，采用 32 mm 药卷装药，钻孔深度仍选择 2 m。

（2）最小抵抗线和孔间距。最小抵抗线 W 和孔间距 a 一般采用下面的经验公式：

$$W = (25 \sim 30)d \qquad (4-3)$$

$$a = (1.0 \sim 1.5)W \qquad (4-4)$$

保守计算最小抵抗线 W 为 1.0 m；由于矿体厚度较薄，孔间距也取 1.0 m。

（3）超深与堵塞。由于采场内是不断爆破进行上采的，可以不设置超深；按当前爆破技术，堵塞 0.4 m 效果较好，装药深度为 1.6 m，单孔装药量约为 1.6 kg。

6）预裂孔参数优化

（1）炮孔直径（d）。根据矿山现有凿岩设备型号，确定炮孔直径为 40 mm。

（2）孔间距（a）。预裂爆破的孔间距（a）不仅影响装药量的大小，而且直接关系到预裂岩壁的质量。对于边帮质量要求高的工程，应选取小的孔间距，$a = (7 \sim 10)d$；对于一般性工程，可以选择较大的孔间距，$a = (10 \sim 15)d$。由于北山区片理状千枚岩岩性较脆，因此要尽量减小爆破作用对两帮的破坏，选择 $a = (10 \sim 15)d = 40 \sim 60$ cm，取 50 cm。

（3）线装药密度。影响预裂爆破参数的因素复杂，常用的经验公式为：

$$q_1 = K[\sigma_c]^{\delta}[a]^{\beta}[d]^{\gamma} \qquad (4-5)$$

式中：q_1 为炮孔的线装药密度，kg/m；σ_c 为岩石抗压强度，MPa；a 为孔间距，m；d 为炮孔直径，m；K、δ、β、γ 为系数。

按上式计算，并结合现阶段常用的预裂爆破线装药密度经验值，确定适宜北山区片理状千枚岩岩性的预裂爆破线装药密度约为 0.16 kg/m。

（4）超深与堵塞。由于采场内是不断爆破进行上采的，可以不设置超深；按当前爆破技术，堵塞 0.4 m、装药深度 1.6 m。

（5）装药量。北山区浅孔与预裂孔的爆破参数优化设计如图 4-35 所示。根据装药深度和预裂爆破线装药密度，计算得预裂孔的单孔装药量约为 0.256 kg。

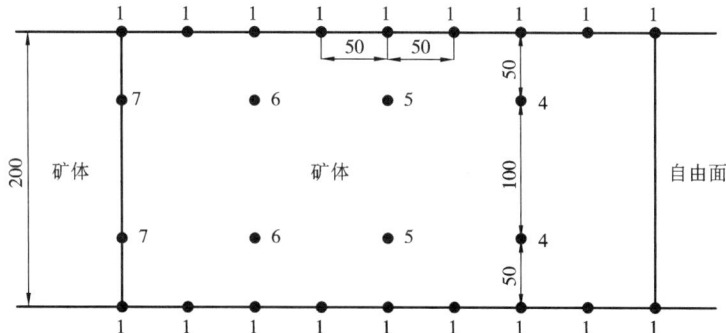

图 4-35　预裂爆破参数设计（单位：cm）

（6）起爆方式。预裂孔与主爆区炮孔组成同一网路起爆，预裂爆破优先回采炮孔，采用分段并联法导爆索全孔一次起爆,预裂孔超前第一排主爆孔 75~110 ms。

(7)装药结构。在保证线装药密度的前提下间隔将炸药捆绑在竹片上并用导爆索串联,不耦合装药。为保证孔壁不被粉碎,药卷应尽量置于孔的中心,国内一般将药卷及导爆索绑于竹片上进行药卷定位。

7)局部出矿优化

根据浅孔留矿法的特点,采场回采的大部分时间属于局部出矿阶段。少量出矿过程中,采场的上、下盘围岩由于崩落矿石的不断下降,处于一个频繁加载和卸载的过程中,此过程同时也是地压频繁作用,极易发生严重片帮和贫化的过程。因此,少量出矿阶段的出矿进度和顺序对减轻频繁加载和卸载对上、下盘围岩的损伤尤为重要。各进路均匀出矿,有利于维持采场崩落矿石均匀下降的状态,在支撑两帮围岩相对稳定的同时,可有效避免因局部地区出现大范围空场而导致出矿过程出现大的片帮现象,而且有利于减少平场工作量。考虑到现阶段出矿铲运机台数有限,可通过合理分配单进路的出矿量和出矿时间,维系三进路的出矿进度大体在一个相对一致的状态,从而降低出矿过程对两帮围岩的破坏。

8)集中出矿优化

由于大量出矿时采场回采已经结束,大面积采空区已经形成,地压作用时间和破坏程度都已经累积到了最大的程度,随着存留矿石的放出,上、下盘围岩由于突然失去临时矿堆支护,极易发生片帮、顶板冒落等事故,不仅导致贫化加剧,出矿进路或保护墩破坏,而且大片块石会堵塞出矿进路,造成存窿矿无法放出。后期大量出矿阶段的出矿量为 200~400 t/d,此时所有出矿进路均已拉开,可满足后期大量出矿的需求。各进路均匀出矿,有利于维持采场崩落矿石均匀下降的状态,在支撑两帮围岩相对稳定的同时,避免了因局部地区出现大范围的空场而导致出矿过程出现大的片帮现象。

5. 留矿嗣后充填法典型方案

1)采场布置及结构参数

留矿嗣后充填法沿矿体走向布置,根据采场结构参数优化结果,采场高度 45 m,采场跨度 50~70 m,采幅至 2 m 或矿体全厚。顶柱高度 5 m,人行通风天井布置在脉内,直径 1.8 m,两侧预留间柱宽度 6 m。

2)采准工程

留矿嗣后充填法采准工程主要包括脉外出矿巷道、出矿进路、人行通风天井、人行通风天井联络道等(图 4-36)。

(1)脉外出矿巷道。脉外出矿巷道沿矿体走向布置,距离矿体 6 m,断面规格 3.0 m× 2.8 m(宽×高)。

(2)出矿进路。出矿进路与脉外运输巷道夹角 45°,连接脉外出矿巷道和崩落矿体,断面规格 3.0 m×2.8 m(宽×高)。

(3)人行通风天井。人行通风天井布置在脉内,连接两个阶段,断面规格 1.8 m×1.8 m。

(4)人行通风天井联络道。从采场两端脉外出矿巷道施工人行通风天井联络道,连接脉外出矿巷道和人行通风天井,断面规格 2.6 m×2.5 m(宽×高)。

3)拉底工程

沿矿体走向进行拉底,拉底高度 2.0 m。

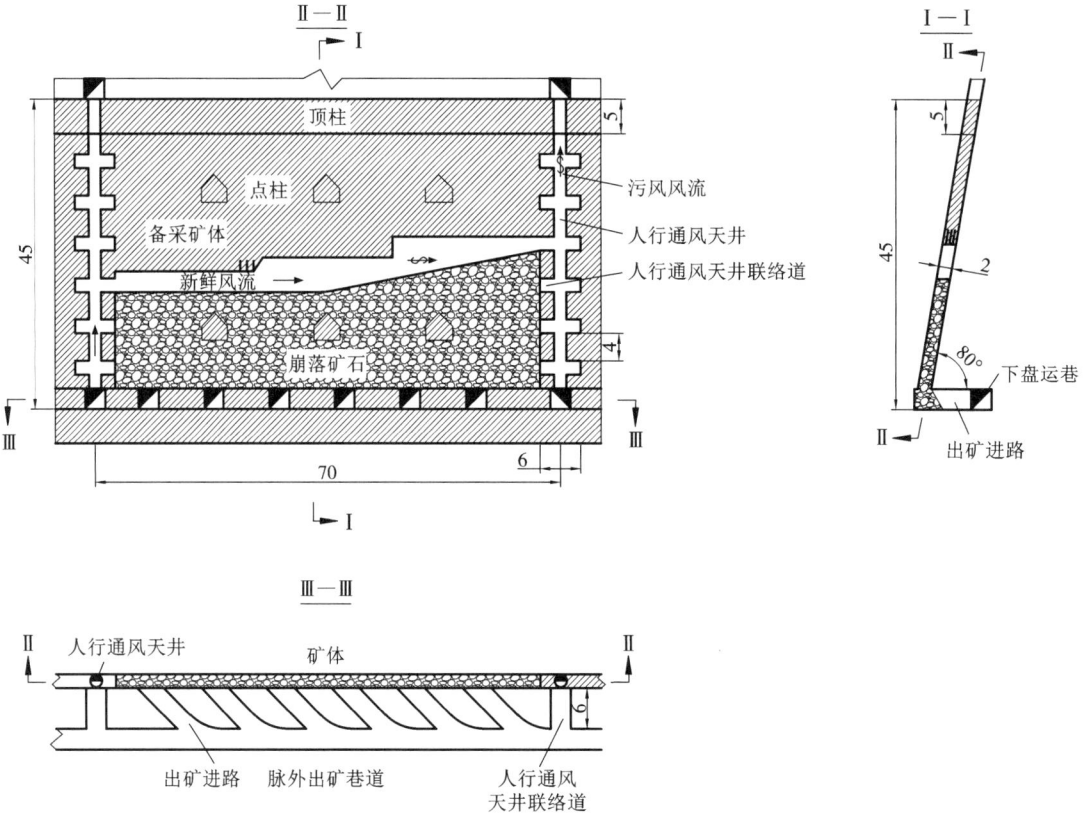

图 4-36 留矿嗣后充填法采矿方法图(单位：m)

主要采切工程量和标准矿块矿量分配表分别见表 4-5 和表 4-6。

4)回采工艺

自下而上分层回采。按照上文提出的爆破参数和爆破工艺组织凿岩爆破工作。出矿设备采用国产 1 m³ 电动铲运机，铲运机的实际出矿能力可达 100 t/台班。

5)通风

每次爆破结束后，新鲜风流从下部中段经一侧人行通风天井进入到工作面，冲洗采场，通风时间不应少于 40 min，污风沿另一侧人行通风天井排入上阶段回风平巷，通过回风井排至地表。

表 4-5　留矿嗣后充填法采场采切工程量表

工程阶段及项目名称		规格 /(m×m)或 m	条数 /条	单长 /m	面积 /m²	长度/m			工程量/m³			副产 矿量/t
						脉内	脉外	合计	脉内	脉外	合计	
采切工程	采准工程	人行通风天井	1.8×1.8	2.0	45.0	2.543	45	45	90	114	114	229	343
		溜井	φ2	1.0	45.0	3.140	0	45	45	0	141	141	0
		出矿平巷	3.0×2.8	1.0	70.0	7.764	0	70	70	0	543	543	0
		装矿斜巷	3.0×2.8	7.0	8.5	7.764	0	60	60	0	462	462	0

续表 4-5

工程阶段及项目名称		规格 /(m×m) 或 m	条数 /条	单长 /m	面积 /m²	长度/m			工程量/m³			副产 矿量/t
						脉内	脉外	合计	脉内	脉外	合计	
采切工程	切割工程 人行通风天井 联络巷	2.0×2.0	6.0	4.5	3.688	0	27	27	0	100	100	0
	拉底平巷	2.0×2.0	1.0	68.0	3.688	68	0	68	251	0	251	752
	采切合计					113	247	360	365	1361	1726	1096
千吨采切比		标准米/(m·kt⁻¹)				21.1			自然米/(m⁻³·kt⁻¹)		101.4	

表 4-6　设计留矿嗣后充填法标准矿块矿量分配表

项目	工业储量 /t	回采率 /%	贫化率 /%	采出矿量/t			占矿块采出量 的比重/%
				矿石	混入岩石	小计	
矿块	18900	81.0	10.0	15309	1709	17018	100.0
顶柱	2100	0.0	0.0	0	0	0	0.0
间柱	720	0.0	0.0	0	0	0	0.0
矿房	0	0	0	0	0	0	0
附产	14984	95.0	10.4	14235	1652	15887	93.4

6）采场顶板地压管理

采场爆破并经过有效通风排除炮烟后，安全人员清理顶板松石。顶板处理后，仍无法保证安全作业，需按照相应的要求进行支护，如布置锚杆等。除了上述安全技术措施外，在回采结束后利用矿山的尾砂充填系统，增加嗣后充填工艺，来消除采空区安全隐患，减少连续矿柱资源损失，避免大规模地压灾害事故。

7）主要经济技术指标

留矿嗣后充填法采场主要经济技术指标见表 4-7。

表 4-7　留矿嗣后充填法采场主要技术经济指标

序号	指标名称	单位	数值	备注
1	品位：Pb、Zn 合计	%	3	平均值
2	矿体厚度	m	2	平均值
3	矿体倾角	(°)	70~85	属急倾斜
4	采场构成要素	m×m×m	70×2×45	长×宽×高
5	分层高度	m	2	浅孔凿岩，孔深 2 m
6	回采率	%	81	
7	贫化率	%	10	

续表 4-7

序号	指标名称	单位	数值	备注
8	千吨采切比	m/kt	21.1/101.4	自然米/标准米
9	铲运机生产能力	t/台班	100	1 m³ 电动铲运机
10	单位炸药消耗量	kg/t	0.36	预裂爆破
11	每米炮孔崩矿量	t/m	0.92	预裂爆破
12	采场生产能力	t/d	50~60	
13	采矿成本	元/t	173	

6. 技术经济对比

为对比分析矿山之前采用的留矿法和优化改进留矿嗣后充填法的经济效果,按当前留矿法采场结构参数(采场长度 100 m,地质储量 2.7 万 t,主脉平均厚度 0.5 m,地质品位 8%),分别计算优化前后留矿法采出矿量、出矿品位、精矿产量和精矿成本。计算结果见表 4-8,从表中可以看出:

(1)采用综合优化技术后,采场回采率由 72% 提高到 81%,贫化率由 12% 降低到 10%。

(2)采用综合优化技术后,虽然由于增加了支护费用,标准采场留矿法成本增加了 66 万元,但因回收矿量增加,综合精矿成本反而降低了 356 万元,降低幅度约为 4.6%。

(3)留矿法优化后采场出矿量增加,成本降低,标准采场税前利润增加 57 万元。

综上所述,银山矿采用留矿嗣后充填法综合优化技术方案回采软弱岩层条件下急倾斜极薄至薄矿脉,其安全性将会得到一定程度的提高,也可以取得一定的经济效益和社会效益。但由于薄矿脉作业空间有限,关键点位支护工程量较大、劳动强度较高,加之留矿法固有的局部出矿和集中出矿特性,并不能从根本上解决软弱岩层条件下的损失贫化控制难题。

表 4-8 标准采场优化前后留矿法经济效益对比

标准采场经济指标			现阶段留矿法方案	留矿嗣后充填法方案	备注
1. 采矿总成本			5722557	6103463	
掘进成本	掘进长度/m		196	172	拉底和天井工程计入采矿成本
	单价/(元·m⁻¹)		1442	1442	
	合计/元		282632	248024	
采矿成本	采矿量/t		22091	24300	包括人工工资及配件材料
	单价/(元·t⁻¹)		169	173	
	合计/元		3733008	4201679	

续表4-8

标准采场经济指标		现阶段 留矿法方案	留矿嗣后 充填法方案	备注
运输提升成本	运输提升总量/t	25619	27396	提升26.6元/t, 运输39.89元/t
	单价/(元·t⁻¹)	66.5	60	
	合计/元	1703657	1643760	
支护成本	锚杆数量/个	200	500	采用高强度长锚 杆后支护成本增加
	单价/(元·个⁻¹)	16.3	20	
	合计/元	3260	10000	
2.选矿总成本		1833766	2017143	
选矿成本	选矿总矿量/t	22091	24300	
	单价/元	83.01	83.01	
	入选品位/%	3.08%	3.15%	
	铅品位	1.32%	1.35%	
	锌品位	1.76%	1.80%	
3.其他成本		1284575	1380503	按直接成本的17%估算
4.总成本		8840899	9501109	
5.精矿成本	精矿产量/t	1110	1248	选矿回收率 Pb 85%、Zn 86%, 精矿品位 铅60%、锌48%
	铅精矿产量/t	413	465	
	锌精矿产量/t	697	784	
	综合精矿成本/(元·t⁻¹)	7967	7611	
6.效益分析	销售收入/元	9775700	11000400	铅精矿价格10000元/t, 锌精矿价格8100元/t
	税前利润/元	932330	1501872	

4.6.3 江铜银山矿削壁充填法典型方案

采用留矿法回采上盘围岩不稳固的急倾斜薄矿脉时,虽然可以通过加强关键点支护,优化采场结构参数、回采顺序、出矿制度,改善留矿法安全回采条件,但并不能从根本上解决软弱岩层条件下留矿法开采的损失贫化控制难题,必要对采矿方法进行优化,譬如选择矿岩分采的削壁充填法,以彻底解决银山矿软弱岩层条件下极薄至薄矿脉开采面临的技术经济难题。

1.银山矿改用削壁充填法的可行性分析

1)削壁充填法基本特点

当矿脉厚度小于1 m时,采用矿石和围岩分采(或高品位主脉与低品位矿脉分采)的技术,在保证采空区达到允许工作的最小宽度条件下,采下的矿石(或高品位矿体)运出采场,崩落的围岩(或低品位矿石)充填采空区,为继续上采创造条件,这种方法称为削壁充填法。削壁充填法利用崩落围岩回填采空区,不仅大大减少了采空区暴露空间,而且取消了留矿法矿石滞留和存窿矿集中出矿环节,使上、下盘围岩始终受到废石的支撑作用,上、下盘围岩稳固性得到根本改善。

2)开采技术条件适应性分析

北山区铅锌矿部分矿体的厚度在1 m以内,受限于现阶段的采矿技术条件,地质部门并未将此部分矿体圈入可采范围,采用削壁充填法则可以很好地回收此部分矿体,减少资源浪费。同时,部分达到平均厚度的矿体也存在着主脉品位高,而主脉两侧含矿品位相对较低(约为1.5%,介于边界品位和工业品位之间)的情况。此时如果采用削壁充填法,实现主脉与周围含矿段分采,即采下的高品位矿体运出采场,而不具开采利用价值的含矿部分充填采空区,可大大提高出窿品位,减少废石提升费用,降低选矿成本。

削壁充填法由于实现围岩与矿脉分采,贫化率和损失率大大降低,减少了因废石混入而增加的提升、运输等采矿费用和破碎、选矿、废石堆放等费用;入选品位提高增加了选矿回收率;废石充填空区,消除了采空区隐患,上盘围岩暴露面积大幅度减小,作业安全性大大提高。因此,对于围岩不稳固极薄矿脉,采用削壁充填法具有显著的经济效益和安全效益。

3)综合技术经济分析

以当前留矿法100 m长的标准采场为例(地质储量2.7万t,主脉平均厚度0.5 m,地质品位8%),分别采用标准削壁充填法、留矿法嗣后充填法和现阶段留矿法的经济指标、采矿成本对比计算见表4-9、表4-10。

表4-9 采矿方法技术指标对比

技术指标	现阶段留矿法方案	留矿嗣后充填法方案	标准削壁充填法方案
地质储量/t	27000	27000	6750
地质品位/%	3.50	3.50	8.00
回收率/%	72	81	88
贫化率/%	12	10	7
采出矿量/t	22091	24300	6387
采出品位/%	3.08	3.15	7.44

表4-10 对比采矿方法综合成本计算表

标准采场经济指标		现阶段留矿法方案	留矿嗣后充填法方案	削壁充填法方案	备注
1.采矿总成本		5722557	6103463	1979970	
掘进成本	掘进长度/m	196	172	0	拉底和天井工程计入采矿成本
	单价/(元·m⁻¹)	1442	1442	1800	
	合计/元	282632	248024	0	

续表 4-10

标准采场经济指标		现阶段留矿法方案	留矿嗣后充填法方案	削壁充填法方案	备注
采矿成本	采矿量/t	22091	24300	6387	包括人工工资及配件材料
	单价/(元·t⁻¹)	169	173	260	
	合计/元	3733008	4201679	1660620	
运输提升成本	运输提升总量/t	25619	27396	6387	提升 26.6 元/t,运输 39.89 元/t
	单价/(元·t⁻¹)	66.5	60	50	
	合计/元	1703657	1643760	319350	
支护成本	锚杆数量/个	200	500	0	采用高强度长锚杆后支护成本增加
	单价/(元·个⁻¹)	16.3	20	20	
	合计/元	3260	10000	0	
2. 选矿总成本		1833766	2017143	530185	
选矿成本	选矿总矿量/t	22091	24300	6387	
	单价/元	83.01	83.01	83.01	
	入选品位/%	3.08%	3.15%	7.44%	
	铅品位	1.32%	1.35%	3.19%	
	锌品位	1.76%	1.80%	4.25%	
3. 其他成本		1284575	1380503	426726	其他费用按直接成本的 17% 估算
4. 总成本		8840899	9501109	2936881	
5. 精矿成本	精矿产量/t	1110	1248	775	选矿回收率 Pb 85%、Zn 86%,精矿品位 铅 60%、锌 48%
	铅精矿产量/t	413	465	289	
	锌精矿产量/t	697	784	486	
	综合精矿成本/(元·t⁻¹)	7967	7611	3789	
6. 效益分析	销售收入/元	9775700	11000400	6826600	铅精矿价格 10000 元/t,锌精矿价格 8100 元/t
	税前利润/元	934801	1499291	3889719	

从上述对比分析可看出,削壁充填法实现了富矿脉(厚度 0.5~0.6 m)与当前不具开采利用价值含矿部分的分采,具有明显的经济效益和安全效益。

(1)崩落贫矿石就地充填,有利于维护两帮围岩,减少上采作业面暴露空间,提高回采作业安全性,且可永久消除空区安全隐患。

(2)由于低品位矿石或废石不出窿,大大降低了开采贫化率,标准采场运输提升量可降低约 81%,可节约运输提升费用 138 万元。

(3)由于入选矿石品位大大提高(提高一倍以上),不仅有助于提高选矿回收指标,而且标准采场选矿处理量降低了 71%，可节约选矿成本 133 万元。

（4）由于无须在采场底部另行施工出矿进路，脉外采准工程量大大降低，标准采场可节约掘进成本 28 万元，且无须进行采场内支护。

（5）削壁充填法估算精矿成本由当前留矿法的 7967 元/t 下降为 3789 元/t，下降幅度高达 52%，一个标准采场可节约成本共计 590 万元。即使与优化后的留矿法相比，精矿成本也可降低 50%。

（6）虽然削壁充填法精矿产量较留矿法低（比现阶段留矿法和优化后留矿法分别减少 30% 和 38%），但因综合成本降低，税前利润（389 万元）仍然远高于当前留矿法（93 万元）和优化后留矿法（150 万元）。

综上所述，采用削壁充填法后，不仅采场回采作业安全得到保障，而且由于矿岩分采，综合成本大大降低，经济效益明显高于留矿法。

2. 削壁充填法典型方案

1）矿块布置与采场结构参数

根据银山矿现阶段部分高品位主脉矿体的形态分布和变化规律，沿矿体走向布置矿块。矿块长度按照当前采准工程现为 90 m，将来可缩短为 50 m 左右，以利于电耙耙运矿石；宽度等于削壁厚度和主脉厚度之和（为 1.5~1.8 m）；阶段高度维持当前高度 45 m；顶柱厚 3~5 m，回采高度为 40~42 m，不留底柱，间柱宽 6 m（图 4-37）。

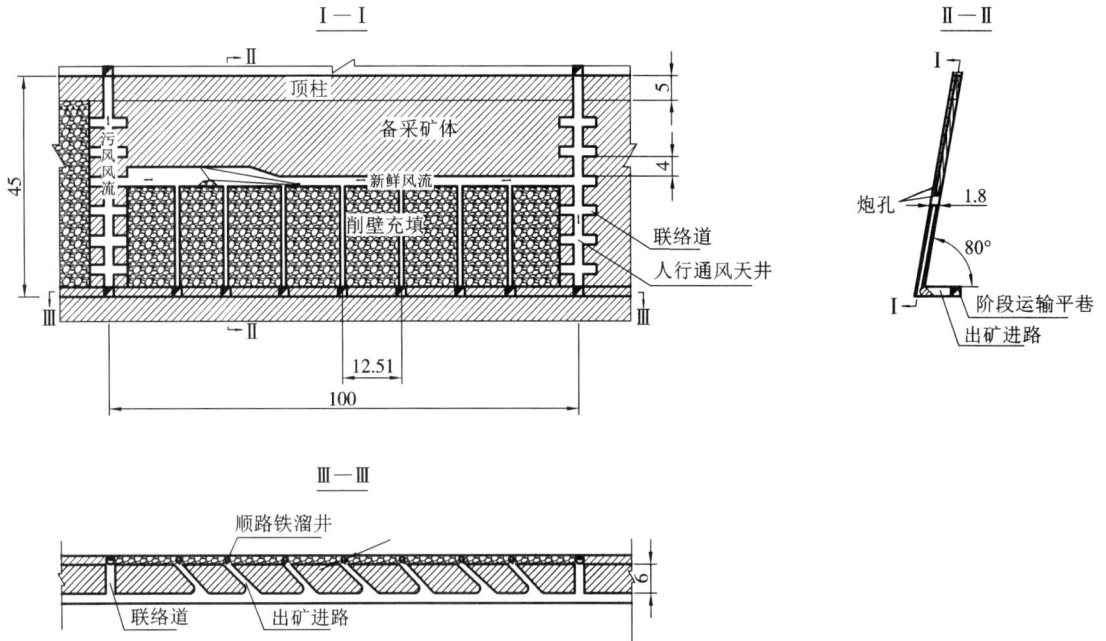

图 4-37 削壁充填法采矿方法图（单位：m）

2）采准工程布置

（1）阶段出矿巷道。阶段出矿巷道布置在矿体下部，与矿体走向垂直，为满足运输、通风要求，设计断面规格为宽2.6 m、高2.5 m。

（2）联络道。人行通风井通过联络道与采场相通，在垂直方向上每隔4 m掘联络道，设计规格为宽1.5~1.8 m、高2 m。

（3）人行通风天井。人行通风天井采用接力式。下部人行通风天井布置在脉外的矿体上盘，与矿体相距3 m；上部人行通风天井布置在间柱内，内设有梯子间和通风管道，通过联络道与采场相通，可以作为安全出口，上部与上阶段出矿巷道相通以便回风，断面规格1.8 m×1.8 m。

（4）溜井。在矿块两端各设一条顺路溜井（$\phi1.5~1.8$ m），下部与振动放矿机连接。顺路矿石溜井采用强度高、抗冲击的钢板结构。

3）切割工程

削壁充填法切割工程包括拉底工程和每个分层的切割槽工程。沿矿体底部掘进拉底巷道，为回采工作开辟自由面，并为爆破创造有利条件。拉底巷道断面设计为（1.5~1.8）m×2 m（宽×高）。在矿体中部随着采矿工作面上移，分层分次施工长2 m，宽1.5~1.8 m，高2 m的切割槽，为爆破作业提供自由面。采场主要采切工程量和标准矿块矿量分配分别见表4-11和表4-12。

表4-11　削壁充填法矿块采切比表

工程阶段及项目名称		规格/(m×m)	条数/条	单长/m	面积/m²	长度/m			工程量/m³			副产矿量/t
						脉内	脉外	合计	脉内	脉外	合计	
采切工程	采准工程	人行通风天井	1.8×1.8	3.0	45.0	2.543	0	135	135	0	343	343	0
	切割工程	联络道	1.8×2.0	12.0	9.0	3.688	0	108	108	0	398	398	0
		拉底巷道	2.0×2.0	1.0	90.0	3.688	90	0	90	332	0	332	996
		联络道	1.8×2.0	2.0	10.0	3.688	0	20	20	0	74	74	0
	采切合计						90	243	333	332	742	1074	996
千吨采切比		58 m/kt(自然米)，186 m³/kt(标准米)										

表4-12　削壁充填法标准矿块矿量分配表

项目	工业储量/t	回采率/%	贫化率/%	采出矿量/t			占矿块采出量的比重/%
				矿石	混入岩石	小计	
矿块	6075	88.0	7.0	5343	401	5744	100.0
顶柱	405	0.0	0.0	0	0	0	0.0
间柱	0	0.0	0.0	0	0	0	0.0
矿房	5338	94.0	7.1	5018	383	5401	94.0
附产	332	98.0	5.0	325	17	342	6.0

4）削壁厚度

根据银山矿矿脉的构造特点，选取先采矿脉、后削壁的作业方式。因拉底平巷已为采矿形成了足够的作业空间，不存在矿脉回采过程中脉幅过窄无法作业的情况，故只考虑高品位矿脉的宽度为采幅即可。根据地质报告中的统计数据，高品位矿脉的平均宽度为 0.5~0.6 m。要使崩落的围岩恰好充满采空区，必须符合下列条件：

$$M_y = M_q \frac{k}{K_y - k} \tag{4-6}$$

式中：M_y 为采掘围岩的厚度，m；M_q 为矿脉厚度，m；K_y 为围岩崩落后的松散系数（1.4~1.5）；k 为采空区需要充填的系数。

该矿石采幅宽度 0.5~0.6 m、松散系数 1.5、充填系数 1.0 计算，$M_y = 1.0~1.2$ m，即采幅宽度为 0.5 m 时，削壁厚度为 1 m；采幅宽度为 0.6 m 时，削壁厚度为 1.2 m。

3. 回采工艺

为了提高采场的生产能力，降低采矿损失率和贫化率，设计削落下盘围岩。采用 YSP-45 型凿岩机钻凿"一"字形上向孔，上斜角度与矿体倾角相近（80°左右）；落矿前喷射混凝土垫层，防止岩矿混合。回采作业顺序为落矿→出矿→削底盘废石充填→平场→铺混凝土垫层→落矿；采场内运用 7.5 kW 电耙耙矿至矿体两端顺路溜井、人工清理粉矿。回采方式为由矿房中央向两边后退式回采，分层高度为 2 m。

1）凿岩爆破

上采过程中，为使分采低品位矿体按设计轮廓面成型，并尽量减少对高品位主脉矿体的扰动，减少高品位主脉矿体的损失。设计在分采界面采用以预裂爆破为主的轮廓控制低扰动爆破技术。预裂孔布置在矿岩分采的分界面，根据预裂爆破参数优化结果：预裂孔孔径 40 mm、孔间距 50 cm、孔深 2 m、线装药密度 0.16 kg/m、装药深度 1.6 m、单孔装药量约为 0.256 kg。预裂爆破炮孔布置如图 4-38 所示。主爆孔孔径 40 mm、孔间距 1.0 m、孔深 2.0 m、装药深度 1.6 m、单孔装药量约为 1.44 kg。一次起爆 4 排，采用毫秒微差起爆。总装药量 19.584 kg，单段最大药量 2.88 kg，炸药单耗为 0.45 kg/t。

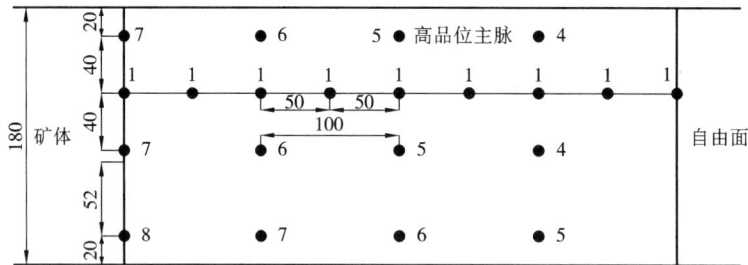

图 4-38　削壁充填法预裂爆破炮孔布置图（主脉厚 0.6 m，削壁 1.2 m）（单位：cm）

2）通风

新鲜风流从本阶段运输平巷→人行通风天井→冲刷采场（污风）→人行通风天井→上阶段运输平巷排出。

3）采场顶板维护

由于作业空间有限，故采场一般不进行支护。

4)出矿

主矿脉爆破后,采用电耙将崩落矿石耙入顺路溜矿井,经底部放矿设备装入矿车,提升运输至地表。

5)削壁充填、平场

矿石运出采场后,即可进行削壁充填。崩落围岩时,采用"一"字形排布。爆破完毕后先进行平场工作,待平场完毕后,再施工垫层,以减少下一循环主矿脉回采时的损失率和贫化率。

6)垫层铺设

对于削壁充填法,为防止采下矿石损失及出矿时混入废石,必须使废石充填体表面固化,其目的是防止爆破矿石混入废石充填料造成损失和贫化。

目前,适用于削壁充填法的采场垫层材料主要包括河沙或尾砂、钢板、水泥砂浆、混凝土、废旧运输胶带等。

铺设废旧运输胶带和喷射混凝土垫层是现阶段削壁充填中常用的垫层施工工艺。鉴于采场长度较长、铺设胶带工作量较大,采场作业面狭窄、工作作业环境差,且电耙耙运矿时容易打滑,建议采用贫损指标更优的混凝土垫层。具体施工工艺为:利用湿式喷浆机,在废石充填料表面形成 100 mm 厚的胶结面,待其固化后,即可落矿。为提高胶结面的早期强度,缩短回采循环时间,需要在充填料中添加适量的早强剂。推荐采用氯化物系早强剂如 $CaCl_2$,该种早强剂除提高混凝土早期强度外,还有促凝、防冻效果,价格低,使用方便,一般掺量为 $1\% \sim 2\%$。

6)劳动组织与作业循环

采场定员 10 人,其中凿岩爆破 3 人,支护 2 人,出矿、平场、垫层铺设共 5 人。采场采用三八制作业制度。标准削壁充填法作业循环见表 4-13。

表 4-13　标准削壁充填法作业循环表

工序	一班								二班								三班							
	1	2	3	4	5	6	7	8	1	2	3	4	5	6	7	8	1	2	3	4	5	6	7	8
凿岩																								
垫板、装药、爆破																								
通风																								
处理浮石																								
出矿																								
清粉矿、撒垫板																								
平场、架溜井																								

4. 主要技术经济指标

削壁充填法标准采场主要经济技术指标见表 4-14。

表 4-14　削壁充填法标准采场主要技术经济指标

序号	指标名称	单位	数值	备注
1	品位：Pb、Zn	%	8~10	主脉平均值
2	矿体厚度	m	0.5~0.6	脉幅
3	矿体倾角	(°)	70~85	急倾斜
4	采场构成要素	m×m×m	90×(0.5~0.6)×45	长×宽×高
5	分层高度	m	2	浅孔凿岩,孔深 2 m
6	回采率	%	88	
7	贫化率	%	7	
8	千吨采切比	m/kt	58/186	自然米/标准米
9	单位炸药消耗量	kg/t	0.45	
10	每米炮孔崩矿量	t/m	0.97	
11	采场生产能力	t/d	43.2	
12	采矿成本	元/t	260	

4.6.4　河南发恩德铅锌矿削壁充填法典型方案

1. 矿山概况

河南发恩德矿业有限公司于 2004 年 8 月在洛宁县注册成立,是加拿大希尔威金属矿业有限公司(多伦多证券交易所主板上市)与河南有色地质矿产集团有限公司合作成立的中外合作地质勘探和矿山开发企业。经过十多年的探矿增储、生产建设,迅速从以地质勘查为主的企业转化为以生产开发为主的大型矿山企业,发展成为拥有月亮沟(沙沟)、蒿坪沟、铁炉坪龙门、东草沟四座铅锌银矿山,3000 t/d 采选综合生产能力的"国家级绿色矿山""安全标准化二级企业""高新技术企业"。

2. 开采技术条件

1)铅锌银成矿带资源状况

如图 4-39 所示,地处华北板块南缘的熊耳山金银铅锌钼多金属矿集区,构造运动复杂,岩浆活动频发,成矿地质条件及找矿前景良好。在北拆离、西拆离和南拆离断层带的控制下,发恩德矿区内的铁炉坪银(铅)矿床规模达到了大型,蒿坪沟银铅(金)矿床、月亮沟(沙沟)银多金属矿床规模均达到了中型。目前,矿权范围内已探明矿体超过 300 条,保有的矿石资源储量达到 1837 万 t,平均品位 Pb 4.29%,Zn 1.61%,Ag 202 g/t。

2)矿区地表生态环境状况

发恩德矿业地处熊耳山北麓、洛河中游,其中沙沟矿区北侧为洛阳水源地之一的故县水库及水库旅游景区,矿区地表有农田、村庄、河流和冲沟分布,环境保护要求较高。

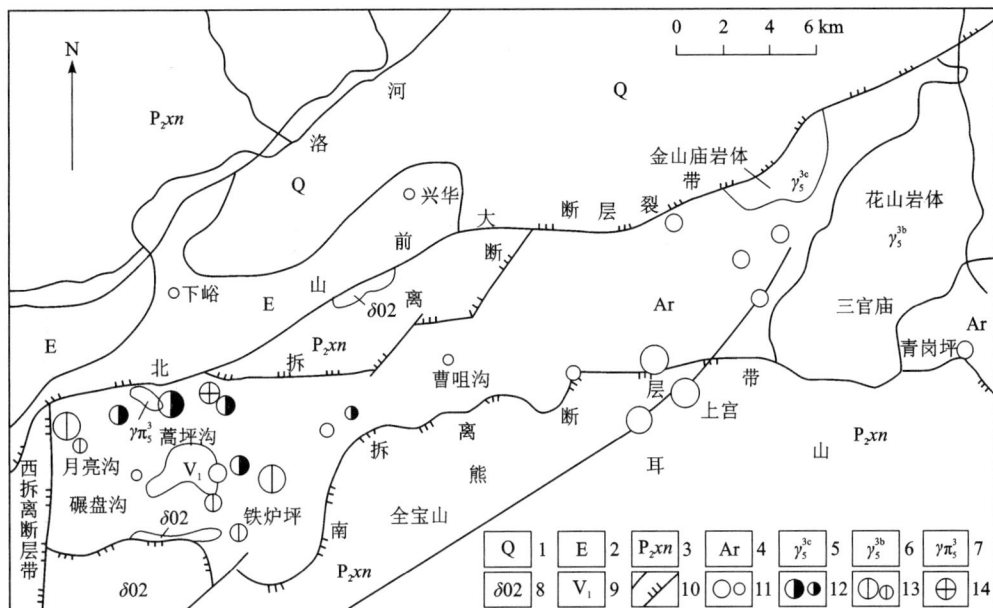

图 4-39 矿区区域构造略图

3）矿区开采现状

发恩德目前由四个采矿证，六个单体矿山组成，合计生产规模 65 万 t/a。作为典型的中低温热液脉状充填-交代型铅锌银矿床，矿体严格受断裂构造所控制，属于薄脉状构造破碎带蚀变岩型矿床。如图 4-40 所示，矿体呈板状、透镜状、囊状、近平行地分布，倾角 45°~89°，厚度变化大，但以极薄和薄矿脉为主。矿区水文地质条件简单、工程地质和环境地质条件中等。井下生产采用平硐+竖井+斜坡道+斜井的联合开拓方式，主体采矿方法为削壁充填法。位于熊耳山金银铅锌钼多金属矿集区的发恩德保有资源储量丰富、矿石品位高，是熊耳山地区著名的"聚宝盆"，完全有条件建成国内首屈一指的环境友好、安全高效的现代化矿山。同时，矿山也面临地表生态环境脆弱、环境保护要求高、资源禀赋特征复杂、开采技术难度大、机械化装备水平低、尾矿库库容将罄等不利局面，亟须进行科学合理的资源开发整体规划，并加快生产系统改造，推进矿区的机械化、集约化高速发展，将资源优势转化为经济优势。

3.削壁充填法典型方案

1）矿块布置

如图 4-41 所示，矿块沿矿体走向布置，矿块长 50 m，留底柱，不留顶柱、间柱，底柱高 3 m。矿块两端架顺路人行天井，沿走向布置两条放矿溜井，溜井底部设漏斗放矿。

2）采准切割

回风天井：自沿脉平巷在矿块中间位置沿矿体掘一条 1.5 m×1.8 m 的脉内回风天井，它与采场贯通，是进入采场工作面风流的回风通道。

阶段运输平巷：也就是本矿的中段运输巷道，沿矿体走向布置。该巷道承担运输和通风任务，通过出矿穿脉和采准平巷相连。为了保持运输巷道的通畅，采准巷道布置在矿体下盘脉外围岩内。

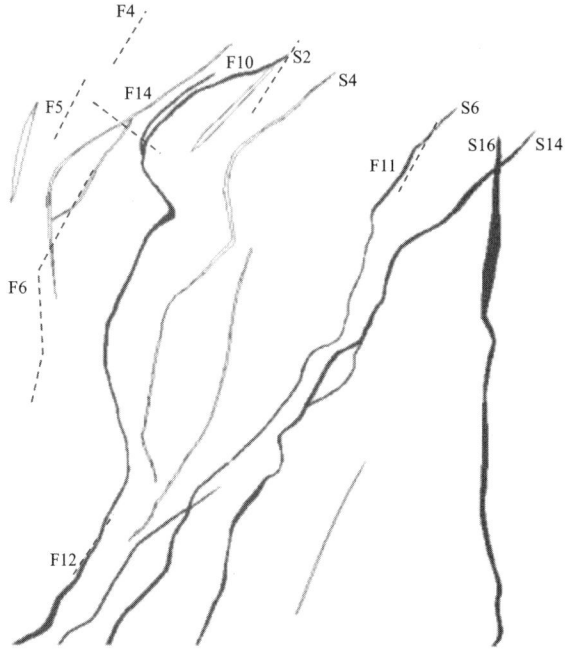

图 4-40　矿区主矿体分布图

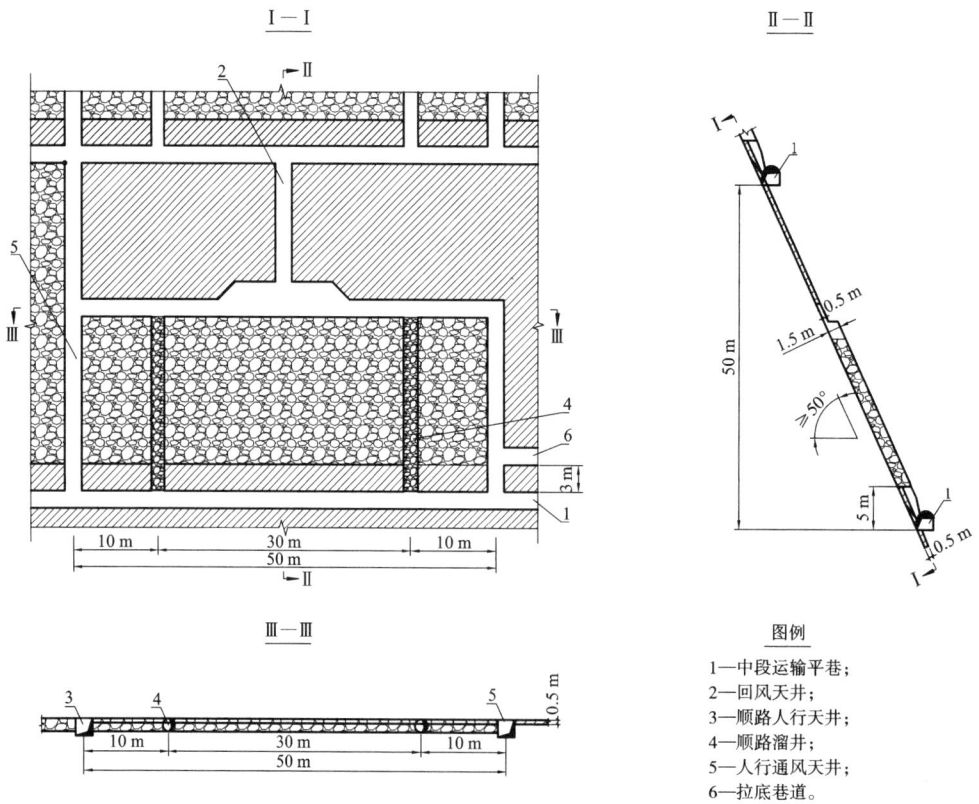

图例

1—中段运输平巷；
2—回风天井；
3—顺路人行天井；
4—顺路溜井；
5—人行通风天井；
6—拉底巷道。

图 4-41　削壁充填法采矿方法图

出矿穿脉：从阶段运输巷向沿脉巷掘出矿穿脉，出矿穿脉断面宽2.1 m、高2.3 m，出矿间距15 m左右，长6~7 m，采场两端的出矿穿距人行顺路天井距离不超过7.5 m。在矿脉中对应出矿穿位置架设铁溜井。采切工程量表见表4-15。

表4-15 削壁充填法采准切割工程量及出矿量计算表

序号	工程名称	数量	巷道长度/m			巷道断面/m²		体积/m³		矿块工业储量/t	损失率/%	贫化率/%	采出矿石量/t
			脉内	脉外	合计	脉内	脉外	脉内	脉外				
一	采准工程												
1	阶段运输巷	1		50	50		4.83		241.5				
2	出矿穿脉	2		6	12		4.83		58.0				
3	回风天井	1	50	50	50	0.9	1.35	45	67.5				130.5
4	人行天井	1	52	52	52	1.08	2.52	56.2	131.0				163.0
	小计				164								
二	切割工作												
1	溜井	2	48	48	96	0.88	0.89	84.5	85.4				245.1
2	拉底巷道	1	50	50	50	1.2	2.8	60.0	140.0				174.0
	小计												
三	回采工作												
1	矿房回采							1410		4089	6.4	18	3828
2	矿柱回采							90		261	100	0	0
	小计												
四	总计							1500		4350	12	18	3828

3) 回采

削壁充填法回采工艺过程包括落矿、矿石运搬、崩落围岩和充填、铺设垫层、架设顺路天井等。

(1) 崩落矿石和围岩。削壁充填法要求对矿石和围岩分次崩落，崩落矿岩的先后顺序取决于矿脉倾角和矿岩的稳固程度。先落矿时，由于矿脉过薄夹制性大，宜用小直径钎头钻凿深度不超过1.5 m的浅孔，孔间距为0.4~0.6 m，并采用间隔装药进行爆破以减轻对围岩的破坏。先崩落围岩时，落矿参数可适当加大，围岩的崩落量必须满足最小回采空间的要求，矿山开采采用人工推车运搬矿石时，采场宽度最小尺寸不小于0.8 m。

(2) 矿石搬运。崩落的矿石在采场内采用人工搬运至矿石溜井。

(3) 铺设垫层。为避免高品位的碎片矿石或粉矿混入充填料中，在充填体面上必须铺设垫层。垫层的材料可以是木板、铁板、胶带、水泥砂浆或混凝土等。实践证明，木板或铁板在崩落矿石时易被砸断或变形，从而造成大量粉矿损失。利用旧胶带铺设垫层时，为防止胶带在爆破时被砸坏，应在胶带下铺设一层草袋等缓冲材料。为回收从胶带搭接处漏掉的粉矿，在胶带与草袋层间铺一层帆布。

（4）架设顺路天井。采场中的顺路人行天井和顺路矿石溜井要随分层的向上推进而不断加高。顺路人行天井通常布置成双格，以供行人和运料。为给回采创造条件，顺路人行天井应超前回采分层一定距离，多用木撑架设，但靠充填体的一侧要用密集木板隔开。为节省木料，天井还可用钢板围成的圆筒逐段加高，筒内焊接行人梯子。顺路矿石溜井最好用 3 mm 厚钢板围成的倒锥形圆筒架设，每节高 0.5~1.0 m，直径 0.6~0.8 m。顺路矿石溜井还可以用木料架设，为防止粉矿损失，在溜井的内侧必须钉一层密接木板。

（5）充填。每分层矿石回采结束后，崩落上盘围岩充填采空区，同时随着工作面的推进，架设钢溜井和顺路人行天井，顺路行人天井架设高度应超出充填面 0.3 m。充填料用人工倒运、平整充填料堆面。

4）通风

新鲜风流从一侧分层联络道进入采场，污风由另一侧回风天井到上中段回风平巷，最后经端部回风平巷、主扇排出地表。

5）矿柱回采和空区处理

矿房没有顶柱、间柱，底柱不回采，采空区进行削壁充填后进行密闭处理。

6）主要技术经济指标

典型采场标准矿块的主要技术经济指标见表4-16。

表 4-16　削壁充填法主要技术经济指标

序号	指标名称	单位	指标	备注
1	矿块矿量	t	4350	按平均厚度 0.6 m、平均倾角 75°
2	矿房矿量	t	4089	
3	矿柱矿量	t	261	
4	矿块生产能力	t/d	20	
5	损失率	%	12	
6	贫化率	%	18	
7	采切比	m/kt	35.9	
8	工班效率	t/工班	10~15	
9	主要材料消耗			
9.1	炸药	kg/t	0.3	
9.2	导爆管	发/t	0.4	
9.3	钎钢	kg/t	0.05	
9.4	合金片	g/t	1.6	
9.5	木材	m^3/t	0.0015	
9.6	铁盒子	kg/t	0.06	

思考题

1. 限制薄矿脉安全高效开采的核心技术瓶颈是什么？
2. 如何降低薄矿脉开采的贫化率？
3. 传统留矿法开采薄矿脉存在哪些问题？
4. 削壁充填采矿法有哪些优缺点？
5. 薄矿脉能否采用中深孔或深孔采矿技术？

第 5 章　中厚矿体充填采矿法

本章通过中厚矿体开采技术条件分析和现行采矿方法评述，详细介绍了湖北柳树沟矿业丁西磷矿、河南嵩县庙岭金矿、河南中矿能源柿树底金矿、安徽六国化工宿松磷矿等中厚矿体充填法开采的典型方案与实例，系统总结了中厚矿体开采的最新研究与技术成果。

5.1　中厚矿体概况

5.1.1　中厚矿体特征

中厚矿体在国内外有色金属和黄金矿山中十分普遍，在化工和非金属矿山中也有诸多实例。以战略性矿产资源黄金为例，黄金不仅是用于储备和投资的特殊通货，同时也是首饰业、电子业、现代通信、航天航空业等部门的重要材料。中国金矿资源丰富，总保有储量金4265 t，居世界第7位。金矿资源可分为矿金、伴生金和岩金三大类，其中岩金是我国目前金矿开发的主要对象，共有胶东、小秦岭、燕辽—大青山、辽吉东部、滇黔桂三角区、鄂皖赣三角区、新疆北部共计7大岩金生产基地。我国伴生金储量占全国金矿总储量的28%，绝大部分来自铜矿石，主要集中于江西、甘肃、安徽、湖北、湖南等省份。目前，我国排名前十的黄金企业有中国黄金、山东黄金、紫金矿业、山东招金、湖南黄金、埃尔拉多、云南黄金、山东中矿、灵宝黄金、灵宝金源，矿产金产量占全国总产量的50%左右。总体而言，我国的黄金矿山大型矿床少、中小型矿山多，矿体以薄~中厚为主，开采技术条件相对复杂，开采难度大，整体开采装备水平相对落后。

作为我国战略性资源之一，磷可以制取磷肥、黄磷、磷酸、磷化物及其他磷酸盐类，属不可再生性、不可循环利用的一次性矿产资源，在医药、食品、火柴、染料、制糖、陶瓷、国防等工业部门具有重要的地位和作用。中国磷矿资源丰富，已探明磷矿资源储量212.1 亿 t，共有磷矿产地447 处，资源总量居世界第二位。其中，云南滇池，贵州开阳、瓮福，四川金河、清平、马边，湖北宜昌、胡集、保康的磷矿储量占全国近75%。但是，我国中低品位磷矿多、富矿少，磷矿品位低于18%的储量约占一半，富矿储量仅占22.5%；难选矿多、易选矿少，90%为难选的高镁磷矿，其中有用矿物的粒度细且和脉石结合紧密、不易解离；较难开采的缓倾斜至倾斜、薄至中厚矿体占比超过75%，适宜大规模高强度开采的少。受资源特点等条件的限制，我国磷矿开发利用水平总体较低，开采工艺、装备配套和管理水平仍与国外现代化矿山存在较大差距。

5.1.2　中厚矿体开发利用的意义

早在 1989 年，国务院就将黄金矿产列为保护性开采的特定矿种，实行有计划的开采。2012 年 11 月，工业和信息化部颁布了《关于促进黄金行业持续健康发展的指导意见》，明确坚持资源优先、绿色发展、科技创新、两化融合，提高生产效率和资源利用率，改善生产作业环境和提高矿山安全生产水平。2017 年 2 月，中国黄金协会发布《黄金行业"十三五"发展规划》提出：加大资源富集、环境承载力强、生产成本低的地区资源勘查力度和开发强度；加大力度推进资源整合，提高产业集中度。2019 年 10 月，国家发改委发布了《产业结构调整指导目录（2019 年本）》，将黄金深部（1000 m 以下）探矿与开采、从尾矿及废石中回收黄金、黄金冶炼有价元素高效综合利用等列为鼓励类产业。

近些年，为了规范和促进磷化工行业的可持续发展，我国陆续发布了许多政策，如2019 年 5 月，生态环境部《长江"三磷"专项排查整治行动实施方案》提出：加强化肥价格管理，清理整顿各项收费，磷化工含元素磷废水"零排放"和黄磷防流失措施。2021 年 7 月，工业和信息化部发布《"十四五"工业绿色发展规划》，从产业结构、能源消费、资源利用、生产过程、产品供给等方面，推动工业及其高耗能产业绿色低碳转型。2022 年 4 月，工业和信息化部等六部门发布《关于"十四五"推动石化化工行业高质量发展的意见》，明确要提升磷矿利用率，增强炼化行业轻质低碳原料、化肥行业磷钾矿产资源保障，稳妥推进磷化工"以渣定产"等，为我国磷化工行业的发展提供了良好的政策环境。

因此，我国的金矿和磷矿以薄~中厚矿体为主，此类矿体的合理开发和高效利用对保障我国国民经济发展具有至关重要的作用。

5.1.3　中厚矿体分类

平均厚度在 2~5 m 的矿体被称为中厚矿体。根据矿脉倾角的不同，可将其进一步细分为微倾斜薄矿脉（倾角≤15°）、缓倾斜薄矿脉（15°<倾角≤30°）、倾斜薄矿脉（30°<倾角≤55°）、急倾斜薄矿脉（倾角>55°）。此外，还可根据矿岩的稳固性将其细分为稳固、中等稳固、不稳固和极不稳固四种。

5.2　现行采矿方法评述

受断裂构造和岩浆活动的影响，中厚矿体的禀赋特征往往较复杂，主要表现为矿体倾角和厚度变化大、连续性差、分支复合严重、开采难度普遍较大。由于中厚矿体的平均厚度为2~5 m，开采时常采用浅孔落矿工艺。中厚矿体开采常用的采矿方法有：房柱法、留矿法、条带式进路充填法、普通上向水平分层充填法和机械化上向水平分层充填法等（表 5-1）。

表 5-1 国内中厚矿体开采典型实例

矿山名称	倾角/(°)	厚度/m	围岩和矿体	采矿方法
荆钟磷矿	15~40	1.5~8.0	顶板中稳至稳固，$f=8\sim10$，矿体中稳	房柱法
博山铝土矿	20~25	1.0~6.74	矿岩为中等稳固	房柱法
洪山铝土矿	5~10	2.15~8.69，平均5.54	直接顶板不稳	锚杆房柱法
刘冲磷矿	43~45	2~6	顶板 $f=8\sim10$，矿体 $f=8\sim10$	分段法
遂昌金矿	45~55	0.38~11，平均4.66	围岩 $f=14\sim15$，矿体 $f=15\sim19$	电耙溜槽留矿法
潘家冲铅锌矿	65~76	0.5~13.5	围岩稳固，$f=8\sim15$	无底柱留矿法
马甲瑙铁矿	5~7	3.0~5.8	围岩中等稳固，$f=8\sim10$，矿体中等稳固，$f=10\sim12$	房柱法，有底柱分段崩落法
云锡松矿	10~45	2.0~8.5	岩矿稳固，$f=10\sim16$，氧化矿，$f=4\sim7$	有底柱分段崩落法

房柱法、留矿法等空场类采矿方法在中厚矿体开采中实践较早，应用范围较广，但是随着采空区的不断累积，受限空间内矿柱应力集中现象越来越明显，中厚矿体开采的安全问题也尤为突出，在频繁的爆破冲击和卸载扰动作用下极易失稳坍塌、诱发地压灾害事故。

随着国家对安全环保的高度重视，充填采矿法开始在中厚矿体开采中大量应用推广，逐渐取代房柱法、留矿法等空场类采矿方法，成为中厚矿体主流的开采方法。但是，也有大量矿山在使用条带式进路充填法、普通上向水平分层充填法的开采过程中，仍沿用小型风动凿岩机凿岩、电耙平场、有轨装岩机出矿等落后的采掘装备，存在工人劳动强度大、采掘效率低、采场生产能力低、采矿成本高等诸多问题。因此，中厚矿体的安全高效、低成本的机械化开采已成为目前亟需解决的关键难题。

近年来，随着采矿工艺技术和采掘装备水平的快速发展，利用凿岩台车、铲运机、锚杆台车、矿用卡车等机械化的采装运设备，采用脉外采准工艺的机械化上向水平分层充填法已成为中厚矿体开采的首选方案。究其原因，机械化上向水平分层充填法不仅对禀赋特征复杂的中厚矿体具有较好的适用性，可有效保障回采作业的安全，还可以大大提高采掘效率和采场生产能力，降低采矿生产成本和工人劳动强度。

5.3　微倾斜中厚矿体开采典型方案与实例

5.3.1　典型充填采矿法方案

微倾斜中厚矿体是指矿体倾角≤15°、2 m<厚度≤5 m 的矿体,在层状沉积型矿床中较为常见,例如铁、锰、铝土、磷、砂矿、盐类及煤等在国民经济中具有重要意义的矿产资源。由于沉积型矿床一般赋存范围广、储量规模大、品位分布均匀,其勘探和开采难度相对较小,常用的充填采矿法方案为房柱嗣后充填和条带式进路充填法。

1.房柱嗣后充填法

房柱法的基本特点是在回采单元中划分矿房、矿柱并相互交替排列,回采矿房时留下规则的矿柱维护采空区顶板。房柱嗣后充填法是在房柱法的基础上,增加嗣后充填工艺,来消除采空区安全隐患、减少连续矿柱资源损失、避免大规模地压灾害事故的一类充填采矿法。近年来,新型的房柱嗣后充填法开始采用机械化的采装运设备,不仅克服了传统房柱法回采效率低、生产能力小、矿石损失贫化大、采空区安全隐患突出的缺陷,而且可以保障回采作业安全,减少井下的用工数量,降低采矿综合成本。

2.条带式进路充填法

针对微倾斜中厚矿体,条带式进路充填法沿矿体倾向方向将层状中厚矿体划分为若干盘区和进路,各分层进路采用两步骤开采的方式,一步骤开采单数进路并采用胶结充填,二步骤回采偶数进路并采用非胶结充填。条带式进路充填法利用凿岩台车和铲运机等机械化采掘装备,沿矿体倾向方向采一条进路充填一条进路的回采工艺,直至整个盘区回采完毕。

与房柱嗣后充填法相比,条带式进路充填法对不同矿岩稳固性条件的适用范围更广、矿柱矿量损失更少、资源回收率也更高。

5.3.2　丁西磷矿房柱法开采现状

湖北省磷矿资源丰富,磷矿资源保有量、年开采量、磷化工产业规模、磷肥产量均居全国第一,主要分布于宜昌、神农架、荆门、保康和孝感黄麦岭一带,矿床类型为沉积型和沉积-变质型,共发现矿区 123 处,累计查明磷矿资源储量 60.24 亿 t,占全国同类矿产的 25.11%。

1.矿山概况

湖北柳树沟矿业股份有限公司隶属于夷陵区经贸局,是由宜昌市夷陵区樟村坪镇、宜昌柳树沟矿业有限公司、宜昌宝石山矿业有限公司、宜昌市云峰磷矿公司整合而成的股份有限公司。根据《宜昌市夷陵区磷矿资源整合方案》要求,将丁家河矿区(西部)所属相邻的邓家坑磷矿、南岭磷矿、宝石山磷矿、砭沟磷矿整合为一个大型磷矿山,即丁西磷矿,并以宜昌柳树沟矿业有限公司为主体组建新公司,即湖北柳树沟矿业股份有限公司。

丁西磷矿沉积岩型磷矿床平均倾角 6°、平均厚度 3.48 m，属典型的微倾斜中厚矿体。矿山建设规模 100 万 t/a，多年来一直采用房柱法开采，不仅产生了规模庞大的采空区群，还遗留了大量的保安矿柱(又称"禁采区")资源。2016—2018 年，湖北柳树沟矿业股份有限公司与中南大学通过科研攻关提出了将现有房柱法转变为房柱嗣后充填法以保障回采作业的安全，新设计了盘区机械化条带式宽进路充填法以回收临近樟村坪镇的保安矿柱资源。

2. 开采技术条件

丁西磷矿矿区面积 4.6837 km²，区内 Ph_1^3 为主要工业矿层，Ph_2^2、Ph_1^2 为次要工业矿层，暂未开采利用。Ph_1^3 矿层中等稳固，矿石平均体重 2.90 t/m³，松散系数 1.6~1.7，安息角 38°~40°，倾向东~北东东，倾角 4°~17°，平均倾角 6°，矿层厚 1.4~5.14 m，平均 3.48 m，P_2O_5 品位 14.08%~30.39%，平均品位 21.94%。Ph_1^3 矿层直接顶板为厚层状白云岩，质坚性脆，稳固性较好，体重 2.78 g/cm³；矿层底板为黑色页岩，稳固性中等，体重 2.68 g/cm³。整合后的丁西磷矿采用地下开采，开采方法为空场法，开采深度 +960~+750 m，设计可采矿量 2114.69 万 t，综合回采率 78.10%，生产规模 100 万 t/a。由于矿体埋藏较浅，矿山采用平硐开拓的方式，主平硐主要承担矿石、设备及材料的出入任务，副平硐主要承担人员及部分材料的出入任务，均兼作主要进风口及安全出口。

3. 浅孔房柱法开采现状

丁西磷矿多年来一直沿用浅孔房柱法开采。针对矿体顶板中等稳固以上，全层厚度不小于 3 m，倾角不大于 12° 的地段，采用风动凿岩机凿岩、铲运机出矿的浅孔房柱法开采。针对局部矿体顶板中等稳固以下，或厚度小于 3 m，或倾角大于 12° 的地段，采用风动凿岩机凿岩、电耙出矿的浅孔房柱法开采。

1) 矿块布置及采场结构参数

(1)铲运机出矿。矿块沿矿体走向布置，采场走向长 120 m，倾斜宽 80~120 m，平均 100 m，两个矿块之间各留宽 4 m 的连续间柱，每个矿房宽 16 m。矿块中布置 3 条切割上山，两端为共用切割上山，以中部切割上山为界，左侧切割上山距矿块左端中心线 22 m，中部切割上山与左侧或右侧切割上山的距离均为 28 m，右侧切割上山距矿块右端中心线 22 m，顶、底柱均为 4 m，点柱规格 4 m×6 m(图 5-1)。

(2)电耙出矿。矿块沿矿体走向布置，采场走向长 60 m，倾斜宽 40~60 m，平均 50 m，两个矿块之间各留宽 3 m 的连续矿壁，每个矿房宽 14 m。矿块中布置 4 条切割上山，左、右侧切割上山距矿块右端中心线 7.5 m，中间两条切割上山与左侧或右侧切割上山的距离均为 15 m，顶、底柱均为 3 m，点柱规格 3 m×4 m。

2) 采切工程布置

(1)铲运机出矿。切割工程为脉内切割上山和切割横巷。切割上山位于矿房中心线，施工时逆倾向从下往上掘进，断面宽度为 4 m，高度为矿体开采厚度。切割横巷为开采初始自由面，位于矿块下部，距底柱 10 m，沿矿块走向布置，断面宽度为 4 m，高度为矿体开采厚度。

(2)电耙出矿。采准工程为脉内电耙硐室，切割工程为脉内切割上山，在矿房中央沿矿体倾向布置，宽度 3 m，高度为矿层厚度。

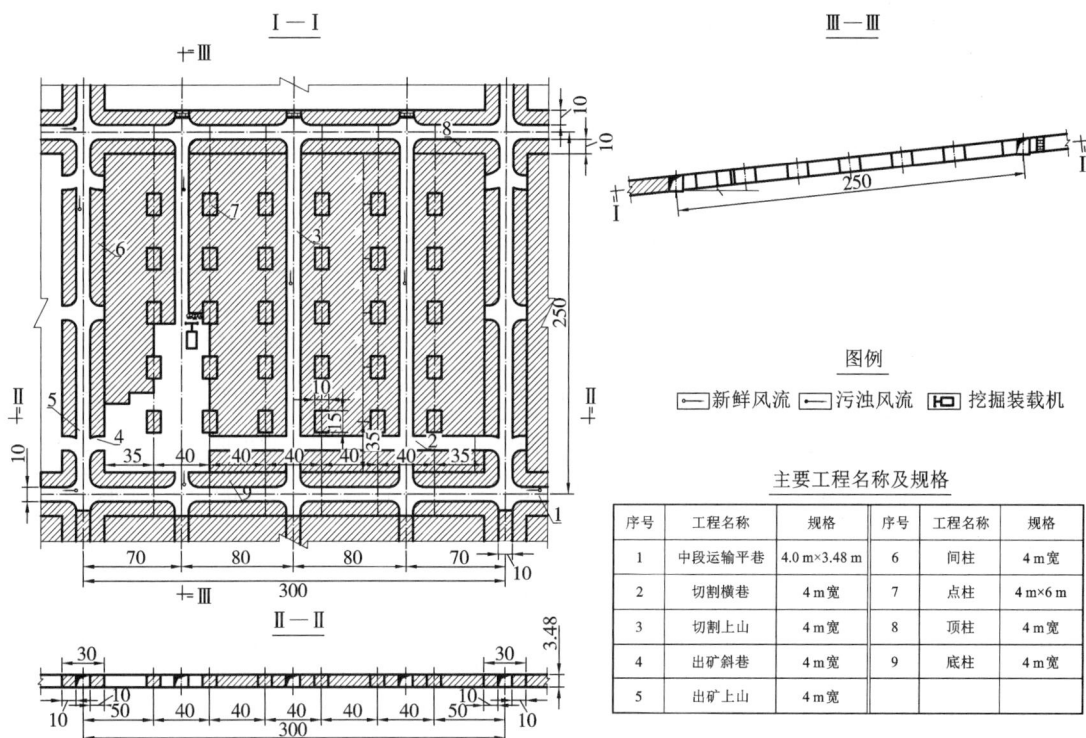

图 5-1　丁西磷矿浅孔房柱法(单位: m)

3)回采工作及设备

(1)回采顺序。矿房内沿切割上山铲运机出矿自下而上(电耙出矿自上而下)回采,矿块内相邻 2 个矿房同时生产,1 个凿岩,另 1 个出矿。矿房之间各工作面保持 15 m 的超前距离。

(2)回采工艺及设备。针对矿体顶板中等稳固以上、厚度不小于 3 m、倾角不大于 12°的地段,采用 YT-27 凿岩机凿岩,采用 2 号岩石乳化炸药,装药器装药,导爆管一次起爆,铲运机装矿至无轨运输设备,运至分类放矿溜井。混算块段一次采全厚,分算块段分层回采。

针对局部矿体顶板中等稳固以下,或厚度小于 3 m,或倾角大于 12°的地段,则采用 30 kW 电耙出矿,回采时一次采全厚。

(3)劳动组织。每个矿块内安排 2 个工作面同时生产,矿块内相邻两个矿房同时生产,一个凿岩,另一个出矿,3 个班完成一个作业循环。每个循环平均出矿量 120 t,矿块回采周期约 3 个月。

(4)损失与贫化。根据选用的采矿方法和采矿工艺要求,混入的废石主要为顶板白云岩和底板页岩,铲运机出矿的损失率为 21.90%,废石混入率为 4.27%。

(5)采场通风与防尘。采场内利用全矿总负压进行通风,新鲜风流自中段运输平巷到达工作面,清洗工作面后污风经上中段运输平巷进入回风系统,爆破后辅以局扇通风。采场内采用湿式凿岩,装矿工作面及放矿口喷雾洒水降低粉尘浓度。

(6)矿柱回收。点柱、底柱及矿块间的连续矿柱一般不予回收。

(7)顶板管理。每班作业前,对顶板浮石要及时处理,遇到断层破碎带时留设临时矿柱,以确保采场安全。随着回采工作的进行，采空区暴露面积将不断增大，必须有计划地进行采空区稳定性监测及采空区处理。

4）主要经济技术指标

采掘主要材料消耗见表5-2，采矿主要技术经济指标见表5-3。

表5-2　采掘主要材料消耗表

序号	材料名称	单位	回采		掘进		合计
			吨矿消耗	年消耗量	每 m^3 消耗	年消耗	
1	炸药	kg	0.35	350000	2.5	162500	512500
2	雷管	发	0.4	400000	3.5	227500	627500
3	导爆管	m	0.7	700000	4.1	266500	966500
4	钎钢	kg	0.01	10000	0.06	3900	13900
5	钻头	个	0.02	20000	0.06	3900	23900
6	坑木	m^3	0.0004	400	0.004	260	660
7	钢丝绳	kg	0.003	900			900
8	柴油	kg	0.6	600000	3.36	218400	818400
9	轮胎	条		50		31	81

表5-3　采矿主要技术经济指标

序号	指标名称	单位	铲运机出矿		备注
			分采	合采	
1	矿块生产能力	t/d	200	200	
2	采切比	m/kt	4.91	4.91	
		m^3/kt	68.35	68.35	
3	开采回采率	%	78.10	78.10	资源利用率67.27%
4	废石混入率	%	4.27	4.27	
5	回采工作面工效	t/工班	16.5	16.5	
6	凿岩机台班工效	m/台班	38	30	
7	每米炮孔崩矿量	t/m	1.80	2.30	
8	出矿品位(Ph_1^3)	%		17.61	
9	副产矿石率	%	24.33	24.33	
10	同时回采矿块数	个	13		
11	备用矿块数	个	6		
12	掘进工作面数	个	8		

4.房柱法转房柱嗣后充填法改造

丁西磷矿房柱嗣后充填法是在原有房柱法的基础上，选择重选尾矿、磷石膏作为充填骨料，增加嗣后充填工艺，来消除采空区安全隐患，减少连续矿柱资源损失，避免大规模地压灾害事故。因此，房柱嗣后充填法原则上并未改变原有房柱法的开采工艺和设备，本节也仅着重介绍其配套的采场嗣后充填工艺。

1）充填材料特性

由于矿山产品方案为原矿销售，无尾矿可以利用，周边可利用的充填骨料包括西部化工堆存的磷石膏和丁西磷矿选厂重选粗尾矿。物理力学性质及化学成分测定结果表明：

（1）磷石膏粒度偏细，0.075 mm以下颗粒所占比例达83.5%，中值粒径仅为0.013 mm，小于一般矿山所用充填尾砂粒度；磷石膏中细泥含量较高致使渗透系数小（2.67×10^{-7} cm/s），不利于充填体脱水和快速硬化。丁西磷矿重选厂尾矿粒级则相对较粗，添加到磷石膏中有利于改善充填料级配。

（2）仅从级配组成来看，磷石膏不均匀系数较大（13.7），与胶凝材料混合后易离析，但粒径较细，对管道磨损较小。

（3）磷石膏中$CaSO_4 \cdot 2H_2O$含量高达90%，会产生缓凝效果，不利于胶结充填体的早期强度增长。

（4）在100~200 kPa区间内，磷石膏压缩系数为0.148<0.5，压缩模量为53.4 MPa>4 MPa，说明该充填骨料压缩性较小、沉降量小，有利于采场充填接顶。

综上所述，磷石膏与一定比例的重选尾矿混合形成组合骨料，是较为合理的骨料方案。

2）充填配比参数

基于丁西磷矿开采技术条件，根据大量充填配比试验，综合考虑充填体强度要求和管道输送流动性，推荐丁西磷矿房柱嗣后充填法充填配比参数见表5-4。如将井下掘进废石倒入采场，灌注磷石膏胶结充填料浆，其强度指标还可进一步提高。推荐的充填料浆坍落度25~26 cm，泌水率3%~4%，料浆不离析。

表5-4　丁西磷矿嗣后充填推荐配比

灰砂比	磷石膏：重选尾矿	质量浓度/%	28 d强度/MPa	56 d强度/MPa	体重/(t·m⁻³)	泌水率/%
1：20	1：1	60	0.12	0.31	1.60	3.6

3）充填工艺流程

根据确定的充填方式，丁西磷矿胶结充填工艺流程如图5-2所示。经选厂破碎站破碎之后的重选粗尾矿和西部化工堆存的磷石膏分别采用汽车运送至充填站重选粗尾矿、磷石膏堆场。充填时，堆场中的充填骨料采用装载机卸入稳料仓（稳料漏斗），经安装在稳料仓底部的给料机向短皮带输送机卸料，经皮带秤计量后，进入打散机将结块磷石膏打散，输送至搅拌机。水泥用散装罐车运送，通过压气卸入立式水泥仓储存。充填时，经仓底插板阀、螺旋输送机和螺旋电子秤计量后进入搅拌机。充填用水储存于高位水池内，通过管道经电磁流量计计量后自流输送至搅拌机。上述充填物料在搅拌机内搅拌形成满足充填质量浓度要求的充填料浆，由充填工业泵泵送至待充采场。

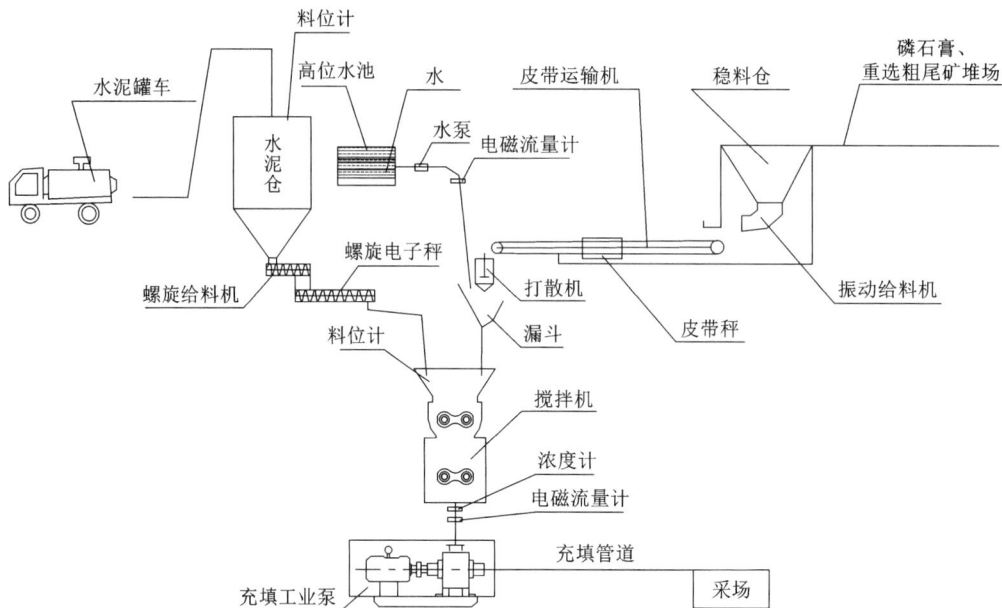

图 5-2　丁西磷矿胶结充填工艺流程图

4）采场嗣后充填工艺

其主要包括系统检测、清洗、制浆、采场脱水及充填控制，系统工作流程如图 5-3 所示。

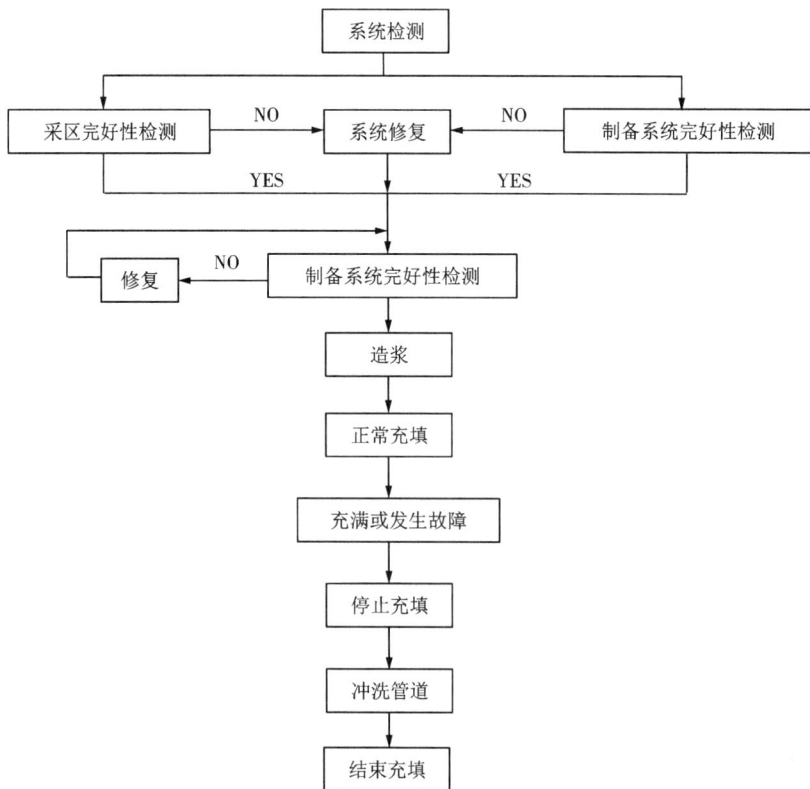

图 5-3　嗣后充填工艺流程图

（1）系统检测。接到充填指令后，检测充填物料料位情况及设备完好情况。同时采场工作人员连接管道，查看挡脱水墙等辅助设施，建立通信连接。

（2）管道清洗。充填前，先用清水或高压风对充填管道进行清洗检查，以确保管路的畅通及管路联络的正确，采场见水（风）且确定管道无泄漏后，通知充填制备站，开始充填。充填结束后，用清水或高压风冲洗管路。

（3）制浆。按配比设定控制参数后，骨料和胶结材料在搅拌装置内制浆并使其达到搅拌机设定液位，随后打开阀门并将砂浆浓度、水泥量和浆体流量、液位转入自动控制状态，进入正常充填。充填过程中，各给定参数的波动状况可由仪表控制系统进行自动调节。

（4）采场脱水及充填控制。根据所确定的脱水方式，及时排出采场内的多余清水，当达到预定的充填量后，由采场充填作业人员通知充填制备站停止充填。随后清洗管道或转入下一采区的充填。

5.3.3　丁西磷矿禁采区条带式进路充填法典型方案

由于丁西磷矿毗邻樟村坪镇，为保证地表陡坡、悬崖及周围工农业设施安全，《开采设计》中圈定了由 F16、F18 断层和 4 个拐点坐标控制的禁采区，禁采区面积为 0.44 km²，开采深度 +900 ~ +845 m，保有（331+333）资源储量 594.5 万 t，平均品位 26.1%，平均倾角 7°，平均厚度 3.94 m，矿岩稳固。禁采区地表地形条件较为复杂，矿体在矿区西部和北部出现露头，地表覆盖层厚度较大且多为陡岩。因此，采用安全高效的充填采矿法进行禁采区高品质磷矿资源回收，对于提高矿山经济效益，延长矿山服务年限具有重大意义。

1. 禁采区采矿方法选择原则

矿山经多年开采，开拓工程已完成且相关巷道使用维护完好。禁采区利用现有的 862 平硐巷道和 865 平硐巷道，采用平硐+溜井的开拓方式；采用单翼对角抽出式通风系统，新鲜风流从 862 平硐和 865 平硐进入，从禁采区北部已有的 3# 风井和南部的 1# 风井抽出地表。禁采区采矿方法选择原则包括：

（1）为保证地表高陡山体的稳定性，应采用充填料及时处理采空区，有效控制上覆岩层的位移和变形，确保采矿安全。

（2）尽可能少留永久性矿柱，最大限度地回收地下矿产资源。

（3）采切工程布置灵活性大，对矿体适应性强，回采机械化程度高，矿石损失贫化小。

（4）技术成熟，工艺简单可靠，能耗少，成本低，投资省，经济效益好。

（5）采切工程量小，建设时间短，投产快。

（6）回采时单次爆破量不宜过大，尽量优化崩矿参数，减小爆破震动对高陡山体的影响。

（7）充分利用矿山现有的采矿设备与设施，尽量少增加新设施和新设备。

根据禁采区资源赋存条件、开采技术条件及地表地形特征，仅可采用充填法。由于禁采区磷矿层平均倾角 7°、平均厚度 3.94 m，矿岩稳固，且矿石平均品位较高，适合的充填采矿方法有盘区机械化条带式宽进路充填法。盘区机械化条带式宽进路充填法机械化装备水平高、回采进路时间短、矿柱资源损失少，还可及时进行胶结充填以有效控制上部岩体出现移动和沉降，保障回采作业的安全。

2. 盘区布置和结构参数

盘区机械化条带式宽进路充填法将矿体划分为盘区，以盘区为回采单元组织生产。沿矿体走向每隔 120 m 布置一个盘区，盘区长 104 m，盘区间柱 16 m，盘区宽度为中段间矿体斜长，平均 50 m。每个采场内垂直矿体走向布置 21 条回采进路，进路间采用"隔三采一"的回采方式。进路采用矩形断面，宽度 4 m（11 条）、6 m（10 条）两种类型交替布置，高为矿体厚度（平均 3.94 m）。在盘区间柱内布置一条联络上山，连通相邻中段运输平巷，断面规格 4 m×4 m。采切工程布置如图 5-4 所示。

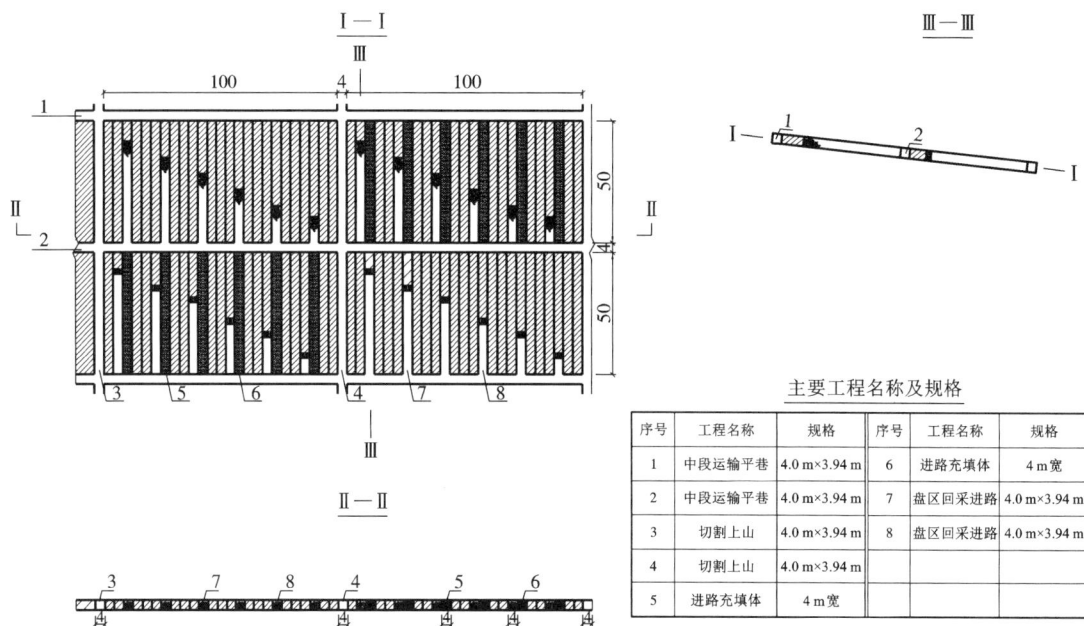

主要工程名称及规格

序号	工程名称	规格	序号	工程名称	规格
1	中段运输平巷	4.0 m×3.94 m	6	进路充填体	4 m 宽
2	中段运输平巷	4.0 m×3.94 m	7	盘区回采进路	4.0 m×3.94 m
3	切割上山	4.0 m×3.94 m	8	盘区回采进路	4.0 m×3.94 m
4	切割上山	4.0 m×3.94 m			
5	进路充填体	4 m 宽			

图 5-4　盘区机械化条带式宽进路充填法（单位：m）

3. 采准工作

采准工程主要包括中段运输平巷和盘区联络上山，中段运输平巷采用脉内布置，断面规格 4 m×4 m。在盘区间柱中央位置掘进一条联络上山，连通相邻中段运输平巷，负责行人、通风及材料运输，断面规格 4 m×4 m。标准矿块采准工程量和矿量分配见表 5-5。标准矿块采出矿石量为 67.303 kt，千吨采切比分别为 3.03 m/kt（自然米）和 12.12 m³/kt（标准米）。

4. 回采工作

1）进路回采顺序

回采进路间采用"隔三采一"的四步骤回采方式，一步回采 1#、5#、9#、13#、17#、21# 共 6 条进路；二步回采 3#、7#、11#、15#、19# 共 5 条进路；三步回采 2#、6#、10#、14#、18# 共 5 条进路；四步回采其余 5 条进路。回采工作面沿倾向方向推进。一、二步回采在矿体原岩的保护下进行作业，进路回采完毕后进行高强度胶结充填，形成人工充填体矿柱。三、四步回采则在人工充填体矿柱的保护下进行，回采完毕后进行低强度充填。

表 5-5　采准工程量表

项目名称		断面规格/(m×m)	条数	单长/m	长度/m	工程量/m³	采出矿量/t
采准	中段运输平巷	4×4	1	120	120	1920	5568
	联络上山	4×4	1	50	50	800	2320
	小计				170	2720	7888
回采	矿房						59415
	盘区矿柱						
	小计						59415
合计					170	2720	67303
千吨采切比		3.03 m/kt(自然米)；12.12 m³/kt(标准米)					

2) 凿岩爆破

为提高凿岩效率，推荐采用 CYTJ45B 型液压掘进钻车进行凿岩，炮孔深度 2.0~2.5 m，孔距 0.9~1.3 m，排距 0.7~1.1 m，边孔孔距适当减小，边孔与采场轮廓线间距 0.6~0.8 m，炮孔直径 48 mm，采用直径 32 mm 柱状乳化炸药，导爆管雷管一次微差起爆。根据回采孔网参数，单条进路每循环需布置约 25 个炮孔，合计孔深 55 m，崩落矿量 102 t，故每米炮孔崩矿量为 1.85 t/m。

3) 通风

每次爆破后，必须经充分通风(通风时间不少于 40 min)排出炮烟后，人员才能进入采场。回采工作面为独头作业面，采用局扇进行抽出式辅助通风，新鲜风流经中段运输平巷、回采进路进入工作面，清洗作业面后污风经局扇风筒、联络上山排入上中段回风巷道。

4) 采场顶板地压管理

回采进路爆破并经过有效通风排除炮烟后，安全人员进入采场清理顶板和边帮松石。如果顶板矿岩异常破碎，经撬毛处理后，仍无法保证正常作业，可考虑其他顶板支护方式。

5) 出矿

崩落矿石采用 CX60D 型轮式扒渣机装入 5 t 矿用卡车，经中段运输平巷运至溜井；扒渣机装矿效率约 200 t/台班，完成 30 万 t/a 的装矿任务共需要 5 台扒渣机。

6) 充填

进路回采完毕后，及时进行充填。一、二步进路采用高强度胶结充填，形成人工充填体矿柱，为三、四步回采创造条件；三、四步进路采用低强度胶结充填。

7) 盘区间柱回收

为了维持地表陡崖的稳定性及保证坑内回采作业的安全，留设盘区间柱作为永久性矿柱，不予回收利用。

5. 贫损指标及降低贫损的技术措施

1) 贫损指标

根据盘区布置方式及其结构参数，盘区机械化条带式宽进路充填法采矿回收率为 90%，损失率为10%（盘区矿柱损失），贫化率为4%。

2）降低矿石损失与贫化的技术措施

（1）加强地质勘探和生产勘探工作，查清矿床赋存规律及开采技术条件，提供确切的矿体产状、形态、空间分布、品位变化规律的资料，以合理确定采矿工艺和参数。

（2）进行爆破参数试验研究，确定一次装药量，优化装药结构、起爆方式和爆破顺序，减少爆破震动对周围采场或充填体的影响。

（3）提高充填质量，尤其是提高一、二步进路胶结充填质量，保证充填体强度和自立能力，提高充填接顶率，避免因充填体垮塌加剧三、四步回采贫化。

（4）采场回采并出矿完毕后及时充填，避免采空区长时间暴露。

（5）剔除过厚的夹石层。

6.主要技术经济指标

盘区机械化条带式宽进路充填法主要采掘设备见表5-6，主要技术经济指标见表5-7。

表5-6 主要采掘设备表

序号	设备名称	型号	数量/台		
			工作	备用	小计
1	凿岩台车	CYTJ45B	1	1	2
2	轮式扒渣机	CX60D	6	2	8
3	凿岩机	YT-28	4	2	6
4	凿岩机	YSP-45	2	1	3
5	局扇	JK58-1No4.5	10	4	14
6	混凝土喷射机	PZ-5	1	1	2

表5-7 采矿主要技术经济指标

序号	指标名称	单位	合采	备注
1	盘区生产能力	t/d	603	
2	采切比	m/kt	5.31	
		m^3/kt	82.76	
3	开采回采率	%	97	间柱回收率按60%
4	废石混入率	%	4.27	
5	回采工作面工效	t/工班	100.55	
6	凿岩机台班工效	m/台班	30	
7	每米炮孔崩矿量	t/m	2.30	
8	出矿品位（Pb_1^3）	%	26.10	

续表 5-7

序号	指标名称	单位	合采	备注
9	副产矿石率	%	24.00	
10	同时回采盘区数	个	2	
11	备用盘区数	个	2	
12	回采进路数	个	10	

5.4　缓倾斜中厚矿体开采典型方案与实例

5.4.1　典型充填采矿法方案

针对 15°<倾角<30°、2 m<厚度≤5 m 的缓倾斜中厚矿体,由于凿岩台车和铲运机等机械化的采掘装备无法直接沿倾向开采,而传统沿倾向布置采场的房柱嗣后充填法和条带式进路充填法,则只能采用风动凿岩机、电耙等低效采掘装备,存在采掘效率低、采场产能小、工人劳动强度大等诸多问题。近年来,随着矿山机械化装备水平的不断提高,脉外采准方式、沿走向布置采场、自下而上分层开采的机械化上向水平(或进路)充填法开始在缓倾斜中厚矿体开采中被大范围推广应用。

1. 房柱嗣后充填法

房柱嗣后充填法通常沿矿体倾向布置采场,回采时留下规则的矿柱维护采空区顶板,待采场回采结束后,采用嗣后充填工艺消除采空区安全隐患。但是缓倾斜中厚矿体倾角为15°~30°,制约了凿岩台车和铲运机等机械化装备的使用,房柱嗣后充填法往往只能采用人工作业、风动凿岩机凿岩、电耙二次接力耙运等方式,存在工人劳动强度大、落矿效率低、电耙耙运工艺复杂、采场产能小、矿柱矿量损失严重等诸多问题。

2. 条带式进路充填法

条带式进路充填法通常沿矿体倾向布置进路采场,采用两步骤开采工艺,步骤一开采单数进路并采用胶结充填形成人工矿柱,步骤二回采偶数进路并采用非胶结充填。该方法同样无法直接使用凿岩台车和铲运机等机械化的采掘装备,只能采用风动凿岩机凿岩和电耙二次接力耙运出矿,存在采掘效率低、采场产能小、工人劳动强度大、充填成本高等诸多问题。

3. 机械化上向水平(或进路)充填法

提高缓倾斜中厚矿体开采效率和采场产能的核心是要尽可能地采用凿岩台车和铲运机等机械化的采掘装备,淘汰落后的风动凿岩机凿岩和电耙二次接力耙运出矿工艺。机械化上向水平(或进路)充填法采用脉外采准的方式,沿走向布置采场(或进路),自下而上分层开采,采一层、充一层,不仅采掘效率高、采场产能大,而且对不同倾角、厚度及形态不规则、分支复合变化大的缓倾斜中厚矿体具有较好的适用性。

5.4.2 庙岭金矿空场法开采现状

作为仅次于山东的全国第二大产金省，2021年河南省黄金总产量达150.70 t，连续37年位居全国第二，同时黄金制品及饰品零售量位居全国第一，是名副其实的黄金产销大省。河南省地跨华北板块、扬子板块及秦岭造山带三个大地构造单元，地层出露齐全，历史上岩浆活动强烈，地质构造复杂，成矿作用多样，为金矿的形成提供了良好的条件。截至2019年底，河南省单一岩金矿产地158处，共、伴生金矿产地54处，累计探获金资源量1822.27 t，保有金资源量598.70 t。虽然河南省黄金资源总量丰富，但是大型矿床少、矿山规模普遍较小、薄至中厚矿体比重高、开采技术条件相对复杂、整体开采技术和装备水平较落后。

1.矿山概况

河南嵩县庙岭金矿有限公司位于河南省洛阳市西南约89千米处的嵩县大章乡东湾村，矿区面积19.717 km²，开采标高+300~+700 m，实际生产能力3万t/a。矿体主要分布在含金断裂蚀变带中，属破碎带蚀变岩型金矿，产状严格受近南北向含金断裂蚀变带控制。矿山水文地质条件简单，顶底板围岩破碎，稳固性较差，工程地质条件属中等—偏复杂类型。矿区目前采用平硐+盲竖井联合开拓，多年来一直沿用房柱法开采。

2.开采技术条件

1）区域地质条件

庙岭金矿矿区位处华北陆块南缘华熊台隆外方山断隆区西南部，北西西—近东西向马超营大断裂北侧的南北向断裂带上，出露地层主要为太古宇太华群、中元古界长城系熊耳群、蓟县系官道口群、中生界白垩系、新生界古近系、新近系和第四系。区内褶皱构造简单、断裂构造和岩浆岩比较发育，其中以燕山期岩浆活动最为强烈，在岩体及其周围形成重要的钼、金及多金属矿床。

2）矿床地质条件

庙岭金矿矿区内褶皱构造简单，地层呈向东及北东缓倾的单斜构造，倾角18°~40°。近南北向断裂是区内主要的控矿断裂，控制着本区金矿床的分布和规模，在本区形成宽2 km的束状控矿构造带。其中，F8断裂为庙岭金矿床的主要含矿构造，长度大于4500 m（区内长度2000 m），宽度为7~42 m，局部宽达110 m，倾斜延伸大于760 m，断裂倾向为260°~280°、倾角为30°~65°。矿床平面呈舒缓波状延伸，断面局部平整，具膨大狭缩特征；剖面呈宽缓带状，倾斜延伸有分支或变薄尖灭特点。

3）开采技术条件

庙岭金矿是以裂隙含水层充水为主的矿床，矿床充水程度以气象、地形地貌及构造裂隙发育强弱为主要影响因素；地下水动态成因类型为降水渗入型，上部含矿构造带富水性弱，地表水对中深部开采影响不大，水文地质勘查类型属以裂隙含水层直接充水为主的简单类型。矿区内岩体按自然特征和组合关系分为流纹岩组和构造岩组。流纹岩工程地质岩组岩石一般致密、坚硬，裂隙不发育，稳固性好。构造岩工程地质岩组主要组成为碎裂岩、碎裂流纹岩、断层泥砾岩及角砾岩等，裂隙发育、岩石破碎、稳固性差，工程地质勘查类型属以松散—软弱岩类为主的中等—偏复杂类型。地震、放射性污染、废石、废渣、地下水环境等各环境因素对庙岭金矿矿区环境地质影响不大，但是矿山多年来一直沿用房柱法开采，产生了大规模的采空区群，并引发了地表的沉降和塌陷，环境地质质量属中等类型。

4）矿体产状

根据 2013 年编制的《河南省嵩县庙岭金矿庙岭矿区金矿资源储量核实报告》：矿区内共圈定金矿体 27 个，其中 F8 含金断裂蚀变带矿体 15 个，F22 含金断裂蚀变带矿体 12 个。矿体受断裂控制，主要沿断裂构造带及其上盘蚀变围岩分布，多为脉状、透镜状、豆荚状等，走向近南北，倾向西。F8 含金断裂蚀变带呈中缓倾斜，矿化连续性较好，延长、延深较稳定；F22 含金断裂蚀变带呈中陡倾斜，且局部地段有反倾现象，形态变化较大，矿化连续性一般，延长、延深连续性较差，具尖灭再现或尖灭侧现特点。估算矿体走向长约 383 m，倾向延深 15~535 m，真厚度 0.35~26.25 m，平均品位 2.95 g/t，深部矿体品位和厚度呈降低趋势。

3. 矿山面临的主要瓶颈问题

1）矿体统计分析工作欠缺、保有资源储量不明

通过对 2013 年编制的《河南省嵩县庙岭金矿庙岭矿区金矿资源储量核实报告》和 2018 年编制的《河南省嵩县庙岭金矿庙岭矿区 2018 年度资源储量动态检测报告》分析，发现庙岭金矿保有资源储量主要集中在 +429~+478 m，勘探程度也基本达到了 40 m×40 m 的网度水平。但是，由于矿体分支复合严重、倾角和厚度变化较大，矿体的空间分布形态和禀赋情况不明，保有矿石资源储量和可采矿量缺乏系统的统计工作，导致采区产能分配、开采工艺技术、开拓系统优化、采掘计划及采准工程布置等工作均难以科学有序地进行，严重影响矿山的生产能力和服务年限。

2）矿床开采技术条件复杂、开采技术难度大

（1）庙岭金矿矿岩破碎、结构松散，属极不稳固岩体，开采技术条件复杂。矿体受断裂构造岩控制，以软弱破碎的碎裂岩为主、普式系数 f 为 2~4；顶底板以流纹岩、凝灰熔岩及碎裂流纹岩为主，大部分围岩属较坚硬岩，普式系数 f 为 6~10，但是近矿体部分破碎，稳固性差，需及时采取相应的支护措施。

（2）庙岭金矿矿体以缓倾斜、薄至中厚矿体为主，开采技术难度大。据统计，庙岭金矿 1~8 号勘探线 +428~+459 m 及 2~4 号勘探线 +459~+478 m 可采资源的矿体倾角为 15°~30°，真厚度为 2~8 m，实际开采过程中存在难以直接使用机械化采掘设备、崩落矿石放出困难、采场安全作业条件差等问题。

（3）庙岭金矿矿体空间形态变化较大、分支复合现象突出。由于矿体主要赋存于含金断裂蚀变带内，地质构造发育，矿化连续性一般，分支复合及尖灭再现特点明显，局部地段出现反倾现象，进一步增加了缓倾斜中厚矿体安全高效低贫损开采的难度。

3）空场法开采安全隐患突出、矿石损失贫化大

庙岭金矿矿脉厚度大、品质好、价值高，应优选先进的采矿工艺和高效的采矿装备，以提高资源的开采效率，减少损失贫化。但是顶底板岩性松软、稳固性差，为保障回采作业安全，房柱法需要留设大量的顶柱、点柱和连续矿壁，导致回收率低于 60%，大量优质的资源损失严重。按照 40% 的矿石损失率估算，其矿柱资源量已达 50 万 t，随着时间的推移，矿柱稳定性将不断恶化，该部分高品位优质资源将难以回收，造成永久损失。

4）采场生产能力小、支护难度大

矿山仍大量采用风动凿岩机进行巷道掘进和采矿作业，不仅工人工作环境差、劳动强度大，而且生产效率低，单矿块的生产能力仅 20 t/d（每天仅 1 班工作制度）；为满足产能要求需多中段同时生产，进而导致生产作业点多、安全风险高、管理难度大；没有进行爆破工艺参数设计与优化，现用浅孔爆破参数不合理、炸药单耗高、大块多；庙岭金矿采掘效率低、回采周期长，导致各联络道和采场顶板的暴露时间过长，工作面顶板支护难度大、成本高。

5）自然通风难以满足生产要求、井下通风条件差

矿山整体的通风系统虽已形成，但矿山上部遗留大量的废弃巷道和未处理空区，井下漏风、串风严重，应根据各中段同时生产矿块数和生产能力合理分配风量，以满足地下开采安全生产的要求。

6）采场地压作用明显、采空区安全隐患不容忽视

矿山经过十多年的空场法开采，在上部形成了大量采空区，导致地压活动频繁，部分巷道起鼓、片帮严重；而且随着开采深度增加，诱发的地压活动将更为突出，已成为制约矿山安全生产的重大隐患。部分采空区虽然已经塌陷填满，但是仍有大量采空区未治理，尤其是 +512 m 以上的老采空区，易引发冒顶、坍塌等地压灾害。

5.4.3 庙岭金矿软破复杂矿体安全高效充填采矿法选择

1.矿山三维实体模型构建

矿山地形复杂，矿体形状极不规整，利用 3DMine 软件，将已赋高程的庙岭金矿地表等高线生成地表模型；描出巷道的腰线或中线图，并赋予其真实标高，再通过腰线或中线创建三角网，选择相应的井巷断面进行建模；将各标高的矿体线按矿体连接原则连接起来，就可以形成整个矿山矿体的实体三维模型，如图 5-5 所示。

扫一扫，看彩图

图 5-5　庙岭金矿整体三维模型

2.矿体产状分类

据中南大学 2019 年编制的《河南省嵩县庙岭金矿庙岭矿区资源的禀赋特征与工程岩石力学调查研究报告》，矿区 1~8 号勘探线 +428~+461 m 保有矿量共计 35.4 万 t，设计利用储量 33.35 万 t，平均品位 2.88 g/t。其中：

+428~+429 m 可采矿量 7323 t，平均品位 2.79 g/t，矿体平均倾角 17.1°，平均水平厚度 10.28 m、真厚度 2.52 m；

+429~+431 m 可采矿量 17378 t，平均品位 2.48 g/t，矿体平均倾角 19.4°，平均水平厚度 13.77 m、真厚度 4.03 m；

+431~+439 m 可采矿量 73796 t，平均品位 2.18 g/t，矿体平均倾角 20.1°，平均水平厚度 12.42 m、真厚度 4.05 m；

+439~+449 m 可采矿量 99585 t，平均品位 3.10 g/t，矿体平均倾角 20.4°，平均水平厚度 15.02 m、真厚度 5.39 m；

+449~+461 m 可采矿量 155842 t，平均品位 3.11 g/t，矿体平均倾角 22.7°，平均水平厚度 20.38 m、真厚度 7.90 m。

因此，1~8 号勘探线 +428~+461 m 矿体倾角为 15°~30°，占比 91.5%；平均厚度为 2.5~5.0 m，占比 84%；即矿体以缓倾斜中厚矿体为主。

3. 采矿方法初选

庙岭金矿矿体以缓倾斜中厚矿体为主，考虑到其顶底板尤其是顶板的稳固性较差，参考国内外同类矿山的生产经验，初步选定了四种适合的充填采矿方法方案。

1）电耙出矿上向水平进路充填法

（1）方案特征与采场布置方式。矿块沿矿体走向布置，长 40~60 m，中段高度 30 m；矿房宽度为矿体厚度，间柱宽度 6 m，底柱高度 6 m，一般不留设点柱。其标准方案图如图 5-6 所示。

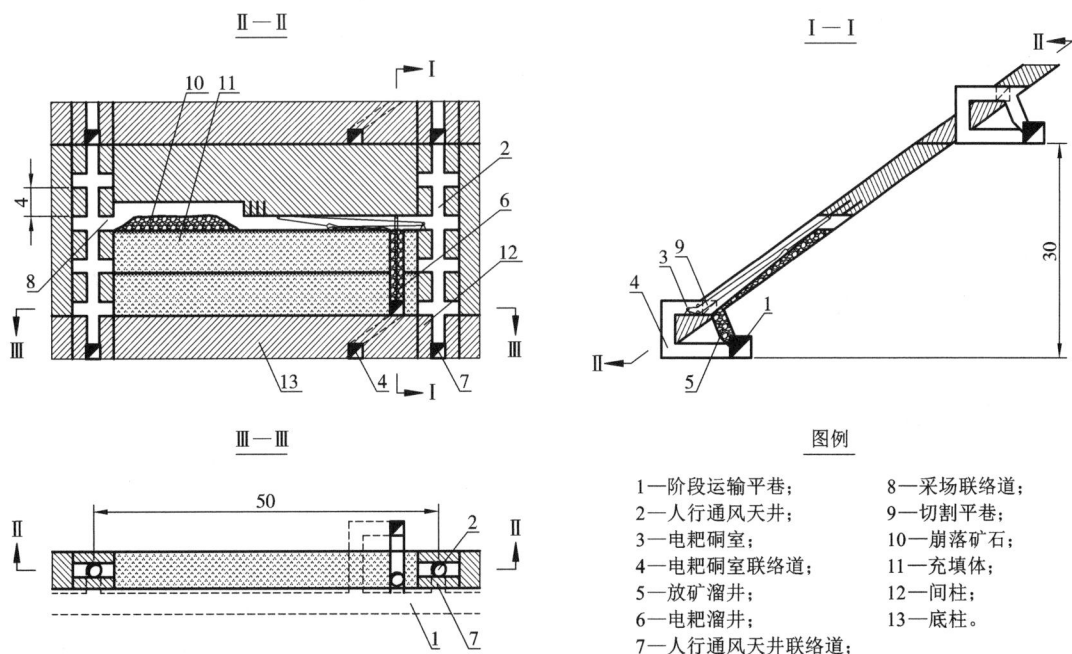

图例

1—阶段运输平巷；　　　　8—采场联络道；
2—人行通风天井；　　　　9—切割平巷；
3—电耙硐室；　　　　　　10—崩落矿石；
4—电耙硐室联络道；　　　11—充填体；
5—放矿溜井；　　　　　　12—间柱；
6—电耙溜井；　　　　　　13—底柱。
7—人行通风天井联络道；

图 5-6　电耙出矿上向水平进路充填法（庙岭金矿）（单位：m）

（2）采切工程。采切工程主要包括放矿溜井、电耙硐室、电耙硐室联络道、切割平巷、人行通风天井及采场联络道等。切割工程主要为沿矿体走向掘切割平巷作为拉底，将矿房底部全部拉开完成切割工作，形成回采作业空间，为矿房回采做好准备。

（3）回采工艺。沿倾向采用自下而上分层回采，采用逆倾斜推进并在矿堆上凿岩，分层高度 2 m，每一分层回采工序有凿岩、爆破、通风、局部出矿，平场及松石处理等作业。采用分层推进，先采下分层，再采上分层。出矿分局部出矿和大量出矿两步骤。局部出矿一般为每次崩落矿石的 30% 左右，使矿房内暂留矿石与回采工作面保持 2 m 的作业高度。矿房内暂留矿石作工作平台，当回采高度达到上一个采场联络道高度并超过前一个分层时，利用两个电耙将采场内的矿石从溜井全部放出，再进行充填；充填时应在放矿溜井上方顺路预留电耙溜井，充填高度应与上一个采场联络道底板持平。以此循环至整个采场回采并充填完毕。

（4）方法评价。该方案与留矿全面法采切工程类似，具有管理方便、采准布置比较简单等优点；但存在生产能力小和机械化程度低、劳动强度大、电耙出矿效率低等问题。

2）上向水平进路充填法

（1）方案特征与采场布置方式。上向水平进路充填法先将整个矿块自下而上分层，再将每一分层划分为沿走向或垂直走向布置的进路进行回采，每条进路回采完毕及时进行充填。充填回风井根据实际情况可沿矿体倾角布置在矿体上盘或下盘，其中上盘布置形式可以形成贯穿风流，通风效果好；进路长度根据矿体赋存条件及回采要求灵活选取。其标准方案图如图 5-7 所示。

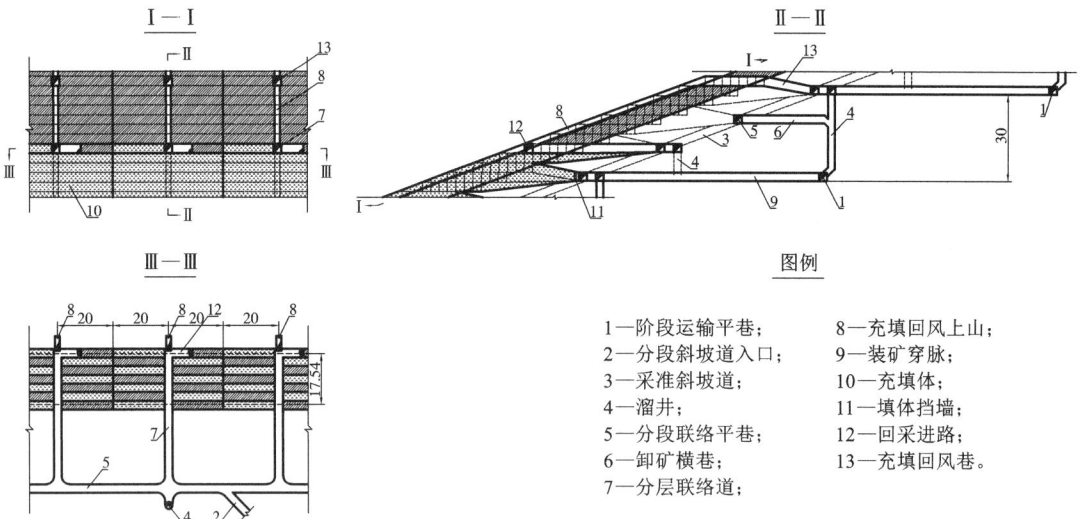

图 5-7 上向水平进路充填法（沿走向布置）（庙岭金矿）（单位：m）

图例

1—阶段运输平巷；　　　　8—充填回风上山；
2—分段斜坡道入口；　　　9—装矿穿脉；
3—采准斜坡道；　　　　　10—充填体；
4—溜井；　　　　　　　　11—填体挡墙；
5—分段联络平巷；　　　　12—回采进路；
6—卸矿横巷；　　　　　　13—充填回风巷。
7—分层联络道；

（2）采切工程。采切工程主要包括采准斜坡道、分段联络平巷、分层联络道、充填回风上山、溜井、卸矿横巷等。

（3）采切工艺。每个分段联络平巷负责 3 个分层进路的回采，分层高度 3.3 m，分段高度 10 m。每一分层进路回采结束、充填挡墙构筑完成后，充填管道经充填回风上山下到采场进行充填。

（4）方法评价。进路回采的顶板暴露面积小，可适用于本矿山矿岩稳固条件差的开采条件；采用凿岩台车和铲运机等无轨机械化设备，生产效率较高；但采准工程量相对较大。

3）下向水平进路充填法

（1）方案特征与采场布置方式。该方案各项技术参数和回采工艺与上向水平进路充填法基本相同，不同之处在于分段内采用自上而下的回采顺序，同时需要构筑人工假顶以维持下一分层回采作业的安全。

（2）人工假顶构筑工艺。进路回采结束经验收合格后，铺设 300 mm×300 mm 网度的钢筋网，钢筋网从进路底板架高 30~50 mm，然后进行高标号尾砂胶结充填。

（3）方法评价。该方案安全性好、矿石损失贫化率低，可满足极其软弱破碎矿体的开采；采用凿岩台车和铲运机等无轨机械化设备，生产效率较高；但是采矿成本较高、充填工艺复杂。

4）锚杆护顶浅孔房柱嗣后充填法

（1）方案特征与采场布置方式。采用回采矿房并留设规则点柱、电耙耙运至溜井出矿的开采方式，对不稳固顶板采用锚网支护，最后进行嗣后充填。矿块沿矿体走向布置，矿块长 50~60 m，矿块斜长 40~70 m，顶、底柱厚度 3 m，点柱为 4 m×4 m，矿房宽 8~10 m，其标准方案图如图 5-8 所示。

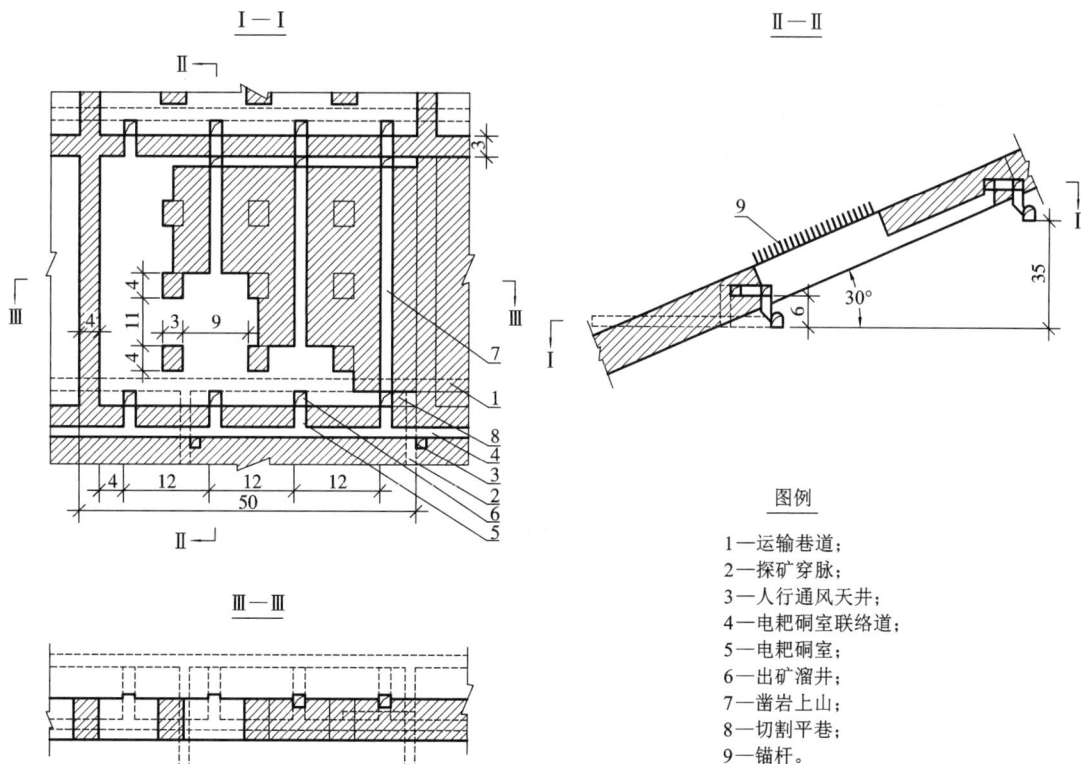

图 5-8　锚杆护顶浅孔房柱嗣后充填法（庙岭金矿）（单位：m）

图例
1—运输巷道；
2—探矿穿脉；
3—人行通风天井；
4—电耙硐室联络道；
5—电耙硐室；
6—出矿溜井；
7—凿岩上山；
8—切割平巷；
9—锚杆。

（2）采切工程。采切工程主要包括运输巷道、凿岩上山、人行通风天井、切割平巷、电耙硐室、电耙硐室联络道、出矿溜井等。

（3）回采工艺。矿房回采自下而上进行，人员、材料由上山经联络道进入采场。回采工作面自矿房一侧的回风上山处开始，向另一侧推进。随着回采工作的推进，在矿房两侧留设规则的不连续矿柱，矿柱间距 11～14 m。

（4）方法评价。通过留设规则点柱与锚网支护，采场安全性得到一定提高，对矿体厚度、品位变化适用性好；但是顶底柱、间柱及点柱量大，矿石回采率不高、机械化程度较低，生产能力小。

4. 采矿方法优选

初选采矿方法综合对比分析表见表 5-8，可以看出：

（1）电耙出矿上向水平进路充填法虽然具有安全的作业环境，但因气腿式凿岩机凿岩、电耙出矿、顺路溜井架设等工序繁多，导致生产能力较小、工人劳动强度过大，应予以排除。

（2）锚杆护顶浅孔房柱嗣后充填法回采过程中采场暴露面积较大、顶板安全难以保障，而且会留设大量的点柱、顶底柱，造成严重的资源浪费，应予以排除。

（3）虽然上向和下向水平进路充填法与锚杆护顶浅孔房柱嗣后充填法相比，其采切工程量和充填成本更高，但其对不同赋存条件的矿体适用范围更广，同时其综合回采率、大块率及生产能力指标更好。同时矿山部分脉内探矿巷道施工时，顶板非常破碎，此类矿段如果未来采用锚杆护顶浅孔房柱嗣后充填法，可能会存在安全隐患，而上向或下向（特别是下向）水平进路充填法对稳固性较差的矿岩条件更为适用。

综上所述，选用上向水平进路充填法作为矿山生产中段的主体采矿方法，局部矿岩非常破碎的矿段可灵活选用下向水平进路充填法，既可以保障回采作业的安全，又可以使用机械化采掘装备，提高回采效率，有利于尽快达产稳产。

表 5-8 初选采矿方法综合对比分析表（庙岭金矿）

项目	指标	电耙出矿上向水平进路充填法	上向水平进路充填法	下向水平进路充填法	锚杆护顶浅孔房柱嗣后充填法
适用条件	矿体真厚度/m	<4	均适用	均适用	<4
凿岩装备		气腿式凿岩机	凿岩台车	凿岩台车	气腿式凿岩机
出矿装备		电耙（15 kW）	1 m³ 铲运机	1 m³ 铲运机	电耙（15 kW）
	出矿效率/(t·台班$^{-1}$)	70	99	99	50
经济技术指标	综合回采率/%	72	94.72	94.72	80.33
	贫化率/%	13	17.78	17.78	15.18
	千吨采切比/(m·kt^{-1})	13	12.76	12.76	14.45
	千吨采切比/(m³·kt^{-1})	100	98.20	98.20	59.92
	大块率/%	8	5	5	8
	充填成本	较高	较高	高	低
	生产能力/(t·d^{-1})	70	236	190	82
采场地压控制	地压管理难度	较易	易	易	较难
	爆破对采场影响	较小	较小	较小	较小

5.4.4 庙岭金矿机械化上向水平进路充填法典型方案

1.方案特征

该方案采用小断面掘进，暴露面积小，安全性高，对矿体适应性好，能较好控制矿体边界。根据矿体的产状，回采进路可沿矿体走向布置或垂直布置，其标准方案图如图 5-7 所示，阶段高度为 30 m，每 60 m 设置一个集中回风水平；矿块长度为 40 m，宽度为矿体水平厚度，回采进路沿矿体走向布置，隔一采一。

2.主要采准工程

采准工程主要包括采准斜坡道、分段联络平巷、分层联络道、卸矿横巷、溜井、充填回风上山、充填回风巷等，如图 5-7 所示。

1)采准斜坡道

采准斜坡道是铲运机、材料设备及人员在不同分段和阶段之间实现自由快速移动的重要通道，断面规格依无轨设备(凿岩台车、铲运机)通行要求确定，断面尺寸 2.8 m×2.8 m，转弯半径不小于 15 m，坡度<20%。

2)分段联络平巷

分段联络平巷沿矿体走向布置，负责分段采场的出矿。每分段联络平巷负责 3 个分层的回采，1 个分层高度约 3.3 m，3 层总计高 10 m。其位置应保证分层联络道坡度满足 WJ/WJD-1.0 铲运机的爬坡要求，且与分层联络道之间保证 6.5 m 以上的转弯半径，断面规格 2.8 m×2.8 m。

3)分层联络道

每分层每隔 40 m 均布置一条分层联络道连通采场和分段联络平巷。各分段下向分层联络道为运矿重车上坡，最大坡度取 14%；上向分层联络道为重车下坡，最大坡度取 20%；到达分层标高后转为平巷穿过矿体并与上盘的充填回风上山相贯通。下向分层联络道采用普通掘进方法形成，水平分层联络道则由下向的分层联络道顶板挑顶形成，而上向分层联络道则由水平分层联络道上挑形成。采场充填时，首先构筑充填挡墙封闭采场联络道。分层联络道布置在采场中央，以利于铲运机作业，且采场作业效率高，采场两侧边界易于控制。

4)卸矿横巷

分段联络平巷和溜井之间用卸矿横巷连通，卸矿横巷与分段联络平巷间保证 6.5 m 以上的转弯半径，卸矿横巷长度应不小于铲运机长度，断面规格 2.8 m×2.8 m。

5)溜井

溜井直径 2.5 m，溜井底部设置振动放矿机。为防止上、下分段卸矿相互干扰，卸矿横巷与溜井间用分支溜井连通。考虑到矿体倾角过缓，设置 2 条溜井以减少运距与卸矿横巷工程量。

6)充填回风上山

充填回风巷是采场通风和下放充填料浆的重要通道，沿矿体倾向布置于分层联络道端部，即矿体上盘的围岩中，兼作采场安全出口，断面规格 1.8 m×1.8 m。

7)充填回风巷

充填回风巷穿过矿体连通分段联络平巷与充填回风上山,主要起探矿、充填及回风的作用,每60 m设置一个集中回风水平,断面规格2.8 m×2.8 m。

上向水平进路充填法标准矿块采切工程量见表5-9,矿量分配见表5-10。

表5-9 上向水平进路充填法标准矿块采切工程量表(庙岭金矿)

名称		数量	规格/(m×m)	面积/m²	单长/m			总长/m			工程量/m³			工业矿量/t
					脉内	脉外	合计	脉内	脉外	合计	脉内	脉外	合计	
采准工程	溜井	0.67个	φ2.5 m	4.91	0	19	19	0	12	12	0	61	61	0
	卸矿横巷	3条	2.8×2.8	7.28	0	19	19	0	56	56	0	406	406	0
	分段联络平巷	3条	2.8×2.8	7.28	0	40	40	0	120	120	0	874	874	0
	分层联络道	9条	3.0×3.3	9.34	18	19	37	158	167	325	1474	1556	3030	3892
采准工程	充填回风巷	0.5条	2.8×2.8	7.28	18	17	35	9	8	17	64	62	126	169
	充填回风上山	1条	1.8×1.8	3.24	0	88	88	0	88	88	0	284	284	0
	采准斜坡道	0.25条	2.8×2.8	7.28	0	252	252	0	63	63	0	458	458	0
采准合计								541	681		1538	3701	5239	4061
千吨采切比		12.76 m/kt 98.20 m³/kt(不均匀系数取1.2)												

表5-10 上向水平进路充填法标准矿块矿量分配表(庙岭金矿)

项目	体积/m³	工业矿量/t	回采率/%	贫化率/%	采出矿量/t			占矿块采出量的比重/%
					矿石	岩石	小计	
进路回采	19509.74	51505.72	94.70	17.99	48777.17	10699.69	59476.86	92.91
副产	1538.26	4061.00	95.00	15.00	3857.95	680.81	4538.76	7.09
矿块	21048.00	55566.72	94.72	17.78	52635.12	11380.50	64015.62	100.00

3. 回采工艺

1)总体回采工艺

从分层联络道进入各回采进路开始回采工作,回采进路断面规格为3.0 m×3.3 m,隔一采一。为防止进路口顶板因暴露面积过大而产生冒顶,可连续将两侧进路口施工完毕,并立即采用锚网护顶。步骤一采进路回采完毕后进行高强度胶结充填形成人工矿柱,然后再回采步骤二进路,并采用低强度打底充填和高强度胶面充填,最后充填整条分层联络道,即完成该分层回采工作。从原分层联络道上挑顶板,直达上一分层标高,开始新一层的回采工作。

2)不同盘区间隔回采

考虑到庙岭金矿充填体需要较长的养护周期且充填体的强度普遍不高,不同盘区间采用间隔回采的方式。先回采1盘区、3盘区和5盘区步骤一采场,回采结束充填养护步骤一采场过程中,再回采2盘区、4盘区、6盘区步骤一采场;回采1盘区、3盘区和5盘区步骤二采场,回采结束充填养护步骤二采场过程中,再回采2盘区、4盘区、6盘区步骤二采场。

3)不同矿脉自上盘至下盘后退式回采

针对有多条分支复合的矿脉,采用自上盘至下盘后退式回采的方式,上盘矿脉回采作业后及时充填,以保障下盘矿脉回采作业的安全。

4)穿脉两侧进路同时开采

布置在穿脉两侧的进路相当于两个独立的采场,回采过程并不会产生干扰和影响,可同时开采以提高盘区生产能力,减少同时生产盘区数量,以降低管理难度。

4. 爆破参数

凿岩、爆破采用楔形掏槽等方式,工艺简单,凿岩工作量较小。其中,掏槽孔4个,正方形布置,中间钻凿5个空孔。掏槽孔、帮孔、顶孔和底孔角度(与底板水平面线夹角)5°,深度2.41 m;空孔和辅助孔直线布置,深度2.4 m。帮孔、顶孔和底孔距进路边界0.2 m开口,孔底至进路边界。采用1~9段秒(s)延期数码电子雷管,岩石膨化硝铵炸药,分别以掏槽孔、辅助孔、帮孔、顶孔、底孔为序分段起爆。具体爆破参数见表5-11。帮孔和顶孔间隔装药,其他炮孔连续装药。

表5-11 爆破参数设计表(庙岭金矿)

炮孔	掏槽孔	辅助孔	帮孔	顶孔	底孔	备注
孔深/m	2.41	2.4	2.41	2.41	2.41	单耗0.53 kg/t
装药量/节	8~9	6~7	4	4	8~9	
孔数/个	4	10	8	6	5	
非电导爆管/段	1	2~5	6~7	8	9	

5. 通风

每次爆破,必须经充分通风后,人员才能进入采场。新鲜风流由分段联络平巷经分层联络道至采场进路,清洗工作面之后由局部风机抽出排至充填回风上山,经由充填回风上山回到上部专用充填回风巷,再排至主回风井。进路采场系独头掘进作业,通风效果差,需安装局部风机加强通风,根据要求,风机和启动装置安设在离掘进巷道进口10 m以外的进风侧巷道中,每次爆破结束后,用风筒将新鲜风流导入工作面,进行清洗,通风时间不应少于40 min。

6. 采场顶板地压管理与破碎岩体支护技术

首先应撬毛清理顶板松石,对进路开口及局部破碎严重地段进行相应的支护处理,还应在生产过程中加强安全管理和地压监测。由于进路长度仅20 m,在保持较高强度的回采条件下,7~10 d即可回采结束,在如此短的时间内,采场顶板基本可以保持稳定。

采场的常规支护手段以喷浆为主,仅在局部特别破碎地段进行喷锚网支护。由于含泥质碎裂岩在较短的时间内即会发生吸水膨胀和强度劣化,长期强度可降低 20%~40%,一定要在这个时间段前,及时封闭围岩,将环境对其产生的损伤降到最低,保持其良好的自稳能力。因此,应根据围岩收敛变形的现场情况,调整喷射混凝土的时间,要做到及时初喷,复喷应安排在巷道开挖相对稳定期后进行,现场发现喷层破裂、剥落应及时进行补喷。

7. 出矿

崩落矿石采用 WJ/WJD-1.0 铲运机出矿,运至溜井溜至下盘运输巷道,再由电机车转运至主溜井,铲运机出矿能力 99 t/台班。

8. 充填

进路回采结束后,在进路出矿端砌筑充填挡墙,布设滤水管线,由充填管路将充填料浆输送至采场空区,充填管路由充填回风上山下放至充填分层进路采场。

9. 矿块生产能力与作业循环图表

每个矿块(沿走向长度 40 m)共计 14 条进路,单进路长度为 18.5 m,可同时安排 2 条进路回采,回采完毕立即充填,充填工作与随后新开进路的回采工作相互独立;而开始步骤二回采时,步骤一进路充填形成的人工矿柱养护时间已经足够。故只要合理安排作业计划,充填与养护工作不会影响进路回采及出矿工作。

1)单个循环时间

K41 凿岩台车凿岩效率不低于 200 m/台班,采用每天 2 台班的工作制度,将出矿、凿岩、爆破安排在 1 个台班内完成,换班时间用于通风,单进路 8 个循环合计 8 台班。

2)充填与养护

充填能力为 60 m³/h,单日充填 1 台班,每台班充填时间为 8 h,满足 2 条进路(单进路充填量 174 m³)同时充填的需要。故单进路充填时间按 1 d 计算,养护时间按 14 d 计算,合计按 30 台班计算。

故上向水平进路充填法单进路作业循环见表 5-12,合计时间为 38 台班,其中凿岩、爆破、通风、出矿合计 8 台班,充填与养护 30 台班(不计入生产能力)。平均每条进路采出矿量约为 472 t(计入损失贫化),单进路平均生产能力为 472/(8/2) = 118 t/d。若一个矿块安排 2 条进路同时回采,则矿块的整体生产能力为 236 t/d。

表 5-12　上向水平进路充填法单进路作业循环表(采用 K41 凿岩台车)

序号	作业名称	时间/台班	进度(台班,每天 2 台班)	
			20	40
1	凿岩、爆破、通风、出矿	8		
2	充填与养护	30		
3	合计	38		

10. 主要技术经济指标

上向水平进路充填法标准矿块主要技术经济指标见表5-13。

表 5-13　上向水平进路充填法标准矿块主要技术经济指标(庙岭金矿)

序号	指标名称	单位	数值	备注
1	地质指标			
1.1	矿石平均体重	t/m³	2.64	
1.2	矿体平均倾角	(°)	20	
2	矿块构成要素			
2.1	宽度	m	17.54	
2.2	矿房长度	m	40	
2.3	阶段高度	m	30	
2.4	分段高度	m	10	
2.5	分层高度	m	3.3	
3	千吨采切比	m/kt	12.76	
		m³/kt	98.2	
4	炸药单耗	kg/t	0.53	
5	设计回采率	%	94.72	整个矿块
6	设计贫化率	%	17.78	整个矿块
7	铲运机出矿能力	t/台班	99	WJ/WJD-1.0铲运机
8	充填能力	m³/h	60	
9	采场生产能力	t/d	236	K41凿岩台车
10	采矿直接成本	元/t	101.48	含充填成本

5.5　倾斜中厚矿体开采典型方案与实例

5.5.1　典型充填采矿法方案

针对30°<倾角<55°、2 m<厚度≤5 m的倾斜中厚矿体,凿岩台车和铲运机等机械化的采掘装备无法直接沿倾向开采,崩落的矿石也无法靠自重放出。因此,倾斜矿体的开采难度往往较缓倾斜和急倾斜更大,适宜的采矿工艺相对较少,主要为上向水平分层充填法。

1. 普通上向水平分层充填法

普通上向水平分层充填法的典型特征为：沿矿体倾斜方向将矿体划分为不同阶段，沿矿体走向将矿体划分为不同矿块，矿块内设矿房和矿柱，矿柱又包括顶柱和间柱(采用平底式出矿结构无底柱)；采用脉内采准的方式，自阶段运输平巷施工穿脉直达间柱中央，在矿房两侧的间柱内各施工一条人行通风天井贯通上、下两个阶段，自阶段运输平巷每隔一段距离施工一条出矿分层直达矿体上盘；沿矿体走向回采矿房，采一层、充一层，直至整个矿房回采完毕。普通上向水平分层充填法采用风动凿岩机凿岩、电耙出矿，虽然采准工艺简单，但是采掘效率低、生产能力小、工人劳动强度大。

2. 机械化上向水平分层充填法

机械化上向水平分层充填法采用脉外采准的方式，沿走向布置采场，采用自下而上分层开采的方式，采一层、充一层，不仅可以使用凿岩台车和铲运机等机械化的采掘装备，以提高采掘效率和采场生产能力、降低工人劳动强度和井下用人数量，还对不同倾角厚度、形态不规则、分支复合变化大的倾斜中厚矿体也具有较好的适用性。

5.5.2　柿树底金矿空场法开采现状

作为矿产资源大省，河南省是全国重要的能源、原材料工业基地，矿业对全省经济社会发展起到了重要支撑作用。但是河南省矿产资源人均占有量低、对外依存度高，保有资源的合理开发和高效利用对保障经济持续发展具有重要的战略意义。河南省金矿具有明显的成群成带集中产出的特点，根据其分布规律及地质特征大致可以划分为：小秦岭—崤山金矿成矿区、熊耳山金矿成矿区、伏牛山金矿成矿带、桐柏金矿成矿区、大别山金矿成矿区共计5大成矿带。金矿类型主要有：产于太古宙绿岩带中的石英脉型金矿，产于太古宙—早元古代变中基性火山—沉积杂岩中的构造蚀变岩型金矿，产于元古宙变火山—沉积岩中的构造蚀变岩型金矿，产于晚元古代—三叠纪碳酸盐岩、碎屑岩中的微细浸染型金矿，产于中新生代陆相次火山岩中的隐爆角砾岩型金矿，产于中新生代陆相次火山岩中的斑岩型金矿，现代砂金矿，如高都川、寺湾等。

1. 矿山概况

河南中矿能源有限公司嵩县柿树底金矿位于嵩县大章镇牛头沟西北部，矿区面积 19.883 km²，开采标高 +620 ~ +1085 m，生产规模为 12 万 t/a。矿体赋存于含金构造蚀变带中，水文地质条件简单，顶底板围岩稳固性较好，但局部地段矿岩破碎、稳固性较差。主矿体呈似层状、板状，走向长 400 m、倾向延伸 300 ~ 400 m、倾角 30° ~ 40°、平均厚度 3.39 m、平均品位 1.5 g/t。矿区目前采用平硐-盲竖井联合开拓，采矿方法为房柱法。

2. 开采技术条件

1) 区域地质条件

柿树底金矿矿区位于嵩县西南部熊耳山南麓，属中山区。矿区位于花山岩体外接触带与焦园断裂北东端交汇部位，出露地层为中元古界长城系熊耳群火山岩系，岩浆活动频繁，断裂构造发育，形成了以金为主的多金属矿产。

2）矿床地质条件

矿区内褶皱构造不发育，断裂构造发育，共发现规模不等的断裂达 29 条。其中，北西向断裂构造比较发育，为区内主要含矿断裂，主要有 F985、F214、F210、F2、F211 等断裂带，具有规模大、延伸长、多期构造活动特点。作为矿区主要含矿构造带，F985 断层出露长度 2500 m 以上，宽度 6~40 m，赋存金矿体规模较大，但含金品位较低。总体走向呈北西—南东向，倾向北东，倾角一般 30°~45°，构造带内主要发育糜棱岩、碎裂岩、黄铁绢英岩化蚀变岩及石英钾长蚀变岩，且见萤石石英脉充填现象。

3）开采技术条件

矿床充水因素主要是构造蚀变岩带及其旁侧影响围岩中引张裂隙所赋存的地下水，矿山正常生产过程中涌水量小，水文地质条件属简单型。矿体赋存于构造蚀变岩带，严格受断裂构造的控制，其顶底板围岩岩性为安山岩、杏仁状安山岩和安山玢岩，呈整体块状结构；顶底板围岩一般致密完整，力学强度高，稳固性好，但在构造带局部软弱层发育地段，施工沿脉时可能出现坑顶坍塌、坑道壁片帮现象，工程地质条件属中等型。矿区属地震相对稳定区，岩石无放射性污染，但浅层地下开采易造成地表地裂缝和塌陷坑等次生地质灾害，环境地质条件属中等型。综上，柿树底金矿床开采技术条件属以工程地质问题为主的中等类型。

4）矿体产状

F985 含金构造蚀变带中共圈定矿体 11 个，其中Ⅸ号矿体规模最大，为区内主要矿体。Ⅸ号矿体分布于 3 线~15 线，赋存标高主体为 +620~+1089 m，最低赋存标高为 +260 m。矿体严格受 F985 含金构造蚀变带控制，形态简单，呈似层状、板状，具有膨大狭缩特征。虽然矿体在深部有厚度变薄、矿化减弱趋势，但矿体深部边界尚未封闭。矿体走向长度 400 m，倾向最大延伸达 1500 m，平均厚度 3.39 m，向北西侧伏，侧伏方位 345°，侧伏角 55°。矿体金的矿化较为稳定和连续，但深部品位变低趋势明显。矿石的自然类型主要有石英脉型金矿石和黄铁石英（钾长石）绢云蚀变岩型金矿石两种，工业类型为少硫化物型金矿石。

3. 矿山面临的主要瓶颈问题

1）资源统计分析工作欠缺、矿体禀赋情况不明

由于矿山生产勘探投入不足，且对资源的统计分析工作欠缺，大量矿体的分布和禀赋情况不明，保有矿石储量中 122b 部分仅 18.4 万 t，计入贫化后的可采储量仅 76.2 万 t，致使采区产能分配、采矿工艺选择等工作均无据可依，严重影响了矿山的生产能力和服务年限。

2）采矿工艺对矿体适应性差、生产效率低

柿树底金矿矿体厚度大，除局部地段矿岩破碎外，上、下盘围岩稳定性较好，应优选先进的采矿工艺和高效的采矿装备，以提高资源的开采效率，减少损失与贫化。矿山实际开采中使用的房柱法，存在诸多的安全、经济和技术问题：

（1）采场内留设了大量的点柱和顶底柱，导致矿石回采率低、资源损失量大。

（2）单矿块生产效率低，生产能力仅 30~50 t/d，采矿工艺及装备落后，为满足产能要求需多中段同时生产，进而导致生产作业点多、安全风险高、管理难度大。

（3）采场内崩落矿石采用电耙接力耙运入漏斗后放矿，电耙的有效运距为 40~50 m，在斜长为 60 m、倾角为 30°的采场内作业需二次接力耙运，不仅效率低下，而且易引发大块滚落。

（4）在倾角为 30°的采场内，凿岩施工困难、效率低、安全性差，而且现用浅孔爆破参数不合理，导致炸药单耗高、矿石大块多、贫化大。

（5）随着开采深度的不断增大，地压显现越来越明显，房柱法开采安全隐患愈发突出。

3）运输成本高、提升能力受限、通风条件差

矿区共有 16 个生产中段，各中段均布置有轨运输巷道与盲竖井连通。由于矿块生产能力过小且缺乏合理的采掘计划，因此同时生产的中段多、作业点分散，出矿线路复杂、运输提升成本高、管理难度大、盲竖井提升能力受限。矿山整体的通风系统虽已形成，但因同时生产的中段多，通风线路较为复杂，再加上历史遗留的废弃巷道和未处理空区，井下漏风串风严重，风量无法满足生产要求，井下通风条件一般。

4）现有尾矿库容将罄、新建尾矿库投资运营成本高

矿山现用小南沟尾矿库为五等库，经多年运行，服务年限仅剩 2 年，急需新建尾矿库进行尾矿排放。由于近年来尾矿库的审批难度越来越大；而且新建尾矿库征地、建设、运行、维护和闭库的费用极高。根据新颁布的《中华人民共和国环境保护税法》，从 2018 年 1 月起开始对尾矿排放征税（15 元/t），排尾成本剧增 350 万元/a。

5）采空区安全隐患不容忽视、残矿资源永久损失严重

经过多年的空场法开采，已采出矿石量已超过 250 万 t，采空区体积为 80 万~90 万 m³。如此大规模的采空区群，极易发生冒顶、坍塌等灾害（如+835 m 以上的老采空区部分已坍塌），引起地表错动。而且上部中段采场内留设了大量的矿柱、矿壁，随着时间的推移，矿柱稳定性将不断恶化，若不尽快采取新的工艺与技术，该部分矿量将难以回收，造成永久损失。

目前柿树底金矿所面临的问题是在国内大量的中小型矿山中普遍存在的，这类矿山普遍技术力量薄弱，对资源未做科学合理的整体规划，采用落后的采矿工艺和技术装备。因此，柿树底金矿要实现高效可持续发展的目标，必须秉持高标准、高起点的要求，围绕新型充填采矿工艺、采矿机械化装备配套、低成本充填技术等一系列重大难题进行技术攻关，研究解决关键参数、关键技术、关键工艺，并通过周密的工程设计和现场工业试验加以实施、定型。研究与设计的成果不仅对早日实现安全高效开采并创造经济效益具有重大的现实意义，而且有助于柿树底金矿建成技术先进、资源高效利用的现代化矿山，促进河南省黄金矿山整体开采技术水平的进步。

5.5.3　柿树底金矿安全高效充填采矿法选择

1. 矿山工程岩石力学调查

柿树底金矿矿体顶底板围岩为熊耳群许山组安山岩、杏仁状安山岩和各种构造蚀变岩，矿体与围岩界限一般较为清楚，部分矿体局部呈渐变过渡关系。

矿岩石力学试验在中南大学现代分析测试中心进行，利用 SANS·SHT4206 电液伺服万能试验机通过巴西劈裂拉伸试验、单轴抗压强度及弹性参数试验等手段对岩石样本的物理力学参数进行了测定。

柿树底金矿岩石力学试验测定结果汇总于表 5-14、表 5-15。

表 5-14　巴西劈裂拉伸试验结果表

编号	直径/mm	高度/mm	峰值荷载/kN	抗拉强度/MPa	平均抗拉强度/MPa
D1	48.54	50.57	17.3	4.49	4.49
K1	48.78	50.62	25.83	6.66	7.72
K2	48.62	48.73	32.67	8.78	
T1	48.74	50.81	16.16	4.15	4.57
T2	48.79	50.59	19.29	4.98	

表 5-15　单轴抗压强度及弹性参数试验结果表

编号	直径/mm	高度/mm	峰值荷载/kN	抗压强度/MPa	弹性模量/GPa	泊松比	普式系数 f
D2	48.54	100.32	134.9	72.90	26.74	0.24	7.29
D3	48.67	100.80	136.79	73.53	24.82	0.23	7.35
D4	48.7	100.30	151.96	81.58	35.94	0.21	8.16
平均值				76.00	29.17	0.23	7.60
K3	48.56	101.27	217.79	117.69	27.41	0.25	11.77
K4	48.77	100.69	237.33	127.04	37.87	0.26	12.70
K5	48.72	100.48	226.93	121.73	28.26	0.25	12.17
K6	48.74	100.6	214.39	114.91	22.46	0.29	11.49
平均值				120.34	29.00	0.26	12.03
T3	48.61	100.62	64.07	34.52	24.65	0.23	3.45
T4	48.55	100.90	61.94	33.46	22.46	0.25	3.35
T5	48.56	100.92	110.15	59.47	23.16	0.21	5.95
平均值				42.48	23.33	0.23	4.25

结果表明：柿树底金矿矿岩顶板平均抗拉强度 4.57 MPa，平均抗压强度 42.48 MPa，普式系数 f 值 4.25，属较坚硬岩，稳固性中等～较好，局部破碎地段施工需进行支护；底板平均抗拉强度 4.49 MPa，平均抗压强度 76.00 MPa，普式系数 f 值 7.60，属坚硬岩，稳固性较好；矿体平均抗拉强度 7.72 MPa，平均抗压强度 120.34 MPa，普式系数 f 值 12.03，属极坚硬岩，稳固性好。

顶板平均抗压强度为 42.48 MPa，岩石坚硬程度为较坚硬岩，岩体完整性系数 RQD 值 65%，岩体完整程度为较完整～完整；底板平均抗压强度为 76.00 MPa，岩石坚硬程度为坚硬岩，岩体完整性系数 RQD 值 80%，岩体完整程度为完整；矿体平均抗压强度为 120.34 MPa，岩石坚硬程度为坚硬岩，岩体完整性系数 RQD 值大于 90%，岩体完整程度为完整。

2.矿山三维实体模型构建

选用当前比较流行的 3DMine 软件建立矿山实体模型,整合建立好的地表模型、矿体模型与巷道模型,构成柿树底金矿整体的三维模型,如图5-9所示。

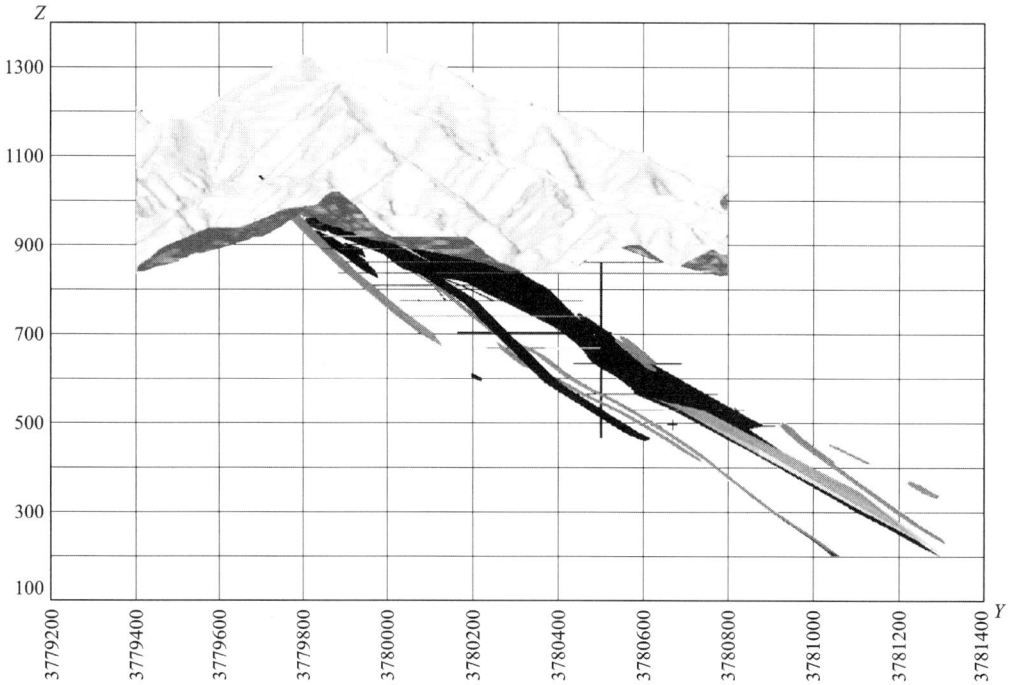

图5-9 嵩县柿树底金矿整体三维模型

3.矿体产状分类

柿树底金矿8~17号勘探线+193~+703 m,122b+333+334类型可采矿量241.12万t。其中,122b类型可采矿量137.75万t,主要分布于493~703 m生产中段;333类型储量31.70万t,334类型储量71.67万t,主要分布于193~493 m待生产中段。193~493 m部分为未动矿体,地质储量103.37万t,占总可采矿量的42.87%。矿体倾角为25°~45°、厚度小于5 m的中厚矿体占比超过60%,即以倾斜中厚矿体为主。

4.采矿方法初选

参考国内外同类矿山的生产经验,初选五种适合的充填采矿方法方案。

1)机械化上向水平分层充填法

(1)采场布置方式。根据柿树底金矿矿体赋存条件,矿块沿矿体走向布置,矿房长50~100 m,宽度为矿体水平厚度,间柱厚3~5 m。每个分段联络平巷负责3个分层的回采,分层高度约3.3 m,3层总计高10 m,阶段高度30 m。矿房采用非胶结充填加高标号胶面层充填,间柱不回收,如图5-10所示。

(2)采切工程。采切工程主要包括斜坡道、分段联络平巷、分层联络道、卸矿横巷、溜

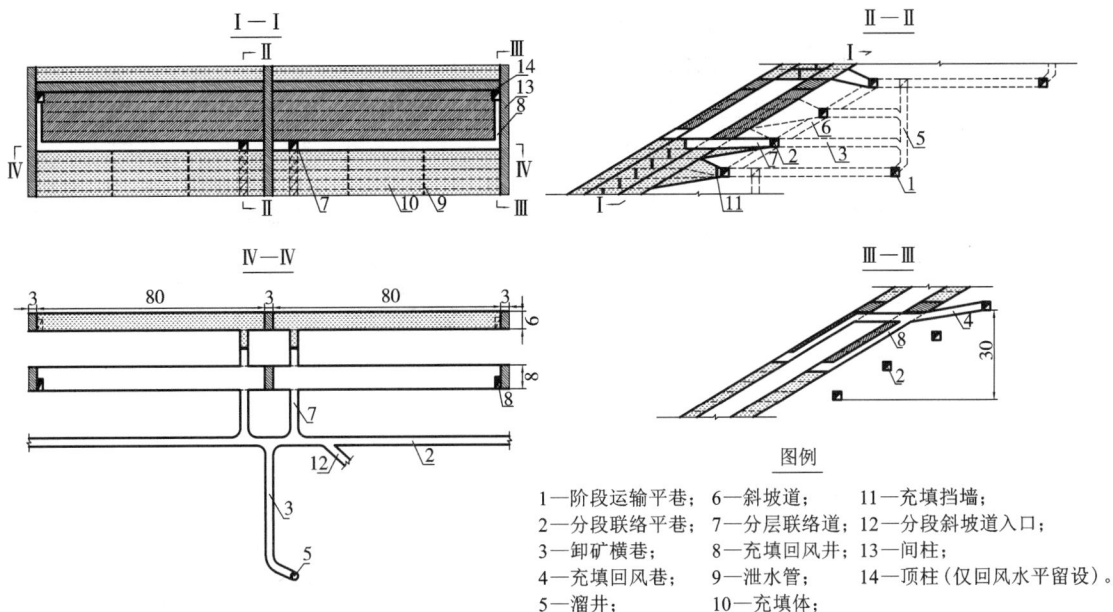

图例

1—阶段运输平巷；　6—斜坡道；　　　11—充填挡墙；
2—分段联络平巷；　7—分层联络道；　12—分段斜坡道入口；
3—卸矿横巷；　　　8—充填回风井；　13—间柱；
4—充填回风巷；　　9—泄水管；　　　14—顶柱(仅回风水平留设)。
5—溜井；　　　　　10—充填体；

图 5-10　机械化上向水平分层充填法(柿树底金矿)(单位：m)

井、充填回风井、充填回风巷等。切割工作由拉底巷道拉开形成拉底空间即可。

（3）回采工艺。从脉外分段联络平巷掘进分层联络道进入采场工作面，开始该分层的回采作业；每一分层回采结束后及时进行封堵，并顺路架设泄水井，充填管经充填回风井下到采场；分层充填完后留 2.5~3 m 的上采作业空间。

（4）方法评价。机械化上向水平分层充填法灵活性强，对各种倾角和厚度的矿体均有较好的适用性，满足本矿复杂多变的矿体赋存条件，矿石损失贫化小；采用凿岩台车和铲运机等无轨机械化设备进行生产，生产效率较高；可同时对多条矿脉进行回采。

2）小型挖掘机运搬中深孔房柱嗣后充填法

（1）采场布置方式。矿块沿走向布置，矿房沿走向长度 40~80 m，顶柱厚 3 m，间柱厚 6 m。每 30 m 一个阶段，分段高度 10 m，阶段间回采顺序采用下行式，分段间回采顺序采用上行式，如图 5-11 所示。

（2）采切工程。采切工程主要包括分段凿岩巷道、斜坡道、溜井、卸矿横巷、出矿进路等。首先在各分段的矿房底部沿矿体走向掘进分段凿岩巷道，然后在矿房端部沿矿体倾向掘进切割上山连通上分段凿岩巷道，再从切割上山向上挑顶形成切割槽，即完成切割工作。

（3）回采工艺。以切割槽为自由面，在分段凿岩巷道中采用中深孔凿岩设备，钻凿扇形中深孔，侧向崩矿，每次爆破 2~3 排，直至整个矿房回采结束。采用可爬 30° 坡的小型挖掘机直接进入爆破后的采场，将矿房底板上残留的矿石耙至原分段凿岩巷道底板，挖掘机退出采场后由铲运机进入采场铲运至溜井出矿，可大大提高倾斜矿体的出矿效率。

（4）方法评价。采切工程量相对较小，工艺简单；可采用中深孔凿岩台车和无轨铲运机等高效装备，生产效率较高。但是，需留设间柱与顶柱，矿石回采率不高；同时矿体倾角不

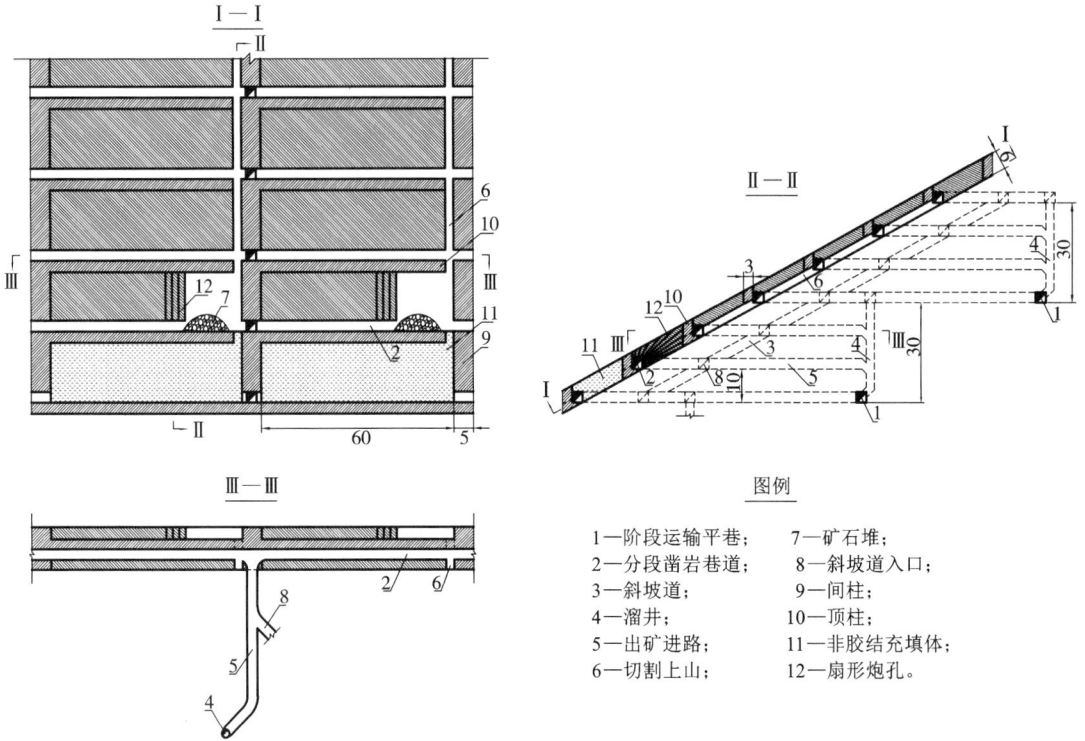

图 5-11　小型挖掘机运搬中深孔房柱嗣后充填法(柿树底金矿)(单位:m)

宜超过 35°，否则容易造成小型挖掘机作业困难，使矿石残留在矿房底板无法放出。

3)电耙出矿上向水平分层充填法

(1)采场布置方式。矿块沿矿体走向布置，长 40~60 m，中段高度 30 m。矿房宽度为矿体厚度，间柱宽度 6 m，底柱厚度 6 m，考虑到矿体厚度较小，故一般不留设点柱。

(2)采切工程。采切工程主要包括放矿溜井、电耙硐室、电耙硐室联络道、切割平巷、人行通风天井及采场联络道等。切割工程主要为沿矿体走向掘切割平巷作为拉底。将矿房底部全部拉开完成切割工作，形成回采作业空间，为矿房回采作好准备。

(3)回采工艺。沿倾向采用自下而上分层回采，采用分层推进，先采下分层，再采上分层。出矿分两个步骤，即局部出矿和大量出矿。局部出矿一般为每次崩落矿石的 30% 左右，使矿房内暂留矿石与回采工作面保持 2 m 的距离。矿房内暂留矿石作工作平台，当回采高度达到上一个采场联络道高度并超上一分层时，利用两个电耙将采场内矿石从溜井全部放出，再进行充填。

(4)方法评价。该方案与留矿法采切工程类似，具有管理方便、采准布置简单等优点；而且采用充填处理下部采空区，采场安全性好；但仍存在生产能力小、机械化程度低、劳动强度大、采准工程量大、两道电耙出矿效率低等问题。

4)上向水平进路充填法

(1)采场布置方式。将矿块划分为回采进路及间柱，回采进路宽度为矿体水平厚度，长度 120~180 m，间柱宽 3~4 m，一般不回收，回采进路采用非胶充填及高强度胶面层充填，充填回风井沿矿体倾角布置在回采进路两端的脉内，如图 5-12 所示。

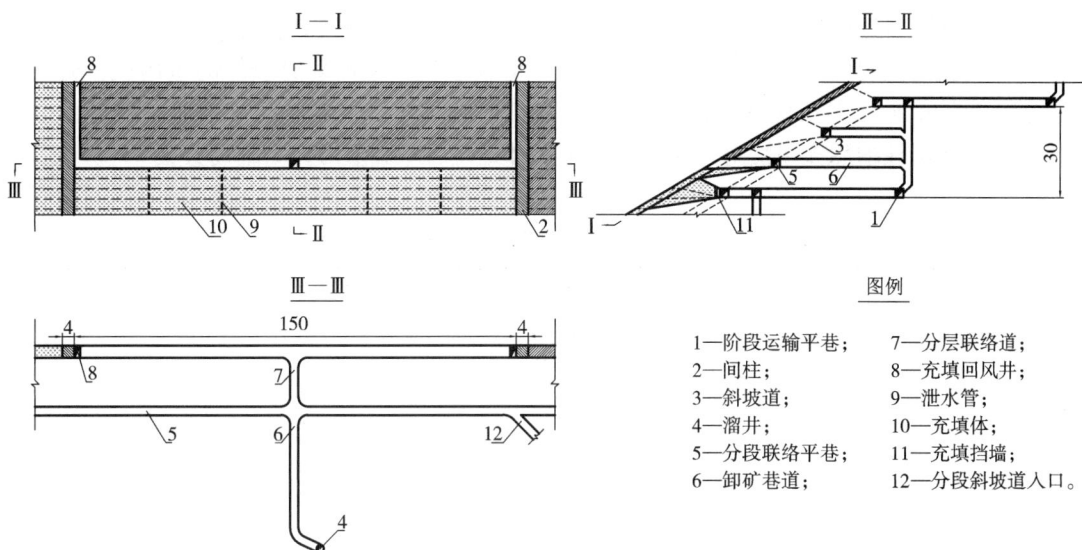

图 5-12 上向水平进路充填法(柿树底金矿)(单位：m)

（2）采切工程。采切工程包括斜坡道、分段联络平巷、分层联络道、充填回风井、溜井、卸矿巷道等。

（3）回采工艺。每条分段联络平巷负责 3 个分层进路的回采，分层高度 3.3 m，分段高度 10 m。每一分层进路回采结束后即可进行充填。

（4）方法评价。进路开采方式顶板暴露面积小，可用于矿岩稳固条件差的矿体开采；采用凿岩台车和铲运机等无轨机械化设备，生产效率较高；但是采准工程量较大。

5）浅孔房柱嗣后充填法

（1）采场布置方式。矿块沿矿体走向布置，矿块长 50~60 m、斜长 40~70 m，留顶底柱和间柱，顶柱宽 3 m，底柱宽 3 m，间柱为 4 m×4 m 规则点柱，矿房宽 8~10 m。

（2）采切工程。采切工程主要包括运输巷道、凿岩上山、人行通风天井、切割平巷、电耙硐室、电耙硐室联络道、出矿溜井等。

（3）回采工艺。矿房回采自下而上进行，回采工作面自矿房一侧的回风上山处开始，向另一侧推进。随着回采工作的推进，在矿房两侧留下规则的不连续矿柱，矿柱间距 11~14 m。

（4）方法评价。顶底柱、间柱及点柱量大，矿石回采率不高，资源损失量大；机械化程度较低，生产能力不大；矿体平均倾角为 30°，气腿式凿岩机作业困难、凿岩效率低。

5. 采矿方法优选

初选采矿方法综合对比分析表见表 5-16，可以看出：

（1）小型挖掘机运搬中深孔房柱嗣后充填法虽然生产能力大，但由于柿树底金矿矿体倾角多大于 35°，这种条件下该方法无法发挥最佳效果，故排除该采矿方法。

（2）电耙出矿上向水平分层充填法虽然具有安全的作业环境，但因气腿式凿岩机凿岩配合电耙出矿效率低下、工人劳动强度大、生产能力小，因此排除该采矿方法。

（3）由于矿岩稳固性较好，上向水平进路充填法采准工程量较大，故予以排除。

（4）机械化上向水平分层充填法因对各种倾角和厚度的矿体均有较好的适用性，机械化程度高，可同时回采多条矿脉，推荐作为柿树底金矿采矿方法主体方案。

（5）浅孔房柱嗣后充填法对薄矿体或零星矿体适应性较好，可作为辅助方案。

表 5-16 初选采矿方法综合对比分析表（柿树底金矿）

项目	指标	机械化上向水平分层充填法	中深孔房柱嗣后充填法	电耙出矿上向水平分层充填法	上向水平分层充填法	浅孔房柱嗣后充填法
最小采准断面	宽×高/（m×m）	2.8×2.8	3.2×3.2	2.2×2.2	2.8×2.8	2.2×2.2
凿岩装备		凿岩台车	YGZ-90凿岩机/凿岩台车	气腿式凿岩机	凿岩台车	气腿式凿岩机
出矿装备		WJD-1.5电动铲运机	挖掘机/铲运机	电耙（15 kW）	WJD-1.5电动铲运机	电耙（15 kW）
	出矿效率/（t·台班$^{-1}$）	154	126	70	161	50
经济技术指标	综合回采率/%	88.50	72.75	72.00	91.94	80.33
	贫化率/%	7.57	7.08	7.00	7.41	8.18
	千吨采切比/（m·kt^{-1}）	9.43	9.70	13.00	24.03	14.45
	千吨采切比/（m^3·kt^{-1}）	64.16	75.85	100.00	168.57	59.92
	大块率/%	5	10	8	5	8
	生产能力/（t·d^{-1}）	197	260	80~100	110	82
采场地压控制	地压管理难度	较易	较难	较易	易	较难
	爆破对采场影响	较小	较大	较小	较小	较小

5.5.4 柿树底金矿机械化上向水平分层充填法典型方案

1.方案特征

根据矿体的产状，矿块沿矿体走向布置，采场暴露面积可控制为 200~800 m²。标准方案如图 5-10 所示，间柱厚 3 m，矿房长 80 m，宽度为矿体水平厚度。

2.主要采准工程

采准工程主要包括斜坡道、分段联络平巷、分层联络道、卸矿横巷、溜井、充填回风井、充填回风巷、切割工程等。

1）斜坡道

斜坡道是铲运机、材料设备及人员在不同分段和阶段之间实现自由快速移动的重要通道，断面规格依无轨设备（凿岩台车、铲运机）通行要求确定，宽度 2.8 m、高度 2.8 m，转弯半径不小于 15 m，坡度小于 20%。

2）分段联络平巷

分段联络平巷沿矿体走向布置在矿体下盘围岩中，负责分段采场的出矿。每条分段联络平巷负责 3 个分层的回采，1 个分层高度约 3.3 m，3 层总计高 10 m，阶段高度 30 m。其位置应保证分层联络道坡度满足 WJD-1.5 电动铲运机的爬坡和转弯要求，断面规格 2.8 m×2.8 m。

3）分层联络道

每分层采场均布置 1 条分层联络道连通采场和分段联络平巷，当有两条矿脉时，每层回采时，先穿过位于下盘的矿体，将上盘的矿体回采并充填，然后回采下盘矿体。各分段上向与下向分层联络道坡度应不高于 20%。下向分层联络道采用普通掘进方法形成，水平分层联络道则由下向的分层联络道顶板挑顶形成，而上向分层联络道则由水平分层联络道上挑形成。根据铲运机和凿岩台车通行要求，分层联络道断面规格取为 2.8 m×2.8 m。分层联络道布置在两个采场靠近间柱位置，以便形成贯穿风流通风，使采场两侧边界易于控制。

4）卸矿横巷

分段联络平巷和溜井之间用卸矿横巷连通，卸矿横巷长度应不小于铲运机长度，断面规格 2.8 m×2.8 m。

5）溜井

溜井直径 2.5 m，溜井底部设置振动放矿机，卸矿横巷与溜井间用分支溜井连通。

6）充填回风井

充填回风井是采场通风和下放充填料浆的重要通道，沿矿体倾向布置于采场分层联络道入口另一端靠近下盘的矿体中，兼作采场安全出口，断面规格 1.8 m×1.8 m。

7）充填回风巷

充填回风巷每 60 m 掘进 1 条，负责其下方 2 个中段的采场回风，并作为充填管道的入口，断面规格 2.4 m×2.7 m。

8）切割工程

切割工作主要是拉底，在矿房最下分层自下向上分层联络道沿矿体布置 1 条拉底巷道，宽度 2.8 m、高度 3.3 m。以拉底巷道为自由面，用 Boomer K41 凿岩台车向两边扩帮，直至两边矿体边界，形成拉底空间。机械化上向水平分层充填法采切工程量见表 5-17，机械化上向水平分层充填法矿量分配见表 5-18。

表 5-17 机械化上向水平分层充填法采切工程量表（柿树底金矿）

名称		数量	规格 /（m×m）	断面面积 /m²	单长/m			长度/m			工程量/m³			工业矿量 /t
					脉内	脉外	合计	脉内	脉外	合计	脉内	脉外	合计	
采准工程	溜井	1 个	φ2.5 m	4.91	0	30	30	0	30	30	0	147	147	0
	卸矿横巷	3 条	2.8×2.8	7.28	0	25	25	0	76	76	0	556	556	0
	分段联络平巷	3 条	2.8×2.8	7.28	0	166	166	0	498	498	0	3625	3625	0
	分层联络道	16 条	2.8×2.8	7.28	0	23	23	0	364	364	0	2647	2647	0
	充填回风巷	1 条	2.4×2.7	6.07	12	32	44	12	32	44	73	195	268	197

续表 5-17

名称		数量	规格 /(m×m)	断面面积 /m²	单长/m			长度/m			工程量/m³			工业矿量 /t
					脉内	脉外	合计	脉内	脉外	合计	脉内	脉外	合计	
采准工程	充填回风井	2 个	1.8×1.8	3.24	107	0	107	214	0	214	692	0	692	1869
	斜坡道	0.1 条	2.8×2.8	7.28	0	350	350	0	35	35	0	255	255	0
切割	拉底巷道	2 条	2.8×3.3	9.24	80	0	80	160	0	160	1478	0	1478	3992
采切合计								386	1035	1421	2243	7425	9668	6058
千吨采切比			9.43 m/kt　64.16 m³/kt (不均匀系数取 1.2)											

表 5-18　机械化上向水平分层充填法矿量分配表(柿树底金矿)

项目	体积 /m³	工业矿量 /t	回采率 /%	贫化率 /%	采出矿量/t			占矿块采出量 的比重/%
					矿石	岩石	小计	
矿房	61260.70	165403.88	94.00	8.00	155479.65	13232.31	168711.96	93.30
间柱	2381.40	6429.78	0.00	0.00	0.00	0.00	0.00	0.00
顶柱	3834.60	10353.42	50.00	8.00	5176.71	828.27	6004.98	3.32
副产	2243.30	6056.92	98.00	3.00	5935.78	181.71	6117.49	3.38
矿块	69720.00	188244.00	88.50	7.57	166592.14	14242.29	180834.43	100.00

3. 回采工艺

1)凿岩爆破

采用 Boomer K41 液压凿岩台车凿岩,为了便于分层采场顶板的安全管理,采用水平炮孔的爆破方式。设计孔距 1.1 m、排距 1.1 m,边眼眼距适当减小,边眼与采场轮廓线间距 0.3 m,炮孔直径 45 mm,孔深 3.5 m。装药采用乳化炸药,起爆方式为导爆管和数码电子雷管起爆。为减小爆破震动,各排炮孔间微差起爆,一次起爆延续时间控制在 200 ms 内。经计算,水平炮孔单位消耗量为 0.32 kg/t,每米炮孔崩矿量为 3.56 t/m,机械化上向水平分层充填法水平炮孔布置如图 5-13 所示。

2)通风与顶板安全管理

每次爆破后,必须经充分通风(通风时间不少于 40 min)并清理顶帮松石后,人员才能进入采场。新鲜风流由分段联络平巷经分层联络道进入采场,贯穿采场冲洗工作面后,污风经充填回风井排入上阶段充填回风巷。当回采多条矿脉,先回采上盘矿体时,为防止新鲜风流经下盘矿体的采场漏风,需提前在充填回风巷将下盘矿体的充填回风井做临时封堵处理,并架设局扇辅助通风。

3)出矿

经充分通风排出炮烟、顶板安全检查后,采用 WJD-1.5 电动铲运机铲装矿石,经分层联

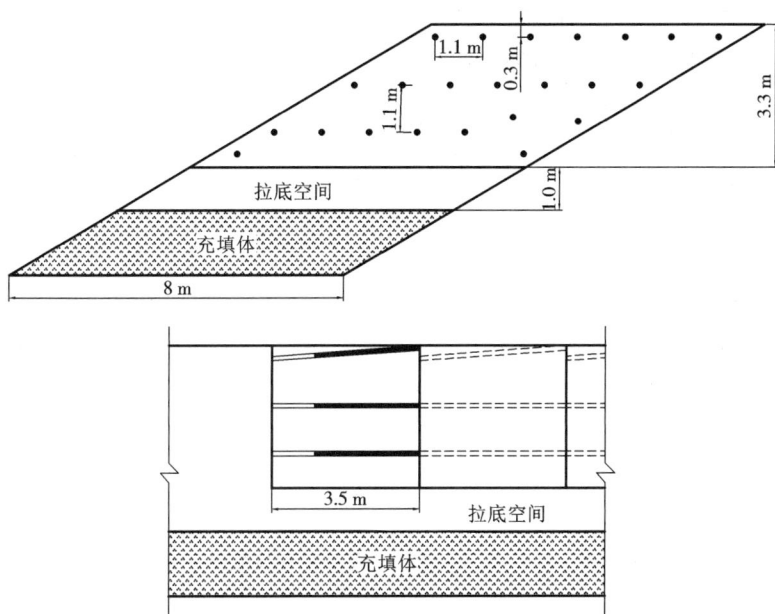

图 5-13　机械化上向水平分层充填法水平炮孔布置图

络道、分段联络平巷、卸矿横巷运至溜井并卸至下部主运输水平，实际出矿能力 154 t/台班。

4) 充填工艺

每分层出矿结束后及时进行充填，以控制地压，阻止采场顶板变形。采场充填步骤主要包括：构筑采场联络道充填挡墙；采场内采用轻便钢管或 PVC 软管，通过充填回风井，往采场接通充填管；检查地表充填制备站与充填采场之间的通信系统及充填线路。充填要求：

(1) 单分层高度 3.3 m，仅最上部 0.3 m 进行胶结充填，其余 3 m 采用非胶结充填。

(2) 胶结充填灰砂比为 1:10，料浆质量浓度 70%，7 d 强度 1.0 MPa。

(3) 非胶结充填，充填料浆质量浓度为 70%。

4. 关键技术

(1) 分层联络道必须满足上坡坡度<20%的要求。

(2) 因分层采场充填后要作为继续向上回采的工作平台，故胶面层充填应采用高标号胶结充填，厚度 0.3 m，充填体 7 d 强度应大于等于 1.0 MPa。

(3) 当有 2 条矿脉时，每层回采时，先穿过位于下盘的矿体，将上盘的矿体先回采并充填，然后再回采下盘矿体，节省采准工程量。

5. 采场作业循环及采场生产能力计算

机械化上向水平分层充填法采场作业循环见表 5-19。每分层回采循环时间预计为 84 台班，其中凿岩 9 台班，爆破通风 13 台班，出矿 40 台班，充填作业 22 台班：充填 8 台班、充填准备与养护 14 台班。每分层采出矿量为 5.50 kt(计入损失贫化)，则单个采场平均生产能力约为 197 t/d。

表 5-19　机械化上向水平分层充填法采场作业循环表(柿树底金矿)

序号	作业名称	时间/台班	进度/台班				
			20	40	60	80	100
1	凿岩(多次)	9					
2	爆破通风(多次)	13					
3	出矿	40					
4	充填作业	22					
5	合计	84					

6. 技术经济指标

本方案标准采场主要技术经济指标见表 5-20。

表 5-20　机械化上向水平分层充填法标准采场主要技术经济指标(柿树底金矿)

序号	指标名称	单位	数值	备注
1	地质指标			
1.1	矿石平均体重	t/m^3	2.70	
1.2	矿体平均倾角	(°)	30	
2	矿块构成要素			
2.1	水平宽度	m	8+6	2条矿脉
2.2	矿房长度	m	80	
2.3	矿柱长度	m	3	
2.4	阶段高度	m	30	
2.5	分段高度	m	10	
2.6	分层高度	m	3.3	
3	采切比	m/kt	9.43	
		m^3/kt	64.16	
4	每米炮孔崩矿量	t/m	3.10	
5	设计回采率	%	88.50	整个矿块
6	设计贫化率	%	7.57	整个矿块
7	铲运机生产能力	t/台班	154	WJD-1.5电动铲运机
8	充填能力	m^3/h	60	设计值
9	采场生产能力	t/d	197	
10	采矿成本	元/t	55.29	含充填成本

5.6　急倾斜中厚矿体开采典型方案与实例

5.6.1　典型充填采矿法方案

针对倾角>55°、2 m<厚度≤5 m的急倾斜中厚矿体，常采用上向水平分层充填法。根据其机械化程度的不同，又可进一步细分为普通上向水平分层充填法(风动凿岩机凿岩、电耙出矿)和机械化上向水平分层充填法(采用凿岩台车凿岩、铲运机出矿)。

1. 普通上向水平分层充填法

普通上向水平分层充填法是沿矿体倾斜方向将矿体划分为不同阶段，沿矿体走向划分为不同矿块，矿块内设矿房和矿柱，矿柱又包括顶柱和间柱；采用脉内采准的方式，自阶段运输平巷施工穿脉直达间柱中央，在矿房两侧的间柱内各施工一条人行通风天井贯通上、下两个阶段，自阶段运输平巷每隔一段距离施工一条出矿分层直达矿体上盘；沿矿体走向回采矿房，采一层、充一层，直至整个矿房回采完毕。普通上向水平分层充填法采用风动凿岩机凿岩、电耙出矿，虽然采准工艺简单，但是采掘效率低、生产能力小、工人劳动强度大。

2. 机械化上向水平分层充填法

机械化上向水平分层充填法采用脉外采准的方式、沿走向布置采场、自下而上分层开采，采一层、充一层，不仅对形态不规则、分支复合变化大的矿体具有较好适用性，而且机械化程度高、采掘效率高和采场产能大，有利于降低工人劳动强度并减少用工。

5.6.2　宿松磷矿开采技术条件分析

1. 矿山概况

磷矿资源属于重要战略资源，具有不可再生性。磷矿石是生产磷肥及化工产品的主要原料，全球90%的磷矿用于生产磷肥，3.3%用于生产磷酸盐饲料，4%用于生产洗涤剂，其余用于化工、轻工、国防等工业生产。安徽六国化工股份有限公司(以下简称六国化工)是我国大型磷复肥生产企业，始建于1987年，具有100万t/a高浓度磷复肥的生产能力。为解决原材料供应问题，六国化工出资收购了铜陵化工集团宿松新桥矿业有限公司，更其名为宿松六国矿业有限公司，成为六国化工的重要原材料供应基地。

2. 开采技术条件

1)矿床地质条件

宿松磷矿矿区地处大别山东南麓，全区以低山、丘陵为主，地质构造较简单，区内地层总体上呈单斜构造分布，未发现较大断层破坏矿体。如图5-14所示，矿区地层自下而上由大别山群桥岭组($Pt_1^1 q$)、柳坪组下段含磷变粒岩云英片岩层($Pt_1^2 l_1^1$)和柳坪组下段大理岩层($Pt_1^2 l_1^2$)组成。

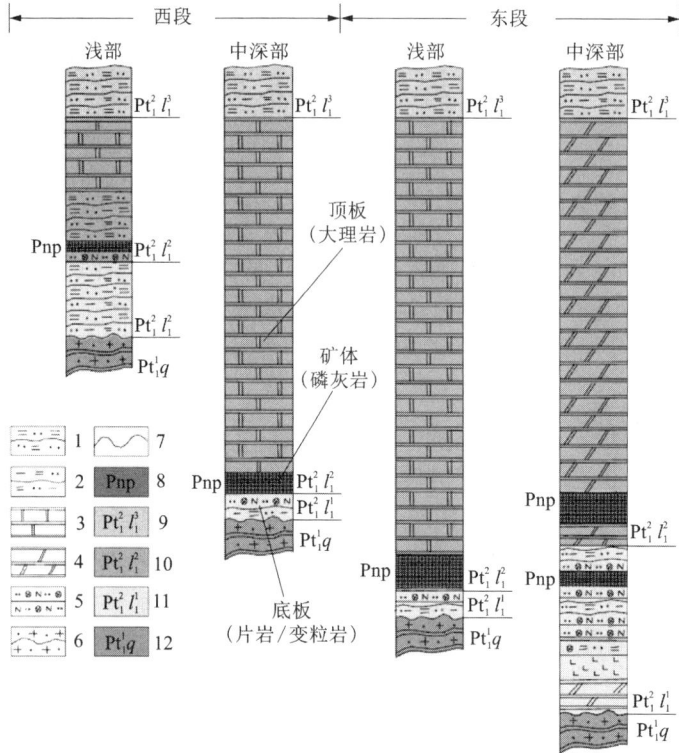

1—白云石英片岩；2—二云石英片岩；3—大理岩；4—白云石大理岩；5—含磷变粒岩；6—混合岩；7—不整合接触线；8—变粒岩型磷灰岩矿；9—柳坪组下段上云英片岩层；10—柳坪组下段大理岩层；11—柳坪组下段含磷变粒岩云英片岩层；12—大别山群桥岭组。

图5-14 柳坪组下段岩性层序及矿层赋存部位柱状图

2）水文地质条件

矿区内地表水体不甚发育，主要地表水体仅铜铃河及其三条小支河。地下水主要为孔隙水和裂隙含水，从上到下依次为：第四系孔隙弱含水层、片岩类及片麻岩类相对隔水层、大理岩及磷灰岩层岩溶裂隙含水层（矿体顶板）、混合岩贫水岩组隔水层（矿体底板）。矿区地下水主要接受大气降水的直接补给，通过透水的第四系及基岩风化带的间接补给，矿坑人工排水为地下水主要排泄方式。由于矿体顶板为含水层，岩溶、裂隙均较发育且以溶洞为主，富水性强，−210 m中段38~40号线穿脉涌水量极大（图5-15），水文地质条件属于中等类型。

3）工程地质条件

间接顶板风化带集中在浅部，其他地区较薄，为全风化或强风化；风化带以下为中风化或微风化。直接顶板、矿体岩石大多新鲜坚硬、完整，节理裂隙不发育；在标高−50~−200 m的矿顶板与主矿体接触部位石英大理岩、白云质大理岩多呈粉砂状；底板岩石大多新鲜坚硬、完整，节理裂隙不发育。

4）矿体产状

含磷岩性层中，满足工业品位要求的磷矿共有Ⅰ、Ⅱ、Ⅳ三层。其中Ⅰ号矿体矿层分布较稳定，厚度较大，为本区具有工业价值的磷矿体，分布于36~58号勘探线标高−59~

图 5-15　-210 m 中段 38~40 号线穿脉涌水情况图

-634 m，全长 2200 m。矿体主要赋存于柳坪组与桥岭组不整合面之上的石英片岩层与上覆的大理岩层之间，呈层状似层状，走向为北西西，倾向北北东，倾角 50°~60°。矿层真厚度为 4~8 m，平均厚度 5 m，平均品位 18.82%。磷矿石资源量合计 7451.69 kt，其中 I 号矿体资源量 6591.36 kt，占比 88.45%。

3. 岩石力学试验

顶底板围岩和矿体试样的抗压强度、弹性模量和泊松比测试，采用电液伺服材料试验机、电阻应变仪，抗拉强度采用英国 INSTRON 公司的电液伺服材料控制机 1346 型，试验结果见表 5-21 和表 5-22。岩体的力学性质主要取决于结构面的性质，其强度通常比岩石材料低，折减后宿松磷矿岩体力学参数汇总于表 5-23。

表 5-21　矿岩试样单轴压缩试验结果表（宿松磷矿）

编号	岩性	直径 /mm	高度 /mm	破坏荷载 /kN	抗压强度 /MPa	弹性模量 /GPa	泊松比 μ	备注
K-1	磷灰岩	48.96	99.22	200.6	106.6	51.5	0.182	矿石
K-2		48.9	101.01	172.7	91.9	50.6	0.191	
T-1	白云质大理岩	41.58	83.06	189.9	140	71.1	0.087	顶板围岩
T-2		41.13	82.11	237.5	178.8	58.2	0.174	

表 5-22　矿岩试样抗拉试验结果表（宿松磷矿）

编号	岩性	直径/mm	高度/mm	破坏荷载/kN	抗拉强度/MPa	备注
K-1	磷灰岩	49.00	50.30	107.05	21.13	矿石
K-2		48.90	52.21	84.73	27.65	
T-1	白云质大理岩	41.56	51.22	66.37	19.85	顶板围岩
T-2		41.65	52.23	74.97	21.94	

表 5-23　折减后宿松磷矿岩体力学参数表 (宿松磷矿)

序号	岩性	弹性模量 E_m /GPa	抗压强度 σ_m /MPa	抗拉强度 σ_m /MPa	泊松比 μ	密度 /(kg·m⁻³)	黏结力 C_m /MPa	内摩擦角 φ_m/(°)
1	大理岩	37.38	9.91	-0.41	0.251	2200	11.54	40.15
2	磷灰岩	43.47	18.75	-1.29	0.238	2880	14.76	33.54
3	石英片岩	36.18	19.08	-1.44	0.309	2835	9.59	34.92

4.矿山三维实体模型建立

选用三维数字化矿山软件 Surpac 对宿松磷矿矿区地表、地下矿体，现阶段及设计的主要井巷工程进行三维可视化建模，生成的矿山矿体、巷道与地表实体模型如图 5-16 所示。

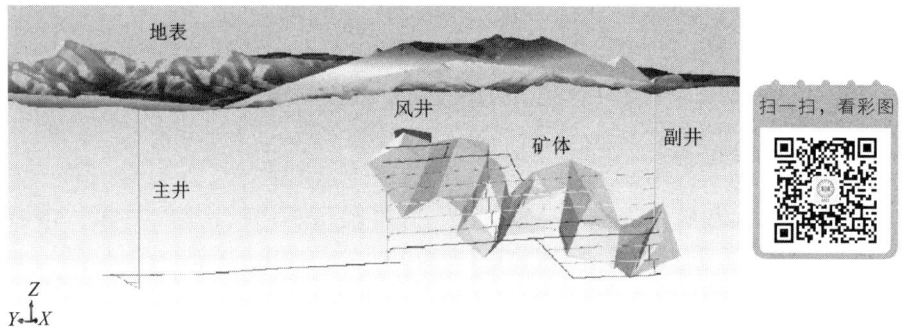

图 5-16　整体模型

5.6.3　宿松磷矿急倾斜低品位中厚矿体充填采矿法优选

1.初步设计采矿方案评价

宿松磷矿 I 号主矿体呈层状、似层状产出，走向长 2200 m、倾角 50°～60°、平均厚度 5 m，平均品位 18.82%，属于倾斜中厚矿体。矿体以磷灰岩为主，较稳固、微风化、富水性弱；顶板为大理岩，矿顶板与主矿体接触部位石英大理岩、白云质大理岩多呈粉砂状，在岩溶发育地段，岩溶水富集，易发生突水事故。中蓝连海设计研究院在《安徽六国化工股份有限公司宿松六国矿业有限公司 80 万 t/a 磷矿采选项目初步设计》提出的主体采矿方法为浅孔留矿法和分段空场法，其中浅孔留矿法占 70%，分段空场法占 30%。但是宿松磷矿含水量较大，顶板遇水后稳固性急骤降低，且长时间暴露易风化破碎，而初步设计所采用的采矿方案均未对采空区采取嗣后充填及其他维护顶板稳定性的相关措施，不利于采场地压管理，尤其在风化及岩溶发育地段，存在顶板垮落、地表沉降等隐患，工人作业危险性高。

　1)浅孔留矿法评价

浅孔留矿法主要应用于矿石中等稳固至稳固地段，虽然工艺简单，但理想条件下的采矿回收率仅为 72.8%，贫化率为 10%；局部矿体不稳及顶板破碎地段，回收率低于 60%、贫化率 20% 以上。同时，浅孔留矿法采用漏斗电耙道出矿，工作效率低，漏斗维护困难；造成矿石积压，影响出矿时间，矿块生产能力小。

2）分段空场法评价

分段空场法主要应用回采于矿石和围岩中等稳固以上的急倾斜厚至厚大矿体，作业集中、回采强度高、矿块生产能力大、采矿成本低、作业安全性强。但该方法每分段都必须掘进分段运输巷道、凿岩巷道、切割巷道、矿柱回采巷道等切割工程，采切工程量大、周期长、成本高；同时中深孔爆破块度不均匀、大块率高、二次破碎作业量大、贫化难以控制、矿柱损失量大、资源浪费严重。

因此，初步设计所推荐的浅孔留矿法及分段空场法对宿松磷矿开采技术条件适应性不强，应改用其他高回收率、高效率的采矿方法。

2. 采矿方法初选

宿松磷矿矿体以急倾斜中厚矿体为主、品位相对较低，矿体顶板稳固性差、富水性强，总体开采技术条件复杂、开采难度大。初步确定适合的充填采矿法有机械化上向水平分层充填法、机械化上向水平进路充填法、分段空场嗣后充填法和留矿嗣后充填法。

1）机械化上向水平分层充填法（单步骤）

（1）方案说明。矿体沿走向划分矿块，单步骤回采矿房，铲运机出矿，间柱不回收。以水平分层形式自下而上回采矿房，采用低强度打底充填和高强度胶面充填。

（2）矿块布置和结构参数。矿块沿矿体走向布置，长度 65 m（矿房 60 m，间柱 5 m），阶段高度 50 m，宽度为矿体水平厚度，底柱 5 m，顶柱 3 m，分段高度 10.5 m，每分段负责 3 个分层，分层高度 3.5 m，回采过程中最小空顶高 3 m，最大空顶高 6.5 m。

（3）采切工艺。如图 5-17 所示，该方案采用下盘脉外采准方式。上、下阶段由采准斜坡道连通，自采准斜坡道掘进分段运输平巷，由分段运输平巷在采场中央位置掘进下向分层联络道，随回采工作进行，水平分层联络道和上向分层联络道分别由下向分层联络道和水平分层联络道上挑完成，分层联络道坡度 15% ~ 20%。阶段内间隔 130 m 设置一条脉外溜井，底端布设振动放矿机，溜井与分段运输平巷之间用卸矿横巷连通、与分段运输平巷之间用卸矿横巷连通。切割工作主要是拉底，在矿房的最下分层自下向分层联络道垂直矿体布置一拉底平巷，然后以拉底平巷为自由面和补偿空间，扩帮至采场两边，在采场底部全断面形成拉底空间。

（4）回采工艺。采用 Boomer 281 型全液压凿岩台车凿岩，为了便于分层采场顶板的安全管理，采用水平中深炮孔的爆破方式。每次爆破后通风时间不少于 40 min，工作面炮烟排净后，安全员进入采场检查顶板，清除浮石。崩落矿石在采场进行二次破碎后采用 WJD-1.5 型电动铲运机将崩落矿石卸入溜井，由矿车经分段运输平巷运至地表。崩落矿石出完后及时进行充填。

（5）方案评价。该方案采切工艺简单、灵活性强，对矿体形态变化适应性好；采用凿岩台车，能有效提高凿岩效率，也便于采场顶板的安全管理，地压控制效果好；使用无轨设备出矿，回采作业机械化程度高，贫化率低；采场形成贯穿风流，通风效果较好。其缺点是采场内留设大量矿柱，矿石损失率较大。

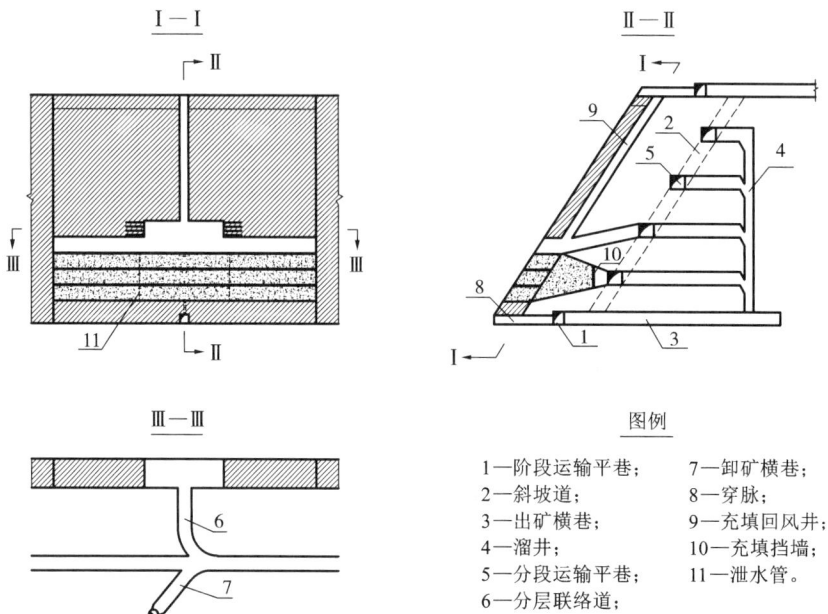

图例

1—阶段运输平巷；　　7—卸矿横巷；
2—斜坡道；　　　　　8—穿脉；
3—出矿横巷；　　　　9—充填回风井；
4—溜井；　　　　　　10—充填挡墙；
5—分段运输平巷；　　11—泄水管。
6—分层联络道；

图 5-17　机械化上向水平分层充填法（单步骤）（宿松磷矿）

(6) 主要技术经济指标。

采场生产能力：201 t/d；

矿块千吨采切比：13.5 m/kt（自然米），27.8 m/kt（标准米）；

损失率：23.63%（整个矿块）；

贫化率：3.00%（整个矿块）；

采充综合成本：65.19 元/t。

2) 机械化上向水平进路充填法

(1) 采场结构参数。矿块沿矿体走向布置，长度 80 m，宽度为矿体水平厚度，底柱 5 m，顶柱 3 m；分段高度 10.5 m，每分段负责 3 个分层，分层高度 3.5 m，每分层在矿块中央布置一条分层联络道连通矿体，经分层联络道掘进分层进路（断面 3.2 m×3 m），作为回采进路采场的空间，进路采场长 38.4 m，进路规格 4 m×3.5 m。

(2) 采切工艺。如图 5-18 所示，该方案采切工艺与机械化上向水平分层充填法相同。切割工程主要在矿块每分层的中央位置垂直矿体走向掘进分层联络道连通各进路采场，为进路回采创造作业空间。

(3) 回采工艺。用 Boomer281 型单臂凿岩台车钻凿水平钻孔，采用光面爆破的布孔方式进行崩矿，WJD-1.5 型铲运机铲装矿石，经分层联络道运至溜井卸矿。进路采场系独头掘进，每次爆破结束后，用风筒将新鲜风流导入工作面，清洗工作面后的污风亦用布置在进路入口处的风筒抽出，排至回风井，通风时间应不少于 40 min。进路回采完毕后进行充填，充填管用锚杆钢圈固定在进路顶板上，进路采场底部应预先铺设脱滤水管。充填完毕后统一升入上一分层。

(4) 方案评价。该方案采准切割工艺简单；布置进路采场，矿石回采率高，损失贫化率

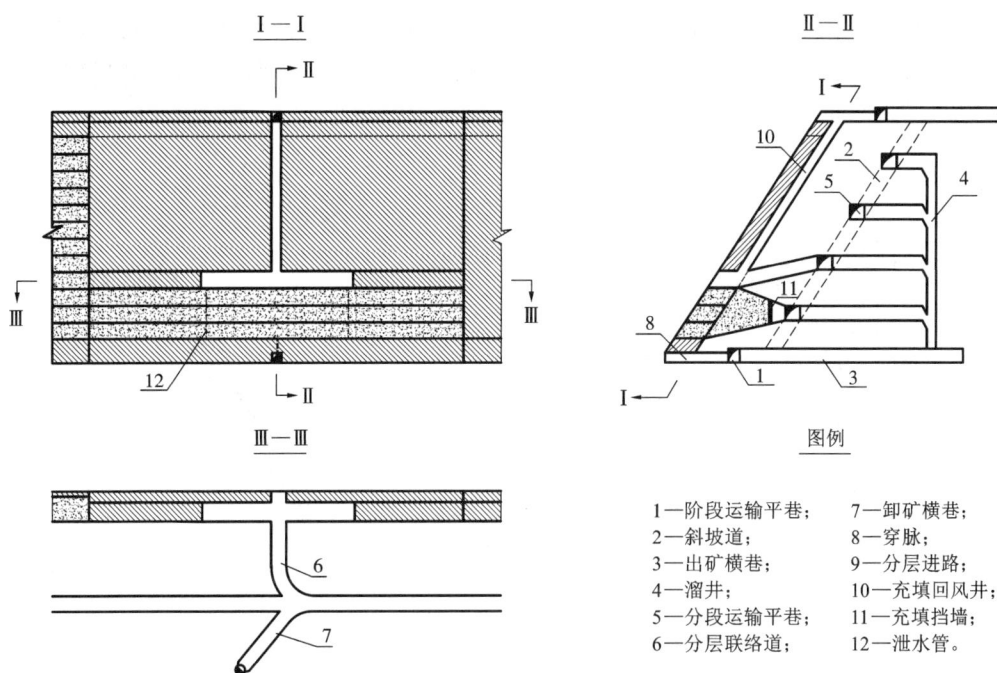

图 5-18　机械化上向水平进路充填法(宿松磷矿)

1—阶段运输平巷；　　　7—卸矿横巷；
2—斜坡道；　　　　　　8—穿脉；
3—出矿横巷；　　　　　9—分层进路；
4—溜井；　　　　　　　10—充填回风井；
5—分段运输平巷；　　　11—充填挡墙；
6—分层联络道；　　　　12—泄水管。

低；采场暴露面积小，地压控制效果好，回采作业安全性高；但是进路回采，作业循环多、工艺复杂、回采效率低、采场生产能力小；独头进路回采，采场通风困难，劳动条件差；进路充填准备及接顶工作复杂，充填效率低、费用高。

(5)主要经济技术指标。

进路生产能力：174 t/d；

千吨采切比：13.1 m/kt(自然米)；29.5 m/kt(标准米)；

损失率：22.39%；

贫化率：3.00%；

采充综合成本：90.94 元/t。

3)分段空场嗣后充填法

(1)采场结构参数。矿房、矿柱沿矿体走向布置，长度为矿房 50 m、矿柱 10 m，宽度为矿体厚度。顶柱 2.5 m，不留底柱，分段高度 11.5~12 m。

(2)采切工艺。如图 5-19 所示，该方案采准工程包括：铲运机出矿平巷、人行天井、人行天井联络巷、溜井等工程。采用下盘采准方式，掘进铲运机装矿平巷作为出矿巷道，自铲运机装矿平巷垂直矿体布置若干条装矿进路与矿体连通，间柱与铲运机装矿平巷通过穿脉相连，在穿脉中央向上钻凿人行天井至上一中段穿脉，沿人行天井掘进分段凿岩平巷，作为回采作业工作面。阶段内间隔 130 m 设置一个溜井，底端布设振动放矿机，溜井与铲运机装矿平巷之间用卸矿横巷连通。切割工程包括切割槽及"V"型受矿堑沟。

采用垂直中深孔拉槽法形成切割槽，即先在矿房中央位置掘进切割天井。在每分段于切割天井下侧先掘进切槽平巷，由切槽平巷围绕切割天井开环形进路，并逐渐扩帮到整个槽宽。再从切槽平巷向上钻凿平行中深孔,以切割天井为自由面爆破形成切割立槽。"V"型受矿堑沟由拉底平巷掘进上向扇形中深孔爆破形成。即在出矿水平掘进堑沟拉底平巷,用YGZ-90钻凿扇形孔,边孔少装药,以形成平整堑沟斜面。堑沟爆破与回采同时进行且无须一次形成,落后于回采立面1~2排炮孔即可。

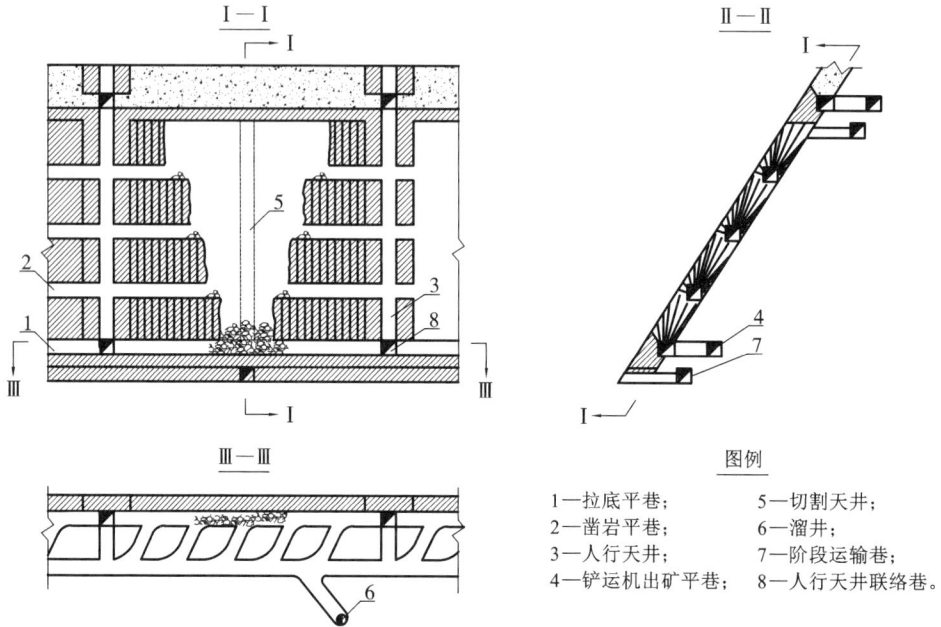

图5-19 分段空场嗣后充填法(宿松磷矿)

(3)回采工艺。矿房回采以切割槽为自由面,由两侧向切割槽崩矿。凿岩采用YGZ-90型导轨式凿岩机,2台钻机,3台班工作时间,凿岩台班效率35 m/台班,全部炮孔一次凿完,分次爆破。爆破时保持上一分段超前于下一分段1~2排炮孔。每次崩落矿石,经不少于40 min的通风时间后,及时出矿;矿石由"V"型受矿堑沟集矿,经铲运机运输,倒入溜井。采场回采完毕后,按照配比要求对采空区进行非胶结充填。

(4)方案评价。该方案主要优点是作业在小断面巷道中进行、作业安全性好;使用无轨设备出矿,回采强度比较大,采场生产能力大,同时工作采场数目少,管理简单,采矿成本低;但矿柱所占比例高,损失率大;采用中深孔落矿,贫化率高,大块率高,二次破碎量大。

(5)主要经济技术指标。

采场生产能力:292 t/d;

千吨采切比:9.1 m/kt(自然米);16.0 m/kt(标准米);

损失率:16.46%;

贫化率:14.66%;

采充综合成本:59.79 元/t。

4)留矿嗣后充填法

(1)采场布置和结构参数。采场沿矿体走向布置,采场宽度为矿体水平厚度,采场长度

60 m，阶段高度 50 m，间柱宽度 5 m，顶柱高度 3 m；采用自下而上梯段式工作面分层回采，每分层 2 m，回采过程空顶高度为 2~4 m。

（2）采切工艺。如图 5-20 所示，该方案沿人行通风天井每隔 5 m 掘进一条联络道供通风和人行。阶段内间隔 150 m 设置一个溜井，溜井与铲运机装矿平巷之间用卸矿横巷连通。切割工作主要是拉底，从矿房底部自一侧向另一侧掘进拉底平巷，作为上向回采的空间。

（3）回采工艺。矿采用 YSP-45 型凿岩机打眼，2 台钻机，3 台班工作时间，每分层的全部炮孔一次凿完，分次爆破。每次爆破后通风时间不少于 40 min，工作面炮烟排净后，进入采场平场、撬顶及二次破碎。整个矿房采完后，应该及时放出存留在矿房内的全部矿石。

（4）方案评价。该方案主要优点是工艺简单、管理方便、采准工程量小、采矿成本低；采用铲运机出矿，出矿效率较高。但该方案留设大量矿柱，矿石损失贫化大，平场工作繁重；积压大量矿石，影响资金周转；放矿时间长，顶板暴露时间长，稳定性降低。

（5）主要技术经济指标。

采场生产能力：155 t/d；

千吨采切比：7.8 m/kt（自然米），10.2 m/kt（标准米）；

损失率：26.29%；

贫化率：14.60%；

采充综合成本：60.02 元/t。

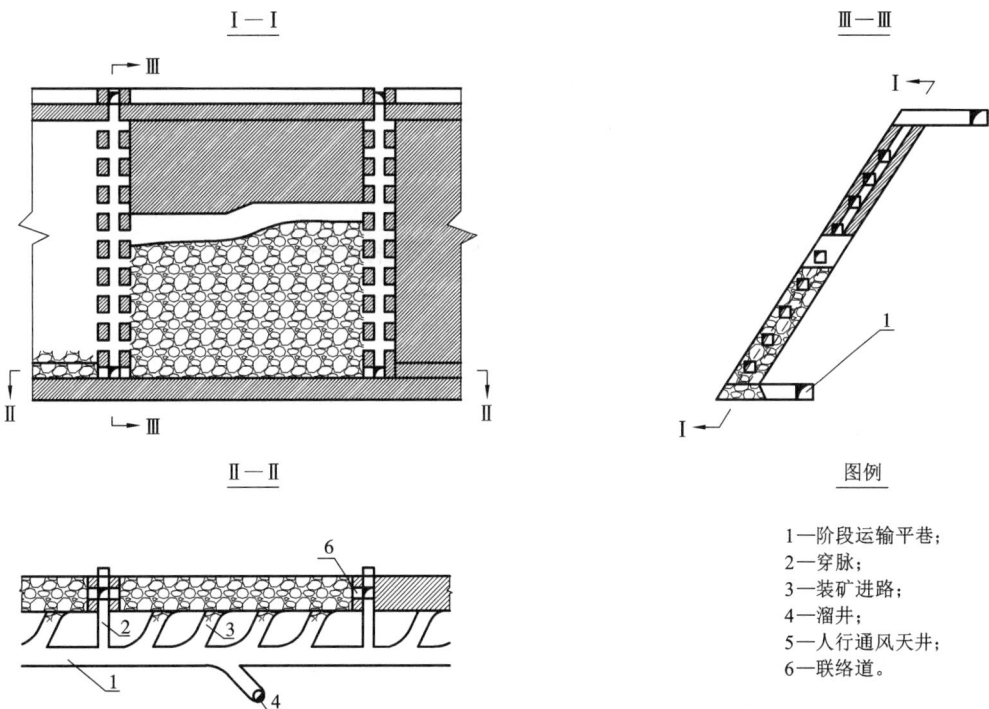

图 5-20　留矿嗣后充填法（宿松磷矿）

图例

1—阶段运输平巷；
2—穿脉；
3—装矿进路；
4—溜井；
5—人行通风天井；
6—联络道。

4 种方案的综合技术经济指标汇总见表 5-24。通过采矿方法的技术经济对比，优选宿松磷矿中深部矿体主要采矿方案为机械化脉外上向水平分层充填法(单步骤);考虑到中深部矿体顶板地质条件复杂,在顶板破碎或岩溶发育地段采用机械化上向水平进路充填法。

表5-24　各方案的综合技术经济指标

项目			方案(1)	方案(2)	方案(3)	方案(4)
目标层	准则层	指标层				
采矿方案综合评价	经济指标	采充综合成本/(元·t^{-1})	65.19	90.94	59.79	60.02
	技术指标	采场生产能力/(t·d^{-1})	201	174	292	155
		损失率/%	23.63	22.39	16.46	26.29
		贫化率/%	3.00	3.00	14.66	14.60
		千吨采切比/(m·kt^{-1})	27.8	29.5	16.0	10.2
		方案灵活适应性	好	好	较好	较好
		通风条件	好	较差	好	好
		实施难易程度	易	难	难	较易
	安全指标	采场地压控制效果/m²	好	好	较好	较好

3.采场结构参数优化

考虑到宿松磷矿急倾斜中厚矿体顶板稳固性差、富水性强,总体开采技术条件复杂、开采难度大,采用MIDAS/GTS进行了机械化上向水平分层充填法(单步骤)采场结构参数优化,模拟采用的矿岩力学参数见表5-25。

表5-25　宿松磷矿南冲矿段矿岩力学参数

类别	弹性模量/GPa	抗压强度/MPa	抗拉强度/MPa	泊松比	密度/(kg·m^{-3})	黏结力/MPa	内摩擦角/(°)	备注
白云质大理岩	37.38	9.91	0.41	0.251	2200	11.54	40.2	
条带状磷灰岩	43.47	18.75	1.29	0.238	2880	14.76	33.5	
白云石英片岩	36.18	19.08	1.44	0.309	2835	9.59	34.9	
非胶结充填体	0.036	0.24	0.03	0.24	2000	0.0424	51.1	

根据矿体产状、赋存深度、回采过程和采空区状况,简化后矿体模型取平均水平厚度6.3 m,平均倾角56.5°;按矿房、矿柱不同尺寸组合,共建5个模型,详见表5-26;建立模型尺寸为2000 m×400 m×1000 m(长×高×宽)。

表 5-26　上向水平分层充填数值模拟参数结构 (宿松磷矿)

回采模型序号	矿房长度/m	间柱长度/m	空顶高度/m	跨度/m	备注
1	55	3	6.5	6.3	
2	60	3	6.5	6.3	
3	65	3	6.5	6.3	模拟 6 矿房同时回采的情形
4	55	5	6.5	6.3	
5	60	5	6.5	6.3	
6	65	5	6.5	6.3	

在数值模拟时主要分析矿体直接顶板、上盘围岩顶板和矿柱,各矿房、矿柱模型的最大拉应力、最大压应力及垂直位移数值模拟结果汇总于表 5-27,分析可得出如下结论:

(1)各模型采场上盘围岩顶板和矿体直接顶板上都出现了拉应力,上盘围岩顶板的最大拉应力为 0.52 MPa(3 号模型)、矿体直接顶板最大拉应力为 1.28 MPa(3 号模型),皆已超过其抗拉强度,存在冒顶危险。除 3 号模型外,其余模型上盘围岩均处于相对稳定的状态。

(2)开采完毕后,各模型上盘及矿体顶板均有细微变形,最大变形量为 8.29 mm,说明上向水平分层充填法能起到良好的控制地表沉降的作用,对地表和上阶段回采影响小。

(3)随采场跨度的增大和矿柱尺寸的减小,各模型方案的最大拉应力和最大压应力逐渐增大,垂直方向的位移也逐渐增大,说明随着采场跨度的增大,采场稳定性越来越差,而且矿柱的尺寸直接影响着采场的稳定性。

综合考虑数值模拟分析结果,除 3 号模型外,其他模型组都满足稳定性要求,但模型 2 和模型 6 的最大拉应力偏大,过于接近其抗拉强度,矿体赋存条件复杂、矿岩稳固性变化较大的南冲矿段不宜采用。综合考虑经济、安全等因素,最终选定上向水平分层充填法的矿块参数为:矿房长 60 m,间柱长 5 m。

表 5-27　上向水平分层充填法数值模拟分析结果 (宿松磷矿)

回采模型序号	矿体直接顶板			上盘围岩顶板			矿柱	
	拉应力/MPa	压应力/MPa	位移/mm	拉应力/MPa	压应力/MPa	位移/mm	拉应力/MPa	压应力/MPa
1	1.15	10.40	4.28	0.33	5.43	5.98	—	13.21
2	1.22	11.04	6.72	0.40	6.99	7.33	—	13.78
3	1.28	12.14	8.21	0.52	8.32	8.29	—	14.43
4	1.07	9.92	3.02	0.25	5.89	3.20	—	13.82
5	1.18	10.06	4.47	0.34	6.70	5.04	—	14.05
6	1.27	10.22	6.24	0.39	7.21	8.27	—	14.20

5.6.4 宿松磷矿机械化上向水平分层充填法典型方案

根据宿松磷矿南冲矿段开采技术条件,通过采矿方法优化选择,宿松磷矿南冲矿段中深部矿体主体采矿方案为机械化上向水平分层充填法(单步骤);在顶板破碎或岩溶发育地段采用机械化上向水平进路充填法作为辅助方案。

1.矿块参数

矿块沿矿体走向布置,长度65 m(矿房60 m,间柱5 m),阶段高度50 m,宽度为矿体水平厚度,底柱5 m,顶柱3 m,分段高度10.5 m,每分段负责3个分层,分层高度3.5 m,回采过程中最小空顶高度3 m,最大空顶高度6.5 m。

2.采准切割

1)采准工程布置

采准工程主要包括斜坡道、分段联络平巷、分层联络道、卸矿横巷、溜井、充填回风井、穿脉等矿石回采工作必不可少的巷道。

(1)斜坡道。斜坡道采用折返式布置,转弯半径不小于8 m,坡度20%,断面规格3.2 m×3.0 m。

(2)分段联络平巷。分段联络平巷沿矿体走向布置,负责分段采场的出矿。每分段联络平巷负责三个分层的回采,垂直距离为10.5 m,满足WJD-1.5型电动铲运机的爬坡能力要求,且与分层联络道之间保证6 m以上的转弯半径,断面尺寸3.2 m×3.0 m。

(3)分层联络道。每分层采场均布置一条分层联络道连通采场和分段联络平巷。各分段下向分层联络道为运矿重车上坡,坡度取14%;上向分层联络道为重车下坡,坡度取21%。下向分层联络道采用普通掘进方法形成,水平分层联络道则由下向的分层联络道顶板挑顶形成,而上向分层联络道则由水平分层联络道上挑形成。分层联络道断面规格为3.2 m×3.0 m。

(4)溜井。溜井间距取130 m,直径2 m,同时服务于2个矿块,溜井底部设置振动放矿机,卸矿横巷与溜井间用分支溜井连通。

(5)卸矿横巷。分段联络平巷和溜井之间用卸矿横巷连通,卸矿横巷与分段联络平巷间的夹角为45°~50°,且与分段联络平巷之间保证6 m以上的转弯半径,长度不小于7 m,断面规格3.2 m×3.0 m。

(6)充填回风井。充填回风井沿矿体倾向布置于采场中央靠近上盘的矿体中,可以用来下放充填料浆及回风,还有利于实现探采结合,充分摸清阶段上部的矿体分布情况。

(7)穿脉。穿脉布置于矿房中央,主要起探矿、连通相邻矿脉、通风排水的作用。

2)切割工程布置

切割工作主要是拉底,在矿房第一分层自分层联络道垂直矿体布置一拉底平巷,以拉底平巷为自由面用YT28凿岩机和凿岩台车向两边扩帮,直至采场边界。

3)采切工程量计算

标准矿块采切工程量和矿量分配见表5-28和表5-29,采切巷道总长度为663.5 m,合计5387.1 m³,标准矿块采出矿石量为46.4 kt,千吨采切比为15.7 m/kt(自然米)。

表 5-28　机械化上向水平分层充填法(单步骤)标准矿块采切工程量表(宿松磷矿)

工程名称		规格/(m×m)	条数	单长/m	长度/m			工程量/m³			采出矿量/t
					脉内	脉外	合计	脉内	脉外	合计	
采切工程	采准 斜坡道	3.2×3.0	1/7	300	0	42.9	42.9	0	379.7	379.7	
	出矿横巷	2.4×2.85	1/2	48.5	0	24.2	24.2	0	165.8	165.8	
	溜井	φ2.0 m	1/2	40.3	0	20.2	20.2	0	63.4	63.4	
	分段联络平巷	3.2×3.0	4	65	0	260	260	0	2301	2301	
	分层联络道	3.2×3.0	12	14.9	0	178.6	178.6	0	1581.3	1581.3	
	卸矿横巷	3.2×3.0	4	16	0	64	64	0	566.4	566.4	
	穿脉	2.0×2.0	1	13.3	6.3	7	13.3	25.2	28	53.2	72.6
	充填回风井	2.0×2.0	1	54	54	0	54	215.8	0	215.8	621.6
	小计						657.2			5326.6	694.2
切割	拉底平巷	3.2×3.0	1	6.3	6.3	0	6.3	60.5	0	60.5	174.2
	小计						6.3			60.5	174.2
采切合计							663.5			5387.1	868.4
千吨采切比		15.7 m/kt(自然米),31.9 m/kt(标准米) 【不均匀系数取 1.2】									

表 5-29　机械化脉外上向水平分层充填法(单步骤)标准矿块矿量分配表

项目	工业储量/t	回采率/%	贫化率/%	采出矿量/t			占矿块采出量的比重/%
				矿石	岩石	小计	
矿块	58968.0	76.37	3	45033.2	1392.8	46426.0	100
矿房	45548.7	97	3	44182.2	1366.5	45548.7	98.11
间柱	4536.0						
顶柱	2644.3						
底柱	5370.6						
附产	868.4	98	3	851.0	26.3	877.3	1.89

3. 回采

1) 凿岩爆破

采用 Boomer 281 全液压凿岩台车凿岩钻凿水平炮孔,炮孔孔距 0.9~1.3 m、排距 0.7~1.1 m,边眼眼距适当减小,边眼与采场轮廓线间距 0.6~0.8 m,炮孔直径 48 mm。根据炮孔布置及分层采场参数,每分层采场可布置 240 个炮孔,合计孔深 960 m,1 台凿岩台车作业的纯凿岩时间为 4 台班。分层矿量 3810 t,故炮孔崩矿量为 3.97 t/m。采用直径为 32 mm 卷状乳化炸药微差爆破。

2）通风

每次爆破，必须经充分通风（通风时间不少于 40 min）后，人员才能进入采场。新鲜风流经分层联络道进入采场冲洗工作面后，污风经充填回风天井排入上阶段回风巷道。为了改善通风效果，可以在充填井回风顶部设置局扇加强通风。

3）顶板地压管理

采场爆破并经过有效通风排除炮烟后，安全人员进入采场清理顶帮松石。如果顶板矿岩异常破碎，经撬毛处理后，仍无法保证正常作业，可考虑其他支护方式。

4）出矿

崩落矿石采用 WJD-1.5 电动铲运机卸至脉内溜矿井，铲运机出矿能力为 123 t/台班，矿块分层矿量 3704.4 t，纯出矿时间为 31 台班。

4. 充填

1）充填准备

（1）接长泄水管：为提高脱滤水效果，采用 PVC 塑料脱水管（ϕ100 mm），在管壁均匀钻凿泄水孔，管外包裹两层纱布。在采场中按单管负担 20~30 m 脱水距离（单侧）布置多条脱水管，脱水管采用快速活动接头，每分层充填前首先接长脱水管。脱滤水通过布置在采场底部的水平管导入穿脉，排至阶段运输平巷。

（2）构筑采场与联络道间的密闭墙。

（3）接通采场充填管路。从上中段穿脉经充填回风井往采场接通充填软管，并将充填软管用木质三脚架固定在适当地方，以便采场均匀充填。

（4）检查地表充填制备站与充填采场之间的通信系统。

（5）检查充填线路。

2）充填工作

所有充填准备工作完成后，即可进行采场充填，由于每次充填体积大，需连续充填多天，因此，充填工作应精心组织，做到：

（1）根据地表充填料浆制备站充填材料储备情况，确定能连续充填的时间，进而确定每次连续充填的地点与高度。

（2）要按设计留够 3.0 m 最小作业高度。

（3）采场浇面层厚度不小于 0.3 m。

（4）为提高充填体质量，减少采场泄水量，应尽量提高充填料浆浓度。

（5）采场浇面层达到可以通行铲运机的条件后，方可进行下一分层的回采作业。

3）充填接顶

充填接顶方法采用分区、分次加压输送充填料，以提高接顶率。

4）充填能力

每分层充填体积为 1323 m^3，矿房每分层纯充填时间为 2.9 d，考虑到充填准备、整平等，预计充填时间 3 d，合 9 台班。

5. 主要技术经济指标

单个采场分为 12 个分层采场进行回采，每分层的回采作业循环见表 5-30。每分层回采循环时间分别预计为 57 台班 (包括充填 9 台班、养护 9 台班) 。采场每分层采出矿量为 3.81 kt，则采场生产能力为 201 t/d。标准矿块技术经济指标汇总于表 5-31。

表 5-30　机械化上向水平分层充填法 (单步骤) 每分层作业循环表 (宿松磷矿)

序号	作业名称	时间/台班	进度/台班							
			7	14	21	28	35	42	49	57
1	凿岩(15次)	4								
2	爆破通风(15次)	4								
3	出矿(15次)	31								
4	充填	9								
5	养护	9								
6	合计	57								

表 5-31　机械化上向水平分层充填法 (单步骤) 标准矿块技术经济指标 (宿松磷矿)

序号	指标名称	单位	数值	备注
1	矿块构成要素			
1.1	矿房长度	m	60	
1.2	矿柱长度	m	5	
1.3	宽度	m	6.3	矿体水平厚度
1.4	阶段高度	m	50	
1.5	底柱	m	5	
1.6	顶柱	m	3	
1.7	分段高度	m	10.5	
1.8	分层高度	m	3.5	
2	矿块矿量	kt	58.97	
3	千吨采切比	$m \cdot kt^{-1}$	13.50	自然米
		$m^3 \cdot kt^{-1}$	27.82	标准米
4	每米炮孔崩矿量	t/m	3.97	
5	回收率	%	76.37	整个矿块
6	贫化率	%	3	
7	凿岩穿孔速率	m/min	0.7	理论值
8	铲运机生产能力	万 t/台年	8~10	理论值
		t/h	30.91	理论值
9	单位炸药量	$kg \cdot t^{-1}$	0.27	

续表 5-31

序号	指标名称	单位	数值	备注
10	采场生产能力	$t \cdot d^{-1}$	201	
11	采矿单位成本	元$\cdot t^{-1}$	65.19	

思考题

1. 顶板不稳固的情况下,如何实现微倾斜中厚矿体的安全高效开采?

2. 缓倾斜中厚矿体开采过程中,如何降低采场的损失贫化率?

3. 如何实现多条中间有薄夹层的倾斜中厚矿体的安全高效开采?

4. 急倾斜中厚矿体采用浅孔留矿嗣后充填法开采有哪些优缺点?

5. 中厚矿体能否采用中深孔或深孔采矿技术?

第6章　厚矿体充填采矿法

本章通过对厚矿体开采技术条件分析和现行采矿方法评述，详细介绍了湖北省柳树沟矿业孙家墩磷矿、安徽省铜化集团新桥硫铁矿、甘肃省格萨尔黄金公司贡北金矿、湖南省浏阳七宝山铜锌矿等矿山充填法开采的典型方案与实例，系统总结了厚矿体开采的最新研究与技术成果。

6.1　厚矿体概况

6.1.1　厚矿体特征

厚矿体在国内外化工和非金属矿山中十分普遍，在有色金属和黄金矿山也有诸多实例。化工矿山是指生产化工原料所需矿产的矿山，主要包括：磷矿、硫铁矿、自然硫矿、钾盐矿、硼矿、天然碱矿、化工灰岩矿、芒硝矿、明矾石矿、蛇纹岩矿、橄榄岩矿、天青石矿、重晶石矿、砷矿、钠硝石矿、钠盐矿、镁盐矿、白云岩矿、硅质岩矿、沸石矿、硅藻土矿、海泡石黏土矿、稀土元素矿、地蜡矿、碘矿、溴矿等。中国是化工原料矿产品种、储量、开采、加工和生产量较大的国家之一，尤其是磷和硫铁元素作为农作物肥料的主要养分元素，其矿石种类的矿山也是我国化工矿山的重要组成部分。

以硫铁矿为例，硫铁矿别名黄铁矿、磁黄铁矿、白铁矿，分子式为FeS_2，是一种重要的化学矿物原料，主要用于制造硫酸、硫磺及各种含硫化合物，在橡胶、造纸、纺织、食品、火柴等工业及农业中均有重要用途，还在国防工业上用以制造各种炸药、发烟剂等。此外，硫铁矿制取硫酸后的矿渣还可用来炼铁、炼钢及用作水泥的附属原料等，与硫铁矿矿床共生的铜、铅、锌、钼、金、钴及稀有元素硒等也能综合回收利用。中国硫资源十分丰富，保有查明硫铁矿矿石资源储量53.82亿t、伴生硫铁矿3.46亿t、自然硫3.21亿t。与世界其他国家从石油与天然气中提取硫作为主要来源明显不同，我国硫铁矿资源在世界上的丰富程度遥遥领先，油气中硫资源量仅占硫资源总量的0.12%。我国硫铁矿主要集中于四川、安徽、广东、内蒙古、云南、贵州、江西、山西、河南和湖南等省（自治区）。从硫铁矿资源的质量来看，我国硫资源富矿少、贫矿多，硫品位大于35%的Ⅰ级品仅占硫铁矿储量的3.7%，矿石含硫平均品位20%。从共生和伴生有益组分来看，矽卡岩型、热液型、火山岩型矿床都伴生有铜、铅、锌、钼、金、银、钴、镓、硒、碲、镉、锗、铊等有色、贵金属及稀有分散元素；沉积型矿床伴生和共生有铁、锰、煤、铝土矿和黏土矿等矿产,有利于综合开发和回收利用。从开采技术条件来看,我国绝大多数硫铁矿矿床需要进行地下开采,适合露采的矿石储量仅占硫铁矿总储量的15%,但是矿石普遍可选性好,还可综合回收铜、金、银等多种有用元素。

6.1.2 厚矿体开发利用的意义

中国是农业生产大国,农用化肥的需求量较大,而磷肥生产是硫酸最主要的下游产品,占硫酸消费量的近一半。2013年5月,生态环境部《硫酸工业污染防治技术政策》提出了防治环境污染,保障生态安全和人体健康,促进硫酸产业结构优化升级,推进可持续发展。2020年10月,中国石油和化学工业联合会《硫酸企业节能诊断技术规范》提出了解决硫酸企业节能技术改造存在的有关障碍,推进节能技术进步,推广硫酸企业结合生产实际开发的节能新工艺、新技术、新设备、新材料,促进节能技术工作深入发展。2021年8月,中国石油和化学工业联合会《绿色设计产品评价技术规范工业硫酸》规定了工业硫酸绿色设计产品的术语和定义、评价原则和方法、评价要求、产品生命周期评价报告编制方法。

虽然硫铁矿是我国的优势矿产资源,但是目前我国硫铁矿开发利用及有价元素综合回收水平仍然较低,存在矿山数量多、规模小,技术装备和管理水平落后等突出问题,这也是我国未来硫铁矿开采转型及产业发展的方向。

6.1.3 厚矿体分类

平均厚度为5~20 m的矿体被称为厚矿体。根据矿脉倾角的不同,可将其进一步细分为:微倾斜厚矿体(倾角≤15°)、缓倾斜厚矿体(15°<倾角≤30°)、倾斜厚矿体(30°<倾角≤55°)、急倾斜厚矿体(55°<倾角)。此外,还可根据矿岩的稳固性将其细分为稳固、中等稳固、不稳固和极不稳固四种。

6.2 现行采矿方法评述

相对于薄矿脉和中厚矿体,厚矿体的平均厚度为5~20 m,通常采用中深孔~深孔的落矿工艺。国内外厚矿体开采常用的采矿方法有:有底柱分段崩落法、无底柱分段崩落法、中深孔房柱法、分段空场法、阶段空场法、分段空场嗣后充填法、阶段空场嗣后充填法和机械化上向水平分层充填法等(表6-1)。

表6-1 国内厚矿体开采典型实例

矿山名称	倾角/(°)	厚度/m	围岩和矿体	采矿方法
贵州汞矿	5~10	3~12	围岩稳固,$f=8\sim12$ 矿石稳固,$f=12\sim16$	房柱采矿法
什邡磷矿	15~20	7.0~12	顶板由中稳至不稳固	有底柱分段崩落法
良山铁矿	15~25	5.0~10	围岩稳固,$f=10\sim13$	房柱采矿法
金河磷矿	8~25	7.0~12	岩矿中稳,$f=8\sim12$	房柱采矿法或漏斗采矿法

续表 6-1

矿山名称	倾角/(°)	厚度/m	围岩和矿体	采矿方法
良山铁矿	10~30	4.0~12	岩矿稳固，$f=10~13$	预控顶中深孔房柱采矿法
王集磷矿	35~39	10~11	岩矿稳固，$f=8~12$	同步双上山采矿法
松树山铜矿	17~40	平均 10	岩矿不稳，$f=3~5$	有底柱分段崩落采矿法
银洞子多金属矿	30~43	5~10	岩矿中稳，部分不稳	分段采矿法
龙烟铁矿	35~45	平均 6.18	上盘不稳固，矿体稳固	爆力运矿低分段采矿法
杨家杖子钼矿	30~35	8.0~10	上盘中稳，$f=12~14$，矿体由中稳至不稳	低分段连续采矿法
确山银矿	30~50	4.0~10	围岩中稳，$f=6~8$	分段采矿法
东乡铜矿	30~50	5.0~10	岩矿不稳，$f=3~6$	喷锚网支护无底柱分段崩落法
大田硫铁矿	5~75	平均 7.07	上盘中稳 矿体稳固，$f=10~17$	不规则矿柱房柱采矿法
柏坊铜矿	30~60	平均 8.0	上盘 $f=8~10$ 矿体 $f=2.5~3$	上向胶结充填法
黑山沟铁矿	65~80	5.8~7.2	围岩，$f=6~8$ 矿体，$f=8~12$	有底柱分段崩落法
阁老岭铁矿	40~75	6~10	围岩不稳，$f=4~6$ 矿体稳固，$f=8~10$	分段空场崩落法
辉铜山铜矿	80~90	10~20	顶板不稳，$f=5~6$ 矿体稳固，$f=10~12$	分段采矿法
英德硫铁矿	80~87	2.0~20	岩矿稳固，$f=8~12$	分段采矿法
李家沟铅锌矿	70~85	6.0~8.0	岩矿中稳，$f=6~8$	振动放矿采矿法
盘龙岗硫铁矿	60~75	6.0~8.0	岩矿稳固	平底结构留矿法
铜坑锡矿	±15	平均 14.8	顶板不稳固 矿体中等稳固	水平分层充填法
玉石洼铁矿	10~30	15~20	顶板中稳 $f=6~14$ 矿体中稳 $f=7~15$	无底柱分段崩落法
邵东石膏矿	7~20	13~19	顶板灰岩 $f=6~8$ 矿体 $f=7~8$	浅孔房柱法
云锡老厂	5~20	1~20	围岩 $f=4~12$，矿体 $f=1~6$	金属网假顶分层崩落法
锦屏磷矿	35~50	2.0~20	围岩 $f=3~6$，矿体 $f=5$	无底柱分段崩落法 有底柱分段崩落法
狮子山铜矿	30~40	4~17	岩矿均稳固	浅孔留矿采矿法

由于有底柱分段崩落法、无底柱分段崩落法会导致地表大范围的沉降和塌陷，而且还会

产生严重的矿石损失和贫化，随着国家对安全环保的高度重视，崩落法在厚矿体开采中的应用已越来越少。中深孔房柱法、分段空场法、阶段空场法等空场类采矿方法在厚矿体开采中的实践较早、应用范围较广，但是随着采空区的不断累积，厚矿体开采的安全问题也尤为突出，在频繁的爆破冲击和卸载扰动作用下极易失稳坍塌、诱发地压灾害事故。此外，中深孔房柱法、分段空场法、阶段空场法还需要在采场内预留大量的顶柱、底柱、间柱及盘区矿柱资源，产生严重的资源损失与浪费，也将逐渐被充填采矿法取代。

分段空场嗣后充填法、阶段空场嗣后充填法是在传统分段空场法、阶段空场法的基础上，增加尾砂（或其他骨料）嗣后充填工艺，来消除采空区安全隐患、减少连续矿柱资源损失、避免大规模地压灾害事故。分段空场嗣后充填法、阶段空场嗣后充填法对矿体规整的厚矿体具有较好的适用性，具有单次爆破量大、作业安全性好、回采强度高、生产能力大等优点。针对矿体倾角和厚度变化较大、开采技术条件复杂的厚矿体，还可利用凿岩台车、铲运机、锚杆台车、矿用卡车等机械化的采装运设备，采用脉外采准工艺的机械化上向水平分层充填法进行开采。

6.3 微倾斜厚矿体开采典型方案与实例

6.3.1 典型充填采矿法方案

微倾斜厚矿体是指倾角≤15°、5 m<厚度≤20 m的矿体，在层状沉积型磷矿、铁矿、硫铁矿和铜矿中较为常见。由于沉积型矿床一般分布范围广、储量规模大、矿石品位均匀，其勘探和开采难度相对较小，常用的充填采矿法方案为中深孔房柱嗣后充填法或分段空场嗣后充填法。

1. 中深孔房柱嗣后充填法

房柱法的基本特点是在回采单元中划分矿房、矿柱并相互交替排列，回采矿房时留下规则的矿柱维护采空区顶板。针对厚矿体特点，中深孔房柱嗣后充填法在房柱法的基础上，采用中深孔替代浅孔落矿并增加嗣后充填工艺，以提高开采效率、消除采空区安全隐患。近年来，大型机械化的采装运设备开始在中深孔房柱嗣后充填法中广泛使用，不仅克服了传统浅孔房柱法回采效率低、生产能力小的缺陷，而且还可有效减少井下用工数量、降低采矿综合成本。但是，中深孔房柱嗣后充填法要求顶板岩体稳固性好、矿体沿走向连续性较好、形态规则，而且其采场的最大空顶高度过高，回采作业过程的顶板管理难度较大、存在一定的安全风险。

2. 分段空场嗣后充填法

针对微倾斜厚矿体，分段空场嗣后充填法通过沿矿体倾向将层状厚矿体划分为若干盘区和矿块，各矿块采用两步骤开采的方式，步骤一采场采用胶结充填，步骤二采场采用非胶结或低强度胶结充填。利用凿岩台车和铲运机等机械化采掘装备，沿矿体倾向回采，直至整个盘区回采完毕。分段空场嗣后充填法同样要求顶板岩体稳固性好、矿体沿走向连续性较好、形态规则,而且也具有顶板管理难度较大、回采作业存在一定的安全风险等问题。

6.3.2 孙家墩磷矿空场法开采现状

宜昌作为国内重要的磷矿基地之一,磷矿产量位列全国第三位,宜昌的磷矿主要分布在夷陵、兴山、远安三县区交界处,由16个矿床(段)组成,探明保有磷矿资源储量28.03亿t,占湖北省保有总储量的54%。

1.矿山概况

湖北柳树沟矿业股份有限公司是由宜昌市夷陵区樟村坪镇、宜昌柳树沟矿业有限公司、宜昌宝石山矿业有限公司、宜昌市云峰磷矿公司因矿山整合经宜昌市夷陵区政府批准,于2008年3月新成立的股份有限公司,隶属夷陵区经贸局,是宜昌较早开发磷矿的正规矿山企业。宜昌诚信工贸有限责任公司孙家墩磷矿是湖北柳树沟矿业股份有限公司控股的主力矿山之一,矿区位于与宜昌市夷陵区北北西340°方向直距90 km的宜昌磷矿北缘,隶属宜昌市夷陵区樟村坪镇董家河村,东与江家墩矿段相邻、南与挑水河矿段相接(图6-1)。

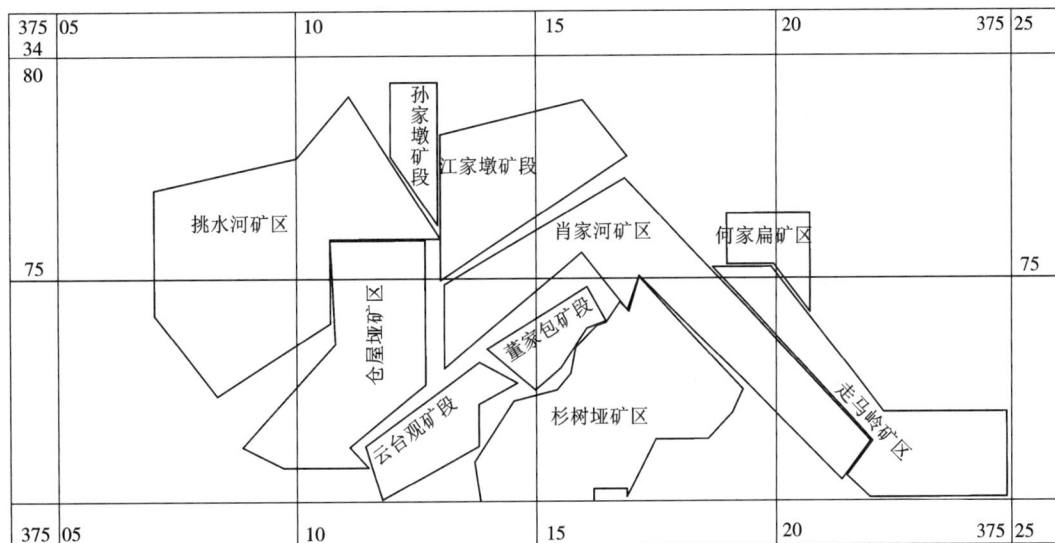

图6-1 孙家墩矿段与相邻矿段分布示意图

2.矿床开采技术条件

1)矿区地质条件

矿区位于黄陵背斜东翼及北翼,背斜核部由前震旦系崆岭群变质岩、混合岩及岩浆岩组成,翼部为震旦系~古生界沉积盖层,地层发育齐全。矿段地层现由下至上主要包括:中元古界神农架群(Pt_2s)、陡山沱组(Z_2d)、震旦系上统灯影组(Z_2dn)、寒武系(Є)和第四系(Q)。矿段地层总体呈北东倾向的单斜构造,倾角6°~12°,褶皱不发育,以断裂构造为主,共发现FR_1~F_3断层3条,断层断面较清晰,断裂破碎带主要由构造角砾岩、碎裂岩组成。

2) 工程及水文地质条件

矿段内主要地表水体分布于矿段南缘，为自西向东流的管界河，矿段以上汇水面积 41.6 km²，河床最低标高 882.70 m，流量 213.2~1900.8 L/s。河沟水的补给来源主要为大气降水，枯水期则主要靠两侧灯影组白云岩含水层的泉水及上游采矿坑道排水补给。矿段内工业磷矿层均藏于当地侵蚀基准面以下，矿床水文地质勘探类型属以溶蚀裂隙为主，顶底板直接充水，水文地质条件中等~复杂的岩溶充水矿床。主要工业磷矿层（Ph_2）直接顶板由半坚硬~坚硬中厚层夹薄层状泥晶云岩组成，层间结构面发育，易于产生块状、片状或楔形崩落等不良工程地质问题。矿段工程地质勘探类型属矿层及围岩以坚硬~半坚硬碳酸盐岩为主，工程地质条件为中等~复杂的矿床。矿段内现状主要环境地质问题为危岩体威胁和暴雨期山洪泥（水）石流灾害，环境地质条件属中等类型。本矿段开采技术条件属于 Ⅱ-4~Ⅲ-4 类型，即为以水文地质和工程地质复合问题为主，开采技术条件为中等~复杂的矿床。

3) 矿体赋存条件

孙家墩磷矿矿区面积 2.3772 km²，区内赋存 Ph_2^2、Ph_2^1、Ph_1^3 三个磷矿层，其中 Ph_2^2 和 Ph_2^1 是设计开采工业矿层。Ph_2^2 矿层倾角 4°~10°，厚度 1.34~14.52 m，平均厚度 9.32 m，矿层三分结构明显，分为上分层（Ph_2^{2-3}）、中富矿（Ph_2^{2-2}）和下分层（Ph_2^{2-1}）。Ph_2^{2-3} 厚度 0~4.38 m，平均厚度 1.50 m；Ph_2^{2-2} 厚度 0~9.55 m，平均厚度 4.01 m；Ph_2^{2-1} 厚度 0~9.24 m，平均厚度 4.14 m。Ph_2^1 是次要工业磷矿层，倾角 4°~10°，分为 2 个工业矿体，Ⅰ号矿体矿层厚度 1.35~4.08 m，平均厚度 2.43 m，Ⅱ号矿体矿层厚度 1.35~2.51 m，平均厚度 1.68 m。

4) 顶底板特征

顶板为 $Z_2d_2^{1-2}$，其岩性特征为灰白~浅灰色中~厚层状粉晶白云岩、泥粉晶白云岩，局部夹灰黑色细磷条带（团块）及泥质云岩条带，属半坚硬类岩石。矿层与顶板大多为突变接触，局部地段两者呈渐变过渡关系，颜色分明、容易区分。大部分地段磷条带不发育，矿层的直接顶板为中~厚层状白云岩，两者界线清楚、界面平直。

底板为 $Z_2d_2^{1-1}$ 或 $Z_2d_1^3$，岩性特征为灰~灰白色厚层状粉晶白云岩，常见灰~灰黑色砂砾屑及硅质团块，局部地段夹少量细磷条带或团块，矿层与底板界线明显，属饱和抗压强度大于 60 MPa 的坚硬岩石类。磷块岩为灰黑色，条带状和透镜状产出，云岩为灰~灰白色，层状构造，二者区别明显、容易区分。大部分地段矿层直接底板为厚层白云岩，界线清楚、界面平直。

3. 岩石力学试验

如图 6-2 所示，通过选择揭露的代表性矿段开展主要矿岩的取样和岩石力学参数测试，为采矿方法选择、采场结构参数优化、支护方式确定提供依据。利用 SANS SHT4206 电液伺服万能试验机，对加工试件进行了岩石力学参数测定，结果见表 6-2 及表 6-3。

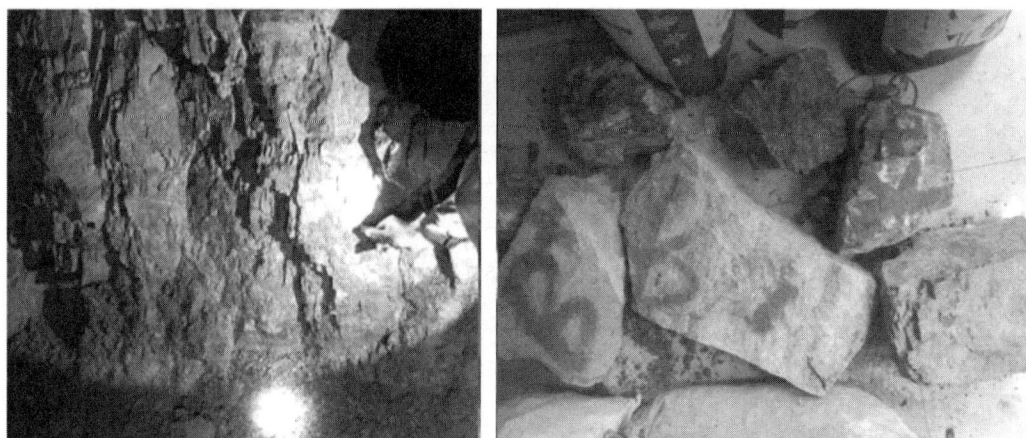

图 6-2 岩石取样

表 6-2 单轴抗压强度及弹性参数测试结果表

试样编号	直径/mm	高度/mm	峰值荷载/kN	单轴抗压强度/MPa	弹性模量/GPa	泊松比
SJD1-3	50.29	105.29	249.98	126	56.41	0.18
SJD1-4	50.28	104.76	192.67	97	46.5	0.24
SJD1-5	50.25	102.38	218.75	108	49.83	0.22
上贫矿平均值				110.3	51.91	0.21
SJD2-3	50.23	100.82	272.88	138	73.56	0.22
SJD2-4	50.23	101.75	244.25	123	72.21	0.31
SJD2-5	50.18	100.28	256.82	128	72.58	0.24
顶板白云岩上层平均值				129.6	72.78	0.26
SJD3-3	50.12	103.44	93.76	45.5	34.46	0.23
SJD3-4	50.21	102.62	98.53	50.2	36.75	0.26
SJD3-5	50.05	102.86	88.24	43.7	34.81	0.22
顶板白云岩平均值				46.5	35.34	0.24
SJD6-2	50.17	101.61	194.51	98.4	66.15	0.23
SJD6-3	50.19	101.56	91.72	46.4	38	0.12
SJD6-4	50.09	101.84	183.75	92.6	63.94	0.21
中富矿平均值				79.1	56.03	0.19
SJD7-2	50.12	102.32	137.54	68.5	54.24	0.18
富矿平均值				68.5	54.24	0.18

表 6-3 劈裂拉伸试验结果表

试件编号	直径/mm	高度/mm	峰值荷载/kN	抗拉强度/MPa	平均抗拉强度/MPa
SJD1-1	50.23	50.63	49.08	12.29	12.2
SJD1-2	50.33	52.11	49.89	12.11	
SJD2-1	50.19	49.05	31.21	8.07	8.88
SJD2-2	50.21	50.3	38.47	9.7	
SJD3-1	50.16	51.45	12.67	3.13	3.7
SJD3-2	50.15	52.3	17.57	4.26	
SJD6-1	50.12	50.77	44.38	10.23	10.23
SJD7-1	50.18	52.6	7.34	1.77	1.77

试验结果表明：取样矿石的直接顶板为中~厚层状白云岩，岩石物理力学性质属半坚硬类岩石。此外，上贫矿抗压和抗拉强度均较好，高于中富矿和直接顶板，属坚硬类岩石；中富矿则稳固性差，岩性较脆。

4.《初步设计》采矿方案评价

中国寰球工程公司华北规划设计院于 2011 年提交了《宜昌诚信工贸有限责任公司孙家墩磷矿 80 万 t/a 采矿工程初步设计》（以下简称《初步设计》），按矿体赋存状态及分期建设要求，确定沿矿体倾向以 Ph_2^2 矿层中段标高 547 m、Ph_2^1 矿层中段标高 540 m 将矿体划分为一期与二期，先采一期，二期接替。Ph_2^2 矿层采用锚杆预控顶房柱法采矿，上贫矿 Ph_2^{2-3} 与中富矿 Ph_2^{2-2} 合采，下贫矿 Ph_2^{2-1} 单独开采；Ph_2^1 矿层全层混采，采用普通房柱采矿法采矿，采空区嗣后废石胶结充填。

1)《初步设计》采矿方案简介

考虑到本矿段主要工业矿层 Ph_2^2 开采时富矿与中低品位矿分采、分运的实际要求，为较好地控制 Ph_2^2 矿层局部稳定性较差的顶板，同时提高矿块生产能力和矿石回收率，《初步设计》采用锚杆预控顶房柱法。这种方法对顶板的控制较好，对顶板的稳固性要求相对较低，在锚杆（或锚喷）支护的顶板下作业安全性较好，矿石回收率高，但采场支护成本较高、效率较低、生产能力较小。

2）回采工艺

矿块沿矿体走向布置，矿块走向长 120 m，斜长 80~120 m，平均长度 100 m。矿块间留两条 4 m 宽连续矿柱，顶、底柱宽 4 m，矿房内留设 4 m×6 m 的点柱(图 6-3)。

采准工程为脉内出矿上山和出矿斜巷，切割工程为脉内切割上山和切割横巷。矿房在矿体倾斜方向沿切割上山自上而下回采，矿房在垂直方向回采顺序为先上后下，即先切顶，再回采中富矿层，最后回采下贫矿层。使用 YT-27 凿岩机钻凿垂直于工作面的平行炮孔，3 m³ 柴油铲运机出矿。矿块内单个矿房三个台班为一个循环，平均生产能力为 95 t/d，矿块回采周期为 15~21 个月。间柱及矿房中的点柱、顶柱和底柱一般不予回收。

随着切顶工作的进行，同时进行顶板的锚杆支护。采用 YSP45 上向凿岩机钻凿锚杆孔，

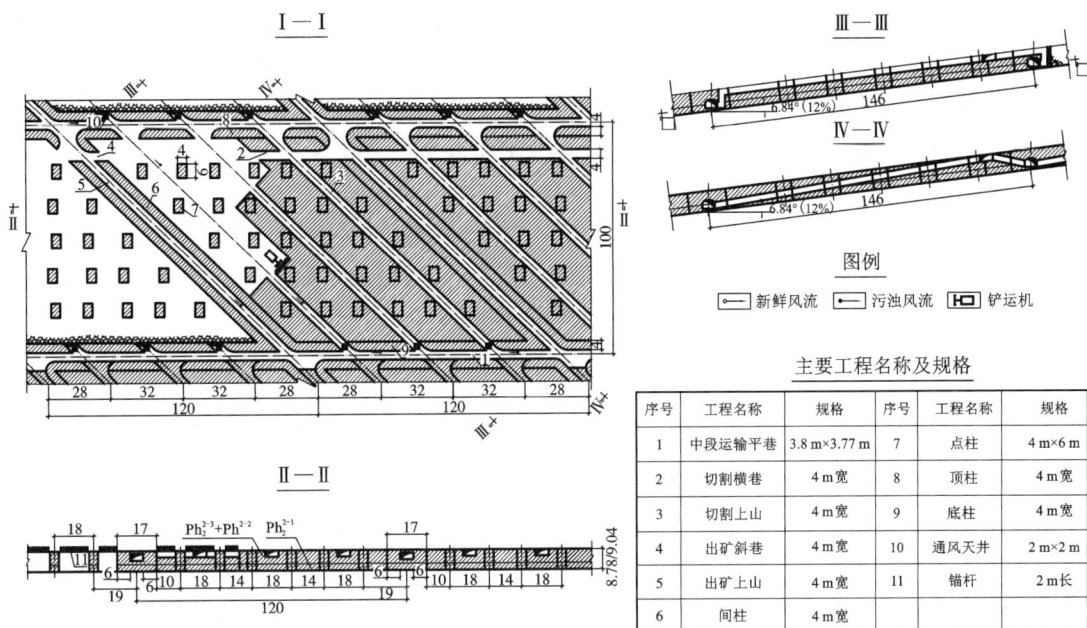

图 6-3　《初步设计》中锚杆预控顶房柱法(单位: m)

锚杆采用 $\phi18$ mm 无纵筋对旋式螺纹钢,长度 $2.0 \sim 2.5$ m,间排距为 1.0 m$\times1.5$ m。如遇易风化冒落顶板,采用锚喷支护或锚喷网支护。矿石损失主要是采场中的顶柱、底柱、间柱和点柱,混入废石为矿层顶、底板围岩。垂直走向布置矿块损失率 25.94%,矿石贫化率 3.20%;伪倾斜布置矿块损失率 27.84%,矿石贫化率 2.87%。

3)采矿方案评价

虽然锚杆预控顶房柱法工艺简单,但是存在以下缺点:

(1)支护工程量大,支护成本高。对于矿岩稳固性差的中厚缓倾斜矿体,为保证出矿作业的安全,必须对切顶层进行高强度支护。喷锚网联合支护不仅支护成本高,而且支护效率低、经济效益无法保证。

(2)矿柱损失大。为保障回采作业安全,除留设间柱、顶柱、底柱外,采场内还预留了大量的点柱,设计矿石回采率为 $70\% \sim 75\%$,但实际上平均回采率仅 $50\% \sim 60\%$,资源永久性损失严重。

5. 矿山存在的主要问题

由于复杂的水文地质条件和工程地质条件,矿山在生产实践过程中存在如下问题,严重影响矿山生产效率、经济效益和安全性。

1)井下涌水量大

虽然矿区地表水系简单,但地下涌水量大,在周边未开采、本矿区单独开采的情况下坑内最大涌水量 63963.2 m³/d,正常涌水量 48457.0 m³/d,属典型的富水矿床,开采过程中突水事故隐患十分突出。

2）两矿层间夹石层厚度不一，对回采顺序与工艺提出了较高的要求

本矿区内主要工业矿层为 Ph_2^2、Ph_2^1，两矿层之间夹层厚度为 2.98～8.44 m，平均厚度 5.05 m，两矿层回采过程中，必须考虑它们相互之间的影响，合理优化采场布置、回采顺序及充填体质量指标。

3）工程地质条件复杂，矿层顶板软弱，支护工作量大、成本高

主矿层 Ph_2 直接顶板为层状夹薄层状泥质云岩和云质泥岩，较软或相对软弱结构面发育，稳定性差，区内构造裂隙发育，层间裂隙（层理）结构面亦均发育，在风化作用及地表水与地下水的浸润作用下，尤易于产生沿层面剥离现象。为保证作业安全，需对矿层顶板进行全断面支护，支护工作量大、成本高，也影响了回采作业效率。

4）选用的采矿方法需留设大量矿柱，资源损失严重

为保障回采作业安全，除留设间柱、顶柱、底柱外，采场内还预留了大量的点柱，矿石回采率仅 50%～60%，资源永久性损失严重。

5）采空区充填工艺效率低、成本高

由于复杂的工程地质及水文地质条件，如果采用空场法而不对空区进行彻底治理，会引起较强烈的地压活动和采空区失稳塌陷，使顶板冒落破坏上部隔水层和岩层而引发裂隙导通含水层甚至地表水，造成突水和诱发地面塌陷、滑坡、危岩体失稳等地质灾害。虽然《初步设计》提出采用废石胶结充填治理采空区，但该工艺因存在如下问题而并不具备可行性：

（1）矿山掘进废石有限，远不能满足采空区充填需要，如采用外部废石，破碎、运输、破碎工艺复杂，成本高。

（2）掘进工作面分散，铲运机转运、平场废石，效率低。

（3）高浓度水泥浆浇淋废石集料，水泥消耗量大，成本高。

（4）废石胶结充填受废石堆放限制，无法实现充填接顶。

充填法是有色金属和贵金属矿山最早采用的一类安全环保采矿方法。近年来，随着充填材料、充填工艺及管道输送技术装备的进步和突破，充填成本不断降低，尤其是国家对安全及环境保护的重视，充填法因其无可替代的优势，迅速在煤矿、铁矿、化工矿山等在传统上不宜采用充填法的矿山中得到广泛应用。湖北省安监局及省人民政府亦率先出台相关规范如《金属非金属地下矿山采空区专项治理工作实施方案》（鄂安监函〔2012〕177 号）、《金属非金属地下矿山推广充填采矿技术的实施意见》（鄂安监发〔2012〕199 号）、《进一步强化制度建设确保安全生产的决定》（鄂政发〔2013〕34 号），以引导企业采用充填法，消除采空区隐患、建设无尾矿山。

由于孙家墩磷矿所在的宜昌地区磷矿普遍采用空场法，无充填采矿实例，加之矿山已按照空场法完成了开拓系统，并进行了矿块划分和采准与切割工作。随着主体采矿方法由空场法变更为充填法，原有开拓工程、采准切割工程都需作相应调整，以满足充填采场布置和工艺的要求，实现采矿方法平稳转换。为此，孙家墩磷矿与中南大学开展技术合作，围绕采矿机械化装备配套、新型充填采矿工艺、低成本充填等一系列重大技术难题进行技术攻关。研究成果不仅对实现孙家墩磷矿采矿方法的顺利转变，提高矿山回采作业安全性和经济效益具有现实意义，还对提高宜昌地区磷矿资源开发利用总体技术水平，保护当地生态环境具有重要的示范效应和巨大社会、环境效益。

6.3.3 孙家墩磷矿富水矿床充填采矿法组合方案

《初步设计》推荐的锚杆预控顶房柱法支护成本高、矿柱损失大、无法保证上覆水体安全,并不适合孙家墩磷矿复杂的开采技术条件,需研究新型充填采矿方法组合方案。

1. 采矿方法选择

孙家墩磷矿主磷层 Ph_2^2 呈连续层状分布,厚 $1.34 \sim 14.52$ m,平均厚度 9.32 m,倾角 $4° \sim 10°$,属缓倾斜中厚矿体,为本次采矿工艺研究的重点对象。次磷层 Ph_2^1 平均厚度 2.11 m,倾角 $4° \sim 10°$,属缓倾斜薄矿体,矿量较少、矿体较薄,再加上矿体顶板层间结构面发育,采用单进路充填采矿法即可安全回收此部分矿体。

考虑到在采场内留设点柱,不仅妨碍无轨设备运行,造成永久损失,而且在采矿过程极易被超剥,失去支撑作用影响回采安全,首先排除点柱充填法。同时,考虑到矿体顶板层间结构面发育,坑道揭露后,易于产出块状、片状或楔形崩落等不良工程地质问题,选择采矿方法时应严格控制采幅和采场暴露面积。因此,推荐采矿方法应以小断面的进路充填法为主,局部矿岩稳固性较好、厚度较大的地段可考虑采用大断面、中深孔的采矿方案。结合主磷层 Ph_2^2 的赋存条件和厚度变化情况,推荐的充填法方案包括:预控顶小分段充填法和免切顶小分段充填法(均为进路充填法和分段充填法的变形方案)。

2. 预控顶小分段充填法

1) 采场布置与结构参数

预控顶小分段充填法首先回采上分层(控顶层),采用支护措施加固顶板;布置下向垂直中深孔一起回采下部矿体。预控顶小分段充填法采用两步骤间隔回采工艺,首先回采矿柱,高强度充填后回采矿房,进行低强度胶结充填。

基于孙家墩磷矿矿体特征,采场垂直矿体走向布置,长度 50 m,宽度为 $3.5 \sim 4$ m,高度为矿体厚度。

2) 采准工程布置

采准工程主要包括主斜坡道,下、上层联络道等(图 6-4)。由于矿山采用无轨开拓,铲运机和凿岩台车均可通过主斜坡道到达各中段采场。其坡度应满足铲运机的爬坡能力要求,断面规格 4 m×3.8 m。预控顶小分段充填法上、下分层采场均需布置一条沿矿体走向的分层联络道连通各采场,其中上层联络道负责控顶层的凿岩和出矿,下层联络道主要负责出矿,断面规格 4 m×3.8 m。

3) 回采顺序

回采顺序为自上分层联络道进入上磷层,先采上分层(控顶层);中、下磷层(回采层)回采时,在控顶层内以回采层联络道为自由面钻凿垂直孔崩矿。

4) 凿岩爆破

控顶层采用凿岩台车凿岩,炮孔布置采用楔形掏槽方式,首先形成爆破自由面,采用 $\phi32$ mm 乳化炸药药卷,非电导爆管、毫秒微差雷管,采用 CHA-300 型起爆器,以掏槽眼、辅助眼、周边眼、底眼为序分段起爆。在控顶层进路内利用凿岩台车钻凿下向垂直炮孔,向回采层联络道方向侧向崩矿。下向垂直炮孔长度 6.3 m,炮孔距进路轮廓线取 0.5 m,其他炮孔间距 1.3~1.4 m。

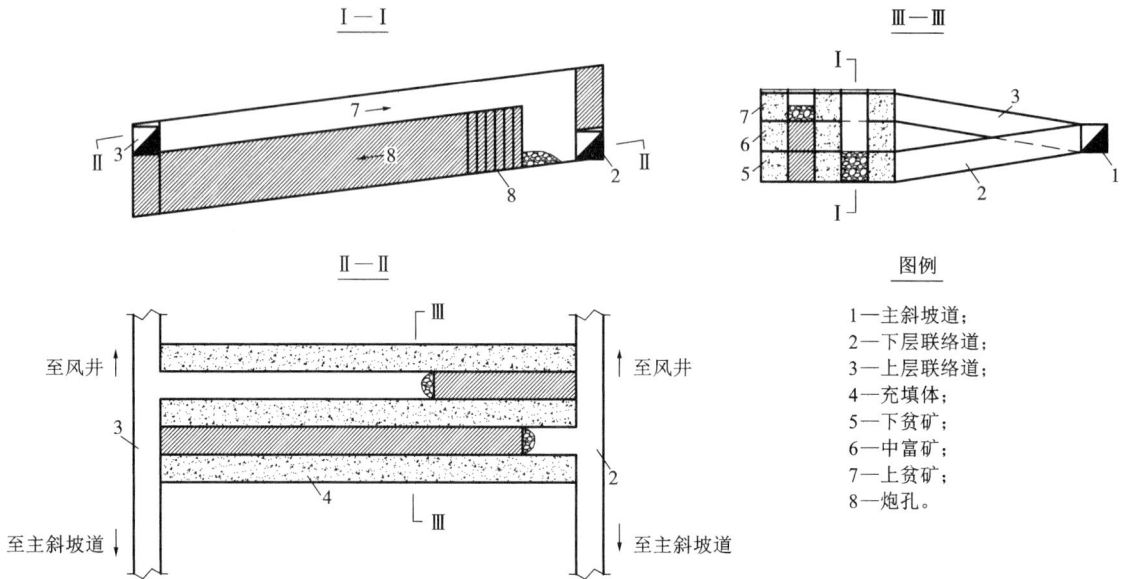

图 6-4　预控顶小分段充填法(孙家墩磷矿)

5)出矿

每次爆破经充分通风排出炮烟后,利用 2 m³ 国产柴油铲运机(实际生产能力 163 t/台班)经采场分层联络道运至最近溜井卸矿。

6)通风、顶板管理与充填

控顶层顶板管理、采场充填工艺与预控顶进路充填法相同。采场爆破工作结束后,及时通风、清理顶帮松石,尽快充填。

7)主要技术经济指标

预控顶小分段充填法标准采场总矿量 4730 t,回采周期 25 d(不含充填),采场生产能力 189 t/d,采矿综合成本 105.64 元/t。其中,控顶层回采进度:采矿加采场支护,推进速度约为 4 m/d(采矿 1 台班、通风出矿 1 台班、支护 1 台班),50 m 长采场共需 13 d,生产能力为 121 t/d;回采层回采进度:采矿进度约为 9 m/d(每天 3 台班,3 m/台班),回采层共需 12 d,生产能力为 263 t/d;充填准备加充填共需 3~5 d。孙家墩磷矿预控顶小分段充填法主要技术经济指标汇总于表 6-4。

表 6-4　孙家墩磷矿预控顶小分段充填法主要技术经济指标

序号	指标名称	单位	数值	备注
1	品位：P_2O_5	%	26.84	平均值
2	矿体厚度	m	9.32	
3	矿体倾角	(°)	4~10	

续表6-4

序号	指标名称	单位	数值	备注
4	采场构成要素	m×m×m	50×3.5×9.32	长×宽×高
5	分层高度	m	3.1+6.22	控顶层+回采层
6	回收率	%	95	
7	贫化率	%	5	
8	铲运机生产能力	t/台班	163	
9	充填能力	m³/h	100	
10	矿块回采周期	d	28~30	包含充填
11	采场生产能力	t/d	189	控顶层121，回采层263
12	采矿直接成本	元/t	28	
13	支护成本	元/t	55	全喷浆+关键点锚网
14	充填成本	元/t	22.68	
15	采矿综合成本	元/t	105.68	采矿+支护+充填

3. 免切顶小分段充填法

1）采场布置与结构参数

预控顶小分段充填法需要先进行全断面切顶，在全断面支护加固顶板后进行下分层回采。为进一步降低支护成本，可采用免切顶小分段充填法。该方法是在分段充填法的基础上，针对孙家墩缓倾斜中厚层状矿体和围岩的特殊条件的演化而来的。其基本特点为：首先在采场顶部中央垂直矿体走向掘进凿岩巷道，锚网护顶后，采用凿岩台车钻凿下向扇形中深孔，侧向崩矿，遥控铲运机出矿，出矿结束后进行胶结充填。

免切顶小分段充填法分两步骤间隔回采，首先回采矿柱，高强度充填后回采矿房，进行低强度胶结充填。采场垂直矿走向布置，长度50 m，宽度为9 m，高度为矿体厚度。

2）采准工程

采准工程主要包括主斜坡道，上、下层联络道和上分层凿岩巷道等（图6-5）。主斜坡道和上、下层联络道布置方式与预控顶小分段充填法相似。在上分层采场中央掘进凿岩巷道，凿岩巷道宽度3~4 m，高度为上层矿厚度。

3）切割工程

与预控顶小分段充填法不同，该方法需要在靠近出矿分层联络道的位置施工切割立槽，切割立槽采用切割巷道拉槽法形成。

4）凿岩爆破

凿岩设备以凿岩台车为主，凿岩巷道采用进口 Bommer 281 液压凿岩台车钻凿水平炮孔开掘，主矿体回采推荐采用 KQLG150 顶锤式凿岩台车，钻凿下向扇形炮孔，向回采层联络道方向侧向崩矿。根据矿体松散系数，主矿体回采分5次爆破，爆破进尺依次为：2 m、4 m、8 m、16 m 和18 m。

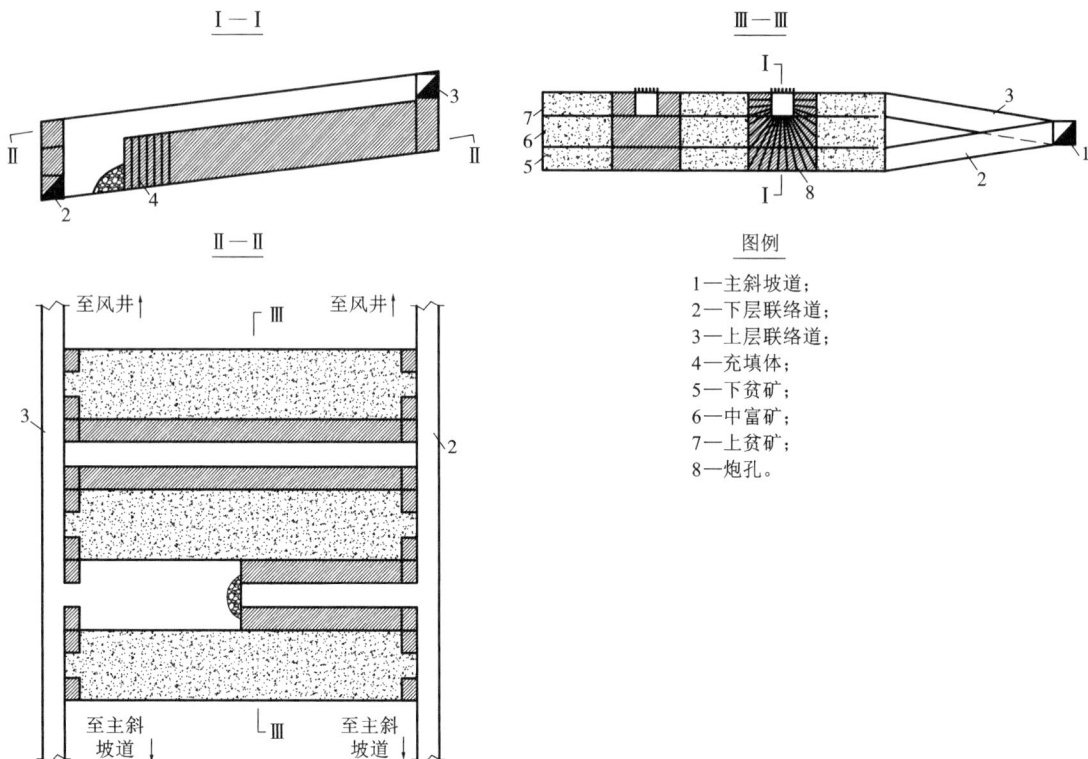

图 6-5 免切顶小分段充填法(孙家墩磷矿)

5)出矿

因凿岩巷道宽度仅为 3.5~4 m,而采场宽度为 9 m,为保证作业安全,每次爆破经充分通风排出炮烟后,利用 2 m³ 遥控铲运机(生产能力约为 150 t/台班)经采场分层联络道出矿。

6)通风、充填

采场通风、充填工艺与预控顶小分段充填法基本相同。

7)主要技术经济指标

标准采场总矿量 12160 t,回采周期 46.3 d(不含充填),采场生产能力 262 t/d,采矿综合成本 105.64 元/t。其中,采准切割进度:凿岩巷道采矿加支护,推进速度约为 4 m/d(采矿 1 台班、通风出矿 1 台班、支护 1 台班),50 m 长采场共需 13 d,切割拉槽 3 d。回采层回采进度:1 次爆破需 1.3 d(凿岩爆破通风 1 台班,出矿 1 d),2 次爆破需 2.7 d(凿岩爆破通风 2 台班,出矿 2 d),3 次爆破需 5 d(凿岩爆破通风 3 台班,出矿 4 d),4 次爆破需 10 d(凿岩爆破通风 2 d,出矿 8 d),5 次爆破需 11.3 d(凿岩爆破通风 2.3 d,出矿 9 d);充填准备加充填共需 5~7 d。孙家墩磷矿免切顶小分段充填法主要技术经济指标见表 6-5。

表 6-5 孙家墩磷矿免切顶小分段充填法主要技术经济指标

序号	指标名称	单位	数值	备注
1	品位:P_2O_5	%	26.84	平均值
2	矿体厚度	m	9.32	

续表6-5

序号	指标名称	单位	数值	备注
3	矿体倾角	(°)	4~10	
4	采场构成要素	m×m×m	50×9×9.32	长×宽×高
5	分段凿岩巷道规格	m×m×m	50×3.5×上层矿厚度	长×宽×高
6	回收率	%	95	
7	贫化率	%	5	
8	铲运机生产能力	t/台班	150	遥控铲运机
9	充填能力	m³/h	100	
10	矿块回采周期	d	51~55	包含充填
11	采场生产能力	t/d	262	总矿量12160 t
12	采矿直接成本	元/t	26	
13	支护成本	元/t	22	全喷浆+关键点锚网
14	充填成本	元/t	22.68	
15	采矿综合成本	元/t	70.68	采矿+支护+充填

6.3.4 孙家墩磷矿富水复杂矿床安全开采技术研究

1. 水体下采矿实践及研究现状

人类最早在河流、湖海、流砂层、含水层等水体下采煤，为防止泥砂水溃入矿井，通常用疏干水体、河流改道等方法治理，这类方法虽可彻底治水防灾，但费用过大，疏干(如大海、湖)效果不可靠。表6-6汇总了国内外部分水体下开采金属非金属矿实例。

表6-6 国内外部分水体下开采金属非金属矿实例

矿山名称	矿体赋存条件	开采深度/m	开采条件	隔水层及相对隔水层状况	矿岩稳固程度	采矿方法	最终裂隙带高度/m	地表下沉变形状况
湘潭锰矿石冲矿段	矿厚0.5~3.3 m，α=30°~50°，赋存于页岩中	100~200	位于柴山水库下	黑页岩20 m，冰碛层30 m，隔水层总厚50 m	矿石冰碛层稳固，页岩不稳固	上向分层水砂充填法	11.4~13.4	12年下沉391 mm
锡矿山南矿	产于硅化灰岩中，厚2~30 m，α=15°~35°	110~150	飞水岩河床下采保安矿柱	硅化灰岩厚大，直接顶长龙界页岩厚90 m	矿体稳固，页岩易碎	矿柱砼充填，矿房水砂充填	23	7年实测下沉31 mm

续表 6-6

矿山名称	矿体赋存条件	开采深度/m	开采条件	隔水层及相对隔水层状况	矿岩稳固程度	采矿方法	最终裂隙带高度/m	地表下沉变形状况
日本栅原硫铁矿	块状矿体，$\alpha<30°$	370	水田、吉井河下	不详	矿岩稳固	充填法	不详	计算值 5~10 mm
波兰茨塞宾尼卡铅锌矿	含矿白云岩，厚 3~10 m，最厚 20 m	200	白云岩富含水	直接顶板为白云岩	矿岩稳固	房柱水砂充填	不详	285 mm
前苏联灯塔矿	平均厚度为 12 m 的缓倾斜厚矿体	150~250	距上部矿体 90 m 处有大含水层	含水层与矿体之间有约 90 m 厚的不稳固岩层	上部稳定性差，易塌方，下部矿体矿岩稳固性好	充填法	不详	未发生危害性变形
澳大利亚多芬钨矿	板块状矿体，厚 10~50 m，$\alpha=30°~45°$	100~200	塔斯曼海湾岩底下	海洋旁，覆岩为火山岩体	节理发育，不稳固	充填法	不详	顶板保持稳定
瑞典莱斯瓦尔铅锌矿	缓倾斜矿体，上层厚 6~11 m，下层厚 25 m，矿层倾角 3°	不详	湖下	不详	稳固性好	房柱法脱尾充填无轨采矿	不详	安全，但矿柱损失大，损失率为 15%~20%

2. 断层附近采矿实践及研究现状

防水矿岩柱留设是矿井防治水工作的重要内容之一，对较大导水断层留设合理的防水矿岩柱是防止断层突水较有效的方法之一。在留设断层防水矿岩柱之前，需对断层的断裂结构面力学性质、断层充填物性质、断层性质、断层导水特性等进行详细的地质调查，分析其相关特点（表 6-7），地质调查结果可为断层处理方式提供理论基础。

表 6-7 断层性质特征与充水关系表

结构面性质	显观构造	断裂构造分带	充水特征	备注
压性	鳞片状挤压片理带	内带	一般不含水，充水性很弱，往往起隔水作用	当压性断裂为逆断层或逆冲断层时，岩溶化程度高及其充水性强
	平行型构造透镜体带	中带	局部充水，水量有限	
	伴生密集裂隙带	外带	一般充水性强	
压扭性	薄板状挤压片理带、斜列型构造透镜体带	内带与中带	充水性较弱	
	派生裂隙密集带	外带	充水性强烈，富水范围大，一般下盘充水性更强烈	

续表6-7

结构面 性质	显观构造	断裂构造分带	充水特征	备注
扭性	断层泥砾带、劈理构造带	内带与中带	充水性甚弱	在不受强烈风化时,不含水/富水;外带伴生或派生断裂构造部位充水性强
	派生构造带	外带	一般充水性强	
张扭性	羽裂构造带	内带与中带	一般充水,比扭性断裂强,弱于张性断裂内、中带	比张性、压性等断裂外带的充水性强
	派生构造带	外带	充水性强	
张性		内带	一般含水、透水的,而富水性不大,但断裂与强含水层沟通时,富水性很强	

　　地下采掘作业都是在矿体和附近围岩内进行的,虽然揭露较大断层的机会不多,其经常揭露的是30 m断距以下的小断层,但断层的存在往往为突水创造条件,在矿区底板突水事故中,接近断层或接触断层发生的突水占80%。因此,必须高度重视断层附近开采作业时的安全问题。如图6-6所示,断层突水的主要特征为:

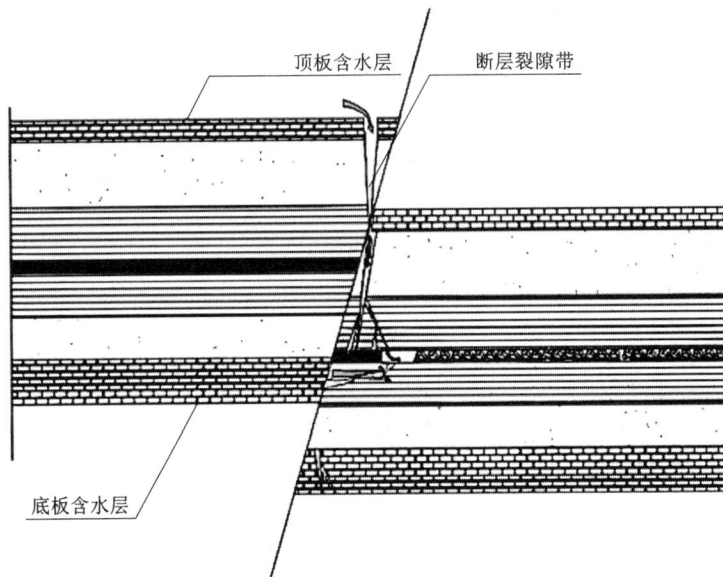

图6-6　工作面断层处突水机理

　　(1)断层两盘的上升和下降会缩短含水层与矿体间距,设计的防水矿柱可能会失效。
　　(2)断层伴生的裂隙会削弱隔水层的抗压强度,把原来没有水力联系的岩层导通,从而增强地下水的交替运动,为裂隙溶洞的发育创造条件,增加地下水的静储量和含水层的富水性。

（3）有限元计算结果表明，断层面作为岩体中的一个弱面，当其周围产生较大的应力集中时，断裂带附近的岩体最先产生塑性变形及采动裂隙。

（4）断层或断裂构造的存在，将导致一定厚度的断层或断裂破碎带的存在，这些破碎带物质长期受含水层中水的浸泡作用，强度大大降低，形成一个弱化的导水通道，加上开采活动的影响，其阻水能力大大降低。

3. 防水保安矿柱留设

水体下开采安全与否取决于矿体开采引起的导水裂隙带是否导通上部水体。为此，必须研究上覆承压水条件下，不同类型采矿工艺（预控顶充填、小分段充填）导水裂隙带高度和安全开采深度计算方法，并分析导水裂隙带高度和安全开采深度是否越过隔水层和相对隔水层进入含水层，进而划定防水保安矿柱。

1）直接顶板防水矿柱留设

孙家墩磷矿主磷层 Ph_2^2 直接顶板为裂隙、岩溶均不发育，具弱透水和相对隔水性能的震旦系上统陡山沱组胡集段下亚段（$Z_2d_2^{1-2}$），由灰白色薄~中厚层状泥粉晶和粉晶白云岩组成，厚度 1.46~6.20 m，平均厚度 4.36 m。由于 $Z_2d_2^1$ 之上为陡山沱组王丰岗段（Z_2d_3）与胡集段上亚段（$Z_2d_2^2$），属主矿层顶板直接充水的岩溶裂隙弱富水含水层。为避免矿体开采过程中导通顶板直接充水层，应考虑留设直接顶板防水矿柱。

关于化工矿山水体下采矿导致的导水裂隙带及安全开采深度的研究较少，可比照煤炭系统的研究成果，并根据磷矿床特点进行半定性、半定量分析。开采引起围岩的移动和破坏在时间及空间上是一个复杂的运动破坏过程，其特点为：上覆岩层移动和破坏具有明显的分带性，从采空区至地表，覆岩破坏范围逐渐扩大、破坏强度逐渐减弱。在缓（倾）斜中厚煤层条件下，只要采深与采高之比达到一定值（一般为 40），覆岩的破坏和移动会出现三个代表性的部分，自下而上分别为冒落带、裂隙带和弯曲下沉带。采用胶结充填法时，在正常情况下，顶板不会发生严重的冒落性破坏，最终引起顶板围岩变形破坏的原因仅是充填接顶率小，充填体沉缩产生的残余空间。但为安全起见，采用煤炭系统流行的经过改进的如下公式计算因采动引起的冒落带高度：

$$H_c = \frac{M}{(K-1)\cos\alpha} \tag{6-1}$$

式中：M 为累计采厚，采用空场法时，M 取最大未接顶高度 10 m，采用充填法时，M 取 0.2 m；K 为冒落岩石碎胀系数，根据矿山情况取 1.5；α 为矿体倾角，取 7°。

按推荐的充填采矿方法（预控顶小分段充填法、免切顶小分段充填法）最大未接顶高度 0.2 m 计算，其冒落带高度为 0.4 m。即充填采矿法可有效控制采场冒落带的高度，可将冒落带的高度由空场法的 20 m 降低到 0.4 m，进而最大程度地保护主磷层 Ph_2^2 的直接隔水层顶板 $Z_2d_2^{1-2}$，避免矿体开采过程中导通顶板直接充水层。

应该指出的是，虽然充填法采场不足以使直接顶板 $Z_2d_2^{1-2}$ 冒落，但是考虑到矿体顶板层间结构面发育，坑道揭露后，易于产生块状、片状或楔形崩落等不良工程地质问题，因此采场或主巷通常需要采用锚杆进行支护。直接顶板 $Z_2d_2^{1-2}$ 及主磷层 Ph_2^2 厚度、品位分布见表 6-8。由表 6-8 可知，$Z_2d_2^{1-2}$ 厚度 1.46~6.2 m，在 ZK003（1.46 m）、ZK102（2.54 m）和

ZK301(2.4 m)处$Z_2d_2^{1-2}$厚度较小。虽然充填法采场不足以使直接顶板$Z_2d_2^{1-2}$冒落，但是支护过程中锚杆极易导通上部含水层使涌水进入采场，可将上述钻孔所在区段上贫矿留作防水保安矿柱，使主磷层的直接顶板厚度达到4 m，从而保证回采作业的安全。

表 6-8　直接顶板 $Z_2d_2^{1-2}$ 及主磷层 Ph_2^2 厚度、品位分布

工程点	隔水层直接顶板 $Z_2d_2^{1-2}$ 厚度/m	主磷层 Ph_2^2						隔水层直接底板 $Z_2d_2^{1-1}$ 厚度/m
		上贫矿 Ph_2^{2-3}		中富矿 Ph_2^{2-2}		下贫矿 Ph_2^{2-1}		
		厚度/m	品位	厚度/m	品位	厚度/m	品位	
ZK001	4.16	0.93	25.58	2.59	32.06	7.2	20.11	6.43
ZK002	5.7	2.88	17.17	5.31	30.95	6.31	20.15	0
ZK003	1.46	0.55	18.74	6.79	31.2	0.92	12.75	0
ZK004	5.97							0
ZK101	4.62	0.62	22.94	2.93	35.82	7.47	23.94	2.9
ZK102	2.54	0.89	26.02	6.85	35.01	0.5	19.85	8.44
ZK301	2.4	4.36	26.79	2.46	32.05	2.6	19.5	5.33
ZK302	4.34	1.61	23.93	0.87	38.22	3.36	19.52	0
ZK303	4.11			2.26	32.62	2.73	26.22	3.68
ZK304	6.05	2.89	26.25	1.59	30.37	1.39	21.91	0
ZK401	4.2	1.34	20.66					0
ZK402	6.2							0
ZK701	5	1.09	19.82	2.88	36.92	4.78	27.76	3.98
ZK702	4.09	1.01	16.68	5.27	30.67	7.37	26.71	4.6
平均值	4.35							5.05

2) 导水裂隙带高度

$Z_2d_2^1$ 之上为陡山沱组王丰岗段(Z_2d_3)与胡集段上亚段($Z_2d_2^2$)，属主矿层顶板直接充水的岩溶裂隙弱富水含水层。据钻孔揭露，Z_2d_3 以灰色薄~中厚层状泥粉晶白云岩为主，夹页片状云质泥岩；Z_2d_2 为灰黑色薄层状含燧石扁豆体泥粉晶白云岩夹云质泥岩。两者间无稳定隔水层分布，属同一含水层。总厚度一般为 50~70 m，平均厚度 56.4 m，含溶隙承压水。陡山沱组 $Z_2d_3 + Z_2d_2^2$ 含水层之上为震旦系上统陡山沱组白果园(Z_2d_4)相对隔水层，以深灰~灰黑色薄层状泥粉晶白云岩为主组成，厚度 7.03~25.45 m，各钻孔 Z_2d_3、$Z_2d_2^2$ 和 Z_2d_4 厚度分布见表 6-9。

表 6-9　各钻孔 Z_2d_3、$Z_2d_2^2$ 和 Z_2d_4 厚度分布

钻孔编号	陡山沱组(Z_2d)/m	Z_2d_4/m	Z_2d_3/m	$Z_2d_2^2$/m	$Z_2d_2^{1-2}$/m	Ph_2^2/m	$Z_2d_4 \sim Z_2d_2^{1-2}$ 合计/m
ZK001	126.18	15.66	44.15	12.78	4.16	10.72	76.75
ZK002	135.22	13.26	46.84	12.26	5.70	14.50	78.06
ZK003	93.58	22.00	42.97	14.98	1.46	8.26	81.41
ZK004	138.95	11.00	48.34	5.26	5.97	14.52	70.57
ZK101	112.93	11.96	35.92	12.59	4.62	11.02	65.09
ZK102	113.66	23.84	39.03	10.99	2.54	8.24	76.40
ZK301	109.94	13.70	41.50	13.97	2.40	9.42	71.57
ZK302	107.73	14.64	36.22	16.63	4.34	5.84	71.83
ZK303	97.63	7.03	39.00	14.86	4.11	4.99	65.00
ZK304	116.12	19.35	43.37	11.91	6.05	5.87	80.68
ZK401	49.92	8.84	1.99		4.20	1.34	15.03
ZK402	128.33	16.64	45.86	13.93	6.20	13.34	82.63
ZK701	124.80	10.74	57.68	12.40	5.00	8.75	85.82
ZK702	137.03	25.45	48.45	11.41	4.09	13.65	89.40
平均值	113.72	15.29	40.81	12.61	4.35	9.32	73.06

矿段内工业磷矿层均埋藏于当地侵蚀基准面以下，其最小埋深亦在 233 m 以下，地应力作用非常大。进入矿坑开采系统的水量将包括来自灯影组、陡山沱组（主要为 Z_2d_3、$Z_2d_2^2$ 和 $Z_2d_1^3$）的岩溶裂隙承压水及断层破碎带水，并有可能导致附近地表水的补给。虽然充填法采场不足以使直接顶板 $Z_2d_2^{1-2}$ 冒落，但是采动产生的裂隙带极易穿过直接顶板进入含水层中。矿山开发过程中，应采取充填法减少开采裂隙的扩展，保护灯影组与陡山沱组之间的含水层 Z_2d_4，防止灯影组含水层与下部矿坑直接充水来源的含水层 Z_2d_3 及 $Z_2d_2^2$ 形成直接的水力联系，从而使涌入矿坑的水量变大。关于化工矿山水体下采矿导致的导水裂隙带及安全开采深度的研究较少，可比照煤炭系统的研究成果，并根据金属矿床特点进行半定性、半定量分析。导水裂隙带高度 h_d 可采用下式计算：

$$h_d = \frac{100M}{1.28M+2.85} + 7.34 \qquad (6-2)$$

与冒落带于空场形成一段时间后才可能产生不同，裂隙带自采场开挖之时起就会发展延伸。因此，计算冒落带高度时，采厚 M 可以采用充填未接顶高度，但导水裂隙带采厚应取最大空顶高度。上向进路充填法、预控顶进路充填法和免切顶小分段充填法最大空顶高度分别为 3.3 m、6.6 m、10 m，计算得出的导水裂隙带高度分别为 54.0 m、65.8 m、71.2 m。由于除 ZK101（65.09 m）、ZK303（65 m）和 ZK401（15.03 m）外，其他钻孔的 $Z_2d_4 \sim Z_2d_2^{1-2}$ 合计厚度均在 71 m 以上，即采用上述三种采矿所产生的导水裂隙带高度均不足以导通灯影组与陡山沱组之间的含水层 Z_2d_4，可以有效防止灯影组含水层与下部矿坑直接充水来源的含水层

Z_2d_3 及 $Z_2d_2^2$ 形成直接的水力联系，从而使涌入矿坑的水量尽可能减少。而 ZK101、ZK303、ZK401 附近矿体则只能采用空顶高度更小的进路充填法。

3）底板防水矿柱留设

主磷层 Ph_2^2 底板为具弱透水和相对隔水性能的震旦系上统陡山沱组胡集段下亚段 $Z_2d_2^{1-1}$。$Z_2d_2^{1-1}$ 分层厚度 0.0~8.44 m，平均厚度 2.53 m。据钻孔岩芯观察和邻近矿段的水文地质调查资料，该层亦属裂隙、岩溶均不发育的相对隔水层。各钻孔主磷层、次磷层、$Z_2d_2^{1-1}$ 和 $Z_2d_1^3$ 厚度、品位分布见表 6-10。

表 6-10　各钻孔主磷层、次磷层、$Z_2d_2^{1-1}$ 和 $Z_2d_1^3$ 厚度分布

工程点	主磷层 Ph_2^2						隔水层 直接底板 $Z_2d_2^{1-1}$	次磷层 Ph_2^1						含水层 底板 $Z_2d_1^3$
	上贫矿 Ph_2^{2-3}		中富矿 Ph_2^{2-2}		下贫矿 Ph_2^{2-1}			上贫矿 Ph_2^{1-3}		中富矿 Ph_2^{1-2}		下贫矿 Ph_2^{1-1}		
	厚度/m	品位	厚度/m	品位	厚度/m	品位	厚度/m	厚度/m	品位	厚度/m	品位	厚度/m	品位	厚度/m
ZK001	0.93	25.58	2.59	32.06	7.2	20.11	6.43	2.51	21.08					8.11
ZK002	2.88	17.17	5.31	30.95	6.31	20.15	0							18.74
ZK003	0.55	18.74	6.79	31.2	0.92	12.75	0							3.91
ZK004							0							12.39
ZK101	0.62	22.94	2.93	35.82	7.47	23.94	2.9	0.85	24.35					17.59
ZK102	0.89	26.02	6.85	35.01	0.5	19.85	8.44					1.35	34.71	15.79
ZK301	4.36	26.79	2.46	32.05	2.6	19.5	5.33			1.17	32.06	0.9	22.8	15.91
ZK302	1.61	23.93	0.87	38.22	3.36	19.52	0							15.42
ZK303			2.26	32.62	2.73	26.22	3.68	1.69	26.4					6.36
ZK304	2.89	26.25	1.59	30.37	1.39	21.91	0							17.01
ZK401	1.34	20.66					0	0.2	18.92	1.91	32.74	2.1	15	6.32
ZK402							0							7.07
ZK701	1.09	19.82	2.88	36.92	4.78	27.76	3.98	1.59	17.81	1.39	29.94			10.64
ZK702	1.01	16.68	5.27	30.67	7.37	26.71	4.6	2.39	18.8	1.69	33.54			9.05
平均							5.05							11.74

从表 6-10 中可知，由于 ZK002、ZK003、ZK004、ZK302、ZK304、ZK401、ZK402 没有隔水层 $Z_2d_2^{1-1}$ 和次磷层 Ph_2^1 分布，因此应在主磷层 Ph_2^2 中留设 0.5 m 左右的下贫矿 Ph_2^{2-1}，以防止矿体开采含水层底板 $Z_2d_1^3$ 有水涌入采场。ZK001、ZK101、ZK102、ZK301、ZK303、ZK401、ZK702、ZK701 钻孔所在区段次磷层 Ph_2^1 发育的，为防止矿体开采含水层底板 $Z_2d_1^3$ 有水涌入采场，同样应在底部留设 0.5 m 左右的防水保安矿柱。

4）断层防水矿柱留设

矿段内主要断层 F_1、F_2 和 F_3，《初步设计》中矿区断层两侧各留设了 20 m 的防水保安矿柱，现阶段矿体基建阶段预留了近 35 m 防水保安矿柱。根据富水矿山开采实例及经验分析，该方案可以有效保障断层附近矿房开采的安全。

4.富水复杂矿床采矿安全技术措施

孙家墩磷矿矿体赋存条件复杂，矿体顶板岩层富水性强，在严格留设防水保安矿柱后，理论上矿山正常生产不会受突水事故的影响。然而，由于采矿活动存在大量不稳定因素，因此，对井下采掘工程、采场地压管理、顶板维护和安全避灾需要细化相应工艺流程和制定相应安全技术措施，以制度化的措施指导工人的操作和加强井下人员对安全的重视，从技术和管理上全方位提高矿山安全生产水平。

1）采掘工程安全技术措施

（1）密切观察巷道和采场内的淋水、涌水情况，必须坚持"预测预报、有掘必探、先探后掘、先治后采"的原则，同时必须坚持"有疑必停、有疑必探"的防治水原则。

（2）定期收集、调查和核对井下巷道积水情况，掌握本矿采空区范围和积水情况，将矿界以外至少 100 m 范围内邻近矿井的井田位置、开采范围、积水情况标绘在井上下对照图上。

（3）建立地下水动态观测系统，进行地下水动态观测、水害预报，并制定相应的"探、防、堵、截、排"综合防治措施。

（4）井巷掘进过程中必须先探后掘，掌握前方水文情况，若发现有突水隐患，应及时采取措施，待确认安全后才能继续向前推进，并将出水点位置标于井上下对照图及采掘工程图上，井巷揭露的主要出水点或地段，必须进行水温、水量、水质等地下水动态和松散含水层涌水含砂量综合观测和分析，防止滞后突水。

（5）采掘工作面或其他地点发现有挂红、挂汗、空气变冷、出现雾气、水叫、顶板淋水加大、底板鼓起或产生裂隙出现渗水等突出预兆时，必须停止作业，采取措施，立即报告调度室，发出警报，撤出所有受威胁地点的人员。

（6）井下和地面排水设施保证完好，所设沉淀池、水沟要及时进行清理，每年雨季前对矿井防治水工作进行一次全面检查，成立防洪抢险队伍，并储备足够的防洪抢险物资。

（7）对巷道破碎和淋水段要特别加强支护，并采取导水等措施以免淋水直接淋至电缆上腐蚀电缆，巷道排水沟按规定设置并及时清理，巷道要保证排水坡度，对巷道局部地段低洼集水段要设潜水泵或泥浆泵及时排水。

（8）后期掘进的开拓、采准巷道应根据井下地层情况选择稳定、淋水小的岩层，尽量避免穿过断层等构造带。

（9）应当观测"三带"发育高度，当导水裂隙带范围内的含水层或老空区积水影响开采安全时，必须超前探放水并建立疏排水系统。

（10）在富水层含水疏干完和断层导水性查明之前，严禁在各种防隔水矿岩柱中采掘。

（11）编制矿区水害防治规划、年度水害防治计划和水害应急预案，建立水害预测预报制度。

2）地压管理安全技术措施

虽然进路间隔回采的空区可以得到有效及时充填，采矿作业各项安全性能较好，但是地下矿山冒顶片帮仍是不稳定采区的主要安全隐患之一，因此采场顶板安全管理，必须贯穿回采作业全过程，主要包括以下几个方面：

(1)采场必须具备两个以上独立安全出口，形成完整通风线路，泄水井与充填通风井施工完成后方能进行回采作业。

(2)为保证顶板平整、稳固，应采用光面爆破方式，合理布置炮孔参数，力争在进路宽度内形成微小拱形顶板。

(3)在采场内进行凿岩、爆破、出矿、充填作业前，要严格执行敲顶问帮制度，必要时须对顶板进行临时支护，发现大面积地压活动预兆，应立即停止作业，将人员撤至安全地点。

(4)各同时工作进路爆破时间应尽量统一，并严格执行爆破安全规程。

(5)爆破后必须保证充分通风时间，确认排出炮烟后，方能进行下一工作循环作业。

(6)回采进路 50 m 范围内其他进路爆破，本进路工作人员躲炮后回到进路继续工作前，必须首先检查顶板，以避免临界进路爆破对本进路顶板稳固性造成破坏而引发的安全事故。

(7)必须保证充填质量，步骤一进路充填体 28 d 抗压强度不低于 1.0 MPa，步骤二进路进行非胶结充填，沿进路宽度方向的接顶率不能低于80%。

(8)进路回采结束后应尽快充填，尽可能缩短进路暴露时间。

3)避灾安全技术措施

(1)在顶板含水层未疏干和采矿作业接近导水断层时，对在涌水量大和含水情况尚未探明的地点，需明确井下作业人员面临突水威胁时的不同高危型突水地点的避灾路线。

(2)必须按规定掘进避难硐室并安设压风自救系统。

(3)井下发生透水事故，应在可能的情况下迅速观察和判断透水的地点、水源、涌水量、发生原因、危害程度等情况，根据灾害预防和处理计划中规定的路线，迅速撤到透水地点以上的水平，而不能进入透水地点附近及下方的独头巷道，如因涌水来势凶猛，现场无法抢救，应迅速组织现场人员，沿着规定的避灾路线和安全通道，撤退到上部水平或地面。

(4)撤离前，应设法将撤退的行动路线和目的地告知矿井领导人；在条件允许的情况下，应迅速撤往突水地点以上的水平，不得进入突水点附近及下方的独头巷道；行进中，应靠近巷道一侧，抓牢支架或其他固定物体，尽量避开压力水头和泄水主流，并注意防止被水中滚动的矿石和木料撞伤；如迷失了行进方向，遇险人员应朝着有风流通过的上行巷道方向撤退；在撤退沿途和所经过的巷道交叉口，应留设指示行进方向的明显标志，以提示救护人员展开营救；撤退中，如因冒顶或积水造成巷道堵塞，可寻找其他安全通道撤出，在唯一的出口封堵无法撤退时，应组织好灾区避灾，等待救护人员的营救，严禁盲目潜水等冒险行为。

(5)当现场人员被水围困时，应迅速进入预先筑好的避难硐室避灾，或者选择合适的高点建立临时避难场所；在避难期间，遇险矿工要有良好的精神心理状态，情绪安定、意志坚强，要做好长时间避灾的准备，除轮流观察水情外，其他人员静坐、以减少体力消耗和空气消耗；避灾时，应有规律地发出敲打求救信号；无食物时，要努力克制乱食杂物，需饮水时，先用衣物过滤后使用；发现救护人员时，不要过度兴奋和慌乱，以防意外发生。

6.4 缓倾斜厚矿体开采典型方案与实例

6.4.1 典型充填采矿法方案

针对15°<倾角<30°、5 m<厚度≤20 m的缓倾斜厚矿体，在矿体边界规整、倾角厚度变化较小的情况下，通常采用中深孔凿岩的分段空场嗣后充填法，以提高采掘效率和采场生产能力。对于矿体形态、倾角及厚度变化较大，存在夹石或分支复合现象的矿体，则适宜采用适用性更好的机械化上向水平分层充填法。

1.分段空场嗣后充填法

分段空场嗣后充填法通常垂直矿体走向布置矿房矿柱，采用中深孔落矿、两步骤回采工艺，步骤一开采矿柱并采用胶结充填形成人工矿柱，步骤二开采矿房并采用低强度胶结嗣后充填采空区。由于缓倾斜厚矿体的倾角为15°~30°，要想使用凿岩台车和铲运机等机械化装备，一般垂直矿体走向布置采场。虽然中深孔落矿的分段空场嗣后充填法一次爆破量大、落矿效率高，但是采准工程量大、准备时间长、切割槽施工难，而且无法实现矿岩分采，矿体上、下盘三角矿损失贫化严重。

2.机械化上向水平分层充填法

为提高缓倾斜厚矿体开采效率和采场产能，机械化上向水平分层充填法采用脉外采准的方式、垂直矿体走向布置采场，自下而上分层开采，采一层、充一层，不仅对不同倾角厚度的缓倾斜厚矿体具有较好的适用性，还对形态不规则、分支复合变化大的矿体具有较好的适用性，可以实现矿岩分采、降低矿石贫化。

6.4.2 新桥硫铁矿开采技术条件分析

安徽省地跨华北板块、扬子板块和大别山造山带，地质构造演化历史悠久，地层发育齐全，岩浆活动频繁，变质作用较强烈，成矿地质条件优越，为非金属矿产的形成奠定了良好基础，是我国非金属矿种较齐全的少数省份之一。其中，硫铁矿是安徽省优势矿种之一，累计查明非伴生硫铁矿资源储量9.0亿t，居全国第二位。安徽省硫铁矿资源成因类型以热液型、砂卡岩型和火山气液型为主，长江中下游的马鞍山、庐江、铜陵地区硫铁矿资源储量占安徽省资源储量的95%左右。

1.矿山概况

铜陵化工业集团新桥矿业有限公司位于长江之滨、风景如画的皖南山区，是一座以硫为主，伴生铜、金、银、铁、铅、锌等多种金属元素的大型露天地下联合开采的矿山，也是国家确定的两大重点硫资源生产基地之一。目前，矿区已探明地质储量1.7亿t，其中硫铁矿矿石量8711万t、铁矿石量2400万t、铜金属量500 kt、铅锌金属量40 kt、还有上千吨的金银金属量。新桥矿一期坑采和井下接替工程已形成600 kt/a生产能力，二期露天采矿工程总投资

6.6 亿元，年采矿 900 kt；现已形成年采、选矿 1500 kt，铜精砂 40 kt/a、铜精砂含铜 4500 t/a、铁矿石 100 kt/a、并附产数量相当可观的金银、铁矿红粉及精选铅锌矿等。2012 年 3 月，新桥硫铁矿被国土资源部列为第二批国家级绿色矿山试点单位。

2. 开采技术条件

1）矿床地质条件

矿区位于淮阳山字型构造东翼中段，大成山背斜的倾没端与圣冲向斜向北延伸的交会处（图 6-7），区域地层区划属扬子地层区下扬子地层分区芜湖－安庆地层小区。矿区面积 1.2 km²，为以硫为主，含有铜、铁、金、银等多元素的综合矿床，成因类型属高中温热液交代型。

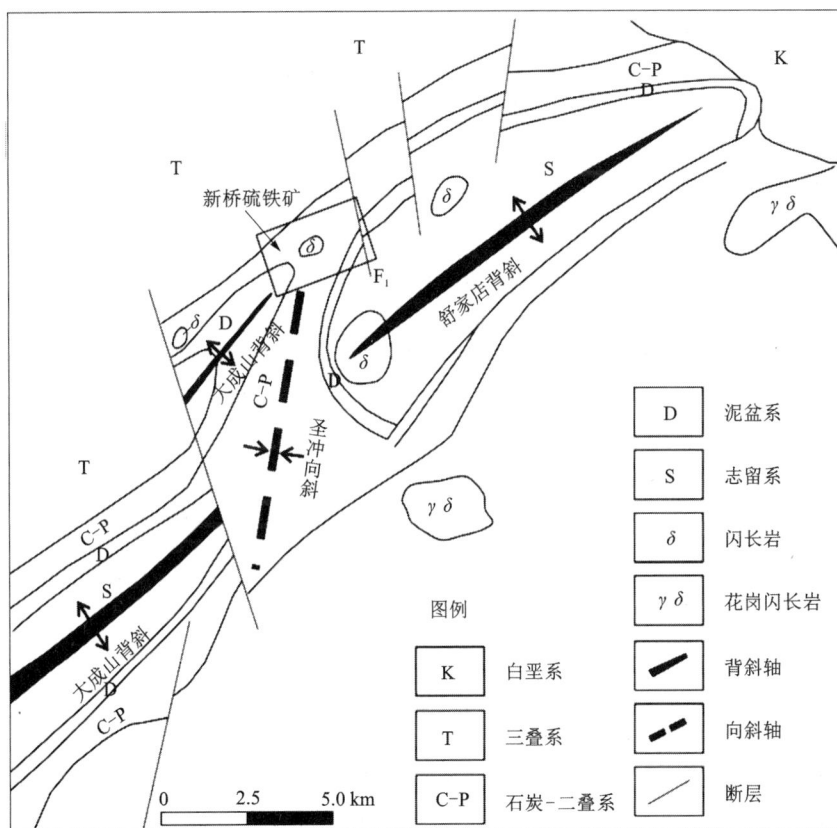

图 6-7　区域地质构造略图

区内地层从老至新有泥盆系五通石英砂岩、石炭系高骊山砂质页岩、黄龙灰岩、船山灰岩、二叠系栖霞灰岩、孤峰砂质泥岩、茅口灰岩及第四系黏土砂砾等。矿体主要赋存于石炭系高骊山砂质页岩与黄龙灰岩之间，由新桥矿床、牛山矿段和筲箕涝矿段组成，以铜、硫、铁、金、银矿为主的大型多金属矿区。区域构造上处于两个雁行排列的背斜倾没端相向倾没交会地带，即由舒家店背斜南西倾没端的北西翼部、大成山背斜北东倾末端、圣冲向斜向北东延续部分组成。其中，舒家店背斜轴向 NE，向 SW 倾伏，倾伏角 25°左右。矿床的南东部分位于舒家店背斜近南西倾没端的北西翼，岩层倾角由浅至深逐渐变缓（由55°降至10°），在标高−300～−400 m处，形成一个显著的"膝状"弯曲，成为矿体厚大部分赋存位置。

2）水文地质条件

开采区域地表为丘陵与耕地，埋深约250 m，覆岩中有孔隙水、裂隙水及裂隙溶洞水，大气降雨是补给源，各层之间有隔水层和相对隔水层。井下主要含水层为栖霞灰岩，在水平方向上呈廊道式分布，富水性中部强，西侧弱。地下水为裂隙水，−180～−230 m处岩溶不发育，未发现岩溶水。涌水量雨水季节大，枯水季节小，说明地下水与地表水有一定的水力联系，涌水量11000～12000 m³/d，水文地质条件复杂。

3）工程地质条件

矿体间接顶板围岩主要为船山灰岩，稳固性较好；底板主要为高骊山砂质页岩和部分砂岩，稳固性较差，特别是矿体直接顶板分布有1～7 m的角砾岩破碎带，易风化片落，对回采的损失贫化指标构成不良影响。矿石主要为黄铁矿，局部为含铜黄铁矿，多呈致密块状，稳定性较好，矿石平均含硫31.2%，属高硫矿床，有自燃发火倾向和潜在的炸药自爆危险。目前该部分矿量除部分矿柱和三角矿带外，已基本回采完毕，主要生产阶段已移至−330 m。

4）矿体特征

矿区有大小矿体80个，开采范围内主要开采对象为Ⅰ号矿体的东翼。Ⅰ号矿体地表出露于矿床南部，延长2560 m，最大延深1810 m，平均厚度21 m，其矿石量占矿床总量的88%，铜金属量占矿床总量的98%，主要由含铜黄铁矿、含铜磁铁矿、黄铁矿及褐铁矿组成。矿体赋存于高骊山组（C_1g）与船山组（C_3c）之间，似层状，分布于1～92线，部分剖面（17～27线）局部地段被岩体占据，其南侧矿体呈分支尖灭于岩体中，与北侧似层状矿体不相连。矿体产状随褶曲形状改变而变化，上部倾角较陡（±45°），下部倾角平缓（±10°）；在走向上，矿体南西部分平缓，北东较高，中部较低。矿体厚度基本上呈有规律的变化：在倾向上（或剖面上）陡倾斜部分较厚，缓倾部分较薄，在倾角陡缓过渡地带厚度一般较大；在走向上，平均厚度中间大，向东厚度剧减，迅速尖灭，向西厚度逐渐变薄而近消失；在平面投影上，中部被岩体占据形成一个无矿区。其他小矿体大部分分布在Ⅰ号矿体之上，多数为单工程控制，呈透镜状、似层状和不规则状产出，储量占矿区总储量的5%以下。

3.采矿方法现状

新桥硫铁矿一期井下开采范围为Ⅰ号矿体西翼（29线以西）−230 m以上矿量，工业储量约8600 kt，倾角10°～30°，平均真厚度25 m，主要采用两步回采的分段空场嗣后充填法，即将整个盘区划分为矿房、矿柱，先用中深孔落矿的分段空场法回采矿柱，胶结充填形成人工矿柱，然后在四周人工矿柱保护下，用同样的方法回采矿房。该方法工人不进入空区，安全性好，但由于大量开凿底盘漏斗，劳动强度高，电耙道支护、采场通路封闭及泄滤水困难，充填体质量难以保证，且不能进行分采。

井下开采从−230 m转入−270 m时，矿山改用了上向水平分层充填法。上向水平分层充填法的应用实践表明，该方法具有采准简单、采准工程量小、采场准备周期短、损失贫化率低、便于不同矿种矿层分采等优点，适合井下复杂的开采技术条件。但由于该方法使用浅眼落矿、铲运机出矿的回采工艺，分层高度小，分层充填准备工作量大，回采循环次数多、周期长、采矿、出矿、充填不配套，井下同时作业工作面多，安全管理复杂，难以满足井下600 kt

年产量的要求。为简化井下生产安全管理，提高生产效率和生产能力，降低生产成本，提高装备水平和对未来市场变化的应变能力，新桥硫铁矿引进凿岩台车等大型机械化装备，实现采矿、出矿、充填最优匹配。

6.4.3　新桥硫铁矿机械化上向水平分层充填采矿法典型方案

1. 采矿方法选择

基于以下原因，新桥硫铁矿−330 m以下矿体采用凿岩台车凿岩、铲运机出矿的机械化上向水平分层充填采矿法：

(1)深部矿体顶板岩石主要为船山灰岩(局部为栖霞灰岩)，较稳固。

(2)Ⅰ号矿体中铜硫矿体、金矿体和磁铁矿体分层分布，采用上向水平分层充填采矿法可以根据矿层分布灵活调整分层高度，实现各矿种分采。

(3)上向水平分层充填采矿法采场布置灵活，可多采场同时作业，满足将来扩产的要求。

(4)采场泄滤水容易，有利于提高步骤一胶结人工矿柱的质量，从而提高步骤二矿柱回采的安全性，提高采矿回收率。

(5)有利于回采零星独立小矿体和三角矿带。

2. 采场构成要素

采场垂直矿体走向布置，采场长度为矿体水平厚度，采场宽度10 m(矿柱)或14 m(矿房)，阶段高度34 m。根据凿岩台车高度，确定最小作业高度为3.0 m，最大空顶高度为6.3 m(分层回采高度3.3 m)。

3. 采准切割工程

采用脉外采准，在下盘布置两条沿脉运输平巷，规格3.2 m×3.0 m，每隔4~5个采场施工一条穿脉巷道，连通运输平巷，形成环形运输系统(图6-8)。

4. 采切工程布置

1)斜坡道

斜坡道是凿岩台车和铲运机在不同分层间实现自由快速移动的重要通道，因需要布设必要的管线电缆，且要考虑行人需要，斜坡道规格3.2 m×3.0 m，坡度21%。

2)分段联络平巷

分段联络平巷的布置是影响采准工程量和采准比的重要因素，也是采准优化设计的较值得研究探讨的关键问题之一。分段联络平巷布置时需考虑如下因素：

(1)为充分发挥无轨设备的效率，提高采矿强度，缩短作业循环，减少采空区暴露时间，在安全条件允许的情况下，尽量采用高分层回采。

(2)分段联络平巷应满足无轨设备的行走要求，规格为3.2 m×3.0 m。

(3)每条分段联络平巷负责三个分层的回采，为保证采场联络道坡度满足无轨设备爬坡能力要求，分段联络平巷距矿体下盘45 m。

(4)分段联络平巷到采场的距离，应满足采场联络道坡度要求；采场联络道与分段联络

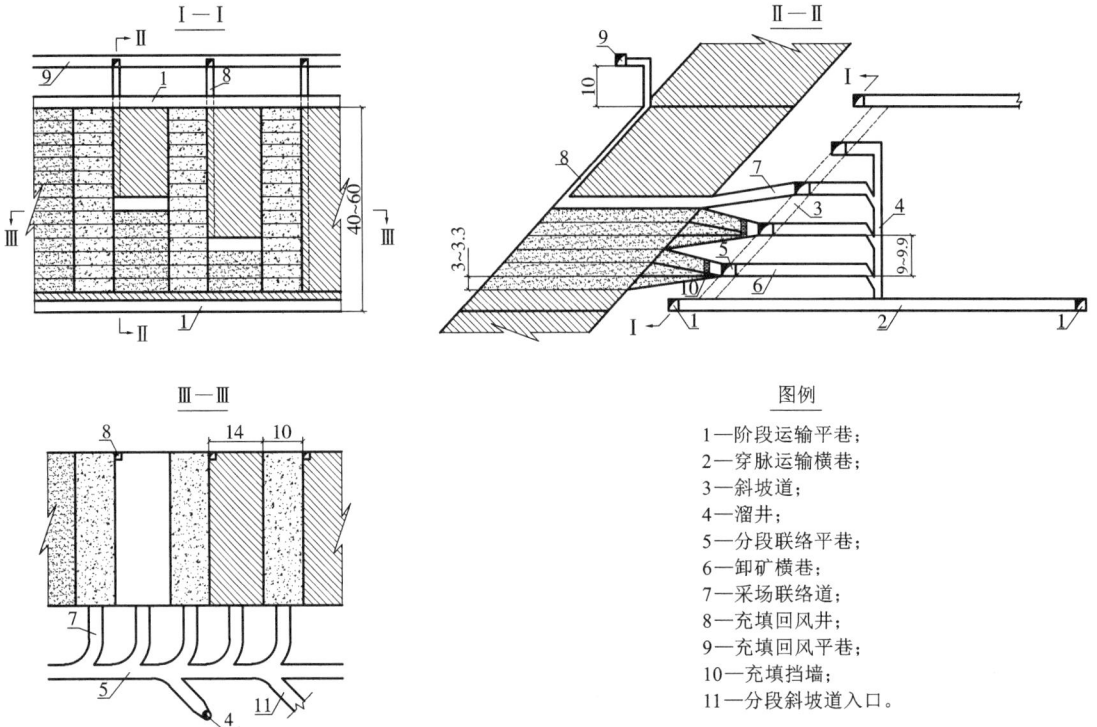

图 6-8　标准矿块采矿方法图(新桥硫铁矿)(单位：m)

图例

1—阶段运输平巷；
2—穿脉运输横巷；
3—斜坡道；
4—溜井；
5—分段联络平巷；
6—卸矿横巷；
7—采场联络道；
8—充填回风井；
9—充填回风平巷；
10—充填挡墙；
11—分段斜坡道入口。

平巷之间保证 6 m 以上的转弯半径，在此前提下，尽量缩短采场联络道的长度。

3)采场联络道

每个分层均布置一条采场联络道，沟通采场和分段联络平巷。采场联络道布置在采场中央，规格与分段联络平巷相同(3.2 m×3.0 m)，以利于台车和铲运机作业，且采场开口阶段作业效率高，采场两侧边界易于控制。

4)通风充填上山

为减少采准工程量，每两个采场共用一条通风充填上山。通风充填上山布置在两采场交界处、步骤二回采的矿房内。上山规格 1.8 m×1.8 m，倾角 12°。在保证上盘岩体稳定、顶板安全的条件下，通风充填上山尽量靠近上盘布置，以改善采场通风效果。步骤一矿柱充填前，在通风充填上山靠近矿柱一侧架设隔板，以保护该上山。在 -270 m 布置回风充填平巷，规格 2.0 m×2.0 m，以形成完整的回风网络。

5)溜井

每个分段布置一条垂直溜井，溜井布置在下盘脉外，规格 3.0 m×2.0 m；溜井与分段联络平巷间由 7 m 长的卸矿横巷(规格 3.2 m×3.0 m)相连接。溜井底部由规格 3.0 m×3.0 m 的装矿平巷与主运输平巷相连，每 4~5 个采场共用一个溜井。

6)切割工程布置

根据凿岩台车工作需要，每个采场拉底层高度设计为 3.0 m。首先从靠近矿体的阶段运输平巷掘进穿脉运输平巷(规格 3.0 m×3.0 m)通达矿体，以穿脉运输平巷为自由面向两边扩帮，直至采场边界。回采炮孔为水平中深孔，因此除了拉底层外，还需形成切割槽。考虑凿岩台车工作尺寸,切割槽宽和高均为 3.2 m,长为采场宽度,用凿岩台车施工。

7)采准切割工程量

标准采场主要采准切割工程量见表6-11,千吨采切比为4.68自然米/kt。

表 6-11 采矿方法标准方案采切工程量(新桥硫铁矿)

序号	工程名称	规格 /(m×m)	条数	单长 /m	工程量				备注
					长度/m		体积/m³		
					脉内	脉外	脉内	脉外	
1	回风充填平巷	2.0×2.0	1	10	10		40.0		
2	采场联络道	3.2×3.0	9			380		3648.0	3 个分段
3	分段联络平巷	3.2×3.0	3	10		30		288.0	
4	通风充填上山	1.8×1.8	1	160	160		518.4		2 个采场共用
5	充填回风平巷	2.0×2.0	1	10		10		40.0	2 个采场共用
6	穿脉运输横巷	3.2×3.0	1	57		57		547.2	
7	下盘运输平巷	3.2×3.0	2	10		20		192.0	
8	卸矿横巷	3.2×3.0	3	7		21		201.6	5 个采场共用
9	装矿平巷	3.0×3.0	1	125		125		1125.0	5 个采场共用
10	一分段溜井	3.2×2.0	1	6.3		6.3		40.3	5 个采场共用
11	二分段溜井	3.2×2.0	1	16.2		16.2		103.7	5 个采场共用
12	三分段溜井	3.2×2.0	1	25.8		25.8		165.1	5 个采场共用
13	切割平巷	3.0×3.0	1	133	133		1197.0		
14	合计				223	549.7	1496.2	5022.3	

5. 回采工作

1)凿岩爆破工艺及参数

凿岩采用 Boomer 281 全液压凿岩台车,由于凿岩台车不接钻杆可钻 4 m 深炮孔,为提高凿岩效率,确定炮孔深度 4 m,炮孔直径 48 mm。与上向炮孔相比,水平孔具有所需最小空顶高度小、顶板平整、有利于顶板安全管理等优点。每循环所有炮眼钻凿完毕后,工人站在服务台车上,通过服务台车的起落,进行装药工作。采用 0.5 s 延期电雷管孔口起爆。炮孔排距 1.1 m,间距 1.3 m,每次布置 3 排炮孔,每循环 24 个炮孔,总深度 96 m,凿岩台车实际综合穿孔速度 0.7 m/min,纯穿孔时间 138 min。采用当前 32 mm 直径药包时,单炮孔装药量为 3.0 kg,单位炸药消耗量为 0.16 kg/t。

2)通风

新鲜风流经斜坡道、分段联络平巷及采场联络道进入采场,冲洗工作面后,经上盘充填通风上山,排入上阶段回风巷。每次爆破,必须经充分通风(通风时间不少于 40 min)后,人员方能进入采场。

3）采场顶板地压管理

采场爆破并经过有效通风排除炮烟后，安全人员操作采场服务台车，清理顶帮松石，如顶板矿岩异常破碎，经撬毛处理后，仍无法保证正常作业，可考虑其他顶板支护方式。采场最大空顶高度 6.3 m，最大暴露面积 1330 m²，有效的采场顶板地压管理是保证回采作业安全的关键因素。由于引进了带顶棚保护装置及自行和升降装置的采场服务台车，可以满足高分层回采顶板地压管理的要求，并实现与凿岩台车、铲运机等大型机械化采掘设备的配套。

4）出矿

采场崩落矿石由 DCY-1.5 电动铲运机铲装后，经采场联络道、分段联络平巷卸入下盘脉外溜井，由设在溜井底部的振动出矿机向 4 m³ 矿车供料。铲运机实际台班生产能力可达170 t/台班，每循环崩落矿石出矿时间 4 个台班。

6. 充填

矿山在露天工段原办公场地建成全尾砂胶结充填系统，充填站内设有 2 座 φ10 m 的立式砂仓（有效容积 1500 m³）、1 座 φ5.5 m 水泥仓（有效容积 560 m³）、1 座 φ5.5 m 粉煤灰仓（有效容积 560 m³）和 1 套搅拌系统。步骤一矿柱充填及胶面、假底、接顶充填配比参数为水泥：全尾矿 =1：6，质量浓度 70%；步骤二矿房普通充填配比参数为水泥：全尾矿 =1：15，质量浓度 70%。

7. 采矿方法技术经济指标

1）分层回采作业循环图表

整个采场分 9 个分层回采，分层回采高度 3.3 m，每分层回采作业循环图表见表 6-12。由于每次凿岩爆破单孔进尺为 4 m，按 90% 炮孔利用率计算，实际进尺 3.6 m，标准采场长133 m，因此每分层需完成凿岩、爆破、通风、撬顶、出矿小循环 37 次。累计纯凿岩时间85 h、爆破时间 40 h、通风时间 28 h、撬顶时间 19 h、出矿时间 50 d，每分层回采循环（不包括采准切割工作）时间预计 75 d（包括充填 8 d、养护 7 d），每分层采出矿量 16178 t（回收率95%），采场生产能力为 216 t/d。

表 6-12　每分层作业循环图表（新桥硫铁矿）

序号	作业名称	时间	10	20	30	40	50	60	70	80
1	凿岩（37 次）	85 h								
2	爆破（37 次）	40 h								
3	通风（37 次）	28 h								
4	撬顶（37 次）	19 h								
5	出矿（37 次）	50 d								
6	充填	8 d								
7	养护	7 d								
8	合计	72.2 d								

2）采矿方法评价

标准采矿方案具有如下优点：

（1）水平炮孔采场生产能力较大，可达 216 t/d，机械化装备水平高，可大大减少一线工人数量，节约劳动成本，降低工人劳动强度。

（2）取消底柱，采矿贫化损失指标好，采准切割简单，千吨采切比低，有利于降低采充成本，提高矿山经济效益。

（3）采场布置灵活，便于不同矿种分采。

但该方法存在的缺点主要是：

（1）采场顶板地压管理复杂，需配备专门的服务台车。

（2）水平炮孔作业循环多，无轨设备移动频繁，无轨设备通行要求的采切工程断面较大。

3）主要技术经济指标

标准采场主要技术经济指标汇总于表 6-13。

表 6-13　标准采场主要技术经济指标（新桥硫铁矿）

序号	指标名称		单位	数值	备注
1	采场构成要素				
1.1	长度		m	133.4	
1.2	阶段高度		m	34.0	
1.3	宽度：矿房		m	14.0	
	矿柱		m	10.0	
1.4	分层高度		m	3.3	
2	千吨采切比		m/kt	12.2	标准米
			m³/kt	48.82	
3	回收率		%	95	
4	贫化率		%	5	
5	凿岩台车生产能力		m/台·年	230000	理论值
6	铲运机生产能力		t/台班	120	实际值
7	单位炸药消耗量		kg/t	0.16	
8	充填生产能力		m³/h	72	
9	采场生产能力		t/d	216	
10	胶结充填成本		元/m³	86.37	1∶10 配比
	非胶结充填		元/m³	35.36	
11	采矿直接成本		元/t	18.0	
12	采充直接成本		元/t	40.6	胶结充填

6.4.4 楚磷矿业多层缓倾斜厚矿体安全高效开采典型方案

1. 矿山概况

湖北楚磷矿业股份有限公司(以下简称楚磷矿业)成立于 2008 年 8 月，是一家从事磷矿资源开发、精细磷化工业产品制造及相关科学技术研发的民营股份制企业。公司以先进性科研成果为依托、以现代化科学管理为抓手、以市场化资金运作为支撑，合理开发、综合利用磷矿资源。经过十余年的发展，楚磷矿业已经成为湖北磷化行业的知名企业，为湖北省经济发展做出了突出的贡献。楚磷矿业白竹矿区位于湖北省襄阳市保康县马桥镇，矿区面积 11.51 km^2，开采深度 +555~+960 m，设计可采矿量 3605 万 t，分两期开采(一期为 +750 m 以上)，生产规模 100 万 t/a，服务年限 25 a，初步设计采用主平硐溜井加辅助斜坡道开拓，采矿方法为房柱法。

2. 矿山开采技术条件分析

1) 区域地质条件

矿区位于扬子准地台中段北缘龙门——大巴台缘褶皱的东端，北隔青峰大断裂与秦岭褶皱带两郧印支褶皱带相邻；出露的地层有元古界神农架群，震旦系、寒武系和第四系地层。其中，震旦系地层又分为下统南沱组(Z_1n)和上统陡山沱组(Z_2d)、灯影组(Z_2dn)，陡山沱组(Z_2d)第二段(Z_2d^2)为矿区的主要含矿层，厚度 6.22~87.4 m，底部为含磷钾硅质页岩，中上部为白云质条带磷块岩和泥质条带磷块岩互层。矿区整体上呈向东倾的单斜构造，地层倾角 9°~22°；地层产状北部倾向为北东东向，南部折转为南东向，从南至北形成一弧形。

2) 矿体赋存特征

矿区磷矿层呈层状、似层状产于陡山沱组第二段地层中(Z_2d^2)，为沉积型磷块岩矿床，走向 NE35°~73°—SW295°~333°，倾向由北向南 35°~85°。由两层磷矿层组成，倾角 12°~17°，中间为含磷钾硅质页岩，厚度 0~5.58 m。第一磷矿层(Ph_1)最大延伸 1010 m、厚度 0~10.99 m，工业矿层厚度 1.79~10.99 m，平均厚度 4.71 m，平均品位为 22.34%，厚度总的变化趋势是由地表向深部、由北西向南东变薄。第三磷矿层(Ph_3)最大延伸 1312 m、厚度 0.71~15.16 m，工业矿层厚度 3.57~15.16 m，平均厚度 9.92 m，平均品位 22.68%。矿区主要矿石矿物为胶磷矿和磷灰石，主要构结有：条带构造、条纹构造，脉状构造、波状构造和透镜状层理等。

3) 开采技术条件

矿段矿层都位于当地最低侵蚀基准面以上，地形有利于自然排水；降水入渗为矿坑充水主要因素，各含水层为矿坑充水次要因素，但矿层顶底板富水性弱且有冰碛砂砾岩隔水层阻隔。矿床充水岩层以溶隙、裂隙为主，构造破碎带透水性很弱，坑道充水较少，水文地质条件属简单类型。第一磷矿层(Ph_1)底板为 Z_2d^{1-1} 含锰硅质条带泥晶白云岩或 Z_2d^{1-2} 低品位泥(硅)质条带状磷块岩(含磷钾硅质页岩)，顶板为 Z_2d^{1-4} 低品位泥(硅)质条带状磷块岩(含磷钾硅质页岩)。第三磷矿层(Ph_3)底板为 Z_2d^{1-4} 低品位泥(硅)质条带状磷块岩或含磷钾硅质页岩，顶板为 Z_2d^{1-6} 低品位白云质条带状磷块岩或含磷泥质泥晶白云岩。矿段工程地质类型属岩溶化岩层为主的层状矿床，矿层及其顶板的稳定性尚好，但其顶板厚度较薄，层间结合力差,尤其是叶片状的泥质泥晶白云岩构成软弱结构面稳定性较差。矿段主要不良工程地质因素是采空区顶板及上覆岩层、构造断裂破碎带可能出现的垮塌、崩落及冒顶现象。本矿区开采活动对环境地质的破坏不大,最主要的问题是危岩体的失稳对地面设施造成危害的潜在威胁,其次是采空塌陷及潜在的泥石流灾害等,矿段环境地质属中等类型。

3. Ph_1 矿层伪倾斜进路充填法典型方案

楚磷矿业通过与中南大学合作进行科技攻关,最终决定采用两层磷矿分采的工艺,即首先采用伪倾斜进路充填采矿法回采下层 Ph_1 磷矿层,再采用预控顶小分段空场嗣后充填采矿法回采上层 Ph_3 磷矿层。

1)采场布置与结构参数

如图 6-9 所示,回采进路与矿体倾向方向偏斜 50° 进行伪倾斜布置,高度等于矿体垂直厚度,进路宽度 4.0 m,相邻 Ph_1 运输平巷高差约 15 m,进路倾斜长度约 80 m。沿矿体走向间隔 140 m 布置连续倾斜间柱,宽度 10 m。

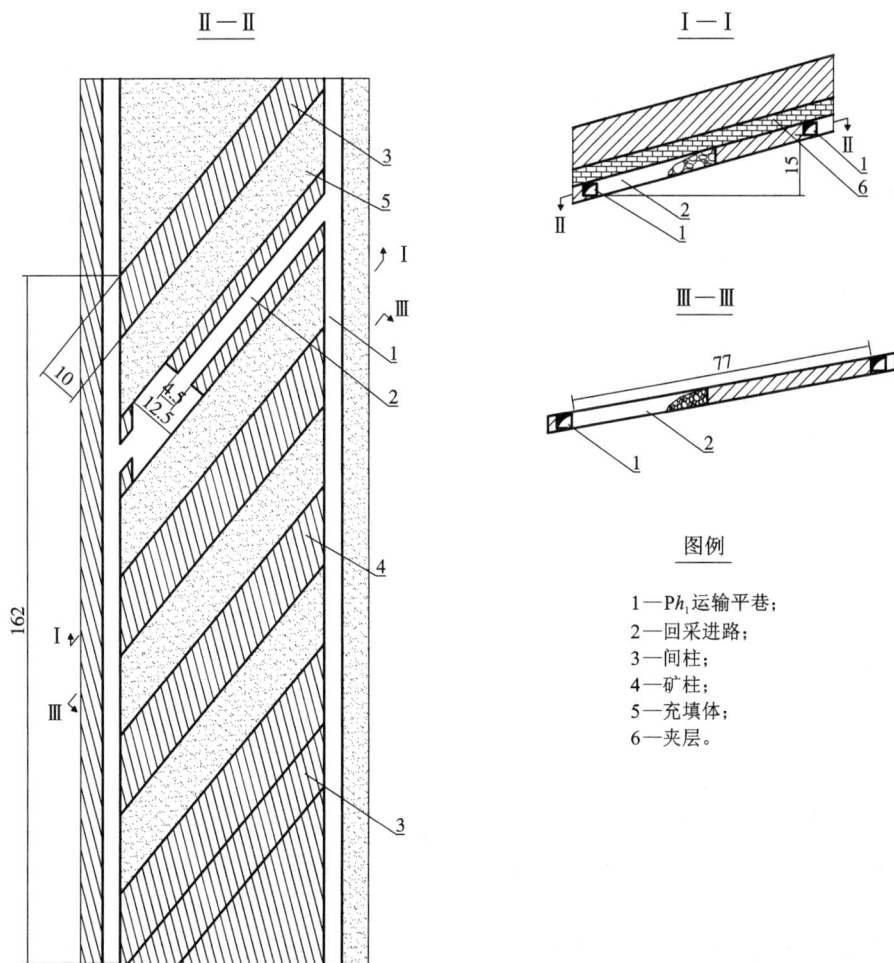

图 6-9 Ph_1 矿层伪倾斜进路充填法(单位: m)

图例

1—Ph_1 运输平巷;
2—回采进路;
3—间柱;
4—矿柱;
5—充填体;
6—夹层。

2）采准切割工程

（1）Ph_1 运输平巷。中段内沿矿体走向布置 Ph_1 运输平巷，作为矿石运输巷道，断面规格 4.5 m×3.8 m。

（2）斜坡道。为提高生产效率，在矿体中部区域设置斜坡道，铲运机和凿岩台车均可通过斜坡道到达各 Ph_1 运输平巷。其坡度应满足铲运机的爬坡能力要求，断面规格 4.5 m×3.8 m。

（3）储矿横巷、储矿平巷、扒矿平巷。储矿平巷作为铲运机暂存矿石的地方，断面 4.0 m ×3.2 m，长度 10~12 m。储矿横巷作为铲运机运搬矿石至储矿平巷的石门，联络 Ph_1 运输平巷与储矿平巷，断面 3.2 m×3.2 m。扒矿平巷用于停放扒渣机和井下汽车，断面 4.0 m× 3.2 m，长度 20 m，可以同时容纳扒渣机和井下汽车。伪倾斜进路充填法标准矿块采切工程量见表 6-14，矿量分配见表 6-15。

表 6-14　伪倾斜进路充填法标准矿块采切工程量表（楚磷矿业）

伪倾斜进路充填法		条数	规格 /(m×m)	断面面积 /m²	单长/m			总长/m			工程量/m³			工业矿量/t
					脉内	脉外	合计	脉内	脉外	合计	脉内	脉外	合计	
采准工程	运输平巷	1	4.5×3.8	17.1	140	0	140	140	0	140	2394	0	2394.00	7062.30
	储矿横巷	1	3.2×3.2	10.24	13	0	13	13	0	13	133.12	0	133.12	392.70
	储矿平巷	1	4.0×3.2	12.2	10	0	10	10	0	10	122	0	122.00	359.90
	扒矿平巷	1	4.0×3.2	12.2	20	0	20	20	0	20	244	0	244.00	719.80
合计								183	0	183	2893.12	0	2893.12	8534.70
千吨采切比		自然米：2.6 m/kt（不均匀系数 1.2）												

表 6-15　伪倾斜进路充填法标准矿块矿量分配表（楚磷矿业）

项目	体积 /m³	工业矿量 /t	回采率 /%	贫化率 /%	采出矿量/t			占采出矿量的比重 /%
					矿石	岩石	小计	
采场	27869.2	82214.14	96.0	4.0	78925.6	3288.6	82214.1	92.8
间柱	3483.6	10276.62	60.0	4.0	6166.0	256.9	6422.9	7.2
矿块	31352.8	92490.76	92.0	4.0	85091.5	3545.5	88637.0	100.0

3）回采工艺

考虑到下层磷矿层（Ph_1）厚度变化，在该矿层顶底板上、下交替布置沿矿体走向的运输平巷，以控制矿体厚度。当矿体厚度小于 5 m 时，单层回采；当矿体厚度大于 5 m 时，分两层回采，先自顶板 Ph_1 运输平巷沿顶板掘进伪倾斜进路至底板 Ph_1 运输平巷回采上分层矿体，及时支护顶板再回采进路下分层矿体。

（1）设备选型。矿块内进路采场采用隔一采一的间隔回采方式，考虑凿岩作业安全性和生产效率，设计采用 Boomer 281 单臂液压凿岩台车作为主要钻孔设备，综合凿岩速度可达 0.70 m/min。

(2)凿岩爆破。采用 Boomer 281 单臂液压凿岩台车钻凿水平炮孔，钻孔直径 48 mm，掏槽眼角度83°(与掌子面线夹角)，深度 3.2 m；辅助眼直线布置，深度 3.1 m；帮眼、顶眼和底眼角度 3°(与边帮、顶板和底板平面线夹角)，深度 3.2 m。掏槽孔采用垂直楔形掏槽方式，共布置三对掏槽孔，每对掏槽孔孔口距 0.8 m，孔底距 0.1 m，排距 0.35 m。超深 0.2 m，堵塞长度 0.7 m，装药和堵塞把炮孔填满。采用 2# 岩石乳化药卷炸药，直径 32 mm，单孔装药量 1.81 kg。采用 1~5 段半秒(HS)非电导爆管雷管起爆，分别以掏槽眼、辅助眼、帮眼、顶眼、底眼为序分段起爆。回采进路爆破参数见表 6-16，按每循环进尺 3 m，进路规格 4 m×4 m，单循环采出矿量 141.6 t，炸药单耗为 0.36 kg/t，每米炮孔崩矿量 1.07 t/m。

表 6-16 回采进路爆破参数(楚磷矿业)

炮眼	孔深/m	与工作面夹角/(°)	炮孔个数	炮孔总长/m	装药量/kg		爆破顺序
					单孔	小计	
掏槽眼	3.2	84	6	19.2	1.81	10.86	I
辅助眼	3	90	12	36	1.51	18.12	II
帮眼	3.2	86	10	32	0.9	9	III
顶眼	3.2	86	7	22.4	0.9	6.3	IV
底眼	3.2	86	7	22.4	1	7	V
合计	—	—	42	132	—	51.28	

矿量 141.6 t，炸药单耗 0.36 kg/t，每米炮眼崩矿量 1.07 t/m

(3)通风。进路采场系独头掘进，每次爆破结束后，用风筒将新鲜风流导入工作面，进行清洗，污风用局扇抽出，经风筒进入本中段运输平巷，再进入回风系统，排出地表。

(4)出矿。选择 2 m³ 铲运机作为出矿主要设备，并推荐利用现有的 LWL-120 履带挖掘式装载机将铲运机运搬至储矿平巷的矿石运搬到井下汽车上，装载能力为 120 m³/h，巷道断面要求大于 2.8 m×2.8 m。经计算，单台铲运机的实际生产能力可达 190 t/台班。

(6)充填工艺。每分层进路出矿结束后，及时进行充填，控制地压，阻止围岩大变形，以保证相邻进路的回采安全；步骤一回采胶结充填，步骤二回采进行低配比强度胶结充填或非胶结充填。

(7)进路顶板支护工艺。Ph_1 进路顶板是较为软弱的夹层，夹层最厚 6 m，在回采过程中除做到强采强出，还应对其采场顶板采区相应的支护措施：顶锚长度 1.8 m、锚杆间排距 1 m，锚索长度 6 m、排距 1 m、间距 2 m。锚杆采用 ϕ18 mm、45Mn 螺纹钢，采用 7 股 ϕ5 mm 的钢绞线锚索。

4)主要技术经济指标

伪倾斜进路充填法主要技术经济指标见表 6-17。

表 6-17　伪倾斜进路充填法主要技术经济指标(楚磷矿业)

序号	指标名称	单位	数值	备注
1	平均品位(WO_3)	%	24	总体平均值
2	盘区构成要素	m	15	中段高度
3	采场构成要素	m×m×m	4×4×80	矿房
4	综合回采率	%	92.0	含矿柱回收
5	贫化率	%	4.0	
6	千吨采切比	m/kt	2.6	
		m^3/kt	40.8	
7	大块率	%	5	参考国内同类矿山
8	铲运机出矿能力	t/台班	190	2 m^3 铲运机
9	单位炸药消耗量	kg/t	0.38	综合
10	每米炮孔崩矿量	t/m	1.06	采场综合
11	采区生产能力	t/d	424.8	两进路采场同时生产
12	采矿成本	元/t	91.68	含充填成本

4. Ph_3 矿层预控顶小分段空场嗣后充填法典型方案

1)采场布置和结构参数

如图 6-10 所示,将矿体划分为盘区,以盘区为回采单元组织生产。盘区为平行四边形布置,盘区间沿走向与矿体倾向呈 50° 布置间柱,间柱宽 8 m,分段联络道布置在间柱中。每个盘区垂直矿体走向方向上布置 8 个采场,矿房、矿柱交替布置,宽 6 m,长 60 m。中段高 15 m,顶柱 8 m,底柱 8 m。

2)采准切割

(1)凿岩联络平巷。在 Ph_3 矿层顶板沿矿体走向间隔 140 m 布置凿岩联络平巷,与矿体倾向偏斜 50°,服务两侧矿块,断面规格 3.2 m×3.2 m。

(2)出矿联络平巷。在 Ph_3 矿层底板沿矿体走向间隔 140 m 布置出矿联络平巷,布置方式与凿岩联络平巷一致,凿岩联络平巷与出矿联络平巷间隔 68 m 交替布置,服务两侧矿块,作为出矿通道用,断面规格 3.2 m×3.2 m。

(3)分段联络道。在 Ph_3 矿层内沿矿体走向施工分段联络道,连通凿岩联络平巷和出矿联络平巷,沿倾向布置,坡度控制在 10° 以内,断面规格 3.2 m×3.2 m。

(4)凿岩硐室。先自凿岩联络平巷沿矿体顶板向出矿联络平巷掘进 3.2 m×3.2 m 凿岩巷道,再扩帮形成凿岩硐室。凿岩硐室断面规格 6 m×3.2 m。

(5)切割槽。凿岩硐室形成后,先在采场端部施工 1.5 m×1.5 m 切割井,并连通出矿联络平巷,再在凿岩硐室内钻凿下向炮孔以切割井为自由面爆破形成切割立槽。

(6)卸矿硐室。在分段联络道内靠近凿岩联络平巷布置卸矿硐室,对应下层 Ph_1 开采已形成的储矿平巷。

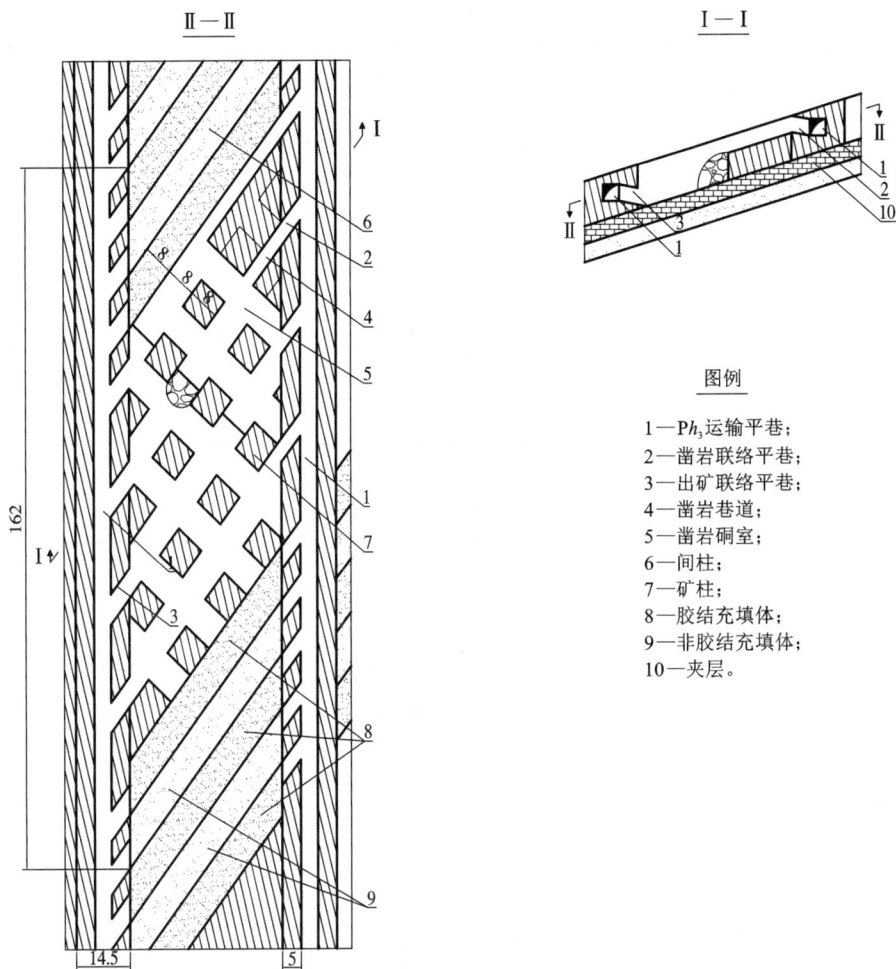

图例

1—Ph$_3$运输平巷；
2—凿岩联络平巷；
3—出矿联络平巷；
4—凿岩巷道；
5—凿岩硐室；
6—间柱；
7—矿柱；
8—胶结充填体；
9—非胶结充填体；
10—夹层。

图 6-10 Ph$_3$ 矿层预控顶小分段空场嗣后充填法 (楚磷矿业) (单位 : mm)

(7) 溜井。卸矿硐室内布置 1 条溜井，溜井直径 3 m，高度 11 m。因采用脉内采准，采准及回采出矿都可通过卸矿硐室内的溜井下放到下层磷矿层 (Ph$_1$) 的储矿平巷。

预控顶小分段空场嗣后充填法标准矿块采切工程量见表 6-18，矿量分配见表 6-19。

表 6-18 预控顶小分段空场嗣后充填法标准矿块采切工程量表 (楚磷矿业)

项目		数量	规格/(m×m)	断面面积/m²	单长/m			总长/m			工程量/m³			工业矿量/t
					脉内	脉外	合计	脉内	脉外	合计	脉内	脉外	合计	
采准切割工程	分段联络道	2 条	3.2×3.2	10.24	70	0	70	140	0	140	1433.6	0	1433.60	4229.12
	凿岩联络道	1 条	3.2×3.2	10.24	90	0	90	90	0	90	921.6	0	921.60	2718.72
	出矿联络道	1 条	3.2×3.2	10.24	90	0	90	90	0	90	921.6	0	921.60	2718.72

续表 6-18

项目		数量	规格/(m×m)	断面面积/m²	单长/m			总长/m			工程量/m³			工业矿量/t
					脉内	脉外	合计	脉内	脉外	合计	脉内	脉外	合计	
采准切割工程	溜井	0.5座	φ3 m	7.065	7	4	11	3.5	2	5.5	24.73	14.13	38.86	72.95
	凿岩硐室	16个	6.0×3.2	19.2	62	0	62	992	0	992	19046.4	0	19046.40	56186.88
	切割槽	16条	6.0×1.5	9	7	0	7	112	0	112	1008	0	1008.00	2973.60
合计								1427.5	2	1429.5	23355.93	14.13	23370.06	68899.99
千吨采切比		自然米：8.8 m/kt(不均匀系数 1.2)												

表 6-19　预控顶小分段空场嗣后充填法标准矿块矿量分配表(楚磷矿业)

项目	体积/m³	工业矿量/t	回采率/%	贫化率/%	采出矿量/t			占采出矿量的比重/%
					矿石	岩石	小计	
矿房	55238	162952.1	95.0	5.0	154804.5	8147.6	162952.1	79.1
矿柱	23144	68274.8	60.0	5.0	40964.9	2156.0	43120.9	20.9
矿块	78382	231226.9	84.7	5.0	195769.4	10303.7	206073.0	100.0

3) 回采工艺

形成凿岩硐室后，先对其顶板进行预控顶支护，再在凿岩硐室内采用凿岩台车钻凿下向垂直中深孔，以切割槽为自由面，侧向崩矿，铲运机通过出矿联络平巷进入采场内出矿，出矿结束嗣后胶结充填。矿块内采场分两步骤间隔回采，步骤一回采矿房，胶结充填后回采步骤二矿柱非胶结/低强度充填。

(1) 凿岩爆破。根据预控顶小分段嗣后充填法回采工艺特点，和类似矿山实际凿岩设备应用情况，设计采用 SD M90T 履带式井下凿岩台车作为主要凿岩设备。凿岩硐室形成采用浅孔凿岩方式，与进路充填法基本一致。采用在凿岩硐室中钻凿下向中深孔，钻孔直径 65 mm，孔深 6.8 m。结合矿房宽度，最小抵抗线(W)取 1.8 m，孔距也取 1.8 m，采用三角形排列，使炸药分布较均匀，破碎程度较好。堵塞长度在 0.4 倍至 0.8 倍最小抵抗线之间变化，堵塞长度取 1.4 m。采用连续耦合装药，单孔装药量 16.12 kg。共计布置 4 排炮孔，排距 1.8 m，采用非电导爆管毫秒微差起爆方式，微差间隔时间大于 50 ms。按采用连续耦合装药实际情况和设计的爆破参数，计算得单孔装药量 16.12 kg，具体爆破参数见表 6-20。

表 6-20　预控顶小分段嗣后充填法中深孔爆破参数(楚磷矿业)

孔号	孔径/mm	孔深/m	堵塞长度/m	装药长度/m	装药量/kg	装药结构	炮孔/个	雷管/个	炸药量/kg	炮孔总长/m
第1段	65	6.8	1.4	5.4	16.12	连续耦合	2	4	32.24	13.6

续表6-20

孔号	孔径 /mm	孔深 /m	堵塞长度 /m	装药长度 /m	装药量 /kg	装药结构	炮孔 /个	雷管 /个	炸药量 /kg	炮孔总长 /m
第2段	65	6.8	1.4	5.4	16.12	连续耦合	2	4	32.24	13.6
第3段	65	6.8	1.4	5.4	16.12	连续耦合	3	6	48.36	20.4
第4段	65	6.8	1.4	5.4	16.12	连续耦合	2	4	32.24	13.6
第5段	65	6.8	1.4	5.4	16.12	连续耦合	2	4	32.24	13.6
第6段	65	6.8	1.4	5.4	16.12	连续耦合	3	6	48.36	20.4
其他								2		
合计				$2^#$岩石硝铵炸药 225.68 kg			14	30	225.68	95.2

矿量 866.6 t, 炸药单耗 0.26 kg/t, 每米炮孔崩矿量 9.10 t/m

(2)出矿。根据类似矿山出矿设备实际应用情况, 同样设计选择 2 m³ 铲运机作为出矿主要设备, 与下层 Ph_1 磷矿层出矿设备配套, 铲运机生产能力 150 t/台班。

(3)通风与撬顶。采场爆破工作结束后, 及时通风、清理顶帮松石。新鲜风流由出矿联络平巷进入采场, 冲洗采场后, 污风经凿岩联络平巷排出。通风时间不少于 40 min。

(4)充填工艺。回采结束后应尽快充填, 尽可能缩短进路暴露时间。

(5)Ph_3 预控顶支护措施及参数。根据 Ph_3 采矿方法, 在回采 Ph_3 时, 需对控顶层进路顶板进行支护达到预控顶效果, 其支护参数如下: 顶锚长度 2 m、帮锚长度 2.4 m、锚杆间排距 1 m, 锚索长度 6 m、排距 1 m、间距 1 m。锚杆采用 φ20 mm, 45Mn 螺纹钢, 锚索采用 7 股 φ5 mm 的钢绞线锚索, 并挂钢筋网片喷射混凝土。支护过程中, 需及时挂网喷射混凝土, 避免顶板围岩因风化导致岩性力学性质衰减, 采场帮锚原则上间隔 1 m 布设, 可根据采场实际情况进行适当调整。

4) 主要技术经济指标

预控顶小分段嗣后充填法主要技术经济指标见表6-21。

表6-21 预控顶小分段嗣后充填法主要技术经济指标(楚磷矿业)

序号	指标名称	单位	数值	备注
1	平均品位(WO_3)	%	24	总体平均值
2	盘区构成要素	m	15	中段高度
3	采场构成要素	m×m×m	6×10×60	矿房
4	综合回采率	%	84.7	含矿柱回收
5	贫化率	%	5.0	
6	千吨采切比	m/kt	8.8	
		m³/kt	119.4	

续表 6-21

序号	指标名称	单位	数值	备注
7	大块率	%	7	参考国内同类矿山
8	铲运机出矿能力	t/台班	150	2 m³铲运机
9	单位炸药消耗量	kg/t	0.343	综合
10	每米炮孔崩矿量	t/m	9.1	采场综合
11	采区生产能力	t/d	450	两采场同时生产
12	采矿成本	元/t	89.88	含充填成本

6.5 倾斜厚矿体开采典型方案与实例

6.5.1 典型充填采矿法方案

针对30°<倾角<55°、5 m<厚度≤20 m 的倾斜厚矿体，由于矿体倾角不陡也不缓，凿岩台车和铲运机等机械化的采掘装备无法直接沿倾向开采，崩落的矿石也无法靠自重放出，因此，倾斜厚矿体的采矿工艺十分受限，目前国内常用的充填采矿方案主要为分段矿房嗣后充填法及机械化上向水平分层充填法。

1.分段矿房嗣后充填法

分段矿房嗣后充填法是适用于矿岩中等稳固及以上、倾斜、中厚至厚矿体开采的一种空场采矿法，其基本特点是在矿块的垂直方向上将阶段划分为若干分段，再在每个分段内划分矿房和矿柱，每个矿房都有独立的崩矿和出矿巷道，可视为单独的回采单元；在矿柱的支撑作用下，采用中深孔爆破的方式回采矿房，借助重力或爆力将矿石崩落至底部的出矿巷道。分段矿房嗣后充填法是在传统分段矿房法的基础上，增加嗣后充填工艺，以消除采空区安全隐患、减少连续矿柱资源损失、避免大规模地压灾害事故。

2.机械化上向水平分层充填法

机械化上向水平分层充填法采用脉外采准的方式，沿走向布置采场，以自下而上分层开采的方式，采一层、充一层，不仅对不同倾角厚度的厚矿体具有较好的适用性，还对形态不规则、分支复合变化大的矿体具有较好的适用性。

6.5.2 贡北金矿空场法开采现状

甘肃省黄金资源丰富、金矿分布面广，砂金矿主要分布于白龙江水系，岩金矿主要分布于北山地区、祁连山区及西秦岭地区，累积探明储量居全国第六位。玛曲县位于甘肃省西南部，地处青藏高原东部边缘，甘、青、川三省接合部，九曲黄河之首曲。玛曲县矿产资源种类多、储量大，开发前景广阔，已探明的有金、铁、铜、锡、钼、钨等金属矿和泥炭、大理石等非金属矿，黄金资源开发已成为全县经济的支柱产业。

1. 矿山概况

格萨尔黄金实业股份有限公司贡北金矿位于甘肃省玛曲县尼玛镇，有玛曲县人民政府国有资产监督管理委员会、甘肃省地质矿产勘查开发局第三地质矿产勘查院、玛曲县卓格尼玛建材有限责任公司、甘南藏族自治州黄金公司、玛曲县格拉工贸有限责任公司5家股东。矿区海拔+3600~+3900 m，位于西倾山东段南缘，属秦岭山脉南段。矿区总面积2.34 km²，共有格尔珂和贡北两个矿区，累计探明金储量50余t。矿区目前采用平硐开拓，主要采用房柱法或浅孔留矿法开采，生产能力为3~5万t/a。

2. 开采技术条件

1) 区域地质条件

矿区位于青藏高原东部、秦岭山脉西段、西倾山东段南缘，人烟稀少、多以游牧民族为主。矿区主要构造为向南或向西倾斜的单斜构造，地层走向为近东西，倾向南或南西，倾角50°~80°。矿区绝大部分被第四系残坡积所覆盖，基岩出露零星，区内地层有二叠系、三叠系、侏罗系和白垩系。

2) 矿床地质条件

矿区中南部主要分布近东西向的控矿断裂带，倾向为近北，倾角70°~90°。该断裂最大的特点是具有很宽的破碎带，破碎带在纵向上呈近S状，宽20~50 m，破碎强烈，具有断层角砾岩、构造透镜体和碎裂岩带。沿断裂破碎带有大量次生方解石脉、断层泥充填，脉体常呈膨大、缩小、分支、复合现象，断层面呈波状。该断裂为区域上的主要成矿断裂之一，在挤压构造和扭动构造发育地段，变质作用和变形现象强烈、片理化、构造透镜体化、碎裂岩化、角砾岩化和糜棱岩化发育，与金成矿关系密切的有硅化、赤铁矿化和方解石化。

3) 开采技术条件

矿床周围无任何地表水体存在且矿床高出潜水面近50 m，地表水、地下水对矿床开采均无影响。矿区地下水靠大气降水补给，以潜渗、暗流的形式排于山前断陷沼泽盆地或下渗于深部构造断裂带排向深远地带。断裂构造有规模较大的方解石脉、花岗闪长岩脉充填，不具充水空间，水文地质条件简单。矿体顶底板由灰质砾岩、白云质灰岩组成，呈厚层-块状构造，隐晶、粉晶质结构。岩石受地质构造破坏影响，节理裂隙发育，工程地质条件简单~中等。矿区地处青藏高原东缘，周围人口极为稀少，无任何工业生产设施，无崖崩、滑坡、泥石流等地质灾害，矿床周围均属坚硬稳固的地质体，环境地质条件简单。

4) 矿体产状

矿体主要分布在近东西向的断裂破碎带中，矿化带长800 m、宽20~60 m，向西倾伏、向东抬升，厚度1.28~17.38 m，品位1.0~6.36 g/t。Au1号主矿体分布于170~200勘探线，呈长条状产出，长650 m、控制延深290 m，厚度2.14~17.38 m，平均品位4.23 g/t。Au2号矿体主要分布于178~180勘探线，长75 m、宽3.21~5.00 m、延深90 m，矿石类型为赤铁矿化、硅化碎裂灰岩型金矿石，平均品位3.441 g/t。Au3号矿体主要分布于156~168勘探线，长260 m、宽1.24~20.40 m、延深90 m，矿石类型为硅化碎裂砂、砾岩，平均品位5.81 g/t。

3.矿山面临的主要瓶颈问题

1)资源统计分析工作欠缺、矿体禀赋情况不明

贡北金矿矿体数量多、资源禀赋特征复杂。矿山生产勘探投入不足，且对资源的统计分析工作欠缺，导致大量矿体的分布和禀赋情况不明。

2)采矿工艺对矿体适应性差、生产效率低

贡北金矿矿体厚度大，矿层直接顶板矿岩破碎，矿山实际开采中使用的房柱法和浅孔留矿法，存在诸多的安全、经济和技术问题：

(1)房柱法或浅孔留矿法对倾斜厚矿体开采适应性较差，矿层直接顶板为泥板岩，顶板易冒落，采场作业安全无法得到保证，威胁矿山安全生产。

(2)采场内留设了大量的点柱和顶底柱，导致矿石回采率低、资源损失量大。

(3)单矿块生产效率低，生产能力仅 $10\sim20$ t/d，采矿工艺及装备落后，为满足产能要求，需多中段同时生产，进而导致生产作业点多、安全风险高、管理难度大。

(4)仍采用气腿子凿岩、电耙出矿等落后装备，导致采掘效率低、安全性差。

(5)现用浅孔爆破参数不合理，导致炸药单耗高、矿石大块多、贫化大。

3)运输成本高、提升能力受限、通风条件差

矿区采取边探边采的形式回采，没有形成完善的开拓系统，井下同时生产的中段多、作业点分散，导致出矿线路复杂、运输提升成本高、管理难度大、提升能力受限。井下通风线路较为复杂，漏风、串风严重，风量无法满足生产要求，井下通风条件一般。

4)采空区安全隐患不容忽视、残矿资源永久损失严重

经过多年的空场法开采，已采产生了大规模的采空区群，极易发生冒顶、坍塌等灾害。而且上部中段采场内留设了大量的矿柱、矿壁，随着时间的推移，矿柱稳定性将不断恶化，若不尽快采取新的工艺与技术，该部分矿量将会难以回收，造成永久损失。

4.矿山工程岩石力学调查

为了解矿体及围岩的稳固情况，以便为确定采矿方法、采场结构参数、开采顺序提供依据，选择3630中段的Au16、Au21矿体，3602中段的Au3、Au8矿体，3570中段的围岩，对矿体、泥板岩、砂岩、蚀变砂岩、砾岩、灰岩等进行取样测试，贡北矿区折减后岩体力学参数见表6-22。

表6-22 贡北矿区折减后岩体力学参数表

岩性	弹性模量 /GPa	抗压强度 /MPa	抗拉强度 /MPa	密度 /(kg·m⁻³)	泊松比 μ	黏结力 /MPa	内摩擦角 /(°)	备注
泥板岩	9.005842	29.07462	1.86	2626.93	0.247	7.353828	61.61179	直接顶板
砂岩	7.619637	18.55963	3.54	2617.74	0.245	8.105621	42.81494	围岩
矿体	7.824649	15.15684	3.52	2594.27	0.333	7.304251	38.54013	矿体
砾岩	6.848777	12.23091	3.30	2578.36	0.407	6.35311	35.1025	围岩
灰岩	18.86353	49.1096	5.18	2692.02	0.368	15.94954	54.01507	围岩

5.采矿方法初选

贡北金矿厚度 5~10 m,倾角 25°~45°,倾斜厚矿体占比达 78.24%。由于矿体赋存于破碎带内、矿岩稳固性较差,适合的充填采矿法有:分段矿房嗣后充填法、上向水平分层充填法和上向水平进路充填法。

1)分段矿房嗣后充填法

(1)方案特征。将阶段内矿体沿走向划分成矿块,再将矿块划分为多个分段,沿走向掘进分段运输平巷和凿岩平巷,沿分段运输平巷每隔一定距离掘进装矿进路。回采过程中,采用扇形中深孔在凿岩平巷内进行凿岩爆破,自装矿进路出矿。矿块分段回采结束充填后,再回采上一分段。

(2)结构参数。矿块沿矿体走向布置,矿块长度 50 m,间柱宽度 20 m,矿房长度 30 m,分段高度 10~11 m,留设 2 m 厚的顶板保护矿层,底部形成"V"型受矿堑沟,装矿进路间距 10 m。

(3)采准切割。采准工程包括斜坡道、分段运输平巷、矿柱回采平巷、分段出矿进路、凿岩平巷、卸矿横巷、放矿溜井等,切割工程主要是切割槽及"V"型受矿堑沟。掘进采准斜坡道(坡度为 20%)联通阶段和各分段,自采准斜坡道掘进分段运输平巷、矿柱回采平巷,自矿柱回采平巷掘进装矿进路进而掘进"V"型堑沟拉底平巷,靠近矿房间柱位置,向上掘进切割天井;再由矿柱回收水平,靠近矿房间柱位置,掘进切割横巷达矿体上盘边界处;在拉底平巷和切割横巷内分别打上向扇形和平行中深孔,以切割天井为自由面爆破切槽,进行多排同次爆破,爆破后形成立槽。

(4)回采。矿房的回采自切割槽向矿房的另一侧推进,在分段凿岩平巷中钻凿扇形中深孔,崩矿孔与开沟孔同时起爆,一次爆破 3 排炮孔,每次爆破后通风时间不少于 40 min,工作面炮烟排净后,采用 JCCY-1.5 铲运机将崩落的矿石卸入分段溜井;崩落矿石出完后,按照配比要求(间柱 1∶6 胶结、矿房非胶结)进行充填,充填渗水通过预先布设的泄水井导出采场。

(5)方案评价。作业在小断面巷道中进行,安全性好;回采强度比较大,同时工作采场数量少,管理简单;通风条件好;使用无轨设备出矿,生产能力大。该方法的主要缺点是采准工作量大,矿柱所占比较高,且回采矿柱损失,贫化大;采用中深孔落矿,大块率高,二次破碎量大。

(6)主要技术经济指标。采场生产能力 285.5 t/d;自然米千吨采切比 24.74 m/kt(标准米千吨采切比 48.64 m/kt);损失率 37.6%;贫化率 8.61%;采充综合成本 35.6 元/t。

2)上向水平进路充填法

(1)方案特征。将阶段内矿体沿走向划分成矿块,并分层,在每分层的各矿块中央布置垂直于矿体走向的分层进路,沿矿体走向向两翼掘进进路采场并进行回采,同一分层的进路采场采用间隔回采的方式,采一充一,整个分层回采及充填结束后再转入下一分层回采,待整个分层进路回采、充填结束后统一升层。

(2)结构参数。矿块沿矿体走向布置,长度 100 m,分层高度 3 m,每条进路长 48 m,宽 3 m。

(3)采准切割。采用下盘脉外阶段斜坡道采准方式,采准工程包括斜坡道、分段巷道、分层联络道、溜井、充填回风井等，切割工程主要是分层进路。在脉内靠近矿体上边界处布置充填回风天井，联通上、下阶段运输平巷。阶段内设置上盘分段溜井，底端布设振动出矿机，用装矿横巷与阶段运输平巷联通。

（4）回采。用 YSP45 凿岩机打水平眼崩矿，进尺 2 m，一天两个循环。每次爆破结束后，用风筒将新鲜风流导入工作面，污风亦用布置在进路入口处的风筒抽出，通风时间不少于 40 min。工作面炮烟排净后，进入采场检查顶板，清除浮石，采用 JCCY-1.5 铲运机将崩落的矿石卸入分段溜井；崩落矿石出完后，按照配比要求（步骤一 1：6 胶结、步骤二非胶结）进行充填。

（5）方案评价。该方案采场暴露面积小，地压控制效果好，回采作业安全性高；矿块矿量大，采准切割工程量少，采切比小；布置进路采场，矿石回收率高，损失贫化率低。其缺点是进路回采，循环多，回采效率低；独头进路回采，采场通风困难。

（6）主要技术经济指标。采场生产能力 92.9 t/d；标准米千吨采切比 14.12 m/kt；自然米千吨采切比 6.07 m/kt；损失率 4.91%；贫化率 3.95%；采充综合成本 54.5 元/t。

3）上向水平分层充填法

（1）方案特征。本方案将阶段矿体沿走向划分为矿房和矿柱，分两步骤回采，首先以水平分层形式回采矿柱，用 1：6 的胶结充填形成人工矿柱，然后在人工矿柱保护下用同样的回采工艺回采矿房，用非胶结充填料充填，为方便铲运机出矿，每分层用 1：4 胶结充填料进行铺面，胶面厚度 200~300 mm。为确保阶段间顶底柱回采安全，第一分层均采 1：4 胶结充填并布设钢筋网构筑高强度人工胶结底柱。

（2）采场布置和结构参数。采场垂直于矿体走向布置，长度为矿体水平厚度，宽度 20 m。矿房、矿柱交替布置，宽度均为 10 m。将阶段划分为多个分段，分段高度 9 m，每个分段负责 3 个分层，分层高度 3 m。回采过程中，最小空顶高度 2 m，最大空顶高度 5 m。

（3）采准切割。采用下盘脉外阶段斜坡道采准方式。阶段运输平巷即为阶段平硐，阶段和各分段间由采准斜坡道联通，斜坡道的坡度为 20%。在相邻矿房与矿柱中间掘进穿脉到达矿体下盘边界，从穿脉开始进行拉底工作。自采准斜坡道掘进分段平巷，由分段平巷在采场中央位置掘进下向采场联络道；在脉内靠近矿体上边界处布置充填回风天井，联通上、下阶段运输平巷。阶段内设置上盘分段溜井，底端布设振动出矿机，用装矿横巷与阶段平硐联通。

（4）回采。采用 YSP-45 型气腿式凿岩机挑采 2.0 m，不出矿，工人站在矿堆上打水平孔压顶回采到设计高度。每次爆破后通风时间不少于 40 min，工作面炮烟排净后，安全人员进入采场检查顶板，清除浮石。采用 JCCY-1.5 型铲运机将崩落的矿石卸入分段溜井，由矿用汽车运往选厂。

（5）方案评价。该方案仅设分段溜井，运矿在装矿横巷内装车，既简化采准工程，又提高运矿效率；采用先挑采、后压采的方式，有效地提高凿岩效率，也便于采场顶板的安全管理；使用无轨设备出矿，回采作业机械化程度高；采场布置灵活，便于不同矿种分采；采场形成贯穿风流，通风效果好。但是压顶回采凿岩效率相对较低，作业循环较多；无轨设备运行频繁，满足无轨设备通行要求的采准切割工程断面大。

（6）主要技术经济指标。采场生产能力 124 t/d；自然米千吨采切比 29.99 m/kt；损失率 2.09%；贫化率 3%；采充综合成本 40.4 元/t。

6. 采矿方法优选

针对贡北金矿初步选择的分段矿房嗣后充填法、上向水平进路充填法和上向水平分层充填法，其综合技术经济对比见表 6-23。尽管分段矿房嗣后充填法采矿强度大、生产安全，但因技术要求高，且贫化损失指标难以控制，对贡北金矿矿体倾角厚度变化的适用性较差，而上向水平分层充填法的经济、技术和安全指标更优，可推荐作为主体采矿方案。但在局部矿岩稳固性差的地段，不容许有较大采场跨度，可使用上向水平进路充填法以确保生产安全。

表 6-23　各方案的综合技术经济对比（贡北金矿）

项目			分段矿房嗣后充填法	上向水平进路充填法	上向水平分层充填法
目标层	准则层	指标层			
采矿方案综合评价	经济指标	采充综合成本/（元·t⁻¹）	35.6	54.5	40.4
	技术指标	采场生产能力/（t·d⁻¹）	285.5	92.9	124
		损失率/%	37.6	4.91	2.09
		贫化率%	8.61	3.95	3
		自然米千吨采切比/（m·kt⁻¹）	24.74	6.07	29.99
		方案灵活适应性	好	好	好
		通风条件	好	差	较好
		实施难易程度	易	易	易
	安全指标	采空区最大暴露面积/m²	405	240	166

6.5.3　贡北金矿机械化上向水平分层充填法典型方案

1. 地质概况及开采技术条件

该段矿体矿石类型为硅化碎裂砂、砾岩，矿体走向近东西向，赋矿岩性为赤褐铁矿化、硅化碎裂中粗砂、中细砾岩。矿体走向长度 91 m，倾角 25°～45°，平均厚度 7.5 m（水平厚度 17.3 m），平均品位 5.78 g/t，矿石体重 2.58 t/m，松散系数 1.9。

2. 采场布置和结构参数

如图 6-11 所示，矿块垂直矿体走向布置，长度为矿体水平厚度，矿房、矿柱交替布置，矿房 12 m、矿柱 10 m。矿块第一分层铺设钢筋网并用高配比（1∶4）的胶结充填料构筑 3 m 厚的人工假底，下阶段矿体回采时，回收底柱。将阶段划分为多个分段，分段高度 9 m，每个分段负责 3 个分层，分层高度 3 m。回采过程中，最小空顶高度 2 m，最大空顶高度 5 m。由于位于 Au3 下盘的 Au6 已经采空，在回采 Au3 前应使用 1∶6 胶结充填料进行充填处理。

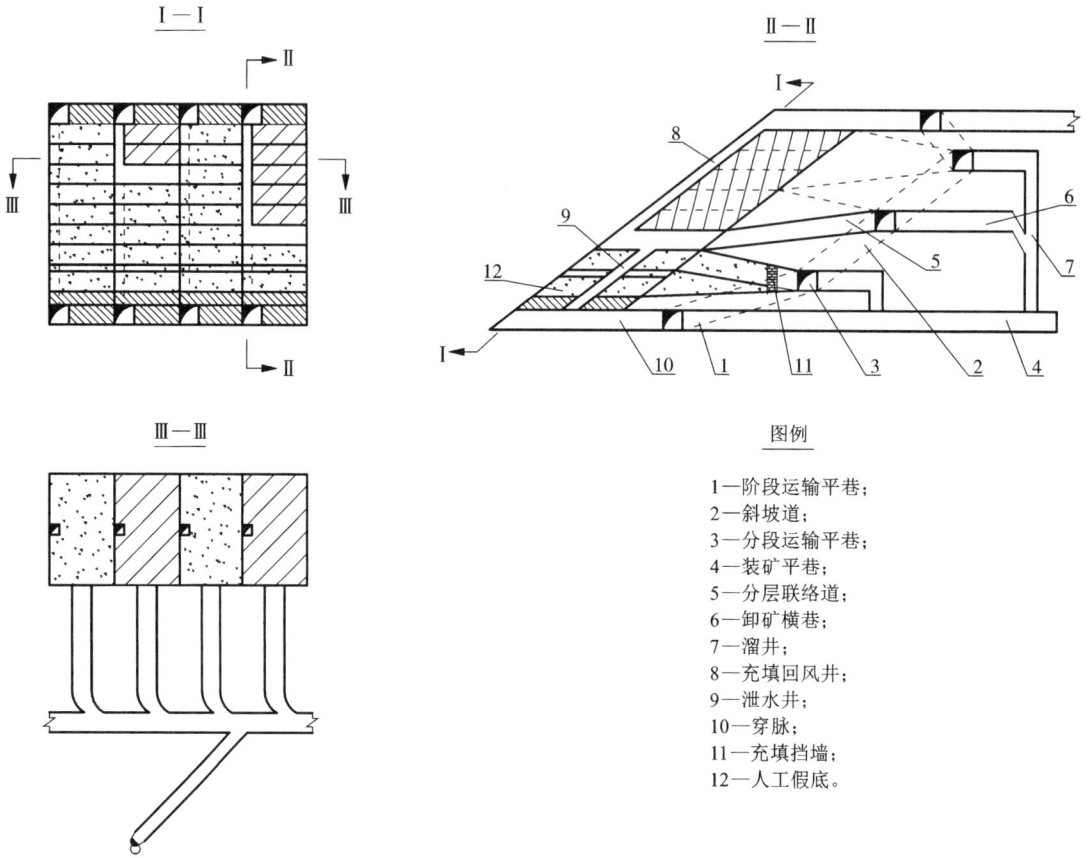

图例

1—阶段运输平巷；
2—斜坡道；
3—分段运输平巷；
4—装矿平巷；
5—分层联络道；
6—卸矿横巷；
7—溜井；
8—充填回风井；
9—泄水井；
10—穿脉；
11—充填挡墙；
12—人工假底。

图 6-11　上向水平分层充填法标准方案(贡北金矿)

3. 采准切割

试验采场矿块采准切割工程如图 6-12 所示。

1)采准工程

采准工程主要是原穿脉、第一分层出矿平巷、斜坡道、分段运输平巷、分层联络道、充填回风井、溜井及穿脉等工程。

(1)穿脉。为满足 1.5 m³ 铲运机通行要求，穿脉断面 3 m×3 m。

(2)第一分层出矿平巷。由于矿山是单一中段生产，故第一分层矿石由铲运机卸至矿用汽车再运至地表。在矿体下盘距离矿体边界 10~12 m 处掘进断面为 3 m×3 m 出矿平巷。

(3)斜坡道。斜坡道采用折返式布置，它是铲运机及人员、材料设备在不同分段、不同阶段之间实现自由快速移动的重要通道，因需要布设必要的管线电缆，且要考虑行人需要，断面规格 3.0 m×3.0 m，转弯半径取 8 m，坡度 20%。

(4)分段运输平巷。分段运输平巷沿矿体走向布置，负责分段采场的出矿。每条分段运输平巷负责 3 个分层的回采。为保证分层出矿进路坡度满足无轨设备爬坡能力要求，分段运输平巷距矿体下盘 25 m 左右，且与分层出矿进路之间保证 6 m 以上的转弯半径，断面尺寸 3.0 m×3.0 m。

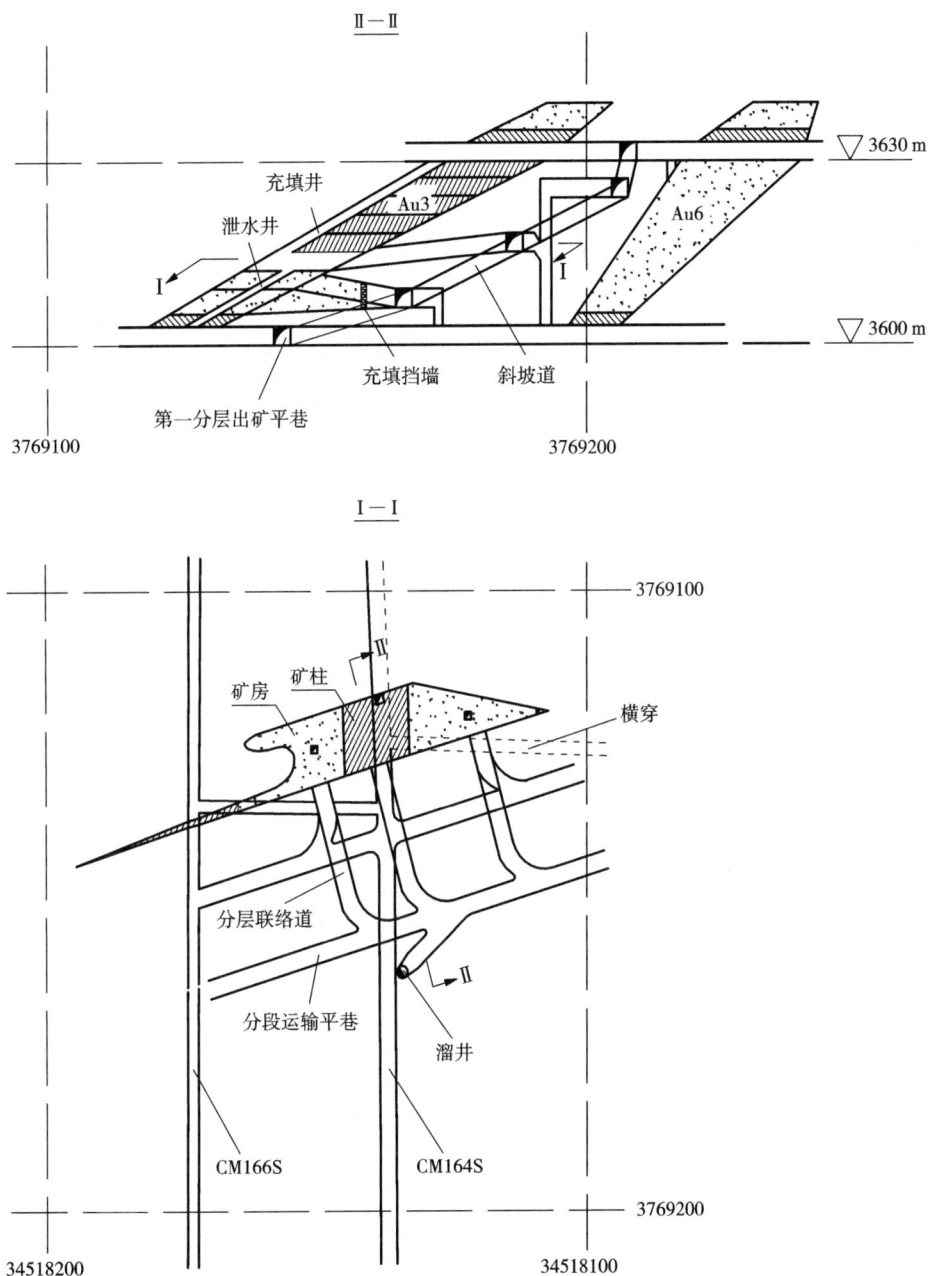

图 6-12 试验采场矿块采准切割工程(贡北金矿)

(5) 分层联络道。每个分层均布置一条联络道进路,沟通采场和分段运输平巷。其中,下向分层联络道为运矿重车上坡,坡度 12%;上向分层出矿进路为重车下坡,坡度 15%,断面规格 3.0 m×3.0 m。分层出矿进路布置在采场中央,以利于台车和铲运机作业,且采场开口阶段作业效率高,采场两侧边界易于控制。采场充填时,用木板封闭分层出矿进路。

(6) 充填回风井。充填回风井是采场通风和下放充填料的重要通道,位于靠近上盘的矿体中,断面尺寸为 1.5 m×1.5 m,沿矿体倾向布置,倾角为矿体倾角。

（7）放矿溜井。考虑到铲运机有效运输距离150 m，放矿溜井间距80~100 m，同时服务于4个矿房，直径为2.0 m；为了防止上、下分段卸矿相互干扰，卸矿横巷与放矿溜井间用分支溜井连通。

（8）卸矿横巷。卸矿横巷连通分段运输平巷和放矿溜井，供多个矿房使用，断面尺寸3.0 m×3.0 m。

（9）穿脉。穿脉位于矿房、矿柱中央，一方面起到探矿、连通相邻矿脉、通风及铲运机运行的作用，另一方面为拉底空间的形成提供自由面和补偿空间，断面尺寸3.0 m×3.0 m。

2）切割工程布置

切割工作主要是拉底，即以穿脉为自由面和补偿空间扩大到矿房底部并在矿层底部全面积形成拉底空间，以穿脉为自由面用YSP-45向两边扩帮至采场边界。矿块采切工程量见表6-24，矿块矿量分配见表6-25，自然米千吨采切比为23.17 m/kt。

表6-24　矿块采切工程量（贡北金矿）

阶段及名称		规格/（m×m）	数量	单长/m	长度/m			工程量/m³			采出矿量/t
					脉内	脉外	合计	脉内	脉外	合计	
采切工程	分段运输平巷	3×3	3 条	22	0	66	66	0	594	594	
	分层联络道	3×3	18 条	20.5	0	369	369	0	3321	3321.0	
	充填回风井	1.5×1.5	2 条	44.7	89.4	0	89.4	201.2	0	201.2	519.0
	穿脉	3×3	2 条	26.6	33.2	20	53.2	298.8	180	478.8	770.9
	采切小计						577.6			4595.0	1289.9

表6-25　矿块矿量分配表（贡北金矿）

项目	工业储量/t	回采率/%	贫化率/%	采出矿量			占矿块采出矿量的比例/%
				矿石	岩石	小计	
矿块	29458.4	97.96	3.53	28856.4	1054.8	29911.2	57.0
其中：矿房	15423.3	98	4	15114.8	629.8	15744.6	52.64
矿柱	12745.3	98	3	12490.4	386.3	12876.7	
附产	1289.9	97		1251.2	38.7	1289.9	4.31

4. 回采

1）回采顺序

为控制地压，采用由首采区段的中央向两翼间隔采场回采的方式（图6-13）。根据免压拱理论，2个间隔采场同时回采时，应使中间采场超前两翼采场回采，为了方便无轨设备在相邻采场间的移动，中间采场超前1个分层，即3.0 m。

2）凿岩爆破

采用YSP-45型气腿式凿岩机挑采2.0 m，不出矿，工人站在矿堆上打水平孔压顶回采

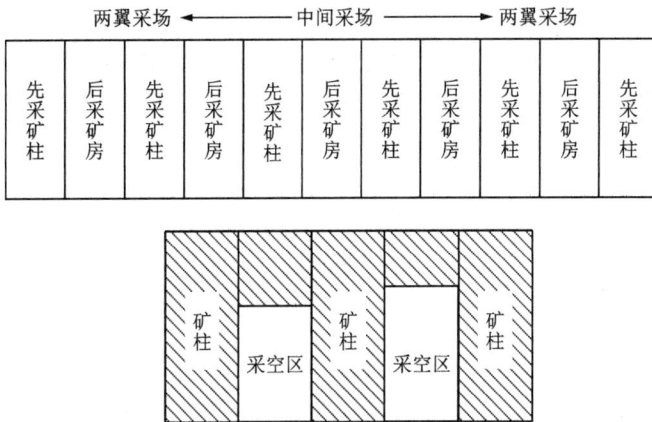

图 6-13 最优采场回采顺序及超前回采模型

到设计高度。根据炮孔布置及分层采场参数，矿房一个分层采场可布置 122 个（间柱 120 个）挑采炮孔，90 个（间柱 72 个）压采炮孔，合计孔深 419 m（间柱 380 m），2 台凿岩机同时作业的纯凿岩时间为 5 个班。

3）通风

每次爆破，必须经充分通风（通风时间不少于 40 min）后，人员才能进入采场。新鲜风流经斜坡道、分段运输平巷及采场联络道进入采场，冲洗工作面后，污风经充填回风天井，排入上阶段回风平巷，可在充填回风井顶部设置局扇加强通风。

4）出矿

挑采落矿时不出矿，压采崩矿并经充分通风排出炮烟、顶板安全检查后，用 JCCY-1.5 铲运机铲装矿石，经采场联络道、分段运输平巷，运至溜井卸矿，由矿用汽车装载运出（第一分层的矿石直接由铲运机卸至矿用汽车）。出铲运机台班生产能力 93.1 t/台班，矿房各分层矿房的出矿量为 1541 t，矿柱 1284 t，纯出矿时间为 17 台班、矿柱 14 台班。

5）采场顶板地压管理

采场爆破并经过有效通风排除炮烟后，安全人员进入采场清理顶帮松石。如果顶板矿岩异常破碎，经撬毛处理后，仍无法保证正常作业，可考虑其他顶板支护方式。

5. 充填

每分层出矿结束后，及时进行充填，控制地压，阻止地表出现大变形。矿柱采后空区采用 1∶6 胶结充填；矿房采后空区采用非胶结充填料。回采的第一分层都用高配比胶结体构筑假底，以提高下阶段采场回采的安全性。为减轻铲运机出矿时对层面的破坏，并降低矿石贫化损失，各分层也用 1∶4 高配比胶结体进行胶结。

6. 经济指标

1）生产能力计算

整个采场分 10 个分层回采，分层回采高度 3 m，每分层回采作业循环见表 6-26，分层矿房的矿量为 1.63 kt，采充总时间 11 d，矿块采矿能力达 148.2 t/d。

表 6-26　机械化上向水平分层充填法每分层采充作业循环表（贡北金矿）

序号	作业名称	时间/d	进度/d					
			2	4	6	8	10	12
1	凿岩（多次）	2						
2	爆破通风（10次）	2						
3	出矿（10次）	6						
4	充填（1次）	1						
5	合计	11						

2）主要技术经济指标

采出矿块矿量 29.91 kt，地质品位 5.78 g/t，采切副产矿量 1289.9 t，采切巷道总长度为 577.6 m，合计 4595.0 m³，自然米千吨采切比为 23.17 m/kt，生产能力为 148.2 t/d，单位矿块直接采充成本 39.05 元/t。

6.5.4　焦家金矿破碎带蚀变岩型金矿床安全高效开采典型实例

1. 矿山开采技术条件分析

1）矿山概况

山东黄金矿业（莱州）有限公司焦家金矿位于渤海之滨的莱州市掖县境内，于 20 世纪 60 年代初被发现，于 1980 年投产，下辖焦家、望儿山、焦家村东、寺庄四个矿区，已成为我国黄金行业生产规模较大的现代化矿山之一，矿石生产规模达 1500 t/d，年产黄金 62000 盎司。焦家金矿经过多次矿权整合后，目前保有黄金储量由 2021 年末的 36 t 增长到 458 t，2022 年黄金年产量突破 10 t，在创历史新高的同时，正式成为全国第一大产金矿山。

2）区域地质条件

矿区位于黄县弧形大断裂带东宋至朱桥地段，该段即为焦家主断裂；以主断裂面为界，东侧为花岗岩，西侧为胶东群变质岩系，面积 25 km²，该带目前已探明的大、中型金矿床有焦家、新城、马塘、红布、东季等十几处。矿区断裂活动表现为多期次特征，并且在阶段性上与区域构造运动一致。成矿前玲珑花岗岩对胶东群地层进行重熔交代作用，在燕山早期近东西向挤压应力作用下，产生北东向断裂；后又伴有郭家岭岩体的侵入活动，开始形成北东产出的岩株、岩脉群。岩体冷凝成岩后，断裂进入大规模活动阶段，即早新华夏系的主要发展阶段，形成了焦家主断裂带，呈压扭性。第三阶段断裂复活，使先期形成的断裂、裂隙张开，并形成新的一组成矿裂隙，应力释放，为成矿热液的迁移提供了有利条件，也呈左行压扭性。第四阶段即晚新华夏系断裂活动，表现为主、支断裂重新复活，形成断层泥和大量的平行主断裂面的次级构造。成矿后节理、裂隙发育，煌斑岩脉沿张扭性断裂充填。

3) 矿体特征

矿区内构造主要为规模较大的北北东—北东向断裂及规模稍小的北西向断裂两组,前者是控制金矿的主体构造,后者的控矿规模相对较小。焦家金矿床位于焦家主干断裂的 56~152 线,控制长度 1600 m。整个破碎蚀变岩带框定了金矿化的空间。焦家金矿体分布受断裂蚀变带控制,可分为Ⅰ号、Ⅱ号、Ⅲ号矿体,矿体呈似层状、脉状、透镜体状,总体上沿主裂面展布;Ⅰ号矿体赋存于主裂面下盘约 50 m 内的碎裂岩、绢英岩带内,矿量占总储量的 73%;Ⅱ号矿体多为Ⅰ号矿体的下盘分支,产于绢英岩带内,与Ⅰ号矿体在剖面上的分支复合现象明显,规模较大者在下盘硅化花岗岩带内有Ⅲ号脉分支,占总储量的 11%;Ⅲ号矿体产于钾化、硅化花岗岩带内,常成群成带产出,占总储量的 16%。

Ⅰ号矿体:分布于 54~136 勘探线,赋存于焦家主断裂面下盘的黄铁绢英岩和黄铁绢英岩质碎裂岩中,矿化类型为浸染状、细脉浸染状。矿体走向长 1200 m,倾斜延伸 500~670 m,最大斜深 925 m(目前工程控制深度)。矿体呈似层状、脉状产出。矿体走向 NE10°~50°,倾向北西,倾角 25°~45°,北陡南缓,浅陡深缓。矿体厚度 4~15 m,最大厚度 65 m,最小厚度 1 m,平均厚度 16.48 m,厚度变化系数 84%,属厚度较稳定型矿体。矿体沿走向及倾向膨胀、狭缩、分支复合现象显著,向南西侧伏,侧伏角大约为 40°,中部矿体(70~120 线)厚大,两端(72 线以北和 120 线以南)较薄。从剖面分析,与上部中段相比,-230 m 以下矿体倾角变缓为 25°~30°,矿体变窄,分支现象明显,品位下降,浸染状矿化不发育。

4) 开采技术条件

焦家金矿矿体产于黄—掖弧形断裂下盘蚀变带中,蚀变厚度为 50~400 m,矿体上盘与主断裂之间有 5~30 cm 的断层泥。矿床以构造控矿为主要特征,成矿前后区内地质活动频繁,多次级构造较发育。次级构造沿主断裂走向"入"字形和帚状构造产状,造成下盘矿岩中的"X"弱面纵横交错,产状和规模各异,矿岩极为破碎,各弱面间尚存在厚度不等的高岭土、绿泥石等泥质矿物,导致矿岩的稳固性更差。主干断裂多次启开活动受压扭和张扭应力作用后,沿走向、倾向均呈波形变化,在凸出部位尚积蓄部分残余应力。另外,还有因蚀变强度的差异而造成对矿石的胶结程度不同,部分矿段高岭土化严重,极为破碎。矿山水文地质条件简单,主断层附近矿岩富水性较强,淋水较大,其他部位仅有滴水现象。

2. 采矿方法概述

山东黄金矿业(莱州)有限公司焦家金矿是中温热液蚀变花岗岩型金矿床,矿体赋存条件复杂,矿岩破碎,节理裂隙发育,品位较低(2 g/t 左右)且变化不均匀,地表不允许陷落,因而选择使用充填采矿法。根据所处地段的地质情况及允许暴露面积,焦家金矿主矿体厚度较大且矿岩相对稳定的地段,以上向水平分层进路充填法为主;矿体破碎且品位较高地段,则采用下向水平分层进路充填法。

1) 上向水平分层进路充填法

该采矿法适用于开采矿石与围岩不稳固或仅矿石不稳固的较高品位矿体,目的是减小顶板暴露面积,提高回采工作的安全性。其特点为:自下而上分层进路回采,每一分层的回采是在掘进分层联络道后,以分层全高沿走向或垂直走向布置进路,间隔或按顺序进行进路采矿,采一充一,整个分层回采并充填结束后再转入下一分层回采。该方法因采场暴露面积小,回采作业较安全,矿石损失小、贫化指标好,采场布置灵活,易于实现探采结合,但采矿强度和劳动生产率均较低,对充填接顶要求较高。对厚矿体采用上向水平分层进路充填法,进路垂直走向布置,采用脉外斜坡道采准,凿岩台车凿岩,铲运机出矿,采场综合生产能力有所提高,工作面安全状况得到改善。

采场沿矿体走向布置,采场宽度为矿体水平厚度,采场长度为30~90 m,中段高度40 m,分段高度10 m左右。采场或预留7~10 m高的底柱或无底柱回采,第一分层施工钢筋混凝土假底或充填高配比的胶结尾砂浇底。采场分层高度3~3.5 m,进路宽度3~4 m。垂直矿体走向布置进路的采场,先从采场联络道沿矿体下盘边界向两翼掘进分层联络巷,再从两翼向中间间隔进路回采。步骤一采进路回采结束后胶结充填并接顶,步骤二采进路回采结束后以分级尾砂充填。采场步骤一、二进路均进行浇面接顶充填,浇面厚度40 cm,以利上分层回采时无轨设备的行走。采场第一分层所有进路在回采结束后,都要先施工40 cm厚的钢筋混凝土假底或充填1 m厚的高灰砂比胶结尾砂假底,作为下中段采场回采时的假顶(图6-14)。

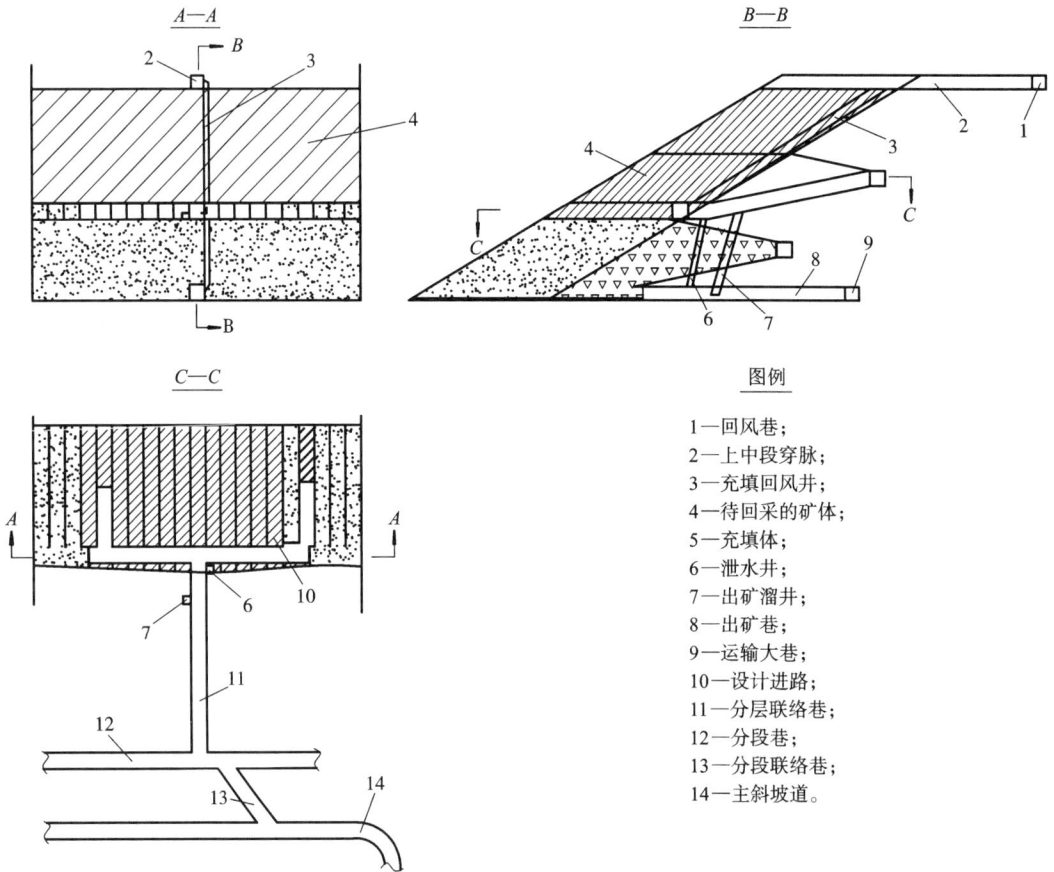

图例
1—回风巷;
2—上中段穿脉;
3—充填回风井;
4—待回采的矿体;
5—充填体;
6—泄水井;
7—出矿溜井;
8—出矿巷;
9—运输大巷;
10—设计进路;
11—分层联络巷;
12—分段巷;
13—分段联络巷;
14—主斜坡道。

图6-14 上向水平分层进路充填法示意图(焦家金矿)

2)下向水平分层进路充填法

下向水平分层进路充填法适用于开采矿石与围岩极不稳固或仅矿石极不稳固而品位高的矿体。其特点为:自上而下并在人工假顶下分层回采,待本分层回采并充填结束后再用进路回采下一分层。该方法回采安全,矿石损失、贫化率低,灵活性大,但成本较高。

采场回采自上而下分层进行，分层内用水平进路回采。矿体厚大、品位较高，进路垂直矿体走向布置，利于矿体上盘大断层的维护。采场沿矿体走向布置，采场宽度为矿体水平厚度，采场长度为30~90 m，中段高度40 m，分段高度10 m左右。下向采场直接从上中段底柱开始回采。采场分层高度3~4 m，进路宽度3~4 m。

进路回采结束经验收合格后，铺设网度300 mm×300 mm的钢筋网，钢筋网从进路底板架高30~50 mm，然后浇筑400 mm厚的混凝土假底，后进行1:10固结材料尾砂胶结充填。

3. 长锚索护顶支护工艺

焦家金矿上向进路现用充填体28 d单轴抗压强度仅为0.35 MPa，顶板虽能保证自立，但无支撑作用，采场顶板易发生大面积破坏。在不增加充填成本的条件下，如要进一步降低采矿综合成本，最有效的途径是通过对顶板进行加强支护，扩大进路规格，提高生产效率，降低采矿直接成本。为此，提出在使用上向水平分层进路充填法开采的矿段，采用全长注浆锚索加固采场顶板，提高顶板的稳固性，以加大采场进路规格。

1) 锚索长度

锚索长度视矿体形态及距上盘稳定岩层的位置而定；矿体中部分层布置锚索，上、下两层交错布置，以40 m为一个中段布置3层，每层锚索长度为15 m，其中预留一段锚索为下一层锚索安装起支护作用；每次分层开采以后要从下盘加设一排锚索，以覆盖新爆破的围岩，锚索长度视下盘位置及矿体特征而定，但要保证锚索穿过上盘软弱带，进入稳固岩层中。

2) 锚固间距

当前进路规格3.0 m×3.0 m，每条进路中间施工一排锚索，锚索间距3.0 m，排距3.0 m。

3) 锚索选择

制作锚索的材料宜选用矿山已有的废旧钢丝绳或锚索专用钢绞线，锚索直径最好为2/5钻孔直径左右，即15~30 mm。加工的锚索长度应根据设计锚索下料长度要求来确定，但最好比设计值长0.2 m左右。废旧钢丝绳首先应该用柴油或汽油对其表面进行清洗，之后用高压蒸汽将油脂去除，若用钢绞线则不需要。下料前应检查锚索的表面，没有损伤时才能使用。锚索制作完毕，应采取保护措施防止锚索体锈蚀，运输过程中应防止锚索发生弯曲、扭转和损伤。锚索采用高强度、低松弛无黏结钢绞线，公称直径 d 取15.24 mm，强度等级为1860 MPa，最小破断力260.7 kN，延伸率≥3.5%，松弛率≤3.5%，钢绞线的基本材料为碳素钢。

4) 注浆体

所采用的水泥强度等级不低于42.5 MPa的新鲜普通硅酸盐水泥，骨料宜采用中、细砂，最大粒径应小于2.5 mm，使用前须过筛。纯水泥浆浆液水灰比为1:2~1:2.5；水泥砂浆为水泥:砂=1:1~1:2，水泥:水=1:0.38~1:0.45。早强剂、减水剂、CM微膨胀剂等外加剂的质量标准要符合国家或部颁现行规程规范的要求。外加剂的采用必须通过生产性试验及室内试验确定，严禁使用对钢绞线有腐蚀性、对水泥及围岩有危害的外加剂，且与水泥有良好的相溶性。

5) 钻孔、注浆、排气装置选择

考虑到矿山已有 UB3C 型灰浆泵亦可满足注浆需要，最终确定采用 YGZ-90 进行钻孔和 UB3C 型灰浆泵进行注浆。

4. 锚索支护施工工艺

1）造孔

采用矿山已有的 YGZ 90 钻机垂直向上进行钻孔。由于钻杆都是定型产品，所以孔的深度可以根据钻杆的根数和长度来确定，当钻进至设计深度时，应停止钻进。由于钻孔是垂直上向孔，残渣会在重力作用下自动排除孔外，但还会在孔壁上残留一些岩粉，因此，最好空开钻机清孔，排出孔壁上的岩粉，最后退杆撤钻。清孔的目的是保证灌浆的质量，防止孔壁上残留的岩粉遇水形成浆体与围岩之间形成软弱面，降低浆体与围岩的黏结强度，恶化锚固效果。对于地质条件较差的地段，为确保岩层、裂隙间不发生冲水造成层间位移，钻孔宜采用干钻，清孔时用高压风吹，不宜用水冲。如遇断层，应控制进尺速度，钻孔不能太快，并且需要来回淌孔，以使孔道圆顺，成孔好，便于下锚。

锚索钻孔的位置、方向、孔径及孔深，应符合施工设计要求。钻孔的孔深、孔径均不得小于设计值，钻孔的倾斜度、方位角应符合设计要求。其允许误差如下：开孔偏差不大于20 cm；孔深误差小于 10 cm；孔轴偏斜度不大于 3°；孔底处的孔径偏差小于 10 mm。

2）锚索及孔塞的制作

采用高强度、低松弛无黏结钢绞线，直径为 15.24 mm。首先，在地面加工车间针对各个钻孔深度对钢绞线进行切割，并标上钻孔标号以免混淆。将切割好的钢绞线运送到试验采场，将已有标号的锚索放到对应的钻孔下边。然后，将事先预备好的排气管紧挨着锚索，用细铁丝将锚索与排气管捆扎在一起，排气管要多出一部分（以能在巷道底面容易进行吹气操作为准），然后在排气管的最前端用小刀以 45°截成马蹄形缺口，在距端部 100 mm 外再开一个同样的排气口，以在排气管端部孔口被堵塞时备用。

3）锚索安装

将制作好的锚索孔塞穿过锚索、排气孔，然后工作人员站在工作台上把穿好的锚索送到孔内，直至到达孔内最深处，用锤子将孔塞敲紧，然后用棉纱塞住孔塞周围的小孔以免注浆时漏浆。

4）注浆

采用 UB3C 型灰浆泵进行注浆。首先按照设计配比将水泥、砂和水加入搅拌槽中，人工搅拌好后装入注浆桶中开始注浆。将注浆管一端塞入孔塞中 200 mm 左右，另一端固定在压力注浆机上，并用铁丝捆扎紧。并用可伸缩支架顶住孔塞，以防注浆过程中压力过大冲掉孔塞。检查排气管，确认畅通后开始注浆，直到排气管不再排除气体（排气管一端放入水中不再冒泡）或者排出稀浆，停机，砍断注浆管，并用铁丝扎紧注浆管口。注浆后的锚索如图 6-15 所示。

5）封口

注浆完成后处理多余的排气管和注浆管，等待养护。养护期未结束之前锚索 30 m 范围内不得进行爆破作业，如需进行爆破作业，则需对作业面进行地震波控制，如采取药量控制的控制爆破等。

6）充填

进路锚索安装完毕后，即可按正常程序进行进路充填工作，达到充填体养护期后，开始

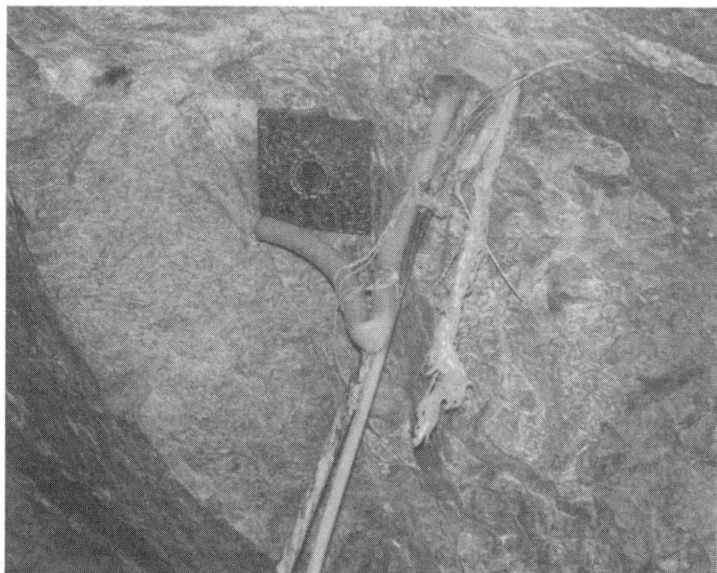

图 6-15　注浆后的锚索

下一条进路的回采、锚索安装、充填等工作,如此循环,直至整个分层锚索安装完毕。

5. 人工假顶构筑工艺

人工假顶构筑工艺直接影响着其强度和稳定性,而且工艺相对复杂、要求高,必须按照设计步骤按质按量完成。人工假顶构筑优化工艺打底充填 1.3 m,普通充填剩余高度。

1)预留碎矿垫层和铺设塑料薄膜

进路回采结束后进行人工平场,将进路或分层道底板残留矿石扒平,使底板纵横向平整,底板留有 200~300 mm 厚的碎矿垫层,在碎矿垫层上铺盖一层塑料薄膜。碎矿垫层可保证下分层回采炮孔与人工假顶间距离,对爆破冲击波有良好的吸收、减弱作用,减少凿岩及爆破对人工假顶的破坏,也防止了人工假顶冒落造成矿石贫化。铺设的塑料薄膜可防止打底充填时将碎矿胶结,避免矿石损失,而且使下分层回采假顶平整、光滑、密实,无须再处理顶板,简化了工艺。

2)铺底筋网

在塑料薄膜上放置木块或碎石,然后再铺设底盘网,使底筋网被架高 30~50 mm,从而使底筋网可以完全被打底料浆包裹,增加整体强度。底筋网主筋直径为 $\phi 12$ mm,网度为 1000 mm×1500 mm(横向×纵向);副筋 $\phi 6.5$ mm,网度为 500 mm×300 mm(横向×纵向);横筋在下、纵筋在上,纵横筋相交处用铁丝缠绕加固或焊接。在 3 m×3 m 断面进路中,铺设 3 根纵向主筋,中央主筋位于进路中线上,左、右主筋距相邻进路边界均为 0.5 m;所有的横向主、副筋长度为 4 m,左、右两端各多出 0.5 m 用于相邻底筋网搭接。侧帮为充填体时,将其假底的预留横筋全部揭露出来,缠绕搭接或焊接牢固,采用焊接时,必须保证横筋平直焊接,且平直焊接长度不小于 50 mm,接头要埋入混凝土内;侧帮为矿体时,将预留的 0.5 m 横筋紧贴实帮竖立起来;侧帮为围岩时,要在距底板 1 m 高的岩体中打眼并镶入涨壳式锚杆,眼距 1~1.5 m，眼深 0.5 m，并用 φ12 mm 的吊筋将底筋网吊挂在锚杆上。

3）架设充填挡墙

国内外矿山采用的充填挡墙有木制、砖砌和柔性钢筋网布置方式。

4）打底充填

采用灰砂比 1:6、质量浓度 70%~73% 的料浆进行打底充填，打底充填厚度 1.3 m。为提高人工假顶的稳固性和下分层进路回采的安全性，当进路长 30~40 m 时，将充填管头置于进路端部 5~8 m 处，一次性不间断完成进路打底充填，避免进路打底充填体内出现分层弱面；当进路长 50~70 m 时，在进路中间位置砌筑 2.0 m 高的密封挡墙，进路打底充填分两段进行；当进路长 40~50 m 时，将充填管头置于进路端部 15~20 m 处，一次性不间断完成进路打底充填，充填砂浆由落料点向进路两端分别流动，可有效减少砂浆在进路内实际流动距离，克服砂浆离析现象，避免远离落料点一端进路底部一次性打底充填高度不足的问题。

5）普通充填

打底充填完毕后，经 16 h 以上的养护期之后进行上部普通充填作业，采用灰砂比 1:10~1:15、质量浓度 70%~73% 的浆料，工艺与打底层相同。

6）人工假顶构筑工艺应用效果

无吊筋人工假顶构筑工艺已在焦家金矿上向水平分层进路充填法人工假底和下向水平分层进路充填法人工假顶构筑中得到全面推广应用。与过去应用的混凝土假顶相比，其在保证回采安全的前提下，大大提高构筑效率，明显降低

图 6-16 人工假顶实际效果照片

构筑成本，取得了显著的经济效益和社会效益。人工假顶实际效果照片如图 6-16 所示。

6.6 急倾斜厚矿体开采典型方案与实例

6.6.1 典型充填采矿法方案

针对倾角>55°、5 m<厚度≤20 m 的急倾斜厚矿体，由于矿体倾角较陡崩落矿石可以靠自重从溜井放出，一般常用中深孔或深孔落矿工艺，因此急倾斜厚矿体可采用的充填采矿方案较多，如分段空场嗣后充填法、阶段空场嗣后充填法、机械化上向水平分层充填法等。部分矿岩软弱破碎条件下，还常常采用机械化下向进路充填法（如金川镍矿、七宝山铜锌矿等）。

1.分段空场嗣后充填法、阶段空场嗣后充填法

分段空场嗣后充填法、阶段空场嗣后充填法是在传统分段空场法、阶段空场法的基础上，增加尾砂（或其他骨料）嗣后充填工艺，来消除采空区安全隐患、减少连续矿柱资源损失、避免大规模地压灾害事故。分段空场嗣后充填法、阶段空场嗣后充填法对矿岩中等稳固

及以上、矿体规整的厚矿体具有较好的适用性,具有单次爆破量大、作业安全性好、回采强度高、生产能力大等优点。

2.机械化上向水平分层充填法

针对开采技术条件复杂的厚矿体,则可利用凿岩台车、铲运机、锚杆台车、矿用卡车等机械化的采装运设备,采用脉外采准工艺的机械化上向水平分层充填法进行开采。机械化上向水平分层充填法采用脉外采准的方式、沿走向布置采场、自下而上分层开采,采一层、充一层,不仅对形态不规则、分支复合变化大的矿体具有较好的适用性,而且机械化程度高、采掘效率高和采场生产能力大,有利于降低工人劳动强度并减少用工。

3.机械化下向进路充填法

机械化下向进路充填法是根据矿体倾角和厚度变化情况,在垂直方向上将矿体划分为不同阶段,再将阶段划分为若干分段,分段划分为若干个分层,分层划分为若干进路。各分层进路采用两步骤开采的方式,步骤一开采单数进路并采用高强度胶结充填构筑人工假顶,步骤二回采偶数进路并采用普通胶结充填构筑人工假顶。利用凿岩台车和铲运机等机械化采掘装备,采用自上而下、采一条进路充一条进路的分层回采工艺,直至整个矿块回采完毕。机械化下向进路充填法的适用条件为:

(1)稳固性:矿石稳固性差,不允许拉开一条进路的宽度;

(2)由于该采矿方法生产环节较多且需要花费大量时间和高昂成本构筑人工假顶,因此要求所开采的矿石资源具有较高的价值。

6.6.2　七宝山铜锌矿开采技术条件分析

湖南省的硫铁矿成因类型主要有沉积型层状矿床和热液交代型矿床两种,以热液交代型硫铁矿为主,储量5000多万t。湖南境内的硫铁矿发现和开采始于明末清初,现开采的矿区主要有七宝山矿区、沅陵县董家河矿区、城步铺头矿区、青山冲矿区、上堡矿区。

1.矿山概况

浏阳市七宝山铜锌矿业有限责任公司位于湖南省浏阳市七宝山乡宝山村杨家组,矿山始建于1979年属七宝山乡办集体企业,后改制成私营股份制企业,更名为浏阳市七宝山铜锌矿业有限责任公司。七宝山铜锌矿现为采选联合矿山企业,矿权面积0.0594 km²,允许开采标高范围为-100~+180 m,开采矿种为锌、铜、铅、硫铁矿,年采矿、选矿能力10万t/a。

2.开采技术条件

1)矿床地质条件

七宝山矿区位于浏阳-衡东新华厦系断褶带与安化-浏阳东西向构造带复合部位,七宝山铜锌矿段位于矿区东端,东西长约1 km,南北宽约0.8 km,区内地层简单,断裂构造发育,燕山早期岩浆热液活动强烈,矿床成因类型为中低温岩浆热液充填交代型矿床。矿区主要出露冷家溪群、震旦系下统莲沱组及第四系,次要出露为石炭系中上统壶天群及下统大圹阶。矿区南部F1和北部F2分别呈近东西与北西西走向,交会于矿段东侧1.5 km处,为区内重要控矿构造。围岩蚀变类型有：矽卡岩化、硅化、绢云母化、碳酸盐化及铁锰碳酸盐化、高岭土化、黄铁矿化。

2）水文地质条件

矿区基本上为单斜储水构造，含水层为壶天灰岩溶洞裂隙含水层，顶底板为相对隔水层阻隔，形成四面阻水、上覆石英斑岩半封闭的储水体。矿坑充水水源主要为壶天群灰岩溶洞裂隙水和通过溶洞、裂隙下渗的地下水，矿山坑道排水量为 80～120 m³/h。目前，长期的地下坑道排水已使地下水补给，漏斗下降和缩小。矿区近矿断层含水和导水性均较差，对矿坑涌水影响不大。矿山老窿虽然较多，但大部分已塌陷，储水空间小，且大部分已疏干，老窿水对矿坑充水影响很小。因此，矿山水文地质类型属中等偏简单类型。

3）工程地质条件

矿体顶板为灰岩及石英斑岩，近矿脉带岩溶溶洞一般为黏土及岩石碎块充填，石英斑岩风化较强，局部呈黏土状，岩体质量差、稳定性差。矿体直接底板为板岩及石英斑岩，受 F2 断层影响，构造裂隙发充，岩体呈松软的砂土状，完整性差、稳定性差。采矿坑道中常见冒顶、片帮、底鼓等现象，坑道需强支护。因此，矿山工程地质条件中等～复杂。

4）环境地质条件

由于多年来一直沿用崩落法开采，矿体被采空或溶洞顶部岩层下沉，引起地表山体出现裂缝及整体沉降，主要分布在 F2 断层破碎带上，54 线至 64 线之间长约 250 m 的范围内。同时，采矿排水促使地下水下降，溶洞、老窿水被疏干，使地面出现不均匀沉降，环境地质条件中等。

3. 矿体产状

矿段中铜、锌多金属矿体主要分布于 50～74 线，受 F2 断层上盘破碎岩带控制，呈似层状产出，走向北西西，倾向南南西，倾角 60°～75°，走向长约 820 m、宽 70～95 m、最大倾斜延伸约 400 m。矿带上部撒开，矿化强烈，深部 -150 m 标高以下矿化变弱，-200 m 标高下逐渐尖灭消失。Ⅰ号主矿体赋存与 F2 断裂面之上，为一个含金、银、铜、铅、锌的黄铁矿多金属矿体，其中，Ⅰ（Zn）矿体产于矿化带的上部，Ⅰ（SCu）矿体产于矿化带的下部。

Ⅰ（SCu）铜硫矿体隐伏产出于矿段西部的 50～62 线一带，呈似层状、透镜状产出，走向北西西、倾向南南西、倾角 60°～76°，赋存标高 -140～+14 m，走向长 440 m、最大斜深 192 m，平均厚度 6.96 m，矿体平均含铜 1.23%、硫 26.36%、锌 1.19%、金 0.37 g/t、银 56.6 g/t、铅 0.25%。Ⅰ（Zn）锌矿体隐伏产出于矿段西部的 50～70 线一带，呈似层状、透镜状产出，位于矿化带上部，走向北西西、倾向南南西、倾角 60°～75°，赋存标高 -230～+14 m、走向长 515 m、最大斜深为 275 m，平均厚度 11.31 m。矿体主要矿石类型为含铜黄铁矿、含锰黏土型锌矿等，平均含锌 5.83%、铜 0.50%、硫 19.89%、金 0.38 g/t、银 50.15 g/t、铅 0.46%。

4. 深部接替资源储量及分类

基于勘探线剖面图和资源量分布立面图，矿山 -100～-250 m 接替资源量 86.1 万 t。其中，铜（硫）矿体 5.6 万 t、占比 6.5%，锌矿体 80.5 万 t、占比 93.5%；122b 类型占比 48.3%，333 类型占比 51.7%；-100～-150 m 矿体 47.2 万 t、占比 54.9%，-150～-200 m 矿体 38.9 万 t、占比 45.1%；厚度 <5 m 的矿体 5.6 万 t、占比 6.5%，厚度 >5 m 的矿体 80.5 万 t、占比 93.5%。

七宝山铜锌矿深部-100~-250 m 接替资源以 Ⅰ(Zn)矿体为主(占比94.2%),矿石真厚度6.04~12.93 m,为急倾斜中厚矿体,含铜平均品位0.89%、银61.79 g/t、锌4.57%、硫29.80%,品位较高且矿石相对易选、潜在经济效益十分显著。

5.采矿方法选择

深部接替资源品质好、价值高,必须优先采用机械化程度高、采场安全性好、回收率高、贫化小的采矿方法,将宝贵的矿产资源充分利用。同时,矿段随着矿体的延伸逐渐向南南西方向倾斜,以前的崩落法开采可能会引起地表塌陷,危及地表安全。因此,必须采用更加安全环保的充填采矿法,消除采空区安全隐患、保护地表环境。考虑到此部分矿岩稳固性差,且矿体平均品位较高,适宜的采矿方法有留矿嗣后充填法和下向进路充填法。下向进路充填法比留矿嗣后充填法更加灵活、对矿体厚度和倾角变化的适用性更好,且能够采用机械化的采掘设备,因此,为了保障回采作业安全、最大程度地提高资源回收率、降低矿石的损失和贫化,建议采用下向进路充填法进行软弱破碎矿体的开采。

根据采掘、运搬装备的不同,下向进路充填法可分为:

(1)机械化下向进路充填法(掘进机凿岩、汽车搬运矿石)。

(2)普通下向进路充填法(凿岩台车或风动凿岩机凿岩、铲运机运搬矿石)。

下向进路的布置方式受岩性、矿体的水平厚度、采掘装备的尺寸等诸多因素的影响,为了尽可能地提高采场的生产能力和采掘效率,实现"强采强出强充":

(1)在矿体的水平厚度超过20 m的情况下,垂直走向布置进路。

(2)在矿体的水平厚度小于20 m的情况下,沿走向布置进路。

6.6.3 七宝山铜锌矿机械化下向进路充填采矿法典型方案

七宝山铜锌矿深部接替资源以急倾斜(平均倾角65°)、中厚矿体(平均厚度9.5 m)为主(占比94.2%),基于上述倾角和厚度的矿体,对沿走向布置的机械化下向进路充填法(掘进机凿岩、汽车运搬矿石)进行采矿法方法典型方案介绍。

1.矿块布置及结构参数

该采矿方法主要适用于矿石价值较高,但矿岩不稳固、无法保证回采作业安全的情况,对矿体的倾角及厚度有较好的适用性。进路矿块沿走向布置,设置阶段高度40 m,矿块自上至下分为4个分段,每个分段负责3个分层的回采,每个分层高3.3~3.4 m。矿体真厚度为9.5 m、水平厚度约12 m,即每个分层沿走向布置4条进路,每条进路宽3 m。

2.采准工程

采准工程主要包括斜坡道、分段联络平巷、分层联络道、卸矿硐室、溜井、充填回风井、穿脉等采准巷道,如图6-17所示。

1)斜坡道

斜坡道是设备材料及人员在不同分段和阶段之间实现自由快速移动的重要通道,断面规格4.0 m×3.8 m,转弯半径不小于10 m,坡度<15%。

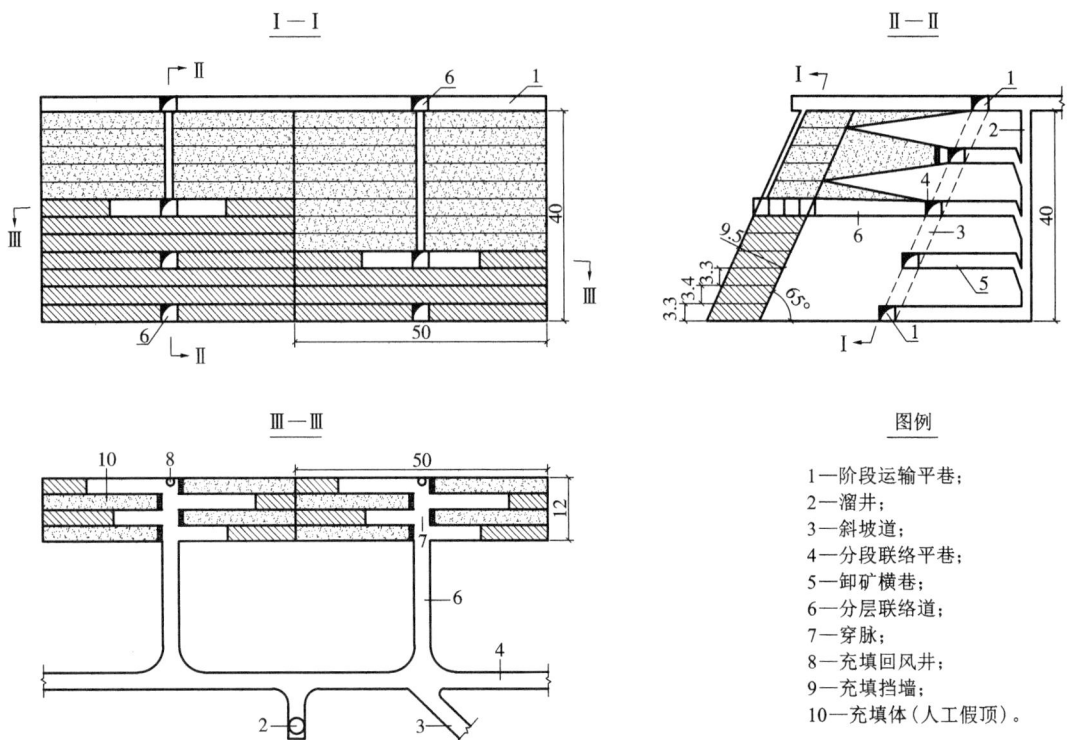

图 6-17　机械化下向进路充填法(沿走向)(七宝山铜锌矿)

图例

1—阶段运输平巷；
2—溜井；
3—斜坡道；
4—分段联络平巷；
5—卸矿横巷；
6—分层联络道；
7—穿脉；
8—充填回风井；
9—充填挡墙；
10—充填体(人工假顶)。

2)分段联络平巷

分段联络平巷沿矿体走向布置，负责分段采场的出矿，断面规格 3.2 m×2.8 m。每个分段联络平巷负责 3 个分层的回采，每个分层高度 3.3～3.4 m，3 个分层总计高 10 m。

3)分层联络道

每分层采场均布置一条分层联络道与分段联络平巷连通。各分段下向分层联络道为运矿重车上坡，坡度取 15%；上向分层联络道为重车下坡，坡度取 15%。上向分层联络道采用普通掘进方法形成，水平和下向分层联络道可利用上向分层联络道掘进(但需管棚护顶、防止顶板冒落)或重新掘进(需与上向分层联络道间隔 3～5 m)。根据铲运机和凿岩机通行要求，分层联络道断面规格为 3.2 m×2.8 m。采场充填时，首先构筑充填挡墙封闭采场联络道。分层联络道布置在采场中央，以利于铲运机作业，且采场作业效率高，采场两侧边界易于控制。

4)卸矿硐室

分段联络平巷和溜井之间用卸矿硐室连通，卸矿硐室与分段联络平巷间保证 5 m 以上的转弯半径，卸矿硐室长度应不小于铲运机长度，断面规格 3.2 m×2.8 m。

5)溜井

溜井直径 2.5 m，溜井底部设置振动放矿机。为防止上、下分段卸矿相互干扰，卸矿硐室与溜井间用分支溜井连通。

6)充填回风井

充填回风井是采场通风和下放充填料浆的重要通道，沿矿体倾向布置于采场中央靠近上盘的矿体中。在该采矿方法中，充填回风井需由上到下顺路构筑，即在每层采场回采完毕充填时，通过固定两个半圆形的模具(注意封口)浇筑充填料浆形成充填回风井，直径1.6 m。

7)穿脉

穿脉布置于矿块中央上部连通充填回风井，具有探矿、回风及连通各回采进路的作用，断面规格3.2 m×2.8 m。

3.切割工程

切割工作的主要目的是形成必要的回采空间，供设备的正常工作。在该类采矿方法中，切割工程为在每一分层自分层联络道向矿体上盘边界掘进穿脉，穿脉断面规格为3.2 m×2.8 m。每条穿脉应尽量保证位于矿块中央，兼顾两侧进路采场，同时应尽量保证与上、下分层穿脉错开一定距离，满足经济与安全要求。机械化下向进路充填法标准矿块采切工程量见表6-27，矿量分配见表6-28。

表6-27　机械化下向进路充填法标准矿块采切工程表(七宝山铜锌矿)

名称		条数	规格 /(m×m)	单长/m			总长/m			工程量/m³			工业 矿量/t
				脉内	脉外	合计	脉内	脉外	合计	脉内	脉外	合计	
采准切割工程	溜井	0.33	φ2.5 m	0	40	40	0	13	13	0	65	65	0
	卸矿硐室	1	3.2×2.8	0	16	16	0	16	16	0	132	132	0
	分段联络平巷	4	3.2×2.8	0	50	50	0	200	200	0	1646	1646	0
	分层联络道	12	3.2×2.8	0	17	17	0	200	200	0	1792	1792	0
	充填回风巷	1	3.2×2.8	12	25	37	12	25	37	99	206	305	309
	充填回风井	1	φ1.6 m	40	0	40	40	0	40	0	0	0	0
	采准斜坡道	0.125	4.0×3.8	0	340	340	0	43	43	0	598	598	0
	小计						52	497	549	99	4439	4539	309
	穿脉	12	3.2×2.8	12	0	12	144	0	144	1290	0	1290	4038
合计							196	497	693	1389	4439	5829	4347
千吨采切比		12.31 m/kt, 103.51 m³/kt (不均匀系数取1.2)											

表6-28　机械化下向进路充填法矿量分配表(七宝山铜锌矿)

项目	体积 /m³	工业矿量 /t	回采率 /%	贫化率 /%	采出矿量/t			占矿块采出量 的比重/%
					矿石	岩石	小计	
矿房	19571.00	61257.23	95.00	8.00	58194.37	5060.38	63254.75	93.63
副产	1389.00	4347.57	96.00	3.00	4173.67	129.08	4302.75	6.37
矿块	20960.00	65604.80	95.07	7.68	62368.04	5189.46	67557.50	100.00

4. 回采工艺

1）落矿

掘进机是隧道工程和煤矿常见的用于平直地面开凿巷道的机器，具有安全、高效和成巷质量好等优点。我国是产煤大国，煤巷高效掘进方式中最主要的方式是悬臂式掘进机与单体锚杆钻机配套作业线，悬臂式掘进机集截割、装运、行走、操作等功能于一体，主要用于截割任意形状断面的井下岩石、煤或半煤岩巷道。由于七宝山铜锌矿矿岩十分破碎、达到了软岩的条件，采用在煤矿中常用的高效掘进机代替凿岩爆破工艺，对于提高回采效率和回采强度、保障回采作业的安全具有重要的意义。针对软弱破碎条件矿岩，采用掘进机进行落矿，通过其截割部，旋转切削矿石使之破碎落下，并通过铲板部的动力装置将矿石收集到前溜槽，而后经刮板运输机送至掘进机或直接运至运载设备中。采掘进尺速度为 4 m/台班。

2）通风

由于采用掘进机沿走向开采，在整个进路回采过程中，均需要采用局扇进行通风。由于进路长度均小于 25 m，设计采用抽出式的通风方式，新鲜风流由分段联络平巷经分层联络道和穿脉，进入采场各条进路，冲洗工作面后，污风经充填回风井，排入上阶段回风巷道。同时应该注意，当多条进路同时开采时，应设置通风构筑物，防止污风串联。

3）出矿

由掘进机运输机耙运至后方的矿石，由于不需要铲装过程，因此，可不采用铲运机而采用 5 t 小型装矿卡车直接转运至溜井口卸矿，卸入溜矿井内。出矿采用 UQ-5 型地下自卸车，矿石经掘进机后部送至自卸车中，装满后经分层联络道、分段联络平巷、卸矿硐室运至溜井再卸至下部主运输水平。UQ-5 型地下自卸车的实际生产能力可达 200 t/台班，可满足掘进机 4 m/台班的出矿要求。

5. 充填工艺

每分层出矿结束后，及时进行充填，以控制地压，阻止采场顶板变形，具体的自流充填工艺流程如下：

（1）采场出矿结束后，将设备移出采场。

（2）将充填管道接至采场。

（3）铺设钢筋网、吊筋，构筑挡墙。

（4）地面充填制备站设备检查。

（5）地表充填制备站与充填采场之间的通信系统检查。

（6）所有充填准备工作完成后，首先注入引流水，采场管道出口有清水流出后，开启采场附近的三通阀，将残留在管道内的清水排至联络道，避免进入采场，影响充填体质量。

（7）井下管道出口有清水流出后，通知地面充填制备站开启供料系统，进行充填。

（8）采场充填完毕后，通知地面充填制备站关闭供料系统，同时加大水量进行洗管，为避免洗管水进入采场，应及时开启三通阀，将洗管水排至联络道。

（9）井下充填管道无固体颗粒排出后，通知地面充填制备站关闭供水闸阀，结束充填，由于此时管道内仍有清水，为避免洗管水进入采场，应及时开启三通阀，将充填管道内的洗管水排至联络道。

6. 支护工艺

考虑到七宝山铜锌矿矿体、直接顶板和底板均为强风化的灰岩、板岩或石英斑岩，受F2断层影响，构造裂隙发育，岩体呈松软的砂土状，完整性差、稳定性差，几乎不允许有暴露面积。因此，必须对机械化下向进路充填法最上部分层、步骤一回采进路两帮和部分软弱的下盘脉外巷道进行超前支护。

1）下向进路充填法最上部分层——管棚超前支护

管棚超前支护是一种可以靠近或远离的支护方法。它指的是在弱的或破碎的弱夹层沉积物中，挖掘巷道工作面之前，沿道路顶部和侧面及沿道路纵向轴线的扩散孔布局，并打入一定直径的金属管的一种支护方法。管棚可对巷道掘进中空顶区域进行支撑，形成管棚承载结构，减少巷道冒顶现象出现。若出现冒顶情况，管棚可防止围岩破碎落入巷道内，起到一定的缓冲作用，对巷道稳定性和掘进中的安全性有很大的提升。此外，对巷道超前区域进行钻孔埋管，可提前对岩层中的水源进行疏导，减小水对巷道围岩的弱化作用。

（1）小管棚超前支护参数设计。

①小管棚钢管直径：为满足施工现场的要求，管棚钢管的直径一般取32~76 mm，管径太大则不易钻孔和安装，管径太小则起不到管棚的支撑的作用。

②管棚钢管的长度：小导管长度一般控制为3.0~6.0 m，小导管太短，起不到应有的支撑作用，小导管太长，则多余。矿层较差时，长度取大值，矿层相对稳定时，长度取小值。

③外插角度：由于破碎的矿床地质条件较差，钻井时管棚会下沉，不能保证巷道开挖段保持不变，施工期间管棚将以一定的角度抬高。一般管棚内金属管的外插角度为5°~10°。在具体操作中，应尽可能精确地控制外推角的大小。

④管棚金属管环向间跑：对于埋深浅、软弱夹层矿井破碎的巷道，管棚金属管宜采用密排方式，间距可取0.15~0.3 m。管棚金属管间距越小，开挖后两管间矿体破坏成拱间距越小，但现场施工须考虑其施工难易程度。

⑤环向布置范围：一般拱脚以上部分为环向加固范围，在矿体具有膨胀性或侧压力比较大的情况下，考虑在侧墙部分设置小管棚。

（2）小管棚施工要求。

小管棚常用钻孔法施工，即先采用凿岩机成孔，然后用凿岩机顶入金属管形成管棚。

①根据设计的超前小管棚位置，用全站仪进行管棚位置的测量放样工作，并用红油漆在掘进工作面上标记开孔位置。钻孔直径应大于设计导管直径3~5 mm，一般钻孔直径50 mm，孔深大于设计长度10 cm。

②以设计的外插角向外钻孔，一般为3%~5%。为保证超前小导管的有效搭接长度，施工过程中应严格控制巷道的掘进进尺，以使下一循环的施工顺利进行。

③终孔后，要检查锚杆的位置、孔深、方向和外插角，然后用高压风将钻孔吹洗干净。钻孔完成后及时安设管棚金属管，避免出现塌孔。

④钻孔完成后及时安设管棚金属管，避免出现塌孔。

2）步骤一回采进路两帮——倒梯形开采+临时支护

如图6-18所示，机械化下向进路充填法在步骤一进路回采时，虽然顶部有人工假顶可以保证回采作业的安全,但是两帮仍为强风化的矿石,在采用传统的矩形断面开采过程中,极容易产生两帮片帮、垮塌的现象,进而影响回采作业的安全性。

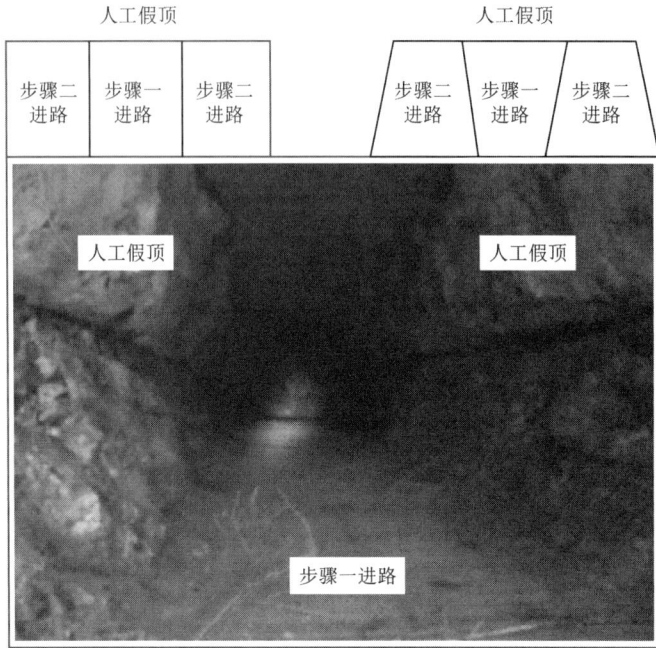

图 6-18　步骤一回采进路两帮倒梯形开采示意图

借鉴金川公司机械化下向进路充填法六角形进路的布置方式,使得回采步骤一进路时,顶部的三个面均为高强度人工充填料构筑的人工假顶,底部三个暴露面采用倒梯形的布置方式,可最大程度地抑制两帮的片帮和垮塌现象,从而保证回采作业的安全。因此,七宝山铜锌矿可借鉴和优化目前机械化下向进路充填法,步骤一进路回采时的矩形断面为倒梯形断面,步骤二进路回采时的矩形断面为正梯形断面,则可有效解决步骤一进路回采过程中两帮片帮的问题,并辅以喷浆等临时支护的手段(如有必要),即可最大程度地保障回采作业的安全。

3)部分软弱的大断面下盘脉外巷道——预制钢拱架支护

在复杂的地质构造作用下,不可避免地会遇到裂隙发育带、断裂破碎带、强风化带或黏土岩、页岩、千枚岩、膨胀岩等软弱岩体,往往需要采用管棚、小导管、旋喷桩等超前支护工艺,不仅支护工艺复杂、成本高,而且工人劳动强度大、支护效率低。此外,为减少爆破震动对软弱岩体的损伤,软岩巷道的掘进还需采用光面爆破工艺,存在爆破工艺复杂、凿岩工程量大、炸药单耗高等问题。与传统的凿岩爆破工艺相比,采用切割破岩工艺更简单、效率更高、掘进速度更快、对周边岩体的扰动更小、成巷质量更好。因此,针对软弱岩体的工程特性,采用切割破岩、快速掘进、随掘随支和掘支并行的方法,取消管棚、小导管、旋喷桩等烦琐的超前支护工艺,不仅可以大大简化软岩巷道的掘进和支护工艺、降低工人的劳动强度,还可有效提高成巷速度、降低施工成本、保障成巷质量。为此作者团队发明了在软弱岩体中快速掘进和支护并行的方法，包括以下步骤：

（1）圆弧拱钢板预制：根据掘进工作面断面大小，预先加工制成四边焊接有螺孔、可便捷拼接的小块弧顶拱钢板、弧帮拱钢板和两壁钢板，并运输至掘进工作面待用。

（2）液压支架临时支护：将弧顶拱钢板、弧帮拱钢板和两壁钢板拼接为梯形，放置于掘进机机身中部的液压支架上，启动液压支架将梯形拱钢板顶起至巷道最高点，发挥临时支护掘进工作面顶板和巷道两帮的作用。

（3）掘进机切割破岩：启动掘进机，采用截割头破岩、铲板收料、皮带转运和自卸汽车出渣，即完成整个断面的单次掘进循环。

（4）钢制挡墙并行支护：在掘进机切割破岩过程中，通过在预制圆弧拱钢板四周焊接的螺孔内穿入螺栓并拧紧螺母，将弧顶拱钢板、弧帮拱钢板和两壁钢板拼接为一个完整的圆弧拱状钢制挡墙，并与前一支护循环的钢制挡墙连为一体，完全覆盖本次掘进循环工作面的顶部和两帮，即完成整个断面的单次支护循环。

预制钢拱架支护如图 6-19~图 6-21 所示。图中：1—掘进工作面；2—巷道顶板；3—截割头；4—岩渣；5—铲板；6—履带；7—巷道底板；8—自卸汽车；9—皮带；10—掘进机；11—液压支架；12—弧顶拱钢板；13—螺孔；14—前一循环钢制挡墙；15—巷道两帮；16—弧帮拱钢板；17—两壁钢板。

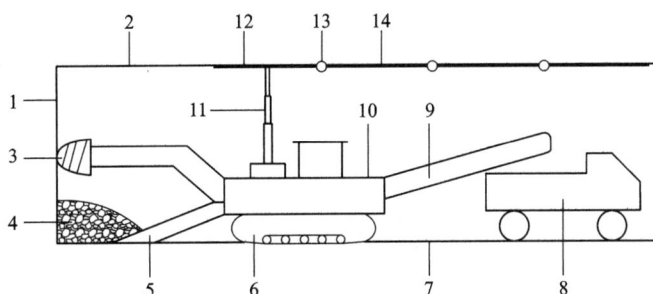

图 6-19　掘进机切割破岩示意图

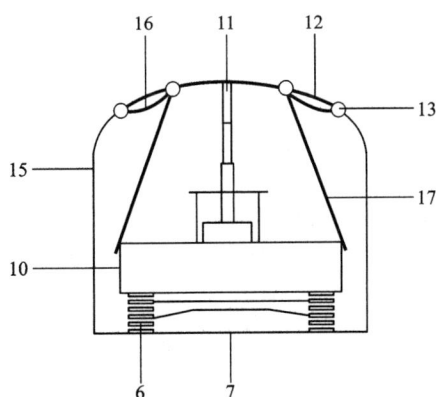

图 6-20　液压支架临时支护示意图

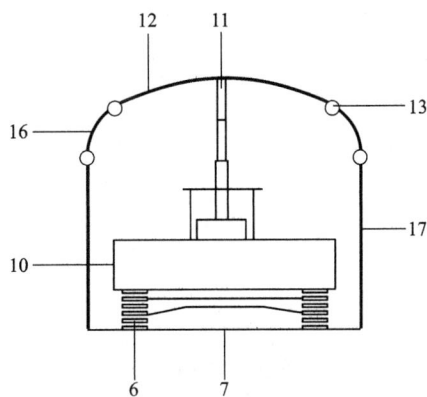

图 6-21　钢制挡墙并行支护示意图

7. 关键技术要求

1）采矿关键技术要求

（1）分层联络道必须满足重车上坡坡度<14%的要求。

（2）同一分层步骤一进路回采时，应采用倒梯形开采并加强临时支护防止片帮。

（3）同一分层同侧进路采场应严格依照采掘计划所划分的开采顺序，分两步骤以隔一采一的方式进行开采。

（4）同一分层穿脉两侧的矿块应避免对开门情况，以减小进路口的暴露面积和支护工程量。

（5）上、下分层的分层联络道及穿脉应采用垂直交错布置。

（6）为提高充填接顶率，建议进路回采时控制坡度为向下2%~5%。

2）进路充填关键技术要求

因充填作业时间长，技术难度大，故必须精心组织，做到：

（1）保证地表充填料浆制备站充填材料储备充足，充填料浆的配合比合格。

（2）采用空心粉煤灰砖砌筑隔墙，有利于充填水的快速排出。

（3）采场底部高强度充填体的厚度应≥1 m，56 d充填体强度应≥4 MPa；剩余2.3~2.4 m可采用普通胶结充填体，56 d充填体强度应≥2 MPa，以降低充填成本。

（4）采场充填接顶率≥95%，进路内空腔平均垂高小于50 mm视为接顶，否则视为不接顶。

（5）充填结束后，充填体的养护时间不得低于72 h，即要求充填体的相邻进路在充填结束72 h之内不得进行开采。

8. 技术经济指标

根据掘进机及自卸车的作业效率，并适当考虑不均衡因素，分层单进路采场的回采循环时间预计为32台班，其中掘进、落矿和出矿6台班（掘进机和自卸车并行），人工假顶和充填挡墙构筑3台班，纯充填2台班，充填养护21台班。按照每条进路采出矿量743.7 t（记入损失贫化）计算，进路平均生产能力约为70 t/d。考虑到七宝山铜锌矿深部接替资源以急倾斜（平均倾角65°）、中厚矿体（平均厚度9.5 m）为主（占比94.2%），单个50 m长的矿块内可布置进路的条数为8条，通过合理的施工组织管理，采掘设备在盘区内至少可实现2~3条进路同时开采，即单个50 m长矿块所形成的盘区生产能力为140~210 t/d。机械化下向进路充填法标准采场主要技术经济指标见表6-29。

表6-29　机械化下向进路充填法标准采场主要技术经济指标（七宝山铜锌厂）

序号	指标名称	单位	数值	备注
1	地质指标			
1.1	矿石平均体重	t/m³	3.13	
1.2	矿体平均倾角	（°）	65	
2	矿块构成要素			

续表6-29

序号	指标名称	单位	数值	备注
2.1	宽度	m	12	
2.3	矿块长度	m	50	步骤一
2.4	阶段高度	m	40	
2.5	分段高度	m	10	
2.6	分层高度	m	3.3	
3	千吨采切比	m/kt	12.31	
		m^3/kt	103.51	
4	回采率	%	95.07	
5	贫化率	%	7.68	
6	掘进机进尺能力	m/台班	4	
7	自卸车出矿能力	t/台班	200	UQ-5地下自卸车
8	采场生产能力	t/d	69.7	单条进路计算
		t/d	140~210	50 m长度盘区计算
9	采矿直接成本	元/t	115	估算值，含充填成本45元/t

6.6.4　七宝山铜锌矿下向进路充填法采场充填及人工假顶构筑工艺

下向进路充填法在七宝山铜锌矿成功应用的关键在于如何构筑高强度人工顶板。下面以国内下向进路充填法应用最成功的金川集团为例，结合七宝山铜锌矿具体的采场结构参数，介绍采场充填及人工假顶构筑工艺。

1.充填系统工艺流程

由于七宝山铜锌矿尾矿库库容将罄，因此，充填系统工程需将选厂产出的尾砂全部脱至滤饼状态，大部分回填至井下采空区，剩余小部分满足地表干堆的要求。七宝山铜锌矿选厂工作制度按300 d/a，24 h/d计，干尾砂产出能力为8.4 t/h，即200 t/d，计算充填系统能力40 m^3/h。

七宝山铜锌矿具体充填工艺流程图如图6-22所示。选厂质量浓度为15%左右的全尾砂浆通过渣浆泵输送至充填站的浓密机内进行浓密，浓缩后可获得质量浓度为40%~50%的全尾砂浆，再进入陶瓷过滤机进一步脱水获得含水率低于20%的尾矿滤饼。尾矿滤饼在堆场内临时堆存，由装载机转运至稳料仓，充填时经仓底部的板式给料机放出，经皮带秤的计量后由皮带运输机输送至搅拌桶。浓密机和陶瓷过滤机溢流水经沉砂池沉淀，储存于充填站内清水池作为充填用水，多余清水通过管道输送至选厂循环使用。散装水泥罐车通过压气将水泥卸入立式水泥仓，经螺旋给料机、螺旋电子秤计量后输送至搅拌桶。充填用水采用清水池中的澄清水，由水泵泵送至搅拌桶，与水泥和尾砂经均匀混合、高速搅拌制备成合乎要求的充填料浆，经钻孔及井下充填管路输送至待充点。经计算，七宝山铜锌矿-100 m以下接替资源开采时，充填料浆可通过钻孔和-100 m巷道自流输送至采空区内。

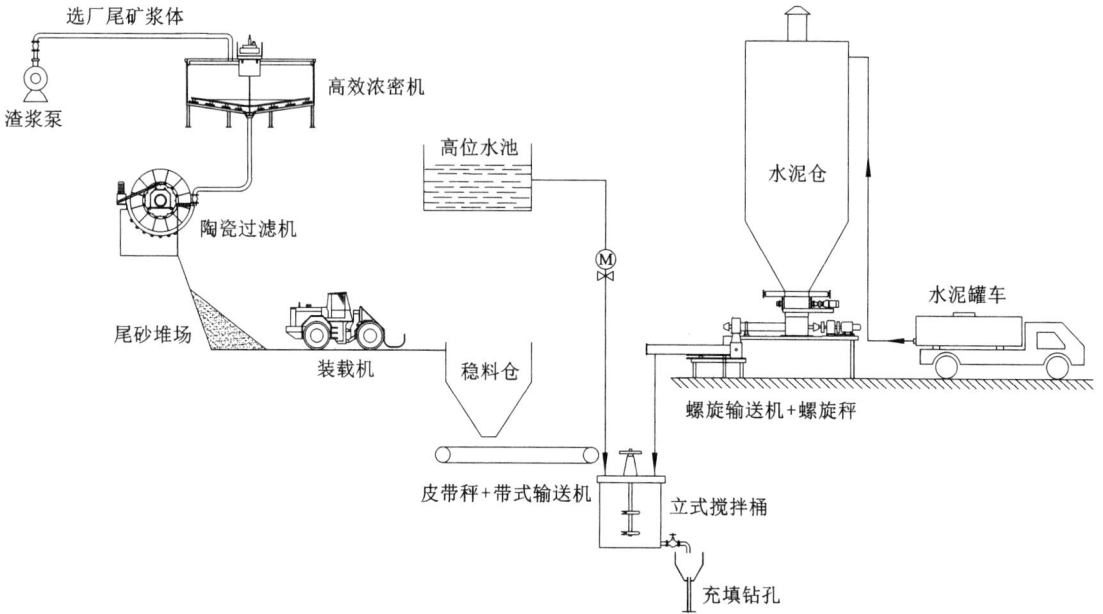

图 6-22　七宝山铜锌矿具体充填工艺流程图

2. 充填配比参数

七宝山铜锌矿未来主要采矿方法是机械化下向进路充填法,打底高强度充填体 56 d 抗压强度应≥4 MPa;上部普通胶结充填体 56 d 抗压强度应≥2 MPa。根据室内充填配比试验结果,推荐充填配比参数见表 6-30。

表 6-30　首选胶凝材料(普通 42.5 水泥)及推荐配比(七宝山铜锌矿)

充填用途	灰砂比	全尾砂:废石	质量浓度/%	56 d 强度/MPa	体重/(t·m⁻³)	泌水率/%
底部高强度充填体	1:6	6:4	70%	4	1.875	3.30
上部普通胶结充填	1:6	—	60%	2	1.673	3.55

3. 充填挡墙构筑工艺

采场充填的关键工序之一是构筑封闭待充采场与外界联系的通道,充填挡墙不仅要求承受采场内充填浆体压力,而且要具有良好的脱滤水性能。根据充填挡墙所受压力及拟采用的挡墙构筑工艺,可采用传统木板式充填挡墙、混凝土结构挡墙或金川公司空心砖挡墙。金川公司采用空心粉煤灰砖砌筑隔墙的方法,砌筑三层空心砖(厚度 0.5~0.8 m)之后,再喷射一层 50 mm 厚混凝土,加固隔墙,板墙应垂直,密封可靠。水会对充填挡墙产生压力,及时排出充填挡墙后的水,对减小挡墙压力及防止充填料浆离析有积极意义。排出充填挡墙后的水,通常是在墙身设置排水孔,排水孔眼的水平间距和竖直排距均为 1~2 m,排水孔应向外做5%的坡度,以利于水的迅速下泄。孔眼选择圆形,直径为5 cm,排水孔上、下层应错开布置,即整个墙面为梅花形布孔,最低一排的排水孔应高于墙前地面,当充填挡墙前有水时,最低一排排水孔应高于挡墙前水位。充填挡墙应该留出滤水孔,用于和采空区中的滤水管连接。

4. 人工假顶构筑工艺

下向进路充填采矿法单进路回采结束后应及时充填采空区。其相应的人工假顶构筑工艺主要包括如下步骤:

(1)进路平场。对进路底板进行扒平,保证底板平整、无积水与大于50 mm的碎块。

(2)吊挂吊筋。在待充填进路顶板两侧寻找上一分层进路底部预埋的桁架,每组桁架每头吊挂1根吊筋,吊筋必须吊挂在桁架端部的三角环内,上部吊在上分层吊挂环上,弯钩处相互缠绕连接。

(3)铺设桁架和金属网。在分层进路的底板铺设桁架,两帮及底板铺设金属网。

(4)桁架和金属网搭接。将底板和边帮的网片和桁架连接好,帮网必须紧贴岩面,网片互相搭接。铺设底部钢筋网时,钢筋网两端露头要与桁架拧结相连并固定在三角桁架底筋上。

(5)吊挂金属网。将吊筋的一端穿过上一分层充填时预埋的吊环中,并拧结,吊筋的另一端斜穿过边帮的网片并与进路底板的网片连接。

5. 构筑材料

钢筋网支护所用的材料主要有吊筋、桁架、金属网。

1)吊筋

参考金川公司人工假顶构筑经验,七宝山铜锌矿下向进路(3 m宽、3.3~3.4 m高)吊筋(图6-23)规格为:直径10 mm,长度3.4 m(含弯钩长度不小于0.2 m),单根质量2.1 kg。

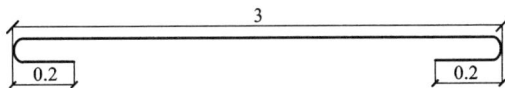

图6-23 吊筋示意图(单位:m)

2)钢筋网

根据下向进路规格(3 m宽、3.3~3.4 m高),设置底部钢筋网规格3 m×1.7 m,直径6.5 mm,孔网参数400 mm×300 mm,单片11.2 kg;底部钢筋网规格1 m×1.7 m,直径6.5 mm,孔网参数400 mm×300 mm,单片7.2 kg。其中,最外侧钢筋网搭接长度为100 mm(图6-24、图6-25)。

3)桁架

七宝山铜锌矿下向进路采用的桁架(图6-26)整体长度与进路宽度一致,均为3 m。桁架主体结构由三根直径10 mm的钢筋组成,其中顶部的钢筋长度为3.1 m(含弯钩长度不小于0.05 m),单根质量1.9 kg,其余底部的两根钢筋长度为3 m(无弯钩),单根质量1.85 kg。

三根主钢筋是通过三脚架两面焊接形成稳定结构的。三脚架采用 $\phi 8$ mm 钢筋制成，间距为 0.75 m，并要求布置在三根主筋的外边，与主筋两面焊接。三角环加工时钢筋的搭接长度不小于 40 mm，并要求两面全缝焊接。经估算，单个桁架总质量约 6 kg、总高度约 0.1 m。

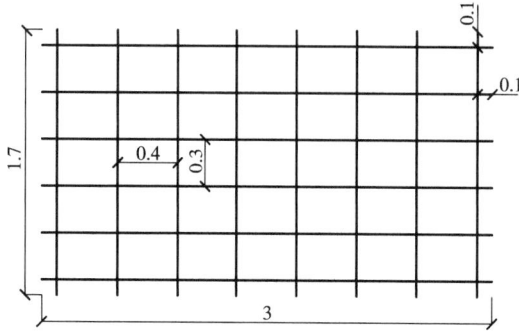

图 6-24　底部钢筋网规格及尺寸(单位：m)

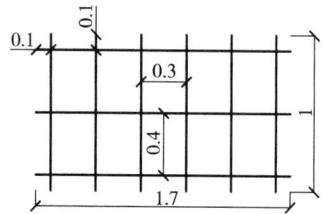

图 6-25　两帮钢筋网规格及尺寸(单位：m)

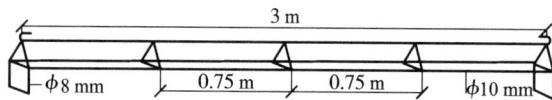

图 6-26　桁架规格及尺寸

4)加工技术要求

(1)吊筋：一端弯钩，弯钩长度不小于 200 mm。

(2)钢筋网：金属网加工时所有钢筋的交叉点必须全部焊接牢固。

(3)桁架：吊挂桁架下边主筋头间的连接为搭接焊接，搭接长度不小于 100 mm，并要求两面全缝焊接，吊挂桁架上边主筋两端弯钩长度不小于 50 mm。

(4)进路吊挂施工要求：进路吊挂时，桁架间距为 1.5 m，每组桁架每头吊挂 1 根吊筋，吊筋必须吊挂在桁架端部的三角环内，上部吊在上分层吊挂环上，弯钩处相互缠绕连接，当上层吊挂环子找不到时，要打设 1.2 m(含弯钩)的吊挂锚杆，锚杆必须打设在巷道顶部充填体中并注浆注满。帮网必须紧贴岩面，网片互相搭接。铺设底部钢筋网时，钢筋网两端露头要与桁架拧结相连并固定在三角桁架的底筋上(图 6-27)。

6.进路采场充填工艺

1)平底

回采结束后，必须对进路底板进行扒平，确保两底角无残留矿石，底板无积水，底板上不能有直径超 50 mm 的矿块，保证底板在一个水平面上，底板局部高差小于 200 mm，底板平缓，坡度符合要求。对超挖需要垫矿回填的，按照上述平底要求进行平底，平底结束后，要求对垫矿层进行洒水、沉降、夯实，在垫矿层沉降后再进行平底工作。垫矿层夯实后能确保不渗灰时无须铺设防水布。在垫矿回填过程中，因采场矿石块度较大，无法保证垫矿层充填不渗灰时，必须铺设防水布，铺设防水布时必须保证防水布的完整性，不得有破损。

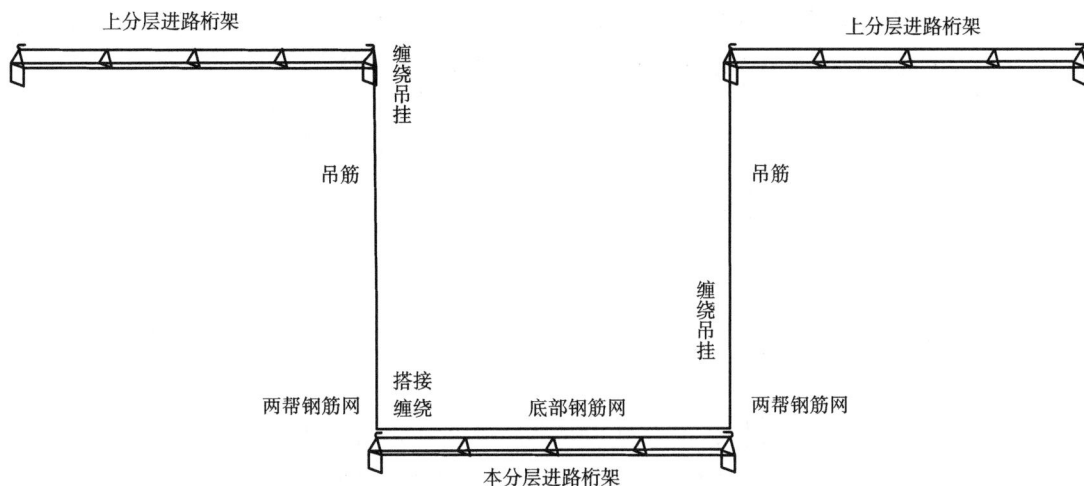

图 6-27 进路吊挂示意图

2）吊挂

在待充填进路顶板两侧寻找上一分层进路底部预埋的桁架，每组桁架每头吊挂 1 根吊筋，吊筋必须吊挂在桁架端部的三角环内，上部吊在上分层吊挂环上，弯钩处相互缠绕连接。在分层进路的底板铺设桁架，两帮及底板铺设金属网。将底板和边帮的网片和桁架连接好，帮网必须紧贴岩面，网片互相搭接。铺设底部钢筋网时，钢筋网两端露头要与桁架拧结相连并固定在三角桁架的底筋上。将吊筋的一端穿过上一分层充填时预埋的吊环中，并拧结，吊筋的另一端斜穿过边帮的网片并与进路底板的网片连接。

3）封堵

封口采用空心砖砌筑隔墙，板墙应垂直，密封可靠。

4）预支通风充填天井

在底板平底结束后，通风充填天井采用直径 1.5 m 铁盒子预留，要求上、下口对接严密，铁盒子对接好后，对铁盒四周进行素喷支护，素喷厚度不能小于 50 mm，喷浆不能有空隙。

5）管道连接

充填管从通风充填天井下放到充填进路，沿管路用铁丝或钢筋固定到进路顶板上。

6）采场充填工艺

充填开始，首先以高压风或少量清水检查并湿润全部管路，待井下通风充填天井口听到高压风声或看到流动正常的清水后，用电话报告地面中央控制室停止压风或压水，然后开启充填料浆制备系统，将制备合格的充填料浆输送至井下空区。充填结束后，采用先清水清洗后高压风清洗的方式清洗管道，确保全部管路清洗干净。

7）充填技术要求

（1）采用连续充填工艺。进路长度不超过 30 m 的情况下，一次性充填接顶；进路长度超过 30 m 应砌充填板墙，将板墙封死。每条进路从充填准备到充填接顶结束在 7 d 内完成，累计接顶充填的次数不得超过 3 次。

（2）一次充填量。每次充填不得超过 4 条进路，每道挡墙所控充填量不超过 300 m³，4 条进路的充填量不得超过 1000 m³。

(3)底部高强度充填。将充填管道架设至进路顶部，采用高标号充填料浆充填底部(厚 0.8~1 m)，形成高强度充填体以保障回采作业的安全(图6-28)。

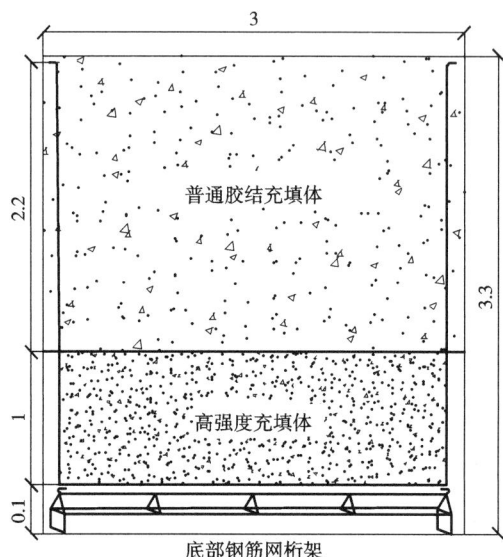

图6-28 采场打底高强度充填和上部普通胶结充填示意图(单位:m)

(4)上部普通胶结充填。降低水泥用量，采用普通胶结充填料浆充填剩余采空区，在保障充填体稳定自立的情况下最大程度地降低充填成本。

(5)充填接顶技术。为提高充填接顶率，建议进路回采时控制坡度为向下2%~5%。

(6)接顶充填检查。采场充填接顶率≥95%，进路内空腔平均垂高小于50 mm视为接顶，否则视为不接顶。

(7)充填体养护。充填结束后，充填体的养护时间不得低于72 h，即要求充填体的相邻进路在充填结束72 h之内不得进行开采。

思考题

1.顶板不稳固的情况下，如何实现微倾斜厚矿体的安全高效开采？
2.缓倾斜厚矿体开采过程中，如何降低采场的损失贫化率？
3.倾斜厚矿体能否采用中深孔或深孔采矿技术？
4.如何保障富水矿床的安全开采？
5.如何构筑人工假顶？

第 7 章　极厚矿体充填采矿法

本章通过对极厚矿体开采技术条件的分析和现行采矿方法的评述，详细介绍了刚果金卡莫亚铜钴矿、安徽马钢集团白象山铁矿、河北钢铁集团田兴铁矿、湖南博隆矿业七宝山硫铁矿等矿山充填法开采的典型方案与实例，系统总结了极厚矿体开采的最新研究与技术成果。

7.1　极厚矿体概况

7.1.1　极厚矿体特征

极厚矿体在国内外黑色冶金矿山、化工矿山和非金属矿山十分普遍，在有色金属和黄金矿山也有诸多实例。黑色冶金矿山是指开采黑色金属铁、锰、铬矿产资源的矿山，产量约占世界金属总产量的 95%，它不仅是钢铁工业的最主要生产原料和基础环节，还是支撑国民经济发展、衡量国力的重要标志。作为世界上最大的钢材生产国和消费国，2021 年，我国粗钢产量为 10.3 亿 t，占全球比重的 52.9%；铁矿石表观消费量为 14.2 亿 t，占全球比重的 51.9%，连续 26 年稳居世界第一，支撑了建筑行业、机械行业、汽车行业、船舶行业、家电行业、能源行业等国家支柱产业的高速发展。

截至 2017 年底，我国已探明铁矿石资源储量 848.88 亿 t，居世界第四位，约 64.8% 分布在鞍山本溪矿区、冀东密云矿区、攀枝花西昌矿区、五台吕梁矿区、宁武矿区、包头白云鄂博矿区、鲁中矿区、邯郸邢台矿区、鄂东矿区和海南矿区等十大矿区。然而，我国铁矿床类型多、成矿条件复杂；中小型矿床多、超大型矿床少；贫矿多、富矿少；共伴生组分多、选冶技术条件差。据统计，我国共有铁矿区 1898 个，其中储量大于 1 亿 t 的大型矿区仅 101 个、储量小于 1 千万 t 小型矿区则高达 1327 个；我国的贫铁矿约占总储量的 94.6%，铁矿石平均品位仅 32.67%，远低于世界铁矿石 48.42% 的平均品位；探明总储量的 1/3 为共伴生多组分铁矿，共伴生元素多、嵌布粒度细、选矿成本高，层状钒钛磁铁矿地质模型如图 7-1 所示。鉴于铁矿石"贫、细、杂"的典型特点，我国铁矿资源开发利用率不足 35%，2016 年至今每年的铁矿石及精矿进口量都超过了 10 亿 t，对外依存度为 80% 以上。

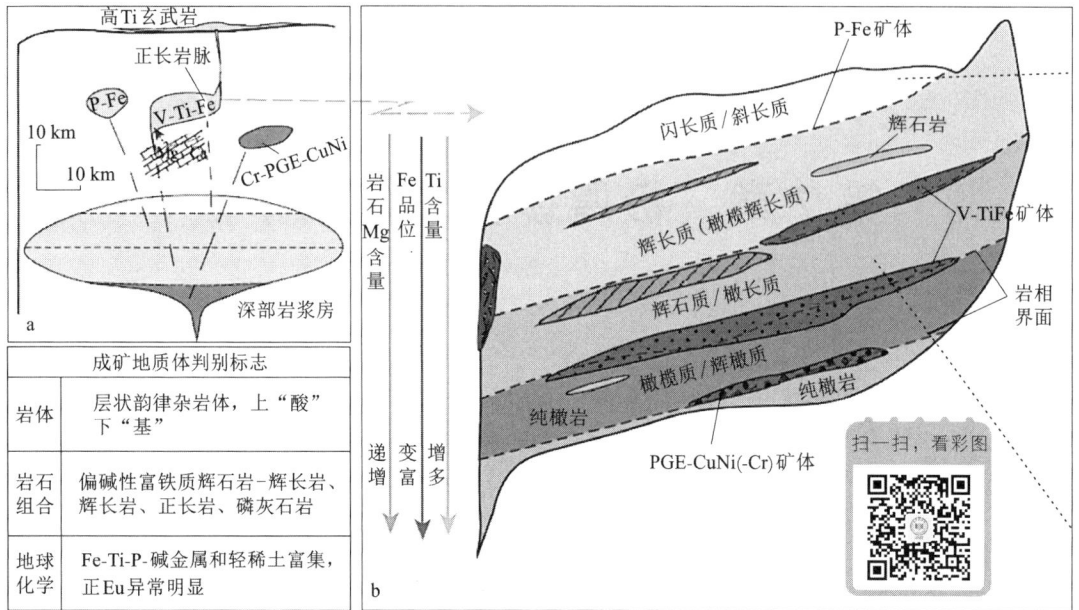

图 7-1 层状钒钛磁铁矿地质模型

7.1.2 极厚矿体开发利用的意义

钢铁工业是国民经济的重要基础产业，是建设现代化强国的重要支撑，是实现绿色低碳发展的重要领域。2016 年 11 月，国务院批复的《全国矿产资源规划（2016—2020 年）》将黑色金属铁、铬列入战略性矿产目录。2021 年 10 月，国务院印发《2030 年前碳达峰行动方案》，提出深化钢铁行业供给侧结构性改革，严格执行产能置换，严禁新增产能，推进存量优化，淘汰落后产能；推进钢铁企业跨地区、跨所有制兼并重组，提高行业集中度；优化生产力布局，以京津冀及周边地区为重点，继续压减钢铁产能。2021 年 12 月，工业和信息化部、科技部、自然资源部等三部委联合发布《"十四五"原材料工业发展规划》提出，到 2025 年钢铁、有色金属、建材等重点行业能源消耗总量、碳排放总量控制取得阶段性成果，钢铁行业吨钢综合能耗降低 2%；钢铁等重点领域关键工序数控化水平进一步提升等。2022 年 1 月，工业和信息化部、发展改革委和生态环境部在《关于促进钢铁工业高质量发展的指导意见》提出，力争到 2025 年，钢铁工业基本形成布局结构合理、资源供应稳定、技术装备先进、质量品牌突出、智能化水平高、全球竞争力强、绿色低碳可持续的高质量发展格局。

虽然我国铁矿资源丰富，但是贫矿多、富矿少、中小型矿床多、超大型矿床少，共伴生组分多、开采成本高，导致我国铁矿的开发利用水平仍然较低，存在矿山数量多、产能小、装备水平、技术水平和管理水平落后等突出问题，这也是我国未来铁矿开采转型及产业发展的方向。

7.1.3 极厚矿体分类

平均厚度大于 20 m 的矿体被称为极厚矿体。根据矿脉倾角的不同，可将其进一步细分为：微倾斜极厚矿体（倾角≤15°）、缓倾斜极厚矿体（15°<倾角≤30°）、倾斜极厚矿体

（30°<倾角≤55°）、急倾斜极厚矿体（55°<倾角）。此外，还可根据矿岩的稳固性将其细分为稳固、中等稳固、不稳固和极不稳固四种。

7.2 现行采矿方法评述

相对于中厚矿体和厚矿体，极厚矿体的平均厚度大于 20 m，通常可以采用中深孔～深孔的落矿工艺。国内外极厚矿体开采常用的采矿方法有：有底柱分段崩落法、无底柱分段崩落法、分段空场法、阶段空场法、分段空场嗣后充填法、阶段空场嗣后充填法和机械化上向水平分层充填法等（表 7-1）。

由于有底柱分段崩落法、无底柱分段崩落法会导致地表大范围的沉降和塌陷，而且还会产生严重的矿石损失和贫化，随着国家对安全环保的高度重视，崩落法在极厚矿体开采中的应用已越来越少。

分段空场法、阶段空场法等空场类采矿方法在极厚矿体开采中的实践较早、应用范围较广，但是随着采空区的不断累积，受限空间内矿柱应力集中现象越来越明显，极厚矿体开采的安全问题也尤为突出，在频繁的爆破冲击和卸载扰动作用下极易失稳坍塌、诱发地压灾害事故。此外，分段空场法、阶段空场法还需要在采场内预留大量的顶柱、底柱、间柱及盘区矿柱资源，产生严重的资源损失与浪费，也逐渐被充填采矿法所取代。

分段空场嗣后充填法、阶段空场嗣后充填法对矿体规整的极厚矿体具有较好的适用性，具有单次爆破量大、作业安全性好、回采强度高、生产能力大等优点。针对矿体倾角和厚度变化较大、开采技术条件复杂的极厚矿体，则可利用凿岩台车、铲运机、锚杆台车、矿用卡车等机械化的采装运设备，采用脉外采准工艺的机械化上向水平分层充填法进行开采。

表 7-1　国内极厚矿体开采典型实例

矿山名称	倾角/(°)	厚度/m	围岩和矿体	采矿方法
箕子沟铜矿	±30	30～60	顶板不太稳固、矿体中稳	有底柱分段崩落法
白山硫铁矿	±30	150～200	围岩中稳 $f=4～6$ 矿体不稳 $f=1～6$	无底柱分段崩落法
团城铁矿	20～60	9.0～51	顶板较稳，矿体稳固	无底柱分段崩落法
庐江矾矿	40～50	10～60	围岩较稳 $f=6～10$ 矿体 $f=8～15$	浅孔留矿采矿法
金岭铁矿	50～60	50～90	围岩稳固 $f=8～12$ 矿体 $f=6～8$	分段空场法
凡口铅锌矿	30～60	18～36	岩矿中稳	胶结充填法和水砂充填法
符山铁矿	40～50	20～40	上盘 $f=10～14$，下盘 $f=6～7$ 矿体中稳	无底柱分段崩落法

续表 7-1

矿山名称	倾角/(°)	厚度/m	围岩和矿体	采矿方法
程潮铁矿	平均 46	平均 40	上下盘稳固，$f=9\sim13$ 矿体不稳 $f=2\sim6$	无底柱分段崩落法
铜官山铜矿	$30\sim80$	$23\sim43$	上盘 $f=8\sim12$，下盘 $f=5\sim6$ 矿体 $f=5\sim10$	深孔留矿采矿法
凤凰山铁矿	45	$50\sim60$	上盘 $f=4\sim6$，下盘 $f=8\sim12$ 矿体 $f=10\sim12$	分段空场法
弓长岭铁矿	±70	平均 29	上盘 $f=3\sim4$，下盘 $f=3\sim4$ 矿体 $f=8\sim10$	无底柱分段崩落法
大庙铁矿	$80\sim90$	$10\sim50$	矿石围岩稳固	无底柱分段崩落法
锡铁山铅锌矿	$60\sim80$	平均 25	上盘 $f=6\sim8$，下盘 $f=5\sim6$ 矿体稳固	无底柱分段崩落法
寿王坟铜矿	$70\sim85$		矿石围岩稳固	无底柱分段崩落法
丰山铜矿	$50\sim80$	$25\sim30$	矿石围岩中稳	无底柱分段崩落法
小寺沟钼铜矿	$65\sim68$	$34\sim48$	岩矿均稳固	无底柱分段崩落法
漓渚铁矿	$50\sim70$	$23\sim31$	岩矿均稳固	无底柱分段崩落法 无底柱双巷菱形高分段崩落法

7.3　微倾斜极厚矿体开采典型方案与实例

7.3.1　典型充填采矿法方案

　　微倾斜极厚矿体是指倾角≤15°、厚度>20 m 的矿体，在层状沉积型磷矿、铁矿和铜矿中较为常见。由于沉积型矿床一般分布范围广、储量规模大、矿石品位均匀，其勘探和开采难度相对较小，常用的充填采矿法方案为分段空场嗣后充填法、阶段空场嗣后充填法或机械化上向水平分层充填法。

1. 分段空场嗣后充填法、阶段空场嗣后充填法

　　分段空场嗣后充填法、阶段空场嗣后充填法是在传统分段空场法、阶段空场法的基础上，增加尾砂(或其他骨料)嗣后充填工艺，以消除采空区安全隐患、减少连续矿柱资源损失、避免大规模地压灾害事故。分段空场嗣后充填法、阶段空场嗣后充填法对矿岩中等稳固及以上、矿体规整的厚大矿体具有较好的适用性，具有单次爆破量大、作业安全性好、回采强度高等优点。

2.机械化上向水平分层充填法

针对开采技术条件复杂的厚大矿体,则可利用凿岩台车、铲运机、锚杆台车、矿用卡车等机械化的采装运设备,采用机械化上向水平分层充填法进行开采。机械化上向水平分层充填法采用自下而上分层开采的方式,采一层、充一层,不仅对形态不规则、有夹石赋存的矿体具有较好的适用性,而且机械化程度高、采掘效率高和采场生产能力大,有利于降低工人劳动强度并减少用工。

7.3.2 卡莫亚铜钴矿深部矿体开采技术条件分析

钴是一种高熔点和稳定性良好的磁性硬金属,是制造耐热合金、硬质合金、防腐合金、磁性合金和各种钴盐的重要原料,广泛用于航空、航天、电器、机械制造、化学和陶瓷工业,被我国纳入战略性矿产目录。钴除产于单独矿床外,还大量分散在矽卡岩型铁矿、钒钛磁铁矿、热液多金属矿、各类型铜矿、沉积钴锰矿、硫化铜镍矿、硅酸镍矿等矿床中,且规模往往较大,这些矿床是提取钴的主要来源。

1.矿山概况

刚果(金)位于非洲大陆中西部,是一个自然资源丰富的国家。赤道横贯其中北部地区,东接乌干达、卢旺达、布隆迪、坦桑尼亚,南与安哥拉、赞比亚接壤,西邻刚果(布),北连南苏丹、中非共和国。刚果(金)全境处于南纬14°~北纬6°,东经12°~31°,国土面积234.5万km²。从交通地理位置上来看,卡莫亚矿区位于刚果(金)上加丹加省利卡西市(Likasi)北西方向19 km的坎博韦镇内(Kambove);从构造带来看,卡莫亚铜钴矿区位于赞比亚—刚果(金)铜矿带(又称"中非铜钴成矿带")的北西段,处于该段加丹加弧形构造带中西部由东西向北西转折的部位,属非洲中部卢菲利(Lufilian)弧形构造带外部褶皱推覆带的一部分。科米卡矿业简易股份有限公司成立于2008年9月,由刚果(金)国家矿业公司和北方矿业有限责任公司合作投资开发卡莫亚铜钴矿项目,矿权面积9.24 km²。

2.矿床开采技术条件

1)矿区地质条件

卡莫亚矿区位于刚果(金)南东部,属高原残山地貌,山势北东低、南西高,与其东邻的坎博韦铜钴矿床共同赋存于卡莫亚—坎博韦推覆体内。推覆体东西长6 km、宽0.7~1.8 km,由多个菱形块体及块体间充填物组成,主要有第四系(Q)、含矿地层中元古界加丹加群的罗安群及上孔德龙古群三种地层。这些在空间联系上相互独立的含矿菱形块体构成卡莫亚铜钴矿区相互独立的12个矿体,深部矿体为最底层(第三层)含矿地质体,其上覆第二层为中矿体、主矿体西侧部分、西南矿体、南Ⅱ矿体和南Ⅰ矿体等,最上部为北矿体的地层碎块。总体而言,下伏(含矿)地质体一般较上层地质体规模更大、延伸更稳定,构成多层楼金字塔构造模式。

2)深部矿体产状

深部矿体产出于东西长1300 m、南北宽400~900 m的罗安群含矿地质体,产状严格受含矿地质体及其内部的层位控制,共圈定矿体5个。主矿体S3-1(SDB)主要产出于地层

R2.2.1(SDB)及 R2.1.3(RSC)顶部，为区域上第二含矿层位，平面上位于 C11~C68 勘探线，赋存标高+968~+1250 m，埋深 255~510 m，走向长 1166 m，倾向延伸 907 m，倾角 3°~17°，厚度 1.75~29.60 m，平均厚度 8.13 m。矿层岩性为白云岩、硅化结晶白云岩，整体矿化较好且分布较均匀，连续性很好，多呈层状、似层状产出。

3）水文地质条件

卡莫亚铜钴矿区内断裂构造发育、矿床充水通道畅通、含水层强弱相间分布、结构复杂。矿区东、西、北三面隔水，主要含水层为：孔德龙古群弱含水层（组）（Ⅰ-1）、R4 木瓦夏亚群岩溶裂隙含水层（Ⅰ-2）、R2.3（CMN）岩溶裂隙含水层（组）（Ⅱ-1）、深部矿体岩溶裂隙含水层（组）（Ⅱ-2）；主要隔水层为 R2.3（CMN）含叠层石白云岩隔水层（Ⅲ-1）、深部矿体底板隔水层 Ks（Ⅲ-2）。综合来看，卡莫亚铜钴矿区深部矿体属于岩溶含水层充水，以溶蚀裂隙为主，顶、底板直接进水，水文地质条件复杂类型的岩溶充水矿床。矿区含水层分布广，厚度大；地下水水力性质属潜水区，静水压力不大；构造发育，深部矿体多位于地下水位之下，水文地质条件复杂。

4）工程地质条件

矿层顶板岩性为含叠层石白云岩，平均厚度 105.87 m，饱和抗压强度 64.96 MPa，RQD 值 81%，岩体质量中等。矿层岩性为白云质粉砂岩、泥质白云质粉砂岩，平均厚度 6.24 m，饱和抗压强度 35.55 MPa，RQD 值 80%，岩体质量差~中等。矿层底板围岩构造角砾岩，平均厚度 26.28 m，饱和抗压强度 16.87 MPa，RQD 值 82%，岩体质量差。总体而言，卡莫亚铜钴矿区地层岩性复杂、构造角砾岩（破碎带）分布广，裂隙岩溶和构造发育强烈，顶板完整程度相对较差，深部矿体工程地质条件属中等类型。

5）环境地质条件

卡莫亚铜钴矿区矿岩化学成分基本稳定，采掘矿石造成的放射性物质对人体危害程度有限。由于当地居民的无序采矿，矿区内已形成多处采坑和废石等人工堆积物，但尚未造成坍塌、地裂缝和大面积地面沉降，环境地质质量中等。

3. 深部矿体赋存条件分析

1）深部矿体矿量统计

根据深部矿体四期详查地质报告，共探获铜矿石量合计 4414.33 万 t，铜金属量 70.81 万 t，含铜平均品位 1.60%。其中，331+332 类铜矿石量 3310.75 万 t，占总铜矿量的 75%，333 类铜矿石量 1103.58 万 t，占总铜矿量的 25%。共探获钴矿石量 6130.22 万 t，钴金属量 28.47 万 t，含钴平均品位 0.46%。其中，331+332 类钴矿石量 4781.57 万 t，占总钴矿量的 78%，333 类钴矿石量 1348.65 万 t，占总钴矿量的 22%。

2）矿体赋存分析

如图 7-2 所示，深部矿体整体为缓倾斜（倾角 10°~15°）的板状地质体，但在 C11~C19 线，由于逆冲推覆作用前缘的牵引构造的影响，地层产状倾向朝北，倾角 25°~30°。按主要含矿地层共圈з S1~S5 五个矿体（群），其中 S3、S4 和 S5 三个矿体群之间的夹层厚度小于 4 m 且难以区分，将其合并为一个 S3 矿体群。S1 和 S2 矿体群含矿层位矿化强度较弱且矿化不均匀，产出不稳定，矿体规模不大。

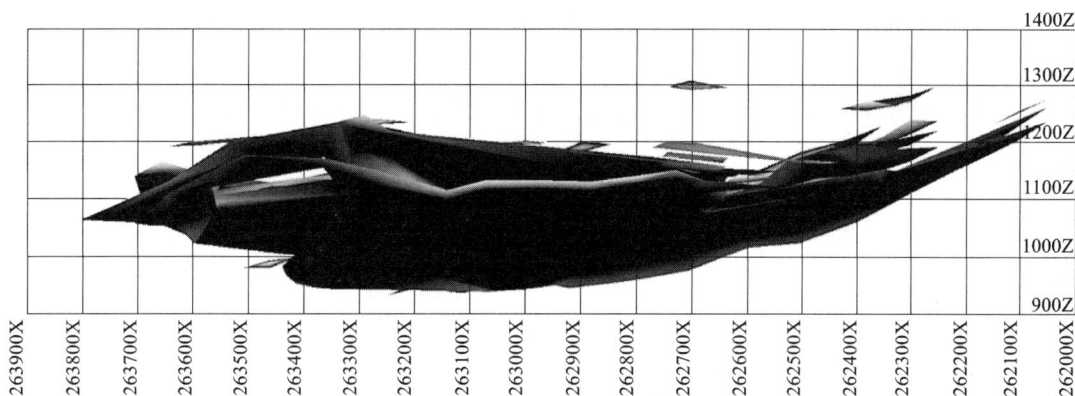

图 7-2 矿体分布三维模型示意图

扫一扫，看彩图

7.3.3 卡莫亚铜钴矿微倾斜极厚矿体充填采矿法选择

1. 采矿方法初步方案

卡莫亚铜钴矿区深部矿体地质储量丰富、资源控制程度较高、开采价值大，但深部地层岩性复杂、构造发育强烈、矿体顶板完整程度较差、含水层分布广、水文地质条件复杂。根据卡莫亚铜钴矿区深部矿体产状分类结果可知：深部矿体以缓倾斜极厚矿体的 S3 矿体为主，平均厚度 28.76 m、倾角 8.3°。结合矿体产状、顶底板稳定性、生产能力等因素，适用于缓倾斜极厚矿体的采矿方案有：盘区机械化上向水平分层充填法和阶段空场嗣后充填法。

2. 盘区机械化上向水平分层充填法

1) 方案特征与采场布置方式

将矿体划分为盘区，盘区内划分采场与盘区间柱，采场再分为矿房和矿柱。先回采矿房，自下而上分层(水平分层)回采，每回采一个分层及时进行胶结充填形成人工矿柱以维护上、下盘围岩，并创造不断上采的作业条件；待矿房回采并胶结充填完毕以后，同样自下而上分层回采矿柱并采用低强度胶结充填；盘区间柱最后按合理的回采顺序用充填法回收。根据 S3 矿体产状，矿房与矿柱长 60~100 m、宽 10~20 m，盘区间柱宽 25~35 m。

2) 采切工程

采切工程主要包括斜坡道、分段平巷、分段出矿巷道、分层联络道、充填回风井、充填回风平巷、充填回风巷道、拉底巷道、溜井、溜井出矿巷道等。其中，分段出矿巷道、分层联络道及溜井都布置在盘区间柱内。

3) 回采工艺

每个分段平巷负责 2 个分层的回采，分层高度 4 m，分段高度 8 m。每一分层回采结束后构筑充填挡墙封闭采空区，充填管经充填回风井铺设到采场。每分层充填须预留 2 m 的上采作业空间，从脉外分段联络道掘进分层联络道进入采场工作面，开始该分层的回采作业。

4）方案评价

（1）该方案灵活性强，对各种倾角和厚度的矿体均有较好的适用性，满足本矿区复杂多变的矿体赋存条件，矿石损失贫化小。

（2）采用凿岩台车和铲运机等无轨机械化设备进行生产，生产效率较高。

（3）切割工程量小、采场投产快。

（4）盘区化布置，间柱内的分段出矿巷道可同时服务其两侧的采场，采切比大大降低。

（5）盘区内可布置多个工作面同时回采，采场生产效率高。

3. 阶段空场嗣后充填法

1）方案特征与采场布置方式

根据 S3 矿体产状，将矿体划分为不同盘区，每个盘区内布置 10~15 个矿块，矿块分矿房和矿柱两步回采，矿房宽 15 m，矿柱宽 10 m，高度为矿体厚度（20~30 m）。步骤一回采矿柱，底部中央布置凿岩进路，选用凿岩台车在凿岩进路中钻凿上向扇形孔，以切割槽为自由面，侧向崩矿；出矿底部结构采用堑沟式，利用布置在步骤二矿房底部的拉底堑沟巷道和出矿进路出矿。待步骤一胶结充填体养护完成后，步骤二回采矿房，在步骤一矿柱充填体中央掘进出矿巷道和出矿进路，采用步骤二矿房底部的拉底堑沟巷道作为凿岩进路，采用同样的回采工艺开采矿房。

2）采切工程

沿矿体走向每隔 100 m 布置盘区联络道，在盘区底板中央掘进下盘联络斜坡道连通各采场。步骤一回采矿柱，在矿柱底部中央掘进凿岩进路，在矿房底部中央掘进出矿联络道和出矿进路；步骤二回采矿块矿房时，在步骤一矿柱充填体中央掘进出矿巷道和出矿进路，采用步骤二矿房底部的拉底堑沟巷道作为凿岩进路。凿岩进路和出矿进路与盘区顶板的充填回风巷道通过采场端部的切割天井连通，形成通风回路，如图 7-3 所示。

3）回采工作

采用凿岩台车在凿岩进路中凿上向扇形孔，一次完成一个采场的全部炮孔，分次装药爆破。以采场端部切割天井为自由面，爆破形成切割槽。以切割槽为自由面侧向崩矿，矿石崩落至底部"V"型堑沟，铲运机出矿。步骤一回采矿柱，胶结充填，形成人工充填体柱；步骤二回采矿房，非胶结充填或低标号胶结充填。新鲜风流由采准斜坡道经联络斜坡道进入工作面，污风经采场端部进入顶板的充填回风巷道，形成通风回路。

4）方案评价

该方案生产能力大，崩矿效率高，但桃形矿柱矿量损失大、切割槽施工难度大、在充填体中掘进困难，同时侧向全段扇形孔崩矿，对顶板及周围采场稳定性影响较大，而且孔底容易产生大块，大块率较高，孔口过度粉碎容易造成粉矿流失。

4. 采矿方法选择

卡莫亚铜钴矿深部矿体采矿方法方案选择，不但要充分考虑矿体的产状特点及赋存条件，保证不导通上覆含水层，还需尽可能地降低采矿成本，提高经济效益。初选方案技术经济指标见表 7-2。

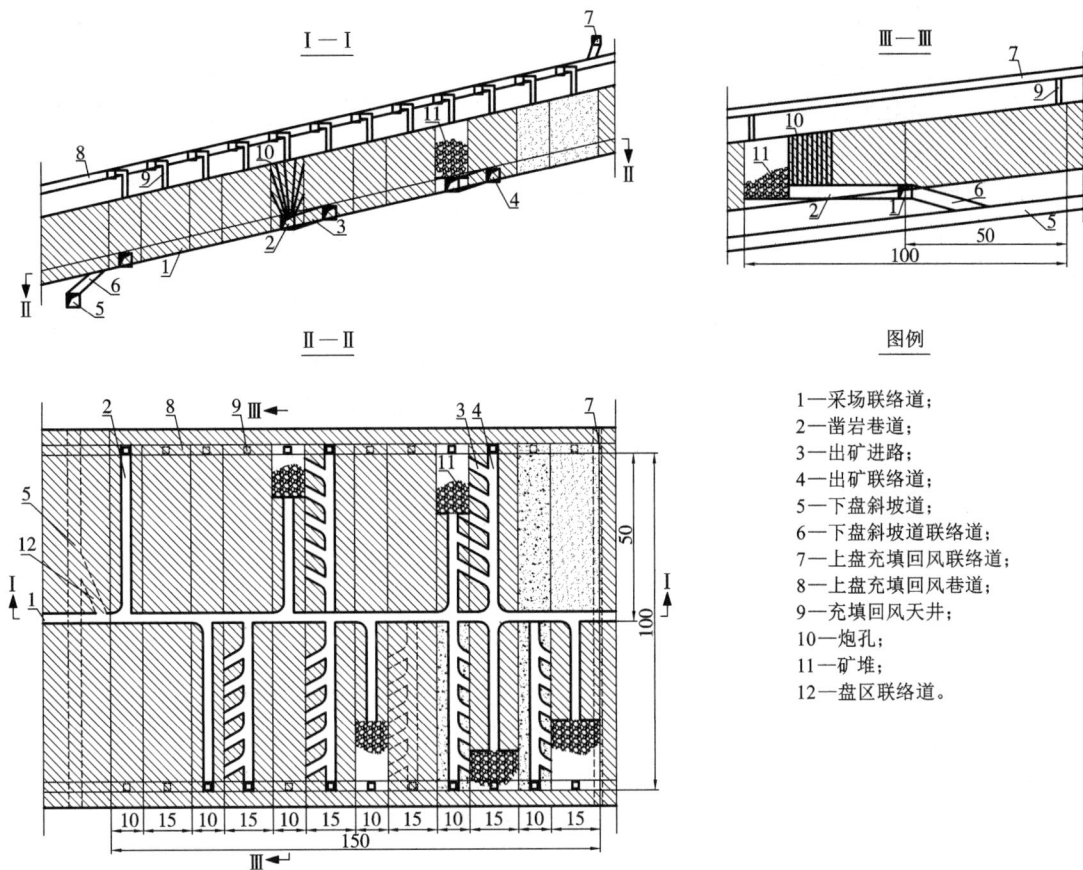

图7-3 阶段空场嗣后充填法标准方案图(卡莫亚铜钴矿)(单位:m)

图例

1—采场联络道;
2—凿岩巷道;
3—出矿进路;
4—出矿联络道;
5—下盘斜坡道;
6—下盘斜坡道联络道;
7—上盘充填回风联络道;
8—上盘充填回风巷道;
9—充填回风天井;
10—炮孔;
11—矿堆;
12—盘区联络道。

表7-2 采矿方案技术经济指标对比(卡莫亚铜钴矿)

项目	指标	盘区机械化上向水平分层充填法	阶段空场嗣后充填法
经济指标	综合回采率/%	90.87	82
	贫化率/%	4	12
	采矿成本/($ · t^{-1})	28.71	25.13
技术指标	千吨采切比/(m · kt^{-1})	3.68	9.7
	大块率/%	3	12
	生产能力/(t · d^{-1})	617	500~800
	切割工艺难度	易	较难
	实施难易度	易	一般
	方案适应范围	大	一般
采场地压控制	地压管理难度	较易	较难
	爆破影响程度	较小	较大

卡莫亚铜钴矿矿体厚度大、品位高，推荐采用盘区机械化上向水平分层充填法：

（1）阶段空场嗣后充填法矿柱矿量损失大，综合回采率仅82%，无法实现夹石和低品位矿石的分采，贫化率高达12%；而盘区机械化上向水平分层充填法综合回采率高达90.87%，贫化率仅为4%，经济效益大大增加。

（2）阶段空场嗣后充填法切割槽、"V"型堑沟施工难度大，上向扇形孔施工及爆破工艺相对复杂；而盘区机械化上向水平分层充填法采切工程施工机械化程度高，平行钻孔施工及爆破工艺简单。

（3）阶段空场嗣后充填法一次充填量大，脱水困难，充填体稳定自立效果不佳；而盘区机械化上向水平分层充填法一次仅充填一个分层高度，充填效果好。

（4）阶段空场嗣后充填法采用中深孔爆破，对顶板稳定性扰动较大，有可能强化含水层与井下裂隙的联系，不利于回采作业的安全；而盘区机械化上向水平分层充填法每次回采一个分层高度，及时充填后再回采上一分层，单次爆破量小，对顶板稳定性影响小，可以有效保障回采作业的安全，并避免采矿作业导通上覆含水层。

5. 深部矿体开采顺序制定

1）垂向开采顺序

对于地下开采矿山而言，矿体开采顺序一般分为下行式和上行式两种。卡莫亚铜钴矿深部矿体适宜采用上行式开采，主要基于以下几点原因：

（1）从矿量分布来看：深部S3合并层矿量远远大于浅部S1、S2矿体矿量，集中分布于980~1130 m，占总矿量的81.52%。从矿体品位分布来看：深部矿体铜钴品位高于浅部矿体，采用上行式开采早期出矿品位相对较高，有利于矿山初期回收建设成本。

（2）深部矿体顶板稳固性相对较差，采用上行式开采可减小开采活动对矿体顶板和上覆含水层的扰动。

（3）上行式开采可不留设顶柱，可大大减少高品位矿柱资源的损失。

2）盘区开采顺序

卡莫亚铜钴矿深部地质储量8069万t，设计生产能力300万t/a，盘区机械化上向水平分层充填法采场生产能力可达到21.9万t/a，需同时作业采场数为14个，故单中段进行生产即可满足卡莫亚铜钴矿深部矿体设计年生产要求。考虑到：

（1）卡莫亚铜钴矿主斜坡道布置于矿区西翼的选厂附近，井下废石及人员材料均通过主斜坡道运输，西翼矿体主要开拓、运输系统已基本形成，可优先开采。

（2）设计进风井及充填站位置均位于矿体西翼，与主斜坡道联系紧密，设计通风系统为西翼进风井进风—东翼回风井回风的两翼对角式通风。

（3）为避免出现地压集中现象，应尽量使同时回采工作面均衡分散布置。

因此，卡莫亚铜钴矿深部矿体盘区间开采顺序推荐由矿体西翼向东翼逐步推进，在生产盘区回采矿块进行回采作业的同时，还要准备一定矿量的采准矿块，以维持三级矿量平衡。

3）盘区内矿块开采顺序

盘区内矿块开采顺序是影响采场稳定性的关键因素，尤其是相邻矿块回采时，其相互干扰性大，安全问题突出，必须确定合理的回采顺序，以最大限度保证各矿块回采作业的安全。盘区内各相邻矿块回采顺序为：

（1）一般是"隔一采一"两步骤回采，但在地压活动频繁、矿体稳固性差的地段，在可布置生产矿块满足要求的情况下可以采用"隔三采一"的回采顺序。

（2）在局部充填质量无法保障、充填体无法稳定自立的情况下，可采用连续回采方式，保证矿块回采时，始终有一侧为矿体，以减少因充填体质量不高而引起的矿石损失和贫化。

（3）根据自然平衡拱理论，中央采场必定出现应力集中，顶板垮落危险性高，盘区内相邻矿块间开采顺序可采用"品"字形结构，即中央矿块超前两端回采。

7.3.4　卡莫亚铜钴矿盘区机械化上向水平分层充填法典型方案

1. 矿块布置与结构参数

根据矿体缓倾斜的特点，可沿其倾向划分盘区，盘区再划分采场与盘区间柱，采场分两步骤从两端的盘区间柱向中间回采，步骤一采矿房，步骤二采矿柱，间隔布置。采场顶板暴露水平面积可控制为 $800\sim1400\ m^2$，矿房或矿柱长 80 m，宽 15 m，盘区间柱宽 30 m。

2. 采准工程

如图 7-4 所示，采准工程主要包括斜坡道、分段平巷、分段出矿巷道、分层联络道、溜井、溜井出矿巷道、充填回风平巷、充填回风井等采准巷道。

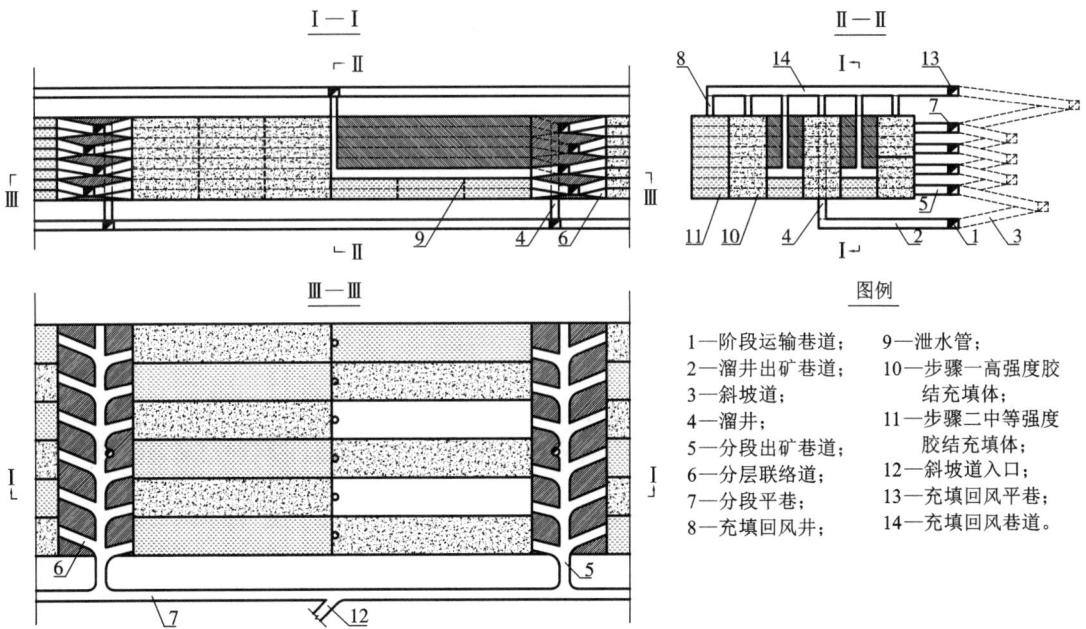

图 7-4　盘区机械化上向水平分层充填法标准方案图（卡莫亚铜钴矿）

1）斜坡道

斜坡道是铲运机、材料设备及人员在不同分段和阶段之间实现自由快速移动的重要通道，断面规格以无轨设备（凿岩台车、铲运机）通行要求确定，采准斜坡道断面 4.1 m×3.6 m，坡度 12.5%。

2）分段平巷

分段平巷沿矿体走向布置在脉外，起到连接斜坡道及相邻采场的作用，是主要的进风通道，分段高度为8 m，断面规格为4.1 m×3.6 m。

3）分段出矿巷道

分段出矿巷道布置在盘区间柱内，负责各分层采场的出矿。每条分段出矿巷道负责2个分层的回采出矿，1个分层高度为4 m，分段高度为8 m。其位置应保证分层联络道坡度与转弯半径满足铲运机的通行要求，断面规格为4.1 m×3.6 m。

4）分层联络道

每分层采场均布置一条分层联络道连通采场和分段出矿巷道，每条分段出矿巷道负责2个分层的回采。各分段下向分层联络道为运矿重车上坡，坡度取14%；上向分层联络道为重车下坡，坡度取20%。下向分层联络道采用普通掘进方法形成，上向分层联络道由下向分层联络道顶板挑顶形成。采场充填时，首先构筑充填挡墙封闭采场联络道。分层联络道斜交布置在盘区间柱内，有利于减小坡度，也便于铲运机转弯通行。根据铲运机和凿岩台车通行要求，分层联络道断面规格为4.1 m×3.6 m。

5）充填回风井

充填回风井是采场通风和下放充填料浆的重要通道，布置于采场中央矿体和上盘围岩中，兼作采场的第二安全出口。相邻两个矿房共用一个充填回风井，断面规格1.8 m×1.8 m。

6）充填回风平巷、充填回风巷道

充填回风平巷与充填回风巷道布置在矿体上盘围岩中，连通充填回风井与主回风井形成通风回路，同时连通充填钻孔，以便下放充填管路，断面规格为4.1 m×3.6 m。

7）溜井

溜井布置在盘区中央、分段出矿巷道一边，负责盘区间柱两侧的采场卸矿。溜井直径3 m，底部设置振动放矿机。为防止上、下分段卸矿相互干扰，下部分段与溜井间用分支溜井连通。

8）溜井出矿巷道

溜井出矿巷道布置在矿体下盘，连通阶段运输巷道与溜井，供运矿卡车运矿使用。断面规格为4.1 m×3.6 m。

9）阶段运输巷道

阶段运输巷道断面规格为4.1 m×3.6 m，卡车从溜井装车后，通过阶段运输巷道，再经主斜坡道将矿石提升至地表。

10）切割工程

切割工作主要是拉底，在矿房自最下向分层联络道沿矿房长度方向开掘一条拉底巷道（规格5 m×4 m）连通矿房端部的充填回风井，再以拉底巷道为自由面用Boomer 282凿岩台车向两边扩帮，直至矿房边界，形成拉底空间。盘区机械化上向水平分层充填法标准矿房采切工程量见表7-3，矿量分配见表7-4。

表7-3 盘区机械化上向水平分层充填法采切工程表（卡莫亚铜钴矿）

名称		规格/（m×m）	数量	单长/m	长度/m			工程量/m³			采出矿量/t
					脉内	脉外	合计	脉内	脉外	合计	
采准切割工程	溜井	φ3 m	1座	37	29	8	37	206	57	263	570
	溜井出矿巷道	4.1×3.6	1条	52	0	52	52	0	709	709	0
	分段平巷	4.1×3.6	4条	294	360	814	1174	4878	11030	15908	13512
	分层联络道	4.1×3.6	96条	11	1010	0	1010	13684	0	13684	37906
	充填回风井	1.8×1.8	6座	40	192	48	240	622	156	778	1723
	充填回风平巷	4.1×3.6	1条	287	0	287	287	0	3892	3892	0
	斜坡道	4.1×3.6	0.2条	505	0	101	101	0	1370	1370	0
	拉底巷道	5×4	12条	80	960	0	960	19200	0	19200	53184
采切合计					2551	1310	3861	38590	17214	55804	106895
千吨采切比		3.68 m/kt（自然米），46.57 m³/kt（标准米），不均匀系数取1.2									

表7-4 盘区机械化上向水平分层充填法矿量分配表（卡莫亚铜钴矿）

项目	体积/m³	工业储量/t	回采率/%	贫化率/%	采出矿量/t			占采出量的比重/%
					矿石	岩石	小计	
矿房矿柱	440772	1220939	95	4	1159892	48838	1208730	84.07
盘区间柱	67838	187910	60	5	112746	9396	122142	8.5
副产	38590	106895	98	2	104757	2138	106895	7.43
盘区	547200	1515744	90.87	3.98	1377395	60372	1437767	100

3. 回采工艺

1）凿岩爆破

以拉底巷道为自由面用Boomer 282凿岩台车向两边扩帮，直至矿房边界，形成拉底空间；后续爆破则以拉底空间为自由面爆破上一分层，为了便于分层采场顶板的安全管理，采用水平炮孔的爆破方式。设计边孔孔距0.96 m，辅助孔孔距1.11 m，排距1.00 m，边孔与采场轮廓线间距0.3 m，炮孔直径45 mm，孔深3.5 m。采用装药器装药，炸药类型采用乳化炸药，起爆方式为导爆管和数码电子雷管起爆。为减小爆破震动，各排炮孔间微差起爆，一次起爆延续时间控制在200 ms内。经计算，水平炮孔炸药单耗为0.44 kg/t，炮孔崩矿量为2.82 t/m。

2）通风与顶板安全管理

每次爆破后，必须经充分通风（通风时间不少于40 min）并清理顶帮松石后，人员才能进入采场。新鲜风流由分段联络平巷、分段出矿巷道经分层联络道进入采场，冲洗工作面后，污风经充填回风天井，排入上盘充填回风巷道。

3)回采顺序

在盘区内,首先隔一采一,回采步骤一矿房,采用胶结充填形成人工矿柱;然后回采步骤二矿柱,采用低标号胶结充填。

4)出矿

经充分通风排出炮烟、顶板安全检查后,采用LH514-22柴油铲运机铲装矿石,出矿能力为1035 t/台班,经分层联络道、分段联络平巷、卸矿横巷运至溜井并卸至下部主运输水平。

5)充填

每分层出矿结束后,及时进行充填,以控制地压,阻止采场顶板变形。

4.关键技术

(1)分层联络道必须满足重车上坡坡度<14%的要求。

(2)步骤一矿房充填,其充填体28 d抗压强度应为1~1.5 MPa;步骤二矿柱充填,其充填体28 d抗压强度应≥0.2 MPa。

(3)因分层采场充填后要作为继续向上回采的工作平台,故胶面层充填应采用高标号胶结充填,厚度0.3~0.4 m,充填体强应为1.5~2 MPa。

(4)回采时若遇到夹石,可留作矿柱或直接穿过,以降低矿石贫化。

(5)因S3矿体群底部矿体及直接底板较不稳固,故实际生产时可根据矿岩稳固条件灵活将采场暴露面积缩小或采用进路法进行回采,无须新增采准工程。

5.采场作业循环及采场生产能力计算

盘区机械化上向水平分层充填采矿法采场作业循环见表7-5。每分层回采循环时间预计为64台班,其中凿岩14台班、爆破通风23台班、出矿13台班、充填5台班、养护9台班。每采场分层采出矿量为13.16 kt(计入损失贫化),采场平均生产能力617 t/d。

表7-5　盘区机械化上向水平分层充填法采场作业循环表(卡莫亚铜钴矿)

序号	作业名称	时间/台班	进度/台班						
			10	20	30	40	50	60	70
1	凿岩(多次)	14							
2	爆破通风(多次)	23							
3	出矿	13							
4	充填与养护	14							
5	合计	64							

6.技术经济指标

本方法标准采场主要经济指标见表7-6。

表7-6　盘区机械化上向水平分层充填法标准采场主要技术经济指标(卡莫亚铜钴矿)

序号	指标名称	单位	数值	备注
1	地质指标			
1.1	平均品位(Cu/Co)	%	1.50/0.5	总体平均值
1.2	矿石平均体重	t/m³	2.77	
1.3	矿体平均倾角	(°)	10~15	
2	矿块构成要素			
2.1	矿房与矿柱宽度	m	15	
2.2	矿房与矿柱长度	m	80	
2.3	盘区间柱长度	m	90	
2.4	盘区间柱宽度	m	30	
2.5	分段高度	m	8	
2.6	分层高度	m	4	
3	千吨采切比	m³/kt	46.57	
4	每米炮孔崩矿量	t/m	2.82	
5	设计回采率	%	90.87	整个矿块
6	设计贫化率	%	3.98	整个矿块
7	铲运机出矿能力	t/台班	1035	LH514-22柴油铲运机
8	充填能力	m³/h	260	类比相似矿山
9	采场生产能力	t/d	617	
10	采矿成本	$/t	28.71	含充填成本

7. 采掘设备配套

根据上述采矿方法典型方案的工艺要求,推荐凿岩、铲装、辅助等设备如下。

1) 巷道掘进与采场凿岩设备——Boomer 282凿岩台车

阿特拉斯·科普柯公司的Boomer 282凿岩台车采用直接液压控制方式,配有两条BUT28型钻臂,既可以进行巷道掘进,也可以进行采场凿岩,提高凿岩效率,同时可选配多种型号液压凿岩机来满足矿山需求,其主要参数见表7-7。

2) 出矿设备——Sandvik LH514型铲运机

Sandvik LH514型铲运机是专为地下矿山研发的大载重量铲运机,具备强劲的铲斗插入力、高铲取力及灵敏的控制和高速的行驶速度与最佳车身布局相结合,Sandvik LH514型铲运机实现了快速装矿、满斗装矿和最短运输循环周期,该铲运机主要参数见表7-8。

表 7-7 Boomer 282 凿岩台车主要参数

参数	BMH2831	BMH2837	BMH2843	BMH2849
总长/m	4677	5287	4310	4920
钻杆长度/m	3090	3700	4310	4920
钻孔深度/m	2795	3405	4015	4625
重量(含凿岩机)/kg	475	495	525	540
推进力/kN	15.0	15.0	15.0	15.0

表 7-8 Sandvik LH514 型铲运机主要参数

铲运机基本参数	参数值	铲斗基本参数	参数值
行驶载重/kg	14000	举升/s	7.0
大臂铲取力/kg	28042	落下/s	4.0
收斗铲取力/kg	23453	翻卸/s	2.3
最大侧弯倾翻荷载/kg	29200	容积/m³	5.4

3)辅助设备——JY-5 型井下多功能服务台车

JY-5 型井下多功能服务台车,在平台上可进行护顶作业,如安装锚杆、撬浮石、安装金属网、装炸药、敷设管路电缆等工作,以提高工作效率。

4)天溜井掘进设备——ROBBINS 53RHC 型天井钻机

盘区机械化上向水平分层充填法采场生产能力可达 617 t/d,需施工较多的溜矿井、充填回风井,为减轻天井施工劳动强度,提高施工效率,可引进阿特拉斯·科普柯公司的 ROBBINS 53RHC 天井钻机。

5)破碎设备——SYG-90 型液压破碎锤

为减轻二次破碎压力,可配置 SYG-90 型液压破碎锤。

6)装药设备——JET ANOL100 风动装药器

由阿特拉斯·科普柯公司生产的 JET ANOL100 风动装药器可任意方向装药,容量 100 L,装药速度 15~20 kg/min,装药密度 1.0 kg/L,可大幅提升装药效率。

7.4 缓倾斜极厚矿体开采典型方案与实例

7.4.1 典型充填采矿法方案

针对 15°<倾角<30°、厚度>20 m 的缓倾斜极厚矿体,在矿体边界规整、倾角厚度变化较小的情况下,通常采用分段空场嗣后充填法或阶段空场嗣后充填法,以提高采掘效率和采场生产能力。对于矿体形态、倾角及厚度变化较大,存在夹石或分支复合现象的矿体,则适宜采用机械化上向水平分层充填法，不仅对各类型缓倾斜极厚矿体具有较好的适用性，还可实现矿岩分采、控制矿石的损失贫化。

1. 分段空场嗣后充填法、阶段空场嗣后充填法

由于缓倾斜极厚矿体的倾角为 15°~30°，要想使用凿岩台车和铲运机等机械化装备，分段空场嗣后充填法、阶段空场嗣后充填法通常垂直矿体走向布置矿房矿柱，采用中深孔/深孔落矿、两步骤回采工艺，步骤一开采矿柱并采用胶结充填形成人工矿柱，步骤二开采矿房并采用低强度胶结嗣后充填采空区。虽然分段空场嗣后充填法、阶段空场嗣后充填法一次爆破量大、落矿效率高，但是采准工程量大、准备时间长、切割槽施工难，而且无法实现矿岩分采，矿体上、下盘三角矿损失贫化严重。

2. 机械化上向水平分层充填法

针对开采技术条件复杂的厚大矿体，则可利用凿岩台车、铲运机、锚杆台车、矿用卡车等机械化的采装运设备，采用机械化上向水平分层充填法进行开采。机械化上向水平分层充填法采用自下而上分层开采的方式，采一层、充一层，不仅对形态不规则、有夹石赋存的矿体具有较好的适用性，而且机械化程度高、采掘效率高和采场生产能力大，有利于降低工人劳动强度并减少用工。

7.4.2　白象山铁矿开采技术条件分析

作为我国七大铁矿区之一，芜宁矿区主要包括自安徽省芜湖、马鞍山至江苏南京一带的凹山、南山、姑山、桃冲、梅山、凤凰山等矿山，矿石以赤铁矿、磁铁矿为主，品位相对较高。成矿带内已探明铁矿产地 31 处、伴生矿产地 10 处，铁矿总储量 16.35 亿 t，占安徽全省铁矿总储量的 57.32%。矿床规模以大中型为主，矿体较大，储量亿吨以上的有 5 处，矿石平均品位 36.55%，多属易选的磁铁矿石，主要供应马鞍山钢铁基地。

1. 矿山概况

姑山铁矿区是长江下游的一个大型铁矿床聚集群，位于安徽省马鞍山市当涂县城南偏东 10 km 处，矿区内的白象山铁矿床、姑山铁矿床、和睦山铁矿床、中九铁矿床、钟山铁矿床等均由姑山矿业公司开采。白象山铁矿是安徽马钢矿业资源集团姑山矿业有限公司旗下的主力矿山之一，是马钢重要的铁矿石生产供应基地，也是我国现代化的充填采矿法矿山之一。白象山铁矿床内共圈定矿体 11 个，探明总储量 1.5 亿 t，矿床 TFe 平均品位 39.43%。

2. 开采技术条件

1）矿区地质

矿区处于华中地洼区、苏鄂地洼系或秦淮弧构造系东翼之宁芜地洼南缘钟姑洼凸内，晚侏罗至白垩世地洼激烈期，区内褶皱断裂构造发育、岩浆活动强烈。矿区地层主要有三叠系上统黄马青组（T_3h）、侏罗系中下统象山群（$J_{1-2}xn$）、白垩系下统上火山岩组（K_1^2）以及第四系（Q）冲、坡积层。其中，三叠系上统黄马青组（T_3h）厚度 205~287.07 m，为矿区主要赋矿层位。褶皱构造主要有白象山背斜、白象山-钟山间向斜、阴山向斜。白象山背斜走向 NNW，

轴部出露黄马青组砂页岩，两翼为象山群石英砂岩；背斜宽 2 km 左右，延长达 6 km，为矿区主要控矿构造。矿区内断裂构造较发育：纵向断裂有船底山断裂带(F1)和西部断裂带(F2)；横向断裂有青山街-豹子山断裂带(F3)及 F4~F10 等小断裂。矿床属闪长岩体与周围沉积岩接触带中的高温气液交代层控矿床(玢岩铁矿)。

2) 水文地质条件

矿区南部为长江冲积平原，地表沟渠纵横交错、水系十分发育，矿区南北分别有水阳江与姑溪河，积水面积超过 20%，是影响矿床开采的最主要因素。第四系含水层和隔水层厚度20~50 m，由上而下分为 5 层：全新统亚黏土与粉细砂互层弱含水层、全新统粉细砂含水层、全新统亚黏土隔水层、全新统砂砾卵石强含水层、更新统亚黏土夹碎石弱含水层。基岩裂隙含水层按富水性可分为强、中、弱三类，其中黄马青组杂色粉细砂岩强为富水层，矿体及其顶盘的蚀变角岩为中等富水层，主要断裂带及裂隙发育带都具有导水作用。地表水可以经过第四系弱含水层直接补给基岩含水层或在矿区外围绕过亚黏土隔水层经砂砾石含水层间接补给基岩含水层，是矿坑充水的重要的补给源。矿山正常涌水量为 16000 m³/d，最大涌水量为30000 m³/d，属典型的富水矿床，水文地质条件复杂。

3) 工程地质条件

主矿体直接顶板围岩依次为：闪长岩、角页岩、砂页岩和脉岩。由于闪长岩受高岭土化不均匀，岩石强度变化很大，近矿部位抗压强度 23~43 MPa，局部具软化岩石性质，风干遇水易膨胀、崩解成碎块状。角页岩在靠近矿体部位由于泥化作用，局部软化。顶板围岩在不同程度上存在一个不稳定带，厚度一般为 10~20 m，最大厚度 50 m，是影响矿山开采的主要工程地质问题。

4) 矿体形态

矿床内共圈定矿体 11 个，其中Ⅰ号主矿体地质储量约占 98.9%。Ⅰ号矿体赋存于闪长岩与砂页岩接触带部位，其形态主要受矿区背斜构造控制，呈平缓拱形，走向长 1780 m，倾向以 4B 线为界，4B 以南向南倾，倾角 25°左右；4B 线以北向北倾，倾角 5°~25°。矿体赋存标高-200~-600 m，平均厚度 34.41 m，最大厚度 121.72 m。铁矿石以磁铁矿为主，占总储量的 90.2%，余者为混合矿，矿床 TFe 平均品位 39.43%，各中段储量计算结果见表 7-9。矿石中金属矿物主要有磁铁矿、半假象~假象赤铁矿、赤铁矿、黄铁矿，其次为镜铁矿、褐铁矿等。

表 7-9　白象山铁矿储量/资源量结果表

中段	探明+控制的基础储量								推测资源量	
	w(TFe)>35%		w(TFe)=30%~35%		w(TFe)=20%~30%		合计			
	矿量/万 t	品位/%	矿量/万 t	品位/%	矿量/万 t	品位/%	矿量/万 t	品位/%	矿量/万 t	品位/%
−270 m	418.7	38.8	241.7	32.8	189.1	25.6	849.5	34.2	71.1	16.3
−330 m	1528.7	39.4	560.4	32.8	468.9	26.5	2558.0	35.6	202.8	17.0
−390 m	2390.5	39.8	686.2	32.9	493.0	26.3	3569.7	36.6	207.4	21.1

续表 7-9

| 中段 | 探明+控制的基础储量 | | | | | | | | | | 推测资源量 | |
| | $w(TFe)>35\%$ | | $w(TFe)=30\%\sim35\%$ | | $w(TFe)=20\%\sim30\%$ | | 合计 | | | | | |
	矿量 /万 t	品位 /%	矿量 /万 t	品位 /%	矿量 /万 t	品位 /%	矿量 /万 t	品位 /%			矿量 /万 t	品位 /%
−450 m	2694.8	40.4	746.4	33.0	532.0	25.7	3973.2	37.1			265.0	27.0
小计(−450 m 以上)	7032.7	39.9	2234.7	32.9	1683.0	26.1	10950.4	36.4			746.3	21.6
−450 m 以下	1610.6	40.9	365.3	32.8	512.8	25.2	2488.7	36.5			797.8	28.7
合计	8643.3	40.0	2600.0	32.9	2195.8	25.9	13439.1	36.4			1544.1	25.2

3. 矿山三维实体模型构建

通过地质剖面图的处理,将各中段平面、剖面图通过坐标转换导入 DIMINE,整合建立好的矿体模型与巷道模型,如图 7-5 所示。

扫一扫,看彩图

图 7-5　矿山三维整体模型(白象山铁矿)

7.4.3　白象山铁矿采矿方法选择及采场结构参数优化

1. 初步设计采矿方法

2005 年,中国有色工程设计研究总院编制《马钢集团姑山矿业有限公司白象山铁矿初步设计》报告,将 Ⅰ 号矿体分为 1~9 线特厚大矿体(厚度大于 100 m,倾角 9°~13°)和一般厚大矿体(厚度小于 50 m,倾角 20°~40°),采矿方法为机械化盘区点柱式上向分层充填法和机械化盘区上向分层连续倾斜进路充填法。

1)机械化盘区点柱式上向分层充填法

沿走向划分盘区,盘区宽度 100 m,长度等于矿体水平厚度,盘区之间留 4 m 宽的盘区矿柱。盘区中按 100 m×100 m 的尺寸划分为若干个矿块(采场),矿块高为 60 m。每分层回采高 3 m,作业高度 4.5 m。在需要脉外采准时分段高度为 20 m,每个分段服务 6~7 个分层。矿块之间不留条柱。对顶板岩石稳固性差的地段,在上盘留 1 m 厚护顶矿柱。采场中均匀布置点柱,点柱间距 15 m,点柱尺寸为 4.5 m×4.5 m,点柱不再回收。每个矿块(采场)(100 m ×100 m)在走向两端各布置一条通向上中段的回风井和顺路泄水井,在采场中央布置顺路进风泄水井和矿石溜井。采准工作主要有:脉内采准斜坡道,采场回风井,顺路通风泄水井,振动放矿机硐室,上中段的穿脉巷道,下中段的穿脉巷道。回采结束后,用铲运机铲装废石和用尾砂包构筑挡墙,并架设泄水井,充填管经脉内斜坡道从 -390 m 中段巷道下到采场。在盘区内,每个采场的同一分层都采完和充填完后才能转到上一分层回采。在开掘新的分层时,从脉内斜坡道开始掘进。矿石损失率为 18%,贫化率为 4%。

2)机械化盘区上向分层连续倾斜进路充填法

沿走向布置盘区,宽 100 m,盘区中按 100 m×100 m 的尺寸划分为若干个矿块,矿块高为 60 m,每个矿块又分为 4 个采场。每分层回采高 4 m,即进路高度 4 m,进路宽为 4.5 m,进路断面呈平行四边形向工作面方向倾斜 70°~80°,进路原则上垂直走向布置,进路长一般不超过 50 m。在需要脉外采准时分段高度为 20 m,每个分段服务 5 个分层。盘区之间不留矿柱,采场之间也不留矿柱。对顶板岩石稳固性差的地段,在上盘留 1 m 厚的护顶矿柱,在岩石条件好的地方则可不留。每个矿块(100 m×100 m)在走向两端各布置两条通向上中段的回风井和顺路泄水井,在采场中央布置顺路进风泄水井和溜井。采准工作主要有:脉内采准斜坡道,采场回风井,顺路通风泄水井,振动放矿机硐室,上中段的穿脉巷道,下中段的穿脉巷道。在一条进路回采结束后,充填管经脉内斜坡道从 -390 m 中段巷道下到采场。充填完成后充填体脱水固结,一般在充填 1 d 后即可进行相邻进路的回采。矿石损失率为 8%,贫化率为 5%。

3)初步设计采矿方法评述

点柱充填法具有凿岩爆破效率高,采场生产能力较大,能较好地控制采场顶板和矿体上盘围岩稳定等优点。但是,由于采场暴露的面积较大,采场顶板管理要求严格,采场安全性难以保障;同时,由于矿体厚大,留设盘区矿柱、布置脉内采准工程,已经造成了资源损失,如果再在采场内留设点柱,不仅妨碍无轨设备运行,造成永久损失,而且在采矿过程极易被超剥,使其失去支撑作用,反而影响回采安全。

连续倾斜进路尾砂充填法具有回采进路高度小,顶板易处理,作业安全;采用尾砂充填作业成本低;能较好地适应矿体形状的变化,矿石损失贫化率低等优点。但是,其进路采充工序相对较多、劳动生产率低、成本较高,为满足产能要求往往需要同时回采中段、采场数目众多,生产管理要求较高。

2. 采区划分及矿体分类

随着矿山开拓工程和部分采准工程的推进,揭露后的矿体赋存条件与地质报告相比发生了较大变化,主要体现在:

(1)水文地质情况更为复杂,巷道掘进过程中经常出现突水现象,在防治水工程取得显著成果之前,不宜贸然采取大空场作业方式。

(2)矿体形态与地质报告相比变化较大,矿体边界不清,要求所采用的采矿方法应具有较好的探采结合功能。

(3)矿体稳固性较差,大断面掘进容易出现冒顶片帮事故,必须全断面支护。

根据矿体的形态变化和地质条件,将整个矿体划分为4个采区:东一区、东二区、西一区和西二区。东一区矿量约1870万t,占总矿量的22.7%,以缓倾斜中厚—厚矿体为主;东二区为靠近风井的小矿体,矿量约385万t,占总矿量的4.7%,以缓倾斜中厚—厚矿体为主;西一区矿量约2010万t,占总矿量的24.4%,以缓倾斜到倾斜(20°~40°)的厚—极厚矿体为主;西二区矿量约3970万t,占总矿量的48.2%,矿体以缓倾斜极厚矿体为主,在-430~-330 m中段厚度甚至超过了100 m。以西二区厚大矿体为例,可选采矿方法包括:分段空场嗣后充填法(方案Ⅰ)、垂直崩矿阶段空场嗣后充填法(方案Ⅱ)、侧向崩矿阶段空场嗣后充填法(方案Ⅲ)等。

3.分段空场嗣后充填法

1)方案特征与采场布置方式

矿房、矿柱垂直矿体走向布置,步骤一回采矿柱,胶结充填,形成人工充填体矿柱;步骤二回采矿房,进行非胶结充填或低标号胶结充填。矿房、矿柱宽度均为16 m,长度为矿体水平厚度,阶段高度为80 m(-430~-350 m)。回采时,将阶段划分为若干分段,在分段凿岩巷道内钻凿扇形中深孔,向切割槽侧向崩矿,崩落矿石落入采场底部的"V"型受矿堑沟,由铲运机自出矿进路内铲出。出矿底部结构采用堑沟式,每两个采场共用一条出矿巷道。

2)采准切割工程

如图7-6所示,采准工程包括出矿进路、装矿横巷、分段凿岩巷道、溜井等。切割工作主要包括切割天井、切割横巷和切割槽的形成。在切割横巷内钻凿上向平行中深孔,以切割天井为自由面爆破形成切割槽。在堑沟拉底巷道钻凿上向扇形中深孔,爆破形成"V"型堑沟。

3)回采工艺

切槽工作完成后,在分段凿岩巷道中施工上向扇形中深孔,每次爆破1~2排炮孔,分段微差爆破,上、下相邻分段之间一般保持上分段超前1~2排炮孔,以保证上分段爆破作业的安全。落入采场底部"V"型堑沟的崩落矿石采用铲运机装运卸入溜井。采场大量出矿完毕后,按要求进行嗣后充填。

4)方案评价

该方案适用于矿石和围岩中等稳固以上的厚大矿体;可以多分段同时回采,作业集中,回采强度高,生产能力大;作业在专用巷道内进行,安全性好。该方案缺点是切割工程量大,中深孔凿岩与爆破技术存在一定的难度,中深孔爆破对周围采场或充填体影响较大,大块率高且损失贫化难以控制。

5)经济技术指标

千吨采切比:2.12 m/kt;

综合回采率:76%;

贫化率:6.8%;

生产能力:402 t/d;

大块率:8%;

采矿成本(不含充填):66.3 元/t。

I—I

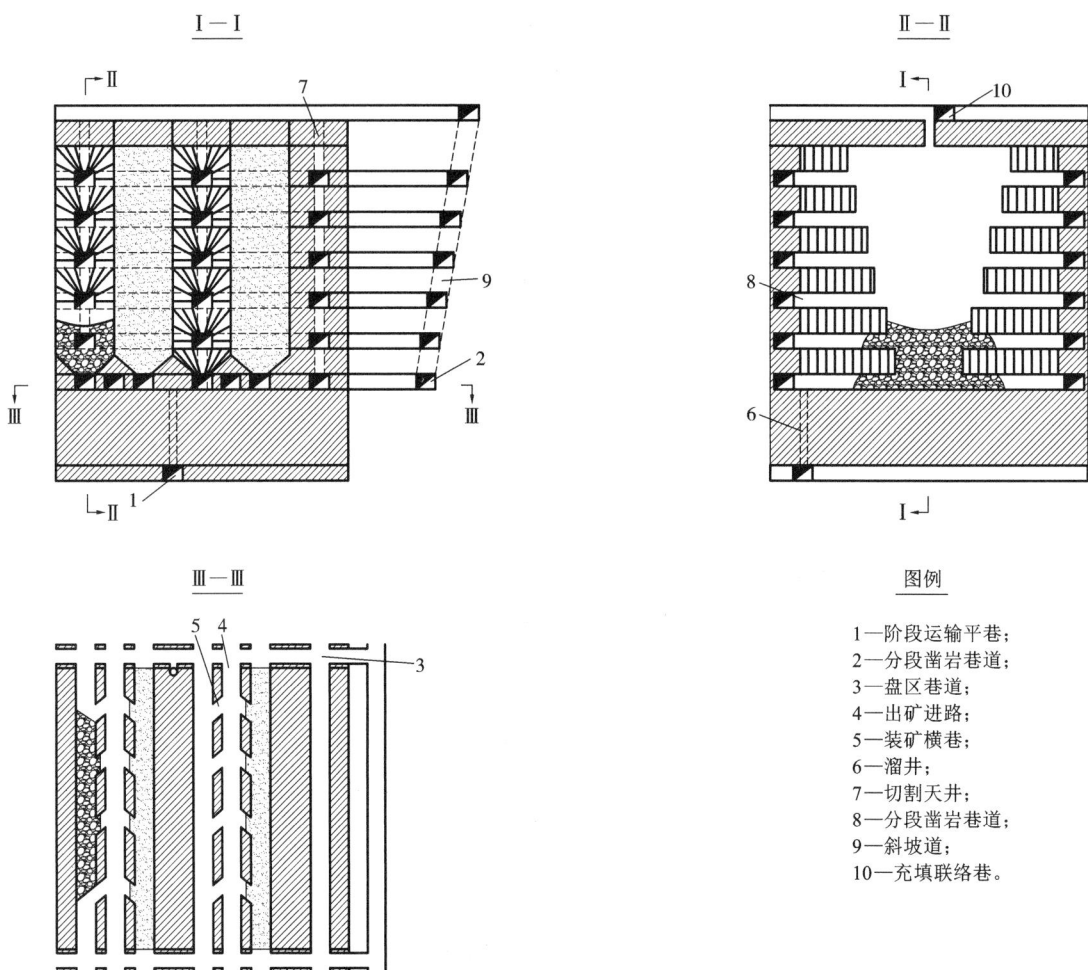

II—II

III—III

图例

1—阶段运输平巷；
2—分段凿岩巷道；
3—盘区巷道；
4—出矿进路；
5—装矿横巷；
6—溜井；
7—切割天井；
8—分段凿岩巷道；
9—斜坡道；
10—充填联络巷。

图 7-6　分段空场嗣后充填法标准方案图

4.垂直崩矿阶段空场嗣后充填法

1）方案特征与采场布置方式

采场结构参数与方案 I 相同。在矿块上部水平布置凿岩硐室，利用凿岩台车钻凿下向垂直深孔至矿体下部的拉底水平，采用球状药包(装药长度与炮孔直径之比小于6)漏斗爆破，自下而上分层落矿，铲运机出矿。出矿底部结构采用堑沟式，每两个采场共用一条出矿巷道。

2）采准切割工程

如图 7-7 所示，采准工程包括出矿进路、装矿横巷、凿岩硐室、溜井等。

切割工程主要是堑沟巷道和"V"型受矿堑沟的形成。首先自堑沟巷道于采场端部施工一条高度为设计堑沟高度的短天井，以短天井为自由面，在堑沟巷道内钻凿 1~2 排扇形炮孔，爆破形成宽 2~2.5 m 的上向扇形切割槽，然后从堑沟巷道向上施工扇形中深孔，向切割槽逐

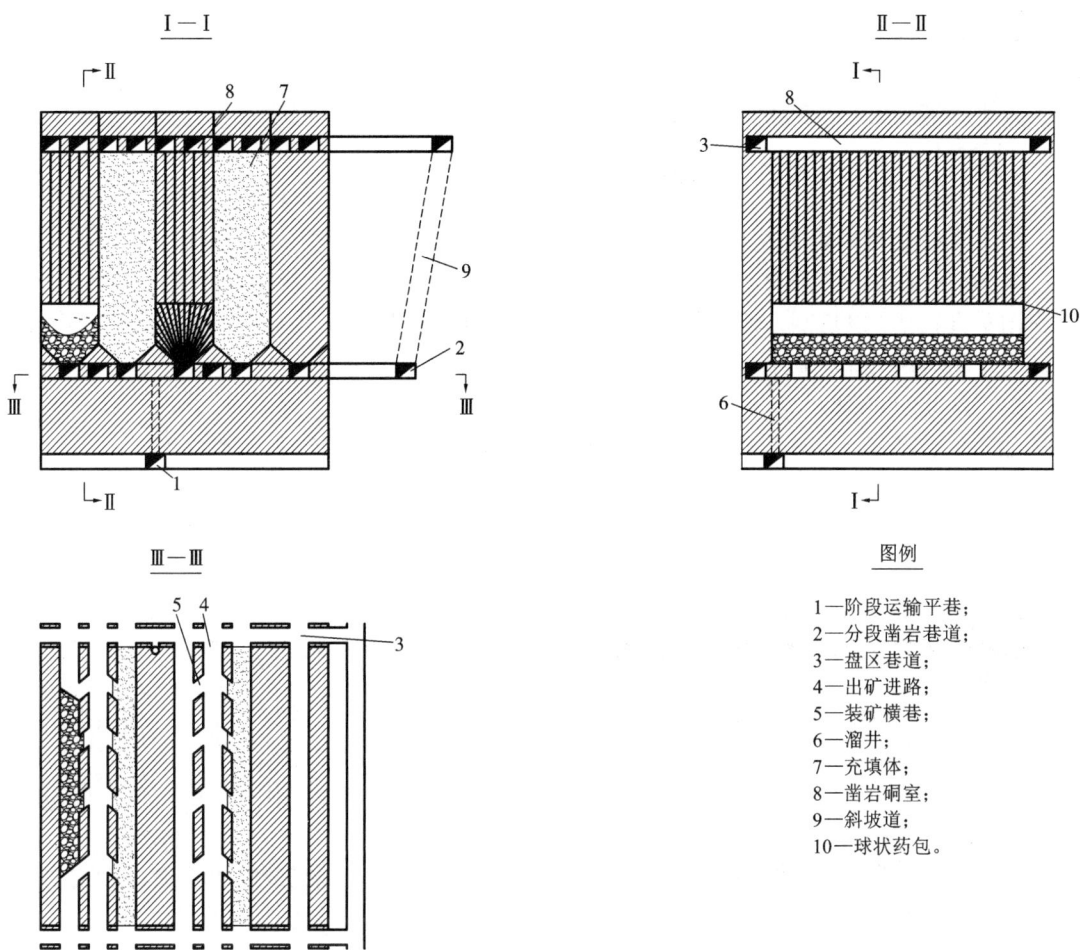

I—I

II—II

III—III

图例

1—阶段运输平巷；
2—分段凿岩巷道；
3—盘区巷道；
4—出矿进路；
5—装矿横巷；
6—溜井；
7—充填体；
8—凿岩硐室；
9—斜坡道；
10—球状药包。

图 7-7　垂直崩矿阶段空场嗣后充填法标准方案图

排爆破，矿石运出后形成"V"型堑沟拉底空间。

3）回采工艺

采切工作完成后，以"V"型堑沟为爆破补偿空间，自下而上分层崩矿。每次爆破后，铲装出崩下矿石量的 1/3，剩余矿石留在采场支持围岩，采场矿石全部爆破后，大量出矿。采场大量出矿完毕后，按要求进行充填。由于深孔直径较大（120~130 mm），可以利用炮孔作为采场回风通路，顶柱范围内的炮孔可作为嗣后充填通路和排气孔。

4）方案评价

该方案优点：采场生产能力大，劳动生产率高；不需要掘进全段高的切割天井和分段凿岩巷道，采切工程量小；采矿成本低。缺点：凿岩技术要求高；使用高密度、高爆速的炸药、爆破成本高，深孔施工与装药、爆破技术难度较大，大块率高且损失贫化难以控制。

5）经济技术指标

千吨采切比：1.53 m/kt；

回采率：72%；

贫化率：8%；

生产能力：695 t/d；

大块率：6%；

采矿成本(不含充填)：65.8 元/t。

5.侧向崩矿阶段空场嗣后充填法

1)方案特征与采场布置方式

采场结构参数与方案Ⅱ相同。采场底部开凿拉底堑沟巷道，采场顶部布置凿岩硐室，钻凿下向垂直炮孔，以切割立槽为自由面，侧向崩矿，铲运机出矿。出矿底部结构采用堑沟式，每两个采场共用一条出矿巷道。

2)采准切割工程

如图7-8所示，采准工程包括出矿进路、装矿横巷、凿岩硐室、放矿溜井等。

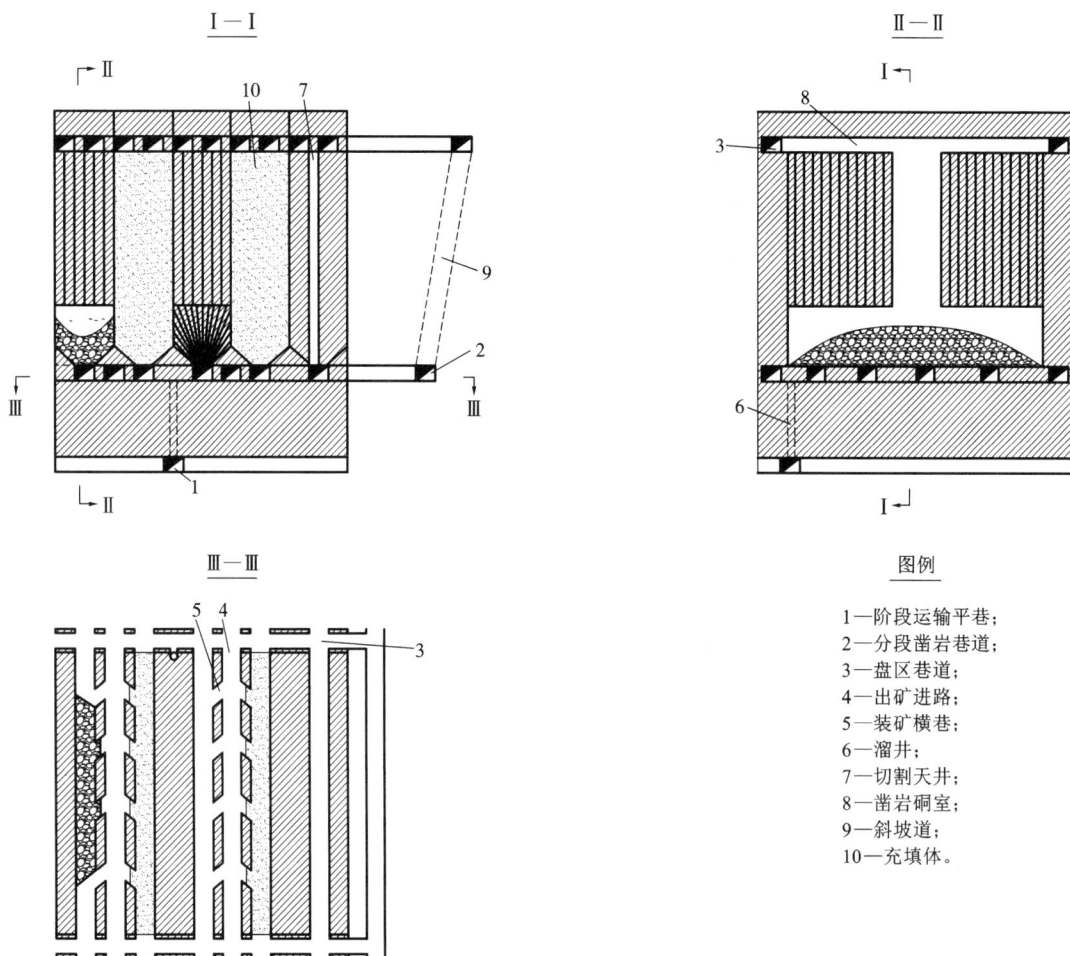

图例

1—阶段运输平巷；
2—分段凿岩巷道；
3—盘区巷道；
4—出矿进路；
5—装矿横巷；
6—溜井；
7—切割天井；
8—凿岩硐室；
9—斜坡道；
10—充填体。

图7-8 侧向崩矿阶段空场嗣后充填法标准方案图

切割工程主要是堑沟巷道、"V"型受矿堑沟及切割立槽的形成。"V"型堑沟拉底空间的形成与方案Ⅱ相同；在采场一侧中央钻凿全段高切割天井，在凿岩硐室内垂直切割天井方向钻凿垂直深孔，以切割天井和拉底层为自由面，逐排爆破形成切割立槽。

3）回采工艺

采切工作完成后，以切割立槽和拉底空间为自由面，侧向爆破矿体，每次爆破后，铲装出崩下矿石量的1/3，剩余矿石留在采场支持围岩，采场矿石全部爆破后，大量出矿。采场大量出矿完毕后，按要求进行充填。

4）方案评价

该方案生产能力大，落矿效率高，但其缺点是切割立槽形成困难，侧向全段高崩矿，大块率高，对顶板及周围采场稳定性影响大，大块率高且损失贫化难以控制。

5）经济技术指标

千吨采切比：1.73 m/kt；

回采率：72%；

贫化率：10%；

生产能力：720 t/d；

大块率：12%；

采矿成本（不含充填）：63.8 元/t。

综合各采矿方案的技术经济指标并结合矿山当前开采现状，西二区矿体厚大，为保证作业安全，靠近F2导水断层部位先利用普通进路充填采矿法回采形成隔水矿柱，然后采用分段空场嗣后充填法回采其余缓倾斜极厚矿体。

7.4.4 白象山铁矿分段空场嗣后充填法典型方案

1. 适用范围

西二区矿体作为Ⅰ号矿体的主体，其中−430～−350 m、7号勘探线至1号勘探线之间的矿体倾角较缓（10°~40°），厚度较大（大于100 m），整体连续性好，适合采用分段空场嗣后充填采矿法。

2. 阶段与分段高度设置

阶段高度的影响采切工程量和作业安全性的一项重要指标。根据西二区1至7号勘探线之间矿体的赋存条件及形态变化规律分析可知：3至5线之间−430 m以上矿体延伸至−350 m，整体高度约为80 m，其余部位−430 m以上矿体整体高度约为40 m，恰好至−390 m中段。由于−330 m阶段尚未拉开，因此，确定回风水平设在−390 m中段，阶段高度40 m。先行回采−430～−390 m阶段矿体，待−330 m阶段拉开之后，再进行上阶段矿体采准工程设计。

分段高度决定于所采用的凿岩设备，采用YGZ-90型导轨凿岩机为12~15 m，用潜孔钻机可增加到15~20 m。分段高度越大、分段数目越少，采准工程量相应减少，但凿岩效率相应降低，装药、爆破难度相应增大。根据矿山现有的凿岩爆破设备配置情况，将西二区−430～−390 m阶段厚大矿体分段空场嗣后充填采矿法划分3个分段，分段高度分别设定为

15 m、11 m、10 m，预留-394~-390 m 矿体作为顶柱布置充填联络巷。

3.采场布置

分段空场嗣后充填采矿法沿矿体走向方向布置 14～19 号总计 6 个盘区，盘区宽度 100 m，盘区之间留设 14 m 宽的盘区矿柱。矿房、矿柱垂直矿体走向交替布置，宽度均为 16 m，长度为 86 m。一步回采矿柱，胶结充填，形成人工充填体柱；二步回采矿房，非胶结充填或低标号胶结充填。由于矿房矿柱长度较长（86 m），一步骤回采矿体顶板暴露面积较大（1376 m²），回采作业安全性差。为减少顶板暴露面积，提高采场稳定性，设计将矿柱分为两步骤进行回采，即先行回采其中一半矿量，封堵采场充填空区后，再回采另一半矿体（图 7-9）。

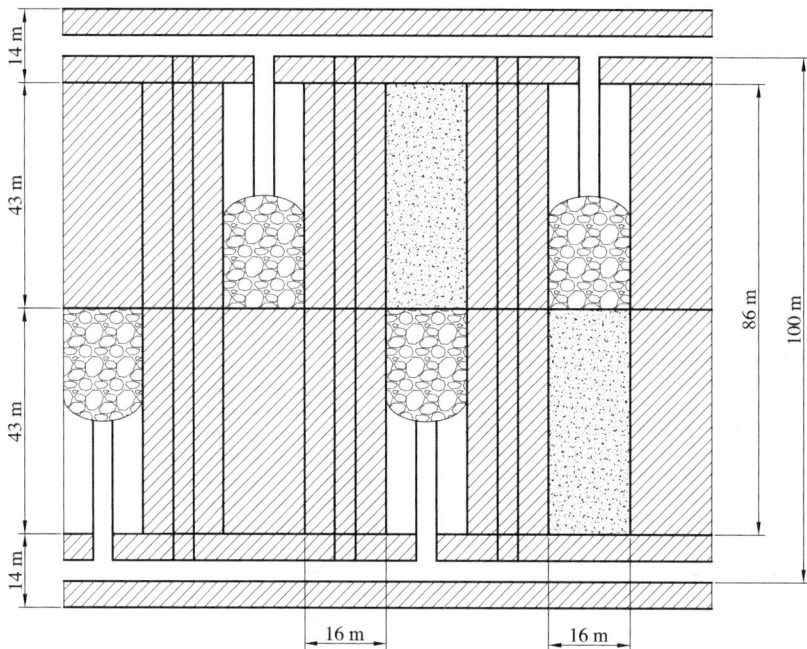

图 7-9　盘区内采场回采顺序示意图

4.采准切割

1）分段平巷

如图 7-10 所示，布置-430 m 平巷作为底部堑沟水平的分段平巷，-415 m、-404 m 分段凿岩水平分别自-410 m 矿山主分段平巷西一区端部开始掘进，断面 4.0 m×3.8 m。

2）盘区巷道

从各分段平巷进入盘区，在预留的 14 m 盘区间柱中央掘进盘区巷道，沟通采场，巷道断面 4.0 m×3.8 m。

3）堑沟拉底巷道

底部结构采用"V"型堑沟，堑沟高度 15 m，边坡角 50°，在矿房中央掘进堑沟拉底巷道，断面 4.0 m×3.8 m。

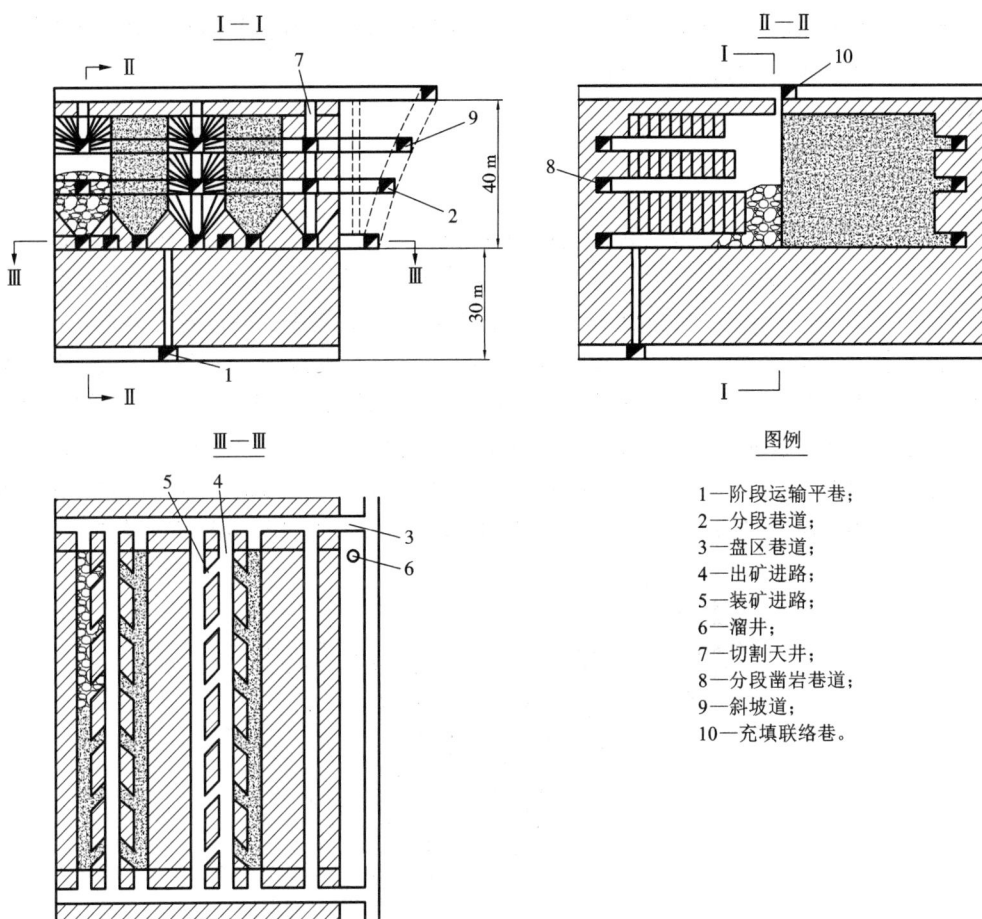

图7-10 分段空场嗣后充填采矿方法图(白象山铁矿)

4)出矿巷道

在矿房矿柱中央掘进出矿巷道负责相邻两个采场的出矿,断面规格 4.0 m×3.8 m。

5)出矿进路

由出矿巷道向相邻堑沟方向每隔 11 m 掘进一条出矿进路,出矿进路与出矿巷道的交角为 45°,断面规格 4.0 m×3.8 m。

6)分段凿岩巷道

分段凿岩巷道布置在各分段待采矿房的中央,断面规格 4.0 m×3.8 m。

7)进风泄水井

在每个盘区巷道靠近上盘端部设置一条进风泄水井,该泄水井与上向水平分层充填法泄水井共用,涌水和充填滤水通过泄水井下到−500 m 运输巷道。采场的切割天井上段作为采场回风充填井。

8)切割工程布置

切割工作主要是"V"型堑沟、切割天井和切割槽的形成。从−430 m 堑沟拉底巷道和各分段凿岩巷道端部掘进切割横巷,在采场中央施工切割天井,在切割横巷内以切割天井为自由面爆破形成切割槽；在堑沟拉底巷道钻凿上向扇形中深孔，爆破形成"V"型堑沟，"V"型堑沟形成可与各分段回采作业同步进行。以相邻两个矿房矿柱为一个标准矿块，其采切工程量见表7-12，采矿矿量分配见表7-13。

5. 回采工艺

1）凿岩爆破

在-430 m堑沟拉底巷道中，使用QCT-90型凿岩机钻凿上向扇形中深孔。设计孔径80 mm，炮孔排距2.0 m，孔底距2.2~2.4 m。一次崩矿步距4.0 m，1~9 ms分段微差爆破，形成"V"型堑沟（图7-11）。在-415 m、-404 m分段凿岩巷道中，同样使用QCT-90型凿岩机钻凿上向扇形中深孔（图7-12），凿岩爆破参数与堑沟水平相同。为提高爆破质量，减少大块率，需要对炮孔进行堵孔，堵塞长度2.0~3.0 m，具体布置见图7-13。堑沟爆破可与各分段同步进行，微差爆破，每次爆破2~3排炮孔。为方便上分段装药，上分段可超前下分段1~2排爆破。-430 m堑沟扇形孔布置和-415 m、-404 m分段上向扇形中深孔的具体参数及相关计算见表7-10~表7-14，分段空场嗣后充填法标准采场炮孔综合计算见表7-15。

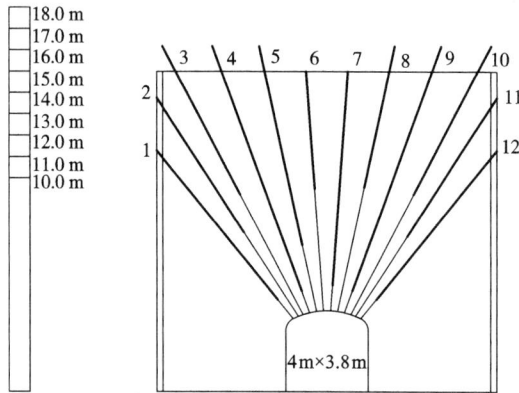

图7-11 "V"型堑沟炮孔布置图

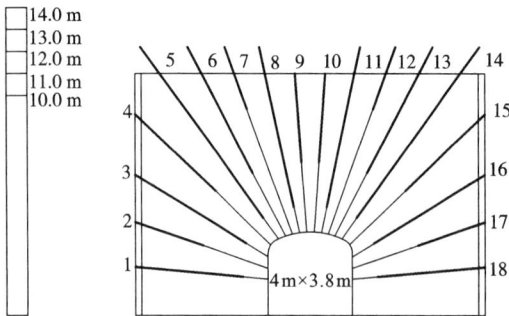

图7-12 -415 m分段凿岩巷道扇形炮孔布置图

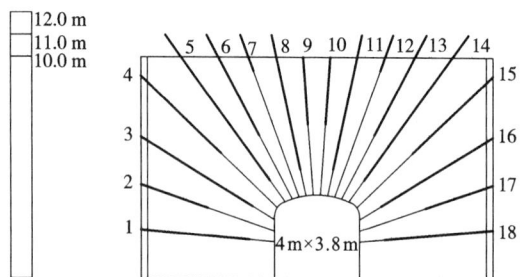

图7-13 -404 m分段凿岩巷道扇形炮孔布置图

表 7-10　分段空场嗣后充填采矿法标准矿块采切工程量表

项目名称		条数	规格 /(m×m)	断面面积 /m²	单长/m			总长/m			工程量/m³			工业矿量 /t
					脉内	脉外	合计	脉内	脉外	合计	脉内	脉外	合计	
采准	分段平巷	0.5	3.8×4	14.5	0	100	100	0	50	50	0	725	725	0
	盘区巷道	3	3.8×4	14.5	32	0	32	96	0	96	1392	0	1392	5011
	凿岩巷道	6	3.8×4	14.5	100	0	100	600	0	600	8700	0	8700	31320
	出矿巷道	1	3.8×4	14.5	100	0	100	100	0	100	1450	0	1450	5220
	溜井	0.33	φ3 m	7.065	40	30	70	13	10	23	93	70	163	336
	装矿横巷	4	3.8×4	14.5	5.6	0	5.6	22	0	22	325	0	325	1169
	小计				277.6	130	407.6	831	60	891	11960	795	12755	43056
切割	切割横巷	6	3.8×4	14.5	12	0	12	72	0	72	1044	0	1044	3758
	切割天井	2	φ1.5 m	1.77	36	0	36	72	0	72	127	0	127	459
	小计				48	0	48	144	0	144	1171	0	1171	4217
采切合计					325.6	130	455.6	976	60	1036	13131	795	13926	47273
千吨采切比		自然米—3.89 m/kt（采出矿量—319219 t），标准米—13.09 m/kt												

表 7-11　分段空场嗣后充填采矿法标准矿块矿量分布表

项目名称		体积 /m³	工业矿量 /t	回采率 /%	贫化率 /%	采出矿量/t			占采出矿量的比重/%
						矿石	岩石	小计	
回采	矿块	128000	460800	66.1	4.6	304676	14543	319219	100
	盘区矿柱	16128	58061	0	0	0	0	0	0
	顶柱	12800	46080	0	0	0	0	0	0
	桃形矿柱	10400	37440	0	0	0	0	0	0
	矿房	75541	271946	95	5	258349	13597	271946	85
	副产	13131	47273	98	2	46328	945	47273	15

表 7-12　-430 m 堑沟扇形炮孔炸药耗量计算表

孔号	1	2	3	4	5	6	7	8	9	10	11	12	合计
炮孔倾角/(°)	50	56	61	69	77	86	86	77	69	61	56	50	
炮孔长度/m	10.3	12.3	14.3	13.3	12.7	11.2	11.2	12.7	13.3	14.3	12.3	10.3	148.2
炮孔直径/m	0.08	0.08	0.08	0.08	0.08	0.08	0.08	0.08	0.08	0.08	0.08	0.08	
装药长度/m	9.1	7.6	7.9	12.3	9.5	5.5	10	6.8	12.3	7.9	7.8	9.1	105.8
炸药质量/kg	45.7	38.2	39.7	61.8	47.7	27.6	50.2	34.2	61.8	39.7	39.2	45.7	485.8
矿量：972 t			炸药单耗：0.50 kg/t			每米炮孔崩矿量：6.56 t/m							

表 7-13   −415 m 分段凿岩巷道扇形炮孔炸药耗量计算表

孔号	1	2	3	4	5	6	7	8	9	10	11	12	13	14	15	16	17	18	合计
炮孔倾角/(°)	5	18	31	43	53	61	69	77	86	86	77	69	61	53	43	31	18	5	
炮孔长度/m	6.3	6.6	7.3	8.7	10.9	9.8	9.1	8.6	7.2	7.2	8.6	9.1	9.8	10.9	8.7	7.3	6.6	6.3	149
装药长度/m	5.1	3.3	6.1	5.1	9.7	6.5	3	7.5	4	4	7.5	3	6.5	9.7	5.1	6.1	3.3	5.1	100.6
炸药质量/kg	25.6	16.6	30.6	25.6	48.7	32.7	15.1	37.7	20.1	20.1	37.7	15.1	32.7	48.7	25.6	30.6	16.6	25.6	505.4

矿量: 1152 t	炮孔直径: 80 mm	炸药单耗: 0.438 kg/t	每米炮孔崩矿量: 7.3 t/m

表 7-14   −404 m 分段凿岩巷道扇形炮孔炸药耗量计算表

孔号	1	2	3	4	5	6	7	8	9	10	11	12	13	14	15	16	17	18	合计
炮孔倾角/(°)	5	18	31	43	53	61	69	77	86	86	77	69	61	53	43	31	18	5	
炮孔长度/m	6.3	6.6	7.3	8.7	9.4	8.4	7.8	7.4	6.2	6.2	7.4	7.8	8.4	9.4	8.7	7.3	6.6	6.3	136.2
装药长度/m	5.1	3.3	6.1	5.1	8.2	5.1	1.7	6.2	3	3	6.2	1.7	5.1	8.2	5.1	6.1	3.3	5.1	87.6
炸药质量/kg	25.6	16.6	30.6	25.6	41.2	25.6	8.5	31.1	15.1	15.1	31.1	8.5	25.6	41.2	25.6	30.6	16.6	25.6	440.1

矿量: 1040 t	炮孔直径: 80 mm	炸药单耗: 0.42 kg/t	每米炮孔崩矿量: 7.66 t/m

表 7-15   分段空场嗣后充填法标准采场炮孔综合计算表

炮孔类型	炮孔长度/m	装药长度/m	炮孔直径/mm	炸药质量/kg
−430 m 堑沟	6373	4549	80	20890
−415 m 分段	6407	4326	80	21733
−415 m 分段	5857	3767	80	18924
合计	18636	12642	80	61548

矿量: 137852 t	炸药单耗: 0.44 kg/t	每米炮孔崩矿量: 7.39 t/m

2）通风

新鲜风流经由-500 m运输巷从盘区西翼的进风井进入盘区联络道，冲洗采场后经采场中央的切割天井排至上中段水平，经回风大巷进入风井，由主扇风机抽出地表。

3）出矿

每次爆破经充分通风排出炮烟后，利用4 m³柴油铲运机，自出矿巷道和出矿进路，将落入采场底部"V"型堑沟的崩落矿石装运卸入溜井。每次爆破后出矿1/3，另留2/3崩落矿量在采场内，以便后续爆破采用挤压爆破方式，降低大块率，减轻爆破震动，而且留置矿石可起到维护周围采场或充填体稳定的作用，降低矿石损失与贫化率。整个采场回采完毕后集中出矿。

6. 充填

为保证采空区稳定，采场集中出矿完毕后，应及时进行充填，避免因空区暴露时间过长，而引起周围采场或充填体垮塌，恶化贫损指标。一步采场（矿柱）进行胶结充填，二步采场（矿房）非胶结充填或低标号胶结充填。

1）充填线路

从-390 m沿脉巷道主充填管道，经盘区中央联络巷道和分层联络巷支管接入采场切割天井，向采场灌注充填料浆进行充填。

2）采场封堵

为避免充填浆体流入盘区巷道，需要对充填采场进行封堵，封堵地点包括：-430 m堑沟巷道和与采场连通的装矿进路、-415 m和-404 m分段凿岩巷道。由于空区高度大，嗣后充填浆体对挡墙的压力较大，为安全起见采用混凝土砌筑挡墙，在挡墙底部、中部和上部布设3~5个泄水孔，安装泄水管道，管道直径不低于150 mm。深入采场内的管道口缠绕2层土工布，外部关口安装闸阀。嗣后充填可分两次进行，一次充填至-415 m分段水平，待初步凝固后再向上充填至-404 m，以减轻浆体对-430 m充填挡墙的压力。充填过程中密切关注挡墙受力情况，出现异常应及时停止，待充填体初步凝固后再继续充填工作。

3）泄滤水

人员不能进入空区布置泄滤水设施，故嗣后充填的极大难题之一是充填浆体的泄滤水问题。除尽可能提高充填体浓度，减少泄滤水量外，可自上分段吊放直径不小于150 mm的塑料软管至采场底部，软管周壁钻凿泄水孔，用纱布或土工布缠绕，以加强泄滤水效果。

7. 采场作业循环及采场生产能力计算

1）效率指标

（1）凿岩效率：扇形炮孔，2500 m/月。

（2）出矿效率：400 t/台班。

（3）充填能力：2000 m³/d。

2）采场生产能力

根据各工序工程量，按照上述效率指标，并适当考虑不均衡因素，制定标准采场作业循环如表7-16所示。

表7-16　分段空场嗣后充填法采场作业循环表

序号	作业名称	时间/班	进度/班					
			200	400	600	800	1000	1200
1	凿岩(多次)	670						
2	爆破通风(多次)	25						
3	堑沟爆破少量出矿	50						
4	大量出矿(1次)	270						
5	充填	80						
6	充填	1095						

采场回采循环时间预计为1095班,其中:凿岩670班、爆破通风25班、堑沟爆破少量出矿50班、大量出矿270班(1台4 m³ Sandvik LHD410铲运机)、充填80班(包括充填准备)。按采场采出矿量129.174 kt(计入损失贫化)计算,采场平均生产能力354 t/d。

8. 贫损指标及降低贫损的技术措施

1)贫损指标

分段空场嗣后充填法综合回采率为66.1%,贫化率为4.6%。造成矿石损失的主要原因:盘区矿柱14 m;"V"型堑沟底柱;-430～-390 m阶段4 m顶柱。

2)降低矿石损失与贫化的技术措施

(1)加强地质勘探,尤其是生产勘探工作,以改进采场结构参数,提高矿石回收率。

(2)优化装药结构、起爆方式和爆破顺序,减少爆破震动对周围采场或充填体的影响。

(3)提高一步采矿柱的胶结充填质量,提高充填质量浓度、保证充填体强度和自立能力、改善充填泄滤水和接顶充填质量,避免因充填体垮塌加剧二步矿房回采贫化程度。

(4)剔除过厚的夹石层。

(5)研究盘区矿柱及"V"型堑沟底柱的回采工艺,尽可能提高资源回采率。

9. 主要技术经济指标

分段空场嗣后充填法主要技术经济指标见表7-17。

表7-17　分段空场嗣后充填法主要技术经济指标

序号	指标名称	单位	数值	备注
1	品位:TFe	%	37.1	平均值
2	采场构成要素	m×m×m	100×16×40	
3	综合回采率	%	66.1	
4	贫化率	%	4.6	

续表 7-17

序号	指标名称	单位	数值	备注
5	千吨采切比	m/kt	3.89	自然米
			13.09	标准米
6	铲运机生产能力	t/台班	400	
7	单位炸药消耗量	kg/t	0.44	扇形孔
8	每米炮孔崩矿量	t/m	6.56	"V"型堑沟
			7.3	-415 m 分段
			7.66	-404 m 分段
			7.39	采场综合
9	凿岩效率	m/月	2500	扇形孔
10	采场生产能力	t/d	354	
11	采矿成本	元	66.3	不含充填成本

7.5 倾斜极厚矿体开采典型方案与实例

7.5.1 典型充填采矿法方案

针对矿体倾角在 30°~55°、厚度>20 m 的倾斜极厚矿体，由于厚大矿体便于采用深孔爆破工艺，常用的充填采矿方案主要为分段空场嗣后充填法、阶段空场嗣后充填法及机械化上向水平分层充填法。

1. 分段空场嗣后充填法、阶段空场嗣后充填法

分段空场嗣后充填法、阶段空场嗣后充填法通常垂直矿体走向方向布置矿房矿柱，采用中深孔/深孔落矿、两步骤回采工艺，一步骤开采矿柱并采用胶结充填形成人工矿柱，二步骤开采矿房并采用低强度胶结嗣后充填采空区。虽然分段空场嗣后充填法、阶段空场嗣后充填法一次爆破量大、落矿效率高，但是采准工程量大、准备时间长、切割槽施工难，而且无法实现矿岩分采，矿体上下盘三角矿损失贫化严重。

2. 机械化上向水平分层充填法

针对于开采技术条件复杂的倾斜厚大矿体，则可利用凿岩台车、铲运机、锚杆台车、矿用卡车等机械化的采装运设备，采用机械化上向水平分层充填法进行开采。机械化上向水平分层充填法采用自下而上分层开采的方式，采一层充一层，不仅对形态不规则、有夹石赋存的矿体也具有较好的适用性，而且机械化程度高、采掘效率和采场生产能力大，有利于降低工人劳动强度并减少用工时间。

7.5.2 田兴铁矿开采技术条件分析

河北省铁矿资源丰富，已探明资源储量 72.49 亿 t，占我国总储量的 11.82%，居全国第三位，主要分布在冀东地区的滦县、迁安、迁西、遵化、邯郸、邢台、张家口、宣化等地。冀东地区是我国三大铁矿产地之一，主要以沉积变质型铁矿为主，其中 80% 以上又集中于迁安水厂—滦南司家营一带。

1. 矿山概况

河北钢铁集团矿业有限公司是 2008 年 9 月由原唐钢集团和邯钢集团所属矿山组建而成。旗下司家营铁矿是冀东铁矿区的重要组成部分，保有资源总量占河北省已经探明铁矿资源量的一半以上。司家营铁矿矿区面积 30.4906 km²，南北长 10 km，以 S6 勘探线（平青大）为界被分为南北两区，其中司家营铁矿南矿段 S6 线~S38 线之间及与之相当的大贾庄矿段 N6线~D20 线之间的矿体划归三期工程，即田兴铁矿开采，矿区南部（滦南县境内）的矿体由大贾庄铁矿开采。矿区保有铁矿石资源量 11.6 亿 t，其中，-100 m 标高以上矿石量 0.4 亿 t 作为开采保护柱，视后期开采情况确定是否回收；-450 m 标高以下矿石量 3.0 亿 t，可在经济、开采条件允许的情况下择机回收；设计利用-100~-450 m 标高之间的矿石量 8.2 亿 t，占设计范围内总储量的 70.51%。矿山设计生产能力 2000 万 t/a，其中，南矿段 1450 万 t/a~1750 万 t/a，大贾庄矿段 550 万 t/a~250 万 t/a，设计服务年限 40a。

2. 开采技术条件

1）矿区地质条件

司家营铁矿南区位于华北台块东北端次级构造单元——燕山台褶皱带的古隆起东南部位，即遵化—山海关隆起的东段，昌黎台凸的西南边缘。区域内出露主要为前震旦系、震旦系及新生界地层，火成岩不发育，褶皱、断裂构造比较复杂，属大型鞍山式沉积变质铁矿床。

2）矿床地质特征

矿区位于青龙河断裂东侧、司马复向斜次级构造—司贾复向斜的南半部分，断裂构造比较发育且以成矿后断裂为主。区内褶皱构造分为近南北向紧密同斜褶皱和近东西向舒缓褶皱两期。南北向紧密同斜褶皱：南矿段 I、II 号矿体是蘑菇山—和尚山—铁石山—狗头山复向斜的南延部分，且构成二向一背的复向斜；大贾庄矿段 II、III、IV 号矿体为北区 III、IV 号矿体的南延部分，构成大贾庄复向斜的南半部分。覆盖层震旦系地层中有东西向开阔褶皱，在水平切面上背斜形成向西凸起的弧形、向斜形成向东凸起的弧形；在纵切面图上背斜表现为外倾、向斜表现为内倾。

3）开采技术条件

矿区地表水系较发育，主要有滦河、新河、狗尿河等，均属滦河水系。矿区地表有厚度 100~120 m 的第四系覆盖层，其中相间分布有 3 个含水层和 4 个隔水层。其中第四系孔隙含水层为强含水层，直接接受河水及大气降雨的补给，富水性极强，采矿过程如果遭到破坏，将对矿坑产生巨大影响。依据裂隙成因及其发育程度和埋藏条件之不同，基岩含水岩系划分为古风化壳裂隙含水带与深部构造裂隙含水带两部分，富水性及透水性均较弱，是矿坑充水的直接来源，矿区水文地质条件复杂。矿体顶底板围岩主要为变质较浅的黑云变粒岩和部分云母石英片岩、混合岩；矿石致密坚硬，平均抗压强度 240.9 MPa，节理、裂隙不发育，稳定性较好；顶、底板岩石平均抗压强度 87.3 MPa，稳固性中等偏上。

4）矿体产状

矿区南北长 7 km，东西宽 3 km，面积约为 21 km²，分为南矿段和大贾庄矿段。南矿段矿体延长约 6200 m，略呈南北向展布，Ⅰ号主矿体位于矿区东侧，呈层状、似层状产出，产状稳定、连续性好；Ⅱ号矿体位于Ⅰ号矿体上盘，垂直距离 34~94 m，断续延长至 S24 勘探线，形态不规则。大贾庄矿段矿体全长约 7600 m，其展布方向略呈由北西向南西偏转之势，Ⅰ号主矿体位于矿区西侧，D22 勘探线以南，呈层状产出、北北东向展布，形态简单、连续性好；Ⅱ号矿体位于Ⅰ号矿体的北部，受后期断裂的影响，沿走向、倾斜互不连续，部分陷落隐伏于变粒岩中，呈层状、似层状产出，沿倾向具有明显向上变薄的趋势。

3. 初步设计确定的主要开采技术方案

1）采矿方法

矿区位于冀东平原，地表农田、村庄密布，人口众多，第四系地层地下水丰富，为避免矿体大规模开采破坏上部隔水层，导致第四系水大量涌入、地表出现塌陷或大幅度的沉降，田兴铁矿必须采用充填法。根据矿体赋存条件和矿山建设规模要求，设计采用的采矿方法以阶段空场嗣后充填法为主，在地质条件复杂和−150 m 以上靠近风化带区域矿体，采用上向水平分层充填法。

2）盘区及矿块布置方式

盘区沿矿体走向布置，长度 120 m，宽度为矿体厚度，高度 100 m（阶段高度），盘区间柱 15 m。在盘区范围内沿矿体走向和垂直方向划分回采矿块，矿块长度方向与矿体走向一致。一步采矿块连续布置、分步回采，矿块长度 52.5 m，宽度 20 m，高度 50 m。二步采矿块亦采用连续布置但中间用间柱分割，矿块长度 48.5 m，宽度 20 m，高度 50 m，间柱长度 20 m，宽度 8 m。一步采和二步采矿块间隔排列（图 7-14），一步采空区胶结充填，二步采空区非胶结充填为主。

3）主要开拓运输方案

采用主、副竖井辅助斜坡道开拓运输方案。3 条主井集中布置，井筒净直径均为 φ5.6 m，采用 20 m³ 底卸式双箕斗塔式提升方式；共同担负井下−475 m 中段以上的矿石提升任务；1 号副井主要负责南矿段破碎系统、皮带道及各中段人员、岩石、材料的升降以及粉矿的回收任务；2 号副井主要负责南矿段岩石、多功能材料车厢等升降任务；大贾庄矿段副井主要用于提升大贾庄矿段井下人员、材料、设备备件及岩石等。

矿井总风量为 1838.85 m³/s，采用分区通风方式，多级机站通风系统，井下设 3 级机站。地表新鲜风流自 1 号副井、2 号副井、大贾庄副井、北进风井、南进风井、大贾庄进风井、斜坡道进入井下，经井底车场、副井石门、进风井联络道、中段运输平巷和天井等进入地下生产作业面，清洗工作面后的污风经回风平巷、东北回风井、西北回风井、南 1 号回风井、南 2 号回风井、大贾庄 1 号回风井、大贾庄 2 号回风井排至地表。

4. 超大能力采矿关键技术

田兴铁矿设计建设规模为 2000 万 t/a，不仅是国内也是世界上目前在建的最大地下充填

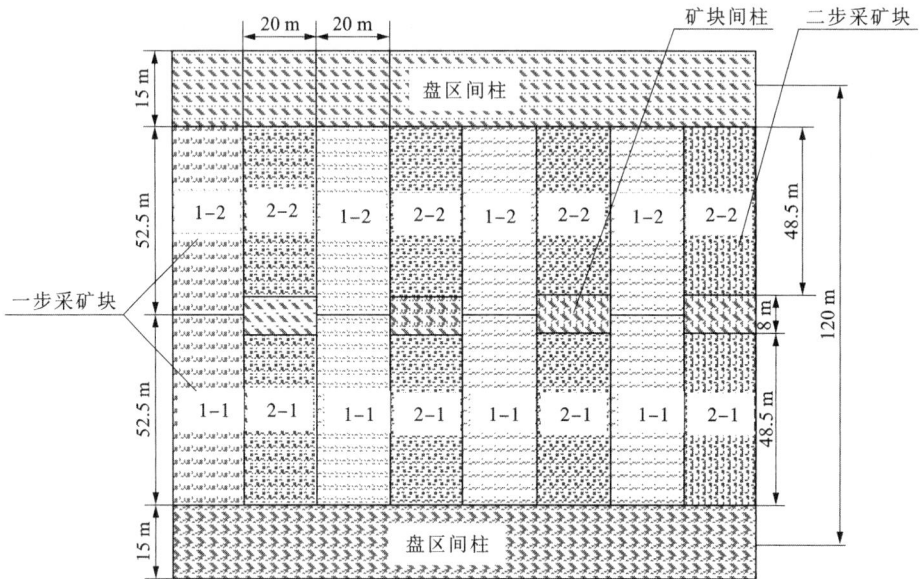

图 7-14　盘区与矿块布置方式

采矿法矿山。由于在有限的地下空间内实现 2000 万 t/a 超大能力地下充填采矿，国内外没有成功先例可以借鉴，技术风险大于融资风险，研究和设计的技术方案和技术参数大多基于当前生产矿山经验类比得出，对于 2000 万 t/a 超大充填采矿能力的田兴铁矿，其适用性和合理性需要通过现场工业试验加以验证。

1）盘区和矿块参数

田兴铁矿属极厚矿体，设计分盘区开采，盘区间柱宽 15 m。由于规格为 4.7 m×4.7 m 的主要出矿巷道布置在盘区间柱中，两侧采场回采后，出矿巷道与采空区之间实体矿柱厚度仅为 5.15 m，受巷道施工质量、采场深孔爆破影响，该矿柱尺寸是否能保证出矿巷道及上部充填巷道安全，需通过现场工业试验加以验证。盘区内矿块宽度为 20 m，长度为 50~100 m，暴露面积为 1000~2000 m²（空区体积为 5 万~10 万 m³），如此大面积暴露下采空区稳定性需要科学分析并通过试验加以确认。

2）回采顺序

回采顺序不仅影响开采作业安全，而且也是影响中段生产能力的重要因素。初步设计提出了阶段间由矿体中部向两翼推进的前进式开采顺序，但具体各盘区间，以及盘区内各矿块间的回采顺序则需要根据现场工业试验情况灵活确定。

3）底部结构形式

设计采场底部结构采用遥控铲运机出矿的平底结构，该底部结构不留设底柱，采准工艺简单，矿石回采率高，但所有采场均采用大型遥控铲运机出矿，国内外尚无先例，而且对铲运机操作人员技术水平要求较高，能否达到理想效果有待实践检验。

4）切割槽形成工艺

侧向崩矿的阶段空场嗣后充填法的最大优点是落矿效率高，大量出矿阶段生产能力大，但其最大技术难点在于采场端部切割立槽的形成。切割立槽的形成质量直接影响该采矿方法的效率和采场矿石回采率。由于切割立槽高度大(50~100 m)、夹制力强、施工难度大、周期长,必须研究确定效率相对较高、技术可靠的切割槽形成工艺,并定型化,以充分发挥侧向崩矿阶段空场嗣后充填采矿法生产能力大的优势。

5)低扰动爆破技术

一方面,阶段空场嗣后充填法采用阶段深孔落矿,不仅对深孔凿岩和装药质量要求严格,而且一次爆破量大,不可避免地会影响周边矿房、矿柱、充填体的稳定性,如果爆破控制不好,可能会引起周边矿房、矿柱、充填体的坍塌,造成矿石损失和贫化。另一方面,按初步设计确定的单位炸药消耗量 0.4 kg/t 估算,平均每天爆破炸药量达 24 t(6 万 t/d 生产能力),考虑爆破作业不均匀性,最大爆破日炸药用量会远超此值,如此大规模频繁的爆破作业,爆破震动不可避免地会波及地面,而田兴铁矿矿区范围内村庄密集,人口众多,可能引起矿、农矛盾。因此,必须优化爆破参数和工艺,采用低扰动爆破技术减少深孔爆破对周围环境的影响。

6)嗣后充填技术

与分层充填相比,嗣后充填一次连续充填时间长、充填量大,省去了大量引流和洗管工序,充填效率高,但嗣后充填也存在如下突出问题:

(1)一次充填量大,高浓度浆体压力使底部采场封堵难度加大。

(2)人员不能进入空区布置脱滤水系统,滤水困难。

(3)50~100 m 长的空区仅从端部进行充填,不能保证接顶充填率,最上部充填体不平整,影响上分段或阶段铲运机作业。为保证第二步矿房回采作业安全,降低上分段或阶段开采损失贫化率,必须研究提高嗣后充填质量的技术工艺。

7)矿块生产能力和总体技术经济指标

生产规模是影响矿山经济效益的一个重要经济技术指标,必须合理确定。应根据采矿方法试验确定的采场结构参数和回采工艺,实际统计分析相关经济技术指标,并通过分中段布置矿块,确定适合田兴铁矿矿床赋存条件和开采技术条件的合理生产能力。

8)设备性能验证和关键岗位操作人员培训

设计主要的回采设备有 Simba364 潜孔钻机、DL420 液压凿岩台车、8 m³ 电动铲运机、8 m³ 遥控电动铲运机、Sandvik LH621 型 9 m³ 柴油铲运机、LH514E 型 6 m³ 遥控电动铲运机、TM15 型移动式碎石机等。上述大型设备均为目前国内金属地下矿山使用的最先进设备,设备能否达到高效使用,关键在于操作人员的熟练程度。因此应通过首采矿段采矿试验,验证设备性能,并对关键岗位操作人员进行实际培训。

综上所述,作为世界首座 2000 万 t 级地下充填矿山,田兴铁矿的开发可以大大提高河北钢铁集团铁矿石自给率,进而增强集团公司应对市场风险的能力。

7.5.3 田兴铁矿南矿段阶段空场嗣后充填法(沿走向)

基于矿体在 -450 m 和 -400 m 之间的赋存状况,以及 -450 m 出矿水平和 -400 m 凿岩水平巷道掘进工程量,将田兴铁矿南矿段首采矿段确定为 -450 m N3# ~ N4# 穿脉之间。

1.试验矿块布置及结构参数

初步设计推荐采场宽度 20 m,长度 52.5 m,水平暴露面积达 1050 m²,两个采场间隔布置，宽度 16 m 和 20 m，两个试验采场之间留设宽度为 20 m 的矿柱(二步采场)。按照盘区与矿块编号原则，两试验采场分别为 N301(北)、N303(北)采场，或简称 1#、2# 试验矿块，采矿方法见图 7-15。

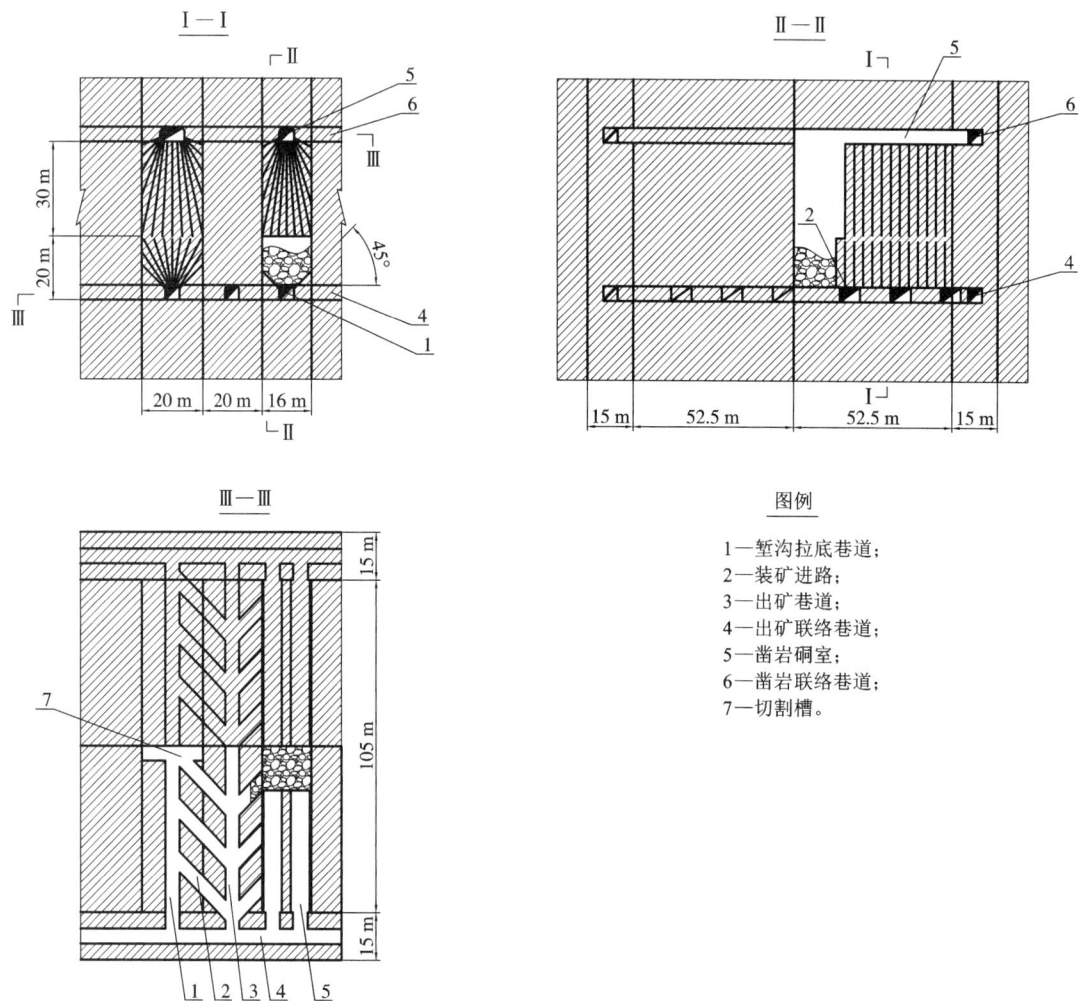

图 7-15　试验矿块采矿方法图

图例

1—堑沟拉底巷道；
2—装矿进路；
3—出矿巷道；
4—出矿联络巷道；
5—凿岩硐室；
6—凿岩联络巷道；
7—切割槽。

2.采准切割工程设计

1) 采准布置方式

根据确定的首采矿段位置、试验矿块布置方式及结构参数、有关巷道工程施工进展情况，试验矿块采准布置形式如图 7-16 所示。

2) 采准工程

−450 m 出矿水平采准工程主要包括：下盘沿脉巷道、北进风井石门、N3# 穿脉、出矿巷道、出矿进路、进风管缆井联络巷、变电硐室等。−400 m 凿岩水平采准工程主要包括：下盘沿脉巷道、N4# 穿脉和凿岩硐室。−375 m 回风水平采准工程主要包括：回风井联络巷和西北回风井石门。其他采准工程包括：上盘回风天井(−400～−375 m)、进风管缆井(−450～−400 m)、措施斜坡道(−450～−440 m)、措施溜井(−450～−440 m)及振动放矿机装矿硐室。

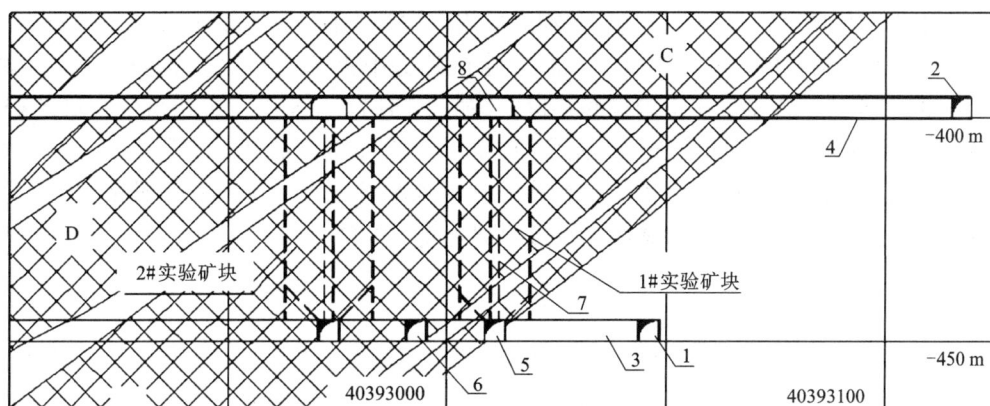

1——-450 m 沿脉巷道;2——-400 m 沿脉巷道;3—N3# 穿脉;
4—N4# 穿脉;5—堑沟拉底巷道;6—出矿巷道;7—切割天井;8—凿岩硐室。

图 7-16　S14 勘探线剖面图

(1)下盘沿脉巷道。-450 m、-400 m 下盘沿脉巷道采用脉外布置,断面尺寸为 4.7 m×4.6 m,距矿体边界 30 m 左右,与斜坡道相通。

(2)穿脉。穿脉巷道布置在盘区矿柱中央位置,沿走向间距 120 m,从下盘沿脉巷道起掘,主要用于探矿、通风以及无轨设备运行,断面尺寸 4.7 m×4.6 m。

(3)出矿巷道。出矿巷道布置在矿块中央位置,自穿脉巷道起掘,断面尺寸 4.0 m×4.0 m。

(4)出矿进路。出矿进路与出矿巷道斜交(交角 45°~50°),断面尺寸相同、间距 10~12 m。

(5)凿岩硐室。在-400 m 凿岩水平从 N4# 穿脉巷道在矿房中央位置掘进一条凿岩硐室至矿房端部,1#、2# 试验矿块凿岩硐室断面尺寸分别为 4.7 m×4.6 m 和 8.0 m×4.6 m。

(6)上盘回风天井。自-400 m 凿岩水平 N4# 穿脉靠近上盘位置掘进一条回风天井至-375 m 回风水平,直径 2.0 m,长度 25 m。回风天井内设置梯子间兼作安全出口。

(7)进风管缆井。在-450 m 下盘沿脉巷道 N3# 穿脉附近掘进一条进风天井至-400 m,直径 2.0 m,长度 50 m。

(8)西北回风井石门。西北回风井石门现已掘进 439 m,继续掘进 118 m 连通回风天井联络巷,形成通风回路,断面规格 5.4 m×4.8 m。

(9)回风天井联络巷。在-375 m 自回风巷掘进联络巷连通回风天井,断面规格 2.5 m×3.0 m。

(10)措施斜坡道。自-450 m 出矿水平 N3# 穿脉在矿体下盘脉外掘进一条措施斜坡道至-440 m 连通措施溜井,断面 4.0 m×4.0 m。由于在措施斜坡道下方已有一条探矿巷道通达矿体,为保证措施斜坡道底板与探矿巷道顶板之间的 5 m 左右的安全距离,措施斜坡道起始段坡度 18%,长度 49 m,其余部分坡度 8%,长度 19 m。

(11)措施溜井及振动放矿机装矿硐室。措施溜井及装矿硐室布置在-450 m N3# 与 N4# 穿脉之间的下盘沿脉巷道旁侧,溜井直径 φ3.0 m,储矿段高度 5.5 m,装矿硐室规格 12.0 m×6.7 m×5.0 m。

3）切割工程

切割工作包括切割槽及"V"型受矿堑沟的形成。切割工程主要包括切割横巷、堑沟拉底巷道、切割天井。自-450 m出矿水平 N3#穿脉在矿房中央位置掘进堑沟拉底巷道（断面4.0 m×4.0 m）至矿房端部，在堑沟拉底巷道中钻凿上向扇形中深孔，边孔角度控制在45°左右，"V"型堑沟形成与回采同步进行。在采场端部分别自堑沟拉底巷道和凿岩硐室掘进切割横巷至采场边界；自-400 m凿岩水平切割横巷在采场端部中央采用天井钻机钻凿切割天井（φ2.0 m），以切割天井为自由面逐次爆破将切割天井扩大至4.0 m×3.0 m，然后逐次爆破形成切割槽（宽度4.0 m）。

4）采准工程量及施工进度

为便于井巷施工招标，切割横巷、堑沟拉底巷道、切割天井等切割工程量一并计入采准工程量，试验矿块采准工程量见表7-18。经计算，1#、2#试验矿块采准工程量（不含切割槽）共40840 m³，其中：矿石14599 m³（48178 t），废石26241 m³。采准工程进度计划按-450 m下盘沿脉巷道、-400 m下盘沿脉巷道、北进风井石门3个工作面同时施工进行编制。确定的主要井巷施工进度指标如下，-450 m、-400 m平巷：80 m/月。-375 m平巷岩石条件差，施工困难：40 m/月。天井：70 m/月。根据采准工程量和进度指标编制采准进度计划，施工准备期2个月，采准时间10个月。

表7-18　1#、2#试验矿块采准工程量

序号	工程名称	规格/(m×m)	支护方式	面积/m²		条数	单长/m	长度/m	工程量/m³			支护量/m³	采出矿量/t
				净断面	掘断面				脉内	脉外	合计		
一	-450 m 出矿水平												
1	下盘沿脉巷道	4.7×4.6	喷砼100（30%）	19.91	21.15	1	206	206		4178	4178	77	
2	北进风井石门	4.7×4.6	喷砼100（30%）	19.91	21.15	1	211	211		4280	4280	78	
3	N3#穿脉	4.7×4.6	喷砼100（30%）	19.91	21.15	1	244	244	2312	2637	4949	91	7630
4	措施斜坡道	4.0×4.0	喷砼100（30%）	14.87	15.95	1	68	68		1079	1079	23	
5	措施溜井	φ3.0 m	不支护	7.07	7.07	1	10	10		71	71		
6	出矿巷道	4.0×4.0	不支护	14.87	14.87	1	60	60	892		892		2944
7	出矿进路	4.0×4.0	不支护	14.87	14.87	6	18	108	1606		1606		5300
8	堑沟拉底巷道	4.0×4.0	不支护	14.87	14.87	2	60	120	1784		1784		5889
9	切割横巷	4.0×4.0	不支护	14.87	14.87	2	12	24	357		357		1178
10	变电硐室	3.0×3.5	喷砼100	9.88	10.78	1	12	12		129	129	11	
11	进风管缆井联络道	2.5×3.0	喷砼50（30%）	7.05	7.45	1	20	20		143	143	2	

续表 7-18

序号	工程名称	规格/(m×m)	支护方式	面积/m²		条数	单长/m	长度/m	工程量/m³			支护量/m³	采出矿量/t
				净断面	掘断面				脉内	脉外	合计		
12	进风管缆井(-450~-400 m)	φ2.0 m	不支护	3.14	3.14	1	50	50		157	157		
	小计								1136	6952	12674	19625	282	22940
二	-400 m 凿岩水平												
1	下盘沿脉巷道	4.7×4.6	喷砼100(30%)	19.91	21.15	1	405	405		8214	8214	151	
2	N4#穿脉	4.7×4.6	喷砼100(30%)	19.91	21.15	1	294	294	3691	2272	5963	109	12181
3	1#凿岩硐室	4.7×4.6	不支护	19.91	19.91	1	60	60	1195		1195		3942
4	2#凿岩硐室	8.0×4.6	喷砼100(30%)	34.98	36.55	1	60	60	2122		2122	28	7004
5	切割横巷	4.0×4.0	不支护	14.87	14.87	2	12	24	357		357		1178
6	切割天井(-450~-400 m)	φ2.0 m	不支护	3.14	3.14	2	45	90	283		283		933
	小计								933	7648	10486	18134	288	25238
三	-375 m 回风水平												
1	西北回风井石门	5.4×4.8	喷砼100(30%)	23.87	25.88	1	118	118		2888	2888	71	
2	回风天井联络道	2.5×3.0	喷砼50(30%)	7.05	7.45	1	16	16		115	115	2	
3	回风天井(-400~-375 m)	φ2.0 m	不支护	3.14	3.14	1	25	25		79	79		
	小计								159		3081	3081	73	
	合计								2228	14599	26241	40840	643	48178

3. 回采工作

1)凿岩爆破

在凿岩硐室中,使用高风压潜孔凿岩台车(配备一台移动式空压机)钻凿下向扇形深孔,设计孔径 102 mm,孔深 6~31 m,炮孔排距 2.4~2.8 m,孔底距 2.6~3.2 m,1#、2#试验矿块每排分别布置 13~14 个和 15~16 个炮孔。在堑沟拉底巷道中,使用液压凿岩台车钻凿上向扇形中深孔,边孔角度控制在 45°左右,设计孔径 76 mm,炮孔排距 1.6~2.0 m,孔底距 2.4~2.6 m,1#、2#试验矿块每排分别布置 10~11 个和 11~12 个炮孔,1#、2#试验矿块炮孔布置形式如图 7-17 所示。

为了保证爆破效果,炮孔穿凿完毕后,采用炮孔深度和角度测量仪对炮孔进行验收,对孔深超过±0.5 m,或偏斜率超过 5%的炮孔,应重新补孔,保证炮孔质量符合设计要求。矿房回采以切割槽为自由面，由矿房一端开始回采崩矿。采用 2 t 井下乳化炸药装药车进行压气耦合装药，毫秒雷管微差起爆，每次起爆 1~2 排炮孔。"V"型堑沟形成与回采同步进行，保持上下分段成一立面，或上分段超前于下分段 1 排炮孔。

2）通风

新鲜风流经北进风井、风井石门、−450 m 出矿水平的下盘沿脉巷道、N3#穿脉、出矿巷道进入回采工作面，清洗采场后，污风经−400 m 凿岩水平的凿岩硐室、N4#穿脉、上盘回风天井、西北回风井排出地表。在 N4#穿脉及措施斜坡道内采用局扇辅助通风，保证通风效果。

3）出矿

崩落矿石落入采场底部"V"型受矿

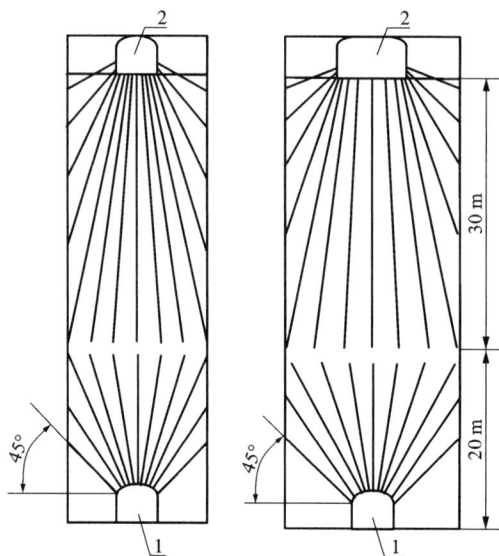

1—堑沟拉底巷道；2—凿岩硐室。

图 7-17　南矿段试验矿块炮孔布置形式示意图

堑沟，采用 4.0 m³ 柴油铲运机在出矿进路内铲装，经出矿巷道、措施斜坡道卸入措施溜井，经振动放矿机装入 20 t 矿用卡车经主斜坡道运往地表。

4）充填

矿块回采结束后及时封闭−450 m N3#穿脉和出矿进路并进行充填。充填管道自−400 m N4#穿脉接入，充填至凿岩硐室底板水平，保留−400 m 凿岩硐室作为上中段出矿巷道。

4. 矿房回采时间及生产能力估算

根据初步选取的炮孔布置参数，炮孔利用率按照 90% 考虑，每个矿块需要布置 18~20 排，1#、2# 试验矿块需要钻凿炮孔分别约 6500 m 和 6800 m。潜孔凿岩台车台班效率按 50 m/台·班计算，凿岩时间分别为 130 班、136 班。1#、2# 试验矿块回采采出矿量分别约 113600 t 和 139200 t，铲运机出矿效率按 800 t/（台·班）计算，出矿所需总时间分别为 142 班、174 班。矿房的回采进度见表 7-19、表 7-20，整个矿房的回采时间分别为 99 d 和 112 d。因此，1#、2# 试验矿块回采阶段生产能力分别为 1147 t/d 和 1243 t/d（不包括充填时间）。

表 7-19　1#试验矿块回采进度表

序号	作业名称	时间/班	进度/d					备注
			30	60	90	120	150	
1	凿岩	130						1 台
2	爆破通风（12 次）	24						
3	出矿	142						1 台
4	合计	296						

表 7-20　2#试验矿块回采进度表

序号	作业名称	时间/班	进度/d					备注
			30	60	90	120	150	
1	凿岩	136						1 台
2	爆破通风(12 次)	24						
3	出矿	174						1 台
4	合计	334						

5. 主要经济技术指标

1) 贫损指标

根据试验矿段矿体赋存情况,试验矿块损失率为 8%~10%(未考虑盘区矿柱),贫化率为 7.9%~8.4%。造成矿石损失的主要原因:"V"型堑沟底柱;厚大夹石剔除时边角部位矿石损失。

2) 降低矿石损失与贫化的技术措施

(1) 利用采准工程查清矿体产状、形态和空间分布情况,及时对试验采场布置作相应调整。

(2) 优化装药结构、起爆方式和爆破顺序,剔除或保留过厚的夹石层。

(3) 采场回采结束后及时进行充填,避免因采空区长时间暴露削弱周围采场的稳定性。

3) 试验矿块主要技术经济指标

1#、2#试验矿块主要技术经济指标如表 7-21 所示。

表 7-21　试验矿块主要技术经济指标

序号	指标名称		单位	南矿段		大贾庄试验矿块	备注
				1#试验矿块	2#试验矿块		
1	矿块构成要素	长	m	52.5	52.5	50	
		宽	m	16	20	18	
		高	m	50	50	50	
2	地质储量		万 t	13.86	17.32	14.85	
3	地质品位		%	30.60	30.60	30.76	
4	回采率		%	92	90	91	
5	贫化率		%	8.4	8.2	7.9	
6	采出矿量		万 t	14.21	17.94	16.83	
6.1	总副产矿量		万 t	2.85	4.02	4.84	
6.2	总回采矿量		万 t	11.36	13.92	11.99	

续表7-21

序号	指标名称	单位	南矿段		大贾庄试验矿块	备注
			1#试验矿块	2#试验矿块		
7	采出矿石品位	%	28.0	28.1	28.3	
8	采切比	m/kt	2.67	2.18	2.54	
		m³/kt	41.89	40.08	40.35	
9	铲运机生产能力	t/台班	800	800	1000	4.0 m³
10	炸药单耗	kg/t	0.47	0.45	0.45	
11	每米炮孔崩矿量	t/m	16.37	16.46	19.19	
12	凿岩效率	m/台班	50	50	50	下向扇形孔
		m/台班	80	80	80	上向扇形孔
13	生产能力	t/d	1147	1243	1349	未考虑充填
14	采矿作业成本	元/t	72.22			

7.5.4 田兴铁矿大贾庄矿段阶段空场嗣后充填法(垂直走向)

1. 首采矿段介绍

鉴于以下原因,启动大贾庄矿段试验采矿工作:

(1)大贾庄矿段矿体形态与赋存条件与南矿段有较大变化,突出表现在矿体规模变小,产状变化较大,构造活动加剧,南矿段的矿块布置方式、结构参数等不一定适合大贾庄矿段。

(2)影响矿山井下中段全局性开拓与采准工程布置的两种矿块布置方式各有优缺点,有必要通过试验加以确定。南矿段已设计按沿走向布置方式进行工业试验,而大贾庄矿段更具有采用垂直走向布置矿块的试验条件,而且两个矿段具有独立的开采与运输系统,布置方式的不同不会造成相互干扰,并为后期根据试验结果调整布置方式留有余地,因此,应在大贾庄矿段开始进行矿块垂直矿体走向布置采矿试验。

(3)南矿段两个试验矿块合计采出矿量约32.15万t(包括副产矿量),要完成试验采矿任务,需要加快大贾庄矿段采矿试验进度,增加出矿点和出矿量。

综合考虑大贾庄矿体在-450 m 和-400 m 之间的赋存状况,以及-450 m 出矿水平和-400 m 凿岩水平巷道掘进工程量,建议大贾庄矿段首采矿段确定为-450 m D2#~D3#穿脉之间。为稳妥起见,试验采场按宽度18 m,长度50 m 布置。

2. 采准切割工程设计

1)采准工程

-475 m 运输水平采准工程主要包括:下盘沿脉巷道、D2#穿脉、回风天井联络道。-450 m 出矿水平采准工程主要包括:下盘沿脉巷道、D3#穿脉、出矿进路、堑沟拉底巷道、进风管缆井联络巷、变电硐室。-400 m 凿岩水平采准工程主要包括:下盘沿脉巷道、D3#穿脉、凿岩硐室联络巷、凿岩硐室、进风管缆井联络巷。-375 m 凿岩水平采准工程主要包括：上盘沿脉回风巷道、回风天井联络道。其他采准工程包括：采场溜井（-475～-450 m），2 条回风天井（-400～-375 m，-475～-450 m）、采区斜坡道（-450～-400 m）、进风管缆天井（-450～-400 m）。

（1）沿脉巷道。沿脉巷道均采用脉外布置，-475 m、-375 m 沿脉巷道断面规格为3.3 m×4.3 m，-450 m、-400 m 沿脉巷道断面规格为 4.5 m×4.5 m。

（2）穿脉。将-450 m 确定的 D3# 穿脉作为试验矿块的出矿巷道，布置在盘区间柱中央位置，沿走向间距 120 m，从下盘沿脉巷道起掘，主要用于探矿、通风、出矿，断面规格为4.5 m×4.5 m。

（3）出矿进路。出矿进路断面尺寸与出矿巷道相同且与其斜交，交角 45°～50°，进路间距 10～12 m。

（4）凿岩硐室。在-400 m 凿岩水平矿房中央位置掘进一条凿岩硐室至矿房端部，断面规格为 10.0 m×4.5 m，在硐室中央位置留设 3.0 m×3.0 m 的点柱，间距 10～12 m。

（5）凿岩硐室联络巷。自-400 m 凿岩水平 D3# 穿脉掘进一条联络巷连通穿脉与凿岩硐室，断面规格为 4.5 m×4.5 m。

（6）回风天井（2 条）。在初步设计确定的上盘回风井位置先期施工 2 条回风井，1 条连通-475～-450 m，以改善-475 m 运输水平的通风质量；另 1 条连通-400～-375 m，与西北回风井形成通风回路。回风天井断面 φ2.0 m，设置梯子间，兼作试验矿块安全出口。后期可根据矿山基建总体设计方案，将该回风井刷大并延伸至-375 m 回风水平。

（7）上盘沿脉回风巷道。需要继续掘进 380 m 以连通回风天井联络巷，形成通风回路，断面规格为 3.3 m×4.3 m。

（8）采区斜坡道。为方便无轨设备通行，需要掘进-450～-400 m 的采区斜坡道，平均坡度 12°，长度 417 m，断面规格为 4.5 m×4.5 m。

（9）采场溜井。在试验采场附近掘进一条溜井连通-450 m D3# 穿脉与-475 m D2# 穿脉，断面直径 3.0 m，长度 25 m。

（10）进风管缆井。在-450 m 下盘沿脉巷道 D3# 穿脉附近掘进一条进风天井（兼作管缆井）至-400 m，断面直径 2.0 m，长度 50 m。

3）切割工程

切割工程布置以及切割工艺与南矿段试验矿块相同。

4）采准工程量及施工进度

切割横巷、堑沟拉底巷道、切割天井等切割工程量一并计入采准工程量，采准工程量见表 7-22。经计算，试验矿块采准工程量（不含切割槽）共 41830 m³，其中：矿石 11563 m³（38157 t），废石 30267 m³。采准工程进度计划按-475 m 下盘沿脉巷道、-450 m 下盘沿脉巷道、-400 m 下盘沿脉巷道、-375 m 上盘沿脉回风巷、采区斜坡道共 5 个工作面同时施工进行编制。确定的主要井巷施工进度指标如下，斜坡道、平巷：80 m/月。天井：70 m/月。根据采准工程量和进度指标编制采准进度计划，施工准备期 2 个月，采准时间为 8 个月左右。

表 7-22 大贾庄试验矿块采切工程量

序号	工程名称	规格 /(m×m)	支护方式	面积/m²		条数	单长 /m	长度 /m	工程量/m³			支护量 /m³	采出矿量 /t
				净断面	掘断面				脉内	脉外	合计		
一	-475 m 运输水平												
1	下盘沿脉巷道	3.3×4.3	喷砼 100（30%）	12.37	14.52	1	158	158		2056	2056	102	
2	D2#穿脉	3.3×4.3	喷砼 100（30%）	12.37	14.52	1	422	422	1354	4139	5492	272	4467
3	采场溜井（-475～-450 m）	φ3.0 m	不支护	7.07	7.07	1	25	25		177	177		
4	回风天井联络道	2.5×3.0	喷砼 50（30%）	7.05	7.45	1	20	20		143	143	2	
5	回风天井（-475～-450 m）	φ2.0 m	不支护	3.14	3.14	1	25	25		79	79		
	小计							650	1354	6594	7947	377	4467
二	-450 m 出矿水平												
1	下盘沿脉巷道	4.5×4.5	喷砼 100（30%）	18.83	20.04	1	184	184		3532	3532	67	
2	D3#穿脉	4.5×4.5	喷砼 100（30%）	18.83	20.04	1	234	234	2514	1977	4491	85	8297
3	出矿进路	4.0×4.0	不支护	14.87	14.87	3	18	54	803		803		2650
4	堑沟拉底巷道	4.0×4.0	不支护	14.87	14.87	1	50	50	744		744		2454
5	切割横巷	4.0×4.0	不支护	14.87	14.87	1	13	13	193		193		638
6	变电硐室	3.0×3.5	喷砼 100	9.88	10.78	1	12	12		129	129	11	
7	进风管缆井联络道	2.5×3.0	喷砼 50（30%）	7.05	7.45	1	48	48		344	344	6	
8	进风管缆天井	φ2.0 m	不支护	3.14	3.14	1	50	50		157	157		
9	采区斜坡道（-450～-400 m）	4.5×4.5	喷砼 100（30%）	18.83	20.04	1	417	417		8003	8003	151	
	小计							1062	4254	14142	18397	320	14038
三	-400 m 凿岩水平												
1	下盘沿脉巷道	4.5×4.5	喷砼 100（30%）	18.83	20.04	1	107	107		2054	2054	39	
2	D3#穿脉	4.5×4.5	喷砼 100（30%）	18.83	20.04	1	254	254	3416	1459	4875	92	11274
3	凿岩硐室联络巷	4.5×4.5	不支护	18.83	18.83	1	10	10	188		188		621
4	凿岩硐室	10.0×4.5	喷砼 100（30%）	43.57	45.33	1	50	50	2090		2090	33	6898

续表7-22

序号	工程名称	规格/(m×m)	支护方式	面积/m²		条数	单长/m	长度/m	工程量/m³			支护量/m³	采出矿量/t
				净断面	掘断面				脉内	脉外	合计		
5	切割横巷	4.0×4.0	不支护	14.87	14.87	1	8	8	119		119		393
6	切割天井	φ2.0 m	不支护	3.14	3.14	1	45	45	141		141		467
7	进风管缆井联络道	2.5×3.0	喷砼50(30%)	7.05	7.45	1	22	22		158	158	3	
	小计							496	5955	3670	9625	167	19652
四	-375 m 回风水平												
1	上盘沿脉回风巷	3.3×4.3	喷砼100(30%)	13.42	14.51	1	193	193		2653	2653	63	
2	1#回风井联络巷	4.2×4.0	喷砼100(30%)	15.56	16.65	1	187	187		2971	2971	61	
3	回风天井联络道	2.5×3.0	喷砼50(30%)	7.05	7.45	1	22	22		158	158	3	
4	回风天井(-400～-375 m)	φ2.0 m	不支护	3.14	3.14	1	25	25		79	79		
	小计							427		5860	5860	127	
	合计							2635	11563	30267	41830	990	38157

3. 回采工作

1）凿岩爆破

在凿岩硐室中，使用高风压潜孔凿岩台车（配备一台移动式空压机）钻凿下向垂直深孔，设计孔径165 mm，孔深5～31 m，炮孔排距2.4～2.8 m，孔底距2.6～3.2 m，每排布置13～14个炮孔。

2）通风

每次爆破结束后，必须经充分通风（通风时间不少于40 min）后，人员方可进行作业。新鲜风流经大贾庄副井、-450 m下盘沿脉巷道、D3#穿脉、出矿进路进入回采工作面，污风经-400 m的凿岩硐室、D3#穿脉、上盘回风天井、上盘回风巷道、大贾庄1#回风井排至地表。在-400 m D3#穿脉内采用局扇进行辅助通风，保证通风效果。

3）出矿

每次爆破经充分通风排出炮烟后，及时出矿。崩落矿石落入采场底部"V"型受矿堑沟，采用4.0 m³柴油铲运机在出矿进路内铲装，再经出矿巷道卸入采场溜井，在-475 m通过振动放矿机装入3.3 m³矿用自卸翻斗车运往大贾庄副井卸入溜槽，4 m³双箕斗提升至地表。

4）充填

矿块回采结束后及时进行充填。充填管道自-400 m D3#穿脉接入，充填至凿岩硐室底板水平。保留-400 m凿岩硐室作为上中段出矿巷道。

4.矿房回采时间及生产能力估算

根据初步选取的炮孔布置参数，炮孔利用率按照 90% 考虑，每个矿块需要布置 17~19 排，共需要钻凿炮孔约 6200 m。潜孔凿岩台车台班效率按 50 m/(台·班)计算，凿岩时间为 124 班。试验矿块回采采出矿量约 119900 t，铲运机出矿效率按 1000 t/(台·班)计算，出矿所需总时间为 120 班。矿房的回采进度见表 7-23，整个矿房的回采时间为 89 d。因此，试验矿块的回采生产能力为 1349 t/d(不包括充填时间)。

表 7-23　大贾庄试验矿块回采进度表

序号	作业名称	时间/班	进度/d					备注
			30	60	90	120	150	
1	凿岩	124						1 台
2	爆破通风(11 次)	22						
3	出矿	120						1 台
4	合计	266						

6.方案比较

由于盘区划分和矿块布置方式是决定中段开拓和采准工程的重要因素，而不同的盘区和矿块布置方式可能会对回采率、贫化率、采场生产能力等采矿主要经济技术指标和回采作业安全性及工艺流畅性带来不同的结果。

1)损失率与贫化率

矿块沿走向布置方式如图 7-18 所示，块垂直走向布置方式如图 7-19 所示，由于采矿方法相同、结构参数相近，在不考虑夹石和三角矿带开采难易程度的条件下，两种布置方式损失率与贫化率差别不大。由于田兴铁矿矿体内存在一定厚度的夹石层，矿块沿走向布置时，因夹石倾角较缓，无法完全剔除；如果垂直矿体走向布置，当夹石厚度超过一定值(如 10 m 时)，可考虑以夹石作为分界，分成两个垂直走向的采场分别回采，将夹石层留置作为矿柱，从而降低矿石贫化率。以夹石厚度为 20 m 的标准盘区计算两种方案的主要技术经济指标，采矿方法构成要素见表 7-24。采用沿走向走向布置时，为降低贫化率，保留部分夹石层作为矿柱(图 7-20)；采用垂直走向布置时，保留全部夹石层作为矿柱(图 7-21)。两种矿块布置方案主要技术经济指标见表 7-25，由表可知，在考虑夹石的条件下，当矿块垂直走向布置时，矿石回收率更高，贫化率更低，采切比更小。

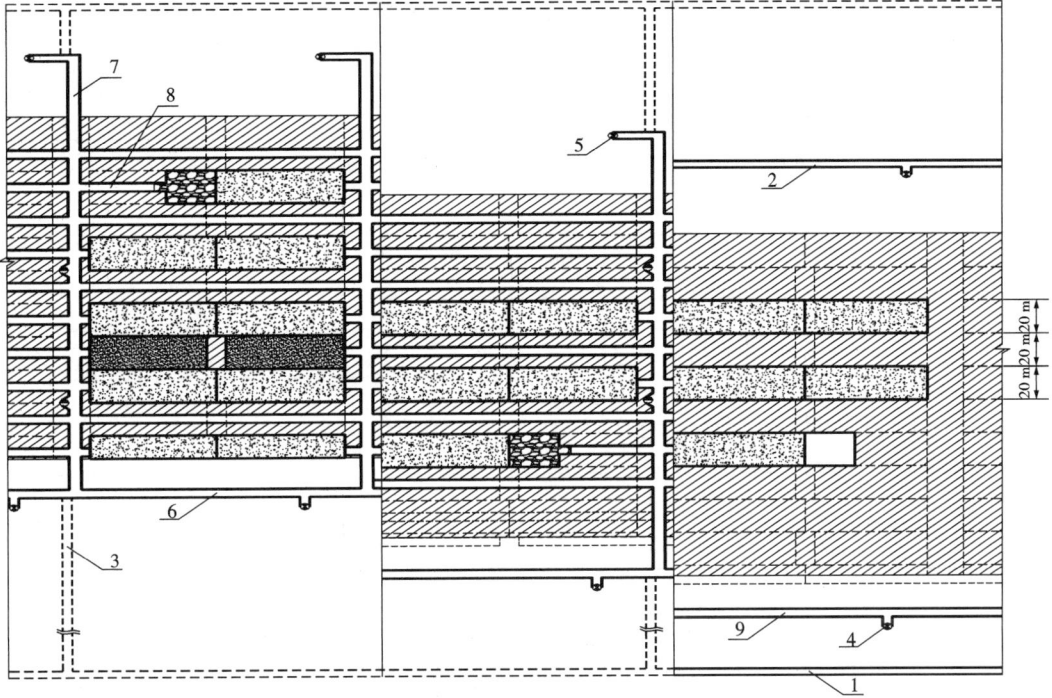

图 7-18 矿块沿走向布置方式

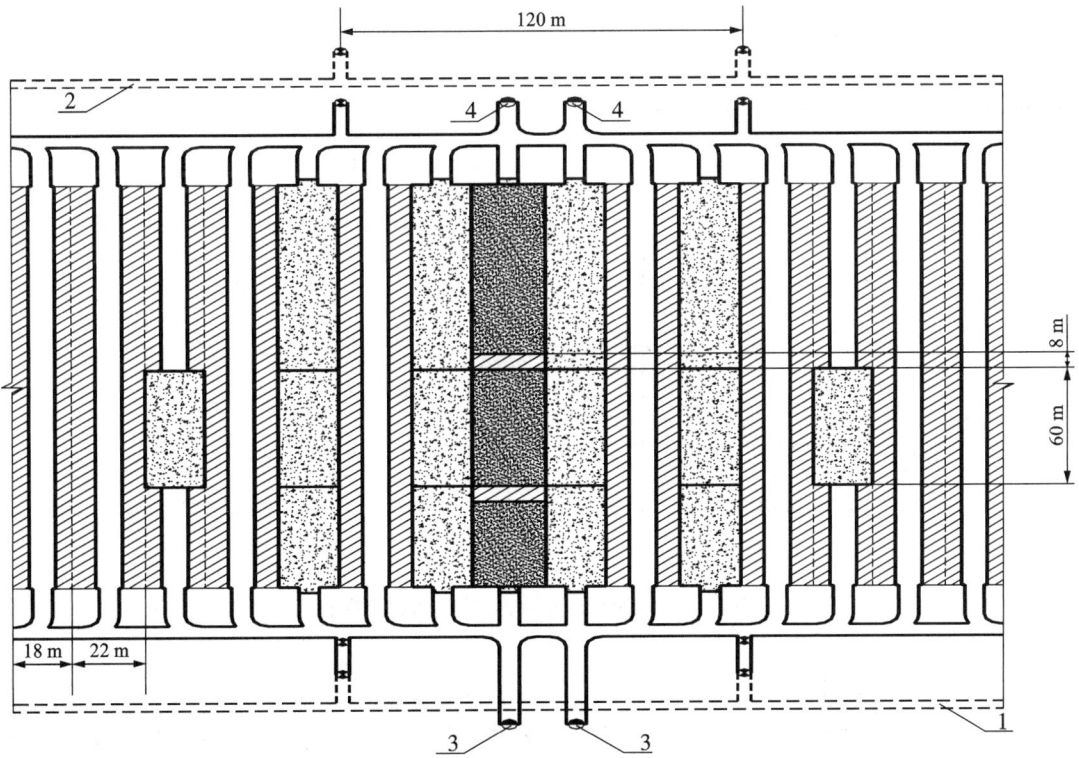

图 7-19 矿块垂直走向布置方式

表 7-24 采矿方法构成要素

序号	构成要素		单位	沿走向布置	垂直走向布置
1	盘区长度		m	120	240
2	盘区宽度		m	207(矿体厚度)	207(矿体厚度)
3	夹石厚度		m	20	20
4	阶段高度		m	100	100
5	盘区间柱宽度		m	15	18
6	主要矿块凿岩、出矿高度		m	50	50
7	主要矿块长度	一步采	m	52.5	60
		二步采	m	48.5	60
8	主要矿块宽度	一步采	m	20	18
		二步采	m	20	22

表 7-25 两种矿块布置方案主要技术经济指标一览表

序号	项目	单位	沿走向布置	垂直走向布置
1	矿石回采率	%	83.92	90.83
2	贫化率	%	9.26	6.93
3	采切比	m/kt	0.96	0.84
4	副产矿石率	%	3.42	1.97

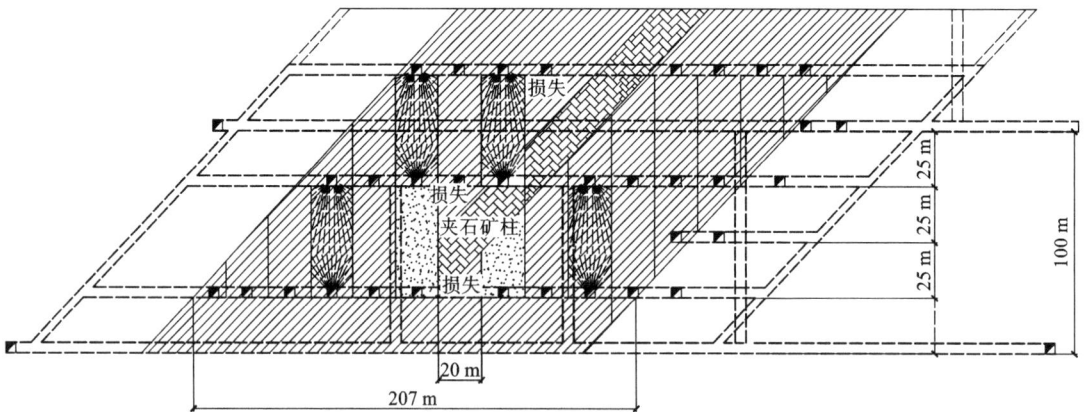

图 7-20 矿块沿走向布置方式(保留部分夹石)

2)上下盘三角矿带回收

沿走向布置矿块时,上下盘三角矿带回收较为困难,需要布置专门采场,且需要施工分段巷道工程。垂直走向布置时,三角矿带可在一个采场内一次采出。虽然两方案上盘围岩暴

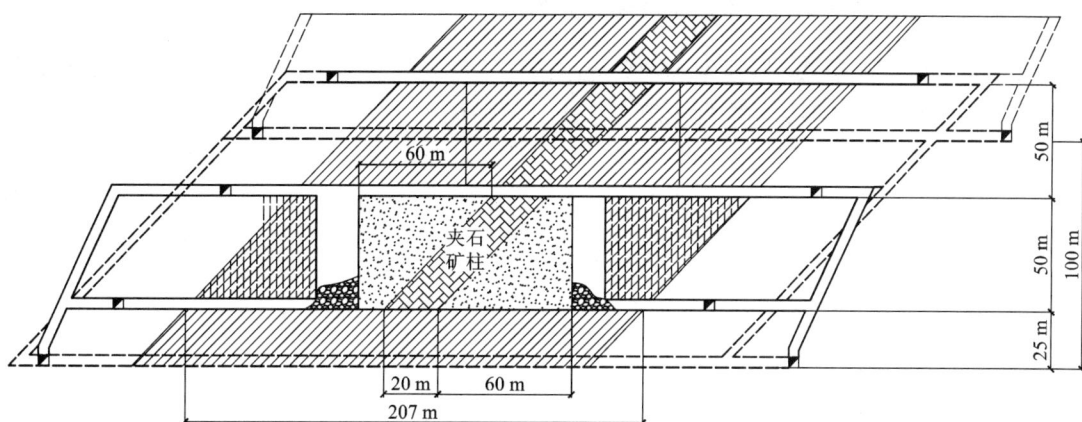

图 7-21 矿块垂直走向布置方式(保留全部夹石)

露面积基本相同(沿走向布置 1396~1512 m²,垂直走向布置 1251~1529 m²),但沿走向布置时,上盘暴露时间长,而垂直走向布置时,回采最后阶段才暴露,暴露时间短,安全性更好。

3)装运效率和生产能力

矿块沿走向布置时,在穿脉内装车,不影响运输系统,而垂直走向布置时,需要在上下盘运输巷道内装车,装车与行车存在干扰,从而影响矿山生产能力。

4)安全性

由于矿体主要结构弱面与矿体走向相近,矿块垂直走向布置安全性更好,且更有利于控制矿体边界,实现探采结合。

综上所述,考虑到南矿段是主采矿段(设计能力 1450 万~1750 万 t/a),生产压力大,应尽量减少各生产环节(主要是装运环节)的相互干扰,以最大限度保证产能,采用对产能影响较小的沿走向布置方式进行试验。大贾庄矿段设计产能 550 万~250 万 t/a,产能压力相对较轻,矿体规模较小,沿走向产状变化较大,构造破坏严重(尤其是北端),应尽量采用对矿体产状变化适用性强、安全性相对更好的矿块布置方式,采用垂直走向布置方式进行试验。

7.6 急倾斜极厚矿体开采典型方案与实例

7.6.1 典型充填采矿法方案

针对矿体倾角在 55°以上、厚度>20 m 的急倾斜极厚矿体,由于矿体倾角较陡崩落矿石可以靠自重从溜井放出,且矿体较厚可以采用中深孔或深孔落矿工艺,因此急倾斜极厚矿体可采用的充填采矿方案较多,如分段空场嗣后充填法、阶段空场嗣后充填法、机械化上向水平分层充填法等。部分矿岩软弱破碎条件下,还常采用机械化下向进路充填法(如金川镍矿)。

1.分段空场嗣后充填法、阶段空场嗣后充填法

分段空场嗣后充填法、阶段空场嗣后充填法属于空场法和充填法的结合，即采用分段或阶段空场法进行开采，嗣后一次性充填采空区。其特征为：将矿块划分为矿房和矿柱，先采矿房，后采矿柱；将矿房划分为若干分段，在分段或阶段凿岩巷道内凿岩崩矿，作业人员和设备不进入空区；回采工作面是垂直的，回采前，除拉底、辟漏外，必须开凿垂直切割槽，并以此为自由面进行落矿，崩落的矿石借自重落到矿房底部，自阶段出矿巷出矿；矿房回采结束后，嗣后充填采空区再回采矿柱。

2.机械化上向水平分层充填法

针对于开采技术条件复杂的极厚矿体，则可利用凿岩台车、铲运机、锚杆台车、矿用卡车等机械化的采装运设备，采用脉外采准工艺的机械化上向水平分层充填法进行开采。机械化上向水平分层充填法采用脉外采准的方式、沿走向方向布置采场、自下而上分层开采的方式，采一层充一层，不仅对形态不规则、分支复合变化大的矿体具有较好的适用性，而且机械化程度高、采掘效率和采场生产能力大，有利于降低工人劳动强度并减少用工时间。

3.机械化下向进路充填法

机械化下向水平进路充填法是根据矿体倾角和厚度变化情况，在垂直方向上将矿体划分为不同阶段，再将阶段划分为若干分段，分段划分为若干分层，分层划分为若干进路。各分层进路采用两步骤开采的方式，一步骤开采单数进路并采用高强度胶结充填构筑人工假顶，二步骤回采偶数进路采用普通胶结充填构筑人工假顶。利用凿岩台车和铲运机等机械化采掘装备，采用自上而下、采一条进路充一条进路的分层回采工艺，直至整个矿块回采完毕。机械化下向水平进路充填法的适用条件为：矿石稳固性差，不允许拉开一条进路的宽度；由于该采矿方法生产环节较多且需要花费大量时间和高昂成本构筑人工假顶，因此要求所开采的矿石资源具有较高的价值。

7.6.2 七宝山硫铁矿开采技术条件分析

浏阳市硫铁矿资源比较丰富，集中分布在七宝山矿区，保有资源量4350万t，拥有国内不可多得的高品质硫铁矿资源，与铜、铅、锌、银等硫化矿床共生，且具有埋藏浅、厚度大（主矿体厚度为40~50 m）、水文地质条件简单等优势，具备良好的开发利用条件。

湖南博隆矿业开发有限公司七宝山硫铁矿位于湖南省浏阳市七宝山乡铁山村境内，由原湖南省七宝山硫铁矿、浏阳市七宝山乡磺矿、湖南省七宝山硫铁矿铁帽金银矿和湖南省硫铁矿铁锰黑土型金银矿整合而成，是湖南博隆矿业开发有限公司的主业之一。七宝山硫铁矿矿权范围内由四个矿段组成，自西向东分别为老虎口矿段（31~20线北段）、鸡公湾矿段（3~20线南段）、大七宝山矿段（26~40线）、江家湾矿段（26~34线），矿区总面积1.6823 km²。其中，老虎口矿段面积0.6702 km²，开采标高由+240~-120 m，鸡公湾、大七宝山和江家湾矿段面积1.0121 km²，开采标高由+240~-40 m。目前，矿山采用竖井和斜井联合开拓工艺，采矿方法为无底柱分段崩落和空场法，生产能力25万t/a。

1. 开采技术条件

1) 矿区地质条件

矿区位于江南古陆南缘湘东连云山断隆带浏阳断陷盆地东部，区域地质构造较发育、岩浆活动较强烈、矿产资源较丰富，有磷矿、硫铁矿、金、银、铜、铅锌多金属矿和铁矿等。区域内地层出露较齐全，分布有冷家溪群、震旦系、寒武系、泥盆系、石炭系、二叠系、侏罗系、第四系等地层。矿区褶皱构造主要为一不对称倒转向斜，西部开阔，东部狭窄，北翼倾角30°、南翼倾角60°左右。矿区断裂构造较复杂，主要断裂为横（山）—古（港）断裂（F1）和矿窝里—老虎口（F2）断裂。其中，横—古断裂（F1）分布于矿区南部（矿权范围外），为一区域性逆断层，属控岩构造，倾向南南西，倾角30°~60°。

2) 矿床地质条件

灰岩与千枚岩不整合面是铜硫矿体的容矿构造；灰岩呈舌状或半岛状伸入石英斑岩体中形成倾角0°~90°的接触带，是矽卡岩型含铜黄铁矿、磁铁矿的控矿构造；灰岩被石英斑岩体捕房，沿捕房体接触带往往形成规模不大的含铜黄铁矿和磁铁矿体；石英斑岩体沿向斜构造北翼及轴部呈岩盖超覆于千枚岩或灰岩之上，超覆接触带倾角0°~20°，常为含铜黄铁矿、铅锌体矿的产出部位，矿体规模较大；矿区南部26~40线一带深部石英斑岩体隐伏于灰岩之下形成隐伏接触带，赋存具有一定规模的矽卡岩含铜黄铁矿、磁铁矿体。成矿后断裂主要见于向斜构造北翼，多为南北走向的平推断层，地质构造复杂程度属中等类型。

3) 开采技术条件

矿坑的主要充水来自地表水和西部灰岩岩溶水，老虎口矿段因顶板围岩为强风化、全风化斑岩，矿石呈散粒状结构，水文地质条件属中等偏复杂类型，鸡公湾和大七宝山矿段则属简单类型。老虎口矿段含铜硫铁矿矿体直接顶板为石英斑岩、灰岩，多被风化呈黏土状且灰岩岩溶发育，溶洞内充填黏土和碎石充填物等，矿体顶板岩石稳定性较差，工程地质条件复杂。鸡公湾和大七宝矿段的围岩则以千枚岩、板岩及石英斑岩为主，岩石完整、稳定性较好，一般不需要支护，无垮塌现象，工程地质条件属简单类型。目前矿山于11线以西已形成由数十个小岩溶塌陷连片组成的岩溶塌陷区，呈北西向分布，导致部分居民房屋开裂、水田废弃及公路桥梁受损，环境地质条件属复杂类型。

4) 矿体产状特征

产于近七宝山石英斑岩体侵入中心的大七宝山、江家湾、鸡公湾矿段为高中温热液交代矽卡岩铜铁矿床，位于岩体边部的老虎口矿段为中低温热液充填交代型含铜黄铁矿床、次生铁帽型金银矿床和铁锰黑土型金银矿床。鸡公湾矿段以含铜黄铁矿和磁铁矿体为主，包括主矿体5个（III-3-1~III-3-5），其他矿体5个（VIII-1、VIII-8、III-3、III-4和II-14）。

III-3-1 号矿体主要分布于鸡公湾矿段4~8线，赋存标高-10~43 m，倾角45°~80°；沿走向长约80 m、平均厚度21 m，以藕状或透镜状产出、形态复杂；以含铜黄铁矿为主，平均含 S 20.77%，Cu 0.39%，Fe 16.34%。

III-3-2 号矿体主要分布于鸡公湾矿段12线附近，赋存标高-40~23 m，倾角60°~90°；沿走向长约60 m、平均厚度30 m；以磁铁矿为主，平均含 S 9.98%，Cu 0.42%，Fe 35.58%。

III-3-3 号矿体主要分布于鸡公湾矿段16线附近，赋存标高-40~43 m，倾角60°~80°；沿走向长约60 m、平均厚度29 m；以含铜黄铁矿为主，平均含 S 25.38%，Cu 0.63%，

Fe 25.11%。

Ⅲ-3-4 号矿体主要分布于鸡公湾矿段 8 线附近，赋存标高 -40~43 m，倾角 70°~80°；沿走向长约 90 m、平均厚度 41 m；以含铜黄铁矿为主，平均含 S 13.63%，Cu 0.47%，Fe 17.65%。

Ⅲ-3-5 号矿体主要分布于鸡公湾矿段 4~8 线附近，赋存标高 -40~80 m，倾角 45°~80°；沿走向长约 75 m、平均厚度 45 m；以含铜黄铁矿为主，平均含 S 28.07%，Cu 0.62%，Fe 8.89%。

5）保有资源储量

2021 年中南大学编制了《湖南博隆矿业开发有限公司七宝山硫铁矿鸡公湾矿段资源禀赋特征与可采矿量调查报告》，对鸡公湾矿段 2~20 线、标高 -40~80 m 范围内 Ⅲ-3-1、Ⅲ-3-2、Ⅲ-3-3、Ⅲ-3-4、Ⅲ-3-5 号矿体的平均厚度、倾角、品位进行分类，如表 7-26 所示。

表 7-26 鸡公湾矿段矿体分类结果

矿体编号	实际标高	储量/万 t	平均厚度/m	厚度类别	平均倾角/(°)	倾角类别	S	Cu	Fe	品位类别
Ⅲ-3-1	-10~5 m	8.23	30	极厚	80	急倾斜	25.02	0.23	17.54	较高
	5~13 m	5.10	18	厚	75	急倾斜	15.00	0.50	10.00	中等
	13~23 m	5.23	15	厚	82	急倾斜	27.16	0.54	12.50	较高
	23~33 m	2.33	12	厚	85	急倾斜	17.21	0.35	29.01	中等
	33~43 m	0.99	8	厚	65	急倾斜	15.79	0.50	9.76	较低
Ⅲ-3-2	-40~-10 m	18.81	25	极厚	75	急倾斜	9.98	0.42	35.58	较高
	-10~5 m	10.25	38	极厚	90	急倾斜	9.98	0.42	35.58	较高
	5~13 m	3.20	39	极厚	90	急倾斜	9.98	0.42	35.58	较高
	13~23 m	1.83	15	厚	90	急倾斜	9.98	0.42	35.58	较高
Ⅲ-3-3	-40~-20 m	7.25	18	厚	65	急倾斜	26.89	0.68	33.48	高
	-20~-10 m	4.51	25	极厚	72	急倾斜	26.89	0.68	33.48	高
	-10~5 m	7.12	33	极厚	64	急倾斜	26.89	0.68	33.48	高
	5~13 m	5.29	23	极厚	64	急倾斜	21.63	0.91	12.89	较高
	13~23 m	6.77	48	极厚	83	急倾斜	23.41	0.34		中等
	23~33 m	6.72	31	极厚	67	急倾斜	25.51	0.56	18.75	较高
	33~43 m	5.56	25	极厚	85	急倾斜	26.08	0.80	25.11	高
Ⅲ-3-4	-40~-10 m	17.14	45	极厚	90	急倾斜	15.22	0.44	17.91	较低
	-10~5 m	8.34	36	极厚	90	急倾斜	15.22	0.44	17.91	较低
	5~13 m	3.28	30	极厚	83	急倾斜	10.00	0.50	15.00	较低
	13~23 m	2.69	28	极厚	79	急倾斜	5.14	0.38	20.21	低
	23~43 m	5.19	17	厚	71	急倾斜	12.54	0.61	16.73	较低

续表 7-26

矿体编号	实际标高	储量/万 t	平均厚度/m	厚度类别	平均倾角/(°)	倾角类别	平均品位/%			品位类别
							S	Cu	Fe	
Ⅲ-3-5	−40~−10 m	21.09	36	极厚	90	急倾斜	28.29	0.64	7.88	较高
	−10~5 m	11.81	35	极厚	90	急倾斜	28.18	0.64	7.88	较高
	5~13 m	5.96	31	极厚	90	急倾斜	28.95	0.66	8.17	较高
	13~23 m	6.15	23	极厚	90	急倾斜	29.24	0.64	7.29	较高
	23~33 m	5.74	28	极厚	90	急倾斜	31.28	0.55	7.90	较高
	33~43 m	6.25	31	极厚	90	急倾斜	28.50	0.59	9.95	较高

−40~0 m(−40~5 m)中段地质储量约 150.79 万 t，急倾斜矿体(>55°)占比 93.50%；倾斜矿体(30~55°)占比 6.50%。极厚矿体(>20 m)占比 71.16%；厚矿体占比 28.84%；较高~高品位矿体占比 59.07%，中等品位矿体占比 6.51%，较低~低品位占比 34.43%。

0~40 m(5~43 m)中段以上 8 个矿体地质储量约 102.22 万 t，急倾斜矿体(>55°)占比 100%。极厚矿体(>20 m)占比 62.15%；厚矿体占比 37.85%；较高~高品位矿体占比 63.76%，中等品位矿体占比 18.42%，较低~低品位矿体占比 17.81%。

2. 矿山生产现状及存在的主要问题

七宝山硫铁矿设计采用无底柱分段崩落法开采，但由于鸡公湾矿段矿岩稳固条件较好，实际采用房柱法开采，其采准工程沿用无底柱分段崩落法，分段高度 10 m，上下分段的回采进路由菱形布置改为矩形布置，分段运输巷道布置在下盘围岩中，由短斜井连通，并作为人员上下、设备材料的运输通道。采用气腿式凿岩机在回采进路进行扩帮挑顶小药量爆破，具体回采方式分为两种：一类的分段进路间距为 8 m，在每个分段预留 3 m 厚顶柱，然后将整个分段全部拉开，暴露面积过大时留设条形矿柱以支撑顶板，若地表允许崩落则最后采用后退式回采将 3 m 顶柱崩落，反之则保留顶柱；另一类的分段进路间距为 14 m，每条进路向两侧扩帮至 9 m 宽，留 5 m 间柱，上下分段间留顶底柱不采。出矿采用装岩机装入 0.7 m³ 矿车，由电机车推车倒入溜矿井。

1) 矿体统计分析工作欠缺、保有资源储量不明

2011 年，湖南省地质矿产勘查开发局对矿权范围内(标高 −40~+240 m)的资源储量进行了详细的核实工作，且矿山自整合以来也进行了不间断的生产探矿，但是上述工作未对矿体的空间形态、产状、级别、中段矿量和残矿矿量进行系统的分析和统计。同时，由于鸡公湾矿段 0~−40 m 中段探矿工程量较少、矿体尚未充分揭露，矿体的空间分布形态和禀赋情况不明，采区产能分配、开采工艺技术、采掘计划及采准工程布置等工作均难以科学有序地开展，严重影响矿山的生产能力和服务年限。

2) "三下"开采技术条件复杂、崩落法和空场法开采安全隐患突出

七宝山矿床受断层构造带的控制，区内断裂构造强烈、岩浆活动频繁。蚀变岩型多金属矿床禀赋特征复杂，产状从极薄到厚、品位从低到高、倾角从倾斜至急倾斜变化较大，开采

难度较大。随着开采深度的不断延伸,鸡公湾(例如Ⅲ-3-3 和Ⅲ-3-5 矿体)和江家湾矿段的地表均有农田和村庄分布,属于典型的"三下"开采(图 7-22)。

图 7-22 鸡公湾矿段三下开采示意图

矿山的主体采矿方法为无底柱分段崩落,极易引发地表的大范围沉降和塌陷;再加上地表生态环境脆弱、环境容量有限,一旦出现安全和环保事故,将严重危及企业生存。受Ⅲ-3-3 和Ⅲ-3-5 矿体对应地表位置不允许崩落的条件限制,矿山技术人员设计回采这部分矿体时,在沿用无底柱分段崩落法采准工程的基础上,未将顶板完全崩落,实际上采用了属于空场法的方式来进行回采,故遗留了大量的采空区群。随着采空区群规模的不断扩大,地压活动频繁,部分巷道起鼓、片帮严重;而且随着开采深度增加,诱发的地压活动将更为突出,已成为影响矿山安全生产的重大隐患。

3)崩落法和空场法工艺落后、安全性差、损失贫化率高

七宝山硫铁矿"三下"开采技术条件复杂,现用无底柱分段崩落法和空场法均不适用于上述复杂的开采技术条件,在使用过程中存在诸多安全、经济和技术问题:

(1)机械化程度低、工人劳动强度大。由于主要井巷工程断面较小,机械化的采掘装备无法进入采场。井下现用 YT-28、YT-45 等风动凿岩机凿岩,装岩机出矿的方式,不仅需要消耗大量的人力,而且凿岩和出矿效率极低、作业环境和安全性差。

(2)空场法采场矿柱量大、矿石损失率高。由于矿体厚度变化较大,在厚度较大的采场回采作业过程中,需要留设大量的顶柱、底柱、间柱,采用装岩机出矿会在采场内遗留大量的存窿矿石,导致矿石损失率高达 50%。

(3)矿石贫化率高、严重压缩企业的利润空间。在回采过程中上下盘围岩极易冒落混入,导致矿石贫化。同时,在频繁的爆破震动和放矿加载卸荷作用下,也会加剧矿石的二次贫化,进而严重压缩企业的利润空间,阻碍企业的可持续发展。

(4)人工效率极低、采矿综合成本高。由于大量使用低效率的人力进行凿岩、爆破、支护、平场、出矿和溜井架设等工作,实际采矿成本中的人力成本和采矿综合成本居高不下。

(5)地压作用明显、安全风险高、管理难度大。随着采空区的不断累积,地压作用越来越

明显。同时，单矿块生产能力较小，为达到产能要求，需要大量的工作面同时生产，导致井下作业和安全管理人员数量多、安全风险较高、管理难度极大。

七宝山硫铁矿保有资源储量丰富、矿石品质好，完全有条件建成环境友好、安全高效的现代化矿山，将资源优势转化为经济优势。同时，矿山也面临矿体禀赋条件复杂、"三下"开采技术难度大，地表生态环境脆弱等不利局面。因此，七宝山硫铁矿要实现高效可持续发展的目标，必须结合现场需求，基于保有资源的禀赋特征，以提高效率、保障安全为目标，围绕具有针对性的充填采矿工艺、采矿装备配套、充填工艺技术等开采技术方案进行科学论证，以获取关键参数、关键技术、关键工艺。七宝山硫铁矿采矿方法转型升级不仅对早日实现保有资源的安全高效开采并创造经济效益具有重大的现实意义，而且有助于七宝山硫铁矿加快建成技术可靠、资源高效利用的现代化矿山，促进湖南省硫铁矿整体开采技术水平的进步。

3. 七宝山硫铁矿安全高效充填采矿方案选择

基于七宝山硫铁矿"三下"开采复杂的开采技术条件，通过多方案技术经济对比，优先安全、高效、低成本、机械化的充填采矿法工艺，对于提高资源回收率、降低损失贫化、保障回采作业安全意义重大。

1) 采矿方法初选

鸡公湾矿段 $-40\sim0$ m 中段地质储量约 150.79 万 t，急倾斜矿体（>55°）占比 93.50%；倾斜矿体（30°~55°）占比 6.50%；极厚矿体（>20 m）占比 71.16%；厚矿体占比 28.84%。$0\sim40$ m 中段以上地质储量约 102.22 万 t，急倾斜矿体（>55°）占比 100%；极厚矿体（>20 m）占比 62.15%；厚矿体占比 37.85%。因此，鸡公湾矿段以急倾斜、极厚矿体为主，同时存在一部分急倾斜、厚矿体。依据七宝山硫铁矿的开采技术条件，并参照国内外同类矿山的生产经验，初选的充填采矿方法方案为：机械化上向水平分层充填法、分段空场嗣后充填法、阶段空场嗣后充填法。

2) 机械化上向水平分层充填法

上向水平分层充填法占我国充填法的60%以上，对各种倾角和厚度的矿体均有较好的适用性。矿块垂直矿体走向布置，矿房宽度 15~20 m，矿柱宽度 10~15 m，长度为矿体水平厚度。一步回采矿柱，胶结充填，形成人工矿柱；二步回采矿房，非胶结充填或低标号胶结充填。每个分段联络平巷负责 3 个分层的回采，分层高度约 3.3 m，3 层总计高度 10 m，阶段高度 30 m。每一分层回采结束后即可进行充填。先进行封堵，构筑充填挡墙，并顺路架设泄水井，充填管经充填回风井下到采场。在盘区内，分层充填完后留下 2.5~3 m 的上采作业空间即转到上一分层的回采，即从脉外分段联络道掘进分层联络道进入采场工作面，开始该分层的回采作业。采准工程主要包括斜坡道，分段联络平巷，分层联络道，卸矿硐室，溜井，充填回风井，穿脉等采准巷道。

方法评价：

(1) 上向水平分层充填法灵活性强，对各种倾角和厚度的矿体均有较好的适用性，满足本矿复杂多变的矿体赋存条件，矿石损失贫化小。

(2) 采用凿岩台车和铲运机等无轨机械化设备进行生产，生产效率较高。

(3) 充填系统建成投入使用是该方法应用的前置条件。

3）分段空场嗣后充填法

分段空场嗣后充填法属于空场法和充填法的结合，即采用分段空场法进行开采，矿房回采结束后，嗣后充填采空区再回采矿柱。阶段高度30 m，矿块沿矿体走向布置，矿房和矿柱宽度10~15 m，矿块长度40~60 m。一步回采矿柱，胶结充填，形成人工充填体柱；二步回采矿房，非胶结充填或低标号胶结充填。采切工程有堑沟拉底巷道、分段凿岩平巷、装矿进路，通风充填天井等，标准采矿方法见图7-23。

方法评价：

（1）可以多分段同时爆破，阶段出矿，作业集中，回采强度高，生产能力强。

（2）作业在巷道内进行，安全性好。

（3）切割工程量大、中深孔爆破大块率高、二次破碎量大。

（4）采准工作量大，准备时间长。

（5）当矿体厚度和倾角变化大时，矿石损失贫化难以控制。

（6）出矿过程中，堑沟拉底巷道内存在二次损失。

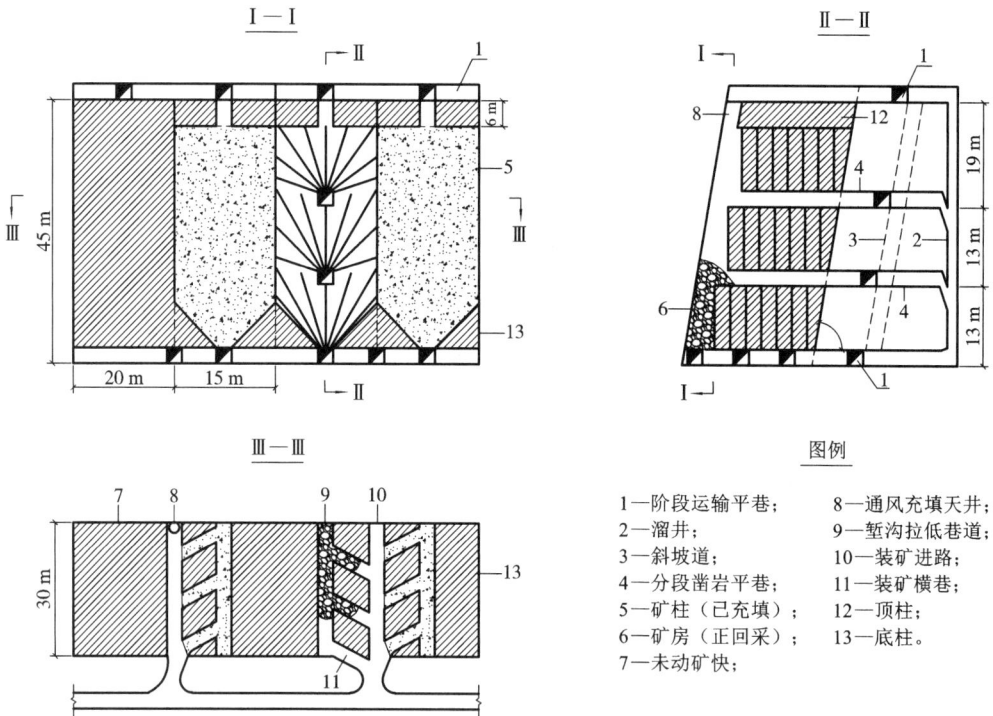

图7-23　分段空场嗣后充填法

1—阶段运输平巷；　　　8—通风充填天井；
2—溜井；　　　　　　　9—堑沟拉低巷道；
3—斜坡道；　　　　　　10—装矿进路；
4—分段凿岩平巷；　　　11—装矿横巷；
5—矿柱（已充填）；　　12—顶柱；
6—矿房（正回采）；　　13—底柱。
7—未动矿快；

4）阶段空场嗣后充填法

阶段空场嗣后充填法属于空场法和充填法的结合，即采用阶段空场法进行开采，嗣后一次性充填采空区，标准采矿方法见图7-24。矿块垂直矿体走向布置，阶段高度30 m，长度为矿体水平厚度，宽度15~25 m。

采切工程包括堑沟拉底巷道、通风充填天井、装矿进路、凿岩硐室和溜井等。切割工程主要是堑沟巷道、"V"型受矿堑沟及切割立槽的形成。采切工作完成后，以切割立槽和拉底空间为自由面和补偿空间，侧向崩矿，每次爆破后，铲装出崩下矿石量的1/3，剩余矿石留在采场支持围岩，采场矿石全部爆破后，大量出矿。一步回采矿柱，胶结充填，形成人工充填体柱；二步回采矿房，非胶结充填或低标号胶结充填。

方案评价：

(1)该方案生产能力大，落矿效率高。

(2)使用高密度、高爆速炸药，爆破成本高；装药、爆破的施工复杂，凿岩、爆破技术要求高，要求矿体规整。

(3)切割立槽形成困难，侧向全段高崩矿，大块率高，对顶板及周围采场稳定性影响大。

(4)矿体形态变化大时，矿石损失大，贫化率高。

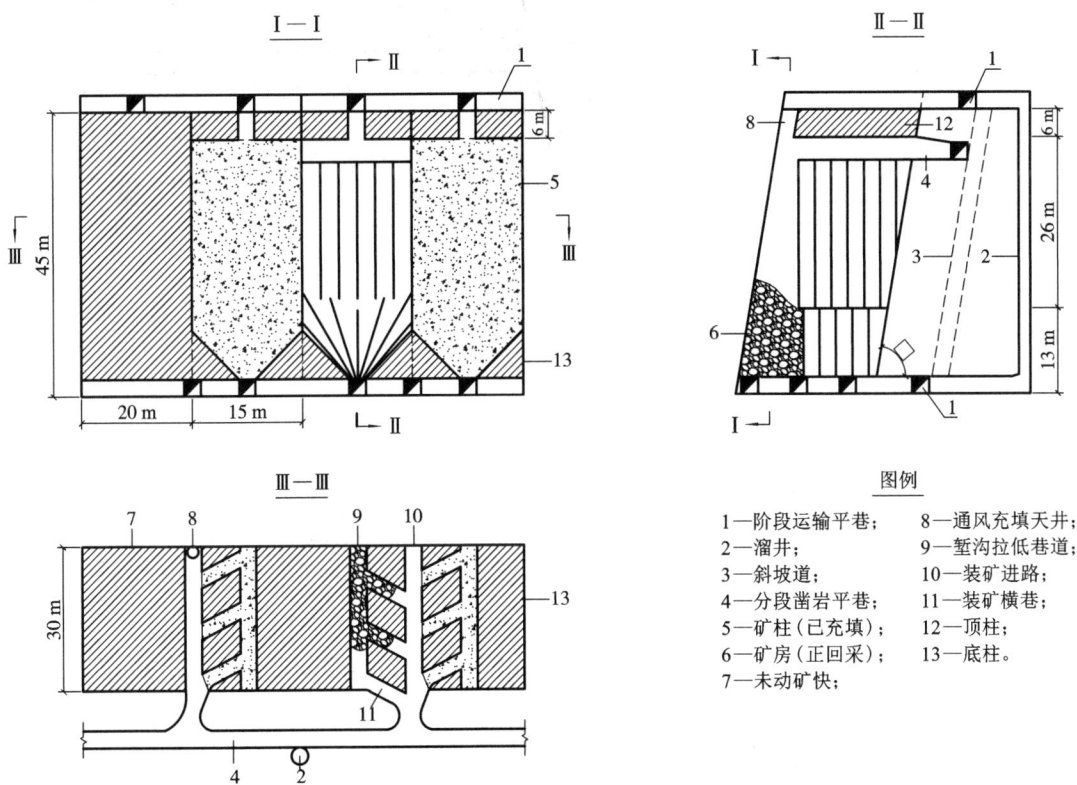

图7-24 阶段空场嗣后充填法

图例

1—阶段运输平巷； 8—通风充填天井；
2—溜井； 9—堑沟拉低巷道；
3—斜坡道； 10—装矿进路；
4—分段凿岩平巷； 11—装矿横巷；
5—矿柱(已充填)； 12—顶柱；
6—矿房(正回采)； 13—底柱。
7—未动矿块；

5)采矿方法优选

根据采矿方法初选，考虑到七宝山硫铁矿鸡公湾矿段矿体数量多，厚度和倾角变化大，厚大主矿体已采动，推荐使用对矿体厚度和倾角变化适用性强、回采率高、回采作业安全的机械化上向水平分层充填法作为主要方案。其中：

(1)极厚矿体(>20 m)占比71.16%，采用垂直走向布置的机械化上向水平分层充填法。

(2)厚矿体占比28.84%，采用沿走向布置的机械化上向水平分层充填法。

7.6.3 七宝山硫铁矿机械化上向水平分层充填法典型方案

1. 矿块布置与结构参数

矿块垂直走向布置，采场暴露面积控制为 400~1000 m²。标准方案如图 7-25 所示，阶段高度 45 m，矿房宽度 20 m，矿柱宽 10 m，长度 30 m，矿体平均倾角 80°。

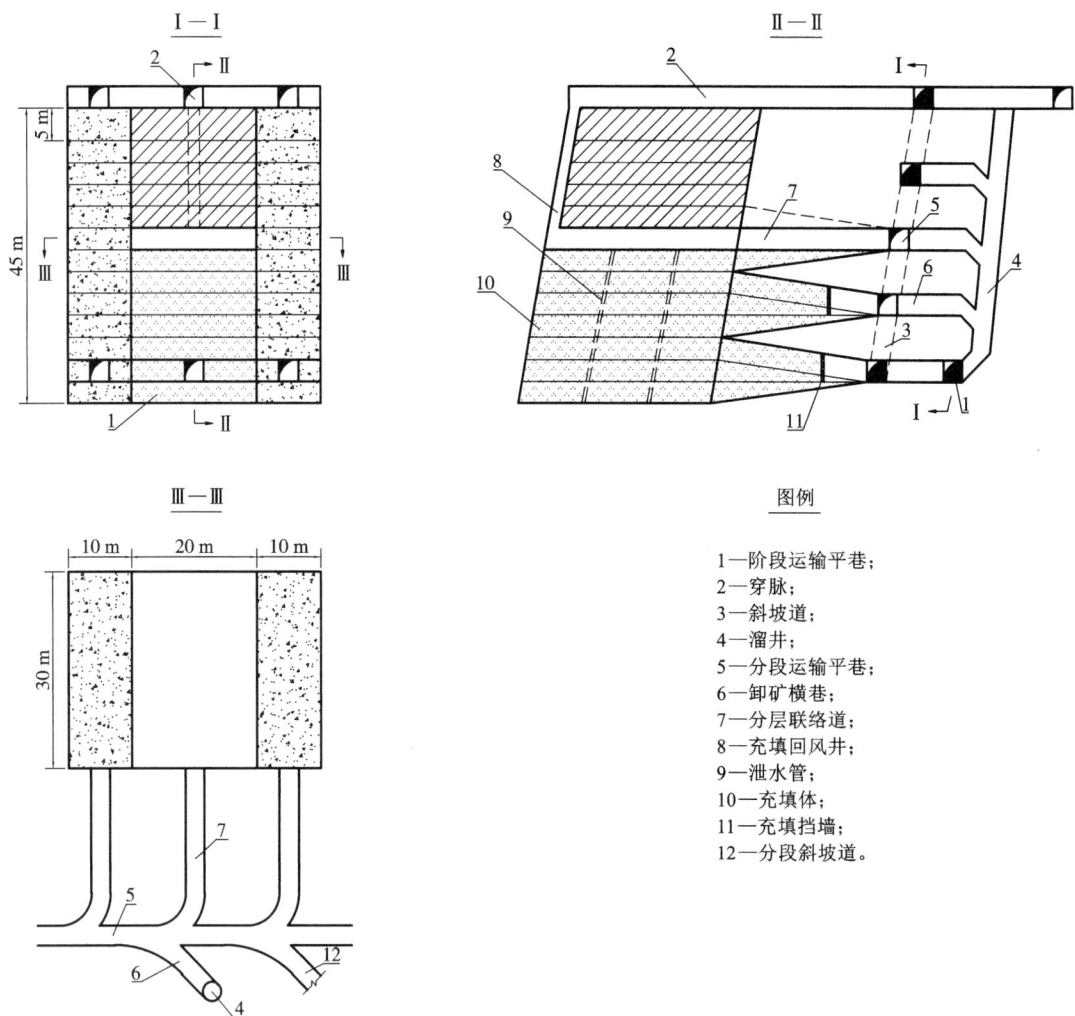

图例

1—阶段运输平巷；
2—穿脉；
3—斜坡道；
4—溜井；
5—分段运输平巷；
6—卸矿横巷；
7—分层联络道；
8—充填回风井；
9—泄水管；
10—充填体；
11—充填挡墙；
12—分段斜坡道。

图 7-25　机械化上向水平分层充填法(垂直走向)

2. 采准工程

采准工程主要包括斜坡道、分段运输平巷、分层联络道、卸矿横巷、溜井、充填回风井、穿脉等采准巷道。

1) 斜坡道

斜坡道是设备材料及人员在不同分段和阶段之间实现自由快速移动的重要通道，断面规格 4.0 m×3.8 m，转弯半径不小于 10 m，坡度<15%。

2）分段联络平巷

分段联络平巷沿矿体走向布置，负责分段采场的出矿。每个分段联络平巷负责 3 个分层的回采，每个分层高度约 3.3 m，3 层总计高度 10 m，阶段高度 45 m。其位置应保证分层联络道坡度满足 WJD −1.5 电动铲运机的爬坡能力要求，且与分层联络道之间保证 5 m 以上的转弯半径，断面规格 3.0 m×2.8 m。

3）分层联络道

每分层采场均布置一条分层联络道与分段联络平巷连通。各分段下向分层联络道为运矿重车上坡，坡度取 14%；上向分层联络道为重车下坡，坡度取 20%。下向分层联络道采用普通掘进方法形成，水平分层联络道则由下向的分层联络道顶板挑顶形成，而上向分层联络道则由水平分层联络道上挑形成。根据铲运机和凿岩台车通行要求，分层联络道断面规格 3.0 m×2.8 m。分层联络道布置在采场中央，以利于铲运机作业，且采场两侧边界易于控制。

4）卸矿硐室

分段联络平巷和溜井之间用卸矿硐室连通，卸矿硐室与分段联络平巷间保证 5 m 以上的转弯半径，卸矿硐室长度应不小于铲运机长度，断面规格 3.0 m×2.8 m。

5）溜井

溜井直径 3 m，溜井底部设置振动放矿机。为防止上下分段卸矿相互干扰，卸矿硐室与溜井间用分支溜井连通，溜井口加格筛并配备液压锤。

6）充填回风井

充填回风井是采场通风和下放充填料浆的重要通道，沿矿体倾向布置于采场中央靠近上盘的矿体中，同时兼作采场安全出口，断面规格 1.8 m×1.8 m。

7）穿脉

穿脉布置于矿房、矿柱中央，主要起探矿、连通相邻矿脉及排水作用，断面规格 3.0 m×2.8 m。

8）切割工程

切割工作主要是拉底，在矿房、矿柱最下一分层自下向分层联络道垂直矿体布置一条拉底巷道（可直接将已有穿脉作为拉底巷道，规格 3.0 m×2.8 m）。以拉底巷道为自由面用 Boomer K41 凿岩台车向两边扩帮，直至采场两边边界，形成拉底空间。机械化上向水平分层充填法采切工程见表 7-27，矿量分配见表 7-28。机械化上向水平分层充填法的千吨采切比为 7.68 m/kt，采场回采率可达到 95%，贫化率可以控制在 5% 以内。

表 7-27　机械化上向水平分层充填法采切工程表

名称		规格/(m×m)	条数	单长/m	总长度/m			工程量/m³			采出矿量/t
					脉内	脉外	合计	脉内	脉外	合计	
采准切割工程	溜井	φ3 m	1	45	0	45.00	45.00	0.00	318.09	318.09	0.00
	卸矿硐室	3.0×2.8	3	11	0	33.00	33	0.00	256.31	256.31	0.00
	分段联络平巷	3.0×2.8	4	30	0	120	120	0.00	932.04	932.04	0.00
	分层联络道	3.0×2.8	26	17.33	0	450.67	450.67	0.00	3500.33	3500.33	0.00

续表 7-27

名称		规格/(m×m)	条数	单长/m	总长度/m			工程量/m³			采出矿量/t
					脉内	脉外	合计	脉内	脉外	合计	
采准切割工程	穿脉	3.0×2.8	2	54	60	48	108	466.02	372.82	838.84	1691.65
	斜坡道	4.0×3.8	0.125	320	0	40	40	0.00	562.72	562.72	0.00
	充填回风井	φ1.8 m	2	42.34	84.68	0.00	84.68	274.36	0.00	274.36	995.94
	拉底巷道	3.0×2.8	2	30	60	0	60	466.02	0.00	466.02	1691.65
采切合计					204.68	736.67	941.35	1206.4	5942.30	7148.70	4379.24
千吨采切比		7.68 m/kt　　58.33 m³/kt（不均匀系数取 1.2；按 30 m 长度矿块、阶段高度 45 m、矿体厚度 30 m 计算）									

表 7-28　机械化上向水平分层充填法矿量分配表

项目	体积/m³	工业储量/t	回采率/%	贫化率/%	采出矿量/t			占矿块采出量的比重/%
					矿石	岩石	小计	
矿房	26195.73	95090.50	95.00	5.00	90335.97	4754.52	95090.50	64.66
矿柱	13097.87	47545.27	95.00	5.00	45168.00	2377.26	47545.27	32.33
副产	1206.40	4379.24	98.00	3.00	4291.66	132.73	4424.39	3.01
矿块	40500.00	147015.00	95.09	4.94	139795.64	7264.52	147060.16	100.00

3. 回采工艺

1）凿岩爆破

采用 Boomer K41 液压凿岩台车进行凿岩作业，具有效率高、适用性强、劳动强度小的优点；采用水平炮孔向下压采的爆破方式，能减小爆破对分层顶板的扰动，便于安全管理。设计孔距 1 m、排距 1.1 m，边眼眼距适当减小，边眼与采场轮廓线间距 0.5~0.7 m，炮孔直径 48 mm，孔深 3.5 m。装药采用乳化炸药药卷，起爆方式为导爆管和数码电子雷管起爆。为减小爆破震动，各排炮孔间微差起爆，一次起爆延续时间控制在 200 ms 内。以矿房为例经计算得，水平炮孔炸药单耗为 0.31 kg/t，每米炮孔崩矿量为 4.13 t/m。

2）通风与撬顶

每次爆破后，必须经充分通风（通风时间不少于 40 min）并清理顶帮松石后，人员才能进入采场。新鲜风流由分段联络平巷经分层联络道进入采场，冲洗工作面后，污风经充填回风天井，排入上阶段回风巷道。

3）出矿

经充分通风排出炮烟、顶板安全检查后，采用 WJD-1.5 电动铲运机铲装矿石，经分层联络道、分段联络平巷、卸矿硐室卸至溜井，溜至下部主运输水平后装车运往主提升井。出矿设备采用 WJD-1.5 电动铲运机，出矿能力可达 167 t/台班。

4.其他工艺技术要求

（1）分层联络道必须满足重车上坡坡度<14%的要求。

（2）因分层采场充填后要作为继续向上回采的工作平台，故胶面层充填应采用高标号胶结充填，厚度0.3~0.4 m，充填体强度1.5~2 MPa。

（3）一步骤矿房回采结束后，应采用胶结充填，充填体强度1.5~2 MPa。

（4）二步骤回采矿柱结束后，应分2层充填。第1层打底充填考虑到将来顶底柱回收的需要，采用高标号胶结充填，充填体强度应>4 MPa；第2层使用低标号胶结充填即可。

（5）顶底柱将来可用进路法或遥控铲运机出矿来进行回收。

（6）回采时若遇到夹石，可留作矿柱或直接开掘进路穿过，以降低矿石贫化。

（7）如图7-26所示，分两步骤按隔一采一的方式进行回采，1、3、5矿房一步骤回采，2、4矿柱保留，严禁超范围掘采，以便对已采矿房进行充填处理之后二步骤回采矿柱。

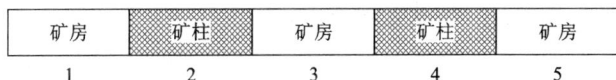

矿房	矿柱	矿房	矿柱	矿房
1	2	3	4	5

图7-26　划分矿房矿柱规范开采示意图

5.技术经济指标

根据铲运机出矿效率167 t/台班及各工序工程量，并适当考虑不均衡因素，矿房采场单分层回采循环时间预计为90班，其中凿岩9班、爆破通风9班、出矿45班、充填6班(含充填挡墙构筑)、养护21班。按每分层采出矿量为7187 t(计入损失贫化)计算，采场平均生产能力为239 t/d。机械化上向水平分层充填法的主要技术经济指标见表7-29。

表7-29　机械化上向水平分层充填法标准采场主要技术经济指标

序号	指标名称	单位	数值	备注
1	地质指标			
1.1	矿石平均体重	t/m³	3.63	
1.2	矿体平均倾角	(°)	80	
2	矿块构成要素			
2.1	宽度	m	30	
2.2	矿房长度	m	20	二步
2.3	矿柱长度	m	10	一步
2.4	阶段高度	m	45	
2.5	分段高度	m	10	
2.6	分层高度	m	3.3	

续表 7-29

序号	指标名称	单位	数值	备注
3	采切比	m/kt	7.65	
		m³/kt	58.33	
4	炸药单耗	kg/t	0.31	
5	设计回采率	%	95.09	矿房为例
6	设计贫化率	%	4.94	矿房为例
7	铲运机出矿能力	t/台班	167	WJD-1.5电动铲运机
8	采场生产能力	t/d	239	
9	采矿直接成本	元/t	81.29	含充填成本

7.6.4 金川镍矿机械化下向进路充填法

金川镍矿以矿体厚大、埋藏深、地应力高和矿岩破碎著称于采矿界。随着我国对镍资源需求增长，金川镍矿开发规模逐年递增，目前生产能力已经接近900万t，且以每年10%的速度递增。同时，矿床开采深度接近千米，采场地压显现剧烈，给矿山工程稳定性和岩移控制带来极大困难，金川镍矿多次开展采场地压规律、支护技术、充填工艺及地压控制等重大技术攻关，取得了诸多技术成果。

1. 矿山概况

金川镍矿位于我国甘肃省河西走廊中段的金昌市境内，是世界著名的多金属共生的大型硫化铜镍矿床之一。矿区主要分布在龙首山下长 6.5 km、宽 500 m 的范围内，探明矿石储量 5.2 亿 t，镍金属储量 550 万 t，列世界同类矿床第 3 位，铜金属储量 343 万 t，居中国第 2 位。近年来地质勘探成果表明，金川镍矿深部、边部及外围具有良好的找矿前景。金川矿石还伴生有钴、铂、钯、金、银、锇、铱、钌、铑、硒、碲、硫、铬、铁、镓、铟、锗、铊、镉等元素，其中可供回收利用的有价元素有 14 种。矿床之大、矿体之集中、可利用金属之多，在国内外都是罕见的。

如图 7-27 所示，金川镍矿分为 4 个矿区，其中Ⅰ、Ⅱ矿区为正在开采的富矿，Ⅲ、Ⅳ矿区为将开发的贫矿。金川镍矿目前有龙首矿、二矿区和三矿区 3 个生产矿山。龙首矿于20 世纪 60 年代建设，采用竖井开拓系统及下向六角形高进路胶结充填法开采。金川二矿区于 1983 年正式投产，1987 年出矿量突破 100 万 t 大关，2003 年首次突破 300 万 t 大关，2012 年达到 450 万 t，成为我国为数不多的地下大型坑采现代化充填矿山。三矿区是由原露天矿转型的生产矿山，主要开采原二矿区 2 号矿体 F17 以东的矿石，目前年生产矿石已突破200 万 t，成为金川集团股份有限公司的主力矿山。

2. 开采技术条件

1）地质条件

金川铜镍矿区在构造位置上位于阿拉善平台南缘的隆起区，平台的内部区域在北部，而

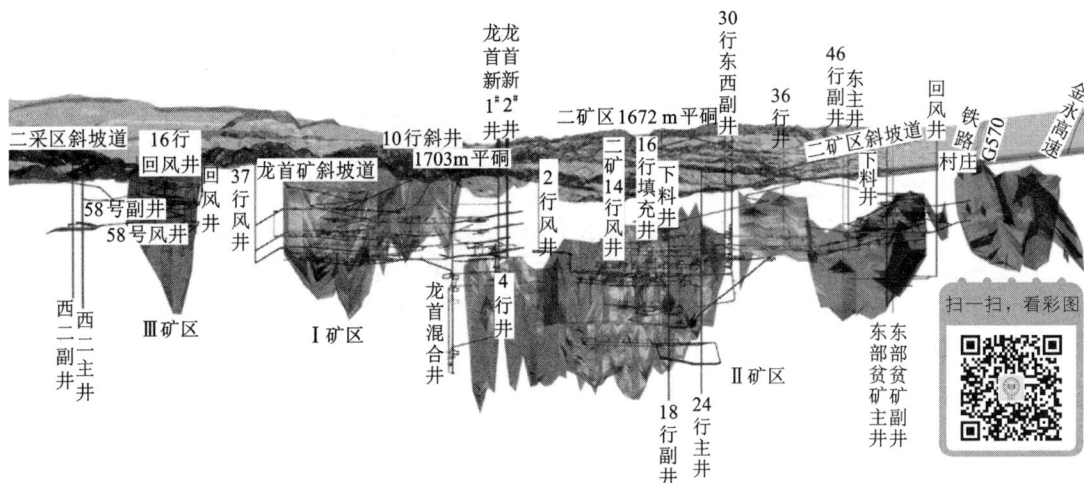

图 7-27　金川镍矿矿山三维模型示意图

祁连山的加里东海槽边缘凹陷区在南部。矿区裸露地层主要为震旦系前变质岩和第四系砾石冲积层。矿区的南部是河西走廊龙首山脉的东延，山脉延伸方向是北西西-南东东，与岩层的走向一致，海拔一般为 1700~2700 m，北部是无尽的戈壁沙漠。前震旦系展布的方向是北西西-南东东，矿区暴露的总厚度为 1465 m。岩性从下到上分为五层，即花岗片麻岩、黑云母片麻、白云质大理石、肉红色花岗片麻岩和黑云母片麻岩。如图 7-28 所示，F1 断层位于矿区北部，延伸 200 km，成为龙首山和北部潮水盆地之间的分水岭；F17 断裂带位于 I 矿区和 II 矿区之间，它向东西方向延伸，并向南倾斜，使矿体错开分为 I 矿区和 II 矿区。

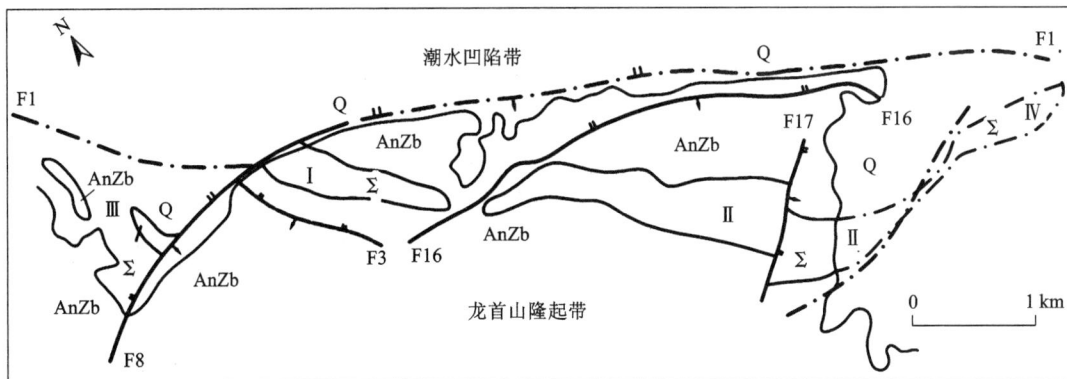

图 7-28　金川镍矿矿区地质略图

2）水文地质条件

金川矿区水文地质条件简单，地下水来源补给单一，年降雨量小，井下涌水不大。矿区的水文地质条件可划归于以裂隙充水为主、局部脉状充水的矿床。矿区整体的水文地质条件变化不大，随着采掘深度的增加，大气降水对矿床地下水的补给日趋减少，开采过程中的矿坑涌水增大，原因主要是生产用水和工业回水通过岩石裂隙循环而成，二矿区也因此出现了井巷工程涌水等水文及工程地质问题。按照矿山这些年的实际排水数据，矿区正常排水量基本不超过 4000 m³/d。

3）工程地质条件

矿区经历了印支、吕梁和燕山等多期构造运动，伴随着频繁的岩浆活动，致使矿区内岩体节理十分发育，岩体表现为"散而不软"。其中，二矿区作为金川的主力矿区，开采深度已逾 1000 m，矿区内地应力均为压应力，且水平应力为最大主应力。在埋深 400~850 m 范围内，应力随深度的增加而增加，最大主应力一般为 30 MPa，最大值可达 52.2 MPa，属中高地应力。随着开采水平的不断下降，岩体结构仍以层状和碎裂结构为主，局部为块状结构，岩体稳定性的突出特点为"岩块强度高，整体稳定性差"。岩体破坏主要受软弱结构面控制，表现出明显的流变特征，因此巷道围岩趋向稳定的时间较长。另外，深部围岩变形破坏主要特征为大变形，这种特征随着开采深度的增加而增加。

金川镍矿主要采用机械化下向进路充填法方案进行开采，根据进路断面的不同，又可分为下向矩形进路充填法、下向六角形进路充填法和下向大六角形进路充填法三种。

3. 下向矩形进路充填法

1）采场布置及采场结构参数

根据矿体产状，沿矿体走向划分盘区，盘区长度 100 m，宽度为矿体厚度，盘区内垂直矿体走向布置采场（进路），阶段高度 60 m，分段高度 20 m，分层高度 4 m，采场（进路）断面为矩形，规格为 4 m×4 m。

2）采准工艺

如图 7-29 所示，采准工程主要包括分斜坡道、分段道、溜井、回风充填小井、上、下盘沿脉运输巷道和联络道等。

3）回采

用 Rocket Boomer 282 双臂液压凿岩台车钻凿水平钻孔，采用光面爆破的布孔方式进行崩矿，JCCY-6 型内燃铲运机铲装矿石，经分层联络道运至溜矿井卸矿。进路采场是独头掘进，通风效果差，故必须加强通风，每次爆破结束后，用风筒将新鲜风流导入到工作面，清洗工作面后的污风亦用布置在进路入口处的风筒抽出，排至回风井，通风时间不少于 40 min。

进路回采完毕后及时进行充填，充填管道用锚杆钢圈固定在进路顶板上，进路采场底部预先铺设钢筋网。所有进路回采并充填完毕后，最后充填分层联络巷，统一转入下一分层。

4）方案评价

该方案采准切割工程量少，采切比小；布置进路采场，矿石回采率高，损失贫化率低；采场暴露面积小，地压控制效果好，回采作业安全性高。但是，矩形进路回采效率与生产能力低、采场通风困难；进路充填准备及接顶工作复杂，充填效率低、人工假顶构筑成本高。

5）主要经济技术指标

千吨采切比 3.5 m/kt；贫化率 5%；回采率 95%；采矿成本 66.2 元/t。

4. 下向六角形进路充填法

1）采场布置及采场结构参数

盘区垂直矿体走向布置，盘区长 100 m，宽度为矿体的水平厚度。进路结构参数为：

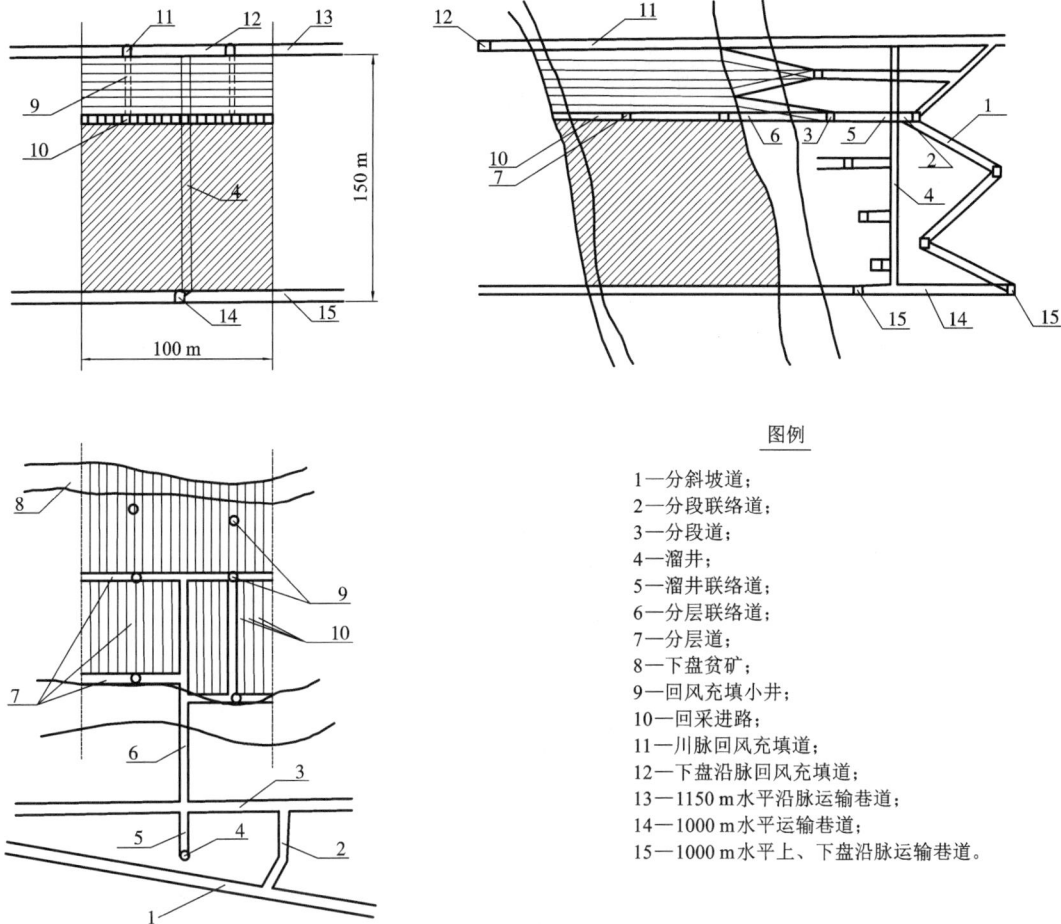

图例
1—分斜坡道；
2—分段联络道；
3—分段道；
4—溜井；
5—溜井联络道；
6—分层联络道；
7—分层道；
8—下盘贫矿；
9—回风充填小井；
10—回采进路；
11—川脉回风充填道；
12—下盘沿脉回风充填道；
13—1150 m 水平沿脉运输巷道；
14—1000 m 水平运输巷道；
15—1000 m 水平上、下盘沿脉运输巷道。

图 7-29　下向矩形进路充填采矿法示意图

4 m×5 m×6 m(上下底宽×高度×腰宽)，长度 50~75 m，沿矿体走向布置，分段高度 20 m，分层高度 2.5 m。

2)采准工艺

下向六角形进路胶结充填法采用脉内外联合采准系统。主要采准工程为沿/穿脉运输平巷、分层采场联络道、分层平巷、采场矿石溜井、采场充填管道井等工程，如图 7-30 所示。

3)回采

(1)六角形进路的形成。第一步：对新开采场第一层进行全面回采，全部进路回采结束后，预留人行井、通风井(或充填管道井)，整层充填；第二步：进路以一定间距回采，一次充填或分次充填形成预备层；第三步：即第三层时回采第二层未采的进路，且必须把进路的下半部开帮形成倒梯形断面，形成六角形锥形层；第四步：形成标准层，即在实际回采中，进路绝大部分是一次性形成六角形断面，对部分进路还需要开帮处理。

(2)凿岩爆破。凿岩爆破采用楔形掏槽等方式，凿岩设备为 Rocket Boomer 282 凿岩台车与 YT 28 凿岩机。

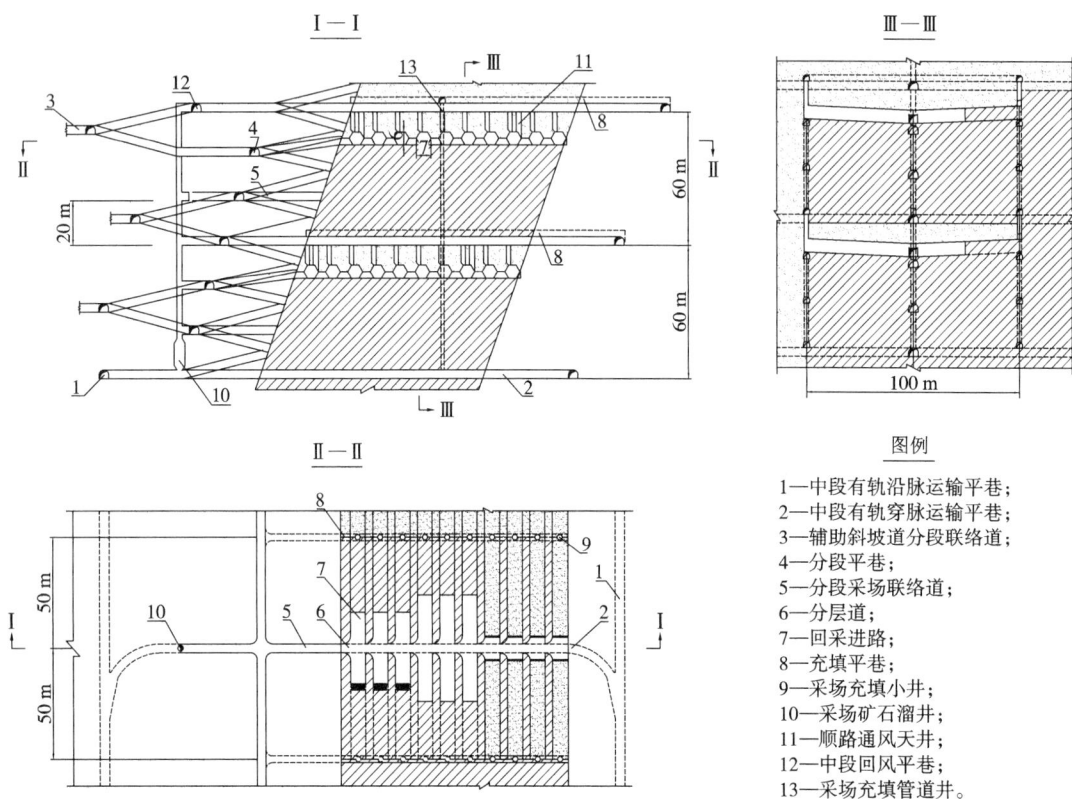

图 7-30 下向六角形进路充填采矿法示意图

（3）通风与采场地压管理。采场新鲜风流从斜井、混合井和辅助斜坡道进入井下，经中段运输平巷、中段回风井、分段运输平巷及分段联络道进入分层道作业面，污风经采场顺路人行通风天井回到上中段穿脉平巷，再经中段沿脉平巷、回风石门和回风竖井排出地表。回采进路的污风主要采用局扇排至回风中段，随贯穿风流排出地表。

采场爆破并经过有效通风排除炮烟后，安全人员清理顶帮松石。顶板处理后，仍无法保证安全作业，需要按照相应的要求进行支护，如布置锚杆等。同时，在生产过程中，要加强适时安全检查，发现问题，及时处理。检撬工作面浮石并洒水降尘后，用铲运机铲装矿石，运至脉内或脉外溜井转运。

（4）充填。当采场本分层所有进路或部分进路(按照龙首矿六角形进路回采规范要求，每采完 4 条进路后，与分层联络道一起充填)采完后，即实施进路嗣后充填。充填前先将分层道和采场进路底板用 0.1～0.3 m 厚的碎矿石填平，并形成 3°～5°的倾角。在回填层上铺设金属桁架及金属网，并用钢筋将此金属桁架与上层金属桁架连接，且金属网铺设在金属桁架上并搭接，用炉渣空心砖砌筑挡墙。完成充填前准备工作后，继而进行采场进路一次充填。

4) 方案评价

该方案开采技术条件适应性强，六角形进路充填体安全可靠，矿石贫化损失小，技术成熟，是龙首矿主要采矿方法。但是也存在技术要求严格，开采成本较高等问题。

5）主要经济技术指标

千吨采切比 3.3 m/kt；贫化率 5%；回采率 95%；采矿成本 63.8 元/t。

5. 下向大六角形进路充填法

1）采场布置及采场结构参数

垂直矿体走向布置采场，长度 100 m，宽度为矿体的水平厚度，分段高度 24 m，分两层回采，首先回采上分层，强化支护后回采下分层，两分层高度分别为 4 m，最终形成 8 m 高度的进路。进路结构参数为：4 m×8 m×8 m（上下底宽×高度×腰宽），垂直矿体走向布置时，长度 100 m，沿矿体走向布置时，长度为矿体的水平厚度。

2）采切工艺

该采矿法的主要的采准工程为分段脉外运输道、分层联络道、分层出矿巷道、放矿溜井、充填回风道和充填回风井等工程。主要切割工程为进路端部下 4 m 倒梯形切割槽。

3）回采

（1）六角形进路的形成。与下向六角形进路充填法形成方式一致，但将每一分层高度由 2.5 m 调整为 4 m。

（2）凿岩爆破。上部 4 m 高正梯形爆破参数与爆破方式与下向六角形进路充填法的爆破一致。如图 7-31 所示，在下部倒梯形内采用 Rocket Boomer 282 双臂液压凿岩台车钻凿水平炮孔，向上部正梯形空间方向进行松动爆破。下部 4 m 倒梯形采用水平拉底方式凿岩，钻凿水平孔，单次掘进共钻凿 11 个主炮眼和 12 个边帮炮眼。主炮眼采用 1~5 段半秒（HS）非电导爆管，2 号岩石乳化炸药，电雷管引爆，为了使边形进路高度达到 8 m 的设计要求，底眼向底板倾斜 7°左右，距底板 0.2~0.5 m，上眼和中眼为水平孔。边帮炮眼距边帮 0.3 m，间距 0.56~0.73 m，水平孔所有炮孔同段起爆光面爆破。经计算下部 4 m 倒正梯形综合单耗 0.14 kg/t，一次爆破总装药量 37.8 kg。

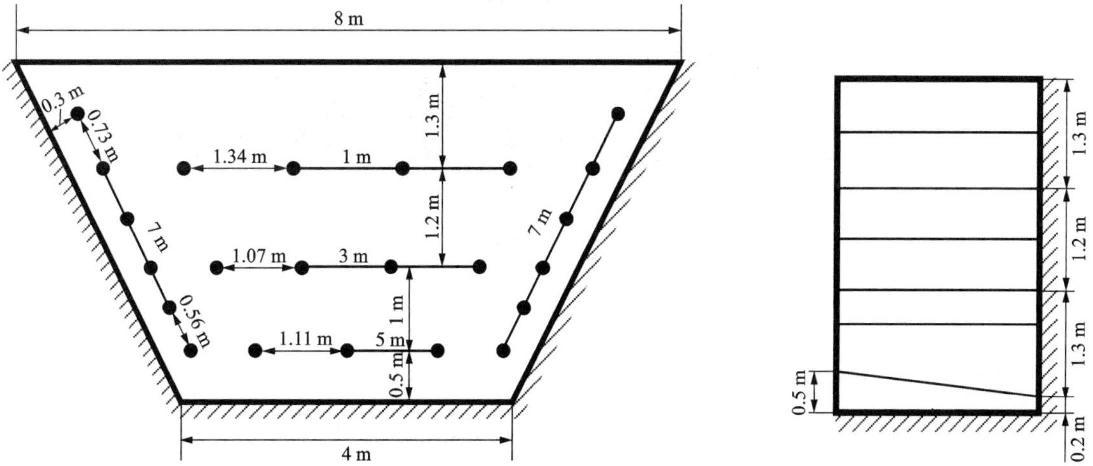

图 7-31 下部 4 m 倒梯形水平凿岩钻孔布置示意图

（3）通风与采场地压管理。每次爆破结束后，新鲜风流从分层联络道进入工作面，冲洗采场后污风沿进路和分层联络道另一侧人行通风井排入上阶段回风平巷，通过主回风系统排至地表。

采场爆破并经过有效通风排除炮烟后，安全人员清理顶帮松石。顶板处理后，仍无法保证安全作业，需要按照相应的要求进行支护，如布置锚杆等。同时，在生产过程中，要加强适时安全检查，发现问题，及时处理。

（4）出矿。进路上部 4 m 高正梯形内崩落的矿石采用铲运机从采场铲矿后，沿上盘沿脉巷行至脉内分层联络道再行至溜井，通过溜井下放至出矿水平；下部 4 m 高倒梯形，采用铲运机从采场铲矿后，沿下盘沿脉巷，通过溜井下放至出矿水平。

（5）充填。与下向六角形进路充填法充填方式基本相同。

4）方案评价

如图 7-32 所示，与当前采用的六角形进路充填法相比，该方法采用预切顶方式，使进路高度翻倍，减少了不稳固围岩的支护工程量和支护成本，减少了充填次数，可显著提高下向水平进路充填法效率。更为重要的是，空场高度增加使废石充填或高强度打底加低强度分层的组合充填成为可能，有利于显著降低充填成本。但该方法对围岩支护质量要求较高，且上、下两分层需要有独立的进出口通道，采准工程量稍大。

(a) 4 m×5 m×6 m 进路断面　　　　　　(b) 4 m×8 m×8 m 进路断面

图 7-32　进路断面对比

5）主要经济技术指标

千吨采切比 2.95 m/kt；贫化率 5%；回采率 95%；采矿成本 61.1 元/t。

6. 充填工艺技术

金川充填工艺技术的发展可分为 5 个阶段。

1）粗骨料机械化胶结充填

建矿后至 20 世纪 80 年代初，以龙首矿粗骨料机械化胶结充填为标志。金川矿山在采用充填采矿法初期，在龙首矿建设了粗骨料简易充填系统，采用 40 mm 戈壁集料为充填骨料，袋装水泥人工拆包，0.4 m³、0.8 m³ 混凝土搅拌机制备，矿车-串筒溜放充填，采场进路中电把倒运。该种充填方式工人劳动强度大，作业效率低，生产能力小，作业环境差。经多次改进在龙首矿建成了粗骨料机械化充填系统，采用-25 mm 戈壁碎石集料溜井存放，袋装水泥拆包机拆包，采用混凝土搅拌机制浆，水泥浆采用管道自流输送。水泥浆与骨料混合均匀后，采用井下吊挂皮带运料加电耙倒运。这种简化充填系统的充填方式虽然取得较大进步，但仍未实现充填料浆的管道输送，仍存在采矿作业效率低、生产能力小和作业环境差等问题。

2）高浓度管道自流输送

20 世纪 80 年代至 20 世纪末，以高浓度料浆管道自流输送充填技术的全面推广为标志；同时开展了膏体泵送充填技术研究，在二矿区建成了膏体泵送充填系统。在大量试验研究的基础上，分别在二矿区及龙首矿建成了高浓度料浆管道自流输送充填系统。采用的充填工艺为：以 3 mm 棒磨砂+河砂（戈壁砂）为集料，采用火车运至砂池中并通过抓斗、中间料仓、圆盘给料机、核子秤进行给料计量，采用分砂小车分砂。通过罐车将散装水泥卸入水泥仓并通过双管螺旋给料机、冲板式流量计进行给料和计量；通过流量计及调节阀进行水的供给和计量；采用集散式控制系统和智能化仪表，实现了物料配比、料浆浓度、搅拌桶液位的自动检测和调节；与此同时，还开展了粉煤灰替代部分水泥的试验及工业化生产；在实现高浓度料浆管道自流输送充填的基础上，对充填进路挡墙进行改进，由炉渣砖挡墙全部替代木质挡墙。开展了膏体泵送充填新技术的试验研究，于 1999 年在二矿区建成了膏体泵送充填系统。

3）高浓度管道自流充填技术革新和膏体充填系统改造

2000—2010 年，以高浓度料浆管道自流输送系统挖潜、革新、改造以及二矿区膏体泵送充填系统达到产能为标志。二矿区一、二期搅拌站投入使用后，随着矿山生产能力的提高，需要对充填系统进行挖潜、革新、改造。由此对制约充填系统能力的诸多要素进行改进，包括：

（1）不断优化充填集料组成，改进集料供配料系统，提高单套系统制备输送能力。

（2）在大量试验研究的基础上，在充填料浆中添加减水剂、早强剂等。

（3）提高充填料浆浓度及充填体强度。

（4）对充填钻孔及井下充填管道材质、连接方式（快速卡箍连接、耐磨柔性接头等）进行优化选择，提高充填料浆通过能力及使用寿命。

（5）采场进路充填挡墙材料及架设方式，提高采场充填效率、缩小分层道与进路交叉口的顶板暴露面积。

（6）在进路挡墙处设置脱水设施并在充填管道进入进路口处设置导水阀等，使进路充填体尽快脱水凝固并提高充填接顶率等。

4）充填系统智能化改造阶段

受传统工艺影响，金川集团龙首矿充填系统中存在砂石含水率无法监测、参数耦合控制波动大、人员调整困难等问题，对充填系统参数控制时效性要求高，人工干预操作难度大，需要作业人员长时间操作，智能化程度不高，系统运行稳定性难以满足现有生产需求。为了解决上述难题，金川集团龙首矿以职工现场经验判断为基础导向，由金川集团信息与自动化工程有限公司专业技术人员进行仪表安装、调试，以山东杰控电气技术有限公司开发的先进充填控制理念为手段，经过 8 个月的现场数据采集、仪表升级改造、控制模型研发等过程，逐一攻破难题。2020 年 12 月，金川集团龙首矿西一充填站"一键充填"系统正式投入使用，标志着金川集团龙首矿"多骨料充填"复杂环境、多参数耦合调节控制的难题得以解决，核心参数算法难题实现重大突破，龙首矿"智能化充填"建设驶入"五化"项目实施的新阶段。该系统通过自适应含水率、骨料波动调整、生产过程自检自调、自动纠偏、应急处理等智能充填控制系统模型的研发应用，辅以复杂环境下的核心控制算法的程序开发，最大程度减少人员干预，做到了充填过程的自动化、数字化、透明化，以"最优、最快、最稳"的控制手段提升矿山充填质量，实现了国内工艺复杂的充填系统"一键"稳定生产，达到了机械化换人、自动化减人、智能化无人的目标。

5) 全尾砂+废石充填系统

2022 年，金川集团二矿区建设了以深锥浓密机为核心的全尾砂充填系统，每年可为消纳 35 万 t 废石、25 万 t 尾矿，有助于提升矿山废石和尾砂利用能力，实现固废减量化处理，降低环境治理费用和环境保护压力。金川二矿区"全尾砂+废石充填技术"采用针对性、模块化、集约化设计，优化系统结构，简化充填作业流程，集成超细尾砂短流程深度浓密、多物料精准添加和自适应调控、大流量低管阻稳态输送、"一键充填"智能化控制等关键技术，形成了在尾砂与废石 4∶6 配比、充填料浆浓度 77%~79%、坍落度>23 cm 的条件下，传统料浆输送过程中不分层、不离析、不泌水，充填体强度指标为 3 d≥1.5 MPa、7 d≥2.5 MPa、28 d≥5 MPa 的国内先进充填技术，有效保证了充填系统稳定、可靠运行。运行过程中，充填体整体性好，无明显的离析分层，强度指标达到设计要求，实现了全尾砂+废石传统料浆的稳定充填，有效提高了充填体整体质量，为降低采场安全风险和保障井下人员安全提供了重要保障。

思考题

1. 为什么卡莫亚铜钴矿极厚矿体采用浅孔开采工艺？

2. 为什么倾角不再是极厚矿体采矿方法选择的核心影响因素？

3. 分段空场嗣后充填法中深孔炮孔爆破参数如何设计？

4. 田兴铁矿沿走向和垂直走向布置的阶段空场嗣后充填法各有什么优缺点？

5. 针对矿体边界不规整、中间有夹石分布的厚大矿体，如何降低采场贫化率？

第8章 机械化采掘装备

在充填采矿法的基础上,通过配置机械化的采掘、出矿、运输及其他辅助装备,实现采矿、掘进、装载、运输的全流程机械化作业,不仅有利于提高资源的回采强度和回收效率,减少采空区暴露面积和暴露时间,还对降低用工成本和安全风险、推进机械化集约化开采、将矿山的资源优势转化为经济优势具有重大意义。

8.1 硬岩凿岩设备

目前,国内外还有大量的中小型硬岩矿山的采矿及掘进装备仍以 YT-28、YSP-45 等风动凿岩机为主,存在工人劳动强度大、安全性差、凿岩效率低,以及工作面噪声和粉尘大、爆破参数不合理、炸药单耗和大块率高等诸多问题。根据矿山的生产规模和主要采掘巷道的尺寸,可考虑引进凿岩台车,以降低工人劳动强度、提高掘进效率、改善作业环境。

8.1.1 小型凿岩台车

对于生产规模不大或主要采掘巷道断面较小的地下硬岩矿山,可考虑引进尺寸较小的小型凿岩台车替代传统的 YT-28、YSP-45 等风动凿岩机。

1.国外小型凿岩台车

1)厂家介绍

成立于 1873 年的阿特拉斯·科普柯集团是一家全球性的工业集团公司,总部设在瑞典的斯德哥尔摩,开发和制造工业工具、压缩空气设备、建筑与采矿设备、装配系统,并提供相关的服务和设备租赁。作为由阿特拉斯·科普柯矿山与岩石开挖技术业务领域和液压属具部共同组成的新公司,安百拓贸易有限公司于 2014 年在南京成立,为国内矿山采购阿特拉斯凿岩台车提供了方便。

2)产品型号

Boomer K41 是阿特拉斯·科普柯公司生产的适用于狭窄隧道和矿山巷道的小型凿岩台车。台车采用直接液压控制钻进系统具有防卡钎功能,配有高可靠性的带有缓冲减震系统的COP 系列凿岩机,BUT 系列重型钻臂可在两孔之间快速灵活切换,BMH 2000 系列重型铝合金推进梁,具有很高的抗弯、抗扭强度且耐腐蚀,具有坚固的铰接式底盘,四缸柴油发动机四轮驱动，四个液压支腿和可升降防护顶棚。

设备主要尺寸如下：宽度 1220 mm；顶棚高度（最低）2010 mm；顶棚高度（最高）2710；长度（配 BMH2X37 推进梁）10735 mm；最小离地间隙 240 mm；最小转弯半径 4570 mm；可最大覆盖 4190 mm 宽×4910 mm 高（如图 8-1 和图 8-2 所示）。

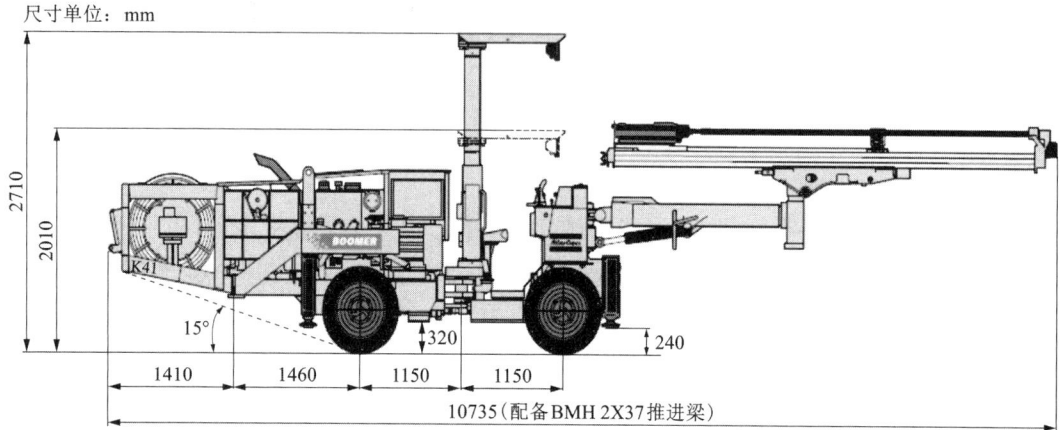

图 8-1　阿特拉斯 Boomer K41 液压凿岩台车侧视图

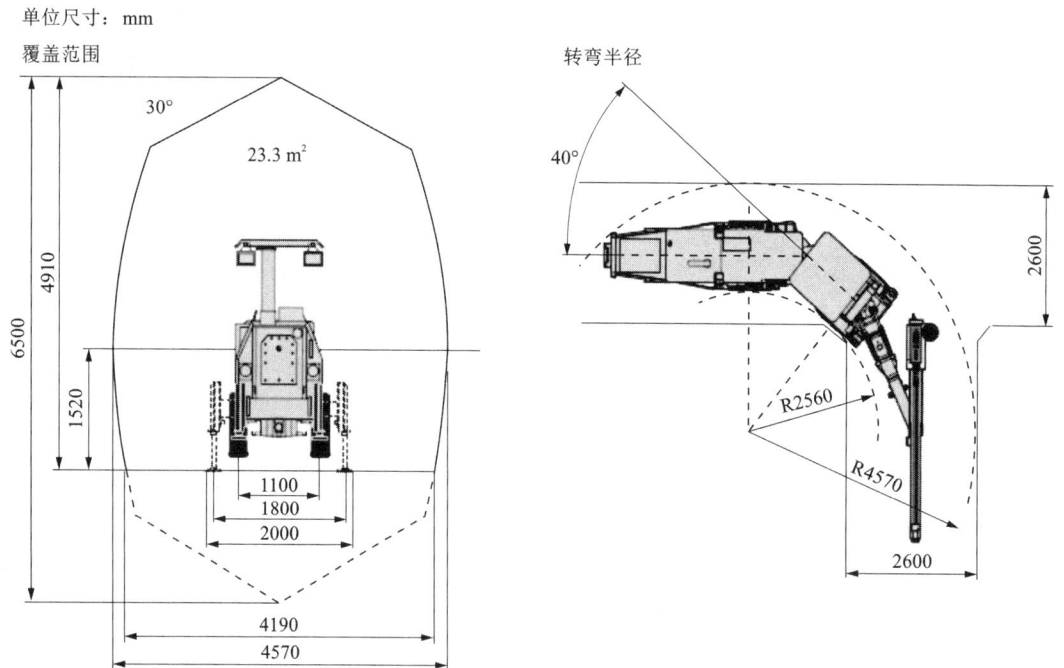

图 8-2　阿特拉斯 Boomer K41 液压凿岩台车主要结构尺寸

3）BMH 2000 系列推进梁

Boomer K41 配有 BMH2000 系列重型铝合金推进梁具有很高的抗弯、抗扭强度且耐腐蚀，各推进梁的主要性能对比见表 8-1。为了提高采掘速度和效率，一般推荐采用钻孔深度最大的 BMH 2X37 推进梁，其总长为 5287 mm，钻孔深度可达 3405 mm。

表 8-1 BMH 2000 系列推进梁主要性能对比

BMH 2000 系列	BMH 2X25	BMH 2X31	BMH 2X37
总长/mm	4087	4677	5287
钻杆长度/mm	2500	3090	3700
钻孔深度/mm	2225	2814	3405
质量(含凿岩机)/kg	455	470	490
推进力/kN	15	15	15

4）钻臂

Boomer K41 配有 BUT 4B 重型钻臂可在两孔之间快速灵活切换，其主要技术参数如下：推进补偿 1500 mm、钻臂延伸 900 mm、推进梁翻转 360°、推进梁回转 ±114°、推进梁俯仰角度 +18°/-65°、钻臂摆动角度(最大)±30°、钻臂自身质量 1042 kg。

5）凿岩机

Boomer K41 配有高可靠性的带有缓冲减震系统的 COP 1238K 凿岩机，其主要技术参数见表 8-2。COP 1238K 凿岩机可安装 R32-H35-R38、R32-H35-T38、SR35-H35-R38 等多种型号的钻杆，钻孔孔径均可在 38 mm 以上。

6）装机功率

Boomer K41 设备总装机功率 50 kW、主电机 45 kW、电压 380 V、频率 50Hz、变压器 1.8 kVA、电缆卷筒内径/外径 660/1000 mm、电驱动空压机、液压驱动增压水泵，内部配有电机热过载保护、冲击计时器、相序保护、漏电保护、蓄电池充电器、工作照明灯等装置。

表 8-2 COP 1238K 凿岩机主要技术参数

项目名称	型号、技术参数	项目名称	型号、技术参数
凿岩机	COP 1238K	回转系统	独立回转
钎尾	R32/R38/T38	回转速度/(r·min⁻¹)	0~340
机顶至回转中心/mm	88	回转扭矩(最大)/(N·m)	670
长度(不含钎尾)/mm	1008	润滑耗气量(2 bar 时)/(L·s⁻¹)	6
冲击功率/kW	15	耗水量/(L·s⁻¹)	1.1
冲击频率/Hz	50	质量/kg	172
液压系统压力/bar	220	噪声等级/dB(A)	<106

2. 国产小型凿岩台车

1) 张家口宣化华泰矿冶机械有限公司 CYTJ45(B)矿用液压掘进钻车

张家口宣化华泰矿冶机械有限公司位于河北省宣化经济开发区，是专业研制岩土钻凿及拆除机械的民营高新技术企业。如图 8-3 所示，公司生产的 CYTJ45(B)矿用液压掘进钻车主要适用于金属矿山及其他地下工程中各种狭小的巷道、隧道的掘进施工作业。该钻车采用全液压凿岩系统，设有防卡钎装置；整车结构紧凑、机动灵活性好，可大幅改善工作环境，提高施工效率和施工质量，可配备 14U 或 HC28 凿岩机，基本性能参数见表 8-3。

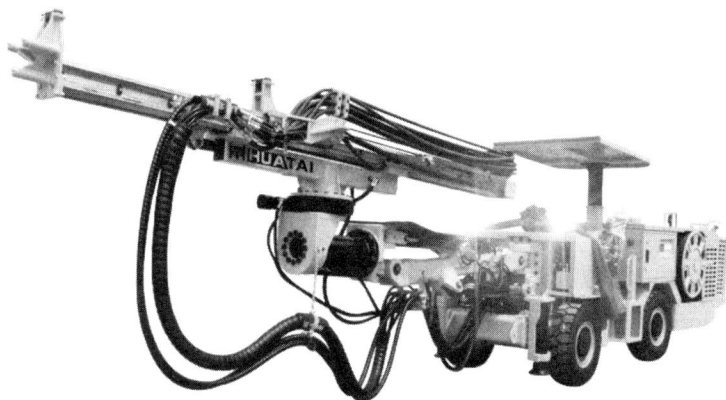

图 8-3　CYTJ45(B)矿用液压掘进钻车

表 8-3　CYTJ45(B)矿用液压掘进钻车产品参数

基本性能	基本参数	基本性能	基本参数
适用断面/(mm×mm)	2500×2500~3200×3200	外形尺寸/(mm×mm×mm)	9900×1500×2070/2865
钻臂数量	1	爬坡能力	14°
钻孔直径/mm	φ43~φ76	主电机功率/kW	55
钻孔深度/mm	2770	装机总容量/kW	65.5
凿岩机型号	14U	柴油机功率/kW	56.5
推进梁翻转	±180°	锚杆长度/mm	3090
转弯半径(外)/mm	4775	钻臂俯仰角度	俯26°仰50°
转弯半径(内)/mm	2425	整机质量/kg	10500

2) 湖南五新隧道智能装备股份有限公司 WD561 小断面凿岩台车

湖南五新隧道智能装备股份有限公司创立于 2010 年，专注于钻爆法隧道施工与矿山开采成套智能装备的研发、制造、销售。公司业务遍及铁路隧道、公路隧道、地下矿山、水利水电、抽水蓄能电站、地下洞库等领域；主要产品涵括矿用智能掘进钻车、矿用湿喷机、隧道凿岩台车、隧道湿喷机、多功能拱架安装车、数字锚杆台车、数字养护台车、智能数字化浇筑衬砌台车及各类交通、水利水电隧道(隧洞)衬砌台车等。针对目前中小矿山、水利工程隧洞施工因受小断面尺寸的限制，在施工方法的选择上具有很大局限性这一行业痛点，湖南五新隧道智能装备股份有限公司研发的 WD561 小断面凿岩台车(如图 8-4 所示)具有如下 6 大性能特点：

(1)体型小。高度最小 1.6 m，仅有 1.3 m 宽、8 m 长，特别适合中小矿山隧洞掘进开挖。

(2)高效掘进。钻孔速度快，配置 18 kW 凿岩机，最高 2.5 m/min。

(3)断面适应性强。适用于 4~21 m² 断面，最小可适应工作断面 1.9 m×1.9 m。

(4)一次进尺大。单次掘进最大进尺可达 3.4 m。

(5)成型效果好。超欠挖控制佳，隧洞成型标准。

(6)云端数据管理。设备具备施工数据存储传输功能，施工过程可实时监控，并可事后追溯。

图 8-4　WD561 小断面凿岩台车

8.1.2　大型凿岩设备

大中型矿山由于矿山规模较大或矿体规整、厚度较大，根据采矿工艺要求，可引进大型或多臂凿岩台车以进一步提高采掘效率，满足大规模机械化开采的要求。

1. 国外大型凿岩台车

1)产品介绍

阿特拉斯·科普柯公司生产的 Boomer 292 双臂液压掘进凿岩台车(如图 8-5 所示)，适用于中型地下矿山或隧道，覆盖面积可达 51 m²。针对多种凿岩应用需求，开发了适用于各种操作需求的多样化可选配置，将安全性、信息化、现代化提升至直控型钻机的新水平。BUT29 改进型钻臂在结构和安装上全面强化，并在关键部位加入防护，更不易受冲击损伤，可实现稳定地高精度凿岩。PLC 显示系统，清晰、丰富地显示凿岩信息、车辆信息和保养信息，并带有醒目的报警和自动停机功能；封闭式发动机舱盖，避免落物冲击的同时，外观更整洁，整体更美观；符合人体工程学的工作界面，操作轻松、合理；驾驶台的开关式按钮，信息直观、操作简易。

图 8-5　Boomer 292 液压凿岩台车

2）设备尺寸

设备主要尺寸如下：宽度 2427 mm；顶棚高度最低 2248 mm，最高 2948 mm；长度（配BMH2837/43/49 推进梁）11158 mm、11768 mm、12378 mm；最小离地间隙 196 mm（如图8-6 和图 8-7 所示）。

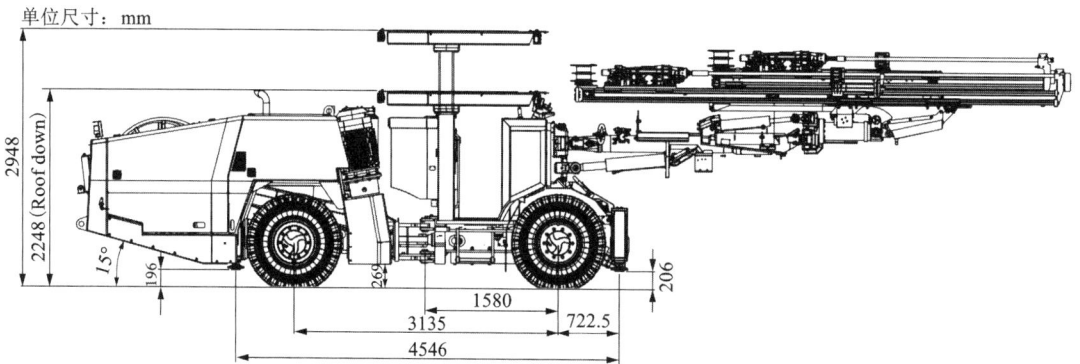

图 8-6　Boomer 292 液压凿岩台车侧视图及尺寸

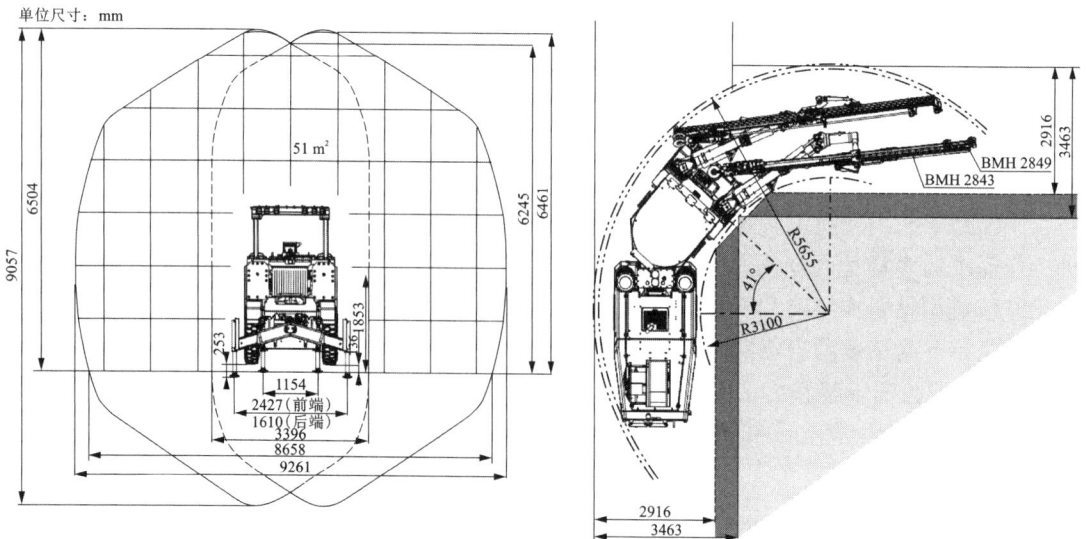

图 8-7　Boomer 292 液压凿岩台车主要结构尺寸

3）BMH 2800 型推进梁

Boomer 292 配有强壮的铝制横梁，具备高抗弯及抗压性能，推进力可达 50 kN。为断面掘进提供可选配的伸缩型 BMHT 系列推进梁，各推进梁的主要性能对比见表 8-4。

表 8-4　BMH 2800 型推进梁主要性能对比

BMH 2800 系列	BMH 2831	BMH 2837	BMH 2843	BMH 2849
总长/mm	4594	5332	5942	6552
钻杆长度/mm	3090	3700	4310	4920
钻孔深度/mm	2775	3266	3876	4486
质量（含凿岩机）/kg	475	495	525	540
推进力/kN	15.0	15.0	15.0	15.0

4）钻臂

Boomer 292 配有 BUT 29 重型钻臂，其主要技术参数如下：推进补偿 1250 mm、钻臂延伸 1450 mm、全方位平行保持、推进梁翻转 360°、推进梁俯仰角度+90°/-0°、钻臂摆动角度（最大）+45°/-25°、钻臂自身质量 1750 kg。

5）凿岩机

Boomer 292 配备 COP 1838 HD+系列凿岩机，双缓冲系统工作高效、穿透性强，钻具消耗更加经济；其行程设置可调，以适应不同的岩石条件；"HD"重型机头，轻松应对恶劣工况；"+"系列凿岩机将建议保养间隔时间延长 50%，进而提高机器使用率，并降低运行成本，其主要技术参数见表 8-5。COP 1838 HD+系列凿岩机可安装 T38-H35-R32、R38-H32-R32、R38-H35-R32 等多种型号的钻杆，钻孔孔径均可在 38 mm 以上。

表 8-5　COP 1838 HD+系列凿岩机主要技术参数

项目名称	型号、技术参数	项目名称	型号、技术参数
钎尾	R38/T38	回转系统	独立回转
机顶至回转中心/mm	88	最大回转速度/(r·min⁻¹)	340/215
长度（不含钎尾）/mm	1008	回转扭矩（最大）/N·m	640/1000
冲击功率/kW	18	润滑耗气量（2 bar 时）/(L·s⁻¹)	5
冲击频率/Hz	60	质量/kg	175
液压系统压力/bar	230	噪声等级/dB(A)	<106

6）电气系统

Boomer 292 总装机功率 144 kW，主电机 2×55 kW、电压 380~1000 V、频率 50~60 Hz、变压器 5.0 kVA、电缆卷筒内径/外径 920/1395 mm、星形/三角形（1000 V）直接启动。台车内配有电机热过载保护、冲击计时器、相序保护、蓄电池充电器、数字显示屏等装置。

2.国产大型凿岩台车

1）湖南五新隧装 WD210D 两臂凿岩台车

湖南五新隧道智能装备股份有限公司生产的电脑导向两臂凿岩台车 WD210D 采用电比例控制和电脑导向定位，适用于铁路、公路、水电等领域的隧道掘进爆破孔和锚杆孔作业（如图 8-8 所示），同样也适用于大断面的井巷工程和采掘作业。技术特点主要包括：

（1）施工自动化程度高，凿岩速度远超人工手风钻。

（2）设备仅需 2 名工人操作，大大减少人员配置，提高经济效益。

（3）采用电比例控制系统，移除了复杂的液压油管，便于日常保养维护。

（4）配置电脑导向系统，方便钻臂的开孔及定位。

（5）臂架调整灵活，可精确控制钻眼角度及深度，避免二次钻爆。

（6）钻孔时压力值自适应，减少钻具消耗，降低配件成本。

（7）升降式封闭驾驶室，视野开阔，作业安全系数高。

（8）配备水雾冲渣系统及吹孔装置，能有效清除孔内石渣，提高钻孔效率。

（9）四轮驱动底盘转向灵活，机动性强。

2）与同类设备相比特点及优势

（1）针对国内隧道施工工况条件，更贴近国内隧道施工。

（2）采用先进的计算机系统和图形化显示技术，可精确控制孔位、推进梁角度和孔深。

（3）配有一套完整的自诊断系统和安全报警系统，对整个系统实行实时监控和故障检测。具备半自动钻孔、自动防卡钎、自动停止冲击等功能。

电脑导向两臂凿岩台车 WD210D 主要技术参数见表 8-6。

图 8-8 电脑导向两臂凿岩台车 WD210D

表 8-6 电脑导向两臂凿岩台车 WD210D 主要技术参数

	技术性能	技术参数		技术性能	技术参数
基本参数	整机质量/kg	37500	底盘	行走速度/(km·h⁻¹)	15
	外形尺寸/(mm×mm×mm)	16350×2800×3400		爬坡能力/%	26.8
	作业范围/(mm×mm)	13675×9275		最小离地间隙/mm	330
	转弯半径/mm	外 10200/内 5200		最小内回转半径/m	4700
	最大覆盖面积/m²	108		最小外回转半径/m	7400
	最小高度/m	4.5		前后轮轴距/mm	4150
凿岩机	数量	2		轮距/mm	2255
	系统压力/bar	230		轮胎数量	4
	冲击功率/kW	18.4(可选配)		发动机功率/kW	120
	冲击压力/bar	180		传动系统	四轮驱动
	冲击频率/(次·min⁻¹)	2500		制动系统	液压式行车制动
	每次冲击功/J	438		转向系统	铰接式转向
	旋转液压油压力/bar	150		燃油箱容积/L	120
	旋转扭矩/(N·m)	540	钻孔液压系统	液压控制方式	电比例负载敏感
	回转速度/(r·min⁻¹)	250		电动机功率/kW	65×2
	冲洗水压/bar	10~15		主油泵压力/bar	220
	质量/kg	180		主油泵排量/(L·min⁻¹)	140
钻臂	数量	2		副油泵压力/bar	180
	控制方式	电脑控制		副油泵排量/(L·min⁻¹)	55
	覆盖面积/m²	108		液压油箱容积/L	570
	伸缩行程/mm	2500	空气系统	增压水泵功率/kW	7.5
	旋转角度/(°)	左右±45		额定排量/(L·min⁻¹)	160~260
	升降角度/(°)	仰俯-30~+60		额定压力/bar	10
推进梁	数量	2		钻孔时水压/bar	8~115
	推进类型	油缸-钢丝绳	电气系统	总输入功率/kW	150
	推进梁总长/mm	7180		电压/V	380
	推进行程/mm	2400		频率/Hz	55
	最大推进力/kN	20		电缆长度/m	100
	钻杆长度/mm	5525		启动方式	软启动
	钻孔直径/mm	φ33~φ108		安全保护系统功能	相序过载保护
	一次推进深度/mm	5200	电缆盘	最大输出功率/kW	150
	接杆最大深度/m	30		电缆长度/m	100
	翻转角度/(°)	360	控制系统	钻机系统控制类型	电脑导向控制
	摆动角度/(°)	270		控制面板类型	触摸式
	升降角度/(°)	90		电子系统供电类型	24 V 直流
工作平台	工作范围//(mm×mm)	16500×11600		钻臂控制类型	手动/半自动
	举升力/kg	500			
	伸缩行程/mm	5000			

8.1.3 深孔凿岩台车

传统的风动导轨式钻机,例如 YGZ 系列导轨钻机,是以压缩空气为动力的中深孔凿岩机具,存在设备重、转运不便、凿岩效率低等问题,将被可接杆钻凿大直径中深孔和深孔的凿岩台车所替代。

1. 国外大型深孔凿岩台车

1)产品介绍

如图 8-9 所示,阿特拉斯·科普柯公司生产的 Simba E7 是一款大型液压深孔凿岩台车,可采用多种钻头、凿岩机和潜孔锤施工孔径为 51~127 mm 的中深孔。Simba E7 不仅可以远程控制,提高生产效率,增强操作员的安全和舒适度,还可以以最大 6.9 m 的间隔进行上下平行钻孔。此外,符合防滚翻(ROPS)/防落物(FOPS)认证的驾驶室,可以为操作员提供良好的视野和舒适的工作环境;可选配的远程遥控系统可使操作员远离钻车和环境恶劣的作业区,提高安全水平;障碍传感器使得操作员和其他工作人员在自动钻进时免受旋转部件的伤害。

图 8-9 Simba E7 深孔凿岩台车

2)设备尺寸

宽度 2380 mm;防护顶棚最大高度 2960 mm;长度(配 BMH214/215/216 推进梁)8209 mm、8486 mm、8763 mm;离地间隙 280 mm;转弯半径(外径)5440 mm,转弯半径(内径)2890 mm(如图 8-10 和图 8-11 所示)。

3)凿岩机

Simba E7 配备 COP 3060MUX 凿岩机,凿岩系统包括干钻系统、套管安装(CPI)、钻头更换器、水雾冲渣系统、外接水源,风源(液压油冷却为水冷)、吹孔装置、凿岩机润滑报警装置、螺纹润滑组件等组件。COP3060MUX 凿岩机可安装 TDS 76、TDS 87 等多种型号的钻杆,其中常用的 TDS 76 孔径为 89~102 mm,TDS 87 孔径为 102~115 mm。

4)电气系统

Simba E7 设备总装机功率 118 kW、主电机功率 2×55 kW、电压 400~1000 V、频率 50~60 Hz、变压器 8 kVA、星形/三角形(400~690 V)启动。台车内配有电机热过载保护、冲击计

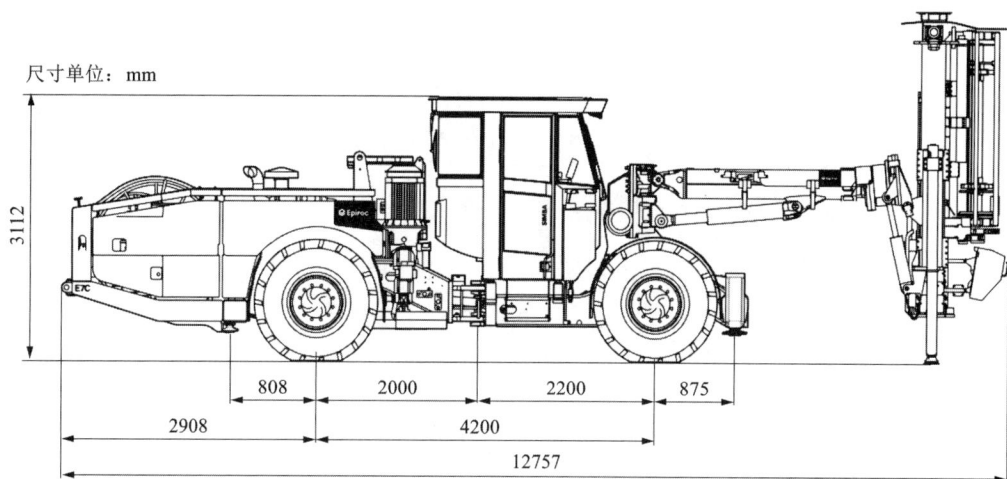

图 8-10　Simba E7 深孔凿岩台车侧视图及尺寸

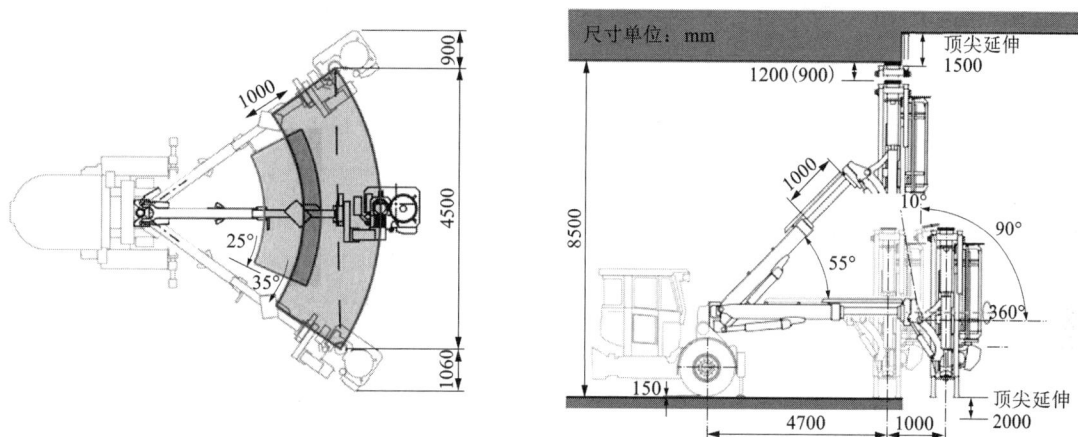

图 8-11　Simba E7 深孔凿岩台车主要结构尺寸

时器、电控箱内配有数字式电压/电流表、相序指示器、接地故障保护器、电池充电器、电缆卷盘双重控制、电缆卷盘限位开关(带信号灯和制动连接)、不锈钢电气外罩等装置。

2. 国外中型深孔凿岩台车

1) 产品介绍

Simba 1354 是一款适用于中小型矿山的中型深孔凿岩台车(如图 8-12 所示),钻孔时,可以在顶板和帮壁上施工直径为 51~89 mm 的上向或下向平行孔和扇形孔,储杆器可安装 17+1 根钻杆,机械钻孔深度最大可达 32 m。Simba 1354 潜孔锤和凿岩机均针对各种不同的布孔参数进行了设计,可在中型巷道中实现精确打孔和稳定推进。

图 8-12　Simba 1354 深孔凿岩台车

2）设备尺寸

宽度 2380 mm；防护顶棚最大高度 2960 mm；长度（配 BMH214/215/216 推进梁）8209 mm、8486 mm、8763 mm；离地间隙 280 mm；转弯半径（外径）5440 mm，转弯半径（内径）2890 mm（如图 8-13 和图 8-14 所示）。

3）BMH 200 系列推进梁与凿岩机

Simba 1354 深孔凿岩台车配备 BMH 200 系列推进梁，各推进梁的主要性能对比见表 8-7。Simba 1354 配备配备反打装置的 COP 2550UX+凿岩机，强劲有力 COP 2550UX+凿岩机配备内置液压反打装置以防恶劣岩石工况时卡钎，并配备独立的冲洗头使水路系统单独隔离。COP 2550UX+凿岩机可安装 COP 44 Gold、COP 54 Gold、COP 64 Gold 等多种型号的钻杆，钻孔孔径均可在 110 mm 以上。

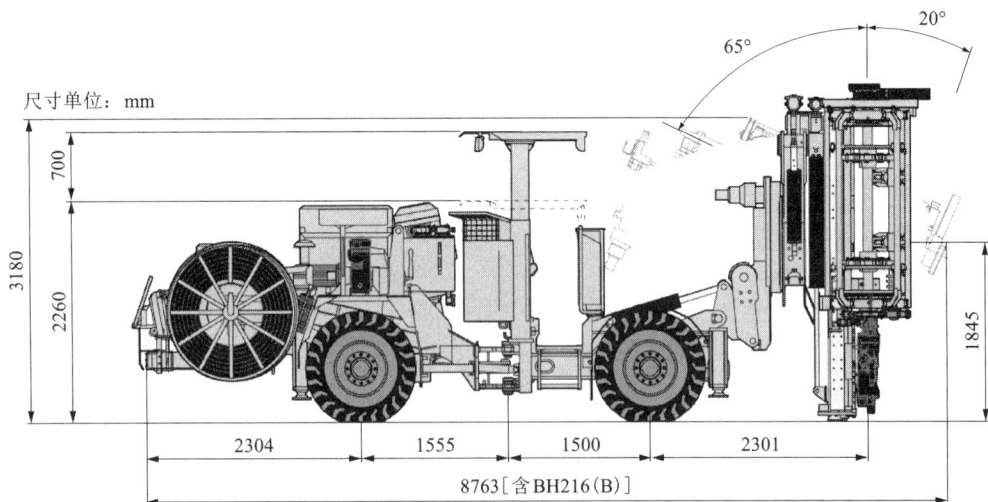

图 8-13　Simba 1354 深孔凿岩台车侧视图及尺寸

尺寸单位：mm

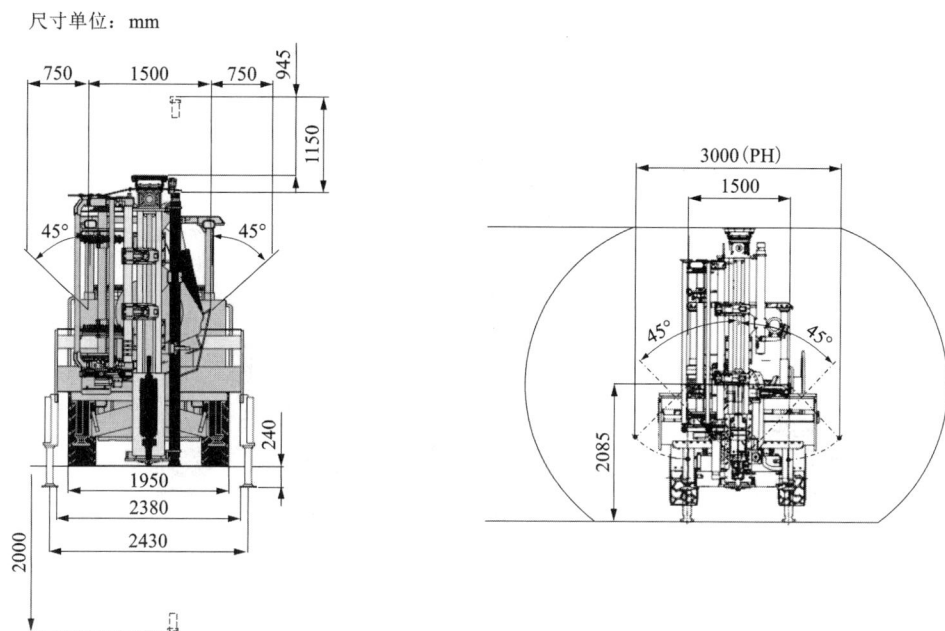

图 8-14 Simba 1354 深孔凿岩台车主要结构尺寸

表 8-7 COP 2550UX+凿岩机主要技术参数

项目名称	型号、技术参数	项目名称	型号、技术参数
凿岩机	COP 2550UX +	回转系统	独立回转
钎尾	T51E	回转速度/$(r \cdot min^{-1})$	0~110
最大冲击功率/kW	25	最大扭矩/$(N \cdot m)$	1970
冲击频率/Hz	42~55	润滑耗气量(0.2 MPa 时)/$(L \cdot s^{-1})$	5
液压系统最大压力/bar	230	耗水量/$(L \cdot min^{-1})$	60~150
质量/kg	250		

4）电气系统

Simba 1354 设备总装机功率 70 kW，主电机功率(50 Hz)55 kW、电压 380~1000 V、频率 50~60 Hz、变压器 4 kVA、星形/三角形(380~690 V)启动或(1000 V)直接启动。台车内配有电机热过载保护、冲击计时器、电控箱内配有数字式电压/电流表、相序指示器、接地故障保护器、蓄电池充电器、装在三脚架上的工作照明灯(2×200 W，24 V)、带孔深测量装置的 ARI 6C 角度仪、漏电保护箱、Buflex 电缆等装置。

3. 国外小型深孔凿岩台车

1）产品介绍

如图 8-15 所示，Simba 1254 是专为小尺寸巷道断面打造的液压凿岩台车，较高穿孔速度的凿岩机可有效提高掘进速度，配有双顶尖及角度指示仪可在提高钻进稳定性和精度的同时，加快和简化开机准备工作，可让操作员更加轻松地实现更高产能。

图 8-15　Simba 1254 深孔凿岩台车

2）设备尺寸

宽度 2380 mm；行车高度 2660 mm、2770 mm、2810 mm，顶棚最大高度 2920 mm；离地间隙 260 mm；转弯半径（外径）5100 mm，转弯半径（内径）2500 mm（如图 8-16 和图 8-17 所示）。

3）BMH 200 推进梁及凿岩机

Simba 1254 深孔凿岩台车配备 BMH 200 系列推进梁，各推进梁的主要性能对比见表 8-8。Simba 1254 配备高速穿透率的 COP1838+凿岩机，能显著增强机器实用性并降低运营成本。其主要技术参数见表 8-9。COP1838+凿岩机可安装 T38 Speedrod、T45 Speedrod 等多种型号的钻杆，钻孔孔径均可在 70 mm 以上。

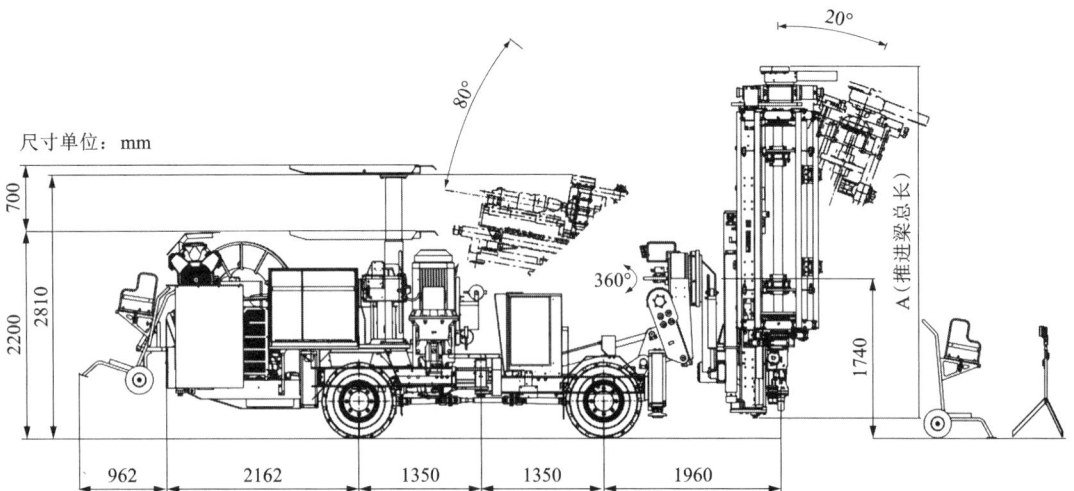

图 8-16　Simba 1254 深孔凿岩台车侧视图及尺寸

尺寸单位：mm

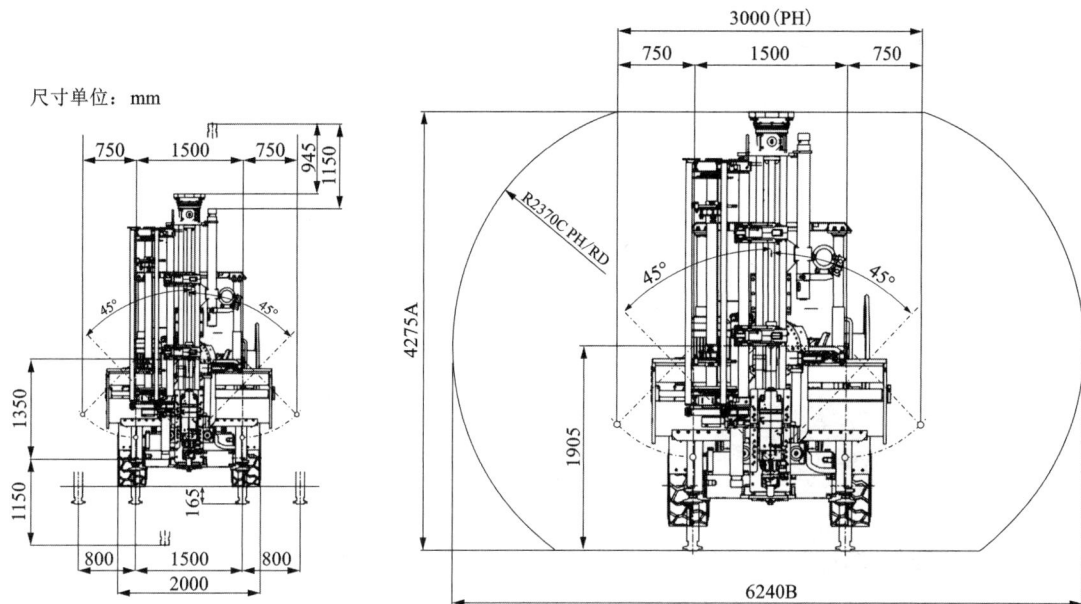

图 8-17　Simba 1254 深孔凿岩台车主要结构尺寸

表 8-8　BMH 200 系列推进梁主要性能对比

BMH 200 系列	BMH 214	BMH 215	BMH 216
总长/mm	3160	3465	3770
钻杆长度/mm	1220	1525	1830
总长(配反打装置)/mm	3365	3670	3975

表 8-9　COP1838+凿岩机主要技术参数

项目名称	型号、技术参数	项目名称	型号、技术参数
凿岩机	COP 1838+	回转马达	独立回转
钎尾	T38E/T45E	回转速度/(r·min⁻¹)	0~340
最大冲击功率/kW	20	最大扭矩/(N·m)	640/1000
冲击频率/Hz	60	润滑耗气量(0.2 MPa 时)/(L·s⁻¹)	5
液压系统最大压力/bar	230	耗水量(L·min⁻¹)	40~120
质量/kg	170		

4)电气系统

Simba 1254 设备总装机功率 65 kW、主电机功率(50 Hz)55 kW、电压 380~1000 V、频率 50~60 Hz、变压器 5 kVA、电缆卷筒内径/外径 660/1095 mm、星形/三角形(380~690 V)启动或(1000 V)直接启动。台车内配有电机热过载保护、主电箱面板上配有冲击计时器、主电箱面板上配有数字式电压/电流表、相序指示器、接地故障保护器、蓄电池充电器、凿岩机润滑低油位报警、电缆卷筒限位开关等装置。

4. 国产深孔凿岩台车

1) 华泰 CYTC76 型凿岩台车

张家口宣化华泰矿冶机械有限公司生产的 CYTC76 型深孔凿岩台车,整机的定位动作采用电控系统,凿岩机作业及防卡钎系统采用 PLC 电脑控制,具有结构紧凑、外形尺寸小、节约能源、噪声低、功能多、效率高等优点。如图 8-18 所示,该台车适用于中小型金属矿山的采矿作业,钻孔时,可以在顶板及帮壁上开凿直径为 $\phi64\sim\phi89$ mm 的上向或下向平行孔及扇形孔,钻孔深度可达 30 m,主要技术参数见表 8-10。

图 8-18 CYTC76 矿用液压采矿钻车

表 8-10 CYTC76 矿用液压采矿钻车基本性能参数

基本性能	基本参数	基本性能	基本参数
钻杆长度/mm	1220	外形尺寸/(mm×mm×mm)	9110×2350×3010
储杆器数量/根	27+1	爬坡能力	14°
钻孔直径/mm	$\phi64\sim\phi89$	电动机功率/kW	75
钻孔深度/m	35	冲击功率/kW	74
凿岩机型号	22U	柴油机功率/kW	74
冲击能/J	22	整机质量/kg	16500
供电电压(可定制)/V	380(可定制)		

2) 华泰 CYTC70(72) 型凿岩台车

如图 8-19 所示,CYTC70(72) 型凿岩台车尺寸更小,适应范围更广,可在宽度仅为 3 m 的巷道内工作和转向;钻孔的冲击功率可达 18 kW,钻孔直径为 $\phi90$ mm,推进器能够水平垂直双向 360° 旋转,主要技术参数见表 8-11。

图 8-19　CYTC70(72)矿用液压采矿钻车

表 8-11　CYTC70(72)矿用液压采矿钻车基本性能参数

基本性能	基本参数	基本性能	基本参数
钻杆长度/mm	1000/915	外形尺寸/(mm×mm×mm)	8315×1650×2140/2850
适用断面/(mm×mm)	3500×3500~4000×4000	爬坡能力/(°)	14
钻孔直径/mm	ϕ90	电动机功率/kW	55
钻孔深度/m	30	凿岩机功率/kW	18
凿岩机型号	RD18U	柴油机功率/kW	53.1
冲击能/J	316	整机质量/kg	13000

8.1.4　潜孔钻机

1. 潜孔钻机简介

潜孔钻机是为了不使活塞冲击钎杆的能量随炮孔加深和钎杆加长而损耗所研制的一种凿岩设备。在凿岩作业时,钻机的冲击部分(冲击器)深入孔内,在钻机推进机构的作用下,通过钻具给钻头施以一定的轴向压力,使钻头紧贴孔底岩石。井下潜孔钻机包括回转供风机构、推进调压机构、操纵机构和凿岩支柱等。回转机构是独立的外回转结构,功能是使钻具不断转动;冲击器是深入孔内冲击岩石的动力源。钻头在轴向压力作用和连续旋转的同时,间歇受到冲击器的冲击,从而对孔底岩石产生冲击剪切破坏作用,产生的岩粉在经钻杆送至孔底的压缩空气和高压水的作用下,沿钻杆与孔壁之间的环形空隙不断排出。潜孔钻机的钻孔速度不随孔深的增加而降低,国内外常用的潜孔钻机设备规格及技术参数见表 8-12。

表 8-12　国内外常用潜孔钻机设备规格及技术参数

规格型号	主要技术参数	设备厂家
Simba 364	孔径 90~165 mm, 最大孔深 51 m, 行走高度 3180 mm, 宽度 1950 mm, 功率 65 kW	Atlas Cop
Simba M4	孔径 51~178 mm, 最大孔深 63 m, 驾驶室高度 3100 mm, 宽度 2386 mm	Atlas Cop
Simba M6	孔径 51~178 mm, 最大孔深 63 m, 驾驶室高度 3100 mm, 宽度 2210 mm	Atlas Cop
CUBEXAries	孔径 69~160 mm, 最大孔深 60 m, 最小巷道宽度 3.15 m, 巷道高度 3.15 m, 最大爬坡 35%(轮胎式)	SANDVIK
CUBEX6200	孔径 69~160 mm, 孔深 20~100 m, 最小巷道宽度 3.05 m, 巷道高度 3.05 m, 最大爬坡 35%(履带式)	SANDVIK
T-100	孔径 75~127 mm, 最大孔深 60 m, 外形尺寸: 3350 mm×1700 mm×1800 mm, 环形钻机气压 1~1.7 MPa(自行式)	铜陵金湘
T-150	孔径 120~254 mm, 最大孔深 100 m, 外形尺寸: 4350 mm×1580 mm×2360 mm, 环形钻机气压 0.5~2.1 MPa, 爬坡能力 25%, 功率 15 kW(自行式)	铜陵金湘
KQD100	孔径 85~105 mm, 最大孔深 50 m, 外形尺寸: 1700 mm×900 mm×600 mm, 环形钻机气压 0.5~1.8 MPa	有色重机
QZJ-100B	孔径 80~120 mm, 最大孔深 60 m, 气压 0.5~0.7 MPa, 水压 0.8~1.0 MPa	宣化采机
YQ100B	孔径 80~120 mm, 最大孔深 60 m, 气压 0.5~0.7 MPa, 水压 0.8~1.0 MPa	宣化采机
QZJ-80	孔径 76~80 mm, 最大孔深 35 m, 适应矿岩 f=8~16, 巷道尺寸(3.8~4.2) m×(3.4~3.8) m, 钻孔角度 45°, 气压 1.0~2.46 MPa, 功率 11 kW	宣化采机

2. 国外潜孔钻机

国内应用较广的进口潜孔钻机为瑞典 Atlas Copoc 公司的 ROC 360 高压地下潜孔钻机以及 Simba 260 系列潜孔钻机(5 个系列中, 因 Simba 260/261 不能施工平行孔, 已很少使用, 目前常用的是 Simba 262/263/264 系列), 但总体价格较高, 订购周期较长。

1) 产品介绍

如图 8-20 所示, 阿特拉斯·科普柯公司生产的 Simba M6 是一款深孔开采钻机, 非常坚固, 适用于孔径为 51~178 mm 的大中型竖井采矿。该钻机可采用多种钻头、凿岩机和潜孔锤。钻机操作员在舒适驾驶室内享有非常好的视野, 安全性也得以提高。通过远程控制功能, 可以在一个安全舒适的位置控制一台或多台钻机, 在人员休息和换班时仍然可以继续钻进。

2) 设备尺寸

如图 8-21 所示, 设备宽度 2350 mm; 顶棚高度(最低) 2300 mm; 顶棚高度(最高) 3000 mm; 长度 10515 mm; 最小离地间隙 224 mm; 转弯半径(外径) 7300 mm, 转弯半径(内径) 4300 mm。主要技术参数见表 8-13。

图 8-20　Simba M6 潜孔钻机

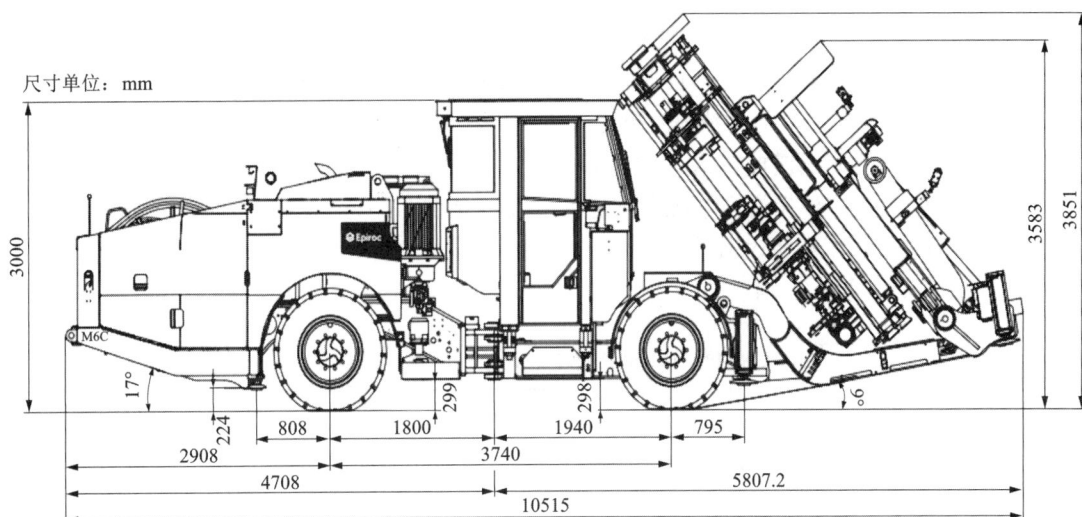

图 8-21　Simba M6 潜孔钻机设备尺寸

表 8-13　Simba M6 潜孔钻机主要技术参数

基本性能		型号、基本参数
凿岩机		COP 1838+
孔径/mm		51~178
牵引速度/(km · min⁻¹)	平地(阻力 0.05)	15
	斜面(1:8)	5
总装机功率/kW		2×55
电压/V		400~100(50/60 Hz)

3.国产潜孔钻机

CS150H 地下潜孔钻机(如图 8-22)为湖南一二机械科技有限公司生产,结合当前国内地下矿山开矿工艺新特点,在原有潜孔钻机产品基础上优化改进而来。该机型在优化原有凿岩参数的情况下,通过系统集成技术对整机尺寸进行低矮化设计,转弯半径小、行走灵活、安全性高,更好地适应了国内矿山的发展需求。

(1)可 360°全方位凿岩,作业灵活、范围广;

图 8-22　CS150H 地下潜孔钻机

(2)采用轮胎式底盘行走系统,牵引力大,爬坡能力强;

(3)采用先进的液压集成技术,提高了液压系统的可靠性;

(4)采用先进的接卸杆装置和自动防卡系统,确保钻机高效作业;

(5)采用模块化设计,方便维修、更换;

(6)采用先进的无线遥控技术,可实现远距离、多方位操作,操作更加安全、方便;

(7)各钻机参数可根据岩石情况和钻进深度无级调整,提高了回转和推进等主要工作机构的驱动能力、平稳度和抗过载能力。

主要技术参数见表 8-14。

表 8-14　CS150H 地下潜孔钻机主要技术参数

项目		参数	备注
钻孔参数	钻孔直径/mm	$\phi76\sim\phi203$	
	钻孔深度/m	100	
	钻孔俯仰角度/(°)	$-5\sim70$	以垂直面为基准
	钻杆直径/mm	$\phi76\sim\phi114$	
	钻杆长度/m	1.5	
	钻臂环形回转角度/(°)	360	
推进参数	推进行程/mm	1650	
	推进力/kg	$0\sim8700$	连续可调
	提升力/kg	$0\sim8700$	连续可调
	最大推进速度/($m\cdot min^{-1}$)	12	
	补偿行程/mm	775	

续表 8-14

项目		参数	备注
行走参数	行走方式	轮胎式、液压驱动	
	转弯半径/m	原地 360°	
	行走速度/(km·h⁻¹)	0~1.5	
	爬坡能力	25°	
工作气压	输出压力/MPa	0.6~2.1	
	回转速度/(r·min⁻¹)	33	
	正转扭矩/(N·m)	0~4700	
	反转扭矩/(N·m)	0~4700	
整机参数	电机功率/kW	11×2	
	控制方式	无线遥控	
	外形尺寸/(mm×mm×mm)	3364×1200×1825	托架除外
	最小离地间隙/mm	245	
	整机质量/kg	4000	
控制方式	行走	远程无线遥控	
	凿岩	远程无线遥控	

8.2　软岩掘进机

掘进机是隧道工程和煤矿常用的用于平直地面开凿巷道的机器，主要由行走机构、工作机构、装运机构和转载机构组成。随着行走机构向前推进，工作机构中的切割头不断破碎岩石，并将碎岩运走，具有安全、高效和成巷质量好等优点。我国是产煤大国，各大小煤矿众多。我国煤巷高效掘进方式中最主要的方式是悬臂式掘进机与单体锚杆钻机配套作业线，也称为煤巷综合机械化掘进。悬臂式掘进机是集截割、装运、行走、操作等功能于一体，主要用于截割任意形状断面的井下岩石、煤或半煤岩巷道。

8.2.1　小型掘进机

1. SCR200Z 型掘进机

由三一重型装备有限公司设计制造的 SCR200Z 型掘进机，具有切割硬度高、截齿损耗小、机器稳定性好、操作方便、可靠性高等优点。

1）适用范围

（1）适用于含有瓦斯、煤尘或其他爆炸性混合气体的环境；

（2）海拔不超过 2000 m、无长期连续淋水的地方；

（3）环境温度 0 ℃ ~ +40 ℃，空气湿度不大于 95%（在 25 ℃时）；

（4）可截割岩石硬度 $f \leqslant 5 \sim 7$；

（5）适应巷道最大坡度 ±16°。

2）技术参数

（1）外形尺寸（m）：长 11.5×宽 2.6×高 1.7；

（2）机重（t）：60；

（3）总功率（kW）：332；

（4）截割电机功率（kW）：200；

（5）接地比压（MPa）：0.16；

（6）定位可掘最大高度（m）：4.0；

（7）定位可掘最大宽度（m）：4.5；

（8）供电电压（V）：1140；

（9）液压系统压力（MPa）：23。

3）外形图片

三一重型装备有限公司的 SCR200Z 型掘进机外形如图 8-23~图 8-24 所示。

图 8-23　SCR200Z 型掘进机外形图

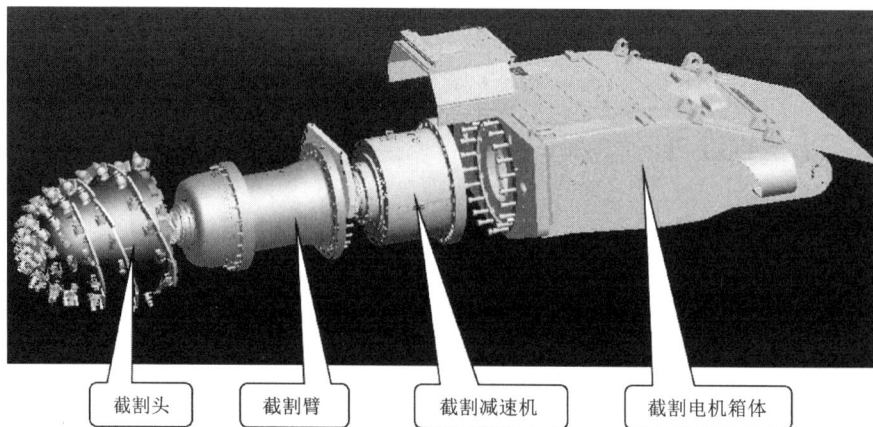

截割头　截割臂　截割减速机　截割电机箱体

图 8-24　SCR200Z 型掘进机截割部结构图

4）技术特点

（1）机械破岩：改变非煤矿山传统爆破采掘方式，可实现机械采掘，无需使用炸药。

（2）效率高：具有机械破岩、铲装、运输连续采掘工艺，矿岩硬度 $f<8$ 时，效率是爆破的 2 倍。

（3）工艺简单：相比爆破打眼、装药、连续爆破、通风、铲装、运输工艺减少 45%。

（4）巷道成型好：岩体扰动破坏小，巷道平整规则，支护量降低 30% 以上，效率提高 1 倍。

（5）安全性高：岩体扰动小，断面规整，无爆破作业，工作面设备人员更安全。

（6）低运营成本：运营成本由人工、水电费、截齿消耗、维护保养组成，矿岩硬度 $f<6$ 时，截割效率 8~10 m^3/h，截齿消耗 0.05~0.08 个/m^3，成本较爆破降低 20%。

5）配套条件

（1）配电条件：电压等级 1140 V，电业局提供 10 kV 经过移动矿用变压器降压后给设备供电，同时移动变压器距离采矿机小于 500 m，以满足采矿机对电压的要求。电缆推荐型号：高压（10 kV）：YJV-8.7/10 kV-3×50，低压（10 kV）：MCP-0.66/1.14-3×95+1×25。

（2）供水条件：采矿机需要供水进行截割电机与液压系统的冷却及喷雾辅助降尘。供水压力 3~8 MPa，供水量 120 L/min，pH 为 6~8。采矿机供水管选择通径 25 mm，上级水管通径 ≥100 mm。

（3）油品准备：抗磨液压油、工业齿轮油、2 号锂基润滑脂。

（4）除尘：除尘装置通过软风筒引入工作面，风筒距离工作面 3 m 左右，工作面正压风筒供风风量超过除尘风量 10%，压入风筒距离工作面 20 m 左右。

（5）出料方式：方案一，物料经铲板，运输机运输后直接落入矿车；方案二，物料经运输系统尾部落地，由扒矿机或铲运机执行收料工作，并负责直接装车，出料工作可间断，掘进工作不受后配套运输影响，灵活性提高；方案三，采用皮带运输。

2. EBZ160 型掘进机

山西天地煤机装备有限公司设计制造的 EBZ160 型掘进机，拥有切割硬度高，截齿损耗小，机器稳定性好，操作方便，可靠性高等优点。

1）适用范围

（1）适用于含有瓦斯、煤尘或其他爆炸性混合气体的环境；

（2）海拔不超过 2000 m、无长期连续淋水的地方；

（3）环境温度 0 ℃~+40 ℃，空气湿度不大于 95%（在 25 ℃时）；

（4）可截割单向抗压强度 ≤80 Pa；

（5）适应巷道最大坡度 ±16°。

2）技术参数

（1）外形尺寸（m×m×m）：9.8×2.55（铲板宽 3.0）×1.7；

（2）机重（t）：55；

（3）总功率（kW）：250；

（4）截割电机功率（kW）：160；

（5）接地比压（MPa）：0.139；

（6）定位可掘最大高度（m）：4.0；

（7）定位可掘最大宽度（m）：5.5；

（8）供电电压（V）：1140；

（9）液压系统压力（MPa）：23。

3）外形图片

山西天地煤机装备有限公司的 EBZ160 型掘进机外形如图 8-25~图 8-26 所示。

图 8-25　EBZ160 型掘进机外形图

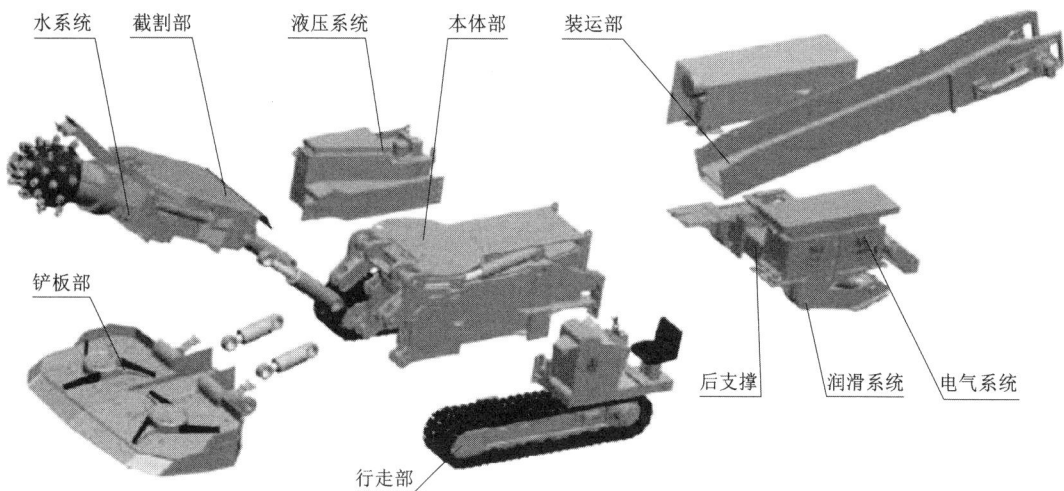

图 8-26　EBZ160 型掘进机结构图

4）截割部

（1）国产掘进机截割电机首次采用恒功率双速电机，截割效率高；

（2）截割悬臂段采用 FAG/SKF 等进口轴承，增加了可靠性；

（3）截割减速机齿轮采用全新的热处理工艺和齿面强化工艺，大大提高齿轮的使用寿命；

（4）较强的截割硬岩能力，低速输出转矩可达 47750 N·m。

5）装运部

（1）星轮采用低速大扭矩马达直接驱动；

（2）取消铲板减速机和中间轴装置，降低故障率；

（3）铲板采用耐磨板，星轮采用等摩擦角设计，提高了使用寿命；

（4）采用高强度、高耐磨铸钢刮板，可靠寿命长；

（5）双液压大扭矩进口马达驱动，既提高运输能力又减少卡链的次数。

6）行走部

（1）传动部采用无支重轮履带式行走机构，降低故障率，提高机器的稳定性；

（2）足够大的驱动力确保其截割和爬坡能力；

（3）履带板、履带架采用军工技术，顶级主战坦克底盘厂家制造。

7）液压系统

（1）本机液压系统采用了带负载敏感控制的恒功率变量泵及比例多路换向阀等新元部件，提高系统效率；

（2）首次将我国掘进机的工作压力由 16 MPa 提高到 23 MPa，并能可靠运行，在系统功率基本不变的前提下，有效提高了液压系统的过载能力，大幅提高了掘进机的整机性能；

（3）变量泵的输出流量和压力完全与负载相匹配，液压系统中没有了溢流损失，系统效率大大提高，发热量相对于传统液压系统降低了 50%。

8）电气系统

（1）采用 PLC 控制系统，技术成熟，稳定可靠；

（2）电控箱采用快开门设计，并具备齐全的保护和故障诊断；

（3）电气系统配有 5.7 寸大屏幕汉显显示屏，对掘进机关键零部件进行实时监控。

8.2.2　中大型掘进机

1）产品介绍

中大型掘进机相对于小型掘进机拥有运动精度高、作业环境优、安全性能高、作业范围广和巷道适应性强等优点。具体体现在外形尺寸、总机重、总功率、定位可掘最大高度和宽度，对于提高回采效率和回采强度、保障回采作业的安全与小型掘进机相比效果更佳，例如由三一重型装备有限公司设计制造的 EBZ200M-2A 掘锚护一体机。

2）技术参数

（1）外形尺寸（m×m×m）：12.5×3.6（铲板宽 3.0）×2.4。

（2）机重（t）：87。

（3）总功率（kW）：250。

（4）截割电机功率（kW）：200。

（5）接地比压（MPa）：0.139。

（6）定位可掘最大高度（m）：5.2。

（7）定位可掘最大宽度（m）：6.1。

（8）供电电压（V）：1140。

（9）液压系统压力（MPa）：23。

EBZ200M-2A 掘进机外形如图 8-27、图 8-28 所示。

图 8-27　EBZ200M-2A 掘进机外形图

图 8-28　EBZ200M-2A 掘进机工作运行图

3）截割系统

截割系统可自动确定截齿排布、受力分析、截割效果模拟，达到最大截割效果和最小截齿消耗。

4）锚护系统

（1）锚护分离，左右锚杆机分离，动作更灵活；

（2）涨紧式销轴连接，提高锚护机构的稳定性；

（3）高、低双速控制系统，提高对孔效率；

（4）高强、灵活钻臂系统，运动精度高，稳定性好。

5）装运系统

（1）低速大扭矩液压马达驱动，装运能力强；

（2）一运通道采用流场式设计，有效解决运输卡料；

（3）运输系统采用14+6 符合耐磨板，耐磨寿命提高 3～5 倍。

6）行走系统

（1）配备变量行走马达，实现掘进时低速行走、设备调运时高速行走，提高运行效率；

（2）组合支撑技术，减小履带阻力，接地平稳。

7）液控系统

（1）高效节能，负载敏感的液压系统，耗能低，操作灵活舒适；

（2）稳定高效，多路阀配合实现无级调速，效率高，使用稳定，操作台居中布置，便于截割时观察巷道成型效果。

8）电控系统

（1）实时监控，电控显示屏实时显示工作参数，实时分屏显示截割和后配套运转状态；

（2）智能安全，配有专家诊断系统、语音报警系统、多处急停控制系统。

8.3　支护设备

8.3.1　锚杆台车

锚杆台车是在井下巷道顶板或侧帮中钻凿锚杆孔并完成部分或全部安装锚杆工序的自移式设备。随着矿山井巷、隧道等地下工程锚杆支护作业的普及与发展，国外各大矿山设备公司都相继推出了功能全、自动化程度高的台车式锚杆钻装车，真正实现了锚杆支护施工的高度机械化、智能化，从而减轻了工人负担，提高了工作效率和施工质量。

1.国外锚杆台车

安百拓公司生产的 Boltec 235 液压控制式锚杆台车具有结构紧凑、安全性高、节约能源、噪声低、功能多、效率高的优点，是一款可适用于苛刻岩体条件的多用途锚杆台车，并且能够使用大多数类型的岩石锚杆（包括水涨锚杆、螺纹钢锚杆、管缝式锚杆和机械式锚杆等）。如图 8-29 所示，Boltec 235 锚杆台车采用 MBU 全机械式锚杆装置，锚杆仓可储存 10 根锚杆，长度范围 1.5~2.4 m。

图 8-29　Boltec 235 液压控制式锚杆台车

设备宽度：1930 mm；高度：驾驶棚最低 2300 mm；驾驶棚最高 3000 mm；行走长度：11216 mm；离地间隙：245 mm；转弯半径（外径/内径）：5800 mm/3000 mm；总质量：17500 kg；前轴：1100 kg；后轴：6 300 kg；行走速度：在平坦的路面上不小于 12 km/h，坡度 1∶8 不小于 4.5 km/h（如图 8-30 和图 8-31 所示）。

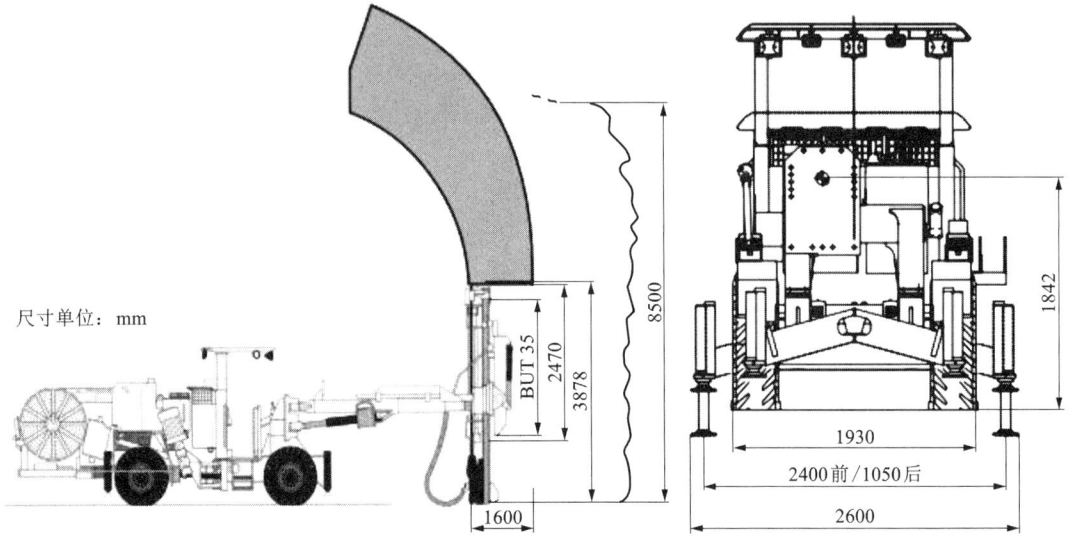

图 8-30　Boltec 235 液压控制式锚杆台车覆盖面积

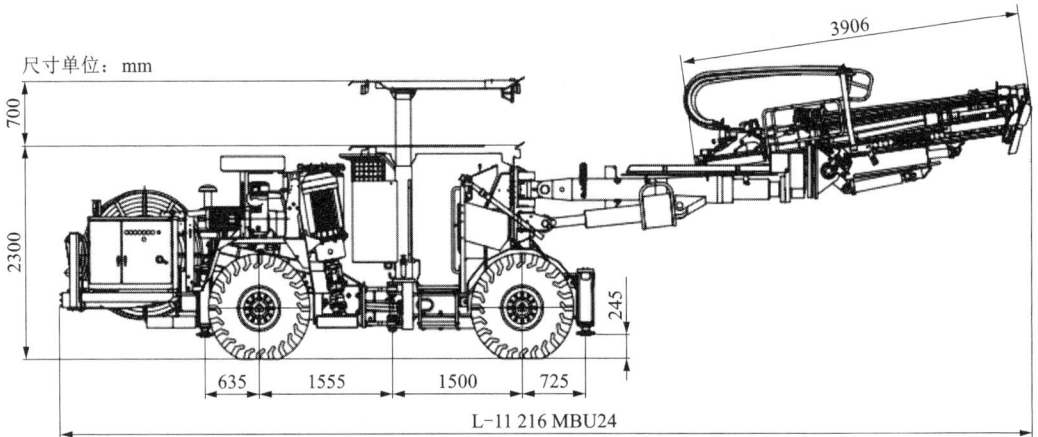

图 8-31　Boltec 235 液压控制式锚杆台车侧视图

2. 国产锚杆钻车

张家口宣化华泰矿冶机械有限公司生产的 CYTM41/2 矿用液压锚杆钻车可用于围岩结构复杂、岩层破坏严重等地质条件下的采矿和隧道开挖中的锚杆支护工作。台车结构紧凑、外形尺寸小、节约能源、噪声低、功能多、效率高；行走与凿岩使用不同的动力源，切换方便，故可实现快速转场；适用于金属矿、非金属矿、水电等各种地下巷道、涵洞的锚杆作业。主要技术参数见表 8-15。

表 8-15 CYTM41/2 矿用液压锚杆钻车主要技术参数

基本性能		型号、基本参数
适应巷道断面/mm		3.5×3.5～5.0×5.0
运输状态尺寸/(mm×mm×mm)		10000×1650×2200
工作状态尺寸(最大覆盖宽度)/(mm×mm×mm)		9400 ×6300× 6200
转弯半径/m	内	3310
	外	5300
最小离地间隙/mm		300
整机质量/kg		12100
钻孔直径/mm		$\phi38\sim\phi43$
钻杆长度/mm		2475/2600/3090
凿岩机	钻孔	HC28
	锚杆	HC25
冲击功率/kW		10
冲击能/J		196
冲击频率/Hz		53
工作流量/(L·min^{-1})		65
推进器翻转角度/(°)		±180
推进器俯仰角度/(°)		俯 25 仰 80
推进补偿行程/mm		480
钻臂俯仰角度/(°)		俯 30 仰 50

8.3.2 锚索台车

由阿特拉斯·科普柯公司生产的 Cabletec LC 锚索台车，是一款在地下采矿作业中用于中深孔凿岩和锚索支护的全机械化台车，采用独特的双钻臂设计，允许同一操作人员在钻孔的同时安装锚索，锚索最长达 25 m。配备的计算机台车控制系统(RCS)可提供多种功能，例如全自动凿岩可以提高生产率，可调钻孔参数以优化钻孔质量和提高钻杆的经济性。

如图 8-32 所示，Cabletec UV2 是一款全机械化锚索台车，用于顶板和两帮的快速、高效加固。这款台车采用坚固的 UV2 底盘，转弯半径小，在狭窄巷道内具有良好的机动性。

图 8-32　阿特拉斯·科普柯公司生产的 Cabletec LC 锚索台车

8.3.3　喷浆设备

1)产品介绍

PS700 混凝土湿喷机(如图 8-33 所示)设备结构合理、性能可靠、操作维护方便、使用寿命长，工作时无尘、噪声小、回弹率小。

图 8-33　PS700 混凝土湿喷机外形图

2)性能特点

(1)工作效率高，采用液压泵送式设计，整机系统稳定可靠，对工地适应性更强，对混凝土要求较低(关键液压阀件和电器均采用进口产品，运行可靠安全)；

(2)高爆发的 S 阀换向机制，在喷射混凝土过程中，料斗内不会出现返风的危险现象；

(3)喷射量连续可调(无级调节)，可通过调节方量来控制受喷面的美观和喷射的回弹；

(4)选用柱塞式计量泵，故障率更低，速凝剂添加量连续可调：0~9%范围内无级调节；

（5）液压自动集中润滑系统，在喷射混凝土过程中，对主要密封部件进行自动润滑，避免人工润滑导致的保养遗漏，有效延长了磨损件的使用寿命；

（6）设备搭载无线遥控系统，可 150 m 远距离无线遥控设备启停；

（7）多功能多用途，购买泵管或注浆管连接设备后可以用于细石混凝土浇筑，水泥浆砂浆的灌注；

（8）产品采用实心轮式设计，移动方便，四个手摇式顶升支腿，适应各种复杂环境。

3）技术参数

设备的具体技术参数，见表 8-16

表 8-16　PS700 混凝土湿喷机主要技术参数

基本性能参数	PS700
生产率/（m³·h⁻¹）	3~7
骨料最大粒径/mm	<15
细集料细度模数	≥25
液体速凝剂掺量/%	0~7
输料胶管内径/mm	57/64（选配）
混凝土坍落度/cm	16~21
系统风压/MPa	>0.8
工作风压/MPa	>0.7
耗风量/（m³·min⁻¹）	≥10
最大喷射距离/m	水平 80，垂直 60
机旁粉尘/（mg·m³）	<10
回弹（标准工艺条件下）	≤10
主电机功率/kW	15
上科高度/mm	900
外形尺寸（轮胎式）（长×宽×高）/（mm×mm×mm）	2350×900×1200
整机质量/kg	1200

8.4　天溜井钻机

使用普通法、吊罐法、爬罐法等方法施工天井时，难度和强度极大；采用天井钻机，施工人员无需进入天溜井，在平巷内操作设备即可，劳动强度低，且可以避免使用普通方法施工过程中的爆破安全事故。目前，国内外天溜井钻机设备规格见表 8-17。

表 8-17　国内外天溜井钻机设备规格

规格型号	主要技术参数	设备厂家
Robbins 91RH C	天井直径 2.4~5.0 m	Atlas Cop
Robbins 73RVF C	天井直径 1.5~3.1 m	Atlas Cop
Robbins 53RH C	天井直径 1.2~2.4 m	Atlas Cop
Robbins 44RH C	天井直径 1.0~1.8 m	Atlas Cop
Robbins 34RH C	天井直径 0.6~1.5 m	Atlas Cop
RHINO400	导向孔径 229~279 mm，天井直径 1.0~2.4 m，功率 115~137 kW，天井角度 0~90°，设备尺寸及天井深度可调	SANDVIK
RHINO1000	导向孔径 279~311 mm，天井直径 2.1~3.5 m，功率 315~375 kW，天井角度 0~90°，设备尺寸及天井深度可调	SANDVIK
CY-R120(AT3000)	天井直径 3.0~3.5 m	创远矿机
AT2000	天井直径 2.0 m	铜冠机械
AT1200	天井直径 1.2 m	有色重机
AT1500	天井直径 1.5 m	有色重机
AT2000	天井直径 2.0 m	有色重机

8.4.1　国外天溜井钻机

国内应用较广的进口天井钻机为瑞典 Atlas Copoc 公司的 Robbins 系列以及 SANDVIK 公司的 RHINO 系列，其中 Robbins 91RH C 施工的最大天井直径可达到 5 m，RHINO 系列的钻机可以自由调节设备尺寸和天井深度，应用较为广泛。

如图 8-34 所示，Robbins 92R 是一款阿特拉斯·科普柯公司生产的适用于钻取直径为 2.4~6.0 m 矿井的天井钻机。该钻机能够可靠地用于多种场景。钻机采用模块化设计，易于运输，尤为适合需要考虑质量或尺寸限制的应用，主要技术参数见表 8-18 所示。

图 8-34　Robbins 92R 天井钻机

表 8-18　Robbins 92R 系列天井钻机基本参数

基本性能		Robbins 92R 液压基本参数	Robbins 92R 变频基本参数
提升直径	公称/m	5	5
	范围/m	3.1~6.0	3.1~6.0

续表 8-18

基本性能		Robbins 92R 液压基本参数	Robbins 92R 变频基本参数
提升长度	公称/m	900	900
	最大/m	1100	1100
	公称伸缩式油缸/m	600	600
	最大伸缩式油缸/m	1000	1000
最大扭矩	扩孔/kN·m	540	540
扩孔推力	标准油缸/kN	8923	8923
	伸缩式油缸/kN	6700	6700
排水	空气/(m³·min⁻¹)	25	25
	水/(L·min⁻¹)	800	800
电气系统	电源供应/kW	500/560(50/60 Hz)	490(50/60 Hz)
	电压/V	400~1000	460/690
	频率/Hz	50~60	50~60
	电源要求/kVA	616/689(50/60 Hz)	580(50/60 Hz)
钻探管	直径/mm	333	333
	可选直径/mm	327	327
	长度/mm	1524	1524

8.4.2 国产天溜井钻机

应用较广的国产天井钻机型号有 AT1200、AT1500、AT2000、CY-R120(AT3000)，前三种都为湖南有色重型机器有限责任公司生产，第四种为铜冠机械有限责任公司生产，最后一种为湖南创远矿山机械有限责任公司生产，其施工的最大天井直径可达到 3 m。

1. 湖南创远 CY-RV 天井钻机

1) 产品介绍

传统的轨轮拖曳式天井钻机在现代无轨矿山使用时下井转场十分困难，它需要分拆、运输和再组装，此过程既费时又费力，严重制约了传统天井钻机在现代矿山的推广应用。如图 8-35 所示，湖南创远矿山机械有限责任公司生产的 CY-RV 自行式天井钻机利用传统天井钻机的成熟技术，借传统天井钻机的主机模块、液压系统模块，创新研制柴电双动力单元和履带行走底盘。

图 8-35 CY-RV 自行式天井钻机

2）柴电双动力液压系统

CY-RV 系列天井钻机液压系统是在 CY-R 系列天井钻机液压系统的基础上，新增一套独立的柴油机驱动的恒功率控制、负载敏感和全比例电磁控制的高压液压系统，电动力承担现场作业的全部功能，柴油动力负责行走功能。

3）自润滑免维护履带底盘

自润滑免维护，两挡变速自动换挡，车上和车下无线驾驶，安全可靠，机动灵活，转场快捷，工效更高。

4）两种钻进模式，三种操作方式

控制系统具有两种工作模式（高精度钻进模式和快速钻进模式）和三种操作方式（手动、线控和无线），可根据天井的精度要求和地质条件选择工作模式及操作方式。

5）RCS 智能控制系统

CY-RV 系列天井钻机装载 RCS 智能控制系统具有安全保护自动作业、故障诊断、数据存储、互联通信和数字显示等功能。设备主要性能参数，见表 8-19。

表 8-19　CY-RV 系列天井钻机性能参数

参数	项目	CY-R80V	CY-R120V	CY-R120VD	CY-R160V
作业参数	公称井径/mm	2000	3000	3000	4000
	最大井径/mm	2500	3500	3500	4500
	复扩直径/mm	3500	4500	4500	
	最大井深/m	400	200	400	400
	导孔直径/mm	241	280	280	311
	钻孔角度/(°)	60~90	60~90	60~90	60~90
推进参数	推进力/kN	1160	2100	2890	2890
	反提力/kN	2770	2100	4920	4920
	推进行程/mm	1450	1455	1440	2050
回转参数	额定扭矩/(kN·m)	82	168	168	286
	峰值扭矩/(kN·m)	94	192	192	372
	回转速度/(r·min⁻¹)	0~30	0~24	0~24	0~24
行走参数	行走速度/(km·h⁻¹)	0~4.3	0~4.3	0~4.3	0~4.3
	爬坡能力/(°)	14	14	14	14
	离地高度/mm	250	250	250	250
动力参数	电压/V	380(可选配 660，1000，1140)			
	电机功率/kV	90	132	132	200
	柴油机功率/kV	93	93	93	93

2. 湖南创远切割槽天井钻机

矿山采矿中存在大量施工需求的切割天井,其特点为施工井径、深度都较小,且需频繁转移施工场地。常规天井钻机在施工前,都需要浇筑混凝土基础来安装固定主机,混凝土基础造价成本高,施工周期长,在切割天井施工中,占着很大的经济和时间成本。

湖南创远 CY-R80C 切割槽天井钻机主机通过锚杆与顶撑机构固定,无需浇筑混凝土基础,与常规天井钻机比较,可省去混凝土基础浇筑过程,节省工期 7~10 日,简化施工流程,提高作业效率,节约成本。常规天井钻机的施工角度为 60°~90°(与水平面),R80C 施工角度为 15°~90°(与水平面);配合特制刀盘以及辅助排渣机构,可解决缓倾斜天井施工过程中排渣困难的难点。主要技术参数如下:公称扩孔直径 2000 mm、最大钻深 400 m、导孔直径 241 mm、天井角度 15°~90°;柴油发动机功率 54 kW、行走速度 0~1.5 km/h、爬坡能力 0~14°;运输状态外形尺寸(4300±50)mm×(1455±15)mm×(1650±15)mm、工作状态外形尺寸(5060+50)mm×(3070+20)mm×(3865+40)mm、总重 10.7 t。

8.5　装药设备

8.5.1　装药器

1)装药器简介

装药器是通过调整压气阀,炸药经输药管进入炮孔(眼)中的器具(如图 8-36 所示)。装药器多用于井下深孔爆破,每小时可装 500 kg 炸药,大大降低劳动强度,提高装药效率。目前国产装药器按照工作原理可分为喷射式和压入式两种。小型装药器采用喷射式,每次可装 20 t 炸药。压入式有 50 kg 和 100 kg 两种规格。中深孔可采用喷射式装药器,比较轻便;深孔以压入式为宜。

2)组成结构

装药器由盛药的缸体、控制阀门、压风管及一些附件组成。盛药缸体内一次可装入 50 kg 粉状炸药。压风通过进风口流入,同时经过作为缸体支架的压风管路内,在管路中部分成两路:一路向上通过调压阀和上风路进入缸体内,作用在炸药上面,形成向下的压力;

图 8-36　装药器

另一路向下,通过底风路与输药口连通,利用压风的引射作用把炸药带入孔内,同时在缸体下形成负压使炸药向下方移动。装药速度可通过调解风压及输药开关大小来控制。为防止炸药在缸体内结块,在缸体中部装有搅拌桨。

3）主要特点

（1）操作安全可靠：装药实现机械化，作业环境条件得到改善；特别对于向上倾斜炮孔，不需要人工架梯装药，大大提高了作业安全性。

（2）作业效率高：装药器装置简单，操作方便，两人即可实现装药器械化，大大提高了装药效率；可向任意倾角、深度的炮孔装药。对于向上倾斜的抬炮采用装药器装填粉状乳化炸药，解决了向上倾斜的炮孔装填炸药困难的问题。装药器移动方便，大大减轻了爆破工人的劳动强度。

（3）经济成本低：对于无水或含有少量水的炮孔采用装药器装填铵油炸药，可显著提高炸药的利用率，降低钻孔成本。

8.5.2　装药台车

装药台车主要用于井下炸药运输，底盘采用专业的底盘设计。以柴油机为动力，适应能力强。整车具有耐碰撞性能高、油耗低、综合运行成本低，操作简单，乘坐舒适，结构合理，维修、保养容易等优点，如图 8-37 所示。

图 8-37　装药台车

（1）整机外形尺寸：（7550 mm×1850 mm×2400 mm）±50 mm；轴距：3360 mm；轮距：1520 mm；最大作业高度：5310 mm；最小离地间隙：320 mm。

（2）整车质量：10 t；运行速度：7 km/h（一挡）、17 km/h（二挡）、8.5 km/h（倒车）；警铃：喇叭；操纵系统：电控比例手柄控制；转向系统：铰接式液压转向；消防系统：干粉灭火器；内转弯半径：3250 mm；外转弯半径：5450 mm；爬坡能力：小于18°。

8.6　出矿设备

8.6.1　铲运机

铲运机是一种利用铲斗铲削将碎土（石）装入铲斗进行运送的铲土运输机械，能够完成铲、装、运、卸和局部碾实的综合作业,适用于铁路、道路、水利、电力等工程;具有操纵简单,不受地形限制,能独立工作,行驶速度快,生产效率高等优点。铲运机包括车轮、牵引梁、车架、液压装置、带铲土(石)机构的铲斗、支架机构和车架升降调整机构。其特征在于所述的带铲土机构的铲斗,由斗体、滑动挡板、转动挡板、铲刃和破土刀组成。铲运机根据铲斗大小的不同,可分为 $0.75~m^3$、$1~m^3$、$1.5~m^3$、$2~m^3$、$4~m^3$、$6~m^3$ 等多种型号,其出矿效率在 $50\sim1000~t/$台班(见表8-20)。

表8-20 不同铲斗容积的铲运机外型和出矿效率

铲斗容积/m^3	长度/m	宽度/m	高度/m	出矿效率/$(t\cdot$台班$^{-1})$
0.75	5.8	1.29	2.0	70
1	5.8	1.32	2.0	100
1.5	6.9	1.64	2.1	150

南昌凯马有限公司的 WJD-1.5 如图8-38所示,电动铲运机的基本参数见表8-21。

图8-38 WJD-1.5电动铲运机

表8-21 电动铲运机基本性能参数

基本性能参数	单位	WJD-1.5
额定斗容	m^3	1.5
额定载重量	kg	3000
最大铲取力	kN	82.5
最小转弯半径(内)	mm	2890
最小转弯半径(外)	mm	5000
长度	mm	6900
宽度	mm	1640
车身高度	mm	2100

续表 8-21

基本性能参数	单位	WJD-1.5
最大行走速度	km/h	9.6
最大爬坡能力	(°)	14
设备重量	kg	11500
报价	万元	50

8.6.2 扒渣机

1)产品介绍

扒渣机是一种连续高效率出矿设备,是矿山耙斗式装岩机和立爪式装载机的理想替代产品,可满足巷道小断面施工装渣的需要(如图 8-39 所示)。该产品被广泛应用于矿山斜井和立井平巷的各种断面的掘进装载作业,以及磷矿、铁矿、锰矿等各种矿石的采掘装车作业。同时,该产品也广泛应用于修建铁路隧道、公路隧道、引水洞工程等各种隧道掘进工程。

图 8-39　扒渣机

2)性能特点

本机为全液压履带结构,采用独特的反铲系统来扒取岩石(或矿石)。即将岩石(或矿石)扒入中央的刮板运输槽,并依靠刮板运输机构将岩石(或矿石)从前部输送至后部的接续设备中(各类矿车、皮带机、汽车等)。同时,扒渣机的铲斗也可以用来清理工作面。该设备的底盘设计参考小松挖掘机的结构形式,采用液压马达驱动履带行走机构,性能强劲、爬坡力强、机动灵活,可在潮湿有积水的巷道里工作。其主要技术参数见表 8-22。

表 8-22　扒渣机主要技术参数

项目	ZWY-80/30 L	ZWY-80/37 L	ZWY-80/45 L	ZWY-100/45 L	ZWY-120/55 L	ZWY-150/55 L	ZWY-180/75 L	ZWY-220/75 L
	主要技术参数							
适用断面(宽×高)/(m×m)	3.2×2.2	3.5×2.5	4×2.5	4.8×3.2	5.4×4.0	5.8×4.5	6.2×5.0	7.5×5.5
适用巷道坡度/(°)	(−16~+16)	(−16~+16)	(−16~+16)	(−20~+20)	(−20~+20)	(−32~+32)	(−32~+32)	(−32~+32)
装载能力/(m³·h⁻¹)	80	80	80	100	120	150	180	220
操控方式	液控先导控制							
主电机功率/kW	30	37	45	45	55	55	75	75
挖掘宽度/mm	3200	3500	4000	4600	5400	5800	6200	7000
挖掘距离/mm	1550	1550	1600	1800	2150	2500	2500	3300
挖掘高度/mm	1800	1800	2200	3000	3500	3800	4000	4300
挖掘深度/mm	400	400	500	500	800	990	990	1050
卸载高度/mm	1200	1200	1200	1200	1450	1450	1450	2000
卸载距离/mm	1150							
最大回转角度/(°)	±36	±36	±36	±36	±45	±45	±45	±55
运输最大物料尺寸/mm	<φ500	<φ500	<φ500	<φ580	<φ580	<φ625	<φ625	<φ780
刮板运输结构	单链	单链	单链	单链	单链	单链(或双链)	单链(或双链)	双链
刮板运输速度/(m·min⁻¹)	44							
履带内侧宽/mm	890	890	980	1110	1190	1190	1190	1400
行走速度/(m·s⁻¹)	0.5							
离地间隙/mm	300							
最小转弯半径/m	≥5	≥5	≥5	≥5	≥5	≥7	≥7	≥8
接地比压/MPa	≤0.1							
额定工作压力/MPa	23							
最大解体尺寸/mm　长	3350	3350	3350	3350	3350	3350	3350	4200
最大解体尺寸/mm　宽	850	850	900	1000	1100	1100	1100	1200
最大解体尺寸/mm　高	1200	1200	1200	1400	1400	1500	1500	1650
最大解体重量	2300	2300	2300	2300	2300	3000	3000	3500
工作状态最大外形尺寸/mm　长	6000	6000	6500	6500	6800	7000	7500	8800
工作状态最大外形尺寸/mm　宽	1750	1750	1750	1800	2200	2350	2350	2640
工作状态最大外形尺寸/mm　高	1750	1750	1800	2900	3250	3600	3800	4200
整机重量/kg	7600	8000	8200	11200	13800	15200	17800	20000

3）破碎锤

挖掘式装载机配有快速连接器，挖掘臂挖斗与破碎锤可在 5 min 内实现快速切换。破碎锤可对巷道底板、侧帮底部进行破碎维护，对爆破后的大块岩石、煤块等进行破碎，无须补炮。在岩石硬度 $f \leq 3$ 的煤巷或半煤巷掘进时，通过挖斗和破碎锤的互换使用，可实现挖掘掘进，无须炮掘。

4）电缆卷筒

电缆卷筒固定在挖掘式装载机机身后端，采用电动动力驱动。挖掘式装载机在前进和后退的同时，可以进退自如的收放电缆，无须人工拉电缆，减轻了工人劳动强度，提高了工作效率。

5）悬挂式皮带机

悬挂式皮带机可灵活上下调整卸料高度，还可以左右摆动改变卸料方向。悬挂式皮带机可与刮板机等设备配套使用，综合配套性较好。

6）后支撑油缸

挖掘机在松软、泥泞巷道行驶时，容易出现陷车打滑现象。而后支撑油缸和抬槽油缸的配合使用，可以将整机底盘抬离地面，方便往底盘下面加垫枕木或硬石，使挖掘机可以在恶劣环境下行走。在更换和检修履带时，也较为方便。

8.7　运输设备

8.7.1　电机车

1）电机车简介

机车是轨道运输车辆的一种牵引设备。机车运输是水平巷道长距离运输的主要方式。按照动力不同，矿用机车分电机车和内燃机车两种。按电源性质不同，电机车分直流和交流两种，其中以前者应用最广。按供电方式不同，直流电机车分架线式和蓄电池式两种。架线式电机车主要结构有车架、行走装置、制动装置、司控器、牵引电机、受电弓及喇叭等其他设备，主要型号有 CJY1.5、CJY3、CJY6、CJY7、CJY10、CJY14 等，牵引吨位为 1.5 ~ 14 t。架线式工矿电机车适用于一般金属矿山或低瓦斯矿井的主要运输巷道内，作为牵引矿车、人力车的运输动力源，为矿山巷道运输提高效率，降低劳动强度（如图 8-40 所示）。

2）电机车的使用

在驾驶电机车过程中，司机必须严

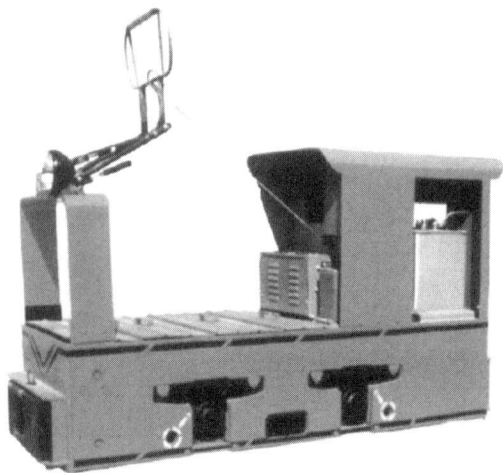

图 8-40　架线式工矿电机车

格遵守操作规程，熟悉运行线路。列车进入曲线半径小的弯道前必须切断电源，进入弯道后才能重新接通。必须在切断电源之后才能制动。制动时应使制动力平稳增加但又不能将车轮抱死。砂箱中必须经常有足够的小粒干砂，发现车轮打滑时，司机应及时向轨面撒砂。发现电机车有严重故障而无法处理时，司机应立即把机车开回车库检修。

3）提高电机车运输能力的主要措施

（1）推广"远程多拉快跑，近程少拉勤跑"的经验。远程多拉快跑可提高电机车的利用率；近程少拉勤跑可提高矿车的周转率。如装车速度很快，则首先考虑多拉快跑。

（2）提高行车速度。为了提高行车速度，应设法减少线路电压降；加强轨路维修使之符合技术要求；适当调整线路坡度，尽量避免线路的过多起伏。

（3）采用先进的信号控制、闭锁装置。

（4）加强调度工作的计划性，提高调度员的业务能力。

（5）严格遵守操作规程，加强电机车的维修工作，保证电机车经常处于良好运行状态。

（6）做好矿车的清底工作和矿车的维修工作。

8.7.2　矿用汽车

1. UQ-5 地下自卸车

采用掘进机采矿的情况下，配置小型的自卸车比铲运机设备具有投资小、效率更高的优点。如图 8-41 所示。UQ-5 地下自卸车基本参数见表 8-23。

图 8-41　带有矿安标志的 5 t 自卸车

表 8-23 UQ-5 地下自卸车基本参数

项目		基本参数
斗容/m³		2.5
整机质量/kg		3800(±100)
额定载重量/kg		5000
上限牵引力/kN		58
外形尺寸(长×宽×高)/(mm×mm×mm)		4600×1560×2150(±50)
货箱尺寸(长×宽×高)/(mm×mm×mm)		2400×1560×700
卸载时上限高度/mm		3300(±100)
下限离地间隙/mm		280
下限转弯半径(外侧)/mm		5900
上限爬坡能力/(°)		14
行驶速度(重载)(km·h⁻¹)	高速挡Ⅰ挡	7.2±0.5
	高速挡Ⅱ挡	11.5±0.5
	高速挡Ⅲ挡	18±0.5
	高速挡Ⅳ挡	30±0.5
	高速挡倒挡	7.8±0.5
	低速挡Ⅰ挡	2.5±0.5
车箱举升时间/s		≤6
车箱下降时间/s		≤15

2. UQ-15 地下自卸车

图 8-42 所示，UQ-15 地下自卸车整机特点与 UQ-5 基本相同。UQ-15 长 7000 mm，宽 2400 mm，高 2570 mm，轴距 4065 mm 等。其整机主要尺寸等基本参数见表 8-24。

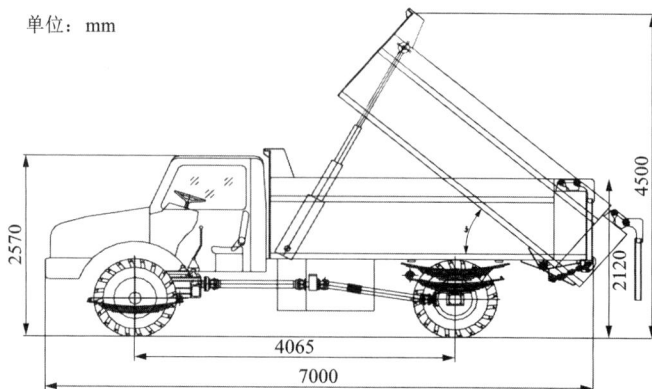

图 8-42 UQ-15 地下自卸车外形尺寸

表 8-24　UQ-15 地下自卸车基本参数

项目		基本参数
斗容/m³		7.5
整机质量/kg		10800
额定载重量/kg		15000
上限牵引力/kN		95
运输状态外形尺寸(长×宽×高)/(mm×mm×mm)		7000×2400×2570
货箱尺寸(长×宽×高)/(mm×mm×mm)		4000×2400×950(宽：2100 或 2300 可选)
卸载时上限高度/mm		4500
制动距离/mm		8450
下限离地间隙/mm		280
下限转弯半径(外侧)/mm		9500
轴距/mm		4065
轮距/mm		2050(前轮)
上限爬坡能力/(°)		14
发动机	型号	锡柴 CA6DF3-22E3F
	类型	直列、水冷、四冲程、直喷
	额定功率/kW	177
	燃油	柴油
	制动方式	气制动/闭式液压制动
	上限行驶速度/(km·h⁻¹)	26±3
	轮胎型号	10~20

8.8　其他辅助采掘装备

阿特拉斯·科普柯公司生产的高级型破碎锤系列产品具有高效、高适应性的特点，同时还拥有出色的性能、效能和高耐用性，以及对环境产生的影响小。如图 8-43 所示。此外，它无须使用减振和导向元件，以及拉杆或柱头螺栓等部件，外形非常纤巧、紧凑，操控简单，可更换的活塞衬套确保维修成本低。在能量回收上，利用活塞反冲能提升性能而无须额外的液压输入，同时可降低振动级别。

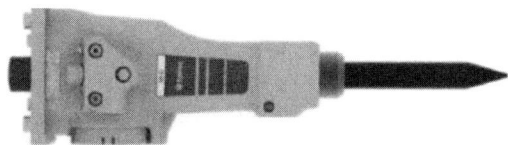

图 8-43　SB 52 整体式破碎锤

思考题

1. 凿岩台车和潜孔钻机的选型要考虑哪些因素？
2. 掘进机适用于哪种开采技术条件？有哪些优缺点？
3. 锚杆台车和锚索台车分别适用于哪些支护条件？
4. 请结合七宝山硫铁矿具体开采技术条件，为其选择配套的采掘装备。

第9章 充填材料与充填系统

充填采矿法实施的关键前提是充填材料与充填系统，充填系统又包括骨料储存处置系统、料浆制备系统和管道输送系统三部分。所选择的充填材料要求安全环保、来源广泛、价格低廉且级配合理；所建设的充填系统要求工艺简单、性能可靠、投资合理且运行成本较低；所制备的充填料浆要求稳定均质，流动性态满足长距离管道输送和采场充填接顶要求，强度增长满足充填采矿的技术要求。因此，有必要对国内外常用的充填材料和典型的充填系统进行系统介绍，为充填采矿法的实施创造必要条件。

9.1 充填材料

随着充填技术的进步及国家对环保的高度重视，矿山所用的充填材料已从传统的山砂、河砂、海砂、棒磨砂、细石等自然或人工砂石向以粉煤灰、尾砂、炉渣等工业废料过渡，工业废料循环作充填材料的应用技术也日渐成熟。

9.1.1 充填材料来源及分类

充填材料包括胶结剂、骨料、化学添加剂等。不同的充填工艺应用的充填材料组分不同，比例也不同。图9-1为几种国内外常用充填工艺的材料组成。

不同矿山或同一矿山的不同充填采矿法对充填体的强度要求差别很大，对充填材料的质量指标的要求也就不同。选择充填材料应遵循的原则：第一，矿山废渣的利用；第二，就地取材，加工成符合质量指标的充填料；第三，若需外购，应就近取材，以减少运输费用。充填材料选择的原则应技术可行、经济合理。

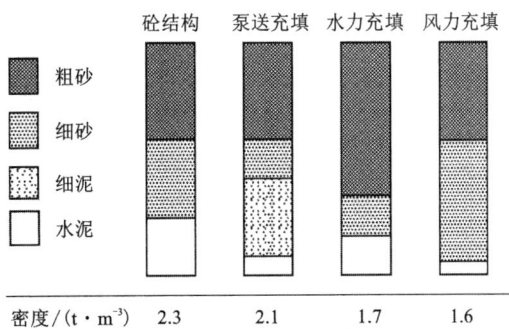

图9-1 几种不同充填工艺的充填材料组成

常用的充填材料可分为三类：充填骨料——在充填过程中和充填体内材料的物理和化学性质基本不发生变化，作为充填的骨料；胶凝材料——在充填的条件下，材料本身的物理和化学性质发生变化，使充填骨料凝结成具有一定强度的整体；改性材料——加入充填料中用以改变充填料的质量指际，例如提高流动性和强度，加速或延缓凝固时间等。常用的充填材料见表9-1。

表9-1　常用充填材料

类别	充填骨料	胶凝材料	改性材料
名称	废石、卵石、碎石、河砂、戈壁集料、黏土、重介质尾砂、全粒细尾砂、分级尾砂、水淬炉渣、山砂、人造砂等	水泥、磨细的高炉矿渣、磨细的炼铜炉渣、磨细的烧黏土、生石灰、熟石灰、石膏、粉煤灰、磁黄铁矿、硫化矿物等	水、絮凝剂、速凝剂、缓凝剂、减水剂、早强剂等

9.1.2　充填骨料

1.充填骨料的化学成分

国内某些矿山充填骨料的化学成分见表9-2。一般而论，SiO_2，Al_2O_3，Fe_2O_3 的单盐或所组成的复合矿物，具有化学稳定性。MgO 或 CaO 一般含量较少，但 MgO 含量较高可能影响胶结充填体的强度。充填骨料中含有害成分主要有 S，P，C 等，应注意其对充填体的强度和井下劳动条件及环境的影响。

表9-2　某些充填骨料的主要化学成分

单位：%

材料	金川尾砂	凡口尾砂	铜官山尾砂	红透山尾砂	锡矿山尾砂	页岩	砂岩	石灰岩	花岗岩
SiO_2	71.70	29.63	39.22	56.00	86.00	58.90	78.64	14.00	70.18
Al_2O_3	11.7	5.70	4.97	4.59	7.33	15.63	4.77	1.75	14.47
Fe_2O_3	2.07	14.25	—	20.11	1.00	4.07	1.08	0.77	1.57
MgO	0.98	—	3.82	0.13	1.10	2.47	1.17	4.49	0.88
CaO	3.39	15.28	15.14	1.79	3.20	3.15	5.51	40.60	1.99
CO_2	—	—	—	—	—	2.67	5.03	35.58	—
Na_2O						1.32	0.45	0.62	3.48
K_2O						3.28	1.32	0.58	1.11
FeO	—	—	18.56			2.48	1.30		1.76
S	—	11.44	2.55	4.56	0.5	—	—	—	—

胶结充填体中的充填骨料称集料（或骨料）。粒径5 mm以上的碎石或卵石称粗集料，粒径5 mm以下的砂称细集料。根据《普通混凝土用砂、石质量及检验方法标准》（JGJ 52—2006），粗集料的有害成分的标准为：硫化物、硫酸盐折算成 SO_3，按质量计不大于1%；卵石

中的有机物含量(用比色法),颜色不得深于标准色;细集料有害成分除遵守粗集料的上述规定外,还包括:云母含量按质量计不大于2%,轻物质含量按质量计不大于1%。

按国家标准《建筑用砂》(GB/T 14684—2022)要求,机制砂是"以岩石、卵石、矿山废石和尾矿等为原料,经除土处理,由机械破碎、整形、筛分、粉控等工艺制成的,级配、粒形和石粉含量满足要求且粒径小于4.75 mm的颗粒"。同时,该标准对机制砂的颗粒级配、含泥量(石粉含量)、亚甲蓝(MB)值、泥块含量、有害物质、坚固性、压碎指标、片状颗粒含量等指标均有明确的要求。

2. 充填骨料的密度

单位体积(包括内部封闭孔隙)的烘干质量称为表观密度。而绝对单位体积(不包括任何封闭的孔隙)的烘干质量称为相对密度。在自然状态下堆积的单位体积的烘干质量称为堆积密度。经过一定的捣实或压实后所测得的单位体积的烘干质量称为紧密密度。

3. 充填骨料的孔隙率

充填作业所用的充填骨料大多为自然或经过加工的松散材料,而不是原地岩体。为方便充填料量的计算,除非特别指出,孔隙率的计算公式如下:

$$\rho = \frac{\gamma_B - \gamma_D}{\gamma_B} \tag{9-1}$$

式中:ρ 为孔隙率;γ_B 为表观密度,t/m³;γ_D 为堆积密度,t/m³。

4. 充填骨料母岩的强度

母岩的强度与岩性、矿物组成、结构、埋深和风化程度等有关,同一类岩石的强度相差较大。母岩的强度一般取 5 cm×5 cm×5 cm 的立方体(或 φ5 cm×5 cm 的圆柱体)母岩,在水饱和状态下测得的极限抗压强度值。常用作充填料的母岩强度值见表9-3。

表9-3　母岩的强度

类别	表观密度/(t·m⁻³)	抗压强度/MPa	弹性模量/(×10⁴ MPa)	泊松比
花岗岩	2.6~3	60~200	2.32~8.81	0.17~0.25
砂岩	1.9~2.9	40~140	1.72~6.08	0.091~0.333
石灰岩	2.5~2.9	20~120	1.31~10.37	0.25
大理岩	2.5~2.9	20~120	5.82~7.69	0.273

5. 松散充填骨料的沉缩

自然堆积的松散充填骨料,特别是河砂、粗砂和尾砂,当加入水以后,体积立即发生收缩;因加水而体积的收缩减少与原体积之比,称为水浸沉缩率。河砂和粗砂的水浸沉缩率不小于5%。设备在初充填的松散充填体表面上运行,也会将充填体的表层压实而使体积减少。对于水力充填的粗尾砂充填体的表层脱水后,若一铲斗容积为 3 m³ 的铲运机在其上运行,可将充填体的表层压缩 150~200 mm。考虑出矿过程中将铲走部分尾砂，因此铲运机的出矿作业，可使松散的尾砂充填体表面下降 400~500 mm。因水浸沉缩和设备作业而减少的充填体积，将在下一循环中被充填，故其数量应计入矿山充填作业量之内。

6.松散充填骨料的粒级组成

充填骨料的粒级组成取决于材料来源和为满足运输需要而对材料所进行的加工。对于不同的松散材料，有不同的方法表征其粒级组成。

1）最大粒径

管道输送时，水砂充填料的最大粒径不大于管径的 1/4，胶结充填料的最大粒径不大于管径的 1/5；车辆输送时，块石不大于车厢平面最小尺寸的 1/3，不大于溜口最小尺寸的 1/3。

2）分级界限

充填骨料因充填工艺要求而需剔除部分细粒级的工艺称为脱泥。分级脱泥所获得的筛上产品的累计产率达到95%时，该粒级称为分级界限（即 d_5）。例如，某矿尾砂分级所获得的粗尾砂，其 +0.03 mm 的粒级达到 95%，则称其分级界限为 0.03 mm。

3）砂的细度模数

混凝土用砂按其细度模数可分为 4 类，见表 9-4。

表 9-4　砂的细度模数分类（JGJ 52—2006）

类别	粗砂	中砂	细砂	特细砂
细度模数	3.7~3.1	3.0~2.3	2.2~1.6	1.5~0.7，通过 0.16 mm 筛量不大于30%

$$\mu_f = \frac{(\beta_2+\beta_3+\beta_4+\beta_5+\beta_6)-5\beta_1}{1-\beta_1} \tag{9-2}$$

式中：β_1，β_2，β_3，β_4，β_5，β_6 分别为 5，2.5，1.25，0.63，0.315，0.16 mm 筛上的累计筛余产率；对于特细砂，增加 0.08 mm 筛余 β_7。某试样的粒级组成见表 9-5，计算细度模数为 2.18，属细砂。

4）平均粒径

平均粒径 d_p：

$$d_p = \sum d_i \cdot \alpha_i \tag{9-3}$$

某试样的粒级组成见表 9-5，计算获得其平均粒径 $d_p = 1.046$ mm。

表 9-5　某试样的粒级组成

粒级/mm	+5	-5	-2.5	-1.25	-0.63	-0.315	-0.16	-0.08	-0.04	-0.02
粒径 d_i/mm	5	3.75	1.875	0.94	0.473	0.238	0.12	0.06	0.03	0.01
产率 α_i	0	0.13	0.15	0.17	0.15	0.12	0.08	0.10	0.07	0.03
累计产率 α_c	0	0.13	0.28	0.45	0.60	0.72	0.80	0.90	0.97	1
β	β_1	β_2	β_3	β_4	β_5	β_6				

5) 颗粒均匀度系数

颗粒均匀度系数 C_u，用以表征松散材料的颗粒组成的均匀程度。

$$C_u = \frac{d_{60}}{d_{10}} \tag{9-4}$$

式中：d_{60} 为 60% 的松散材料能够通过的筛孔直径，mm；d_{10} 为 10% 的松散材料能够通过的筛孔直径，mm；C_u 值愈大，粒级组成愈不均匀，有利于小颗粒进入大颗粒之间的空隙形成较密实的充填体，一般要求 $C_u \geqslant 5$。

6) 比表面积

磨细后粒径相当均匀的物料，常用比表面积 S_a（m^2/kg）来表征其粒级特点，即每千克物料的所有颗粒的表面积之和。相对密度 2.65 的等直径圆球，其比表面积和在静水中下沉 1 m 所需大概时间见表 9-6。

表 9-6　等直径圆球的比表面积和沉降时间

圆球直径/mm	物料名称	比表面积/($m^{-2} \cdot kg^{-1}$)	下沉 1 m 所需时间
10.0	砾石	2263×10^{-4}	0.9 s
1.0	粗砂	2263×10^{-3}	9 s
0.1	细砂	2263×10^{-2}	110 s
0.02	泥	2263×10^{-1}	1.5 h
0.001	细菌	2263×10^{0}	7 d
0.0001	胶体粒子	2263×10^{1}	2.5 a
0.00001	胶体粒子	2263×10^{2}	19 a
0.000001	颜色粒子	2263×10^{3}	200 a

7. 常用充填骨料

1) 尾砂

由于矿石品位较低，金属矿山的尾矿产出率普遍在 90% 以上。低浓度尾矿浆体直排尾矿库依然是世界各矿山进行尾矿处置的常用方式，不仅占用大量的土地，造成严重的环境污染和生态破坏，而且安全隐患突出、灾害事故频发。尾矿充填空区，不仅可以消除采空区的安全隐患，更可大大减少地表的尾矿排放，减少尾矿库占地和环境污染，符合"无废开采"的发展趋势。这也是近年来，尾砂作为矿山最常见充填骨料并快速推广应用的主要原因。目前我国 90% 以上的金属矿山均采用尾砂似膏体充填工艺，其他矿山也大部分采用尾砂作为主要充填骨料来源。

2) 废石

在矿山基建过程中，特别是开拓、通风、提升运输、排水等系统的建设，不可避免地会产生大量的掘进废石；矿山正常生产时期，大量的探矿、开拓、采准工程施工，也会产生大量的废石。金属矿山废石产量占矿山总产能的 20%～30%，通常采用露天堆存的形式，不仅占用大量的土地、存在一定的安全隐患，还会对周边生态环境产生严重的污染和破坏。因此，将掘进废石破碎至合适的粒径作为充填骨料充填至井下采空区，不仅可以有效解决矿山掘进废石无处堆存的困境；也可以减少占地和环境污染，助力矿山实现无废开采。

湖北楚磷矿业股份有限公司的保康白竹矿区于 2020 年建成了宜昌地区第一套全粒径碎石泵送充填系统。全粒径碎石来源于矿山重选抛废后破碎和磨细，胶凝材料选用普通硅酸盐水泥。充填系统设计能力 60 m^3/h，灰砂比控制在 1∶12 至 1∶25；充填料浆质量浓度为 80%~82%，泌水率在 4% 以内，坍落度可达 26.5 cm 以上。选矿厂产出的重选废石经破碎站破碎至 5 mm 以下堆存于粗颗粒堆场，40% 破碎至 5 mm 以下后经过球磨机磨细为 200 目以下占 60% 的细砂，再经过陶瓷过滤机脱水堆存于细颗粒堆场。充填时，两堆场中的充填骨料采用装载机卸入稳料仓（稳料漏斗），并经安装在稳料仓底部的给料机向长皮带输送机卸料。经皮带秤按照设定的粗细比例计量后，输送至充填制备站搅拌机，与水泥和水均匀搅拌形成满足充填质量浓度要求的充填料浆。最后由充填工业泵通过充填管道输送至待充采场。

3）煤矸石

煤矸石是煤炭生产和加工过程中产生的固体废弃物。其每年的排放量相当于当年煤炭产量的 15%~20%，是我国排放量最大的工业废渣，约占全国工业废渣排放总量的 1/4。据统计，我国煤矸石的总积存量已达 70 亿 t，占地 70 km^2，并正以每年 1.5 亿 t 的速度增长。煤矸石长期堆存，不仅占用大量土地，而且易自燃，污染大气和地下水。虽然可用于燃料发电、生产建筑材料及制品、回收有益矿产及制取化工产品、生产农肥或改良土壤，但我国煤矸石综合利用技术装备水平还比较落后，产品的技术含量不高，综合利用发展也不平衡。如何大批量消纳煤矸石是煤矿行业亟需解决的重大经济问题和环境问题。

充分借鉴金属矿山，特别是有色金属和贵重金属矿山实行充填采矿法的经验，利用煤矸石作为充填骨料，通过添加胶凝材料和其他外加剂，实现高浓度充填，是解决煤矸石地表堆放难题、消除环境污染、解放保安矿柱、提高安全开采保障程度和资源回收率的有效手段。煤矸石块度大、磨蚀性强、管道输送难度大，采场充填工艺要求高。2005 年，孙村煤矿与中南大学王新民教授团队、煤炭科学研究总院等单位联合技术攻关，建成了国内首套煤矸石似膏体充填系统，之后煤矸石似膏体充填在煤矿中迅速推广应用。

4）磷石膏

磷石膏是在湿法生产磷酸的过程中产生的主要工业副产品。通常情况下每生产 1 t 磷酸，将产生 4~5 t 磷石膏。磷石膏中 $CaSO_4 \cdot H_2O$ 的含量达 85% 以上，并含有磷化物、残余酸、氟化物、重金属，以及吸附在石膏晶体上的有机物等有害杂质。除少部分磷石膏能综合利用外，绝大部分需要建库堆放，这不仅占用大量宝贵的土地资源、造成严重的环境破坏，还是一个巨大的危险源，极易发生泄漏和污染事故。经过多年的科技攻关，贵州开磷（集团）有限责任公司与中南大学联合开发的"磷化工全废料自胶凝充填采矿技术"获得了国家科技进步二等奖，完美地解决了磷矿资源的大规模开发利用所产生的安全和环保问题，为我国磷化工产业的发展作出了突出贡献。

开磷矿业所产生的磷石膏密度为 2.87 t/m^3，空隙比 1.064~3.415，渗透系数 2.94×10^{-4} cm/s，曲率系数和不均匀系数分别为 1.00 和 3.71，主要成分为 CaO（占比 30.0%）和 SiO_2（占比 5.4%）。磷石膏粒径超细，−75 μm 以下占比达到 81%，−45 μm 以下占比约

49%，中值粒径和有效粒径分别为 0.043 和 0.014 mm。经过大量的充填配比试验，开磷矿业嗣后充填或普通分层充填推荐配比为黄磷渣∶磷石膏(质量比)= 1∶4；石灰添加量为黄磷渣含量的 5%，质量浓度 57%；该充填配比 7 d、28 d、60 d 的抗压强度分别为 0.25 MPa、0.87 MPa、0.85 MPa。浇面充填推荐配比为水泥∶黄磷渣∶磷石膏(质量比)= 1∶4∶5；石灰添加量为黄磷渣的 5%，质量浓度 60%；该配比 7 d、28 d、60 d 的抗压强度分别为 0.38 MPa、3.22 MPa、3.95 MPa。在某些特殊情况下，尤其是对充填早期质量要求较高的地方可以采用超细水泥作为胶凝材料。推荐配比为：超细水泥∶黄磷渣∶磷石膏(质量比)= 1∶4∶10；石灰添加量为黄磷渣含量的 5%，质量浓度 60%；该配比 7 d、28 d、60 d 的抗压强度分别为 2.43 MPa、6.32 MPa、5.47 MPa。推荐配比充填料浆在坍落度均属于流动性能好的 S4 级。坍落扩散度与坍落度之比为 2.188~2.204，满足充填料在制备和管道输送中的工作性要求。同时，推荐配比充填料浆还具有低脱水性、高悬浮性等特点，有利于管道输送和减小管道磨损。

5) 砂石骨料

在矿山没有合适或充足充填骨料来源的情况下，可考虑就近利用废石、卵石、碎石、河砂、戈壁集料、黏土、山砂、人造砂等材料作为充填骨料。金川公司所在的金昌市地处中国西北地区、甘肃省河西走廊中段，北部即为广阔的阿拉善沙漠。由于矿区气候干旱、土地贫瘠、地表戈壁集料十分丰富，采集矿区周边戈壁集料，将其经棒磨机磨细后，加工成 -3 mm 的细砂，可作为充填骨料(称棒磨砂)。随着国家对环保的高度重视，矿山的充填骨料也从传统的戈壁风砂转变为开采山砂。目前则正在筹建全尾砂废石似膏体充填系统。通过将戈壁集料破碎至 3 mm 以下，灰砂比控制为 1∶4，充填料浆的质量浓度为 77~79%，铺设钢筋网后的人工假顶充填体 28 d 抗压强度可达到 4~5 MPa。铜陵化工集团新桥矿业有限公司位于长江之滨，是一座以硫为主，伴生铜、金、银、铁、铅、锌等多种金属元素的大型化学矿山；其主要产品是铜和硫，选铜后尾矿即为合格的硫精矿，属于无尾矿产出的矿山。矿山多年来采用长江砂作为充填骨料，胶凝材料为普通硅酸盐水泥，灰砂比为 1∶4 至 1∶6，质量浓度 60%~70%。

6) 赤泥

作为仅次于钢铁的第二大重要金属，铝及其合金因其优良的性能而被广泛应用于建筑、交通、电器、机械等行业。目前，世界上 95% 的铝业公司都在使用拜耳法处理铝土矿石生产氧化铝，通过熔盐电解工艺得到金属铝，所产生的主要固废弃物称为拜耳法赤泥。据统计，每生产 1 t 电解铝会产生 2.0~3.6 t 的拜尔法赤泥。目前世界上赤泥的排放总量已高达 1.2 亿 t/a；中国的赤泥排放总量占比更是高达 50%~60%，地表堆存总量已超过 5 亿 t。由于拜耳法赤泥中存在大量的游离碱及难以脱除的化学结合碱(pH 高达 11~13)，还含有氟化物及重金属离子等物质，采用露天地表堆存的方式不仅占用大量的土地，还极易产生扬尘、污染地下水和破坏地表生态环境。近年来，越来越多的类似于拜耳法赤泥的工业固体废物被应用于矿山充填开采。实践证明将拜耳法赤泥作为骨料充填至井下采空区是可行的。但是拜耳法赤泥充填是否会对地下水环境的长期安全产生不利的影响，仍需经时间和更多实践的检验。

9.1.3 胶凝材料

1. 水泥

水泥是一种磨细的水硬性胶凝材料，加入适量水后，成为塑性浆体，能在空气中硬化，也能在水中硬化。当与砂、石等松散材料拌合后，能牢固地将它们黏结在一起，形成具有一定强度的整体。水泥按用途可分为普通水泥、专用水泥和特种水泥。按其矿物成分可分为硅酸盐水泥、铝酸盐水泥、硫铝酸盐水泥、少熟料或无熟料水泥。充填作业常采用普通水泥，是由硅酸盐水泥熟料与不同掺入量的混合材料配制而成。

1) 硅酸盐水泥

凡由硅酸盐水泥熟料、0~5%石灰石或粒化高炉矿渣、适量石膏磨细制成的水硬性胶凝材料，称为硅酸盐水泥。它有两种类型：不掺混合材料的称为Ⅰ型硅酸盐水泥，掺入不超过水泥质量5%石灰石或粒化高炉矿渣的称为Ⅱ型硅酸盐水泥。我国生产的硅酸盐水泥分6种标号，即42.5、42.5R、52.5、52.5R、62.5及62.5R(R为早强型)。

2) 普通硅酸盐水泥

用硅酸盐水泥熟料加少量混合材料与适量石膏磨细而成的水硬性胶凝材料称为普通硅酸盐水泥。它是最常用的硅酸盐水泥，代号P·O。普通硅酸盐水泥中的混合材料掺量按质量百分比计不得超过15%。我国生产的普通硅酸盐水泥的标号有32.5、32.5R、42.5、42.5R、52.5和52.5R等。

3) 矿渣硅酸盐水泥

由硅酸盐水泥熟料加粒化高炉矿渣及适量石膏磨细而成的水硬性胶凝材料，简称矿渣水泥，代号P·S。我国标准中规定，粒化高炉矿渣的掺量按质量计可达20%~70%。允许用石灰石、窑灰、粉煤灰和火山灰质混合材料中任一种材料代替部分矿渣，数量不得超过水泥质量的8%；以上述材料代替部分矿渣后，水泥中高炉矿渣含量不得低于20%；矿渣水泥的比重较小、水化热较低、耐蚀性较好，但泌水率高，早期强度低。我国生产的矿渣水泥主要标号有17.5、22.5、32.5、32.5R、42.5、42.5R等。

4) 火山灰质硅酸盐水泥

由硅酸盐水泥熟料加入火山灰质混合材料及适量石膏磨细而成的水硬性胶凝材料，简称火山灰水泥，代号P·P。我国标准中规定，这种水泥中的火山灰质混合材料的掺量按质量计为20%~50%，其性质与矿渣水泥相近。我国生产的火山灰质硅酸盐水泥主要标号有17.5、22.5、32.5、32.5R、42.5和42.5R。

5) 粉煤灰硅酸盐水泥

由硅酸盐水泥熟料与粉煤灰和适量石膏磨细而成的水硬性胶凝材料，简称粉煤灰水泥，代号P·F。我国标准规定，粉煤灰水泥中的粉煤灰掺量按质量计为20%~40%。粉煤灰水泥的性质与火山灰水泥相近；需水量比火山灰水泥少，和易性与抗硫酸盐侵蚀性较好，适合用于大体积混凝土，如三峡大坝主要使用的就是粉煤灰水泥。

6) 复合硅酸盐水泥

简称复合水泥，由硅酸盐水泥熟料和2种或2种以上规定的混合材料(指有技术条件和标准的混合材料)，以及适量石膏磨细制成的水硬性胶凝材料。复合水泥中混合材料掺加量按质量百分计大于 15%，但不超过 50%。允许用不超过 8% 的窑灰代替部分混合材料。掺矿渣时，混合材料量不得与矿渣硅酸盐水泥重复。

普通水泥的相对密度 3~3.15 t/m³，堆积密度 1.0 t/m³。贮存时间过长将降低其活性，贮存 3 个月活性降低 8%~20%；贮存 6 个月，活性降低 14%~29%；贮存一年活性降低 18%~39%。

2. 高水速凝固结材料

高水速凝固结材料是一种类似英国生产的高铝型的称为特克派克(Tekpak)的新型水硬性胶凝材料。国产高水材料由中国建材研究院、中国矿业大学(北京)、西北矿冶研究院等单位先后研制成功。高水材料的最大优点是能在很小的体积固液比(G_v = 0.1~0.15)时，在 5~30 min 内凝结、硬化，最终形成一种有一定强度的高含水固体。高水材料的最佳使用场合是煤矿沿空留巷的充填袋式支护，以及堵漏、灭火、封闭巷道、壁后充填等任务，现已在部分金属矿山胶结充填中使用。

1) 高水材料的组成

高水材料由甲料和乙料等量配合而成。

甲料由特种水泥熟料、缓凝剂、悬浮剂等组成。其中，缓凝剂能使甲料与水制成的料浆有较长时间的可泵性；悬浮剂能提高甲料的固体颗粒在料浆中的分散性和悬浮性，避免沉淀泌水现象。可供高水材料选用的特种水泥熟料有高铝、硫铝、铁铝等水泥熟料。以它们配制的甲料分别称为高铝型、硫铝型及铁铝型甲料。硫铝型熟料以石膏为诱导，有效地抑制了惰性钙黄长石(C_2AS)矿物的生成，减少了活性成分 CaO、Al_2O_3 的消耗，促进了活性矿物 β 型硅酸二钙的生成。与高铝型熟料比较，它对原料、燃料的质量要求不高，烧成温度低、范围广，不易在运转窑内结圈，以及熟料易磨性好等优点。因此国内各厂均以生产硫铝型熟料为主。硫铝型熟料的主要矿物是无水硫铝酸钙($4CaO \cdot 3Al_2O_3 \cdot SO_3$，简写为 C_4A_3S)和 β 型硅酸二钙(β-$2CaO \cdot SiO_2$，简写为 β-C_2S)。硫铝型熟料的化学成分除含有少量的 TiO_2，MgO 和 MnO_2 外，主要是以下 5 种：CaO(38%~44%)，Al_2O_3(30%~38%)，SiO_2(6%~12%)，SO_3(8%~12%)，Fe_2O_3(2%~6%)。硫铝型熟料用石灰石、矾土、石膏和矿化剂等为原料，在 1100~1280 ℃ 烧成。

乙料由石膏、石灰、悬浮剂、速凝剂等组成。石膏采用不溶性的天然硬石膏($CaSO_4$)，一般要求含结晶水小于 5%。石灰易于从空气中吸收水分，应采用新制石灰，CaO 含量大于 75%。悬浮剂由膨润土、赤泥、粉煤灰等组成，使乙料与水混合后的料浆有较好的可泵性。

2) 高水材料的水化和硬化机理

高水材料与 2.5 倍的水制成的料浆能迅速凝固的关键是其水化过程中生成了含大量结晶水的钙矾石及含有吸附水的硅酸凝胶和铝酸凝胶。甲料中的无水硫铝酸钙与乙料中的石膏发生水化反应，生成钙矾石(ettringite，$3CaO \cdot Al_2O_3 \cdot 3CaSO_4 \cdot 32H_2O$，简写为 E)，即

$$C_4A_3S + 2(CaSO_4 \cdot 2H_2O) + 34H_2O \longrightarrow E + 2(Al_2O_3 \cdot 3H_2O)$$

要大量生成钙矾石，还必须有乙料中石灰的参与，即

$$C_4A_3S + 2(CaSO_4 \cdot 2H_2O) + 6CaO + 80H_2O \longrightarrow 3E$$

β 型硅酸二钙水化时生成水化硅酸钙凝胶，并产出氢氧化钙凝胶 Ca(OH)₂，即

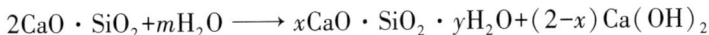

$$2CaO \cdot SiO_2 + mH_2O \longrightarrow xCaO \cdot SiO_2 \cdot yH_2O + (2-x)Ca(OH)_2$$

与上述 C_4A_3S 水化过程中生成的 $Al_2O_3 \cdot 3H_2O$ 等反应也能生成钙矾石，即

$$3Ca(OH)_2+3(CaSO_4 \cdot 2H_2O)+Al_2O_3 \cdot 3H_2O+20H_2O \longrightarrow E$$

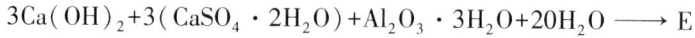

从以上诸反应式中可以看出，钙矾石生成的过程中，大量吸收料浆中的水分变成结晶水。针状的钙矾石晶体伸入硅酸凝胶和铝酸凝胶中，使晶粒逐渐长大，最终形成钙矾石骨架结构，呈固体状态，具有一定强度。欲达到应有的强度，石灰的用量较为重要。若熟料质量较好，可用较少的石灰；反之则宜用较多的石灰。甲料和乙料等量配合的原则为熟料∶(石灰+石膏)=1∶1。由于甲料和乙料分别制浆和输送，为防止早凝，宜在充填点之前才将两种料浆混合；均匀混合也是达到应有强度的一个重要条件。高水材料可达到的质量指标见表9-7。

表9-7　高水材料的质量指标

生产厂		长铝水泥厂	英国 Fosroc 公司	国内其他水泥厂
水灰比		2.5∶1	2.5∶1	2.5∶1
可泵时间/h		≥24	≥24	≥24
初凝时间/min		<15	<20	15~30
抗压强度 /MPa	2 h	≥2.0	1.2~1.5	0.82~2.14
	24 h	≥4.5	3.5~3.7	1.37~4.43
	72 h	≥5.0	—	1.52~5.0
	最终	≥5.5	4.3~5.0	1.62~5.0

3)高水材料的特性

高水材料用于金属矿胶结充填，与普通水泥相比，具有如下特点：

(1)吸水量大。采用尾砂为惰性材料，高水材料用量120~280 kg/m³，水灰比4~5时，进入采场的料浆能全部凝固。

(2)早期强度高。按上述(1)中之配比，其24 h的抗压强度为0.5~2 MPa。

(3)体积膨胀。钙矾石可在不同浓度的 Ca(OH)$_2$ 溶液中生成。它析晶的过饱和度很大，析晶快。它在原始含铝固相面上以细小晶粒生长。其针枝状的晶体因外界水分的补充而增大，并因晶体交叉生长的结晶压力而相互排斥(在具有一定孔隙率的情况下)。这是引起体积膨胀的根本原因。高水材料的水化体积膨胀，可以解决煤矿沿空留巷和采场充填的接顶问题。

4)重结晶性

高水材料硬化体在一定时期内(一般在3 d 龄期内)具有可塑性及强度恢复特性。高水材料硬化的初期是一种由枝状晶体组成的骨架结构，其间隙中含有很多自由水和凝胶体。受到大的外力时，枝状结晶体发生断裂或错位。如果它们相距不远，利用结晶动力可再生晶枝，相互交叉使密实度增大，强度得以恢复，或比前期更大。在硬化的后期，当骨架间的自由水和凝胶粒子消耗后，不再具有再结晶的能力。这种早期的重结晶性和强度恢复能力，有利于煤矿沿空留巷承受一次来压后继续支护。

5）后期强度较低

高水材料在以水灰比 2~2.5 的净浆充填时最终强度约为 5 MPa，此时高水材料用量为 300~450 kg/m³。若以等量 32.5 标号水泥以相同水灰比制成的砂浆，其最终强度很难达到 5 MPa，且早期强度很低。但普通水泥砂浆充填料在大体积的块石胶结充填时具有优势。因不要求早期强度，砂浆的脱水也不是一个问题，仅要求砂浆能渗入块石的间隙中和后期强度较高。

6）高水材料的稳定性

高水材料的吸水量大和早期强度高的关键性水化产物是钙矾石，而钙矾石的稳定性受环境因素影响很大。钙矾石结晶完好，属三方晶系，为柱状结构。其所含 32H_2O 占钙矾石总体积的 81.2%，质量的 45.9%。根据钙矾石在 50~144 ℃ 的脱水测算结果：在 50 ℃ 时已有少量结晶水脱出；74 ℃ 下脱水相当强烈；在 97 ℃ 经过 5 h 后会失去大量的结晶水；温度达 113~144 ℃ 后，很快成为八水钙矾石。根据 X 线衍射分析，在 74 ℃ 下，钙矾石的晶体结构已被破坏。有的试验指出，在 110 ℃ 以下，钙矾石能稳定存在。而环境的相对湿度大，相应的脱水温度会提高。当相对湿度达 90%，温度达到 100 ℃ 时也无显著变化。因此可以认为：在矿井的一般湿热条件下，在矿井支护的有限服务期限内，水灰比 2.5 的高水材料净浆的袋装充填体，其稳定性是不必怀疑的。高水材料与尾砂组成的充填体，水灰比达到 4~5，充填体内三分之二以上的水以自由水和吸附水的形式存在；当其大面积暴露于矿井大气中，自由水的流出和蒸发，可能使充填体的表面发生"风化"或碳化（粉化）。风化层中存在大量的碳酸钠、碳酸钙、硫酸钙等矿物，钙矾石基本消失，充填体强度大幅度降低。

3. 全水胶固材料

为克服高水材料双管输送的缺点，西北矿冶研究院开发了单料、单管输送的全水胶固材料。水灰比为 0.7~1.5 时，能将料浆固化。其初凝时间不早于 30 min，终凝时间不少于 2 h。但不能单独使用，主要用于金属矿的全尾砂胶结充填。

1）全水胶固材料的化学和矿物成分

全水胶固材料的化学成分（质量百分数）为 CaO（30%~70%），SiO_2（10%~30%），SO_3（8%~25%），Al_2O_3（10%~25%）。

主要矿物为石膏、铝酸一钙、铝酸三钙、二铝酸一钙、硅酸三钙、硅酸二钙等。

主要水化产物为钙矾石、氢氧化钙凝胶、水化硅酸钙凝胶和铝酸凝胶等。

全水胶固材料的相对密度为 3~3.2 t/m³，堆积密度 0.95~1.1 t/m³。细度为 0.08 mm 方孔筛余量为 10% 左右，比表面积 250~290 m²/kg。

2）全水胶固材料的强度指标

某金矿的全尾砂的相对密度为 3 t/m³，堆积密度 1.565 t/m³。主要化学成分为 SiO_2（48.95%），CaO（26.70%），Al_2O_3（11.96%），Fe_2O_3（7.08%），S（4.10%）等。主要矿物（质量百分数）为石英（34%），方解石（25%），长石（19%），绢云母（8%），绿泥石（6%），高岭石（5%）等。粒度较细，-200 目占 56.3%。其最大粒径 0.25 mm，平均粒径 0.087 mm，$d_{10} = 0.017$ mm，$d_{60} = 0.077$ mm，颗粒均匀度系数 $C_n = 4.53$。

全水胶固材料与全尾砂所制的料浆固化后的强度见表 9-8。

表9-8 全水胶固材料与全尾砂强度试验结果

序号	质量浓度	灰砂比	凝结时间/min	抗压强度/MPa		
				3 d	7 d	28 d
1	0.65	1：4	30	1.17	2.2	2.51
2	0.65	1：5	40	0.95	1.2	1.96
3	0.65	1：8	55	0.43	0.72	1.05
4	0.65	1：10	65	0.40	0.53	0.69
5	0.65	1：15	90	0.15	0.19	0.32

当水灰比为0.9时,全水胶固材料的净浆固化后的强度见表9-9。

表9-9 全水胶固材料净浆固化强度

序号	受力类型	强度值/MPa				附注
		1 d	3 d	7 d	28 d	
1	抗压	3.09	4.35	5.13	6.00	水灰比0.9
2	抗剪	1.66	2.05	2.25	2.69	
3	抗拉	0.19	0.25	0.28	0.34	

从上表可看出,影响强度的主要因素有灰砂比和料浆的浓度(亦即水灰比)。全水胶固材料固化料浆拌合用水的水灰比约为1.5。为满足输送要求,尾砂浆用水量按水灰比计可能大大超过此数。多余的水将以吸附水和自由水的形式存在,并有泌水现象和采场排水问题。料浆的体积与料浆固化后的体积之间的沉缩率见表9-10,充填采空区的材料消耗情况见表9-11。

表9-10 全水胶固材料的料浆的沉缩率

灰砂比	1：5	1：5	1：5	1：8	1：8	1：8	1：10	1：10	1：10
质量浓度	0.60	0.65	0.70	0.60	0.65	0.70	0.60	0.65	0.70
沉缩率/%	10.5	6.2	4.9	11.1	10.1	7.2	12.7	11.6	6.5

3) 全水胶固材料的稳定性

全水胶固充填体在井下暴露后的风化深度为1个月内6 mm,3个月内13 mm。当充填体的服务期限为3~5月时,这种充填体是稳定的。

表 9-11　充填采空区的材料消耗

表 9-11　充填采空区的材料消耗

灰砂比		1 : 5	1 : 5	1 : 5	1 : 8	1 : 8	1 : 8	1 : 10	1 : 10	1 : 10
质量浓度		0.60	0.65	0.70	0.60	0.65	0.70	0.60	0.65	0.70
材料用量 /(kg·m⁻³)	全水胶固材料	194.9	212.0	238.9	133.1	148.3	165.2	112.1	124.2	135.2
	全尾砂	974.5	1060.0	1194.5	1064.8	1186.4	1321.6	1121.0	1242.0	1352.0
	水	779.6	685.0	614.6	798.1	719.3	637.2	822.9	734.8	637.4

4. 工业废渣活性材料

为节省胶凝材料的费用，可广泛采用各种活性材料。例如粉煤灰、高炉矿渣、炼铜反射炉渣、熟石灰等，它们具有潜在胶凝活性。其特点是就近采购工业废渣活性材料，散装运到充填站，在站内进行加工，磨细至一定细度。其在水化反应环境里可表现出胶凝活性，可加入充填料，送入井下进行充填，替代部分水泥。

1) 粉煤灰

粉煤灰是由烧煤的火力发电厂的锅炉炉灰和烟道收尘的飞灰等两部分组成。前者经磨细后一般采用水力排至灰库，后者收集在灰仓内，因此采运相当方便。将粉煤灰用于充填，不但可以减少胶凝材料的费用，而且对环境保护也有重大意义。粉煤灰的化学成分因煤的品种和其化学成分而异。一般而言，粉煤灰中 SiO_2 的含量为 40%~60%，Al_2O_3 的含量为 20%~30%，Fe_2O_3 的含量为 5%~10%。上述 3 种成分达到 70% 以上，粉煤灰才可能具有潜在胶凝活性。我国部分煤种的粉煤灰的化学成分见表 9-12。

表 9-12　我国部分煤种的粉煤灰化学成分及烧矢量

煤种	化学成分/%					烧失量/%	水分/%	总计/%
	SiO_2	Al_2O_3	Fe_2O_3	CaO	MgO			
义马煤	53.33	32.91	6.09	3.93	0.61	2.29		99.16
平顶山煤	50.78	27.96	10.38	7.85	1.21	1.18		99.36
开滦煤	60.16	28.70	5.56	3.65	0.81	0.90		99.78
峰峰煤	52.96	30.32	6.82	4.21	1.11	2.99		98.41
大同煤	53.25	38.64	6.30	3.98	1.19	4.45	0.24	99.05

粉煤灰的主要技术指标为细度、颗粒形状、相对密度、堆积密度、需水量和活性等。粉煤灰的细度与其捕集方法及分级方法有关。通常以通过 0.045 mm 方孔筛的筛余量或比表面积来表示粉煤灰的细度。粉煤灰的细度直接影响其活性。一般而论，粉煤灰的颗粒愈细，其潜在活性愈大。普通原状粉煤灰的比表面积为 200~300 m²/kg，磨细的粉煤灰的比表面积为 300~700 m²/kg。粉煤灰的相对密度为 1.8~2.6 t/m³，堆积密度为 600~1000 kg/m³，紧密密度为 1000~1400 kg/m³。

粉煤灰的需水量主要取决于其细度、颗粒形状、颗粒表面状态。一般常以粉煤灰的需水量与硅酸盐水泥需水量之比来评价此项指标。粉煤灰的潜在活性是以其火山灰活性指标来表示。它主要取决于其化学成分、玻璃相含量、细度、颗粒形状及颗粒表面状态。火山灰活性指标是以掺粉煤灰的试验砂浆平均强度与标准砂浆平均强度的比来求得的。英国标准 BS 3892—1982 规定，粉煤灰的火山灰活性指标在 85% 以上时，才能保证其具有足够的活性。粉煤灰的火山灰反应生成物主要为：$3CaO \cdot 2SiO_2 \cdot 3H_2O$，$3CaO \cdot Al_2O_3 \cdot 6H_2O$，$3CaO \cdot Fe_2O_3 \cdot 6H_2O$，以及 $3CaO \cdot Al_2O_3 \cdot 3CaSO_4 \cdot 32H_2O$，即与水泥的水化产物基本相同。粉煤灰的这种反应在常温下发展得很慢，随着龄期增长，粉煤灰的火山灰反应及粉煤灰与水化产物的结合反应同时进行。因此掺粉煤灰的充填料的后期强度较大。

粉煤灰依其颗粒细度分为原状灰和磨细灰，依其排放方式分为干排灰和湿排灰。粉煤灰的品质因煤种和燃料条件的不同而有很大的差别。充填作业所使用的粉煤灰多为湿排灰，散装运输干排灰也因易受潮而使品质下降。胶结充填料中粉煤灰的掺入量应通过试验确定，并按规定进行随机抽样检验。根据 GB/T 1596—2017《用于水泥和混凝土中的粉煤灰》，拌制砂浆和混凝土用粉煤灰分为三个等级：Ⅰ 级、Ⅱ 级、Ⅲ 级；水泥活性混合材料用粉煤灰不分级。粉煤灰分为三级，见表 9-13。

表 9-13　粉煤灰的分级及品质指标

序号	指标		级别		
			Ⅰ	Ⅱ	Ⅲ
1	细度（0.045 mm 方孔筛筛余）/%	不大于	12	30	45
2	需水量比/%	不大于	95	105	115
3	烧失量/%	不大于	5	8	10
4	含水量/%	不大于	1	1	1
5	三氧化硫（SO_3）质量分数/%	不大于	3	3	3
6	游离氧化钙（f-CaO）质量分数/%	F 类不大于	1	1	1
		C 类不大于	4	4	4
7	二氧化硅（SiO_2）、三氧化二铝（Al_2O_3）和三氧化二铁（Fe_2O_3）总质量分数/%	F 类不小于	70	70	70
		C 类不小于	50	50	50
8	密度/（g·cm^{-3}）	不大于	2.6	2.6	2.6
9	安定性（雷氏法）/mm	C 类不大于	5	5	5
10	强度活性指数/%	不小于	70	70	70

2）矿渣

磨细的炼铁高炉矿渣已广泛用于制造矿渣水泥。我国大中型钢铁厂的高炉矿渣已基本作为水泥工业原料。矿山欲用矿渣作胶凝材料，只能寻求地方小炼铁厂的矿渣或炼钢渣、炼铜反射炉渣等。对矿渣的磨细程度、掺入量等应通过试验确定。矿渣分酸性矿渣和碱性矿渣。

矿渣的碱度愈高，活性愈大。矿渣的胶凝性能用四元碱度 M_0，二元碱度（活性率）M_a 和质量系数 K 来表征。

四元碱度：

$$M_0 = \frac{[CaO] + [MgO]}{[SiO_2] + [Al_2O_3]} \tag{9-5}$$

二元碱度：

$$M_a = \frac{[Al_2O_3]}{[SiO_2]} \tag{9-6}$$

当 MgO 含量小于 10%时：

$$K = \frac{[CaO] + [Al_2O_3] + [MgO]}{[SiO_2] + [TiO_2]} \tag{9-7}$$

当 MgO 含量大于或等于 10%时

$$K = \frac{[CaO] + [Al_2O_3] + 10}{[SiO_2] + [TiO_2] + [MgO]} \tag{9-8}$$

上式的氧化物均以含量百分数计。$M_0 > 1$ 属碱性，$M_0 \leqslant 1$ 时属酸性。用于胶结充填的矿渣，至少应达到：$M_0 \geqslant 0.65$，$M_a = 0.17 \sim 0.25$，$K > 1.6$，并可加入 4%~6%的水泥、石膏或石灰作活化剂。

5.磁黄铁矿和黄铁矿

某些金属硫化矿床的矿石中，除含有黄铁矿外，还含有磁黄铁矿。在选矿过程中，磨细的黄铁矿和磁黄铁矿，由于密度较大，在分级脱泥时进入粗尾砂中，使充填用的尾砂含硫量达 1%~2%，甚至高达 5%。加拿大诺兰达矿业公司和沙利文矿的经验证明：磁黄铁矿与空气中的氧和水分发生缓慢的氧化反应的生成物，能将充填骨料胶结成稳固的充填体。发生均匀氧化的条件是：

（1）充填骨料（炉渣和尾砂）的配比和粒级组成有利于空气流通和水的渗透；

（2）磨细的磁黄铁矿的用量为充填骨料的 3%~10%；

（3）水的含量应达到固体质量的 15%。

例如：+0.051 mm 的粗尾砂，按 4:1 与炉渣混合，并加入 8%的磨细磁黄铁矿；在空气自然流动的条件下，将水分排干至 15%以后 34 d，其无侧限抗压强度达到 1.862 MPa。

对于用磨细的磁黄铁矿作胶凝材料应持慎重态度，必须通过生产试验方能定论。硫是一种充填作业中的有害成分。在矿井条件下，硫的缓慢氧化会逸出 SO_2、H_2S 气体，并释放热量。硫化矿物氧化所生成的 SO_4^{2-} 离子，对水泥和其他胶凝材料具有破坏作用。当浓度达到 1500~10000 mg/L 时，生成的硫铝酸盐晶体（$3CaO \cdot Al_2O_3 \cdot 3CaSO_4 \cdot 31H_2O$）和二水石膏（$CaSO_4 \cdot 2H_2O$），体积增加 2 倍以上。导致充填体内产生内应力，最终开裂或崩解。对于充填材料而言，由于服务时间短，对硫的含量可适当提高。另一种有效途径是在充填料中添加粉煤灰。作者在安徽新桥矿业公司和广西高峰矿业公司使用高硫尾矿作为胶结充填料时，利用粉煤灰成功解决了这一问题并已获得发明专利。当硫的含量大于 5%时，应通过试验查明其有害程度，并在矿井通风和安全方面有所考虑。

9.1.4 改性材料

1. 水

胶凝材料需要水实现水化反应。水是絮凝剂和外加剂的溶剂或载体。因此水中所含杂质对胶凝材料的性能有影响。矿井酸性水多来源于硫化矿物的氧化，酸水中的 SO_4^{2-} 离子侵蚀水泥后产生难溶的硫酸盐类晶体，发生体积膨胀使混凝土破坏。根据 JGJ 63-2016 的规定，用于制备混凝土的拌合水的质量标准见表 9-14。

弱碱性的矿山工业用水，使水泥尾砂胶结料的强度略有升高，见表 9-15。

用海水制作素混凝土要遵照有关规定。一般而论，海水的含盐总量不得超过 5000 mg/L。它的早期强度较高，但 28 d 以后的强度要下降。对于能否用海水制作水泥尾砂胶结料，要通过试验确定。因为水泥尾砂胶结充填体的孔隙较大，与海水接触，或被海水渗透均可能降低强度。在三山岛金矿的试验中，以海水(或与海水近似的盐水)养护试块，与标准的潮湿条件相比，强度降低 11%～28%，见表 9-16。

表 9-14　混凝土拌合用水的质量标准

项目		预应力混凝土	钢筋混凝土	素混凝土
pH	不小于	4	4	4
不溶物/$(mg \cdot L^{-1})$	不大于	2000	2000	5000
可溶物/$(mg \cdot L^{-1})$	不大于	2000	5000	10000
氯化物(以 Cl^- 计)/$(mg \cdot L^{-1})$	不大于	500	1200	3500
硫酸盐(以计 SO_4^{2-} 计)/$(mg \cdot L^{-1})$	不大于	600	2700	2700
硫化物(以计 SO_4^{2-})/$(mg \cdot L^{-1})$	不大于	100	—	—

表 9-15　碱性水对砂浆强度的影响

类别	pH	水泥尾砂比	质量浓度	抗压强度/MPa				
				1 d	4 d	14 d	28 d	90 d
碱性矿井水	10.1	1:6	0.68	0.225	1.42	2.22	2.4	—
工业水	7.2	1:6	0.68	0.137	0.94	1.87	2.04	—
碱性矿井水	10.1	1:20	0.65	—	—	0.225	0.30	0.52
工业水	7.2	1:20	0.65	—	—	0.21	0.25	0.42

表 9-16　海水养护对强度的影响

养护类别	抗压强度/MPa			
	灰砂比 1:8		灰砂比 1:20	
	28 d	90 d	28 d	90 d
潮湿养护	1.021	1.405	0.190	0.276

续表 9-16

养护类别	抗压强度/MPa			
	灰砂比 1:8		灰砂比 1:20	
	28 d	90 d	28 d	90 d
海水养护	0.904	1.142	0.137	0.222
强度下降/%	11.46	18.7	27.9	19.6

控制用水量十分重要,水灰比是胶结充填料强度的重要参数,固液混合物中的水量决定了料浆的流动特性。

2. 絮凝剂

1)絮凝剂选型及絮凝沉降原理

絮凝剂是污水处理领域常用的药剂之一。其作用原理为:絮凝剂主要通过带有正(负)电性的基团与水中带有负(正)电性的难于分离的一些粒子或者颗粒相互靠近,降低其电势,将其处于不稳定状态;通过其聚合性质集中颗粒,并利用物理或者化学方法分离出来。随着矿石品位的普遍下降和选矿技术的不断进步,磨矿粒度越来越细。金属矿山尾矿中-200目的占比普遍超过80%,平均粒径在50 μm 左右。过细的磨矿粒度在大幅提高选矿回收率的同时,也给尾矿的浓缩脱水增添了难度。依靠传统的自然沉降,细粒径尾矿沉降速度慢、浓缩效率低、溢流水浑浊。故必须添加絮凝剂加速细颗粒的沉降,保障浓缩过程的稳定与高效。因此,絮凝剂也不可避免地会残留在浓缩后的尾矿浆体中,对浆体的充填性能产生影响。

絮凝剂的品种繁多,按照其化学成分总体可分为无机絮凝剂和有机絮凝剂两大类。无机絮凝剂具有絮凝效果低、用量大、成本高、腐蚀性强的缺点,不符合矿山尾矿的大能力、高效率浓缩要求。有机絮凝剂包括合成有机高分子絮凝剂、天然有机高分子絮凝剂和微生物絮凝剂。其中,在矿山应用较多的主要为有机高分子絮凝剂——聚丙烯酰胺系列。聚丙烯酰胺(polyacrylamide,简写 PAM),根据其离子类型可分为:阴离子型,阳离子型,非离子型和两性离子型;根据其分子量的大小可分为:超高、高、中和低相对分子量聚丙烯酰胺。其中,分子量在 100 万~1200 万的为高相对分子量聚丙烯酰胺。

聚丙烯酰胺常见为白色粉末状,可溶于水,水溶液为均匀透明的液体,水溶液黏度随聚合物分子量增加而提高。PAM 是长链(线)状聚合物,每个分子是由十万个以上的单体聚合物构成,分子链长且细;同时有许多化学活性基团,会弯曲或卷曲成不规则的曲线形状,就像梁桥一样搭在两个或多个细粒径尾砂颗粒上,并以自己的活性基团与尾砂颗粒表面起作用,将尾砂颗粒连接形成絮凝团。这种作用称为"桥联作用"(如图9-2所示)。

尾矿絮凝沉降过程中,絮凝剂的主要作用机理如下。

(1)双电层的压缩作用:有机高分子絮凝剂或无机絮凝剂电离产生的电荷会使细粒径尾矿电位降低,进而压缩双电子层;

(2)吸附凝聚作用:由于絮凝剂水解产物特殊的电荷属性,会吸引并中和悬浮的异性细粒径颗粒,凝聚成大的颗粒;

(3)絮凝架桥作用:有机高分子絮凝剂溶于水后会水解生成长链聚合物,絮凝架桥形成

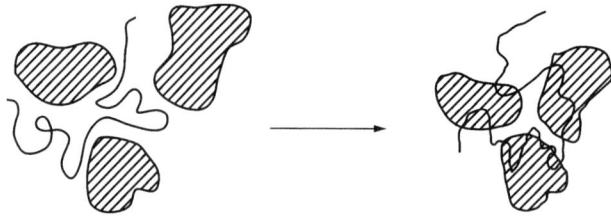

图 9-2 絮凝剂长链(线)状分子的桥联作用

絮网结构，吸引和网捕细粒径尾矿颗粒形成大的絮团，进而加速絮团尾矿沉降。因为阳离子高分子絮凝剂对尾砂颗粒的吸附具有降低表面电荷、压缩双电子层的作用。因此阳离子高分子絮凝剂引起桥连作用所需的分子长度比非离子型高分子絮凝剂可小一些，即相对分子质量可低些；相反阴离子型高分子絮凝剂对荷负电的尾砂颗粒，由于静电相斥作用，相对分子质量较大。

2) 影响絮凝沉降作用效果的因素分析

影响超细尾砂絮凝作用的因素相对复杂，主要原因如下。

(1) 超细尾砂的粒径组成和颗粒级配：粒径组成和颗粒级配是尾砂最重要的物理特性参数，对絮凝剂的选型和用量，以及絮凝沉降效果影响作用也是最大。通常我们会采用激光粒度仪分析尾矿的粒径组成和颗粒级配，并用 -800 目、-400 目、-200 目、-100 目，以及 d_{10}、d_{50}、d_{90}、平均粒径及不均匀系数等参数来表征。一般地，尾矿中细粒径尤其是 -800 目的泥质成分越多，其絮凝用量越大，絮凝沉降速度越慢，浓缩成本越高。此外，全尾砂颗粒级配不均匀系数越高，说明其某个范围的粒径缺失严重，可能会出现粗细分化严重、粗粒径急速沉降、细粒径难以处理等问题。

(2) 絮凝剂的分子量、用量和稀释浓度：一般地，增大絮凝剂的用量和分子量，有利于超细粒径颗粒的絮凝沉降、提升絮凝效果；但是过高的絮凝剂添加量不仅不利于提高絮凝效果，大量的絮凝剂残留在尾水中还会对选矿指标产生显著影响。因此，矿山充填过程中高分子聚丙烯酰胺类絮凝剂的用量一般控制在 5~20 g/t。同时，絮凝剂一般为白色粉末状，必须用水充分溶解和稀释后才能使用。一般絮凝剂需要提前溶解和搅拌 1 h 以上才能使用，且必须稀释至 5‰以下的浓度才能较好地发挥絮凝剂的吸附凝聚和絮凝桥联作用。

(3) 浆体的 pH 和温度等参数：pH 会显著影响和改变超细粒径尾矿颗粒的表面电荷的电位、絮凝剂的性质和作用，使得颗粒的表面斥力增加、絮凝困难。因此，pH 对絮凝作用的影响非常大。同时，尾矿浆体的温度过高或过低，均会对絮凝剂的作用效果产生不利的影响。考虑尾矿浆体的处理量极大，矿山充填的成本又往往控制得较低，改变浆体的 pH 和温度等参数是技术可行但明显经济不合理的。因此，可通过改变药剂类型、增加药剂的分子量和用量等措施来改善浆体的絮凝沉降效果。

(4) 搅拌速度和时间：絮凝剂添加前需要充分的溶解和长达 1 h 以上的搅拌，才能将数百万个以上的长链(线)状聚合物分子充分伸展开来。絮凝沉降过程中适度的搅拌有利于尾矿和絮凝剂的充分混合与接触.但是过长时间和过快频率的搅拌不仅会增加能耗，还会破坏已形成的絮团结构。

3) 絮网结构破坏和修复作用演化过程

如图 9-3 所示,在絮凝剂数百万个以上的长链(线)状聚合物分子的絮凝架桥的作用下,尾矿中的细粒径成分被吸附凝聚形成大的絮体;粗颗粒成分则因很少与絮凝剂发生反应而零散地分布在絮体周边。由于絮凝剂分子链很长,在网捕不断细粒径尾矿颗粒的同时,形成的絮体体积会不断增大,最终形成稳定的絮网结构。

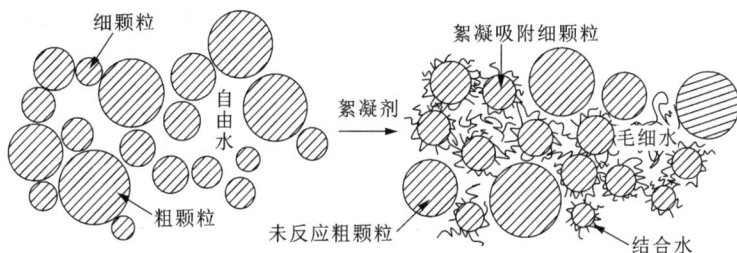

图 9-3 絮网结构在絮凝剂作用下的修复过程

如图 9-4 所示,絮凝架桥和吸附凝聚作用下形成的絮网结构只是一个相对稳定的结构。在外界剪切力的持续作用下,絮网结构会因长链(线)状分子的断裂而分裂成小的絮体。原先凝聚在一起的细粒径尾矿颗粒也会分散开来,形成许多小的絮团。

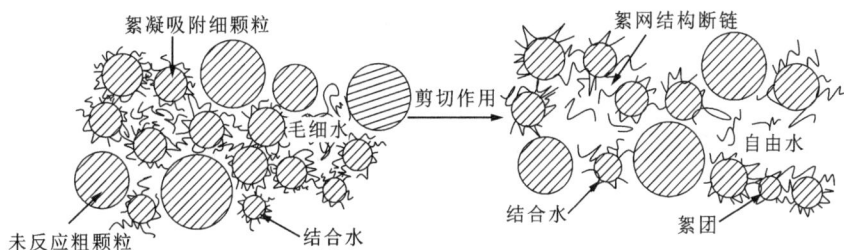

图 9-4 絮网结构在剪切作用下的破坏过程

在不断提高剪切力或持续增加剪切时间的情况下,絮网结构会持续受到破坏,不断分裂成小的絮团和絮体。但最终会达到一个相对稳定的破坏状态,即再继续增加剪切力和剪切时间,也不会再分裂生产更多的小的絮团和絮体。剪切作用停止后,絮凝剂的修复作用将开始发挥主导作用。断裂的长链(线)状分子开始重新搭接和吸附,小的絮团和絮体也开始逐渐重新吸附凝聚形成大的絮体。最终在形成相对稳定的絮网结构后,不会再修复形成更大的絮网结构。这便是絮网结构破坏和修复作用演化过程。

4) 自由水和毛细水动态转化过程

絮凝剂絮凝架桥和吸附凝聚作用下形成的絮网结构十分发育,在网捕细粒径尾矿颗粒生成絮体和絮团的同时,也吸附和包罗了大量的水分子。基于细粒径尾矿颗粒的双电子层结构,在静电作用下,吸附层内水分子紧密地排列在尾矿颗粒表面形成结合水,扩散层内的水分子附着力稍弱的形成毛细水。因此,添加絮凝剂后的超细尾砂似膏体黏性和稠度明显增加,这是絮网结构吸附和包罗了大量的水分子所导致的。在持续施加剪切力的作用下,随着絮网结构持续受到破坏，不断分裂成小的絮团和絮体。原先吸附和包罗的大量水分子也开始被释放，使得超细尾砂似膏体黏性和稠度明显降低。

鉴于结合水和毛细水的活动能力极差，可视为完全失去流动性。因此，管道输送的主要载体为自由水。絮凝剂修复作用下，絮网结构吸附和包罗了大量的水分子，使得超细尾砂似膏体黏性和稠度明显增加；在持续的剪切破坏作用下，絮网结构分裂断开，释放原先吸附和包罗的水分子，使得超细尾砂似膏体黏性和稠度明显降低。因此，絮网结构破坏和修复作用演化过程，自由水和毛细水之间的迁移和转化，是引起浆体流变特性变化的根本原因。

如图9-5所示，超细全尾砂似膏体中含有大量的细粒径成分，单位体积内固体颗粒的表面积较大，极易在残留絮凝剂的作用下，发生电中和、吸附搭桥、卷扫网捕等一系列的物理化学变化，形成稳定的絮网结构。在管道输送过程中，絮网结构又会受到管壁的持续摩擦作用而发生剪切破坏。在一定的剪切速率条件下，絮网结构系数随着剪切时间的增加而逐渐减小，并最终趋于平衡值。此时，絮凝剂修复作用和剪切破坏作用达到动态平衡；自由水和毛细水之间的迁移和转化也达到稳定状态，浆体的流变特性趋于稳定值。

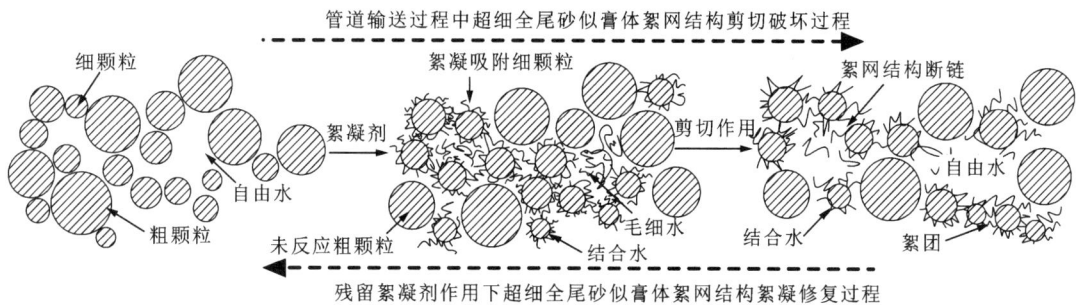

图9-5　絮凝修复和剪切破坏作用下絮网结构动态变化过程

3. 外加剂

将混凝土外加剂用于充填料中是充填料工艺进步的一个标志，也是今后充填工艺的发展方向。在高水材料、全水胶固材料、高浓度尾砂输送、混凝土输送和介体输送中均已使用了外加剂。在充填料的制备中使用外加剂应符合《混凝土外加剂》(GB 8076—2008)的国家标准。在选择外加剂的类型和确定其用量时，应参照该标准进行满足充填工艺要求的对比试验。

掺外加剂的混凝土性能见表9-17所示。

表9-17　外加剂性能表

项目	缓凝剂		早强剂		普通减水剂		高效减水剂		早强减水剂		缓凝减水剂	
	一等品	合格品	一等品	合格品	一等品	合格品	一等品	合格品	一等品	合格品	一等品	合格品
减水率/%	—	—	—	—	>8	>5	>12	>10	>8	>5	>8	>6
泌水率/%	<100	<110	<100	<100	<95	<100	<100	<100	<95	<100	<95	<100
含气量/%	—	—	—	—	<3.0	<4.0	<3.0	<4.0	<3.0	<4.0	<3.0	<4.0

续表 9-17

项目		缓凝剂		早强剂		普通减水剂		高效减水剂		早强减水剂		缓凝减水剂	
		一等品	合格品	一等品	合格品	一等品	合格品	一等品	合格品	一等品	合格品	一等品	合格品
凝结时间差/min	初凝	+60~+210	+60~+210	-60~+90	-120~+120	-60~+90	-60~+120	-60~+90	-60~+120	-60~+90	-60~+120	-60~+120	-60~+120
	终凝	<+210	<+210	-60~+90	-120~+120	-60~+90	-60~+120	-60~+90	-60~+120	-60~+90	-60~+120	<+120	<+120
抗压强度比/%	1 d	—	—	>140	>125	—	—	>140	>130	>140	>130	—	—
	3 d	>100	>90	>130	>120	>115	>110	>130	>125	>135	>120	>110	>100
	7 d	>100	>90	115	>110	>115	>110	>125	>120	>120	>115	>110	>110
	28 d	>100	>90	100	>95	>110	>105	>120	>115	>110	>105	>110	>105
	90 d	>100	>90	95	>95	>100	>100	>100	>100	>100	>100	>100	>100
收缩率/%, 90 d		<120		<120		<120		<120		<120		<120	
钢筋锈蚀		应说明对钢筋有无锈蚀危害											

4.缓凝剂

能延缓混凝土凝结时间，并对其后期强度无不良影响的外加剂称为缓凝剂。缓凝剂的分类及其适宜掺量见表 9-18。

缓凝剂的作用机理主要是缓凝剂分子吸附于水泥表面，使水泥延缓水化反应而延缓凝结。对于羟基、羧基类主要是水泥颗粒中的铝酸三钙成分首先吸附羟基、羧基分子，使它们难以较快生成钙矾石结晶而起到缓凝作用。磷酸盐类缓凝剂溶于水中生成离子，被水泥颗粒吸附生成溶解度很小的磷酸盐薄层，使铝酸三钙的水化和钙矾石形成过程被延缓而起到缓凝作用。有机缓凝剂通常延缓铝酸三钙的水化。

表 9-18　缓凝剂的分类及适宜掺量

类别	品种	掺量(占水泥重)/%
木质素磺酸盐	木质素磺酸钙	0.3~0.5
聚荃羧酸	柠檬酸	0.3~0.10
	酒石酸	0.3~0.10
	葡萄糖酸	0.3~0.10
糖类及碳水化合物	糖蜜	0.10~0.30
	淀粉	0.10~0.30
无机盐	锌盐、硼酸盐、磷酸盐	0.10~0.20

5. 早强剂

能提高混凝土早期强度和缩短凝结时间，并对后期强度无显著影响的外加剂称为早强剂。在胶凝充填料中添加早强剂，是为了满足某些需要早强的工艺要求。早强剂分为无机盐类、有机物类和复合早强剂三大类。

(1)无机盐类早强剂有：氯化物系列为氯化钠($NaCl$)，氯化钙($CaCl_2$)，氯化钾(KCl)，氯化铝($AlCl_3 \cdot 6H_2O$)等；硫酸盐系列为硫酸钠(Na_2SO_4)，硫代硫酸钠(NaS_3O_3)，硫酸钙($CaSO_4$)，硫酸铝钾[明矾，$Al \cdot K(SO_4)_3 \cdot H_2O$]。

(2)有机物类早强剂有：三乙醇胺[TEA，$N(C_2H_4OH)_3$]、三异丙醇胺[TP，$N(CH_5CHOH)_3$]、乙酸钠(CH_3COONa)、甲酸钙[$Ca(HCOO)_2$]等。

(3)复合早强剂为有机、无机早强剂复合，或早强剂与其他外加剂的复合使用，一般可取得比单组分更好的效果。

6. 减水剂

在混凝土坍落度基本相同的条件下，能减少拌合用水量的外加剂称为减水剂。在充填料中添加减水剂适用于高浓度充填料的管道输送，明显改善高浓度充填料的液化性能(即管道输送能力)，减少输送过程中的离析和阻力。按其化学成分可分为以下 6 类。

(1)木质素磺酸盐类：主要成分为木质素磺酸盐，由生产纸浆的废料中提取各种木质素衍生物；有木质素磺酸钙、钠、镁等，以及碱木素。

(2)多环芳香族磺酸盐类：此类减水剂大多通过合成途径制取，主要成分为芳香族磺酸盐甲醛缩合物，原是煤焦油中各馏分，有萘、蒽、古玛隆树脂等(以萘用得最多)，经磺化、缩合而成。目前国内品种多达数十种。

(3)糖蜜类：以制糖副产品(废蜜)为原料，用碱中和而成。

(4)腐植酸类：以草炭、泥煤，或褐煤为原料，用水洗碱溶液、蒸发浓缩、磺化、喷雾干燥而成，主要成分为腐植酸钠。

(5)水溶性树脂类：三聚氰胺经磺化缩合而成，又称密胺树脂。

(6)复合减水剂：与其他外加剂复合而成的减水剂，如早强减水剂、缓凝减水剂、引气减水剂等。

减水剂多数为表面活性剂，吸附于水泥颗粒表面使颗粒带电。颗粒间由于带相同电荷而相互排斥，加速水泥颗粒分散，释放颗粒间多余的水，达到减水目的。另外，加入减水剂，在水泥表面形成吸附膜，影响水泥水化速度，使水泥晶体生长更完善，网络结构更为密实，从而提高水泥石的强度及密实性。在混凝土中掺入水泥质量的 0.2%~0.5%的普通减水剂，在保持和易性不变的情况下，能减水 8%~20%，提高强度 10%~30%。如掺入水泥质量的 0.5%~1.5%的高效减水剂，能减水 15%~25%，提高强度 20%~50%。在保持水灰比不变的条件下，能使混凝土的坍落度增加 50~100 mm。

9.2 充填料浆工程特性试验

本节以金属矿山常见的充填骨料——尾砂为例,进行充填骨料的分类及特性、浓缩脱水工艺、充填料浆配比参数,以及流动性能测试和试验的介绍。

9.2.1 尾矿的分类及特性

1.尾矿的选矿工艺类型

根据选矿工艺的不同类型,尾矿可分为:

(1)手选尾矿。适合于与脉石界限明显的矿石,可分为粒度 100~500 mm 的块状尾矿和 20~100 mm 的碎石尾矿。

(2)重选尾矿。利用矿岩在密度和粒度上的差异进行选矿产生的尾矿,粒度一般约 2 mm。

(3)磁选尾矿。粒度为 0.05~0.5 mm;磁选弱磁性矿物时,需要先对矿石进行焙烧处理。

(4)电选及光电选尾矿。用于分选尾矿中的贵重矿物,粒度小于 1 mm。

(5)浮选尾矿。含有大量-200 目极细粒径尾矿,平均粒径 0.5~0.05 mm。

(6)化学选尾矿。矿石与化学选矿药剂反应的产物。

2.尾矿的物理力学性质测试

(1)用比重瓶法测试比重。

(2)采用小型相对密度仪测定容重。

(3)依(1)、(2)结果计算孔隙率。

(4)采用三联式固结仪测定固结(压缩)性(如图 9-6 所示)。

(5)用卡敏斯基管测定渗透系数。

(6)采用粗筛和比重分析法联合测定物料级配。

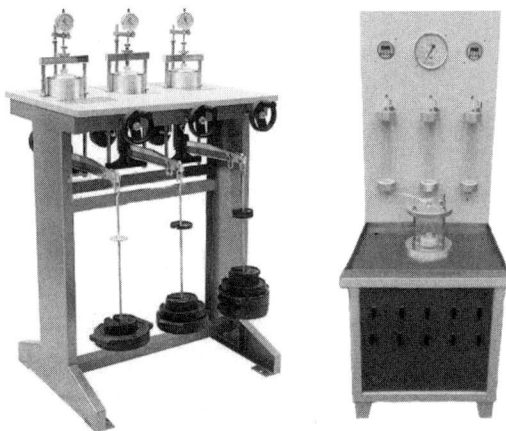

图 9-6 压缩性能测试和渗透系数测试试验

3.尾矿的化学成分

尾矿的化学成分常用硅、铝、铁、镁、钙、硫、钠、钾等元素的氧化物含量来表示,不同的矿化和围岩蚀变类型,其化学特性不同。尾矿的矿物成分不仅与矿体组成成分有关,还与矿化和围岩蚀变的影响有关。根据不同的矿物组成和不同化学成分的含量,尾矿可分为镁铁硅酸盐型、钙铝硅酸盐型、长英质岩型、碱性硅酸盐型、高铝硅酸盐型、高钙硅酸盐型、硅质岩型和碳酸盐型尾矿。

4.尾矿的粒径组成分类

按照尾矿中各粒径成分的比例，可将尾矿分为砂性尾矿、粉性尾矿和黏性尾矿，见表9-19。

表9-19 尾矿粒径分类

尾矿类别	名称	分类标准
砂性尾矿	尾砾砂	粒径大于2 mm的颗粒质量占总质量的25%~50%
	尾粗砂	粒径大于0.5 mm的颗粒质量超过总质量的50%
	尾中砂	粒径大于0.25 mm的颗粒质量超过总质量的50%
	尾细砂	粒径大于0.075 mm的颗粒质量超过总质量的85%
	尾粉砂	粒径大于0.075 mm的颗粒质量超过总质量的50%
粉性尾矿	尾粉土	大于0.075 mm颗粒质量不超过总质量50%，塑性指数小于10
黏性尾矿	尾粉质黏土	塑性指数大于10，小于等于17
	尾黏土	塑性指数大于17

5.尾矿的工程性质

尾矿的物理性质，主要包括密度、硬度、热膨胀系数等；化学性质指参与化学反应的活性和能力。尾矿的工艺特性主要指其可加工性能，主要包括可磨性、易筛性、固结性等指标。尾矿的工程特性主要指尾矿的沉积特性、渗透性、变形特性和抗剪强度特性等直接影响干堆体结构稳定性的性质。尾矿作为干堆坝体的主要构成材料，由于其加工过程和排放方式的不同，形成了各不相同的尾矿沉积层。其压缩变形和强度特性、渗流状态、振动响应特性均会随着尾矿类型、堆积方式、时间和空间的变化而变化。

9.2.2 尾矿浓缩脱水工艺

浓缩是低浓度尾矿浆体提高浆体浓度、降低含水率，实现干堆的重要过程。根据浓缩原理的不同，尾矿浓缩包括重力沉降浓缩和离心沉降浓缩两种类型。尾矿在重力作用下沉降浓缩的过程包含复杂的物理化学反应。尾矿的颗粒形状、粒径组成、密度等指标是影响其沉降快慢的关键因素；另外，是否添加絮凝剂、絮凝剂浓度、温度、机械搅拌等因素也对沉降速率具有较大的影响。重力沉降过程根据是否添加絮凝剂可分为自然沉降浓缩和絮凝沉降浓缩。

1.自然沉降浓缩

尾砂颗粒在自身重力的作用下发生沉降而达到浓缩的目的，被称为自然沉降。尾砂自然沉降过程中的沉降界面(固液分界面)的变化如图9-7所示。在重力的作用下，尾矿不断浓缩沉降，尾矿上部的清液区A和底部的沉聚区D开始逐渐增大；等浓度区B和变浓度区C则不断减小。尾矿粒径较细时，通常需要数小时才能使B和C区完全消失。即尾矿在重力作用下的自然沉降浓缩过程才逐渐完成。

图 9-8 为典型的尾砂沉降曲线：a 为沉降的起点，此前悬浮液处于均匀稳定状态；随着粗细颗粒离析下沉，尾矿沉降过程中形成的固液分离面不断下降（$a{\sim}b$）；沉降过程进行到一定程度时，沉降速度开始变缓（$b{\sim}c$），并逐渐停止自由沉降（$c{\sim}u$），进入等速压缩阶段。

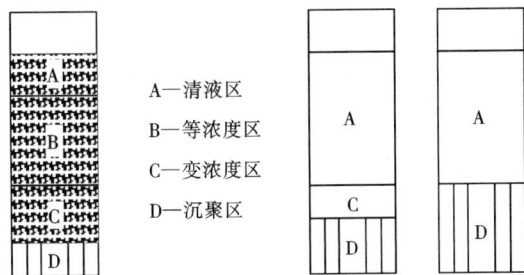

图 9-7　尾砂自然沉降过程

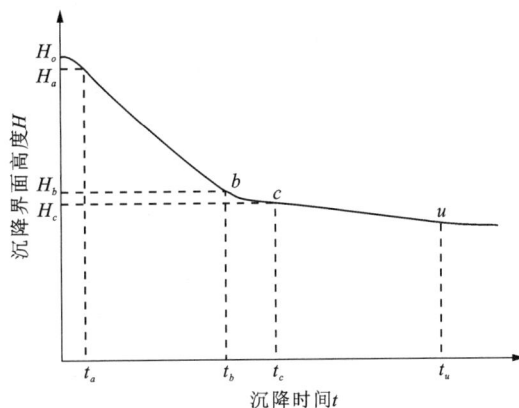

A—清液区
B—等浓度区
C—变浓度区
D—沉聚区

图 9-8　尾砂自然沉降曲线

2. 絮凝沉降浓缩

尾矿自然沉降效率低，尤其是在矿石品位逐渐变低、尾矿粒径加工粒度日趋变细的大背景下，细粒径尾矿在重力作用下沉降极其缓慢。溢流水浑浊，浓缩浆体浓度低，难以满足尾矿干堆的要求。通过添加适宜适量的絮凝剂，细粒径尾矿被絮凝剂吸引、捕获、凝聚，尾矿沉降速度和效率大大提升。絮凝剂是矿山行业中常用的水处理剂的统称。根据其组成形式的不同，可分为无机、有机高分子和微生物絮凝剂。

（1）无机絮凝剂。包括铝系、铁系和聚硅酸等几大类产品，具有来源广泛、成本低廉、添加工艺简单等优点；存在着药剂用量大、沉降絮团小等缺点。目前尾矿沉降过程中，常用的无机絮凝剂为聚合氯化铝。

（2）有机高分子絮凝剂。通常由分子量为数万至数千万的有机高分子组成，并能在溶于水后表现出电解质性质。尾矿絮凝沉降常用的絮凝剂类型，根据高分子的电离的电荷性质，可分为阴离子、阳离子、非离子和两性高分子絮凝剂四类。不同聚合氯化铝和聚丙烯酰胺（500 万分子量）添加剂量作用下的司家营铁矿尾矿沉降液面变化情况见表 9-20 和表 9-21。

（3）微生物絮凝剂。为解决铝盐、丙烯酸铵等的毒性问题，新型的微生物絮凝剂通过细菌发酵、提纯、精炼等多道工艺而产生具有絮凝活性微生物代谢物。通过大量的应用实践，其已被验证为一种安全可靠的新型微生物絮凝剂，已成为絮凝剂研究和发展的重要方向之一。

表 9-20　不同聚合氯化铝添加剂量作用下尾矿沉降液面变化/cm

添加剂量 /(g·t⁻¹)	作用时间/min										
	0	1	2	3	5	6	10	20	30	60	180
无	25.38	24.96	24.25	23.69	19.74	17.20	14.10	5.36	4.79	4.51	4.09

续表 9-20

添加剂量 /(g·t⁻¹)	作用时间/min										
	0	1	2	3	5	6	10	20	30	60	180
10	26.10	23.20	20.30	17.40	12.20	8.31	6.96	5.22	4.93	4.40	4.01
20	26.16	22.33	18.27	15.66	8.73	4.70	4.80	4.64	4.50	4.35	4.00
30	26.40	22.19	18.54	15.77	8.80	4.91	4.84	4.46	4.27	4.03	3.98
40	26.06	20.16	15.55	11.52	7.20	4.44	4.18	4.05	4.01	4.00	3.96
50	25.37	20.44	15.96	12.88	6.40	4.68	4.60	4.42	4.22	4.08	3.92

表 9-21　不同聚丙烯酰胺(500万分子量)添加剂量作用下尾矿沉降液面变化/cm

添加剂量 /(g·t⁻¹)	作用时间/min										
	0	0.15	0.25	0.5	1	2	5	10	15	20	60	180
1 g	27.66	16.58	13.82	10.75	8.29	6.75	6.14	5.53	5.37	5.37	5.22	4.91
3 g	26.19	8.70	7.54	6.96	6.67	6.24	5.80	5.37	5.22	5.22	5.08	4.79
5 g	25.61	9.91	9.06	7.92	7.36	6.79	6.23	5.80	5.66	5.66	5.52	4.95
8 g	25.88	15.68	11.40	7.98	7.41	6.84	6.27	5.99	5.84	5.70	5.56	5.27

尾矿絮凝沉降过程中,絮凝剂的主要作用机理如下。

(1)双电子层的压缩。有机高分子絮凝剂或无机絮凝剂电离产生的电荷会使细粒径尾矿的电位降低,进而压缩双电子层。

(2)吸附凝聚。由于絮凝剂水解产物特殊的电荷属性,会吸引并中和悬浮的异性细粒径颗粒,凝聚成大的颗粒。

(3)絮凝架桥作用。有机高分子絮凝剂溶于水后会水解生成长链聚合物,进而絮凝架桥形成絮网结构,吸引和网捕细粒径尾矿颗粒形成大的絮团,加速絮团尾矿沉降。

尾矿颗粒的絮凝沉降快慢受到絮凝剂的性质、成分和用量,以及溶液 pH、温度、搅拌速度和时间等因素的影响。

3.尾矿脱水工艺

选厂排出的低浓度尾矿浆体经浓密机等浓缩设备浓缩后,含水率可降至30%~50%。但仍不能满足尾矿干堆的要求,需要增加过滤工序进一步脱水至含水率低于20%的滤饼。尾矿过滤的基本原理是通过机械作用实现尾矿固液分离。根据不同性质的动力来源,常用的尾矿过滤方式如下。

(1)真空过滤。以滤布两侧形成压力差的方式,使尾矿中的自由水通过滤布渗出,尾矿滤饼则沉积在过滤介质上。

(2)加压过滤。加压压榨尾矿浆体,使其中的自由水排出,常用于过滤难于处理的细粒径或极细粒径尾矿颗粒。

(3)离心过滤。通过对尾矿浆体施加离心力,将尾矿中自由水甩出,常用于极微小尾矿颗粒的脱水。

目前脱水效率高、发展前景好、适用于尾矿干堆脱水的过滤设备主要有:过滤机、压滤机和脱水筛。

9.2.3 充填料浆配比参数

1.充填料浆配比试验原则

尾矿充填料的合理配比是决定充填质量的首要因素。不同的采矿方法对胶结充填体的强度要求不同。总的来说,对于充填料浆配比的选择,须遵循以下基本原则。

(1)选择合理的充填材料。充填材料的费用是构成充填成本的主要部分。选择充填材料时,首先要保证充填材料来源广、成本低;选用尾砂、磷石膏、井下废石、冶炼弃渣、粉煤灰等固体工业废料做充填骨料,不仅成本低廉,而且可以解决矿山企业的工业排污问题,这类工业固体废料为充填材料的首选物料;其次,在尾矿和废石等充填料不能满足充填需要的情况下,可因地制宜采用河砂、风砂、海砂、卵石等自然材料。

(2)满足输送工艺要求。目前大多数胶结充填矿山,充填浆料均采用管道输送方式,所以充填料浆的流动性必须满足管道输送的要求。在充填倍线确定的前提下,保证充填料浆以自流或泵送的方式顺利输送到井下采空区,是实现胶结充填的先决条件。

(3)降低充填成本。尽可能减少水泥用量,用廉价的胶凝材料代替品全部或部分的代替水泥是降低充填成本的一个重要途径。在浆料中添加粉煤灰等辅助材料,并根据充填部位和作用调整料浆配合比,可降低充填成本。

(4)配比及制备工艺简单。矿山生产中,充填材料种类越少,地表储料仓的建设和占地越少,则建设投资规模越小,相应的充填制备系统越简单,充填料浆的配合比越容易控制;反之,则整个制备站工艺复杂、控制繁琐,且因各种物料供料的波动性,对制成料浆的质量有较大的影响。在满足其他原则的条件下,应设计简单的料浆配合比和制备系统。只有在充填规模大、充填骨料来源丰富和充分考虑了综合技术经济指标的前提下,才可考虑多种物料的组合方式。

(5)充填体强度必须满足采矿工艺的要求。在控制充填成本的前提下,选择合理的骨料级配,调整各种充填材料的含量,可有效保证充填体强度,满足采矿工艺要求。

2.配比试验仪器及器材

试验主要是在充填材料物理力学性能测定基础上,选择不同充填配比参数,进行室内充填体试块制作,测定其 1 d、3 d、7 d、14 d、28 d、56 d 和 90 d 等养护期的充填体单轴抗压强度;通过多元线性回归和技术经济综合分析,得到充填材料的最优配比参数。同时测定各配比充填体的抗拉强度,并计算黏结力和内摩擦角。

(1)试模:7.07 cm^3×7.07 cm^3×7.07 cm^3 规格三联试模或 ϕ5 mm×h10 cm 圆柱试模。

(2)天平:电子天平两台(3 kg 量程一台, 30 kg 量程一台)。

(3)量杯及量筒:500 mL、1000 mL 各两只, 50 mL 一只, 20 mL 一只。

(4)温湿度表:直接读数的温湿度表一只。

（5）万能压力测试机（图9-9）。

（6）养护箱（图9-10）。

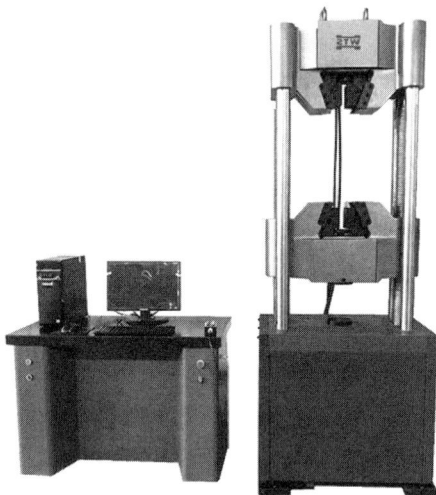

图9-9　万能压力测试机

图9-10　养护箱

3. 试块制作与养护

根据试验计划，将所需的水泥、充填骨料（含改性材料）、水准备好，将电子秤等各种试验器材调试到最佳状态。

（1）试验准备工作。由于各物料取样较多，为了使物料混合更均匀，更接近实际状态，须将其中一些结块的部分人工压碎；然后将各组分再次充分搅拌混合均匀，测定其含水率并封装保水备用。

（2）模具准备。为便于拆模，事先在模具内涂抹一层润滑油或机油。

（3）物料计量。根据配比要求采用电子秤称量充填物料和水泥，水用量杯及量筒计量。

（4）制浆。将称量好的充填物料（水泥及骨料）倒入混合容器，充分搅拌均匀。根据质量浓度要求，将所需的水倒入已混合均匀的充填物料中，强力搅拌形成均匀充填料浆。

（5）试块制作。按试验要求，将搅拌好的料浆注入试模。

（6）试块刮平与脱模。模具浇注满后，让其自然沉降。待初凝后，将试块刮平。试块初步自立后脱模处理。

（7）试块整理。将试块编号，整理好模具，以便进行下一组试验。

（8）养护。脱模后的试块在养护箱内进行养护，养护箱温度18 ℃，湿度85%。

4. 强度测试

试块养护达到规定龄期后，测定其单轴抗压强度、抗拉强度。

1）单轴抗压强度

如图9-11所示，利用万能压力测试机测定其单轴抗压强度，受检试件的抗压强度采用轴心受压形式。其计算公式为：

$$\sigma_c = \frac{P}{S} \tag{9-9}$$

式中：P 为破坏荷载，N；S 为承压面积，m^2。

2）抗拉强度试验

抗拉强度由试块劈裂试验给出。如图 9-12 所示，利用万能压力测试机测定抗拉强度，劈裂试验采用钢丝轴心受压形式。其计算公式为：

$$\sigma_t = -K \frac{2P}{\pi DH} \tag{9-10}$$

式中：K 为方形试块系数，$K = 0.98$；P 为破坏荷载，N；D 为方形试块边长；H 为方形试块高度。

图 9-11 抗压强度测试过程

图 9-12 劈裂试验测试过程

9.2.4 充填浆体流动性能参数

根据充填配比强度试验结果和经济性，推荐不同充填目的适宜的配比参数区间。但推荐配比浆体流动性是否满足要求，必须通过测定其流动性能参数加以科学评判。高浓度充填浆体的流变特性测试和研究，对深入了解其在管道中的运动状态和变化特点、指导充填系统设计和工业生产、调节充填物料配比、确定管输参数、加强充填系统动态管理具有重要意义。

1. 剪切流变参数测试

德国哈克旋转黏度计和流变仪（图 9-13）可用于精确、快速、方便地测量黏度，以及液体和半固体样品的流动行为。

可以使用哈克流变仪专用软件 RheoWin 来实现电脑控制及数据打印输出。该仪器能完成控制应力（CS）、控制速率（CR）和控制应变（CD）等多种试验模式，可绘制流动曲线、黏温曲线、时间曲线、触变曲线等；黏度计可以非常精确地测量流体的屈服应力值、黏度和剪切应力，特殊的转子类型更使其可以测量高填充或含大颗粒的样品。相对于传统的旋转黏度计，哈克 VT550 流变仪采用十字形转子，对样品的絮网结构破坏较小，有效地克服了圆柱面

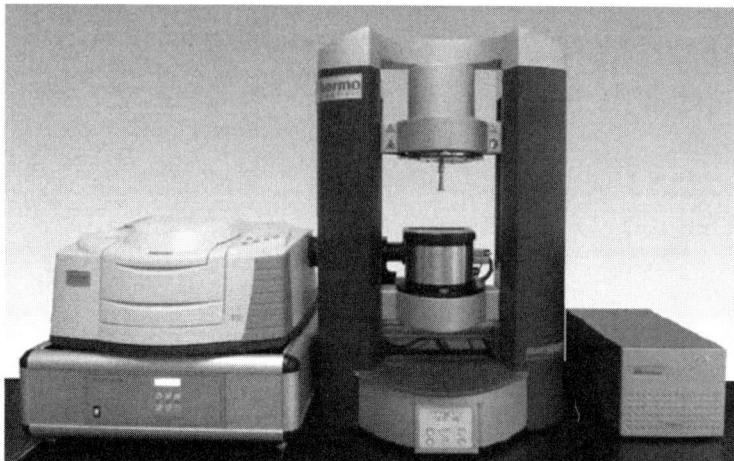

图 9-13　德国哈克流变仪

的滑移效应,大大提高了测量的精度。其主要技术参数为:扭矩 0.1~30 N·m;转速 0.5~800 r/min;CD 模式电机转速 0.0125 r/min;黏度 1~109 MPa·s。流变测试方式为 CD 模式,即控制剪切速率测试方法,测试转子为 FL10。典型配比的流变参数曲线如图 9-14 所示。

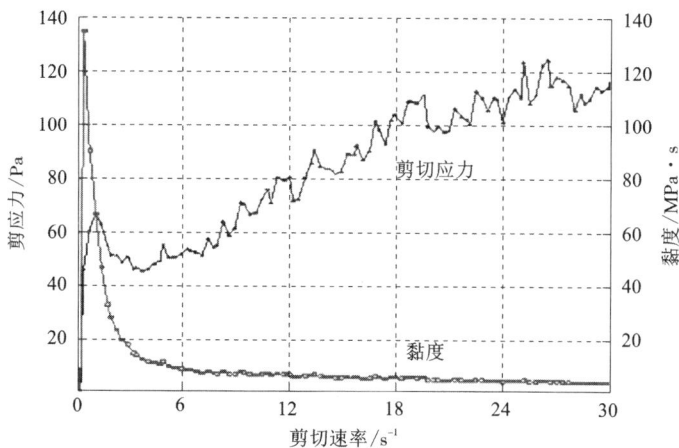

图 9-14　典型充填浆体流变曲线

从流变参数曲线图型可以看出,充填配比料浆均属于具有初始屈服应力的伪塑性流体。即浆体需要克服一定的初始应力才能流动,且剪切应力随剪切速率的增大而增加。当剪切速率增大到一定值后,剪切应力的增幅逐渐变缓,表现出剪切稀化的时变特性。相对于两参数的宾汉流变模型,三参数的 H-B 流变模型充分考虑了浆体剪切过程中的时变特性,将剪切稀化和剪切增稠纳入切应力计算。因而 H-B 流变模型精度更高,适用范围更广。H-B 流变模型通式如下:

$$\tau = \tau_0 + \eta \cdot \gamma^n \tag{9-11}$$

式中:τ 为剪切应力,Pa;τ_0 为初始屈服应力,Pa;η 为黏度,Pa·s;γ 为剪切速率,s^{-1};n 为

流变指数。其中，$n>1$ 时，浆体为膨胀体，具有明显的剪切变稠特性；$n<1$ 时，浆体为伪塑性体，呈现剪切稀化状态；$n=1$ 时，浆体为宾汉体。

流型试验的测试方式为 CR 模式，即恒剪切模式，剪切速率控制为 $0.053\ \mathrm{s^{-1}}$；主要测试屈服应力、剪切应力和黏度随测试时间的变化曲线，测试转子为 FL10。普遍认为膏体与似膏体的初始屈服应力分界值为 $180\sim220\ \mathrm{Pa}$。与膏体相比，似膏体既具有膏体泌水率低，接顶充填效果好，早期强度高的优势；又具有相对较好的流动性能，便于管道输送和采场充填。

2. L 管道流变特性试验

L 管道试验装置是测定充填料浆流变参数的常用方法之一。L 管道实验装置由料浆斗、垂直管和水平管组成。通过配置不同材料组成、不同浓度的充填料浆，测定料浆在该装置中的流动参数，如料浆流量、流速和静止状态下垂直管中料柱高度等；结合试验装置的几何参数，即可进行理论计算，求出不同配比及不同浓度的充填料浆的初始屈服应力和黏度，进而推导出不同管径的输送阻力，为充填管网的设计提供理论基础。根据宾汉流变方程，考虑管道全断面具有流速 V，同时根据伯努利方程可得出方程式：

$$\frac{8V}{D}=(\tau/\eta)\left[1-\frac{4}{3}\left(\frac{\tau_0}{\tau}\right)+\frac{1}{3}\left(\frac{\tau_0}{\tau}\right)^4\right] \tag{9-12}$$

式中：D 为管道直径，m。

一般认为 τ_0/τ 高次幂很小，可以忽略。故可得出近似的管壁剪切应力为：

$$\tau=\frac{4}{3}\tau_0+8\eta\,\frac{V}{D} \tag{9-13}$$

充填料浆自流输送试验装置结构尺寸如图 9-15 所示，充填料浆在流动时的受力状态如图 9-16 所示。

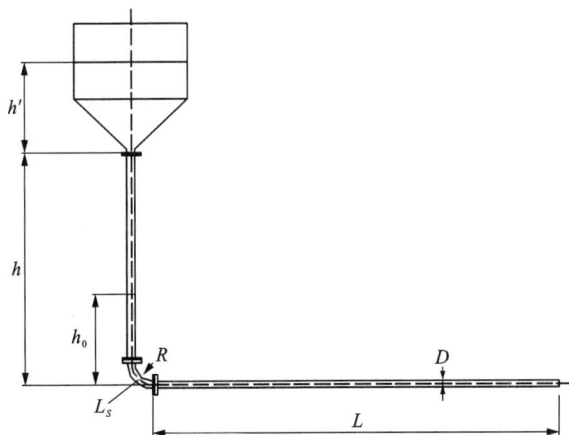

L 管装置尺寸，$h=1260\ \mathrm{mm}$，$D=60\ \mathrm{mm}$，$L=2900\ \mathrm{mm}$。

图 9-15　L 管尺寸结构

根据能量守恒定律，有：

$$P_0+P_g=P_1+P' \tag{9-14}$$

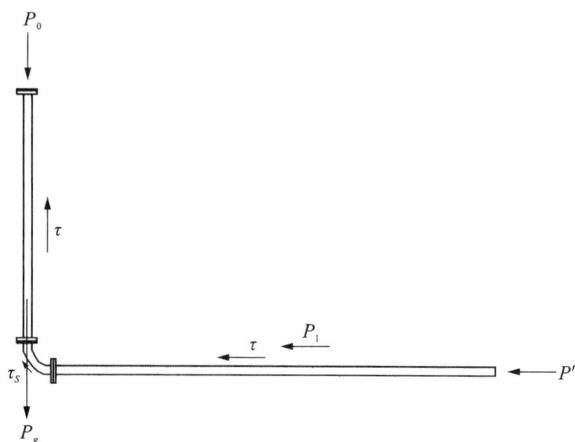

图 9-16　充填料浆在 L 管中流动时的受力状态分析

式中：P_0 为进口处压力。其计算公式如下：

$$P_0 = \gamma h' \frac{\pi}{4} D^2 \tag{9-15}$$

P_g 为料浆自重压力，计算公式如下：

$$P_g = \gamma h \frac{\pi}{4} D^2 \tag{9-16}$$

P_1 为沿程阻力损失，计算公式如下：

$$P_1 = P_{直} + P_{局} = \tau(h+L)\pi D + \sum_{i=1}^{n} \xi_i \gamma \frac{u^2}{2g} \tag{9-17}$$

P' 为出口压力损失，计算公式如下：

$$P' = \gamma \frac{u^2}{2g} \cdot \frac{\pi}{4} D^2 \tag{9-18}$$

式中：γ 为料浆容重，N/m^3；u 为料浆流速，m/s；g 为重力加速度，取 $9.81\ m/s^2$；ξ_i 为局部阻力损失系数。

料浆沿程阻力损失中的局部损失包括弯管损失、接头损失等。局部阻力的计算较为复杂，为简化起见，一般取直管段阻力损失的 $10\% \sim 20\%$，通常在实际分析时取 10%。将上述各项代入化简后可得：

$$\frac{\gamma D}{4}(h+h') = 1.1\tau(h+L) + \gamma \frac{u^2 D}{8g} \tag{9-19}$$

随着试验过程的进行，料斗内浆体液面不断下降，流速逐渐降低，最终停止流动。此时竖管内浆体高度为 h_0，料浆自重与管道静摩擦阻力平衡。此时可按下式计算料浆的屈服应力：

$$\tau_0 = \frac{\gamma h_0 D}{4(h_0+L)} \tag{9-20}$$

试验过程中，分别配置不同浓度的充填料浆，测定其坍落度和容重，同时测定料浆在管

道中的流速 u。根据上式可分别计算相应的 τ_0 和 τ，进而计算出料浆的黏度系数 η：

$$\eta = \frac{(3\tau - 4\tau_0)D}{24u} \tag{9-21}$$

根据不同浓度的尾砂充填料浆流变参数，分别按以下公式计算工业生产时不同充填料浆的浓度、流量，以及输送管径条件下的输送阻力及可实现顺利输送的充填倍线。

不同流量及输送管径条件下料浆流速 V 的计算公式为：

$$V = \frac{Q}{900\pi D^2} \tag{9-22}$$

式中：Q 为充填料浆流量，m^3/h。

对于膏体和似膏体，输送管道单位长度浆体输送阻力 $i(Pa/m)$ 可按下式计算：

$$i = \frac{16\tau_0}{3D} + \frac{32\eta V}{D^2} \tag{9-23}$$

由上式可得，管径不同，不同流量的砂浆在输送过程中对应的流速也不同，其相互关系见表 9-22。

表 9-22　不同料浆流量及管径条件下浆体流速计算（单位：m/s）

管径 /mm	浆体流量/($m^{-3} \cdot h^{-1}$)									
	60	70	80	90	100	110	120	130	140	150
60	5.895	6.877	7.860	8.842	9.824	10.807	11.789	12.772	13.754	14.737
70	4.331	5.053	5.774	6.496	7.218	7.940	8.661	9.383	10.105	10.827
80	3.316	3.868	4.421	4.974	5.526	6.079	6.631	7.184	7.737	8.289
90	2.620	3.056	3.493	3.930	4.366	4.803	5.240	5.676	6.113	6.550
100	2.122	2.476	2.829	3.183	3.537	3.890	4.244	4.598	4.951	5.305
110	1.754	2.046	2.338	2.631	2.923	3.215	3.508	3.800	4.092	4.384
120	1.474	1.719	1.965	2.210	2.456	2.702	2.947	3.193	3.439	3.684
130	1.256	1.465	1.674	1.883	2.093	2.302	2.511	2.721	2.930	3.139
140	1.083	1.263	1.444	1.624	1.804	1.985	2.165	2.346	2.526	2.707
150	0.943	1.100	1.258	1.415	1.572	1.729	1.886	2.043	2.201	2.358

对于矿山充填管网而言，在自流输送条件下，若垂直管道的高度为 H，水平管道的长度为 L，取局部阻力及出口损失之和为管道沿程阻力的 15%，则根据能力守恒原理，可得：

$$\gamma H = 1.15i(H + L) \tag{9-24}$$

由上式可以得出在充填料浆特性、充填系统一定的情况下，自流充填系统可能达到的最大充填倍线为：

$$N = \frac{H}{H + L} = \frac{\gamma}{1.15i} \tag{9-25}$$

3. 坍落度和稠度

充填料浆拌和物的流动性是表示充填料浆在自重或外力作用下流动的顺畅性及充填采场的难易程度。流动性是充填料浆管道输送的一个非常重要的特性。评价充填料浆流动性能的参数主要包括坍落度和稠度等。坍落度试验是测定充填料浆拌和物的稠度大小、评价充填料浆变形性能或抵抗流动变形性能的试验方法。虽然目前还难以确定坍落度值与塑性稠度间的关系,但大量的试验已经证明坍落度与屈服值之间具有良好的相关关系。

坍落度可以使用坍落筒进行测定。如图 9-17,坍落筒筒高 300 mm,上口直径 100 mm,下口直径 200 mm,上、下口要保持平整光滑,以防漏浆。试验时,将坍落筒放置在平整平面上,用力压紧;然后将搅拌好的充填料浆倒入筒中,灌满后将坍落筒小心平稳地垂直向上提起,不得歪斜,提离过程 5~10 s 内完成;最后将筒放在拌和物试体一旁,量出坍落后拌和物试体最高点与筒的高度差(以 mm 为单位,读数精确至 5 mm),即为该拌和物的坍落度 S。从开始装料到提起坍落筒的整个过程在 150 s 内完成。

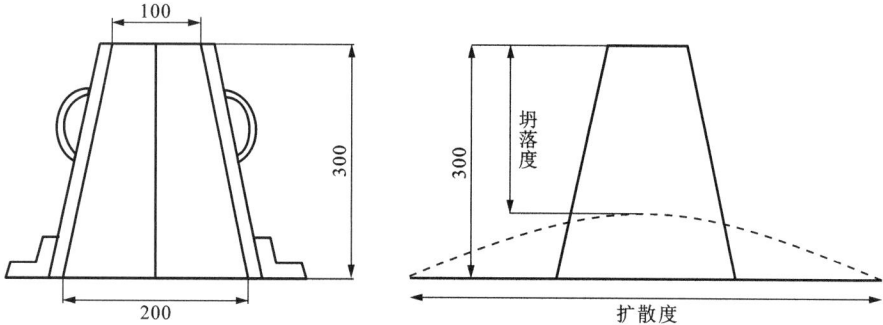

图 9-17 坍落度、坍落扩散度测试示意图(单位:mm)

ISO4109 根据坍落度值对塑性拌和物进行了分级,我国国家标准也根据坍落度值和维勃稠度值对拌和物工作性能进行了分级,根据坍落度从小到大的顺序,将坍落度分为 4 级(T1~T4):

T1:低塑性砼,$S=10~40$ mm;

T2:塑性砼,$S=50~90$ mm;

T3:流动性砼,$S=100~150$ mm;

T4:大流动性砼,$S\geqslant160$ mm。

若 $S\leqslant10$ mm,则为干硬性砼。坍落度越大,流动性能越好,但达到规定强度所需要的时间也越长。坍落扩散度试验是适应高流动性拌和物的开发和应用而出现的,是一种能够同时反映拌和物的变形能力和变形速度的试验方法,由于高流动性拌和物通常采用比较小的水灰比,掺入高效减水剂和微粉矿物掺和料,所以当坍落度值较大时,此时拌和物呈黏性特征。

坍落扩散度的测定方法是在测定坍落度的同时,提起坍落筒后充填料拌和物向下塌陷,向水平方向扩展成圆形,此时测定扩散后圆形试料的长径和短径并求其平均值,作为坍落扩散度值。砂浆的稠度是用一定几何形状和标准重量的圆锥体以其自身的重量自由沉入砂浆混合物中沉入的厘米数来表示。稠度实验适用于确定配合比或施工过程中控制砂浆的稠度,以达到控制用水量的目的。室内试验采用 SC145 型砂浆稠度仪测定，稠度测定过程如图 9-18 所示。

图 9-18 稠度测定

9.3 分级尾砂充填系统

进入 20 世纪后，得益于水力旋流器等尾砂分级脱水装置的不断完善和发展，将全尾砂进行粗细分级，粗粒径尾砂作为充填骨料充填采空区，细粒径溢流则直排。由于尾矿库的分级尾砂充填工艺与技术迅速在矿山推广应用，且具有工艺流程简单、系统投资小、可靠性高的优点，我国自 1980 年开始，安庆铜矿、张马屯铁矿、三山岛金矿等 60 余座有色和黑色矿山都建设了分级尾砂充填系统。目前，常用的尾矿分级装置有旋流器和振动筛，常用的尾矿浓缩脱水装置有卧式砂仓、立式砂仓、浓密机、陶瓷过滤机和板框压滤机等。根据尾矿粗细分级、浓缩、脱水装置的不同，常见的分级尾砂充填系统方案包括如下 4 种。

9.3.1 立式砂仓分级尾砂充填系统

1）尾砂分级工艺

如图 9-19 所示，立式砂仓分级尾砂充填系统的典型特征是选择旋流器作为尾矿粗细分级装置，选择立式砂仓作为分级粗尾砂的浓缩装置。选厂产生的全尾砂浆体经渣浆泵泵送至旋流器组内，在重力和离心力的作用下全尾砂在旋流器内实现了粗细颗粒分离。其中，细粒径尾砂经旋流器溢流排出，经渣浆泵泵送至尾矿库内排放；粗粒径尾砂则通过旋流器底部排出至立式砂仓内。

2）尾砂浓缩工艺

立式砂仓一般为一用一备，一个砂仓用于放砂，另外一个砂仓用于储砂和尾矿浓缩。砂仓仓体一般采用立式密闭的圆柱-圆锥状钢板焊接结构，容积根据其处理量计算确定；仓体顶部一般设置有溢流槽，可以及时将溢流水排出；仓体底部设置有高压风管和高压水管，以便实现高压风和高压水造浆。分级后的粗颗粒尾砂可以在立式砂仓内自然沉降形成分层结构,越往底部浓度越高,上部则形成沉淀后的清水层(含有少量固体颗粒)。从立式砂仓顶部溢流出来的水往往含有极少的悬浮物颗粒,一般直接返回选厂循环利用,用作选矿用水。随着砂仓上部溢流水的不断排出和粗颗粒尾砂的不断沉降压缩,立式砂仓底部粗颗粒尾砂的质量浓度可提高在70%以上,然后采用高压风和高压水联合造浆,将其排至立式搅拌桶内。

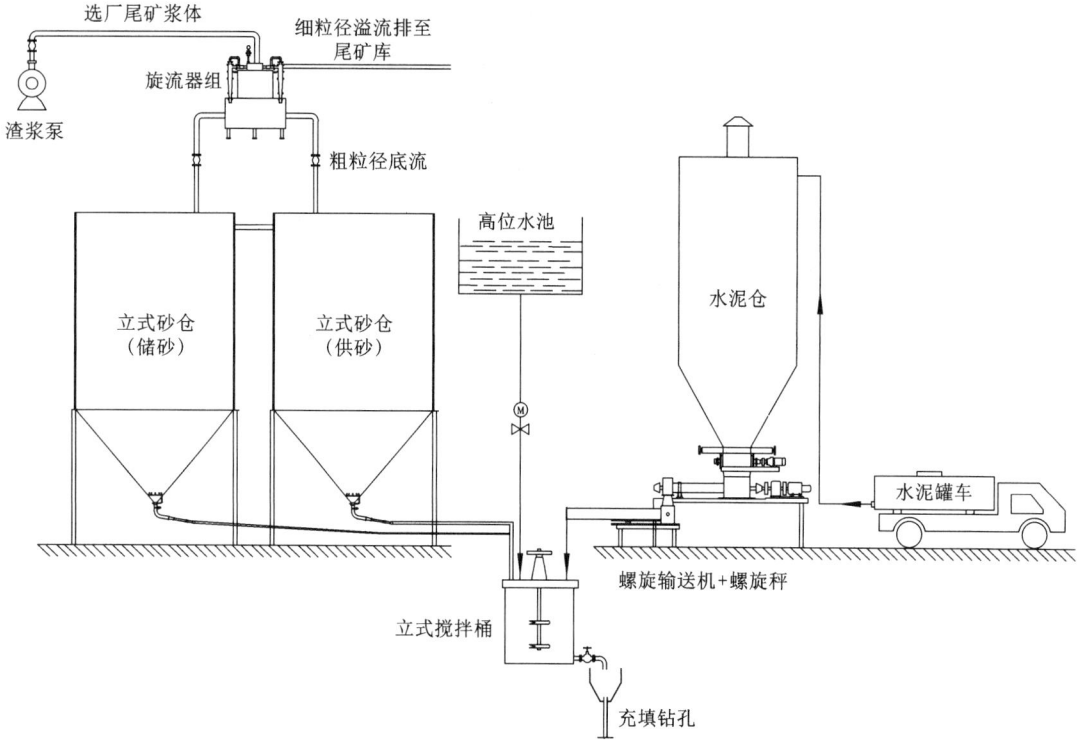

图 9-19 立式砂仓分级尾砂充填系统流程示意图

3)料浆制备工艺

胶凝材料一般选用散装水泥,采用水泥罐车将其输送至充填站内,现场配备一台移动式空气压缩机,从散装水泥罐车向水泥仓内压气卸料。水泥仓一般为成品结构,由立式密闭的圆柱-圆锥状钢板焊接组成,仓体顶部设有袋式除尘器,底部设有防板结的破拱装置,仓底排料口安装有插板阀、星形给料机、螺旋秤和螺旋输送机等设备,通过精确计量后经螺旋输送机向搅拌桶均匀供料。充填用水一般由高位水池提供,从立式砂仓底部放出的粗尾砂、水泥及水在立式搅拌桶内,经高速搅拌、均匀拌和成合格的充填料浆,再经充填钻孔和管道输送至空区内。

4)系统优点

立式砂仓分级尾砂充填系统,优点主要表现在:

(1)系统工艺简单,技术难度低;

(2)设备投资较小,系统建造成本较低;

(3)系统处理能力相对较大,两套砂仓一备一用可实现连续充填;

(4)系统自动化程度相对较高。

5）系统缺点

立式砂仓分级尾砂充填系统，缺点主要表现在：

（1）仅能利用粗粒径尾砂作为充填骨料，细粒径尾砂无法综合利用，长期向尾矿库内排放会对坝体稳定性产生不利影响；

（2）旋流器分级效果一般，无法准确控制分级粒径；

（3）立式砂仓溢流水含固量波动较大，易跑混；

（4）立式砂仓底部易板结，高压风高压水造浆能耗较高；

（5）立式砂仓底部放砂浓度不稳定，初始阶段放砂浓度较高，后续浓度越来越低。

综上所述，立式砂仓分级尾砂充填系统虽然工艺简单、投资较小且处理能力较大，但是也存在立式砂仓底部易板结、高压风高压水造浆能耗较高且充填浓度不稳定等问题。随着矿山充填向更加精细化和智能化的方向发展，这种充填系统方案的使用将越来越少。

9.3.2　板框压滤机分级尾砂充填系统

1）尾砂分级工艺

如图 9-20 所示，板框压滤机分级尾砂充填系统的典型特征是选择旋流器作为尾矿粗细分级装置，选择板框压滤机作为分级粗尾砂的脱水装置。选厂产生的全尾砂浆体经渣浆泵泵送至旋流器组内，在重力和离心力的作用下全尾砂在旋流器内实现了粗细颗粒分离。其中，细粒径尾砂经旋流器溢流排出，经渣浆泵泵送至尾矿库内排放；粗粒径尾砂则通过旋流器底部排出至板框压滤机内进一步脱水至滤饼状态。

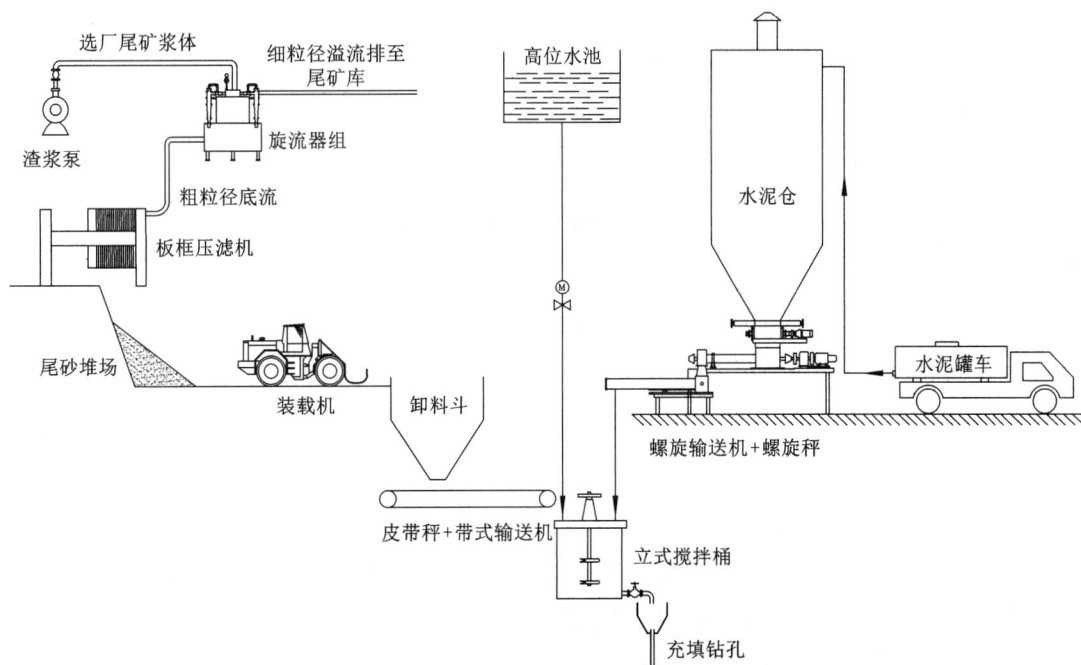

图 9-20　板框压滤机分级尾砂充填系统流程示意图

2)尾砂脱水工艺

板框压滤机一般每工作一段时间就需要更换滤布,因此,通常需要一用一备,即一台在维护期间,启动另外一台用于生产。板框压滤机的处理能力主要受其设备型号、尾砂脱滤性能及压滤面积等因素的影响,一般需要进行选型试验和计算确定。分级后的含有大量粗颗粒尾砂的浆体通过管道输送至板框压滤机进浆口内,在板框压滤机的挤压作用下,水及少量细泥被挤出至溢流槽内,粗颗粒尾砂则被挤压成含水率低于15%的尾砂滤饼。在板框压滤机挤压作用力释放、滤板打开后,尾砂滤饼在重力作业下脱落至底部的尾砂堆场内。一般采用装载机将尾矿滤饼转运至卸料斗内,再经皮带秤计量和带式输送机上料至立式搅拌桶内。

3)料浆制备工艺

胶凝材料一般选用散装水泥,采用水泥罐车将其输送至充填站内,现场配备一台移动式空气压缩机,从散装水泥罐车向水泥仓内压气卸料。水泥仓一般为成品结构,由立式密闭的圆柱-圆锥状钢板焊接组成,仓体顶部设有袋式除尘器,底部设有防板结的破拱装置,仓底排料口安装有插板阀、星形给料机、螺旋秤和螺旋输送机等设备,通过精确计量后经螺旋输送机向搅拌桶均匀供料。充填用水一般由高位水池提供,粗尾砂滤饼、水泥及水在立式搅拌桶内,经高速搅拌、均匀拌和成合格的充填料浆,再经充填钻孔和管道输送至空区内。

4)系统优点

板框压滤机分级尾砂充填系统,优点主要表现在:

(1)系统工艺简单,技术难度低;

(2)设备投资较小,系统建造成本较低;

(3)设备运行能耗较低,系统运行成本较低;

(4)与陶瓷过滤机相比,板框式压滤机对不同粒径尾矿的适用范围更广;

(5)由于将尾矿脱水至滤饼状态,充填浓度可以自由调控。

5)系统缺点

板框压滤机分级尾砂充填系统,缺点主要表现在:

(1)仅能利用粗粒径尾砂作为充填骨料,细粒径尾砂无法综合利用,长期向尾矿库内排放会对坝体稳定性产生不利影响;

(2)旋流器分级效果一般,无法准确控制分级粒径;

(3)板框压滤机脱滤后的尾矿滤饼易结块,导致卸料斗堵塞;

(4)系统处理能力相对较小,无法满足大规模充填要求;

(5)板框压滤机的滤布易堵塞,需要人工进行更换;

(6)板框压滤机脱滤水澄清度不高,无法直接循环利用或达标排放。

综上所述,板框压滤机分级尾砂充填系统虽然工艺简单、投资较小且自动化程度较高,但是存在处理能力小、滤布易堵塞、脱水浑浊等问题,无法从根本上解决细粒径尾砂无法综合利用及长期向尾矿库内排放会对坝体稳定性产生不利影响的突出问题。随着国家对尾矿库安全的高度重视,这种充填系统方案的使用将越来越少。

9.3.3 卧式砂仓分级尾砂充填系统

1)尾砂分级工艺

如图9-21所示,卧式砂仓分级尾砂充填系统的典型特征是选择旋流器作为尾矿粗细分级装置，选择卧式砂仓作为分级粗尾砂的浓缩装置。选厂产生的全尾砂浆体经渣浆泵泵送至旋流器组内，在重力和离心力的作用下全尾砂在旋流器内实现了粗细颗粒分离。其中，细粒径尾砂经旋流器溢流排出，经渣浆泵泵送至尾矿库内排放；粗粒径尾砂则通过旋流器底部排出至卧式砂仓内。

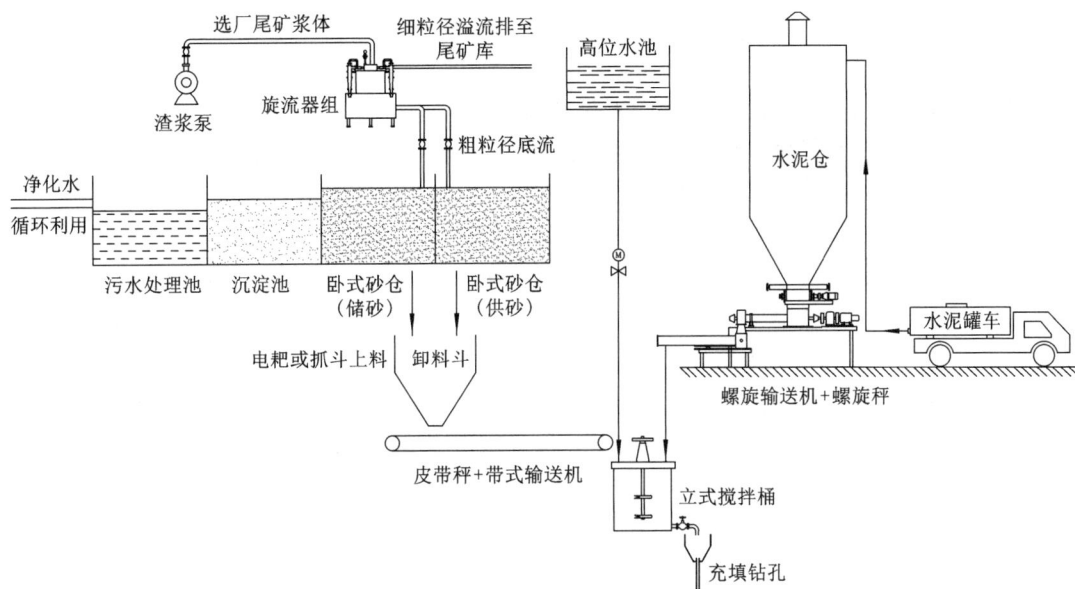

图 9-21　卧式砂仓分级尾砂充填系统流程示意图

2）尾砂浓缩工艺

卧式砂仓一般为一用一备，一个砂仓在使用时，另外一个砂仓可用于储砂和泄滤水。仓体一般采用长方形的不透水砖混结构，容积一般根据其处理量计算确定，只在仓体一侧的一面挡墙内设置多层滤布和多排泄水孔，以便于砂仓内多余的水分排出。分级后的粗颗粒尾砂一般可以在砂仓内自然堆积成锥形结构，少量的水和砂则沉积在锥体底部，通过设置在卧式砂仓一侧滤水墙内泄出。从卧式砂仓内泄滤出来的水往往含有一定的杂质，无法直接循环利用或达标排放，往往需要在沉淀池内进一步沉淀并经污水处理池处理后，方能继续循环利用或达标排放。随着砂仓内多余的水分排出，卧式砂仓内的粗颗粒尾砂的质量浓度可进一步提高为80%以上，然后采用电耙或抓斗将粗尾砂转运至卸料斗内，再经皮带秤计量和带式输送机上料至立式搅拌桶内。

3）料浆制备工艺

胶凝材料一般选用散装水泥，采用水泥罐车将其输送至充填站内，现场配备一台移动式空气压缩机，从散装水泥罐车向水泥仓内压气卸料。水泥仓一般为成品结构，由立式密闭的圆柱-圆锥状钢板焊接组成，仓体顶部设有袋式除尘器，底部设有防板结的破拱装置，仓底排料口安装有插板阀、星形给料机、螺旋秤和螺旋输送机等设备，通过精确计量后经螺旋输送机向搅拌桶均匀供料。充填用水一般由高位水池提供，分级后的粗尾砂、水泥及水在立式搅拌桶内，经高速搅拌、均匀拌和成合格的充填料浆，再经充填钻孔和管道输送至空区内。

4) 系统优点

卧式砂仓分级尾砂充填系统，优点主要表现在：

(1) 系统工艺简单，技术难度低；

(2) 设备投资小，系统建造成本低；

(3) 设备运行能耗低，日常运行成本较低；

(4) 设备维护简单，可靠性高。

5) 系统缺点

卧式砂仓分级尾砂充填系统，缺点主要表现在：

(1) 仅能利用粗粒径尾砂作为充填骨料，细粒径尾砂无法综合利用；

(2) 细粒径成分无法堆坝，长期向尾矿库内排放会对坝体稳定性产生不利影响；

(3) 旋流器分级效果一般，无法准确控制分级粒径；

(4) 卧式砂仓处理能力较小且泄滤水仍需二次处理方能循环利用或达标排放；

(5) 电耙或抓斗上料增加工人劳动强度，且容易产生泄漏导致厂区清洁生产困难。

综上所述，卧式砂仓分级尾砂充填系统虽然工艺简单、投资较小，但是充填能力小、工人劳动强度高、厂区清洁生产困难，故属于相对落后的充填系统方案。随着矿山充填向更加精细化和智能化的方向发展，这种充填系统方案的使用将越来越少。

9.3.4 陶瓷过滤机分级尾砂充填系统

1) 尾砂分级工艺

如图9-22所示，陶瓷过滤机分级尾砂充填系统的典型特征是选择旋流器作为尾矿粗细分级装置，选择陶瓷过滤机作为分级粗尾砂的脱水装置。选厂产生的全尾砂浆体经渣浆泵泵送至旋流器组内，在重力和离心力的作用下全尾砂在旋流器内实现了粗细颗粒分离。其中，细粒径尾砂经旋流器溢流排出，经渣浆泵泵送至尾矿库内排放；粗粒径尾砂则通过旋流器底部排出至陶瓷过滤机内进一步脱水至滤饼状态。

2) 尾砂脱水工艺

陶瓷过滤机一般每工作5~8 h就需要酸洗一次，因此，通常需要一用一备，即一台在酸洗期间，启动另外一台用于生产。陶瓷过滤机的处理能力主要受其陶瓷板类型、孔隙大小及过滤面积等因素的影响，一般需要进行选型试验和计算确定。分级后的含有大量粗颗粒尾砂的浆体通过管道输送至陶瓷过滤机进浆口内，在陶瓷板微孔隙的吸附作用下，水被吸附进滤板内，粗颗粒尾砂则被吸附在陶瓷板上，从而获得含水率低于15%的尾砂滤饼。在刮刀的作用下，尾砂滤饼被从陶瓷过滤机滤板上刮下，落入底部的尾砂堆场内。一般采用装载机将尾矿滤饼转运至卸料斗内，再经皮带秤计量和带式输送机上料至立式搅拌桶内。

3) 料浆制备工艺

胶凝材料一般选用散装水泥，采用水泥罐车将其输送至充填站内，现场配备一台移动式空气压缩机，从散装水泥罐车向水泥仓内压气卸料。水泥仓一般为成品结构，由立式密闭的圆柱-圆锥状钢板焊接组成，仓体顶部设有袋式除尘器，底部设有防板结的破拱装置，仓底排料口安装有插板阀、星形给料机、螺旋秤和螺旋输送机等设备，通过精确计量后经螺旋输送机向搅拌桶均匀供料。充填用水一般由高位水池提供，粗尾砂滤饼、水泥及水在立式搅拌桶内，经高速搅拌、均匀拌和成合格的充填料浆，再经充填钻孔和管道输送至空区内。

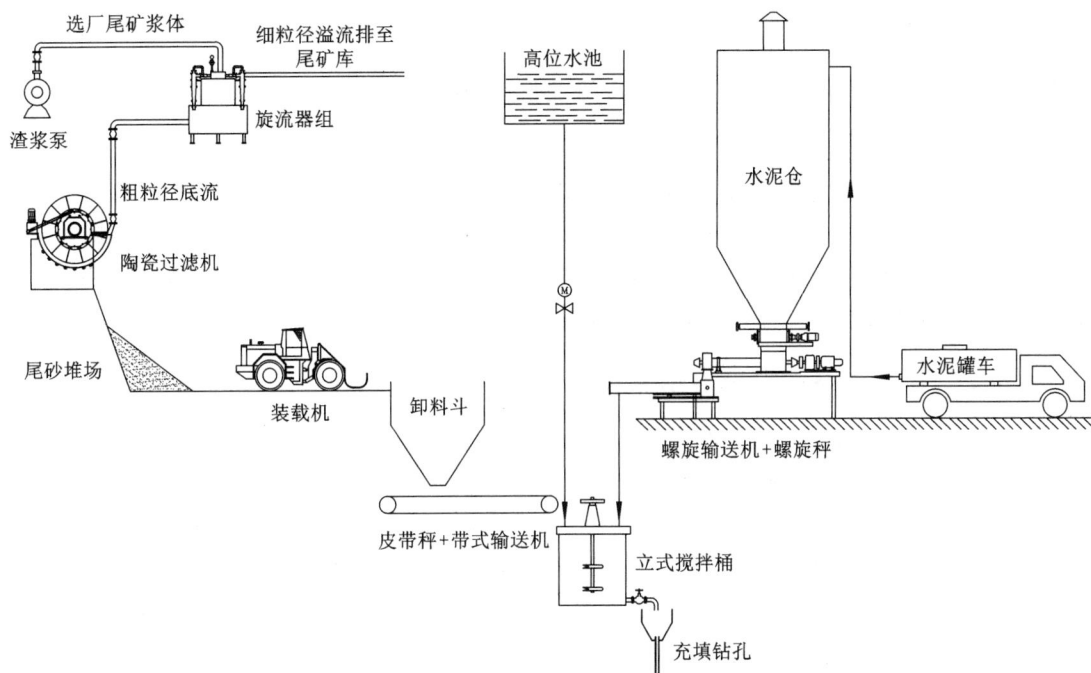

图 9-22 陶瓷过滤机分级尾砂充填系统流程示意图

4) 系统优点

陶瓷过滤机分级尾砂充填系统, 优点主要表现在:

(1) 系统工艺简单, 技术难度低;

(2) 设备投资较小, 系统建造成本较低;

(3) 设备运行能耗较低, 系统运行成本较低;

(4) 系统自动化程度相对较高, 可实现清洁生产;

(5) 由于将尾矿脱水至滤饼状态, 充填浓度可以自由调控;

(6) 陶瓷过滤机脱滤水澄清度高, 可直接循环利用或达标排放。

5) 系统缺点

陶瓷过滤机分级尾砂充填系统, 缺点主要表现在:

(1) 仅能利用粗粒径尾砂作为充填骨料, 细粒径尾砂无法综合利用, 长期向尾矿库内排放会对坝体稳定性产生不利影响;

(2) 旋流器分级效果一般, 无法准确控制分级粒径;

(3) 陶瓷过滤机脱滤后的尾矿滤饼易结块, 导致卸料斗堵塞;

(4) 系统处理能力相对较小, 无法满足大规模充填要求;

(5) 需要一定的陶瓷过滤机酸洗及陶瓷板损耗成本。

综上所述, 陶瓷过滤机分级尾砂充填系统虽然工艺简单、投资较小且自动化程度较高, 但是无法从根本上解决细粒径尾砂无法综合利用、长期向尾矿库内排放会对坝体稳定性产生不利影响的突出问题。随着国家对尾矿库安全的高度重视, 这种充填系统方案的使用将越来越少。

9.4 全尾砂充填系统

由于分级尾砂充填系统无法实现细粒径尾矿的综合利用,直排尾矿库又会对尾矿库的坝体稳定性产生诸多不利的影响,因此,早在"七五"期间,我国就在金川公司和凡口铅锌矿分别进行了高浓度(质量浓度为78%)全尾砂胶结充填技术的攻关试验研究。2000年以后,全尾砂充填全面取代分级尾砂充填,在矿山得到广泛应用。

9.4.1 立式砂仓全尾砂充填系统

1)全尾砂浓缩工艺

如图9-23所示,立式砂仓全尾砂充填系统的典型特征是选择立式砂仓作为全尾砂浆体的浓缩和储存装置。立式砂仓一般为一用一备,一个砂仓用于放砂,另外一个砂仓可用于储砂和尾矿浓缩。仓体一般采用立式密闭的圆柱–圆锥状钢板焊接结构,容积根据其处理量计算确定。立式仓体顶部一般设置溢流槽,可以及时将溢流水排出,仓体底部设置有高压风管和高压水管,以便实现高压风和高压水造浆。

选厂产生的全尾砂浆体经渣浆泵泵送至立式砂仓内,在重力和絮凝剂的共同作用下全尾砂快速沉降,形成浓度相对较高的底流和相对澄清的溢流。全尾砂一般在立式砂仓内絮凝沉降形成分层结构,越往底部浓度越高,上部则形成沉淀后的清水层。从立式砂仓顶部溢流出来的水往往含有极少的悬浮物颗粒,一般直接返回选厂循环利用,用作选矿用水。随着砂仓上部溢流水的不断排出和全尾砂的不断沉降压缩,立式砂仓底部全尾砂的质量浓度可进一步提高在70%以上,然后采用高压风和高压水联合造浆,将其排出至立式搅拌桶内。

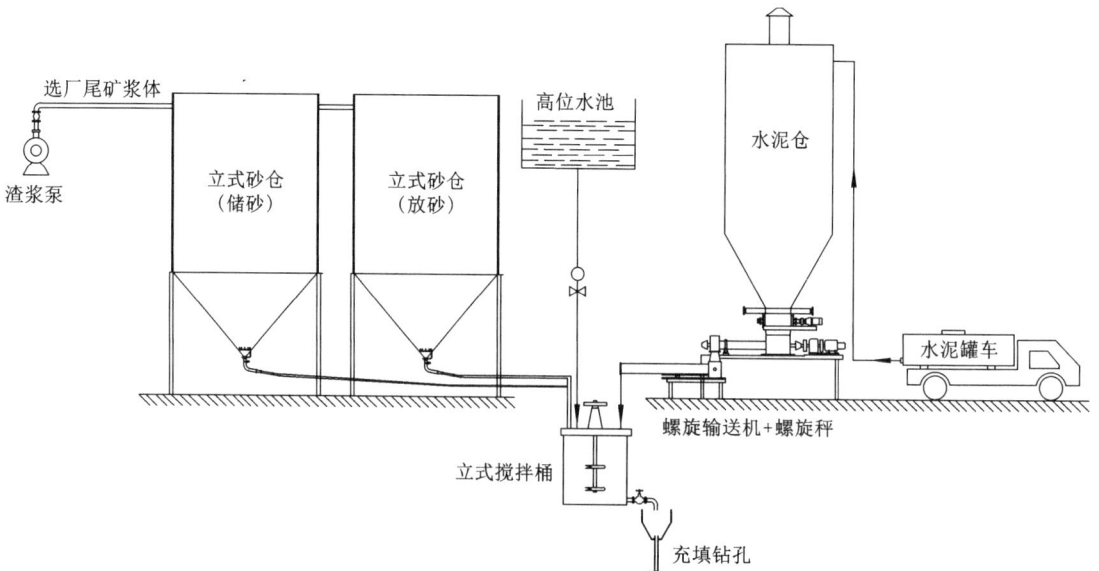

图9-23 立式砂仓全尾砂充填系统流程示意图

2) 充填料浆制备工艺

胶凝材料一般选用散装水泥, 采用水泥罐车将其输送至充填站内, 现场配备一台移动式空气压缩机, 从散装水泥罐车向水泥仓内压气卸料。水泥仓一般为成品结构, 由立式密闭的圆柱-圆锥状钢板焊接组成, 仓体顶部设有袋式除尘器, 底部设有防板结的破拱装置, 仓底排料口安装有插板阀、星形给料机、螺旋秤和螺旋输送机等设备, 通过精确计量后经螺旋输送机向搅拌桶均匀供料。充填用水一般由高位水池提供, 浓缩后的全尾砂、水泥及水在立式搅拌桶内, 经高速搅拌、均匀拌和成合格的充填料浆, 再经充填钻孔和管道输送至空区内。

3) 系统优点

立式砂仓全尾砂充填系统, 优点主要表现在:

(1) 系统工艺简单, 技术难度低;

(2) 设备投资较小, 系统建造成本较低;

(3) 系统自动化程度相对较高。

4) 系统缺点

立式砂仓全尾砂充填系统, 缺点主要表现在:

(1) 单套系统的处理能力相对较小, 大型矿山需要建设多套系统;

(2) 需要建设两套系统一备一用, 方可实现连续充填;

(3) 立式砂仓底部易板结, 高压风高压水造浆能耗较高;

(4) 立式砂仓底部放砂浓度不稳定, 初始阶段放砂浓度较高, 随着放砂的不断进行, 泥层高度不断降低, 放砂浓度越来越低。

综上所述, 立式砂仓全尾砂充填系统虽然工艺简单、技术难度较低且投资较小, 但是也存在处理能力小、砂仓底部易板结、高压风高压水造浆能耗较高且充填浓度不稳定等问题。随着矿山充填向更加精细化和智能化的方向发展, 这种充填系统方案的使用将越来越少。

9.4.2 深锥浓密机全尾砂充填系统

1) 全尾砂浓缩工艺

如图9-24所示, 深锥浓密机全尾砂充填系统的典型特征是选择深锥浓密机作为全尾砂浆体的浓缩和储存装置。与立式砂仓相比, 深锥浓密机处理能力更大、效率更高, 底流浓度更高且更加稳定, 因此从2010年开始, 国内大中型矿山新建的全尾砂充填系统均主要以深锥浓密机作为核心的尾矿浓缩和储存设备。深锥浓密机也需要配置专门的絮凝剂制备和添加系统, 以加快全尾砂中细颗粒的沉降速度, 尽可能获得高浓度的底流和澄清的溢流。

选厂产生的全尾砂浆体经渣浆泵泵送至深锥浓密机内, 在重力和絮凝剂的共同作用下全尾砂快速沉降, 形成浓度相对较高的底流和相对澄清的溢流。全尾砂一般在深锥浓密机内絮凝沉降形成分层结构, 越往底部浓度越高, 上部则形成沉淀后的清水层。从深锥浓密机顶部溢流出来的水往往澄清度较高, 一般直接返回选厂循环利用, 用作选矿用水。随着深锥浓密机上部溢流水的不断排出和全尾砂的不断沉降压缩, 深锥浓密机底部全尾砂的质量浓度可进一步提高为60%~70%, 然后从底部放出后, 采用循环剪切泵送至立式搅拌桶内。

2) 充填料浆制备工艺

胶凝材料一般选用散装水泥, 采用水泥罐车将其输送至充填站内, 现场配备一台移动式

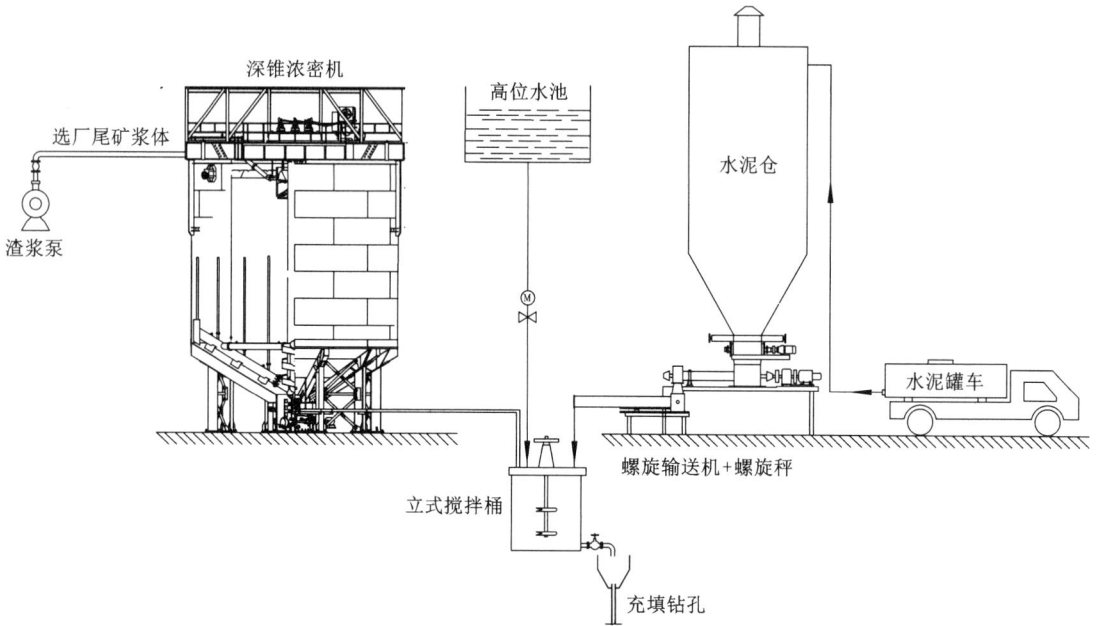

图 9-24 深锥浓密机全尾砂充填系统流程示意图

空气压缩机,从散装水泥罐车向水泥仓内压气卸料。水泥仓一般为成品结构,由立式密闭的圆柱-圆锥状钢板焊接组成,仓体顶部设有袋式除尘器,底部设有防板结的破拱装置,仓底排料口安装有插板阀、星形给料机、螺旋秤和螺旋输送机等设备,通过精确计量后经螺旋输送机向搅拌桶均匀供料。充填用水一般由高位水池提供,浓缩后的全尾砂、水泥及水在立式搅拌桶内,经高速搅拌、均匀拌和成合格的充填料浆,再经充填钻孔和管道输送至空区内。

3)系统优点

深锥浓密机全尾砂充填系统,优点主要表现在:

(1)系统工艺简单;

(2)深锥浓密机处理能力大,可以实现连续充填;

(3)系统自动化程度高;

(4)深锥浓密机底部放砂浓度较高且稳定。

4)系统缺点

深锥浓密机全尾砂充填系统,缺点主要表现在:

(1)深锥浓密机爬架制造技术难度大,一旦压耙处置难度极大;

(2)设备投资大,建造成本高。

综上所述,与立式砂仓相比,深锥浓密机全尾砂充填系统虽然技术难度大、系统投资高,但是处理能力却得到了大大的提升,设备运行能耗较低且可获得稳定的底流充填浓度,随着矿山充填精细化和智能化的不断发展,这种充填系统方案的使用将越来越多。

9.4.3 全尾砂全脱水充填系统

1. 浓密机+陶瓷过滤机全尾砂充填系统

1) 全尾砂浓缩工艺

如图9-25所示,浓密机+陶瓷过滤机全尾砂充填系统的典型特征是选择普通浓密机作为全尾砂浓缩装置,选择陶瓷过滤机作为浓缩后全尾砂的脱水装置,将全尾砂全脱水后作为充填骨料。选厂产生的全尾砂浆体经渣浆泵泵送至普通浓密机内,高效浓密机旁设有絮凝剂添加装置,在高分子絮凝剂的作用下,细颗粒尾砂快速絮凝成团,沉降至浓密机底部,溢流水则从浓密机上部溢流槽排出。通常高效浓密机可将全尾砂的质量浓度提升为40%~50%,进而实现对后续陶瓷过滤机的稳定和均匀供料,以提高陶瓷过滤机的处理效率。

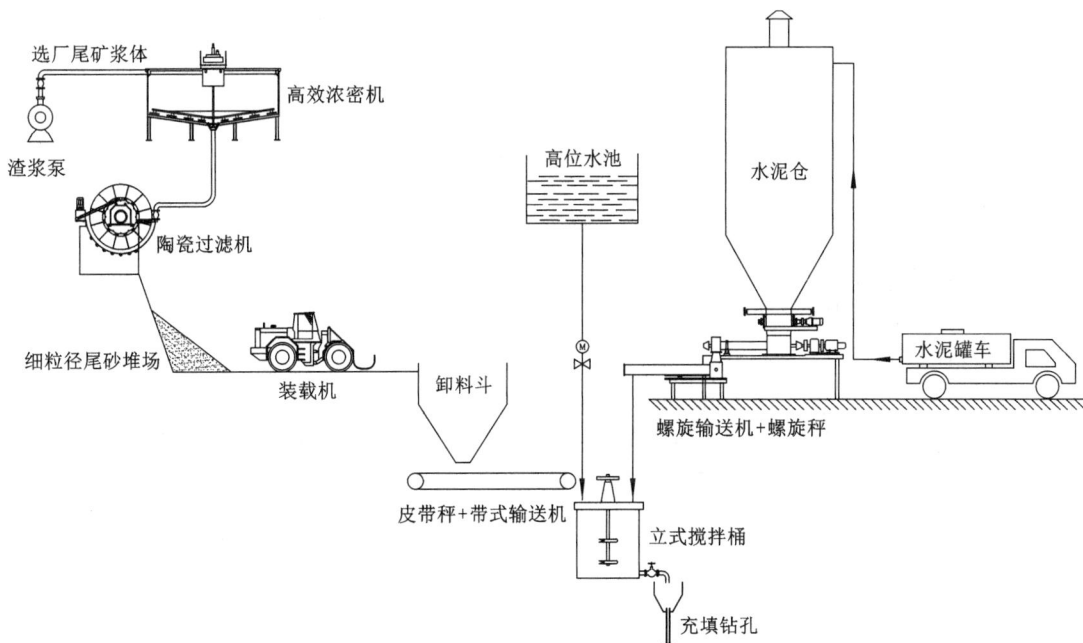

图9-25 浓密机+陶瓷过滤机全尾砂充填系统流程示意图

2) 全尾砂脱水工艺

陶瓷过滤机一般每工作5~8 h就需要酸洗一次,因此,通常需要一用一备,即一台在酸洗期间,启动另外一台用于生产。陶瓷过滤机的处理能力主要受其陶瓷板类型、孔隙大小及过滤面积等因素的影响,一般需要进行选型试验和计算确定。经高效浓密机浓缩后获得质量浓度为40%~50%的全尾砂浆体,通过管道输送至陶瓷过滤机进浆口内,在陶瓷板微孔隙的吸附作用下,水被吸附进滤板内,尾砂则被吸附在陶瓷板上,从而获得含水率低于20%的全尾砂滤饼。在刮刀的作用下,全尾砂滤饼被从陶瓷过滤机滤板上刮下,落入底部堆场内。

3）充填料浆制备工艺

经高效浓密机浓缩、陶瓷过滤机脱水后，获得含水率低于15%的全尾砂滤饼，在堆场内临时堆存。一般采用装载机将全尾砂滤饼转运至卸料斗内，再经皮带秤计量和带式输送机上料至立式搅拌桶内。胶凝材料一般选用散装水泥，采用水泥罐车将其输送至充填站内，现场配备一台移动式空气压缩机，从散装水泥罐车向水泥仓内压气卸料。水泥仓一般为成品结构，由立式密闭的圆柱-圆锥状钢板焊接组成，仓体顶部设有袋式除尘器，底部设有防板结的破拱装置，仓底排料口安装有插板阀、星形给料机、螺旋秤和螺旋输送机等设备，通过精确计量后经螺旋输送机向搅拌桶均匀供料。充填用水一般由高位水池提供，全尾砂滤饼、水泥及水在立式搅拌桶内，经高速搅拌、均匀拌和成合格的充填料浆，再经充填钻孔和管道输送至空区内。

4）系统优点

浓密机+陶瓷过滤机全尾砂充填系统，优点主要表现在：

（1）实现了全尾砂的全脱水，全尾砂可以直接进行综合利用；

（2）系统设备投资较小，系统建造成本较低；

（3）对不同粒径、不同种类的尾矿均具有较好的适用性；

（4）由于将尾矿脱水至滤饼状态，充填浓度可以自由调控。

5）系统缺点

浓密机+陶瓷过滤机全尾砂充填系统，缺点主要表现在：

（1）系统工艺流程相对复杂，涉及浓缩脱水装置较多；

（2）系统运行成本相对较高；

（3）陶瓷过滤机脱滤后的尾矿滤饼易结块，导致卸料斗堵塞；

（4）需要一定的陶瓷过滤机酸洗和陶瓷板更换成本。

综上所述，浓密机+陶瓷过滤机全尾砂充填系统虽然运行成本相对较高，但是可以实现全尾砂全脱水，可全部用作充填骨料或进行综合利用，符合绿色无尾矿山的建设要求，在国内矿山具有广泛的推广应用前景。

2. 浓密机+板框压滤机全尾砂充填系统

1）全尾砂浓缩工艺

浓密机+板框压滤机全尾砂充填系统方案如图9-26所示，该方案的典型特征是选择普通浓密机作为全尾砂浓缩装置，选择板框压滤机作为浓缩后全尾砂的脱水装置，将全尾砂全脱水后作为充填骨料。选厂产生的全尾砂浆体经渣浆泵泵送至普通浓密机内，高效浓密机旁边设有絮凝剂添加装置，在高分子絮凝剂的作用下，细颗粒尾砂快速絮凝成团，沉降至浓密机底部，溢流水则从浓密机上部溢流槽排出。通常高效浓密机可将全尾砂的质量浓度提升为40%~50%，进而实现对后续板框压滤机的稳定和均匀供料，以提高板框压滤机的处理效率。

2）全尾砂脱水工艺

板框压滤机一般每工作一段时间就需要更换滤布，因此，通常需要一用一备，即一台在维护期间，启动另外一台用于生产。板框压滤机的处理能力主要受其设备型号、尾砂脱滤性能及压滤面积等因素的影响，一般需要进行选型试验和计算确定。经高效浓密机浓缩后获得质量浓度为40%~50%的全尾矿浆体，通过管道输送至板框压滤机进浆口内，在板框压滤机

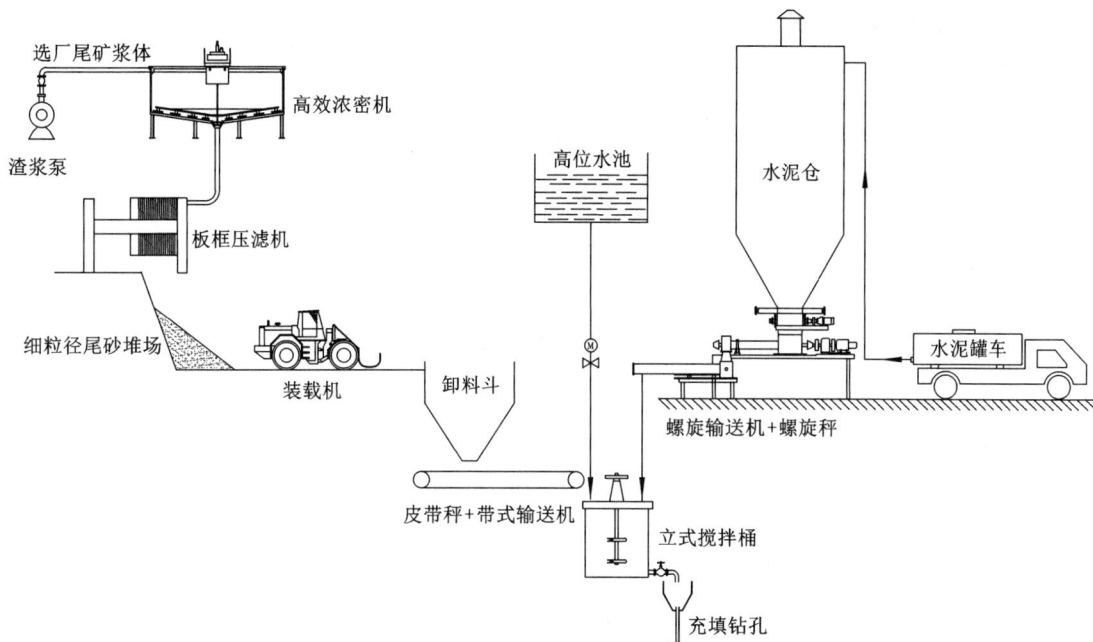

图 9-26　浓密机+板框压滤机全尾砂充填系统流程示意图

的挤压作用下，水及少量细泥被挤出至溢流槽内，剩余尾砂则被挤压成含水率低于 15% 的尾砂滤饼。在板框压滤机挤压作用力释放、滤板打开后，尾砂滤饼在重力作业下脱落至底部的尾砂堆场内。

　　3）充填料浆制备工艺

　　经高效浓密机浓缩、板框压滤机脱水后，获得含水率低于 15% 的全尾砂滤饼，在堆场内临时堆存。一般采用装载机将全尾砂滤饼转运至卸料斗内，再经皮带秤计量和带式输送机上料至立式搅拌桶内。胶凝材料一般选用散装水泥，采用水泥罐车将其输送至充填站内，现场配备一台移动式空气压缩机，从散装水泥罐车向水泥仓内压气卸料。水泥仓一般为成品结构，由立式密闭的圆柱-圆锥状钢板焊接组成，仓体顶部设有袋式除尘器，底部设有防板结的破拱装置，仓底排料口安装有插板阀、星形给料机、螺旋秤和螺旋输送机等设备，通过精确计量后经螺旋输送机向搅拌桶均匀供料。充填用水一般由高位水池提供，全尾砂滤饼、水泥及水在立式搅拌桶内，经高速搅拌、均匀拌和成合格的充填料浆，再经充填钻孔和管道输送至空区内。

　　4）系统优点

　　浓密机+板框压滤机全尾砂充填系统，优点主要表现在：

　　（1）实现了全尾砂的全脱水，系统建造成本相对较低；

　　（2）对不同粒径、不同种类的尾矿均具有较好的适用性；

　　（3）由于将尾矿脱水至滤饼状态，充填浓度可以自由调控。

　　5）系统缺点

　　浓密机+板框压滤机全尾砂充填系统，缺点主要表现在：

　　（1）系统工艺流程相对较复杂，涉及浓缩脱水装置较多；

（2）系统占地面积较大，运行能耗较高；

（3）板框压滤机脱滤后的尾矿滤饼易结块，导致卸料斗堵塞；

（4）板框压滤机的滤布易堵塞，需要人工频繁进行更换；

（5）板框压滤机脱滤水澄清度不高，无法直接循环利用或达标排放。

综上所述，浓密机+板框压滤机全尾砂充填系统工艺复杂，系统占地面积大，运行能耗高，脱水效果较差，难以实现清洁生产，而且压滤后的尾砂易结块导致卸料斗堵塞，总体推广应用前景受限。

3.高频振动筛+浓密机+陶瓷过滤机全尾砂全脱水充填系统

高频振动筛+浓密机+陶瓷过滤机全尾砂全脱水充填系统方案的典型特征是选择高频振动筛作为尾矿粗细分级装置，选择浓密机+陶瓷过滤机作为分级后细尾砂的浓缩和脱水装置，实现了全尾砂的分级连续脱水，以便于综合利用和无害化处置。

1）尾砂分级工艺

选厂产生的全尾砂浆体经渣浆泵泵送至高频振动筛内，在高频振动作用和筛网孔目控制下，全尾砂实现了粗细颗粒分离。其中，经筛分后的粗颗粒尾砂含水率一般在20%以内，直接从高频振动筛末端排出，可直接用作充填骨料或者进行二次利用；高频振动筛筛下的细粒径尾砂和水则自流入浓密机内，进一步进行浓缩和脱水。

2）尾砂浓缩工艺

经高频振动筛筛分出粗骨料后，剩余的含有大量细颗粒的浆体从高频振动筛筛下排出，统一汇入高效浓密机内。高效浓密机设有絮凝剂添加装置，在高分子絮凝剂的作用下，细颗粒尾砂快速絮凝成团，沉降至浓密机底部，溢流水则从浓密机上部溢流槽排出。通常高效浓密机可将细粒径尾矿的质量浓度提升为40%~50%，进而实现对后续陶瓷过滤机的稳定和均匀供料，以便于最大程度地发挥陶瓷过滤机的处理效率。

3）尾砂脱水工艺

陶瓷过滤机一般每工作5~8 h就需要酸洗一次，因此，通常需要一用一备，即一台在酸洗期间，启动另外一台用于生产。陶瓷过滤机的处理能力主要受其陶瓷板类型、孔隙大小及过滤面积等因素的影响，一般需要进行选型试验和计算确定。经高效浓密机浓缩后获得质量浓度为40%~50%的细粒径尾矿浆体，通过管道输送至陶瓷过滤机进浆口内，在陶瓷板微孔隙的吸附作用下，水被吸附进滤板内，细颗粒尾砂则被吸附在陶瓷板上，从而获得含水率低于20%的尾砂滤饼。在刮刀的作用下，尾砂滤饼被从陶瓷过滤机滤板上刮下，落入底部的尾砂堆场内。

4）分级粗尾砂用于充填的料浆制备工艺

如图9-27所示，经高频振动筛高频振动和筛网控制后，可以直接制得含水率低于20%的粗尾砂，这些粗尾砂可直接用于充填。经高频振动筛末端筛出的粗粒径尾砂可直接在堆场内临时堆存，一般采用装载机将粗粒径尾砂转运至卸料斗内，再经皮带秤计量和带式输送机上料至立式搅拌桶内。胶凝材料一般选用散装水泥，采用水泥罐车将其输送至充填站内，现场配备一台移动式空气压缩机，从散装水泥罐车向水泥仓内压气卸料。水泥仓一般为成品结构，由立式密闭的圆柱-圆锥状钢板焊接组成，仓体顶部设有袋式除尘器，底部设有防板结的破拱装置，仓底排料口安装有插板阀、星形给料机、螺旋秤和螺旋输送机等设备，通过精确计量后经螺旋输送机向搅拌桶均匀供料。充填用水一般由高位水池提供，粗尾砂滤饼、水泥及水在立式搅拌桶内，经高速搅拌、均匀拌和成合格的充填料浆，再经充填钻孔和管道输送至空区内。

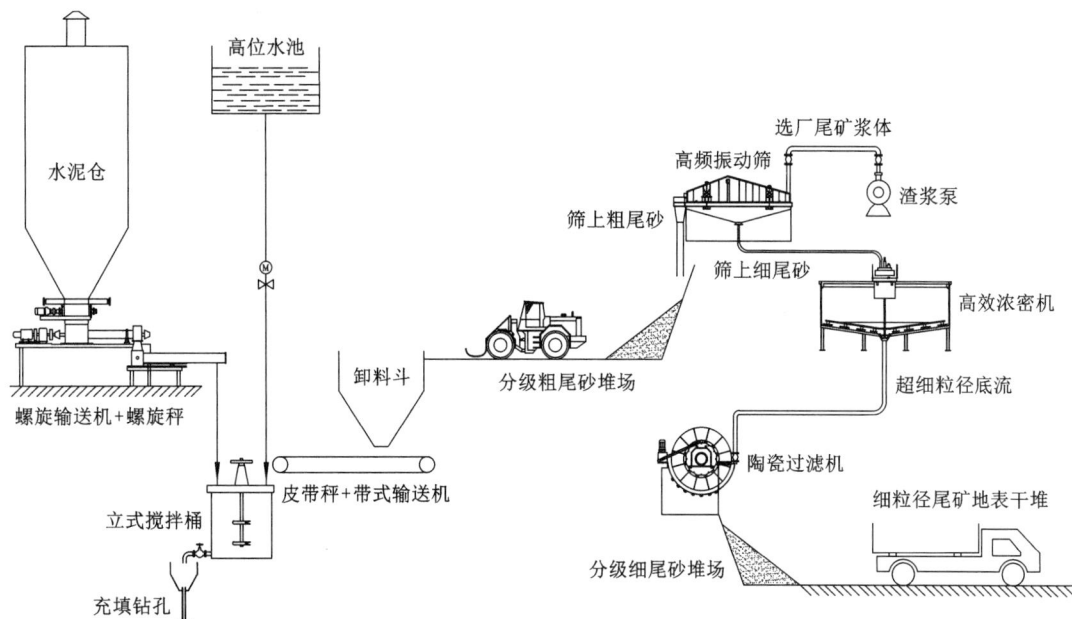

图 9-27 高频振动筛+浓密机+陶瓷过滤机分级粗尾砂充填系统流程示意图

5) 分级细尾砂用于充填的料浆制备工艺

如图 9-28 所示，也可采用分级细尾砂作为充填骨料，粗尾砂用作建筑材料进行二次利用。经高频振动筛筛分后的细粒径尾砂和水，经高效浓密机浓缩、陶瓷过滤机脱水后，获得含水率低于 20% 的尾矿滤饼，在堆场内临时堆存。一般采用装载机将细粒径尾矿滤饼转运至卸料斗内，再经皮带秤计量和带式输送机上料至立式搅拌桶内。胶凝材料一般选用散装水泥，采用水泥罐车将其输送至充填站内，现场配备一台移动式空气压缩机，从散装水泥罐车向水泥仓内压气卸料。水泥仓一般为成品结构，由立式密闭的圆柱-圆锥状钢板焊接组成，仓体顶部设有袋式除尘器，底部设有防板结的破拱装置，仓底排料口安装有插板阀、星形给料机、螺旋秤和螺旋输送机等设备，通过精确计量后经螺旋输送机向搅拌桶均匀供料。充填用水一般由高位水池提供，尾砂滤饼、水泥及水在立式搅拌桶内，经高速搅拌、均匀拌和成合格的充填料浆，再经充填钻孔和管道输送至空区内。

6) 系统优点

高频振动筛+浓密机+陶瓷过滤机全尾砂全脱水充填系统，优点主要表现在：

(1) 采用振动筛进行粗细颗粒分级，可以有效控制分级粒径和筛分效果；

(2) 粗骨料的分级和脱水工艺简单，筛分后含水率低，可直接进行综合利用；

(3) 粗细尾砂均可用作充填骨料或进行综合利用，避免了细粒径尾矿无法综合利用及长期向尾矿库内排放会对坝体稳定性产生不利影响的问题；

(4) 对不同粒径、不同种类的尾矿均具有较好的适用性；

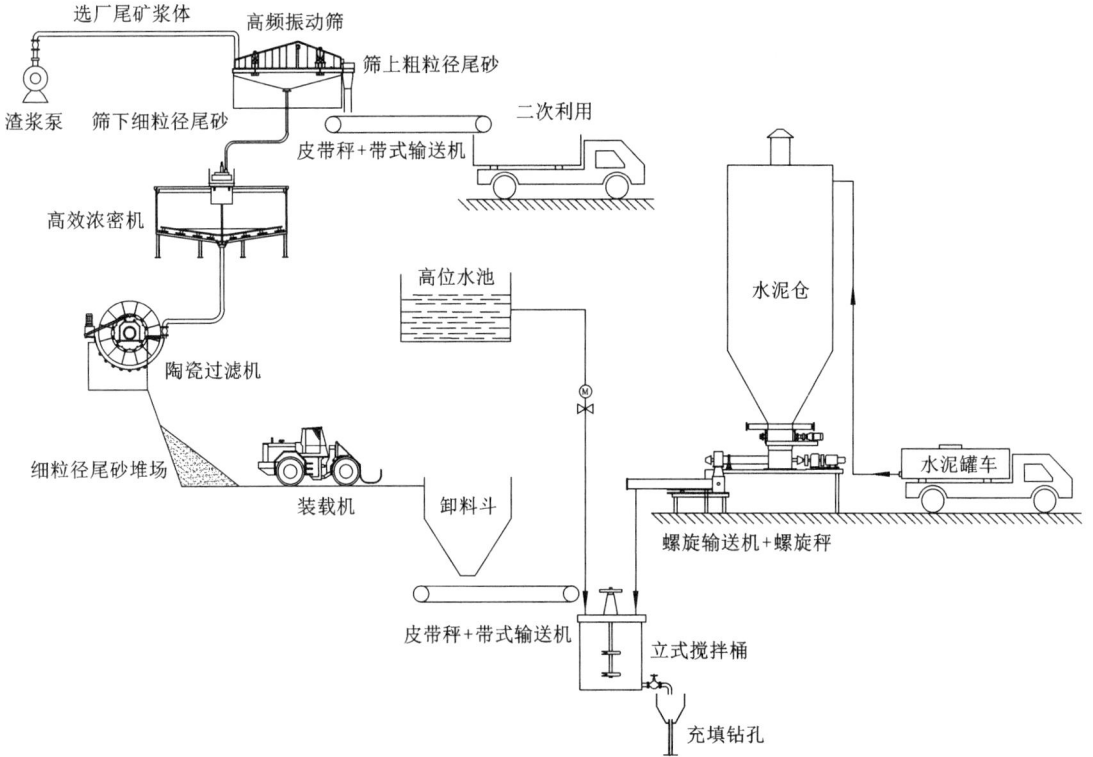

图 9-28　高频振动筛+浓密机+陶瓷过滤机分级细尾砂充填系统流程示意图

（5）由于将尾矿脱水至滤饼状态，充填浓度可以自由调控；

（6）系统投资小、建设快、运行可靠、故障率低。

7）系统缺点

高频振动筛+浓密机+陶瓷过滤机全尾砂全脱水充填系统，缺点主要表现在：

（1）系统工艺流程相对较复杂，涉及浓缩脱水装置较多；

（2）系统运行能耗相对较高；

（3）需要一定的陶瓷过滤机酸洗和陶瓷板更换成本。

综上所述，高频振动筛+浓密机+陶瓷过滤机全尾砂全脱水充填系统可以实现粗细尾砂的高效分级和全脱水，可全部用作充填骨料或进行综合利用，从根本上解决了细粒径尾砂无综合利用的瓶颈难题，为实现绿色无尾矿山提供了新的技术途径，在国内矿山具有广泛的推广应用前景。

9.5　组合料充填系统

在尾砂产量不足或不适宜作为充填骨料时，通常需要考虑寻找和添加其他来源的骨料，譬如：采掘废石、河沙、江沙、山砂、戈壁砂、煤矸石、粉煤灰、磷石膏、黄磷渣等材料。由于高浓度充填料浆一般采用管道输送的方式输送至采空区内，因此充填骨料的最大粒径一般要求控制在 0.8 mm 以内。根据充填骨料的粒径大小及是否需要设置破碎系统，组合料充填系统可分为无破碎系统和有破碎系统两种组合料充填系统。

9.5.1　无破碎系统的组合料充填系统

1. 组合料堆存及上料工艺

无破碎系统的组合料充填系统方案如图 9-29 所示，合格的充填骨料经汽车运输至充填站的堆场内临时堆存，堆场容积一般需满足 2~3 d 的充填骨料堆存要求。一般采用装载机将充填骨料转运至卸料斗内，再经皮带秤计量和带式输送机上料至立式搅拌桶内。

2. 充填料浆制备工艺

胶凝材料一般选用散装水泥，采用水泥罐车将其输送至充填站内，现场配备一台移动式空气压缩机，从散装水泥罐车向水泥仓内压气卸料。水泥仓一般为成品结构，由立式密闭的圆柱-圆锥状钢板焊接组成，仓体顶部设有袋式除尘器，底部设有防板结的破拱装置，仓底排料口安装有插板阀、星形给料机、螺旋秤和螺旋输送机等设备，通过精确计量后经螺旋输送机向搅拌桶均匀供料。充填用水一般由高位水池提供，充填骨料和水泥以及水在立式搅拌桶内，经高速搅拌、均匀拌和成合格的充填料浆，再经充填钻孔和管道输送至空区内。

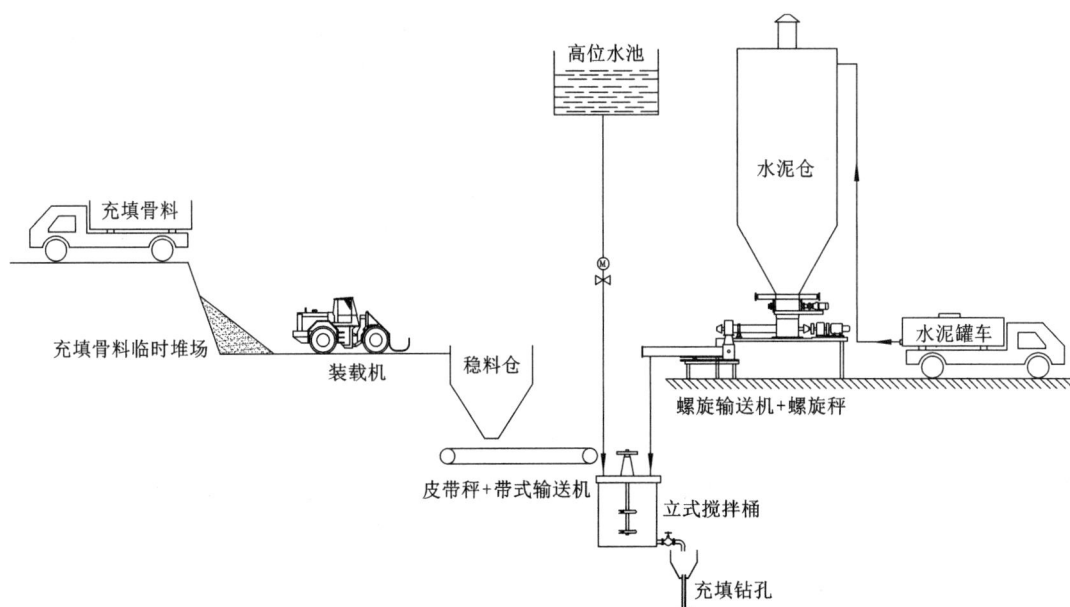

图 9-29　无破碎系统的组合料充填系统方案

3. 系统优点

无破碎系统的干组合料充填系统，优点主要表现在：
(1) 系统工艺简单，技术难度低；

（2）设备投资较小，系统建造成本较低；

（3）系统自动化程度相对较高；

（4）充填系统运行成本低；

（5）充填料浆的质量浓度可自由调控。

4. 系统缺点

无破碎系统的组合料充填系统，缺点主要表现在：

（1）要求矿山周边必须具有价格低廉、来源广泛且绿色环保的充填骨料；

（2）充填骨料往往采用汽车运输至充填站内，不仅需要消耗一定的人力和运输成本，当距离较远时还会导致运输成本过高；

（3）单套系统的处理能力相对较小，大型矿山需要建设多套系统。

综上所述，无破碎系统的组合料充填系统具有工艺简单、技术难度较低、投资较小、充填浓度可自由调控等优点，但骨料购买成本高且受限于运输条件，对于周边有价格低廉、来源广泛且绿色环保充填骨料的中小型矿山较为适用。

9.5.2 有破碎系统的组合料充填系统

1. 破碎筛分工艺

当充填骨料颗粒较大或有其他杂质的情况下，必须增加破碎筛分系统以便获得合格的粉料，一般矿山充填所确定的充填骨料最大粒度≤8 mm。以矿山的掘进废石为例，其破碎筛分工艺流程如图9-30所示。掘进废石通过汽车运输倾倒至废石堆场内，由液压破碎锤将块度控制在200 mm以下；然后通过装载机（或铲运机）将废石转载至刮板输送机运送至反击破碎机内进行破碎，破碎后物料通过振动筛筛分，合格料由胶带机运至粉料堆场堆存，充填时由装载机配合胶带机将粉料转运至充填站的搅拌桶内。不合格料通过胶带机和链斗提升机返运至破碎机内进行循环破碎作业。

2. 组合料堆存及上料工艺

有破碎系统的组合料充填系统方案与无破碎系统的组合料充填系统方案类似，破碎后合格的充填骨料经汽车运输至充填站的堆场内临时堆存，堆场容积一般需满足2~3天的充填骨料堆存要求。一般采用装载机将充填骨料转运至卸料斗内，再经皮带秤计量和带式输送机上料至立式搅拌桶内。

3. 充填料浆制备工艺

胶凝材料一般选用散装水泥，采用水泥罐车将其输送至充填站内，现场配备一台移动式空气压缩机，从散装水泥罐车向水泥仓内压气卸料。水泥仓一般为成品结构，由立式密闭的圆柱-圆锥状钢板焊接组成，仓体顶部设有袋式除尘器，底部设有防板结的破拱装置，仓底排料口安装有插板阀、星形给料机、转子秤和螺旋输送机等设备，通过精确计量后经螺旋输送机向搅拌桶均匀供料。充填用水一般由高位水池提供，充填骨料、水泥及水在立式搅拌桶内，经高速搅拌，均匀拌和成合格的充填料浆，再经充填钻孔和管道输送至空区内。

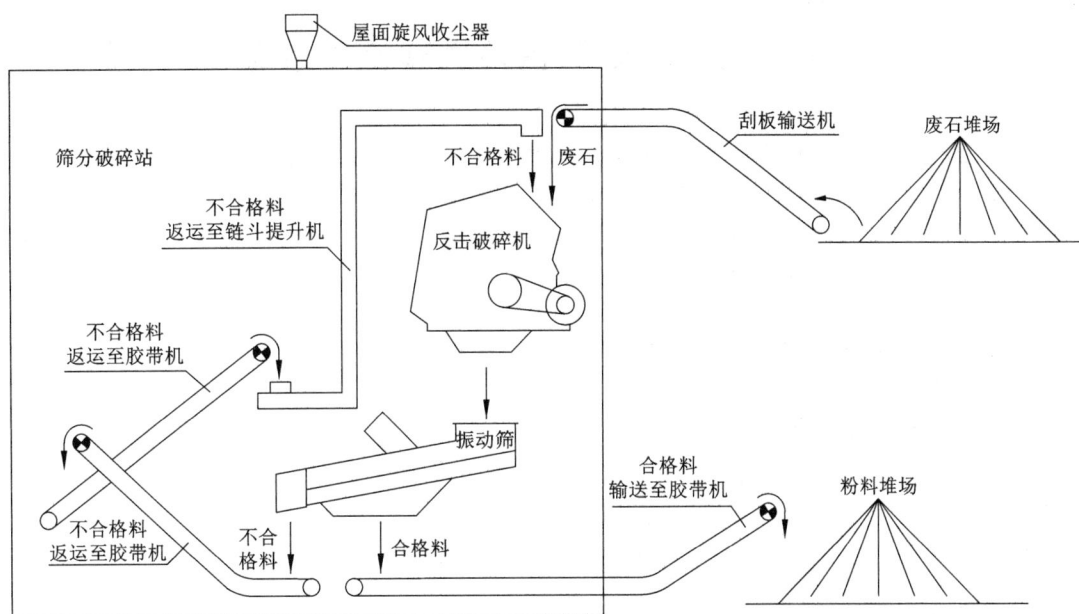

图 9-30　破碎筛分工艺流程图

4. 系统优点

有破碎系统的组合料充填系统，优点主要表现在：
(1) 设备投资较小、系统建造成本较低；
(2) 系统自动化程度相对较高；
(3) 充填料浆的质量浓度可自由调控；
(4) 可实现矿山废石等固废的大量消纳。

5. 系统缺点

有破碎系统的组合料充填系统，缺点主要表现在：
(1) 要求矿山周边必须具有价格低廉、来源广泛且绿色环保的充填骨料；
(2) 充填骨料往往采用汽车运输至充填站内，不仅需要消耗一定的人力和运输成本，当距离较远时还会导致运输成本过高；
(3) 由于需要增加破碎系统，所以破碎成本较高；
(4) 单套系统的处理能力相对较小，大型矿山需要建设多套系统。

综上所述，与无破碎系统的组合料充填系统相比，有破碎系统的组合料充填系统增加了破碎筛分系统导致充填工艺相对复杂、破碎成本增加，但是有破碎系统的组合料充填系统可实现矿山废石等固废的大量消纳，对于周边有价格低廉、来源广泛且绿色环保充填骨料的中小型矿山具有一定的适用性。

9.6 充填料浆管道输送理论与装备

除传统的干式充填外，现代的充填工艺技术均是以水作为主要输送载体将充填骨料和胶凝材料通过管道输送至采空区内，因此充填料浆属于典型的固液两相流。深入分析和掌握充填料浆的流变特性，对深入了解其在管道中的运动状态，调节充填物料配比，确定管道输送参数，指导充填工程系统设计和工业生产有重大意义。

9.6.1 固液两相流管道输送理论

1.固液两相流的流变模型

通常浆体在剪切力的作用下，其切变率和切应力间的关系简称为流变模型，两相流根据其流变模型的不同可分为牛顿流体和非牛顿流体。如图9-31所示，当切变率与切应力呈线性关系时，其流变模型为牛顿流体；当浆体浓度较高时，尤其是细颗粒含量较高时，切变率与切应力的关系表现出非线性的特点，其流变模型为非牛顿流体。其中，非牛顿流体又可进一步细分为宾汉塑性体（简称宾汉体）、伪塑性体、膨胀体和具有屈服应力的伪塑性体等。

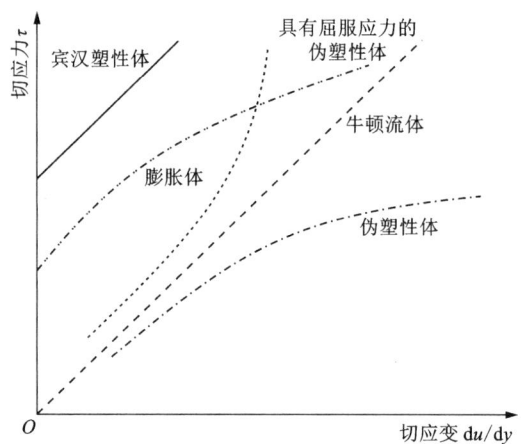

图 9-31 固液两相流的流变模型

1）宾汉体

宾汉体是宾汉（E. C. Bingham）于1919年提出的一种理想流体，即在承受较小外力时流体产生的是塑性流动，当外力超过屈服应力 τ_0 时，就按牛顿流体的规律产生黏性流动，其流变模型可表示为：

$$\tau = \tau_0 + \eta \frac{du}{dy} \tag{9-26}$$

式中：τ_0 为屈服应力，Pa；η 为刚度系数或塑性黏度系数，Pa·s。

大量的理论研究和微观机理分析结果表明，充填料浆中往往含有大量的黏性细颗粒成分，在水中受到物理化学作用易互相搭接形成具有一定的抗剪能力的絮网结构，导致宾汉体中屈服应力 τ_0 的产生。

2）伪塑性体

伪塑性体是指流体的黏度随剪应变率的增加而减小，其剪应力与剪应变率之间表现出幂律函数的规律，其流变模型可表示为：

$$\tau = k \left(\frac{du}{dy} \right)^n \tag{9-27}$$

式中：k 为稠度或黏度系数，Pa·s；n 为流动指数，$n<1$。

3）膨胀体

膨胀体是指流体的黏度随剪应变率的增加而增加，其剪应力与剪应变率之间表现出幂律函数的规律，其流变模型与伪塑性体一致，但是流动指数 $n>1$。

4）具有屈服应力的伪塑性体

具有屈服应力的伪塑性体同样表现出在承受较小外力时流体产生的是塑性流动，当外力超过屈服应力 τ_0 时产生黏性流动，但是其流动规律表现为黏度随剪应变率的增加而减小，其剪应力与剪应变率之间表现出幂律函数的规律（$n<1$），其流变模型可表示为：

$$\tau = \tau_0 + k\left(\frac{\mathrm{d}u}{\mathrm{d}y}\right)^n \tag{9-28}$$

2. 均质固液两相流的管流特性

固液两相流管道输送过程中，往往因为固体颗粒粒径组成的不同造成管流特性的改变。根据料浆颗粒大小和流态的不同，充填料浆可分为均质流、非均质流和非均质-均质复合流三种输送模式。

均质流有层流和紊流两种流态，是实际液体由于存在黏滞性而具有的两种流动形态。液体质点作有条不紊的运动，彼此不相混掺的形态称为层流。液体质点作不规则运动、互相混掺、轨迹曲折混乱的形态叫作紊流（湍流或乱流）。它们传递动量、热量和质量的方式也不同：层流是通过分子间相互作用，而紊流则主要是通过质点间的混掺，因此紊流的传递速率远大于层流。大量的实验研究发现，由层流转变为紊流的转变过程非常复杂，不仅与流速 v 有关，而且还与流体密度 ρ、塑性黏度系数 η 和物体的某一特征长度 D（例如管道直径、机翼宽度、处于流体中的球体半径等）有关，综合起来即为一个无量纲的雷诺数 $Re=\rho v D/\eta$。流体的流动状态由雷诺数决定，雷诺数小时为层流，雷诺数大时为紊流。换言之即流速越大，流过物体表面的距离愈长、密度越大，层流边界层便愈容易变成紊流边界层；相反，黏性越大，流动起来便愈稳定，愈不容易变成紊流边界层。流体由层流向紊流过渡的雷诺数，叫作临界雷诺数。对于清水水流，通常以临界雷诺数 $Re=2100$ 来区分层流与紊流。对于固液两相均质流来说，雷诺数表达式中的黏度会因浓度和流型的变化而变化。

如图 9-32 所示，流动指数 n 值对固液两相流充填料浆管道中层流流速的分布具有非常显著的影响。对于 $n<1$ 的伪塑性体，其流速分布比 $n=1$ 的牛顿流体更加均匀；$n>1$ 的膨胀体则表现出相反的规律。随着 n 值加大，逐渐向三角锥形流速分布逼近，即管中心的流速逐渐增大。对于 n 值较小的伪塑性体，其在管中心附近的流速变化很小，表现出与宾汉体的流核相近的规律。

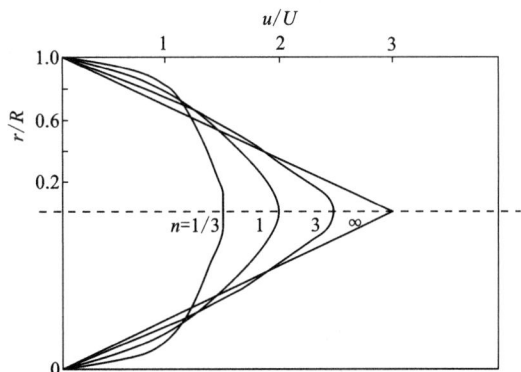

r 为管道中某点的距离管道中心的距离，R 为管道的管径，u 为管道中某点的流速，U 为管道的平均流速。

图 9-32 伪塑性体、膨胀体及牛顿流体在管流中的层流流速分布

3.非均质固液两相流的管流特性

由于固体颗粒在管道中运动形式的不同，非均质流和均质流相比，除了垂向浓度分布有明显的梯度以外，在一定流动尺度的水力坡度与流速也有明显的差别。其中，均质流中固体颗粒以悬移形式运动，非均质流中固体颗粒随着流速的变化表现出不同程度的推移运动。对于一定的固体浓度和大小的颗粒，从颗粒运动形式的角度出发，非均质流还可随着流速变化划分为几个流区，如图9-33所示。

图9-33中纵坐标表示固体颗粒

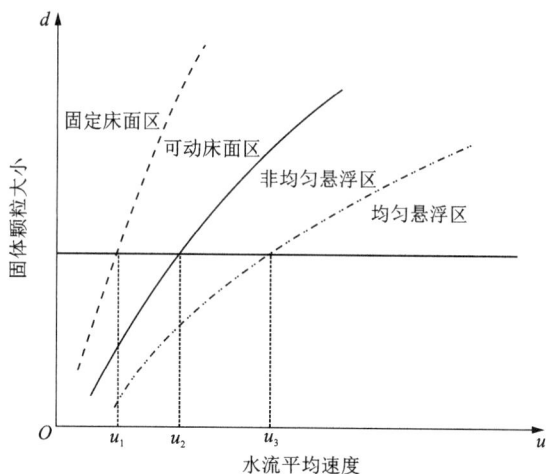

图9-33　非均质流的流区与界限流速

的大小，横坐标为水流平均速度。一般情况下存在如下四个典型流区。

（1）当固体颗粒较粗、流速较低时，固体颗粒未开始运动，床面保持固定，如图9-33中的固定床面区。

（2）当流速增加达到起动流速时，一定大小的床面颗粒进入运动状态，颗粒以推移运动为主，也有少量悬移运动，如图9-33中的可动床面区。由于此状态下的固体颗粒以推移运动为主，输送量少、效率低而且管壁易受到严重磨损，在浓度提高后还会造成输送管道的堵塞。

（3）当流速进一步增大使得颗粒充分悬浮不会堵塞时，此流速称为不淤流速，大部分颗粒进入悬移运动，但仍有一部分或小部分颗粒为推移运动，如图9-33中的非均匀悬浮区。

（4）当流速很高超过充分悬浮流速时，全部固体颗粒都作悬移运动，如图9-33中的均匀悬浮区。其流动特性近似于均质流，固体颗粒在浆液中为均匀分布而不出现明显分层。此状态下，虽然颗粒会充分悬浮不产生堵塞，但因流速太快，输送能量消耗过大、管壁磨损亦增大。

因此，无论是充填料浆的管道自流输送还是泵送，较为经济合理的输送流速为不淤流速，此状态下既能使绝大多数颗粒以悬移形式运动，管道输送安全性和可靠性也很高；同时输送流速又不至于过高，这既可减少管道磨损情况，又可降低管道输送的能耗。

4.非均质-均质复合两相流的管流特性

在固液两相流管道输送过程中，如果固体颗粒的粒径分布范围较广，在质量浓度达到一定程度后，细颗粒与清水一起组成均质浆液，粗颗粒则在浆液中自由下沉形成非均质流，并在管道输送过程中表现出明显的流速和水力梯度分层现象，这种管道输送模式称为非均质-均质复合流。

大量的管道输送工程实例表明：复合流中细颗粒的存在使得料浆的黏性提高、粗颗粒沉降速度降低，有利于减小推移损失而减小管道的水力坡度；但是细颗粒浓度太高，也会使浆体的黏性急剧增加,导致管道输送阻力急剧增大而产生严重的管道磨损。因此,矿山高浓度充填料浆复合流中细颗粒的最佳浓度或粗细颗粒的合理粒径组成,应以复合流的黏度系数达到最小为原则,这可使接近均质流的高浓度复合流的管道水力坡度达到相应的最小值。

如图 9-34 所示,在细颗粒组成 $C_{vmf} = 0.45$ 的条件下,粗细颗粒混合后的极限浓度 C_{vm} 随着 C_{vmf} 值的增大而增大,并且因粗颗粒的质量比 x 值的变化存在一个最大值,即为复合流中粗细颗粒含量的最佳值。

为获得较高的充填体强度并减少充填泌水,近年来发展起来的全尾砂高浓度充填技术要求充填料浆的质量浓度在 70% 以上,体积浓度在 50% 以上。因此,为降低高浓度充填料浆的管道输送阻力、减少管道磨损,粗细颗粒进行

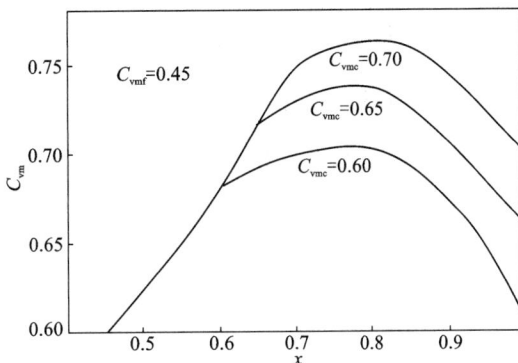

图 9-34 粗颗粒质量比与极限浓度的关系

合理搭配尤为重要。在已知粗颗粒、细颗粒的极限浓度(C_{vmc}、C_{vmf})时,最佳的粗颗粒含量 x^* 可按如下公式进行计算:

$$x^* = C_{vmc} + 1 - \sqrt{(C_{vmc} + 1) C_{vmf}} \tag{9-29}$$

此状态下的最大极限浓度 C_{vm}^* 可按如下公式进行计算:

$$C_{vm}^* = \frac{C_{vmf}}{2\sqrt{(C_{vmc} + 1) C_{vmf}} - (C_{vmc} + C_{vmf})} \tag{9-30}$$

考虑到粗颗粒、细颗粒的相互充填有一定的随机性,不可能达到十分均匀理想的程度,故实际能达到的极限浓度往往小于计算值。同时,当然粗料、细料的比例达到最佳,并不就等于输送阻力最小,还要看物料颗粒的大小以及是否能在一定速度下使粗、细颗粒保持均匀的不分层输送。

9.6.2 充填料浆管道输送阻力计算

管道输送技术先后经历了浆体输送、混凝土输送和似膏体输送三个阶段,形成固液两相流、复合流和结构流等管道输送理论。基于固液两相流和复合流理论的管道输送阻力计算经验公式有:Durand 公式、全苏煤炭科学研究院公式、金川公式、长沙矿冶研究院公式及鞍山矿山设计院公式等。矿山似充填料浆与新拌混凝土类似,泵送过程中呈柱塞状流动,磨损阻力随流速线性增加。常用的混凝土泵送压力计算公式有 Weber 公式、Ede 公式、Roger 公式和 S. Morinaga 公式等,但是全尾砂充填料浆的粒径组成相对于混凝土较为单一、管输距离长,导致混凝土泵送经验公式的计算结果误差较大。

1. 金川公式

金川(镍钴研究所)公式是综合众多的管道试验数据,经过大量的统计分析得到的,管道水力坡度 i 的最终表达式为:

$$i = i_0 \left[1 + 108 C_{Qv}^{3.96} \left(\frac{gD(\rho_s g - 1)}{U^2 \sqrt{C_x}} \right)^{1.12} \right] \tag{9-31}$$

式中：i_0 为清水水力坡度；C_{Qv} 为固液两相流流体积浓度；D 为管径；ρ_s 为固体的密度；U 为两相流平均流速；g 为重力加速度；C_x 为反映固体颗粒沉降特性的阻力系数。$C_x = 4(\rho_s - \rho_h)gd_s / 3\rho_h w^2$，其中：$\rho_h$ 为水的密度；d_s 为固体颗粒粒径；w 为固体颗粒的自由沉降速度。

2. 长沙矿冶研究院公式

该经验公式主要是从管径 D 为 $54 \sim 81$ mm 的水泥浆输送试验结果归纳得出的，其形式为：

$$i = i_0 \left[1 + 3.68 \left(\frac{\rho_s - \rho_h}{\rho_h} \right)^{3.3} \frac{\sqrt{gD}}{U} \frac{\rho}{\rho_h} \right] \tag{9-32}$$

式中：ρ_h 为水的密度；ρ 为充填料浆的密度。

由于该公式未涉及粒径因素，忽略了颗粒粗细对水力坡度的影响，因此与实际情况存在较大差异。

3. 鞍山矿山设计院公式

$$i = \left[i_0 + \frac{\rho - \rho_h}{\rho} \left(\frac{\rho_s - \rho}{\rho_s - g} \right)^n \frac{\overline{w}}{100v} \right] \rho_s \tag{9-33}$$

式中：v 为两相流运动黏性系数；$\overline{w}$ 为加权平均沉降速度；n 为无量纲指数。$n = 5(1 - 0.21 gw d_s / \mu)$ 其中：d_s 为自由沉降速度为 w 的当量粒径；μ 为两相流动力黏性系数。其他符号同上。

该公式很大的缺点是等式两边的量纲不和谐。

4. 北京有色冶金设计研究总院公式

$$i = i_0 \left[1 + \frac{C_{Qm}}{(g - C_{Qm}) U^3} \right] \frac{\rho}{\rho_h} \tag{9-34}$$

式中：C_{Qm} 为固液两相流流量质量浓度；其他符号同上。

费祥俊将高浓度砂浆的管输模式分为均质流、两相流和复合流三种，其中以细颗粒输送为主的称为均质流。L. Pullum 认为细颗粒与水形成均质载体，可使浆体的内聚力克服粗颗粒的惯性力及体力，呈均质或似均质流动；王新民等将金川二矿区泵送膏体视为粗细颗粒间不存在速度梯度、呈结构状整体流动的结构流体；C. G. Verkerk 等通过试验探究了颗粒级配、水灰比、管径、浓度等因素对管道输送阻力的影响；黄玉诚等分析了似膏体管道输送产生相变和微射流的条件，评估了高频率、高压力的微射流冲击对管壁磨损的影响。因此，高浓度全尾砂充填料浆的管输模式受尾矿特性、浆体配比和流动状态等因素的影响，表现出复杂性、敏感性和不确定性，既不是典型的两相流和复合流，又不能将其过度简化为均质流和结构流，应该为似均质、似结构流体。在大量的全尾砂高浓度充填料浆管输工程实例中，均观测到明显的阻力时变特性：初始管道输送阻力较高并呈逐渐下降趋势，但需 $20 \sim 30$ min 才能降至稳定值。A. Haimoni 提出了一种综合考虑浆体时变特性和壁面滑移效应的阻力预测方法。黄玉诚等根据似膏体黏度试验,选择 Herschel-Bulkley 流变模型,利用 Fluent 模拟分析了似膏体在弯管段压力场、速度场的分布特征。但是,上述研究普遍停留在定性描述的阶段,未综合考虑其管输模式的复杂性、敏感性。因此,应基于管壁摩擦作用下絮网结构的动力学方程,构建全尾砂充填料浆触变性的流变模型,推导适用性更强、精度更高的时变性管道输送阻力计算经验公式,以指导充填管输工程实践,是目前充填料浆管输亟待解决的关键科学问题之一。

9.6.3 充填管道输送系统可靠性对策

1.管道磨损机理研究

南非等国家的深井充填实践表明,自由下落带中料浆对管道的冲击力很大,曾发生过管道被冲击破坏的事件。自由下落带中料浆对空气砂浆界面的冲击力与冲击时间有关,冲击时间与料浆流速有关,料浆终端流速越大,冲击时间越短。由于料浆的终端速度一般都很大,因此冲击时间很短,一般可以认为冲击时间为 0.01~0.10 s,此时料浆对管壁的冲击力为:

$$F = \frac{\alpha}{\Delta t} \cdot \gamma_j \cdot \sqrt{2gh_1} \tag{9-35}$$

式中:α 为试验修正系数;Δt 为料浆对管壁的冲击时间。

当垂直管段有偏斜,局部的磨损会变得更加严重,很多矿山曾发生过垂直管段被磨穿后,石块掉入钻孔导致机器报废的事故。南非深井矿山对垂直管段磨损事件的统计结果表明,在 2000 m 的垂直管道中,磨损最厉害的部分在 100~400 m,此部分正好是料浆的自由下落区,磨损事件所占的比例最大。料浆在空气与砂浆交界面的碰撞产生的冲击压力是巨大的,这种巨大的冲击力可导致管道的破裂。减小冲击力的最好办法是缩短以至消除料浆的自由下落区,这样可降低料浆的最大自由下落速度,避免巨大冲量的发生。威华塔斯兰得金矿的英美研究实验室使用滚筒机进行了管道磨损试验,揭示了管道的磨损率与不同材料管道及充填料浆的关系,这有助于深井矿山充填材料和充填管道的选择。

2.管道磨损主要影响因素分析

1)充填料浆因素

管道磨损是由输送充填料浆引起,因此必然与充填料浆有关。首先,管道的磨损速度随充填料浆输送浓度的提高而增大,这点主要表现在水平管的磨损上;其次,管道磨损随骨料刚度及粒度的增大而增大,如输送刚度和粒度较大的棒磨砂料浆要比尾砂充填料浆对管道的磨损速度高,这种磨损表现贯穿输送管道的全线;再次,管道磨损会因充填骨料的颗粒形状的不同而不同,如棱角尖锐的棒磨砂比外形光滑的圆球形河沙对管道的磨损更严重;最后,管道的磨损随充填料浆腐蚀性的增大而增长。实践证明,充填管的破坏不仅是因为磨损,还有充填料浆对管道的腐蚀破坏作用,对管道的腐蚀主要取决于浆体的 pH 与溶解氧量的大小。在 pH 小于4 时,腐蚀急剧增加,而充填浆体一般为碱性,所以酸性腐蚀不存在。随着浆体中溶解氧量的增大,腐蚀也增加,但是溶解氧过剩时,反而会使钢的表面钝化,抑制腐蚀反应。充填浆体在输送时,由于存在严重的摩擦作用,溶解氧生成的钝化表面很快就会被磨掉,使氧化速度增加、腐蚀增大。因此,充填料浆输送过程中,管道的损耗是磨损和腐蚀共同作用的结果。

2）管道因素

充填材料相同的条件下，管道磨损与所选管道的材质密切相关。通常情况下，高质量管道的使用寿命是普通钢管的数倍或数十倍；管道的寿命还与管壁厚度有关，管壁越厚，使用寿命越长；管道的磨损率也与管道直径密切相关。金川的生产实践表明，在垂直下落（自由落体）输送系统中，管道的磨损率随管道直径的增大而减小，垂直钻孔的使用寿命由长到短依管道直径顺序排序为$\phi300$ mm、$\phi245$ mm、$\phi219$ mm、$\phi200$ mm、$\phi179$ mm、$\phi152$ mm。其原因主要是矿山使用的是自由下落输送系统，管径的变化区间不至于引起自由下落带的高度发生很大变化，此时管径的增大会使浆体在垂直下落时，相对减轻料浆对管壁的直接冲击摩擦，有助于延长管道的使用寿命；但是如果将垂直管道的直径进一步减小到100 mm，此时料浆在垂直管道中的阻力损失会急剧增加，进而导致自由下落带的高度明显减小，系统接近满管输送状态，管道的磨损率必然会大大降低。此外，管道的磨损率还与管道的敷设状况有关，如倾斜管道的磨损率大于水平管道的。弯管段比直管段的磨损更为严重，因为在弯管段，料浆流向会发生急剧改变，料浆对管道的法向冲击力非常大，管壁穿孔现象十分严重。管道的磨损率还与垂直管道安装的垂直度和同心度有关，管道安装的垂直度和同心度越差，磨损率越高。

3）充填倍线因素

充填倍线也是影响管道磨损的重要因素。充填倍线越小，垂直管道中自由落体区域的高度越高，料浆对管道的冲击力越大，磨损也越严重。同时，料浆在管道中的流速增大，会导致磨损率增加；充填倍线减小，会增大管道的压力，导致磨损率提高。此外，减小充填倍线还会使料浆出口剩余压力过大，管道震动剧烈，管道损坏严重。

3. 降低管道磨损的技术途径

国内外凡采用胶结充填的矿山，除混凝土充填外，均采用管道输送固体物料，因此降低管道磨损的技术措施一直是采矿界共同关注的课题。在生产实践中，各个矿山根据自己的实际经验，总结出了不少降低管道磨损的具体措施和技术，主要有以下几点。

（1）降低料浆对管道的磨蚀。料浆对管道的损害包括磨损和腐蚀两个方面，因此降低料浆对管道的损耗应从两手抓起。首先，要优化充填材料的粒级组成、确定管道磨损较小的配合比，尽可能降低充填骨料的粒径、选择表面光滑的骨料，多加对管道磨损相对轻微的细粒级物料，如粉煤灰、尾砂等，同时要适当减少刚度较大的骨料含量。其次，要全面掌握充填料浆的化学性能，调整充填材料的用量比例，减少腐蚀性较强的材料含量，调整料浆的 pH，料浆中应避免混入空气，降低其氧含量，以达到降低充填料浆对管道腐蚀的目的。最后，可在料浆中加入减阻剂，减小对管道的磨损。

（2）采用满管流输送系统，降低垂直管道中料浆对管壁的冲击力。深井充填条件下，垂直管道中料浆自由下落区的最终速度可能达到 80 m/s，因此必须采用满管流输送系统，以降低料浆的流速、减小对管壁的压力和冲击，进而提高管道的使用寿命。

（3）采用降压输送系统，降低料浆对管壁的压力。在相同的流速下，管道的磨损速度随料浆压力的增加而增加，当料浆的压力增大到一定程度，即使很小的料浆流速，也会给管道带来很高的磨损率。因此，采用减压输送系统，可以达到降低管道磨损率的目的。

（4）提高垂直管道的安装质量，减少管道的倾斜及非同心程度。多个矿山的生产实践证明，如果垂直管道安装时其垂直度和同心度不好，就会大大提高管道的磨损速度。

（5）在充填倍线较小的矿山时，要设法降低料浆的输送速度，以减少对管道的磨损。

（6）在磨损率高的弯管部分，应采用十字管或缓冲盒弯头，避免料浆在大直径弯管外半径磨出窄长槽。

（7）全面提高钢管衬里的质量，确保衬里质量和涂层质量，防止衬里松脱后随料浆一起流出。

（8）使用中性水制备充填料浆和冲洗管道，避免使用腐蚀性很强的矿井水。

9.6.4　耐磨充填管道

随着充填采矿技术的不断普及，充填系统的钻孔充填量也在逐渐增大，对耐磨充填管道的需求越来越大。目前，国内外矿山充填采用的管道种类繁多，既有采用单一材质管道的又有采用复合材质管道的。其中，单一材质管道主要包括铸钢、铸铁、高分子耐磨管道等；复合材质管道主要包括双金属复合管道、堆焊复合管道、陶瓷复合管道、橡塑复合管道、超高分子量复合耐磨管道、铸石复合管道等。

1. 单一材质管道

目前，国内矿山充填最常用的充填管道为 16Mn 钢管，普通 Mn 钢管造价较低、管道型号齐全，购置和更换均较方便，但是其耐磨性能不好、使用寿命较短。铸钢、铸铁管道也存在同样的问题。高分子耐磨管道虽然具有较好的耐磨性，但是其管道承压能力普遍不足，往往达不到中压管道(1.6~10.0 MPa)和高压管道(10.0~100 MPa)的输送要求。

2. 陶瓷复合管道

在充填过程中，物料对管壁的冲击力极大，而陶瓷材料则脆性大，陶瓷复合管道的陶瓷层易在冲击作用下脱层，进而严重影响陶瓷复合管的使用寿命。同时，受到充填钻孔孔径和充填管径的制约，一般充填管道的壁厚不能超过 15 mm，因此壁厚较厚且异常沉重的铸钢管道、铸石复合管道并非理想的充填管道。此外，由于充填料浆中往往含有许多的粗颗粒骨料，极易对管道产生严重的切削磨损，抗切削磨损能力较差的高分子耐磨管道、橡塑复合管道也非理想的充填管道。

3. 双金属复合耐磨管

双金属复合耐磨管综合了抗磨、抗冲击、抗切削磨损、抗腐蚀等性能优点，近年来在国内的许多矿山充填中得到了广泛的应用。双金属复合耐磨管采用消失模真空吸铸复合工艺或自动离心浇铸复合工艺生产，厚度一般为 10~50 mm。其主要性能特点表现为以下两点。

（1）消失模真空吸铸复合工艺采用聚苯乙烯塑料泡沫制作成内衬模型并装入钢管内，经涂料、烘干、造型，在抽真空状态下高温浇注高合金耐磨材料；塑料泡沫受高温作用分解气化消失并被合金液原位取代，冷却凝固后形成外层为钢管、内层为高耐磨合金的双金属复合管。

（2）自动离心浇铸复合工艺。将钢管固定于特制的管模内，在高速旋转状态下，利用扇形包和长流槽等流量浇注原理,通过控制浇注速度和浇注温度,将高耐磨合金液浇入钢管内,使其在离心力作用下,均匀分布到钢管内壁,最后冷却凝固形成一体。复合管外层采用普通钢管,内衬采用 KMTBG126 高铬耐磨合金,在高温热铸状态下复合成型,并形成较好的冶金结合,既发挥了高铬合金的耐磨、耐腐性能,又保留了普通钢管固有的机械性能,解决了单一材质难以调和的可焊性与耐磨性,综合性能显著提高。在高应力磨料磨损过程中,高硬度的硬质相碳化物,发挥了优越的抗磨削作用,同时也保护了基体,基体表面变形层内产生了相变和位错密度增加等形变强化作用,也提高了材料的抗冲蚀磨损能力。碳化物硬质相与奥氏体基体互相支撑、相互促进,从而表现出优良的抗磨损能力。双金属复合耐磨管内外层均为金属材料,外层钢管热膨胀系数为 $13.5 \times 10^{-6} \sim 14.3 \times 10^{-6}/℃$,内层高铬合金热膨胀系数为 $11 \times 10^{-6} \sim 15 \times 10^{-6}/℃$。内外层热膨胀系数相当,具有较好的导热性能,在温度急剧变化引起的热冲击作用下,不会因热胀冷缩不一致发生耐磨层碎裂剥落,可随意焊接加工。

4. 超高分子量聚乙烯管

超高分子量聚乙烯管是近年来国内推广应用速度最快的耐磨管道,产品综合性能优越,具有耐磨损、耐低温、耐腐蚀、自润滑、抗冲击等特点,能满足水质流体、固体颗粒、粉体、浆体等材料的输送要求,其中以耐磨性最为突出,摩擦因数小,加上超高分子链特别长,使得超高分子量聚乙烯管的耐磨性在输送各种浆体时比钢管、不锈钢管高 4~7 倍。但是超高分子量使其成型加工极为困难,导致力学性能下降,很难与其他材料融合,综合因素导致超高分子量聚乙烯管的压力等级较低。目前,新型的超高分子量聚乙烯管通过生产工艺革新,用 250 万分子量材料生产出的耐磨复合管抗拉强度可达到 20 MPa,断裂拉伸率为 250%,砂浆磨耗率为 3.7%。总体而言,相比于传统充填管道,超高分子量聚乙烯管在矿山充填领域具有广泛的推广应用前景。

9.6.5 充填工业泵

随着充填工艺和装备的不断发展,矿山充填浓度越来越高、充填距离越来越远。作为泵送充填的核心装备,充填工业泵是近十多年快速发展起来的专门针对矿山尾矿、废石等单一或组合骨料充填的专用设备。从最早的采用混凝土行业的拖式混凝土泵,到德国 Putzmeister 公司 S 管阀系列工业泵一枝独秀,再到国内三一重工、飞翼股份等公司百花齐放,充填工业泵的泵送流量和压力越来越大、充填料浆的泵送距离也越来越远、泵送充填系统的稳定性和可靠性也越来越高。

1. 拖式混凝土泵

随着现代工业的兴起,以混凝土为主材料的建设方式已经成为建筑业施工的主要构造。拖式混凝土泵简称拖泵,是一种混凝土大型输送装备,主要用于高楼、高速、立交桥等大型混凝土工程的混凝土输送工作。拖泵由泵体和输送管组成,按结构形式分为活塞式、挤压式、水压隔膜式。泵体装在汽车底盘上,再装备可伸缩或曲折的布料杆就可组成泵车(如图 9-35 所示)。

在充填工业泵广泛应用之前,矿山大多采用混凝土行业的拖泵来进行泵送充填。目前,鉴于拖泵低廉的价格和稳定的性能,拖泵在充填能力较小的矿山或仅有少部分区域需要泵送充填的情况下，仍有广阔的应用市场。
但是拖泵毕竟来源于混凝土行业，矿山
高浓度尾砂充填料浆与混凝土在物料组
成、颗粒极配、流变参数和泵送特性等
方面存在明显的不同，因此将拖泵直接
引入矿山泵送充填也会存在诸多的问
题。主要表现在以下三个方面。

图 9-35　矿山充填采用的小型拖泵

（1）拖泵使用寿命较短，与矿山高
强度连续泵送充填工艺要求不匹配。矿
山充填系统的能力一般在 60~150 m³/h，工作制度一般为 300 d/a、8~10 h/班，服务年限一
般在 5~10 年。因此，单套充填系统每年的充填量可为 15 万~50 万 m³，如此大流量、高频率
的充填料浆输送对泵送设备的稳定性和可靠性有极高要求，混凝土行业的拖泵明显达不到如
此高强度、连续充填的工况要求，运行过程中极易出现故障停机和设备损坏。

（2）大流量拖泵型号匮乏，与矿山大流量充填系统不配比。目前，矿山新建充填系统的
投资一般为 1000~5000 万元，规模较大的矿山往往会选择建设一套大能力的充填系统而非两
套小能力的充填系统。因此，矿山充填系统的能力将越来越大、泵送设备的流量也要越来越
大才能与之相匹配。混凝土行业的拖泵虽然市场成熟度较高、产品型号较全，但是泵送流量
往往较小，难以满足大流量充填系统的发展要求。

（3）因泵送物料性质的差异，导致拖泵泵送系统的可靠性较低。首先，矿山高浓度尾砂
充填料浆与混凝土在物料组成、颗粒极配、流变参数和泵送特性等方面存在明显的不同，混
凝土是典型的处于不饱和状态的膏体，而高浓度充填料浆往往处于过饱和的状态，仅能达到
似膏体或过饱和膏体的状态。其次，混凝土泵送一般是向上输送，仅有少量的水平输送，而
矿山充填则是以长距离水平输送为主。最后，泵送充填料浆的流速要求一般控制在 1.5~
2.0 m/s，也高于混凝土的泵送流速要求。

2. 充填工业泵

充填工业泵作为矿山泵送充填的专用装备，最早始于德国 Putzmeister 公司，目前国内的
三一重工、飞翼股份等公司所生产的充填工业泵的稳定性和可靠性也越来越高，凭借其较低
的价格和良好的售后服务，迅速占据了国内市场。充填工业泵是一种典型的柱塞泵，主要由
泵缸、活塞、活塞杆、吸入阀及排出阀构成。它是利用活塞自左向右移动时，泵缸内形成负
压，储料箱内的物料经吸入阀进入泵缸内。当活塞自右向左移动时，泵缸内物料受到挤压，
压力增大，由排出阀排出以实现物料输送。由于具有计量准确、管道不易磨损、效率高、活
塞冲程长、可处理极其密实的物料、可靠性高等优点，充填工业泵的出现使得高含固量介质，
尤其是高浓度充填料浆的快速连续输送成为可能，最具代表性的是德国 Putzmeister 公司。

德国 Putzmeister 公司成立于 1958 年，是一家专门提供混凝土泵、隧道施工设备、工业
泵、砂浆泵和高压清洗设备的大型公司，一直是世界高压泵送行业的主要领导者之一。
Putzmeister 公司所开发的工业泵在污水及污泥处理、固废处理和利用、燃煤电厂、清淤、采
矿/钢铁冶炼及其他行业领域均可得到应用，可在最苛刻的条件下泵送混凝土、尾矿膏体或
进行回填。按照输送物料性质的不同，Putzmeister 充填工业泵可分为 KOS（S 摆管）系列、

HSP 系列、KOV 系列及 EKO 系列(如表9-23所示)。针对充填工业泵长时间工作的特点,分配阀采用先进的 S 管阀系统原理(如图9-36所示),可自动补偿间隙,密封性能好,结构简单,这大大提高了整机泵送性能和易损件使用寿命。安徽周油坊铁矿生产能力为450万 t/a,矿体平均埋深仅130 m,充填料浆最远输送距离达到3000 m,无法实现自流输送。选用 Putzmeister 公司生产的2台 HSP 25100 系列充填工业泵进行泵送充填,最大处理量可达100 m³/h,泵送最大压力可达10 MPa。

表 9-23　Putzmeister 公司系列充填工业泵的特点对比

系列	输送介质浓度/%	最大处理量/(m⁻³·h⁻¹)	最大泵送压力/MPa	最大粒度/mm
KOS	50~85	400	14~15	50
HSP	40~70	400	15	10
KOV	40~50	40	15	1
EKO	60~90	14	6	100

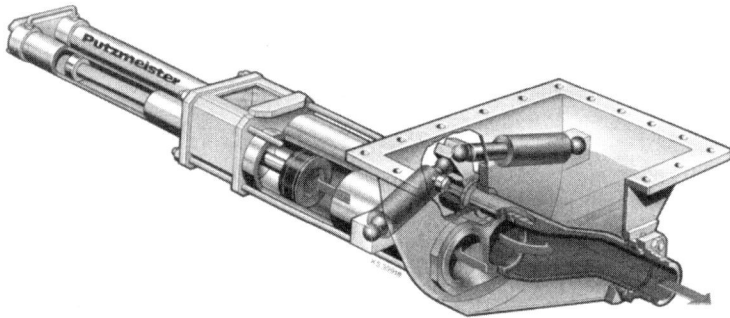

图 9-36　S 管阀系列充填工业泵原理图

9.7　采场充填工艺与技术

合格的充填料浆在地表制备完成后,一般由地表或充填钻孔进入井下主要和辅助生产系统的巷道,再采用软管转接至采场顶部的充填天井,进行采空区充填。采场充填既是整个充填系统的末端,也是整个充填系统中最容易发生管道磨损、气蚀、堵管、爆管、分层离析和料浆泄漏的故障节点,因此,采场充填工艺与技术的研究对保障充填系统的稳定、提高充填质量和效果有重大意义。

9.7.1　管输水力参数计算

1.尾砂颗粒的干涉沉降

充填料浆在管道输送过程中,尾矿颗粒在静水中受重力作用产生自由沉降,颗粒均速下沉的速度称为沉降速度。沉降速度直接反映固体颗粒水力输送的难易程度:沉降速度越大,颗粒越难悬浮，也就越难水力输送。忽略介质黏度对颗粒沉降的影响，细粒径颗粒沉降速度 v_{g} 可用简化斯托克斯公式来表示：

$$v_{\mathrm{g}} = 5450 d_{\mathrm{cp}}^2 (\gamma_{\mathrm{g}} - 1) \tag{9-36}$$

式中：d_{cp} 为固体颗粒直径；γ_{g} 为固体颗粒密度。

全尾砂颗粒表面不规则，在静水沉降中易受力不均而产生转动、绕流现象，导致沉降阻力增大，沉降速度减小；在管道输送过程中，固体颗粒之间、颗粒与管壁之间由于机械碰撞与摩擦固体颗粒下沉的阻力增大，沉降速度减小。浆体浓度越大，固体颗粒的粒度越细、形状越不规则表面越粗糙，流体对颗粒产生的阻力越大，沉降速度就越小，反之则越大。非球形颗粒的干涉沉降速度 v_{gg} 可表示为：

$$v_{\mathrm{gg}} = C_{\mathrm{s}} v_{\mathrm{g}} (1 - C_{\mathrm{v}})^n \tag{9-37}$$

式中：C_{s} 为修正系数；C_{v} 为料浆体积浓度；n 为干涉指数。

由式（9-40）可以看出，全尾砂颗粒直径越小，静水中的沉降速度越小，颗粒间的转动、绕流现象越频繁，导致全尾砂颗粒沉降阻力增大，干涉沉降速度减小。许多矿山的全尾砂粒径极微小，干涉沉降速度较低，骨料颗粒容易悬浮，浆体管道输送性能更佳。

2. 粗颗粒尾矿的沉降堵管

一定流速的超细全尾砂骨料颗粒能否在管道输送过程中均匀悬浮、稳定流动对其顺利输送和系统的正常运行具有积极意义。在固液两相流体管道输送过程中，速度不均匀分布导致浆体的涡流冲刷、流体绕流只是增多骨料颗粒不规则运动的辅助因素，紊流的脉动速度才是固体颗粒悬浮的决定因素。紊流脉动速度的垂直分量 S_{v} 大于固体颗粒的干涉沉降速度 V_{gg}，骨料颗粒才能均匀稳定悬浮；若垂直脉动速度分量小于固体颗粒的干涉沉降速度就可能发生堵管事故。垂直脉动速度分量 S_{v} 用下式计算：

$$S_{\mathrm{v}} = 0.13 v \left(\frac{2gDi}{kC_{\mathrm{u,v}} v^2} \right)^{1/2} \left[1 + 1.72 \left(\frac{y}{r} \right)^{1.8} \right] \tag{9-38}$$

式中：v 为料浆的输送速度；k 为试验常数，取值为 $1.5 \sim 2.0$；$C_{\mathrm{u,v}}$ 为水平速度分量与垂直速度分量之间的关系，取 0.18；y 为固体颗粒距管道中心的距离；r 为输送管道的半径，近似地取 $r = y$；i 为浆体水力坡度，可利用金川公式计算，如下。

$$i = \lambda \frac{v^2}{2gD} \left\{ 1 + 108 C_{\mathrm{v}}^{3.96} \left[\frac{gD(\gamma_j - 1)}{v^2 \sqrt{C_{\mathrm{x}}}} \right]^{1.12} \right\} \tag{9-39}$$

式中：γ_j 为料浆体重，$\mathrm{t \cdot m^{-3}}$；C_{v} 为料浆体积浓度；D 为管道内径，m；λ 为清水摩擦阻力系数，可用下式计算。

$$\lambda = \frac{K_1 \cdot K_2}{\left(2\lg \dfrac{D}{0.00024} + 1.74 \right)^2} \tag{9-40}$$

式中：K_1 为管道敷设系数，取 1.1；K_2 为管道连接质量系数，取 1.1。

沉降阻力系数 C_{x} 的计算式如下。

$$C_{\mathrm{x}} = \frac{1308(\gamma_j - 1) d_{\mathrm{cp}}}{\omega^2} \tag{9-41}$$

式中：d_{cp} 为充填料平均粒径，cm；ω 为颗粒平均沉降速度，cm·s^{-1}。

3. 充填料浆的输送流态

充填料浆的浓度由低到高，黏度相应增大，有阻止固体颗粒沉降的趋势。充填料浓度经过一个临界点后，料浆的输送特性将由两相流转为结构流。与两相流不同，结构流浆体沿管道的垂直方向不存在可测量的浓度梯度，物料在流动以后像固体那样作整体移动，在管道内以类似"柱塞"的形式流动，"柱塞"与管壁之间则由一层很薄的润滑层分隔开来。结构流在管道横断面上的流速分布相对均匀，颗粒间不发生相对移动，任意横断面的 A 点和 B 点经过 Δt 时间后(如图 9-37 所示)，其相对位置仍保持不变表现为非沉降性态。

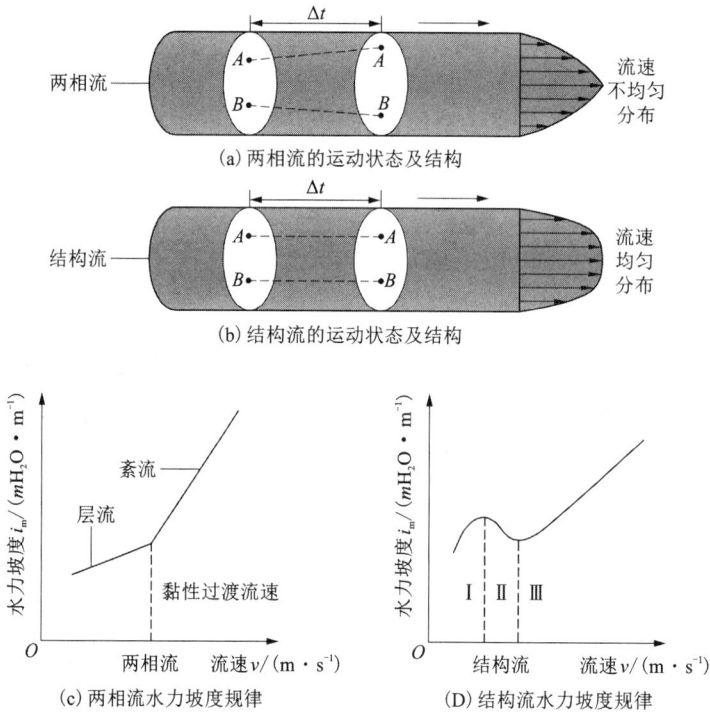

(a) 两相流的运动状态及结构

(b) 结构流的运动状态及结构

(c) 两相流水力坡度规律

(D) 结构流水力坡度规律

图 9-37　两相流和结构流的流速分布与水力坡度关系

固液两相流流态充填体的阻力与流速的关系与清水和黏土类似，在流速不断增大的初期表现出层流的特征，其沿程阻力随浆体流速的增大而增大；但是随着流速的不断增加，浆体流动时与边壁相互作用而产生的漩涡程度及紊动的强度都会增加，由此而表现出紊流的特征，所产生的能量损耗也会相应增加，从而使得阻力损失增大。结构流流态充填体的阻力与流速的关系包括三个阶段：阶段 Ⅰ 为沿程阻力随浆体流速的增大而增大阶段；阶段 Ⅱ 为浆体在管壁的剪切作用下，发生触变效应使得浆体的黏度降低，沿程阻力随浆体流速的增大而降低；阶段 Ⅲ 为浆体的剪切触变效应达到平衡状态，浆体的黏度不再降低，沿程阻力随浆体流速的增大而增加。

4. 充填工业泵及充填管路选型

泵送压力的计算按照输送膏体和细石混凝土的泵送压力公式计算:

$$P_b = P_0 + (1+k)Li_m + \gamma_j g \Delta H / 1000 \tag{9-42}$$

式中: P_0 为泵的启动压力, MPa, 无实测数据时取 2 MPa; L 为管路总长度(包含水平段和垂直段), m; k 为局部阻力系数, 取 0.1~0.3; i_m 为水力坡度, 按照经验公式计算; ΔH 为输送起始点的高差。根据以上计算结果, 选用 1 台充填工业泵进行充填料浆泵送充填。同时, 考虑到泵送设备有维护期或损坏情况, 可增设备用充填工业泵 1 台。

充填管道壁厚 δ 按下式计算:

$$\delta = \frac{PD_l}{2[\sigma]} + K \tag{9-43}$$

式中: P 为管道所受最大压强; σ 为钢材抗拉许用应力, 取 80 MPa; K 为磨损腐蚀量, 取 3 mm。一般将计算结果进行取整, 选取无缝钢管, 水平管道之间用快速接头连接。

9.7.2 充填管路系统

1. 充填管路布置方案

考虑到在充填系统运行过程中, 需要对充填管路进行巡检, 在充填管道磨损严重时需要及时更换, 因此, 充填管道不宜布置在竖井内(检修不便), 禁止布置在主提升斜井内(堵管爆管对提升系统会产生影响)和回风井内(影响巡检工人的安全)。如图 9-38 所示, 根据充填管路布设所经的主要生产系统巷道, 充填管路的布置方案主要包括如下三种。

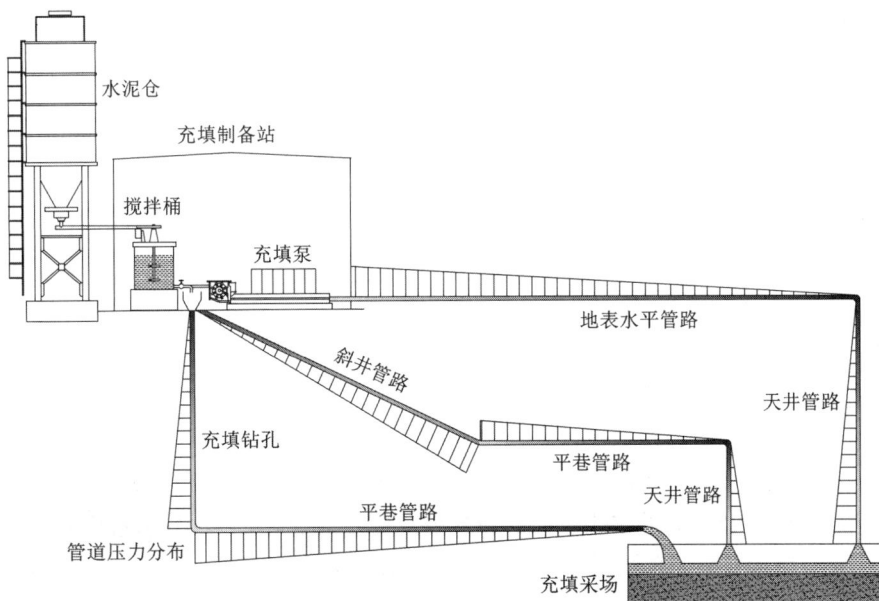

图 9-38 充填管路常见的布置方案

1）充填钻孔+平巷管路自流输送方案

充填钻孔+平巷管路自流输送方案是目前最简单，也是矿山最常用的充填管路布置方案。如图9-38所示，在井下距离充填站较近的位置施工充填联络平巷，将主要生产巷道与充填钻孔贯通，则充填料浆可由地表充填制备站经充填钻孔进入主要生产平巷内，再采用软管转接至采空区顶部的充填天井，进行采空区充填。

2）斜井管路+平巷管路+天井管路自流输送方案

在国内诸多的中小型矿山中，有相当一部分是采用斜井开拓，通常会选择直接在斜井内布设充填管道，沿井下主要平巷和天井直达采空区进行充填的自流输送方案。

3）地表水平管路+天井管路加压泵送方案

与充填钻孔+平巷管路自流输送方案不同，地表水平管路+天井管路加压泵送方案是通过在地表铺设充填管道至待充填采空区上方，然后施工充填钻孔直达采场进行充填的方式，适用于矿体分布相对集中、地表地形简单、容易征地布设管道的情况。由于在地表铺设充填管道往往需要征地且在堵管爆管的情况下，容易引发环保事故，因此，此方案在国内矿山应用相对较少。同时，充填料浆在进入钻孔之前的沿地表输送段，必须配置充填泵提供额外的输送动力，因此，无法实现全流程自流输送，这也是此方案应用较少的另一主要原因。

2. 自流输送及管道磨损

除传统的干式充填外，现代的充填工艺技术均是以水作为主要输送载体，将充填骨料和胶凝材料通过管道输送至采空区内。充填料浆采用管路输送具有连续性好、输送能力大、能耗低且自动化程度高等诸多优点。根据充填动力来源的不同，充填料浆的管道输送方式可分为自流、泵送两种形式。自流充填是利用垂直管道内的浆体柱压力克服水平管道阻力，将充填料浆输送至待充地点。该输送方式工艺简单，无须人工动力，投资少，但因其动力是浆体柱压力，对充填倍线有较高要求。根据国内外充填矿山经验，管道自流输送一般要求管路系统几何充填管路倍线小于6。几何充填管路倍线 N 按下式计算：

$$N = \frac{\sum L}{\sum H} \tag{9-44}$$

式中：$\sum H$ 为管道起点和终点的高差；$\sum L$ 为包括弯头、接头等管件在内的管路总长度。

如图9-39所示，大部分矿山是通过在充填站地表附近施工垂直的充填钻孔(偏斜率控制在5‰以内)与井下主要井巷贯通，采用自流充填的方式进行采场充填。

充填料浆在垂直的钻孔内首先作自由落体运动，依次形成空化区、空气区和水跃区。在空化区内，液流会汽化，出现空穴或空洞，形成不连续流；空气区是水蒸气和空气的混合体，流体脱离管道边界，在重力作用下流速越来越快；水跃区是充填料浆自由落体速度达到最大后，在管道中发生翻滚和强烈振动的现象。由于充填料浆输送速度和压力均较大，必然对输送管道内壁产生法向及斜向冲击力，管壁磨损由此产生。充填钻孔磨损较严重的原因，除了钻孔施工质量、套管材质、充填料浆组成、充填工作参数等因素外，自由落体区域内的充填料浆由于处于不满管的输送状态，高速流动的充填料浆所引发的强烈冲刷、空穴和翻滚现象，使得管路的磨损极为严重；而满管输送区域的管路则处于相对平稳的流动状态，管道内壁的磨损比较均匀，磨损率也较低。

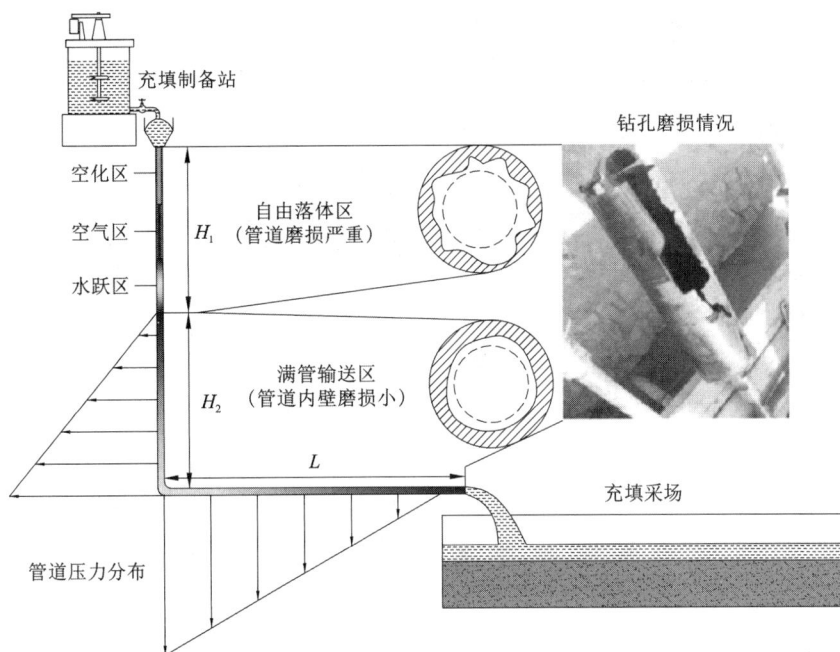

图 9-39 充填料浆管道自流输送方式及管道磨损分析

3. 泵送系统及泄压装置

加压泵送是在高差不足，充填倍线过大情况下，采用充填工业泵提供额外动力，将充填料浆加压输送至待充地点。该输送方式可以不受充填倍线限制，使用范围广。针对地表水平管路+天井管路加压泵送方案，由于充填料浆在进入钻孔之前的沿地表输送段(泵送流速一般在 1.5 m/s 左右)，必须配置充填泵提供额外的输送动力，但是后半程进入天井后，充填料浆可依靠自身重力势能克服管道输送阻力自流至采空区内(自流流速在 3 m/s 以上)。如果仍采用目前常用的全程封闭泵送的输送方式，那么进入天井后的充填料浆会在自身势能的作用下不断加速，进而由低速满管流转变为加速非满管流，产生液流空化、负压、空穴和气蚀等现象，这不仅会急剧加速管道的磨蚀速度，还会引起真空弥合水击和管路强烈振动等问题，危及整个充填管道输送的安全与稳定。

如图 9-40 所示，通过在泵送与自流管道之间设置专门的卸压装置，将全程封闭的泵送管道转换为开放且相对独立的泵送和自流两套管路，可以有效解决封闭泵送管路系统能耗较高、液流空化现象明显、气蚀和振动严重、局部地段磨损加速、系统整体稳定性差等问题。

4. 井下充填管道事故应急处理

井下充填管道安装布设时，为减少充填引流水和洗管水用量，减轻井下充填料浆排水压力，同时为堵管提供处理措施，在垂直管道与水平管道连接处添置泄压三通管，用于引入高压风和高压水。在正常情况下，水平巷道中的管路布设应有一定的下向坡度，不宜出现反向输送充填；尽量减少弯道、接头，避免流速放缓导致局部阻力增大、造成堵管事故；尽量避免

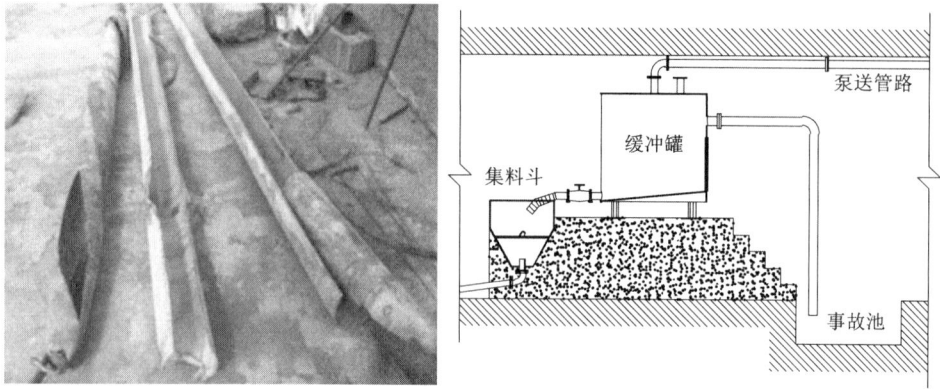

图 9-40　泵送充填管道卸压装置

直管连接，绝对避免锐角弯道的存在。如图 9-41 所示，由于垂直钻孔和水平管道连接处为易堵管部位，应设立事故处理阀门和事故池。同时，管道的起伏度应严格控制，以减少管道磨损和堵管事故的发生，延长管道的使用寿命。

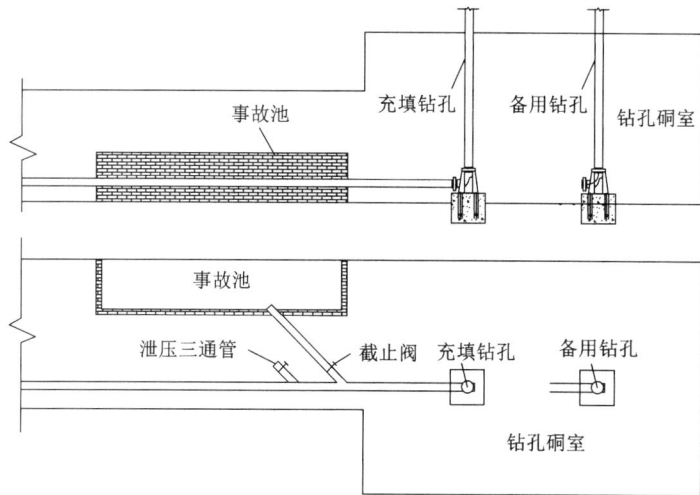

图 9-41　充填钻孔与水平管道连接处的事故处理阀门和事故池布置图

9.7.3　采场充填技术

1. 充填挡墙构筑

采空区充填的关键工序之一是构筑封闭待充采空区与外界联系的通道，充填挡墙不仅要求承受采空区内充填浆体压力，而且要具有良好的脱滤水性能。根据充填挡墙的构筑材料的不同，目前矿山常用的充填挡墙包括：木质充填挡墙、砖砌充填挡墙、钢筋网柔性充填挡墙、混凝土充填挡墙和液压充填挡墙等等(如图 9-42 所示)。

(a) 木质充填挡墙

(b) 砖砌充填挡墙

(c) 钢筋网柔性充填挡墙

(D) 混凝土充填挡墙

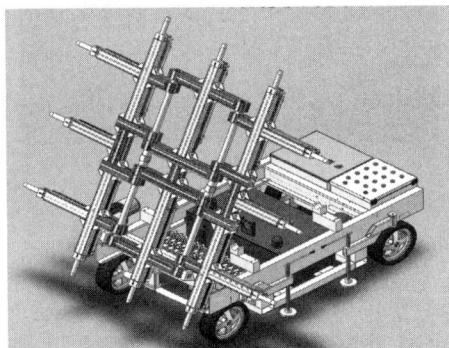

(e) 液压充填挡墙小车

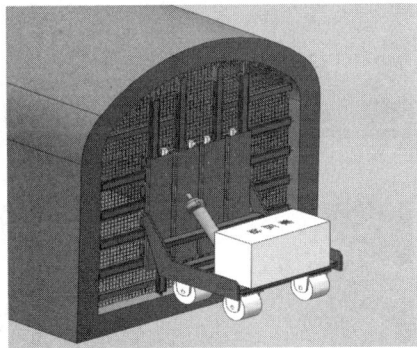

(f) 液压充填挡墙

图 9-42　常见充填挡墙示意图

钢筋网柔性充填挡墙是目前最常用的充填挡墙构筑方式，主要采用圆钢+工字钢、钢丝网、双层土工布 3 层结构。工字钢横纵均与圆钢焊接形成井字形结构，圆钢穿过翻边的土工布埋入周边岩体事先打好的孔内并用水泥砂浆封填，作为整个充填挡墙的核心承重结构。钢丝网和土工布作为次要承重结构，同时兼具脱滤水的作用，土工布采用双层，夹在两层铁丝网中间，将土工布翻边后，经圆钢穿过锚固后，采用喷浆机喷浆固定在巷道上，充填挡墙外侧采用木斜撑支撑。

由于传统的充填挡墙普遍存在构筑工艺烦琐、工人劳动强度大、承载力受限、浆体容易泄漏等问题，且木材、砖混结构与钢丝网等一次性耗材消耗量大、回收利用率低，导致充填挡墙构筑效率低、综合构筑成本高、难以循环利用。目前，新型的液压充填挡墙包括行走装置、驱动装置和伸缩支架，采用液压控制系统，自动伸缩构筑充填挡墙效率高、速度快、工人劳动强度低，而且伸缩支架自带四轮行走装置，便于在采场内转运和反复循环利用，进而使充填挡墙的综合构筑成本大大降低。此外，采用伸缩支架这一新型的充填挡墙构筑方法，充填料浆泄滤水面积大、脱水快，有利于充填料浆快速凝固，防止充填料浆泄漏污染井下环境。

2. 采场泄滤水

如图 9-43 所示，采场的泄滤水方式主要有：土工布泄水、泄水孔泄水、泄水井泄水和导水绳泄水等多种方式。传统的采场泄滤水工艺是通过在采场底部的充填挡墙中增设滤布，以便于充填料浆滤水由充填挡墙自然渗透脱出。但是由于充填挡墙的面积往往较小、充填料浆与充填挡墙的接触面积有限，使得充填料浆滤水泄出速度极慢、效率极低，导致充填体的初凝速度变缓、早期强度降低、水泥单耗增加，进而使充填体养护周期变长、充填效果变差、充填成本上升。

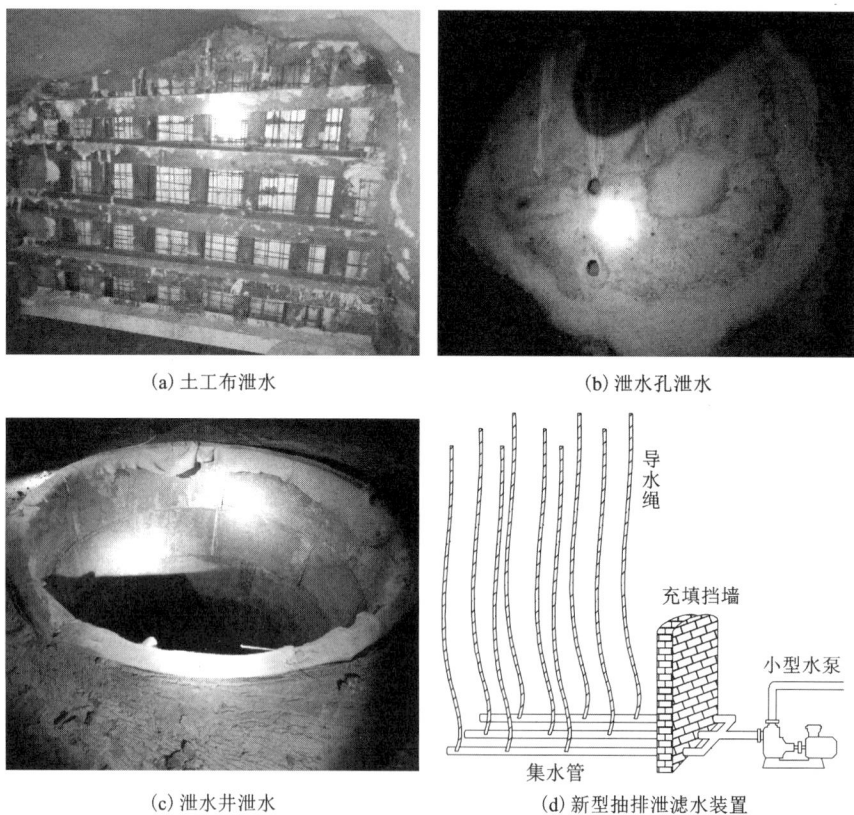

(a) 土工布泄水　　　　　　　　　　(b) 泄水孔泄水

(c) 泄水井泄水　　　　　　　　(d) 新型抽排泄滤水装置

图 9-43　常用充填料浆泄滤水装置

目前，新型的泄滤水装置包括导水绳、集水管和水泵三部分，通过在采空区内间隔布设导水绳增大充填料浆的渗透泄滤面积，在充填挡墙外布设小型抽水泵形成负压进一步加速充填泄滤水的泌出速度，解决传统充填挡墙内滤布自然渗透泌水速度慢、效率低的问题，这大大提高了充填体的初凝速度和早期强度，可有效降低水泥单耗、缩短养护周期、提高充填效果，具有工艺简单、实用性强、投资小、脱水速度快、脱水效果好的优点。

3. 充填体损伤破坏特性及承载机理

充填料浆进入采空区后，经流动沉缩、渗透脱水、固结硬化与围岩发生相互作用，包括：给卸载岩块的滑移趋势提供侧向压力、支撑破碎岩体和原生碎裂岩体、抵抗采场围岩闭合等。作为一种多相复合介质，充填体在不同的围压环境和加载条件下，会出现不同的损伤方式和破坏形态，并表现出明显的随机性和时效性，在复杂应力状态和多向强烈扰动作用下尤为明显。如图 9-44 所示，矿体开挖卸荷后，围岩开始出现卸压变形，产生弹性变形、塑性变形或流变现象，表现为应力逐渐降低、应变逐渐增加并最终趋于稳定。充填料浆进入

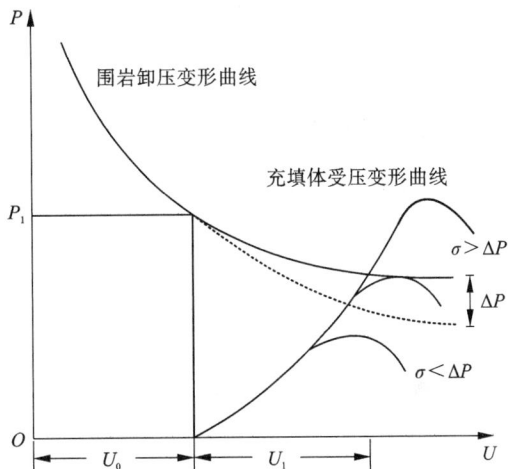

图 9-44　围岩卸压变形及充填体受压变形曲线

采空区后，经渗透脱水、固结硬化才与围岩发生相互作用，包括：给卸载岩块的滑移趋势提供侧向压力、支撑破碎岩体和原生碎裂岩体、抵抗采场围岩闭合等。考虑到充填作业的滞后性和充填体的固结硬化过程，在充填体发挥支撑作用之前，围岩的变形已经开始且产生了位移 U_0。充填体固结硬化后开始与围岩接触并产生相互作用力，虽然无法阻止围岩的进一步变形与卸压，但可使原有的围岩卸压变形曲线变缓、变形量减小、卸压值降低 ΔP。但是，由于充填体的单轴抗压强度普遍不足 5 MPa（即 $\sigma < \Delta P$），充填体无法给围岩卸压变形提供刚性支撑，充填体会相继出现蠕变损伤和塑性破坏，甚至大面积失稳垮塌。

虽然充填体的抗压强度较低，在应力集中条件下极易产生蠕变损伤和塑性破坏，但是结构损伤破坏后的充填体仍能承受较大的地压荷载，且在长期承载过程中还表现出蠕变强度大于单轴抗压强度的变形硬化特性，这可有效抵抗围岩的变形破坏、保持长期稳定。因此，与传统的刚性支撑体以"小变形"来吸收和储存能量的模式不同，充填体是通过"大变形"来吸收岩体中聚积的弹性变形势能，延缓其释放速率，控制其作用强度和破坏效果，达到"以柔克刚"的支护效果。

4. 采场充填效果评价

如图 9-45 所示，充填料浆充填至采空区后，由于处于相对封闭的状态，无法对充填体的充填效果进行准确的现场评价，往往需要借助充填体压缩试验、相似模型试验、采空区数值模拟分析和现场工业试验等手段对采场充填的效果进行评价。

室内充填配比试验是客观评价采场充填效果的有效手段之一。通过围绕影响充填体损伤和破坏特性的粒径组成、粒径级配、化学成分、质量浓度、灰砂比、内摩擦角和黏聚力等诸多

(a) 充填体压缩试验

(b) 相似模型试验

(c) 采空区数值模拟分析

(d) 现场工业试验

围岩

接触面

充填体

(e) 地压监测

(f) 采场稳定性分析

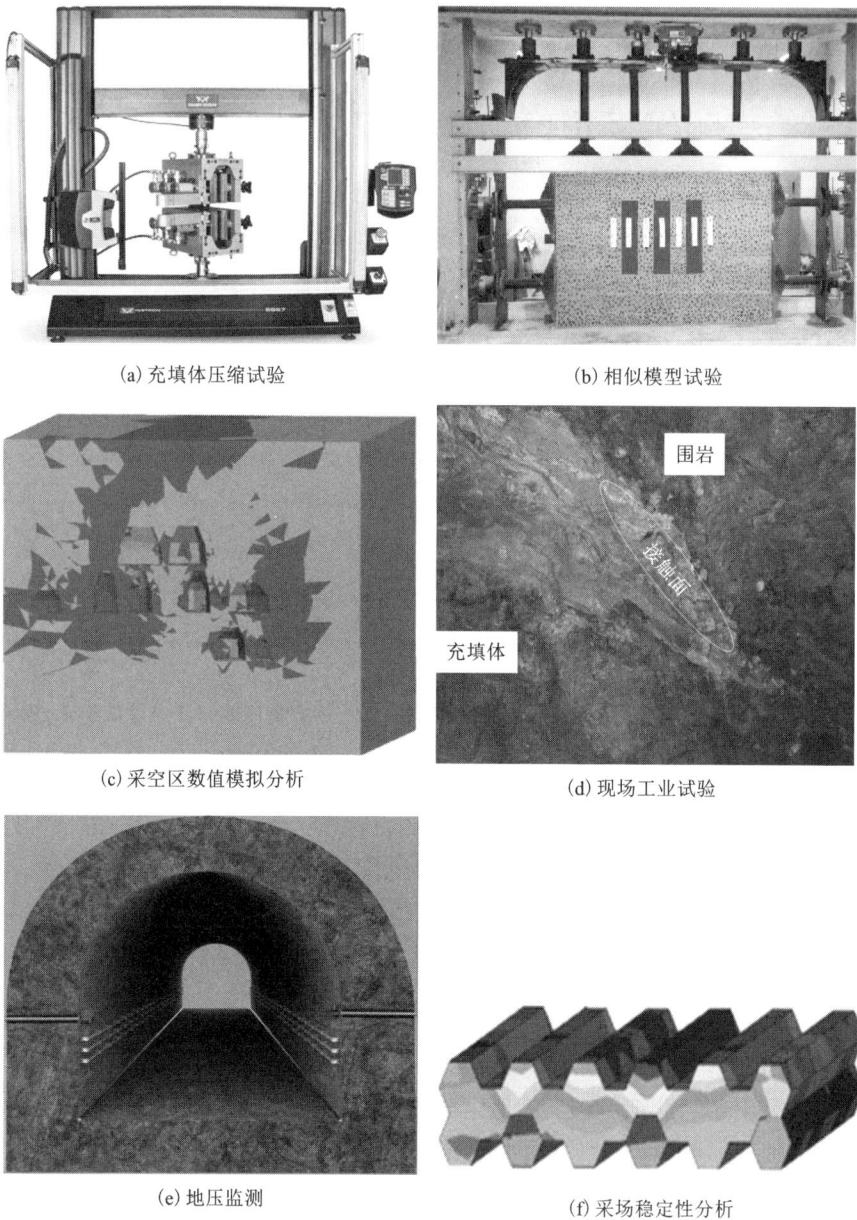

图 9-45　充填效果评价

因素，开展单轴/三轴压缩试验，分析充填体在不同围压环境和加载条件下的损伤方式和破坏形态；开展冲击荷载试验，分析不同加载速率下的充填体能耗阈值并构建相应的损伤演化规律；开展声发射试验，分析充填体内部裂纹扩展时所释放的应变能呈比例关系；利用高速摄像仪、超动态应变仪、红外成像等瞬态信息捕捉工具，辨析充填体微观裂隙结构变化和细观损伤演化的规律。

　　采场开挖卸荷动态响应条件下，刚性围岩变形挤压充填体释放弹性势能，柔塑性充填体则不断吸收和积蓄变形能,形成一套涉及应力场、位移场和能量场的复杂系统。结合胶结充填体随机损伤模型、非胶结充填体受压变形方程,利用数值模拟软件进行围岩-充填体耦合作用下的多物理场数值模拟仿真,以揭示刚柔介质耦合作用下应变能的释放、吸收与耗散规律。通过选择典型矿块、划分标准采场,按照规范的两步骤回采工艺回采采场,建立开挖卸荷采场地压监测网,实时监测采场顶板及两帮位移,通过实地观测和实时位移监测对比充填采场稳定性,分析围岩-充填体刚柔介质的交互作用、协同承载、区域支护的耦合作用。

思考题

1. 充填骨料的选择有哪些原则?改性材料有哪些类型和作用?
2. 絮凝剂的作用原理是什么?添加絮凝剂有什么不利影响?
3. 影响充填料浆配比参数的核心要素是什么?为什么?
4. 充填系统包括哪些部分?如何根据矿山现状选择适宜的充填系统?
5. 如何提高充填系统的可靠性、降低充填系统投资和运行成本?

参考文献

[1] 张钦礼，王新民.金属矿床地下开采技术[M].长沙：中南大学出版社，2016.
[2] 王新民，古德生，张钦礼.深井矿山充填理论与管道输送技术[M].长沙：中南大学出版社，2010.
[3] 张钦礼，王新民，邓义芳.采矿概论[M].北京：化学工业出版社，2008.
[4] 张钦礼，王新民，潘常甲.采矿知识问答[M].北京：化学工业出版社，2008.
[5] 张钦礼，王新民，刘保卫.矿床资源评估学[M].长沙：中南大学出版社，2007.
[6] 王新民，肖卫国，张钦礼.深井矿山充填理论与技术[M].长沙：中南大学出版社，2005.
[7] 王运敏.金属矿山露天转地下开采理论与实践[M].北京：冶金工业出版社，2015.
[8] 王运敏.现代采矿手册[M].北京：冶金工业出版社，2011.
[9] 王运敏.中国采矿设备手册[M].北京：科学出版社，2007.
[10] 李夕兵.岩石动力学基础与应用[M].北京：科学出版社，2014.
[11] 李夕兵.凿岩爆破工程[M].长沙：中南大学出版社，2011.
[12] 陈玉民，李夕兵.海底大型金属矿床安全高效开采技术[M].北京：冶金工业出版社，2013.
[13] 古德生，李夕兵.现代金属矿床开采科学技术[M].北京：冶金工业出版社，2006.
[14] 古德生.采矿手册[M].长沙：中南大学出版社，2022.
[15] 于润沧.采矿工程师手册[M].北京：冶金工业出版社，2009.
[16] 于润沧.金属矿山胶结充填理论与工程实践[M].北京：冶金工业出版社，2020.
[17] 解世俊.金属矿床地下开采[M].北京：冶金工业出版社，2008.
[18] 刘同有.充填采矿技术与应用[M].北京：冶金工业出版社，2001.
[19] 王青，任凤玉.采矿学[M].北京：冶金工业出版社，2013.
[20] 徐文彬，宋卫东.高浓度胶结充填采矿理论与技术[M].北京：冶金工业出版社，2016.
[21] 陈得信.特大型镍矿充填法开采理论与关键技术[M].北京：科学出版社，2014.
[22] 杨志强.高应力深井安全开采理论与控制技术[M].[M].北京：科学出版社，2013.
[23] 蔡嗣经，王洪江.现代充填理论与技术[M].北京：冶金工业出版社，2012.
[24] 彭康，满慎刚.尾矿综合利用于绿色矿山建设[M].长沙：中南大学出版社，2022.
[25] 李冬青，王李管.深井硬岩大规模开采理论与技术：冬瓜山铜矿床开采研究与实践[M].北京：冶金工业出版社，2009.
[26] 郑西贵，杨军伟，胡国忠.采矿概论[M].徐州：中国矿业大学出版社，2022.
[27] 陈国山.采矿概论[M].北京：冶金工业出版社，2016.
[28] 陈国山，李毅.采矿学[M].北京：冶金工业出版社，2013.
[29] 张晓宇.采矿学[M].长春：吉林大学出版社，2015.
[30] 马立峰.矿山机械[M].北京：冶金工业出版社，2021.
[31] 任瑞云，卜桂玲.矿山机械与设备[M].北京：北京理工大学出版社，2019.
[32] 张遵毅，聂兴信.矿山机械与运输[M].北京：冶金工业出版社，2023.
[33] 彭苏萍.绿色矿山先进适用装备技术[M].北京：地质出版社，2023.
[34] 长沙有色冶金设计研究院有限公司.中铝兴县氧化铝矿山部分初步设计奥家湾矿区[R].兴县：奥家湾矿，2011.

［35］中南大学.湖南辰州矿业沃溪坑口超千米深部矿区安全低贫损开采综合技术研究项目研究报告［R］.沅陵县：辰州矿业，2015.

［36］中南大学.浙江省遂昌金矿有限公司软弱岩层条件下高品位金银资源安全高效低贫损充填采矿可行性研究报告［R］.遂昌县：遂昌金矿，2021.

［37］中南大学.江西铜业集团银山矿业有限责任公司软弱岩层条件下薄矿脉低贫损安全开采关键技术研究阶段报告［R］.德兴市：银山矿业，2016.

［38］河南省冶金规划设计研究院有限责任公司.河南发恩德矿业有限公司洛宁县月亮沟铅锌银矿可行性研究报告［R］.洛宁县：发恩德矿业，2013.

［39］中南大学.湖北柳树沟矿业股份有限公司丁西磷矿禁采区磷矿资源安全经济开采可行性论证研究［R］.宜昌市：丁西磷矿，2017.

［40］中南大学.河南省嵩县庙岭金矿有限公司软破复杂矿体安全高效充填采矿关键技术研究阶段报告［R］.嵩县：庙岭金矿，2020.

［41］中南大学.河南中矿能源有限公司嵩县柿树底金矿缓倾斜金矿脉机械化上向水平分层充填法盘区综合技术研究阶段报告［R］.嵩县：柿树底金矿，2023.

［42］中南大学.宿松六国矿业有限公司南冲矿段采矿方法与地压变化规律研究［R］.宿松县：宿松磷矿，2013.

［43］中南大学.湖北省宜昌诚信工贸有限责任公司孙家墩磷矿缓倾斜中厚矿体安全高效充填采矿关键技术研究阶段报告［R］.宜昌市：孙家墩磷矿，2017.

［44］中南大学.新桥矿业有限公司矾山东部矿体水域移动荷载条件下安全开采技术研究报告［R］.铜陵市：新桥硫铁矿，2008.

［45］湖南中大设计院有限公司.新桥矿业有限公司露天转地下90万 t/a 采矿技改工程可行性研究报告［R］.铜陵市：新桥硫铁矿，2015.

［46］中南大学.湖北楚磷矿业股份有限公司保康白竹矿区缓倾斜中厚多层矿体安全高效充填采矿关键技术研究报告［R］.保康县：楚磷矿业，2018

［47］中南大学.贡北金矿薄至中厚难采金矿脉开采综合技术研究报告［R］.玛曲县：贡北金矿，2010.

［48］中南大学.品位破碎金矿体新型尾砂固结材料充填采矿综合技术研究报告［R］.莱州市：焦家金矿，2009

［49］中南大学.浏阳市七宝山铜锌矿业有限责任公司深部接替资源安全高效低贫损充填开采及无尾矿山建设关键技术研究结题报告［R］.浏阳市：七宝山铜锌矿，2021.

［50］中南大学.刚果（金）卡莫亚铜钴矿区深部矿体采矿方法研究［R］.刚果（金）：卡莫亚铜钴矿，2018.

［51］中南大学.马钢（集团）控股有限公司姑山矿业公司白象山铁矿富水复杂矿床安全高效开采关键技术研究及工程设计阶段报告［R］.当涂县：白象山铁矿，2014.

［52］中南大学.司家营铁矿南区（田兴铁矿）阶段空场嗣后充填采矿法试验采矿工程设计［R］.滦县：田兴铁矿，2014.

［53］中南大学.湖南博隆矿业开发有限公司七宝山硫铁矿安全高效机械化充填采矿组合方案研究报告［R］.浏阳市：七宝山硫铁矿，2022.

［54］中南大学.金川集团股份有限公司龙首矿西一贫矿低成本充填采矿工艺技术优化研究报告［R］.金昌市：龙首矿，2019.

［55］中南大学.新矿集团孙村煤矿城镇下煤柱开采煤矸石似膏体管道自流充填综合技术研究报告［R］.新泰市：孙村煤矿，2006.

［56］中南大学.甘肃洛坝有色金属集团有限公司徽县洛坝铅锌矿复杂采空区群条件下盘区矿柱安全高效回收现场工业试验［R］.徽县：洛坝铅锌矿，2022.

［57］刘涛，焦满岱.浅埋厚大残留矿体安全回采方案研究［J］.矿冶，2019，28（3）：1-8.

［58］孙勇平.煤矿开采中充填采矿技术［J］.中国石油和化工标准与质量，2019，39（5）：239-240.

［59］丁德强.矿山地下采空区膏体充填理论与技术研究［D］.长沙：中南大学，2007.

［60］吴爱祥，王勇，王洪江.膏体充填技术现状及趋势［J］.金属矿山，2016（7）：1-9.

[61] 焦辉.矿山充填技术的现状及其展望[J].采矿技术,2001(1):20-21.

[62] 王钦建,石琳,黄颖.国内铅锌尾矿综合利用概况[J].中国资源综合利用,2012,30(8):33-37.

[63] 许高锋,王鑫,刘铁军,等.武山铜矿全尾膏体充填系统设计[J].有色冶金设计与研究,2023,44(4):6-10.

[64] 黄勇.大冶铜绿山矿地下开采充填采矿法系统安全性分析及评价[D].武汉:武汉科技大学,2008.

[65] 李林,杨若普,贾延杰,等.金属矿山尾砂胶结充填材料优化试验研究[J].中国科技论文,2015,10(9):1050-1052,1057.

[66] 郑永红.大红山铜矿爆破参数优化[D].昆明:昆明理工大学,2007.

[67] 闫保旭,朱万成,侯晨,等.金属矿山充填体与围岩体相互作用研究综述[J].金属矿山,2020(1):7-25.

[68] 刘丽红,韩新开,王建胜.田兴铁矿全尾砂充填工艺研究[J].河北冶金,2015(3):27-30,71.

[69] 郎桐.双轴搅拌机的结构原理与用途[J].砖瓦,2013(7):24-25.

[70] 王怀勇.凡口铅锌矿立式砂仓造浆与放砂关键技术研究[D].长沙:中南大学,2009.

[71] 杨泽,侯克鹏,乔登攀.我国充填技术的应用现状与发展趋势[J].矿业快报,2008(4):1-5.

[72] 章林,代碧波,吉万健,等.基于高强度、低损耗的充填用搅拌机研制与应用[J].金属矿山,2016(10):120-123.

[73] 赵彬.焦家金矿尾砂固结材料配比试验及工艺改造方案研究[D].长沙:中南大学,2009.

[74] 刘琼,袁世伦.IT技术在金属矿山的应用与发展[J].矿业快报,2004(4):1-4.

[75] 谭金华.绿色矿山及矿山安全环保政策解读[J].石材,2020(1):11-25.

[76] 王斌.我国绿色矿山评价研究[D].北京:中国地质大学(北京),2014.

[77] 雷东,王泽元,白晓敏,等.绿色矿山建设与发展的新要求[J].河南建材,2018(5):437-439.

[78] 杨耀红.关于矿山地质环境灾害治理、分析与建议[J].发展研究,2013(7):80-82.

[79] 刘紫薇,李永鹏,李艳春.硫化铜镍矿清洁生产研究与实践[J].环境保护与循环经济,2018,38(5):17-21.

[80] 薛希龙.黄梅磷矿高浓度全尾砂充填技术研究[D].长沙:中南大学,2012.

[81] 柯愈贤.新桥硫铁矿"三下"资源露天转地下安全开采技术研究[D].长沙:中南大学,2013.

[82] 程健.川口钨矿杨林坳矿区倾斜中厚矿体开采技术研究[D].长沙:中南大学,2014.

[83] 刘彤林,王道林.基于AHP-FUZZY的挂帮矿回采方案优选及实践[J].采矿技术,2022,22(1):3-7.

[84] 曹瑞锋.宿松磷矿急倾斜低品位中厚矿体采矿方法研究[D].长沙:中南大学,2014.

[85] 杨力.石人沟铁矿露天转地下最佳开采模式研究[D].长沙:中南大学,2012.

[86] 郭裕民,钟芳权,周建荣,等.缓倾斜极薄矿体采矿方法研究[J].中国矿业,2023,32(S1):328-332,349.

[87] 谢盛青.黄麦岭磷矿露天转地下开采安全平稳接替技术研究[D].长沙:中南大学,2011.

[88] 韩斌.金川二矿区充填体可靠度分析与1#矿体回采地压控制优化研究[D].长沙:中南大学,2004.

[89] 欧任泽,丁文军,林卫星.会东铅锌矿上盘"黑破带"矿体回采实践[J].采矿技术,2014,14(4):17-18.

[90] 田明华.缓倾斜中厚矿体机械化上向水平分层充填采矿法关键技术研究[D].长沙:中南大学,2009.

[91] 杨建.锡矿山残矿资源安全回收专项论证及开采技术方案研究[D].长沙:中南大学,2012.

[92] 顾春宏.深部厚大低品位多金属矿体采矿方法研究[D].长沙:中南大学,2009.

[93] 孙远强,陈建平,范洪海,等.我国最新固体矿产资源储量分类标准与JORC 2012规范差异分析[J].中国矿业,2020,29(11):23-27,54.

[94] 李瑶.浅论固体矿产资源勘查支出的会计核算[J].中国金属通报,2022(3):96-98.

[95] 丁全利.科学分类精准表达助矿业高质量发展[N].中国自然资源报,2020-05-29(7).

[96] 翟建波,刘育明,孙学森.关于矿石储量估算的探讨和应用[J].中国矿山工程,2022,51(2):1-7.

[97] 乔兰,蔡美峰.新城金矿深部节理裂隙调查及岩体质量分级评价研究[J].中国矿业,2000(4):90-94.

[98] 郭旭东.国际矿产资源量和矿产储量分类体系及报告规则概要[J].中国矿山工程,2022,51(4):1-8.

[99] 张亮,赵华伟,刘磊.关于固体矿产勘查概略研究的几点思考[J].矿产综合利用,2021(4):125-130.

[100] 邹加学,赵艳林,翟鑫.刚果(金)某矿山资源量核实工作内容及存在的问题[J].中国金属通报,2020(5):160-161.

[101] 肖明君.东坪金矿区水文地质特征以及开采影响因素研究[J].世界有色金属,2020(8):149-150.

[102] 谢江峰.爆破震动诱发共振在深部板裂结构稳定性分析中的应用[D].长沙:中南大学,2013.

[103] 刘科伟.露天开采隐患空区激光三维探测、可视化研究及其稳定性分析[D].长沙:中南大学,2012.

[104] 曾凌方.栾川三道庄矿三维模型的建立与地下空区可视化研究[D].长沙:中南大学,2008.

[105] 李啸.深部缓倾斜厚大破碎矿体采矿方法及结构参数研究[D].重庆:重庆大学,2019.

[106] 李佳洋.贡北金矿破碎顶板下缓倾斜薄至中厚矿体安全开采技术研究[D].长沙:中南大学,2011.

[107] 董良基.姚家岭铜铅锌矿区三维地制动模型建模研究[D].合肥:合肥工业大学,2011.

[108] 李勇.高应力硬岩镐形截齿截割破岩研究[D].长沙:中南大学,2012.

[109] 刘恩彦.和睦山铁矿后观音山矿段充填采矿方法研究[D].长沙:中南大学,2012.

[110] 王庆.破碎围岩巷道稳定性分析及支护效果研究[D].赣州:江西理工大学,2020.

[111] 李畅.矿床三维建模及地质剖面成图技术研究[D].长沙:中南大学,2009.

[112] 王俊虎.基于剖面的山东省龙泉站金矿矿体三维模型的建立与应用[D].青岛:山东科技大学,2008.

[113] 周礼.新华磷矿果化矿段缓倾斜中厚矿体采矿方法研究[D].长沙:中南大学,2014.

[114] 刘青灵.考虑岩体峰后承载特性的进路回采力学规律研究[D].长沙:中南大学,2013.

[115] 许茂林,王凯,周裕利.某矿山三维地质模型的构建[J].四川建筑,2010,30(6):85-86,88.

[116] 董金奎,申延,邱俊刚.焦家金矿寺庄矿区岩体节理裂隙调查与矿岩稳定性分析[J].黄金科学技术,2012,20(2):58-61.

[117] 周智勇,陈建宏,周科平.Surpac Vision软件在矿床建模中的应用[J].矿业工程,2004(4):56-58.

[118] 钟豫.金属地下矿山井下移动式充填系统的应用研究[D].昆明:昆明理工大学,2013.

[119] 郭广军,刘明君,徐咏彬,等.山东焦家金矿床工程岩体稳定性分类研究[J].黄金科学技术,2012,20(4):71-75.

[120] 李正元.利用钻孔资料实现矿体三维可视化[D].青岛:山东科技大学,2011.

[121] 李国平,张骥.和睦山铁矿近顶柱矿岩稳定性分析研究[J].现代矿业,2022,38(10):129-132.

[122] 潘常甲.新桥矿深部岩体力学性质分析及稳定性综合分级研究[D].长沙:中南大学,2009.

[123] 朱旭波.地下金属矿岩体质量评价与采场结构参数优化研究[D].长沙:中南大学,2012.

[124] 史岩.如美电站左岸坝肩岩体结构特征分析及岩体质量评价研究[D].成都:成都理工大学,2017.

[125] 朱容辰.雅砻江两河口水电站坝址区边坡卸荷分带与岩体质量分级研究[D].成都:成都理工大学,2009.

[126] 陈近中.双江口电站工程岩体质量分级研究[D].成都:成都理工大学,2007.

[127] 赵元章.工程岩体分级方法综述[J].新疆有色金属,2010,33(S2):18-21.

[128] 王增良.大渡河丹巴水电站软岩洞室围岩分类研究[D].成都:成都理工大学,2013.

[129] 吴荣庆,张燕如.关于铅锌贫矿资源开发利用问题的思考与建议[J].中国金属通报,2007(22):4-10.

[130] 郭芳.矿山监理评价[D].北京:中国地质大学(北京),2010.

[131] 李威,马明辉,苏龙.采场顶板稳定性分析与锚杆支护研究[J].中国矿山工程,2012,41(1):37-40.

[132] 张兵,胡文达,李辉,等.谦比希铜矿主矿体深部保安矿柱稳定性分析[J].现代矿业,2015,31(2):104-107.

[133] 刘爱华,苏龙,朱旭波,等.基于距离判别分析与模糊数学的岩体质量评判法[J].采矿与安全工程学报,2011,28(3):462-467.

[134] 徐刚.基于模糊评判法的采矿方法优化设计[J].科技与创新,2021(19):155-156.9

[135] 刘晓慧.战略性矿产保障事关国家总体安全[N].中国矿业报,2021-01-11(1).

[136] 余坤,尚玺,傅梁杰,等.战略性矿产在高性能摩擦材料中的研究进展[J].材料导报,2023,37(15):135-148.

[137] 高福龙.苏家吉铝土矿综合开采初探[J].现代矿业,2015,31(2):22-24.

[138] 朱自强.湖南地区中生代以来深部地球动力学演化的有限元数值模拟及成矿作用特征研究[D].长沙:中南大学,2004.

[139] 马岩,陈宣华.我国"三稀"关键矿产的成矿理论与勘查研究进展[J].地质学报,2023,97(10):3475-3492.

[140]袁铂宗，祁欣.对外投资合作促进"双循环"新发展格局的实践路径及优化对策[J].国际贸易，2021
(9)：52-60.

[141]钟长永.矿产与盐[J].盐业史研究，2003(4)：40-44.

[142]胡长平.推动有色工业迈入新发展阶段——《"十四五"原材料工业发展规划》(有色金属部分)解读
[J].中国有色金属，2022(3)：33-35，38.

[143]赖伟.复杂急倾斜薄矿脉采矿方法试验研究[D].长沙：长沙矿山研究院，2012.

[144]王敏.铝土开采工艺及设备选型研究[J].山西冶金，2020，43(4)：39-40，43.

[145]朱志根.贵州某铝土矿床采矿方法的优化选择[J].采矿技术，2013，13(4)：12-14，39.

[146]贺辉.基于地质统计学与神经网络的数字化成矿预测技术研究[D].长沙：中南大学，2006.

[147]易升星.湖南省沃溪金锑钨矿床地质特征、流体包裹体特征及矿床成因研究[D].长沙：中南大学，2012.

[148]苏丹，陈健，张春鹏，等.缓倾斜薄矿脉混合开采工程实践[J].采矿技术，2010，10(1)：5-7.

[149]肖松春，戴塔根.沃溪金锑钨矿深部开采技术条件评价[J].国土资源导刊，2013，10(10)：75-78.

[150]楚克磊，陈小荣，齐刚，等.浙江治岭头钼铅锌金多金属矿床矿质来源的硫、铅同位素示踪及成矿时代
[J].地质学报，2020，94(8)：2325-2340.

[151]陈伟.沃溪矿区残矿资源回采利用[J].采矿技术，2015，15(1)：14-15.

[152]邱凡陈，林之岳，钟鸣.浅孔留矿法在软弱岩层中的应用与改进[J].铜业工程，2022(3)：24-27.

[153]李红鹏，陈秋松.银山矿千枚岩破坏特征及地压分布规律分析[J].黄金，2021，42(9)：47-51.

[154]徐伟.江铜集团华东地区铜杆营销策略分析[J].河南财政税务高等专科学校学报，2020，34(4)：
38-41.

[155]何幸儒.广西佛子冲矿田铅锌矿构造控矿特征与成矿规律研究[D].昆明：昆明理工大学，2014.

[156]胡文忠.预裂爆破技术应用探讨[J].陕西水利，2008(S1)：45-47.

[157]温凊尧，秦京波.急倾斜薄矿脉采矿方法研究[J].世界有色金属，2023(10)：35-37.

[158]赖伟，肖木恩，李文朋.削壁充填法在开采极薄矿脉中的应用[J].采矿技术，2011，11(3)：9-11.

[159]刘力勇，随中华，谢文杰.电耙运搬削壁充填采矿法在通化铜镍公司的应用[J].黄金，2012，33(7)：
29-32.

[160]张善心.充填采矿法计算机辅助设计技术研究[D].青岛：山东科技大学，2010.

[161]谭富生.营房银铅锌矿崩落法转充填法关键技术研究[D].长沙：长沙矿山研究院，2016.

[162]史群辉，罗佳，闫宇，等.某金矿空场法转充填采矿法方案研究与实践[J].采矿技术，2021，21(3)：
9-11，17.

[163]冯巨恩.金属矿深井充填系统的安全评价与失效控制方法研究[D].长沙：中南大学，2005.

[164]朱成剑.某铜矿全尾砂物理力学性能及化学成分分析试验[J].新疆有色金属，2019，42(5)：69-70.

[165]童大志，朱根鹏，任国顺，等.红岭铅锌矿南西翼残留急倾斜薄矿体采矿方法优选及应用[J].黄金，
2021，42(12)：29-32.

[166]胡千慧.铜陵市旅游形象设计研究[J].安徽农学通报，2008(18)：21-39.

[167]易智.新桥硫铁矿"三下"资源开采安全技术研究[D].长沙：中南大学，2008.

[168]周红春，刘传权，李中明，等.河南嵩县南岭超贫磁铁矿的地质特征与找矿模式[J].现代地质，2010，
24(1)：89-97.

[169]鄢德波.多层邻近缓倾斜薄至中厚矿体联合开采技术研究[D].长沙：中南大学，2013.

[170]万串串.松动圈理论在地下深部层状围岩支护中的应用研究[D].长沙：中南大学，2012.

[171]周彦龙.阿尔哈达矿多变矿体环境友好型回采技术研究[D].长沙：中南大学，2014.

[172]苗胜军，王浩，王子木，等.金源矿区房柱法开采围岩稳定性分析[J].中国矿业，2016，25(S2)：
259-262.

[173]冯岩.卧式砂仓高浓度分级尾砂充填技术研究[D].长沙：中南大学，2014.

[174]刘奇.姑山铁矿露天境界外驻留矿安全高效开采方法及工艺研究[D].长沙：中南大学，2012.

[175]胡威.细沙沟铁矿开采技术研究[D].长沙：中南大学，2013.

[176]刘晓玲.高海拔深部铁矿开采工艺技术研究[D].长沙：中南大学，2012.

[177]孙晓光，李国雄.某露天铁矿南部境界外挂帮矿开拓方案[J].露天采矿技术，2019，34(3)：75-78，81.

[178]秦健春.和睦山铁矿后观音山矿段深部扩能开采技术优化研究[D].长沙：中南大学，2013.

[179]李洁慧.康家湾矿深部矿体采场稳定性与作业安全评价研究[D].长沙：中南大学，2009.

[180]翟振.挑水河磷矿联合运输系统溜井布置优化研究[D].武汉：武汉理工大学，2016.

[181]李晓波.铜硫矿石中伴生黄铁矿清洁回收技术研究[D].赣州：江西理工大学，2008.

[182]袁俊宏.我国硫与硫铁矿产业现状及市场分析[J].硫酸工业，2016(5)：10-17.

[183]陈五九，刘发平，张钦礼，等.预控顶上向进路充填法在白象山铁矿的应用[J].现代矿业，2016，32(9)：59-62.

[184]何洪涛，周磊，王湖鑫.上向水平进路充填采矿法在和睦山铁矿的应用研究[J].有色金属(矿山部分)，2012，64(1)：13-16.

[185]唐振江，王文茂，李施庆，等.上向水平进路充填采矿法在嵩县金矿的应用[J].黄金，2019，40(2)：39-41，45.

[186]宋华，刘敏.某缓倾斜磷矿采矿方法优化研究[J].采矿技术，2019，19(1)：12-14.

[187]潘宝正.复杂富水矿山采矿方法选择研究[J].采矿技术，2018，18(3)：7-8，39.

[188]郝显福，贺严，孙嘉，等.基于可参考经验公式的防水矿柱留设研究[J].黄金，2016，37(3)：37-40.

[189]胡光林.急倾斜坚硬顶板中厚煤层防水煤柱合理留设研究[D].重庆：重庆大学，2005.

[190]彭云奇.康家湾矿大型水体下防水矿柱安全开采的研究与设计[D].长沙：中南大学，2002.

[191]上官翰照.浅析相邻矿井开采影响专项安全论证的必要性[J].能源与环境，2012(3)：109-111.

[192]陈元军.浅析相邻矿井的开采布局专项安全评价[J].能源与环境，2011(4)：137-138.

[193]朱永刚.地下矿山大型机械化开采安全管理技术研究[D].长沙：中南大学，2007.

[194]邵春瑞.如何利用防水煤柱进行矿井防治水[J].中小企业管理与科技(下旬刊)，2014(5)：181.

[195]范永鑫.针对煤矿水害原因分析及防治技术[J].低碳世界，2019，9(10)：126-127.

[196]陈勇平.虎中煤矿矿井水害成因分析及防治对策[J].龙岩学院学报，2010，28(2)：35-39.

[197]朱诚.安徽省铜陵市大成山地区金矿成矿地质特征和前景分析[J].西部资源，2019(5)：36-37.

[198]齐晖，张钦礼.水平分层充填采矿法采场接顶充填方案探讨[J].现代矿业，2010，26(8)：11-14.

[199]王新民，柯愈贤，胡威，等.露天转地下开采地表沉陷预计及安全性分析[J].科技导报，2012，30(25)：27-31.

[200]王新民，吴鹏，刘晓玲，等.充填体对地表沉降控制的研究[J].矿冶工程，2011，31(5)：1-3，8.

[201]徐延兵，徐延海.缓倾斜中厚矿体机械化采矿理论与技术[J].黑龙江科技信息，2013(12)：66.

[202]王宝强，朱利.缓倾斜中厚矿体机械化采矿理论与技术[J].黑龙江科技信息，2013(27)：8.

[203]房维科，李文军，石强，等.上向水平分层胶结充填采矿法在贡北金矿的探索应用[J].中国矿业，2012，21(6)：88-91.

[204]徐茂文，郭启鹏，许赟，等.大水金矿贡北矿区上向水平分层充填采矿法试验研究[J].甘肃科技，2014，30(8)：37-38，107.

[205]张延森.基于灰色关联法的某地下铁矿过渡段残留矿体采矿方法优选[J].现代矿业，2022，38(8)：92-94，98.

[206]况建，聂美容.裂隙破碎带软弱夹层矿井支护技术研究[J].世界有色金属，2019(10)：105-108.

[207]卫晓勇.松软破碎围岩巷道掘进与支护技术研究[J].能源与节能，2019(6)：131-132，147.

[208]李振龙，陶发玉，李娜，等.加强充填采矿法六角形进路吊挂质量的技术研究[J].湖南有色金属，2023，39(2)：5-8，24.

[209]崔继强.金川矿区破碎矿石下向六角形进路充填采矿技术研究[D].长沙：中南大学，2012.

[210]董晓舟.某金矿地下矿山采空区治理尾矿充填技术研究[J].科学技术创新,2021(4):168-169.

[211]王洋,易志清,祝禄发.尾矿似膏体胶结充填采矿法的研究与应用[J].湖南有色金属,2013,29(1):7-9,53.

[212]汪海萍,宋卫东,张兴才,等.大冶铁矿浅孔留矿嗣后胶结充填挡墙设计[J].有色金属(矿山部分),2014,66(5):14-18,26.

[213]朱晓波.加快推动钢铁行业低碳转型发展[N].中国冶金报,2022-03-10(6).

[214]范铁军.供需两端齐发力构建现代化钢铁产业体系[N].中国冶金报,2023-01-18(1).

[215]李凌,石禹.发展绿色金融促进低碳发展[J].冶金财会,2021,40(2):4-8,28.

[216]刘同有.中国镍钴铂族金属资源和开发战略(上)[J].国土资源科技管理,2003(1):21-25.

[217]姜关照,吴爱祥,刘超,等.缓倾斜薄矿体机械化上向水平高分层分区充填采矿法[J].金属矿山,2017(4):8-11.

[218]郑明贵,王文潇,裴晖.白象山铁矿开拓运输方案优化选择研究[J].有色金属科学与工程,2012,3(2):52-55.

[219]李兴权.白象山铁矿多中段联合开采围岩扰动效应研究[D].徐州:中国矿业大学,2019.

[220]王全征.白象山复杂富水铁矿突水风险综合分析与评价[D].青岛:青岛理工大学,2009.

[221]孔凡明.复杂富水矿山基建期防排水系统的优化[J].安徽冶金科技职业学院学报,2011,21(1):32-36.

[222]沙学伟.膨胀性充填材料力学特性及对采场地层控制影响分析[D].徐州:中国矿业大学,2019.

[223]史艳辉,孟凡明.司家营铁矿南矿段采矿方法设计[J].现代矿业,2013,29(3):76-79,112.

[224]刘恩彦,张钦礼,吴鹏,等.后观音山铁矿采场结构参数优化研究[J].金属矿山,2011(9):33-35.

[225]王小良.对几种采矿方法的概述[J].民营科技,2012(5):39.

[226]李刚,杨志强,高谦,等.司家营铁矿南区矿床工程地质与采矿技术条件研究[J].金属矿山,2013(8):11-15.

[227]谷岩.新型胶结材料研发与充填体强度优化设计[D].唐山:河北联合大学,2013.

[228]胡巍巍,翟会超.司家营南区大规模矿房阶段爆破参数分析[J].矿冶工程,2018,38(4):15-17.

[229]李志鹏,程中平,郑璐.司家营南区采矿方法优化研究[J].矿业工程,2018,16(6):13-16.

[230]申文,罗业民.降低缓倾斜矿体矿石回采贫化率的矿块布置形式研究[J].矿冶工程,2017,37(4):36-37.

[231]张孝国.湖南七宝山铜多金属矿床特征及次生富集规律[J].国土资源导刊,2012,9(12):84-86.

[232]甘德清,孙成,陈超.基于Plaxis数值模拟与FAHP的矿块结构参数优化[J].化工矿物与加工,2016,45(9):36-39.

[233]华泰CMJ17HT型履带式全液压掘进钻车[J].矿业装备,2011(Z1):97.

[234]涂闽.阿特拉斯·科普柯在2010上海世博会展示节能技术推广可持续的生产力[J].上海化工,2010,35(6):37.

[235]孟彪.EBZ-160HN掘进机截割部密封改造[J].能源与节能,2014(7):177-178.

[236]于宝龙.对我国煤矿掘进机械作业线的探究[J].科技与企业,2013(10):229.

[237]刘宇华,李博强.小断面岩巷配套综掘工艺的研究与应用[J].机械管理开发,2019,34(1):128-130.

[238]王正廷,药宏亮,秦建国.煤矿掘进机扒爪减速器的设计改进[J].煤炭与化工,2017,40(8):60-63.

[239]郑喜平,崔秀芳,赵富军.LJI200型掘进机从动链轮焊接性能研究[J].中国科技信息,2013(1):84-85.

[240]高波,黄增阳,许中琛.CYTJ45掘进钻车用钎杆应力和凿入效率分析[J].凿岩机械气动工具,2023,49(3):22-29.

[241]郑福良,董春海.装药器在煤矿井下深孔爆破中的应用[J].煤矿爆破,1998(2):33-35.

[242]邵猛,闫大洋,徐森,等.装药器在露天矿抬炮处理中的应用[J].广东化工,2016,43(12):128-147.

[243]李广胜.煤矿用挖掘式装载机综合配套方案浅析[J].装备制造技术,2013(12):71-72.

[244]黄健.我国煤矿辅助运输的特点与发展方向[J].山西焦煤科技,2006(12):25-26.